王靖 编著

CINEMA 4D 电商设计基础与实战（全视频微课版）

新印象 NEW IMPRESSION

人民邮电出版社
北京

图书在版编目（CIP）数据

新印象 ： CINEMA 4D电商设计基础与实战 ： 全视频微课版 / 王靖编著. -- 北京 ： 人民邮电出版社, 2019.11（2023.8重印）
ISBN 978-7-115-50381-7

Ⅰ. ①新… Ⅱ. ①王… Ⅲ. ①三维动画软件 Ⅳ. ①TP391.414

中国版本图书馆CIP数据核字(2018)第282065号

内 容 提 要

本书是一本讲解 Cinema 4D 电商三维设计与制作全流程的实战教程。

全书共 12 章，从 Cinema 4D 的基础操作入手，用 9 个基础案例和 10 个不同风格的综合商业案例，阐述了 Cinema 4D 基本使用技巧，以及 Cinema 4D 建模、材质、灯光和渲染在电商设计中的运用，同时还讲解了 RealFlow 流体特效的制作方法。

附赠书中所有案例的工程文件及配套视频教程，以及一套针对零基础读者的软件基础操作视频教程。

本书适合电商设计行业的相关从业者及想学习 Cinema 4D 设计与制作的设计师阅读，同时适合作为相关培训机构及相关院校的参考教材。

◆ 编　　著　王　靖
责任编辑　孟飞飞
责任印制　马振武

◆ 人民邮电出版社出版发行　　北京市丰台区成寿寺路 11 号
邮编　100164　　电子邮件　315@ptpress.com.cn
网址　http://www.ptpress.com.cn
固安县铭成印刷有限公司印刷

◆ 开本：787×1092　1/16
印张：17.5　　2019 年 11 月第 1 版
字数：581 千字　　2023 年 8 月河北第 14 次印刷

定价：99.00 元

读者服务热线：(010)81055410　印装质量热线：(010)81055316
反盗版热线：(010)81055315
广告经营许可证：京东市监广登字20170147号

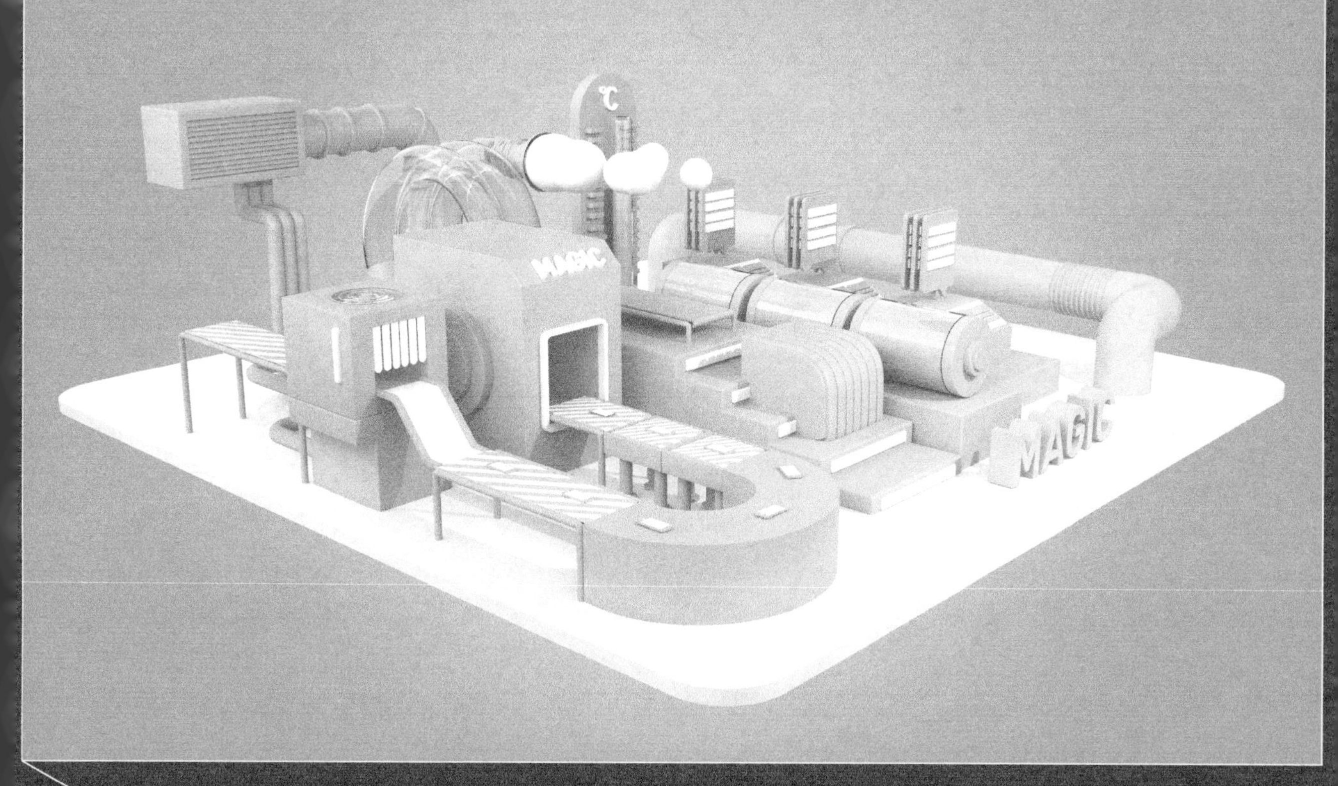
MAGIC
MAGIC

MAGIC BEERR
MAGIC BEER源自自然
MAGIC BEER
COMES FROM
NATURE
天然泉水
与麦芽的混合
NATURAL SPRING
WATER MIXED
WITH MALT
MAGIC
MAGIC
WHEAT BEER
MAGIC

MAGIC
-经典口味-

DARK BEER
DARK
630ML

百般品味
乐在其中
突破可望
MAGIC

618PARTY

HELLO
MR
MENG!

CARTOON
CHARACTER

COTE DOG

MR SHIT

■ 萌萌狗
卡通
角色风格

萌× 萌 ×狗

卡通角色风格

C A R T O O N C H A R A C T E R

MAGIC MILK
HIGH
QUALITY
MAGIC
MILK
1 Litre
MAGIC MILK

奥赛德SIN-8
行星表面
ODYSSEY SIN-8
PLANET
SURFACE

2.1.2 基础几何案例：有轨电车 /029

2.1.3 样条线建模：可乐玻璃瓶 /045

2.1.4 造型工具建模：骰子图标 /057

2.1.5 变形器工具建模：液态凤梨 /064

2.2.3 材质渲染：金属文字 /089

2.2.5 材质渲染：玻璃高脚杯 /091

2.2.6 材质渲染：SSS 次表面散射 /091

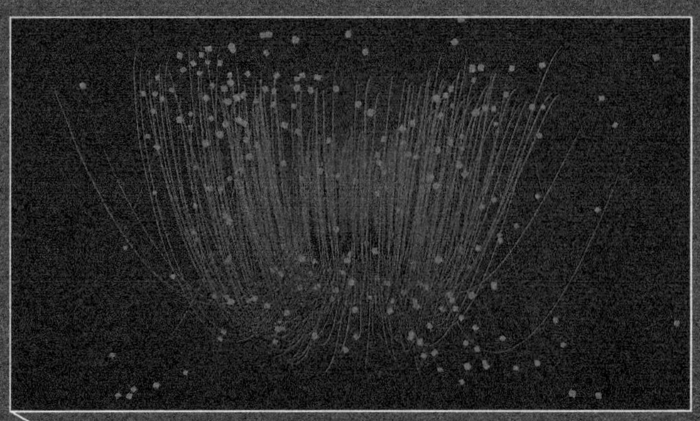

2.3.2 粒子特效：抽象光线 /099

推 荐

排名不分先后

作为一个需要与产品不断打交道的创业者，对产品设计行业的关注一刻也没有停止。无论是做平面、网页还是UI界面，三维的视觉表现已经成为互联网时代标准设计师必备的技能。

——互联网创业者 赛门

本书是我的好朋友王靖潜心闭关一年多完成的，相信通过书中大量的案例和详细的操作训练，能帮助读者轻松掌握Cinema 4D电商设计的窍门。

—— PRD联合设计总监 rwds

MAGIC（王靖）的这本书可以算是国内较早面向电商设计的三维设计图书。本书从多个角度讲解了Cinema 4D在三维创作中的视觉表现，用细致入微的操作讲解和通俗易懂的语言，帮助读者更深层次地认识和运用Cinema 4D，对于想要进阶和提高技能的设计师来说是一个更佳的选择。

——麦肯光明 唐巍伟

这本书系统地讲解了Cinema 4D在电商创作中的视觉表现，同时针对各种风格进行了逐一讲解。个人认为本书对电商设计师、平面设计师及网页设计师来说是一本很实用的参考书。

——学汇网课程运营经理 LORI

这本书如雪中送炭般，可以为广大设计师带来巨大的帮助。本书内容细致易懂、由易到难，帮助读者可以轻松学习Cinema 4D。另外，书中很多案例可以运用到我们的工作中去，因而推荐给大家！

——阳狮美术指导 Laura Wang

本书能帮助我们解决三维设计过程中的难题。内容从简单到复杂，用浅显易懂的方式向读者讲述各种设计中的技法。我相信无论是对做平面设计、电商设计，还是做UI设计的读者，本书都可以帮助大家有一定的提升！

——D1M设计指导 代伟

本书对Cinema 4D的视觉风格进行了分类，同时配上合适的案例进行逐一讲解。对于网页设计师、平面设计师和电商设计师而言，如果想要在三维视觉技能上有所提升，那么阅读本书是一个不错的选择。

——阳狮美术指导 Demi.Ma（马丽娟）

前言

本书是为了让活跃在平面、电商及网页的设计师能够将三维视觉设计和二维视觉设计进行结合的技法书。市面上的Cinema 4D图书，大多是与电视包装和影视后期相关的，而Cinema 4D与平面、电商及网页设计的图书很少。基于这个原因，我萌生了编写这本能够让平面、电商及网页设计师都能学习和运用的三维设计书。

本书共12章内容。

第1章主要介绍Cinema 4D的模型创建、材质运用、动画制作、粒子系统和渲染5大功能模块，界面操作窗口的设置方法，以及常用的快捷键和Cinema 4D在电商海报中的运用与风格分类等。

第2章通过9个案例深入讲解Cinema 4D在模型创建、材质制作和粒子特效制作中的常用方法和各种技巧。

第3章~第11章共9个大型全流程商业综合案例，这是本书最重要的部分，每一个案例都有一个风格，包含流水线风格、低多边形风格、游乐场风格、机械科幻风格、迷幻霓虹灯风格、节日气球风格、卡通风格、创意折纸风格和创意科幻风格等。这9个案例全部详细讲解了模型的创建与组合、材质的调整与赋予、HDRI天空环境及灯光的创建和调整等。对读者来说，学完这个部分，基本可以掌握各种风格的三维视觉作品的制作方法和流程。

第12章是一个大型全流程的商业流体风格案例，主要讲解如何使用Cinema 4D的流体插件RealFlow来制作流体特效。在电商设计中，流体特效是一种很常见的视觉特效。流体特效不仅可以让作品变得更有趣，还可以增强画面的动感。

希望读者通过学习本书能够提高个人的设计能力，设计出更为优秀的作品。书中难免会有一些疏漏，希望读者能够谅解，在此深表感谢！

王靖

2019年8月

资源与支持

本书由数艺社出品，“数艺社”社区平台（www.shuyishe.com）为您提供后续服务。

配套资源

实例文件：书中所有案例需要的工程文件和素材文件。

视频教程：书中所有案例的完整制作思路和制作细节讲解。

软件基础操作视频教程：88集CINEMA 4D软件基础操作的讲解视频。

资源获取请扫码

“数艺社”社区平台，为艺术设计从业者提供专业的教育产品。

与我们联系

我们的联系邮箱是 szys@ptpress.com.cn。如果您对本书有任何疑问或建议，请您发邮件给我们，并请在邮件标题中注明本书书名及ISBN，以便我们更高效地做出反馈。

如果您有兴趣出版图书、录制教学课程，或者参与技术审校等工作，可以发邮件给我们；有意出版图书的作者也可以到“数艺社”社区平台在线投稿（直接访问 www.shuyishe.com 即可）。如果学校、培训机构或企业想批量购买本书或数艺社出版的其他图书，也可以发邮件联系我们。

如果您在网上发现针对数艺社出品图书的各种形式的盗版行为，包括对图书全部或部分内容的非授权传播，请您将怀疑有侵权行为的链接通过邮件发给我们。您的这一举动是对作者权益的保护，也是我们持续为您提供有价值的内容的动力之源。

关于数艺社

人民邮电出版社有限公司旗下品牌“数艺社”，专注于专业艺术设计类图书出版，为艺术设计从业者提供专业的图书、U书、课程等教育产品。出版领域涉及平面、三维、影视、摄影与后期等数字艺术门类，字体设计、品牌设计、色彩设计等设计理论与应用门类，UI设计、电商设计、新媒体设计、游戏设计、交互设计、原型设计等互联网设计门类，环艺设计手绘、插画设计手绘、工业设计手绘等设计手绘门类。更多服务请访问“数艺社”社区平台www.shuyishe.com。我们将提供及时、准确、专业的学习服务。

目 录

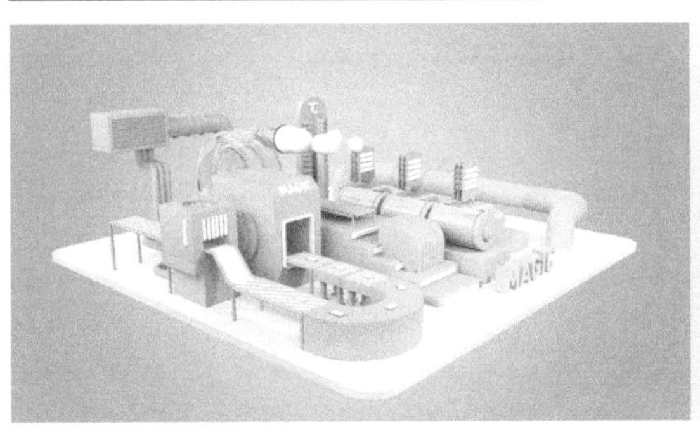

第 3 章 车间流水线风格：手机加工厂 103

第 4 章 低多边形风格：啤酒海报 123

百般品味
乐在其中
突破可望
TRIBUTE TO THE FATHER'S DAY

TRIBUTE TO THE FATHER'S DAY
HELLO
MR
MENG!
CARTOON
CHARACTER
COTE DOG
MR SHIT
萌萌狗
卡通
角色风格
萌×萌×狗
卡通角色风格
CARTOON CHARACTER
MAGIC MILK
HIGH
QUALITY
MAGIC
MILK

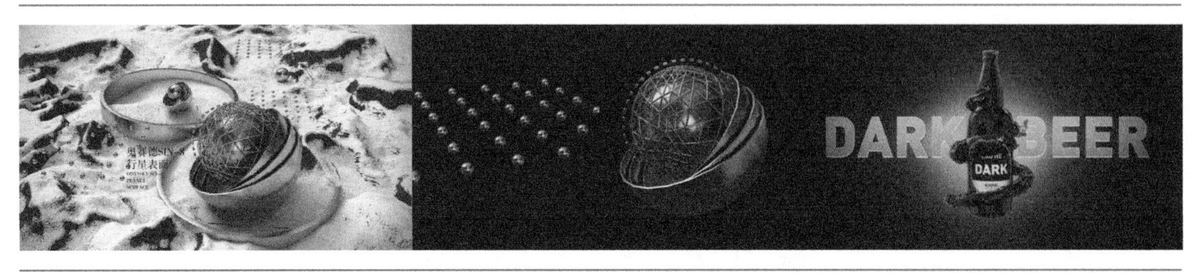
DARK BEER
DARK

第 1 章

Cinema 4D 与电商设计

1.1 了解Cinema 4D

Cinema 4D在电影、电视包装、游戏开发、建筑设计和网页设计等视觉设计的描绘中都有较好的表现，提高了效率。Cinema 4D可以使设计师在设计时感到轻松愉快，从而将更多的精力置于创作之中，即便是新用户也会觉得得心应手，这也是它逐渐在设计行业流行起来的原因。

Cinema 4D软件启动界面如图1-1所示。

图1-1

1.2 Cinema 4D的功能

Cinema 4D可以分为五大功能模块，分别为模型的创建、材质的运用、动画的制作、粒子系统的运用和渲染的运用等，下面逐一进行介绍。

1.2.1 模型的创建

图1-2和图1-3所示是Cinema 4D创建的模型效果。Cinema 4D中提供了多种多样的几何形体，利用这些几何形体可以创作出丰富多变的几何造型，且这些几何形体还可以转化为可编辑的多边形，结合Cinema 4D界面中的“曲线建模工具组”“造型工具组”和“变形工具组”可以制作出一些高精度且复杂的多边形模型，从而更快、更高效地创作出我们想要的3D模型。

图1-2

图1-3

1.2.2 材质的运用

Cinema 4D的材质创建非常方便和快捷。在创建材质时有两种方法：第1种是系统材质，即Cinema 4D本身自带的玻璃、木材、有机物、金属、大理石、复合物及毛发材质等，这些材质可以直接放到相关的模型中进行渲染；第2种是自主调节的材质，即用户自己手动调整的材质，这种材质的调整方法灵活，是我们在日后经常会用到的材质调整方法。用户通过“材质编辑器”面板可以自主调整材质的颜色、漫射、发光、烟雾、凹凸、法线、Alpha、辉光和置换等相关属性，从而模拟出各种现实的物理材质效果使模型效果更为逼真。

图1-4和图1-5所示的是两张赋予材质贴图后的模型图，可以看出无论是玻璃材质还是金属材质，Cinema 4D都能够处理得十分形象。

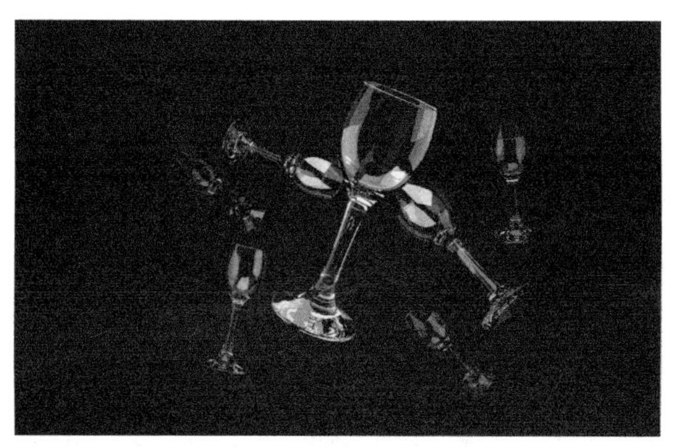

图1-4

图1-5

1.2.3 动画的制作

Cinema 4D动画是通过关键帧建立起来的。在“时间线窗口”中可以调整所有动画的关键帧（快捷键为Shift+F3），如图1-6和图1-7所示。

图1-6

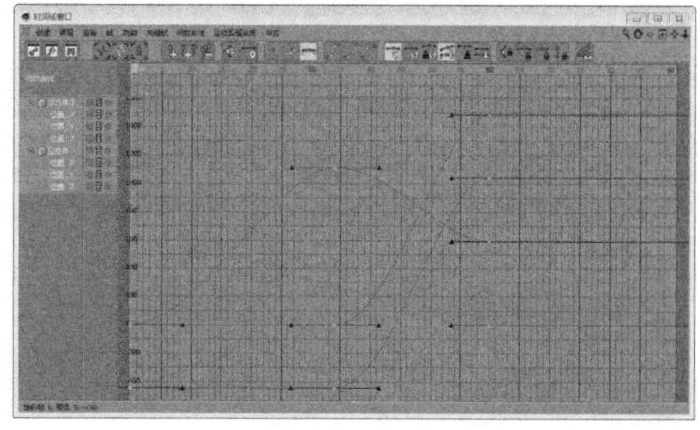

图1-7

“时间线窗口”可以同时对编辑对象的多个属性层进行管理。例如，在制作对象轴向上移动的同时可以对其进行缩放及变化不透明度等，方便我们制作出比较丰富的动画效。图1-8展示的是钢铁侠头部模型的组装过程。

图1-8

1.2.4 粒子系统的运用

Cinema 4D自带的粒子系统简单易操作。通过Cinema 4D自带的粒子，可以轻松、快速地制作出丰富又多变的艺术表现效果。在粒子的表现的过程中，通过任何的几何元素去充当粒子的表现形式，再加上粒子在运动过程中添加的各式各样的力场，如引力、反弹、重力和摩擦力等，可以让粒子在三维空间中的表现更丰富多彩，如图1-9所示。

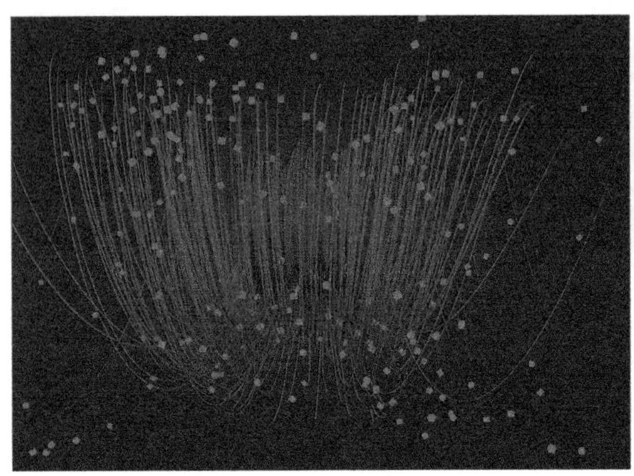
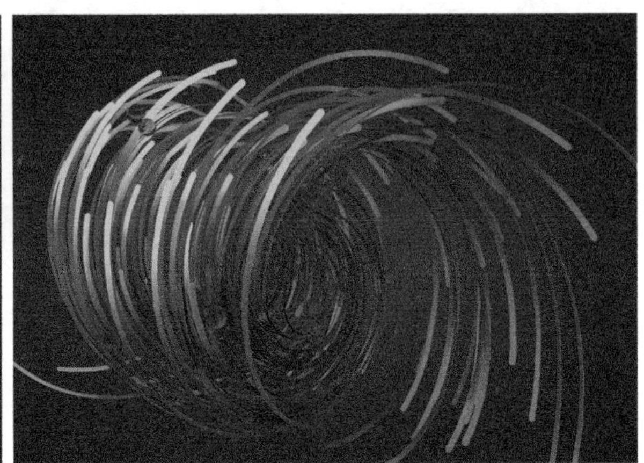

图1-9

1.2.5 渲染的运用

Cinema 4D的标准渲染功能很强大，可以在短时间内渲染出逼真效果的图像，且图片质量比较高。

在“渲染设置”面板中，“全局光照”和“环境吸收”是不可或缺的两个性能。“全局光照”是快速地对物体表面的灯光进行首次和二次反弹的采样计算，从而快速地渲染出物体表面的漫射、投影、透明和凹凸等相关属性。“环境吸收”则是在渲染过程中丰富暗部角落及物体投影，从而让渲染出来的画面效果更加真实，如图1-10和图1-11所示。

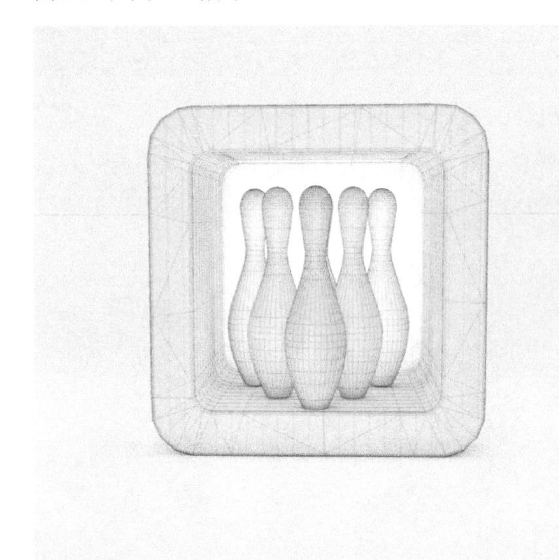

图1-10

图1-11

1.3 Cinema 4D界面操作窗口的设置介绍

Cinema 4D的初始界面由“标题栏”“菜单栏”“工具栏”“编辑模式工具栏”“视图窗口”“动画面板”“材质面板”“坐标面板”“对象面板”和“属性面板”等构成，如图1-12所示。

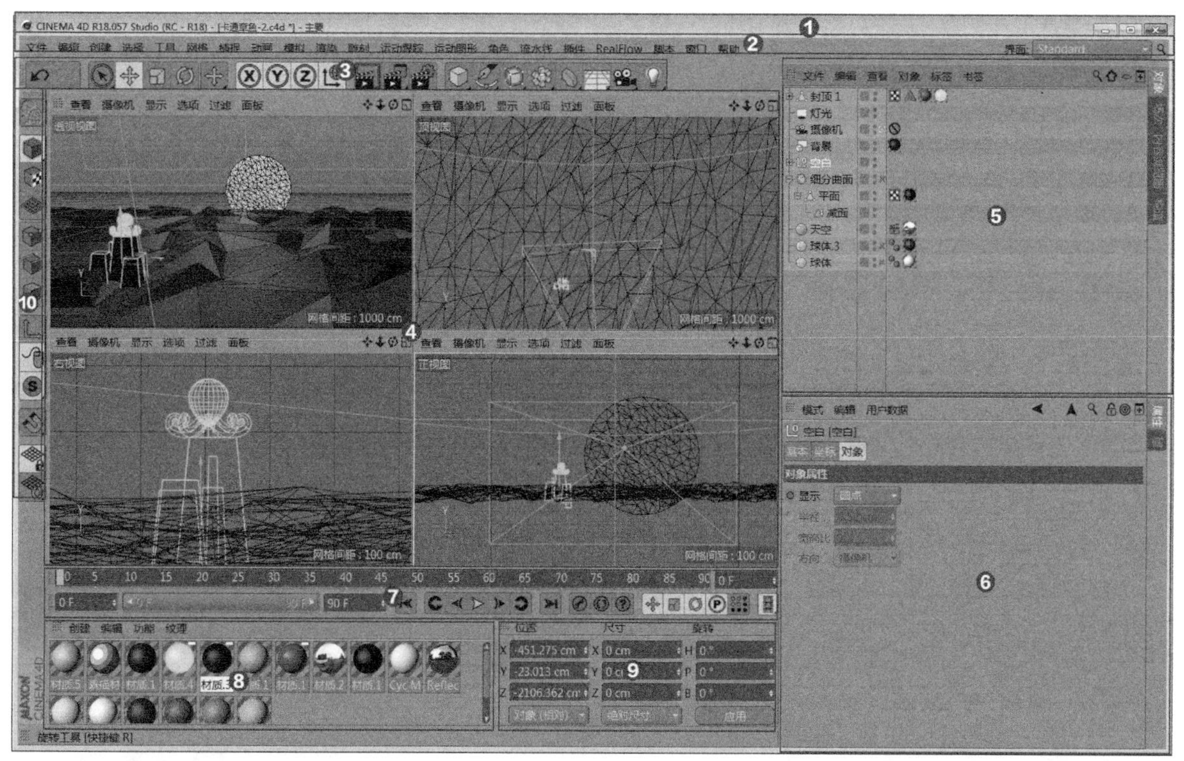

图1-12

重要参数讲解

① 标题栏：提供软件的版本、当前工程文件的标题，以及最小化、最大化和关闭按钮。

② 菜单栏：几乎包含Cinema 4D所有的操作命令。

③ 命令面板：提供了Cinema 4D常用的选择、移动、缩放、旋转、轴向、渲染的相关命令，以及几何形体的创建、样条线的创建、曲线建模工具组、造型工具组、变形工具组、场景摄像机和灯光等命令。

④ 编辑视窗：创作作品的视窗。通过左右前后及透视图等多个视角去观察和编辑相关模型，视窗的位置及方向可以调整，在视窗中最多展现4个窗口。

⑤ 对象面板：包含了该创作窗口的所有物体和相关命令及属性。在这里可以对物体添加标签，执行父子级关系、编组和重命名等操作。

⑥ 属性面板：显示选中物体的坐标、细节、可见、材质及灯光等相关属性。

⑦ 动画面板：对操作对象进行动画播放、添加关键帧、移动、缩放和旋转等操作，并且可以调整操作对象的轴长和帧数。

⑧ 材质面板：显示当前场景中的所有材质。用鼠标双击材质面板中的任何一个材质图标即可弹出“材质编辑器”面板，可以对材质进行调整。

⑨ 坐标面板：对物体的轴向、尺寸和角度进行精确数值的调整。

⑩ 编辑模式工具栏：对变成可编辑对象的物体进行点、线和面等调整。

除此以外，在Cinema 4D中还隐藏了一些看不到的面板。随着学习的不断深入，我们将会逐一对其进行讲解。

1.4 Cinema 4D的常用快捷键

在Cinema 4D中有很多命令可以直接通过快捷键进行操作，不仅使我们熟悉和了解软件又能提高工作效率，甚至还能自定义设置快捷键给命令添加想要的快捷键。下面列举一些工作中常用的快捷键。

9：实时选择工具
0：框选工具
8：套索工具
E：移动工具
T：缩放工具
R：旋转工具
Space（空格）：切换到最近使用的工具
X：锁定/解锁x轴向
Y：锁定/解锁y轴向
Z：锁定/解锁z轴向
W：使用全局/对象坐标系统
C：转变成可编辑对象
Ctrl+R：渲染当前活动视图
Shift+R：渲染当前活动视图到图片查看器
Shift+V：打开视窗面板
Ctrl+B：编辑渲染设置
Alt+B：打开创建动画预览窗口
Alt+鼠标左键：旋转视图
Alt+鼠标右键：推拉视图
Alt+鼠标中间：平移视图
单击鼠标中间：切换视图窗口
F1：切换到透视图
F2：切换到顶视图
F3：切换到左视图
F4：切换到前视图
U~Y：扩展选区
U~L：循环选择
Shift+F：转到动画起点
Shift+G：转到动画终点
Ctrl+F：转到上一关键帧
Ctrl+G：转到下一关键帧
F：转到上一帧
G：转到下一帧
F8：向前播放
Ctrl+F9：自动记录关键帧

若读者想了解和设置Cinema 4D的快捷键，则可以执行“窗口-自定义布局-自定义命令”菜单命令，打开“自定义命令”面板，如图1-13所示。单击红框标注①的位置即可看到Cinema 4D软件中默认的快捷键，选中一个有快捷键的命令，将鼠标光标放置在红框标注②的位置，并输入想要修改的快捷命令，即可将原有的快捷命令覆盖，替换成更改后的快捷命令。

图1-13

1.5 Cinema 4D在电商海报中的应用

Cinema 4D拥有强大的建模和材质表现能力，能够带给读者强烈的视觉冲击。操作简单、材质丰富，使电商设计师在短暂的时间内和紧迫的工作压力下，也能够制作出优质的电商视觉表现效果图。Cinema 4D制作的电商海报案例，如图1-14所示。

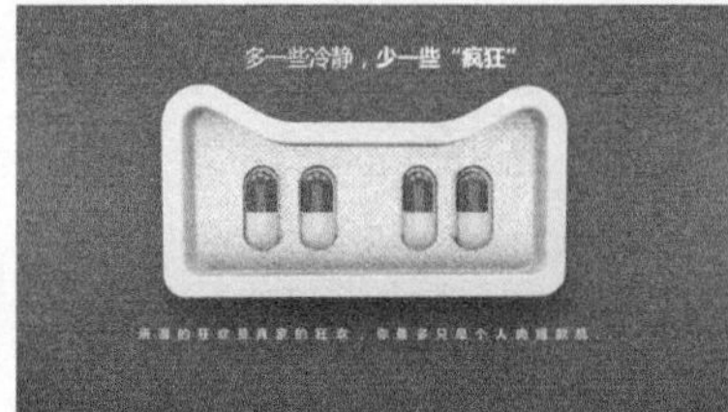

图1-14

1.6 Cinema 4D在电商海报创作中的风格分类

Cinema 4D在电商视觉设计中的表现及创作手法多种多样，本书将Cinema 4D在电商海报创作中的三维视觉表现手法分为9种风格，即车间流水线风格、低多边形风格、游乐场风格、机械科幻风格、迷幻霓虹灯风格、节日气球风格、卡通风格、创意折纸风格、创意科幻风格和Realflow流体风格，下面进行逐一讲解。

1.6.1 车间流水线风格

车间流水线风格是将真实车间流水线加工产品的过程，进行艺术再加工而形成的具有趣味性的视觉表现形式。在使用Cinema 4D制作车间流水线风格海报时建模数量较多，因而将多个建模组合时要符合一定的逻辑，这样做出来的视觉表现效果既美观又合理。在选择颜色和调整材质参数时，要进行多次调整直至达到最为理想的状态。布光方面除了在整个场景中添加主灯光、辅助灯光及反光板外，还要给整个场景添加HDRI环境贴图，这样才能渲染出最佳效果。

本书车间流水线风格创作的最终效果，如图1-15所示。

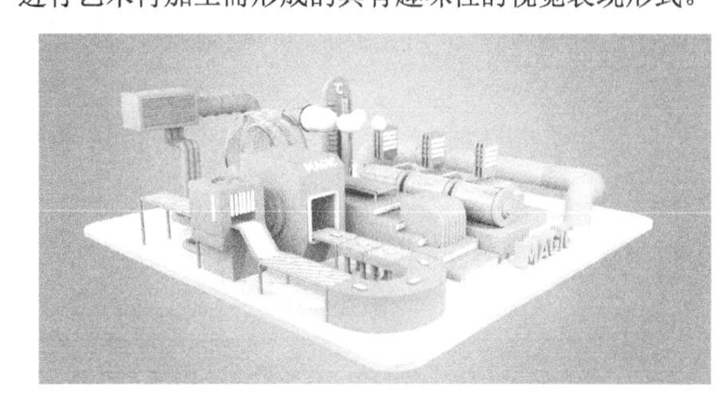

图1-15

1.6.2 低多边形风格

低多边形风格最早是在计算机建模和动效中进行广泛使用的。低多边形风格是将零碎不一的多边形拼接成一个面或一个几何体，每个多边形的颜色取自原色元素的相应位置，是一种视觉上充满了复古的手工感与未来感的抽象表现形式。在使用Cinema 4D制作低多边形风格场景时，一定要加大模型的原本分段数，以便到后期进行噪波和减面操作时达到低多边形风格的最佳视觉效果。调整材质的投射类型，可以使低多边形风格场景表现出不一样的视觉表现效果。

本书低多边形风格创作的最终效果，如图1-16所示。

图1-16

1.6.3 游乐场风格

游乐场风格是提炼真实游乐场中的建筑及娱乐器材，进行艺术再加工形成的设计风格。在使用Cinema 4D创作游乐场风格场景时，一定要合理地搭配各个模型的空间关系。在材质和灯光方面，要多去调整材质和灯光参数，从而达到较佳的视觉表现效果。游乐场风格的视觉表现常用于烘托电商节日促销或周年庆典等氛围。

本书游乐场风格创作的最终效果，如图1-17所示。

图1-17

1.6.4 机械科幻风格

机械科幻风格延续了早期工业时代蒸汽朋克的视觉表现效果，也称作蒸汽朋克风格。这种风格的特征是将机械零部件进行组合和穿插，从而能够让观察者体验到机械的逻辑性和复杂性。机械科幻风格场景适用众多电子产品或科幻主题的视觉海报。

本书机械科幻风格创作的最终效果，如图1-18所示。

图1-18

1.6.5 迷幻霓虹风格

迷幻霓虹风格是将真实的霓虹灯管进行艺术再加工的设计风格，用不同形状及颜色的发光管，体现一种夜间狂欢派对的氛围。在使用Cinema 4D进行创作时，前期最重要的是对霓虹灯的字体模型进行创作，以达到霓虹灯灯管的表现效果。在创建模型时最好不要出现太过尖锐的转角，尖锐的转角与真实霓虹灯的表现不符。迷幻霓虹风格场景多用于夜间狂欢与派对的氛围，如啤酒及相关的饮品等都可以通过这种风格去表现。

本书迷幻霓虹风格创作的最终效果，如图1-19所示。

图1-19

1.6.6 节日气球风格

节日气球风格是将现实生活中的气球进行艺术再加工而形成的设计风格。在使用Cinema 4D创作节日气球风格场景时，一定要注意气球与气球之间的组合和穿插，要使整个气球的组合饱满、充实。在商业运用时，促销活动或节日时用气球字体点缀，能够烘托热闹的氛围，激发消费者的购买欲。

本书节日气球风格创作的最终效果，如图1-20所示。

图1-20

1.6.7 卡通角色创建风格

卡通角色创建风格是将真实的动物或事物进行卡通化的视觉表现效果。使用Cinema 4D创造卡通角色有两种方法，一种是可以自由发挥自己的想象力不受任何约束；另一种是通过卡通角色正视图、侧视图和顶视图，结合几何模型和点线面工具创作出角色，两种创作手法都是可行的。

本书卡通角色创建风格创作的最终效果，如图1-21所示。

图1-21

1.6.8 创意折纸（剪纸）风格

创意折纸（剪纸）风格是将纸张折叠与裁剪形成的长方形、圆形、三角形及其他形状，体现出一种活泼、可爱、轻松和清新的设计风格。在使用Cinema 4D进行创作模型时，最好将模型的厚度挤压得薄一些，如果挤压得过厚，从视觉表达上就会影响创意折纸或剪纸的轻盈感，从而影响整体的视觉表现效果。

本书创意折纸（剪纸）风格创作的最终效果，如图1-22所示。

图1-22

1.6.9 创意科幻风格

创意科幻风格多数是以独特新颖，偏于发散性思维的模式创作出的视觉效果表现。在使用Cinema 4D进行创意科幻风格创作时，通过建模、材质和灯光可以快速地制作和渲染出最佳的视觉表现效果。

本书创意科幻风格创作的最终效果，如图1-23所示。

图1-23

1.6.10 RealFlow流体风格

RealFlow流体风格的作品多数是以产品结合液态物体效果的形式进行表现的设计风格。除了表现动态和自然波动的水面如水池、湖泊、海洋等的水之外，还能产生海水拍岸溅起浪花的效果。在使用Cinema 4D进行RealFlow流体风格创作时，可以快速地制作和渲染出最佳的流体视觉表现效果。

本书RealFlow流体风格创作的最终效果，如图1-24所示。

图1-24

第  章

Cinema 4D 的基本技巧

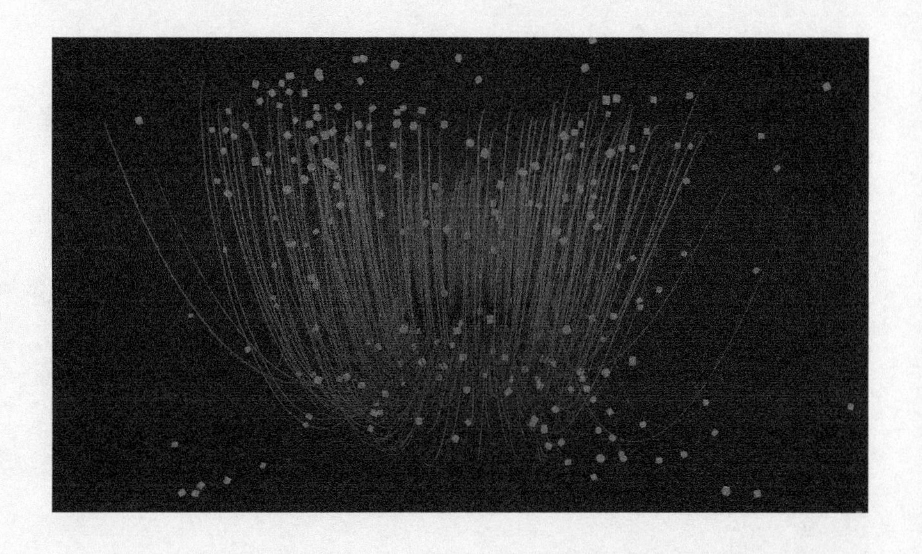

2.1 Cinema 4D建模常用技巧与案例

这一节将通过4个案例，深入学习Cinema 4D的基础建模方法。在创作案例之前，我们要先了解Cinema 4D在建模时常用的“几何工具组”“样条线工具组”“曲线建模工具组”“造型工具组”和“变形器工具组”这5个工具组，然后配合使用Cinema 4D常用工具组去创作作品。

2.1.1 Cinema 4D建模常用工具组和分类

在Cinema 4D命令面板中包含建模常用的工具组，如图2-1所示。

几何工具组　曲线建模工具组　变形器工具组
样条线工具组　造型工具组

图2-1

■ 几何工具组

Cinema 4D的“几何工具组”共有“空白”“立方体”“圆锥”“圆柱”“圆盘”“平面”“多边形”“球体”“圆环”“胶囊”“油桶”“管道”“角锥”“宝石”“人偶”“地形”“地貌”和“引导线”等18种工具。在我们制作一些基础模型时就可以直接从中选择相关的几何体进行组合。长按“几何工具组”的“立方体”按钮，即可展开“几何工具组”，如图2-2所示。

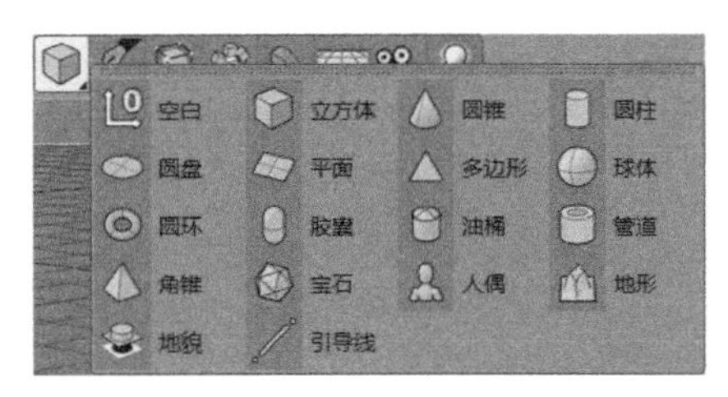

图2-2

■ 样条线工具组

Cinema 4D的样条线是绘制的点相连而成的曲线。两个点就可以生成一条样条线，然后通过这些点控制样条线的平滑、曲折方向和位置等参数，有点类似于Photoshop中的钢笔工具。样条线可以结合着其他的命令快速地生成三维模型，以达到我们想要的创作效果。

Cinema 4D的“样条线工具组”共有“画笔”“圆弧”“星形”“齿轮”“草绘”“圆环”“文本”“摆线”“平滑样条”“螺旋”“矢量化”“公式”“样条弧线工具”“多边”“四边”“花瓣”“矩形”“蔓叶类曲线”和“轮廓”等19种工具。长按“样条线工具组”的“画笔”按钮，即可展开“样条线工具组”，如图2-3所示。

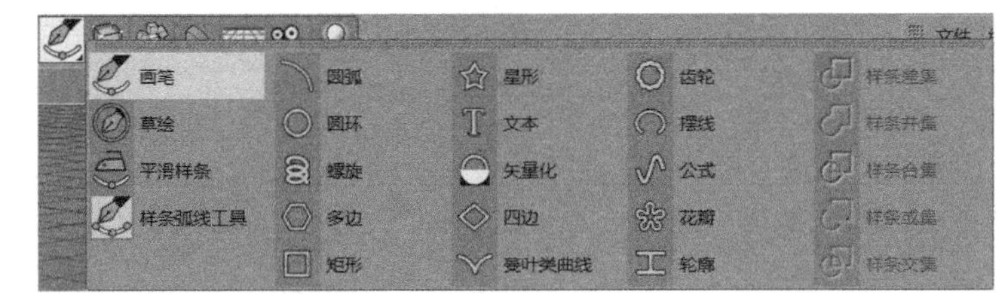

图2-3

■ 曲线建模工具组

Cinema 4D的“曲线建模工具组”能够很好地控制物体表现的光滑和细分曲度。其工作原理是通过优化物体表面的点线面从而创作出优秀的三维模型。“曲线建模工具组”共有“细分曲面”“挤压”“旋转”“放样”“扫描”和“贝赛尔”等6种类型工具。长按“曲线建模工具组”的“细分曲面”按钮，即可展开“曲线建模工具组”，如图2-4所示。

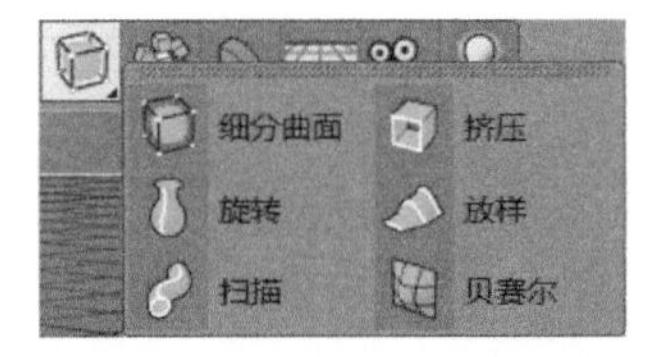

图2-4

造型工具组

Cinema 4D的“造型工具组”是对几何体和样条线进行编辑，以达到建模的理想状态的工具。“造型工具组”共有“阵列”“晶格”“布尔”“样条布尔”“连接”“实例”“融球”“对称”和“Python生成器”等9种工具。长按“造型工具组”的“阵列” 按钮，即可展开“造型工具组”，如图2-5所示。

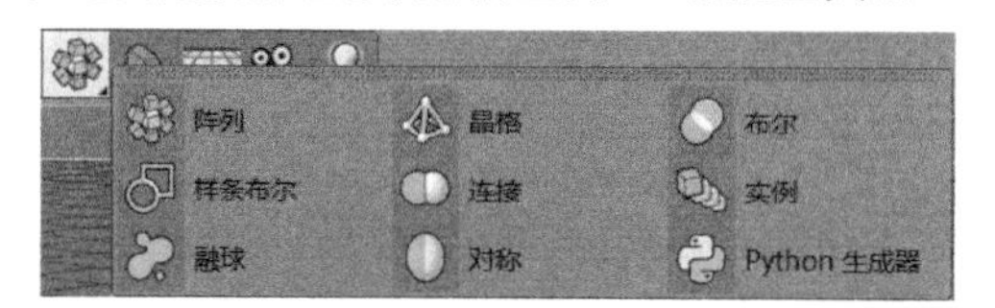

图2-5

变形器工具组

Cinema 4D的“变形器工具组”是通过与几何体配合而对几何体进行变形的工具。它操作简单、变形效果速度快。“变形器工具组”共有“扭曲”“膨胀”“斜切”“锥化”“螺旋”“FFD”“网格”“挤压&伸展”“融解”“爆炸”“爆炸FX”“破碎”“修正”“颤动”“变形”“收缩包裹”“球化”“表面”“包裹”“样条”“导轨”“样条约束”“摄像机”“碰撞”“置换”“公式”“风力”“减面”“平滑”和“倒角”等30种工具。长按“变形器工具组”的“扭曲” 按钮，即可展开“变形器工具组”，如图2-6所示。

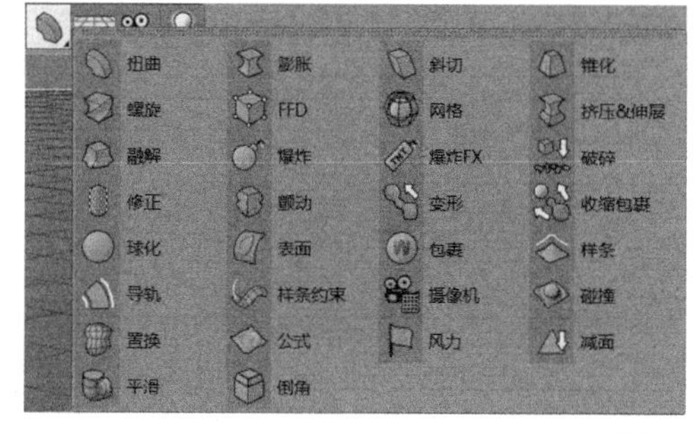

图2-6

2.1.2 基础几何案例：有轨电车

◎ 视频名称 基础几何案例：有轨电车

◎ 实例位置 实例文件 >CH02> 基础几何案例：有轨电车

◎ 学习目标 掌握几何工具组的使用方法

本节将为读者详细讲解有轨电车模型的制作方法，案例最终效果如图2-7所示。

图2-7

案例概述

使用Cinema 4D中的“几何工具组”工具制作有轨电车模型，帮助我们快速地认识和运用“几何工具组”。在制作案例的过程中一定要注意模型的尺寸大小、位置方向和几何体之间的组合关系。在材质方面要根据模型的属性分别赋予不同的材质。场景的布光要合理，除了环境天空之外，一般还要在场景中添加常规灯光和反光板以增加模型的细节和质感。

创建模型

在制作这个案例模型之前首先要对案例进行分析及拆分，这样有利于我们在制作过程中有一个明确的思路和流程。在有轨电车这个案例中，可以将场景中的模型大致分为5个部分，分别是整体车体的建模、车轨轨道的建模、场地与花草的建模、电线与电线杆的建模，以及树木的建模。拆解完成后逐一对其进行建模。

首先创建车体的模型。通过有轨电车的正视图、侧视图、背视图、顶视图和底视图，全面了解整体车体的结构，如图2-8所示。

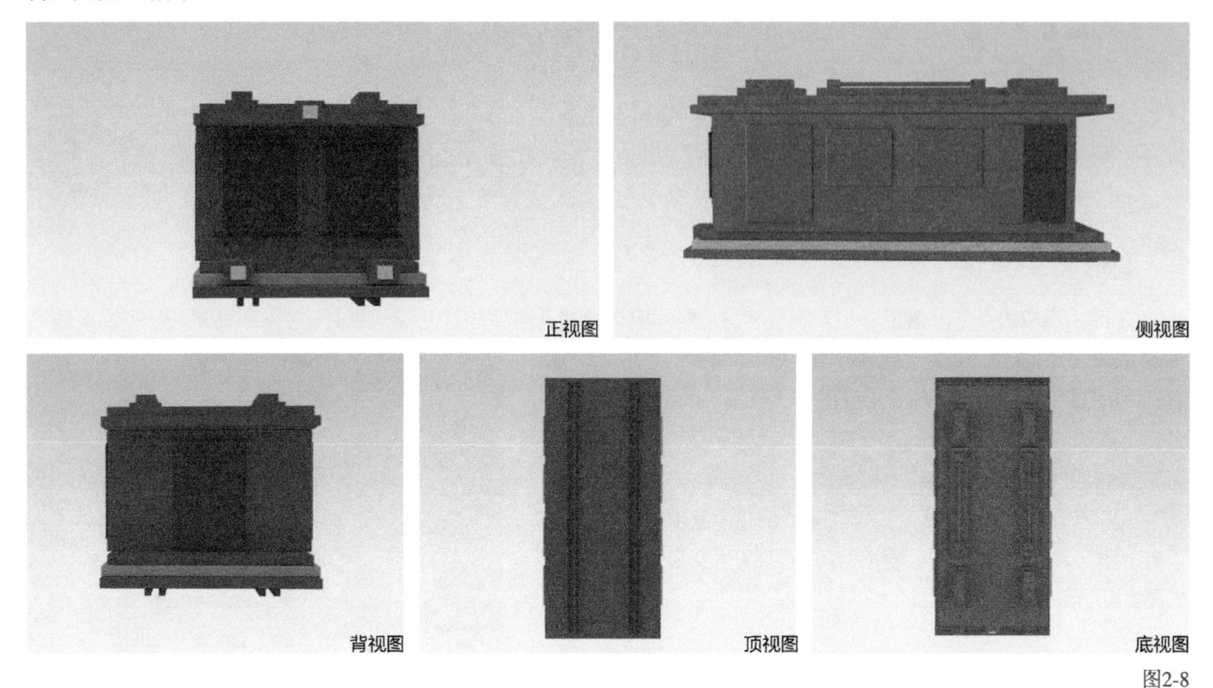

图2-8

01 在“几何工具组”中选择“立方体”工具，创建一个立方体作为车体部分，如图2-9所示。

02 选中创建好的立方体，按住Ctrl键沿*y*轴向上移动复制出两个立方体，接着调整参数和位置，如图2-10所示。

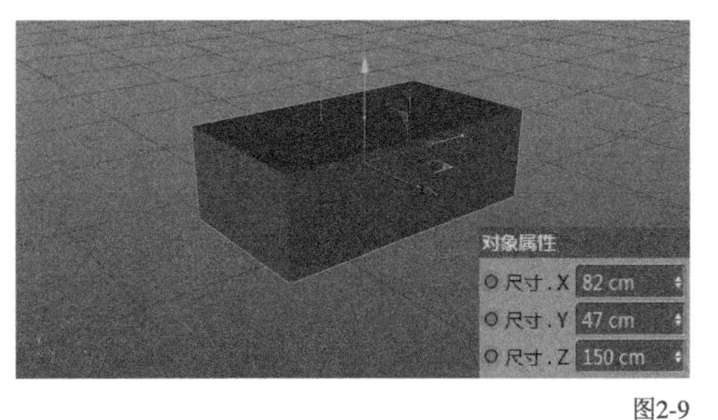

图2-9

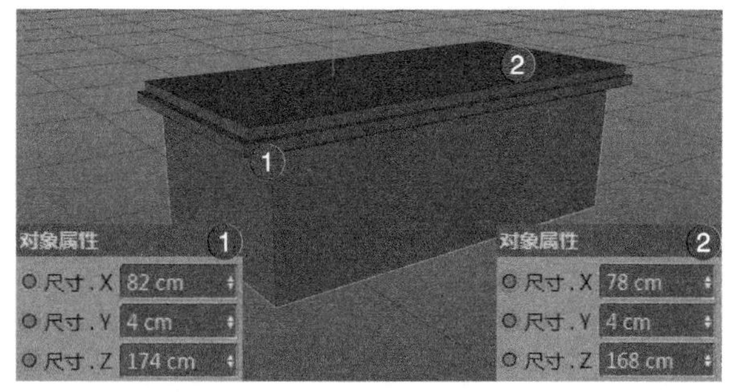

图2-10

03 再次选中车体的立方体，按住Ctrl键沿*y*轴向下移动复制出3个立方体，接着调整参数和位置，如图2-11所示。

04 创建一个新的立方体，移动复制出多个立方体作为车体窗户，并放置在图2-12所示的位置。

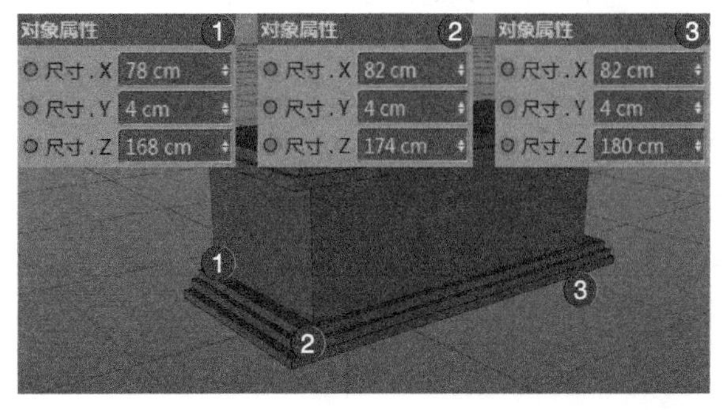

图2-11

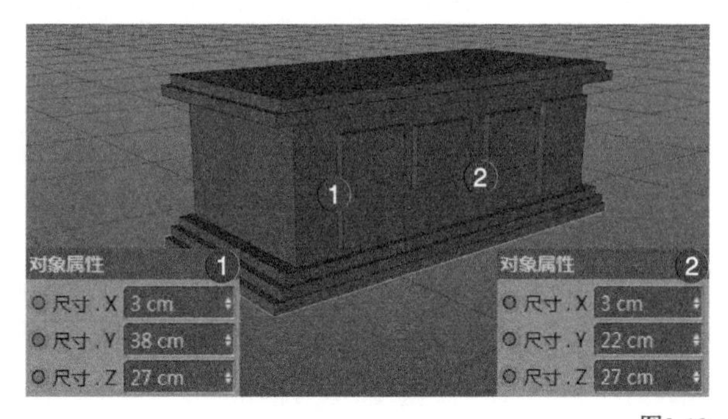

图2-12

05 按住Ctrl键将制作好的窗户组合沿x轴方向复制一组，并调整位置，如图2-13所示。

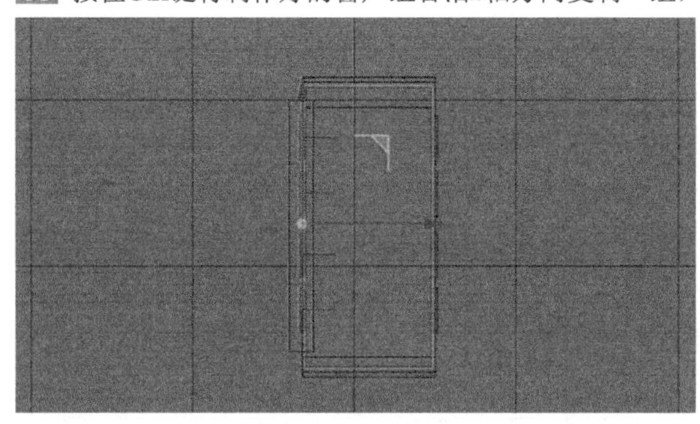

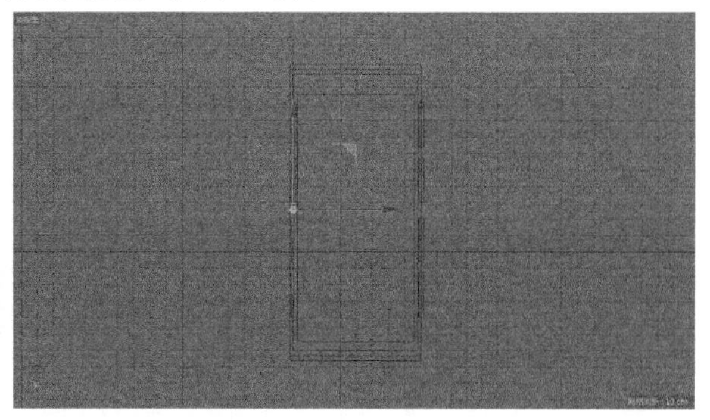

图2-13

06 新建一个立方体，按住Ctrl键移动复制4个，作为车体顶部零部件，接着调整参数和位置，如图2-14所示。

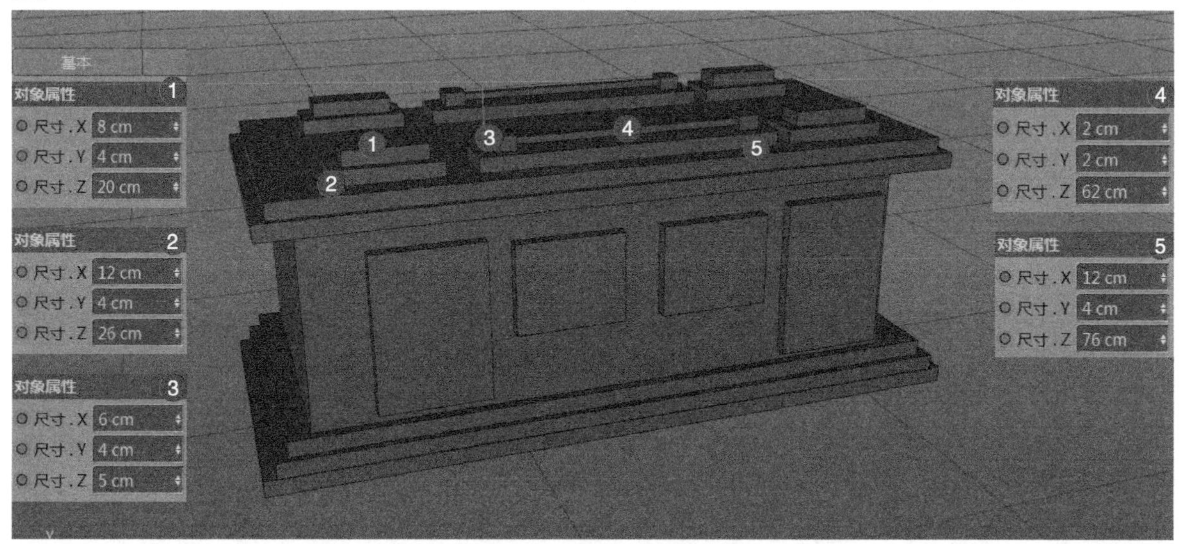

图2-14

07 新建一个立方体，按住Ctrl键移动轴向进行复制，共计3个立方体，调整3个立方体的大小，分别放置在车体正前方的顶部车灯位置、车窗位置、底部车灯位置，并在此基础上继续进行复制与优化，如图2-15所示。

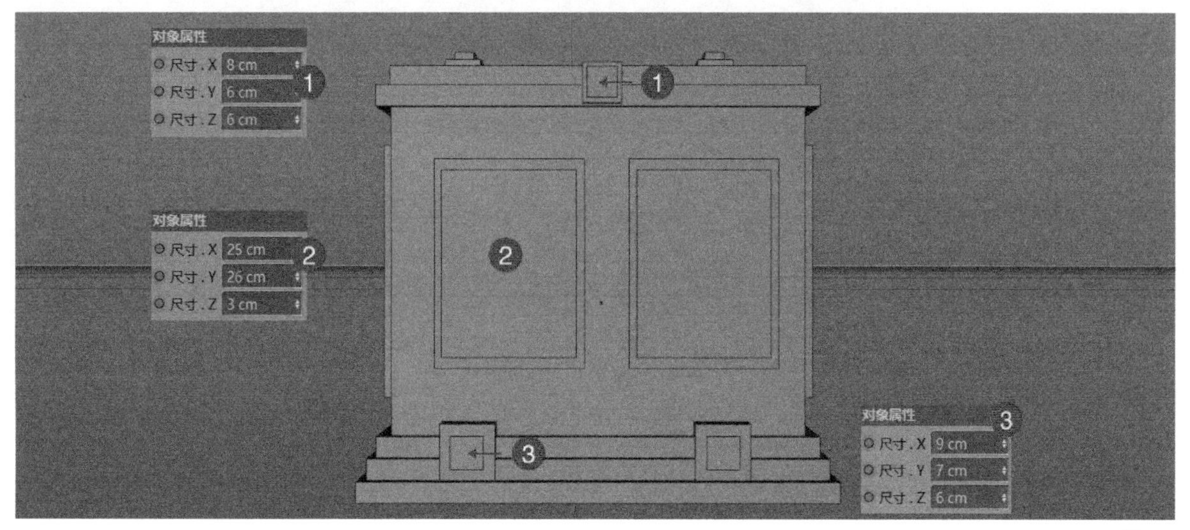

图2-15

08 新建一个立方体，按住Ctrl键移动复制，并调整其参数与位置，如图2-16所示。

09 新建一个立方体作为有轨电车尾部的窗户，参数和位置如图2-17所示。车体整体效果如图2-18所示。

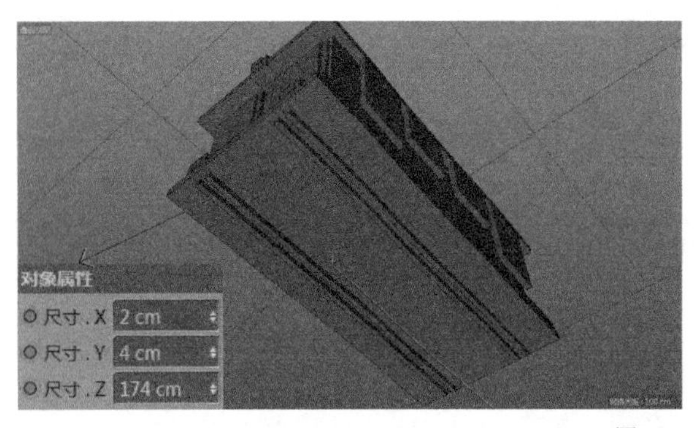

图2-16

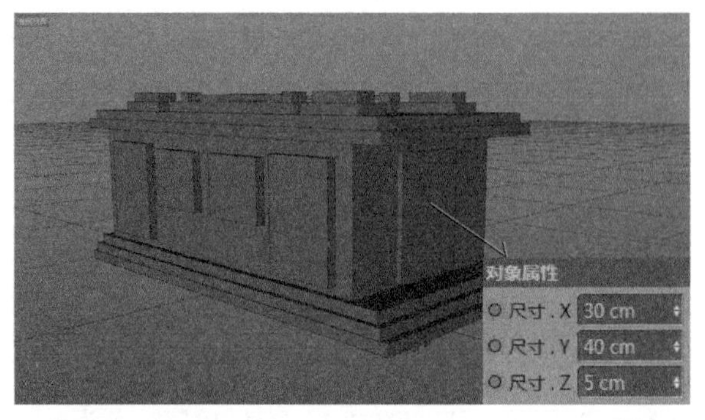

图2-17

图2-18

10 其次，进行车轨轨道的建模。参照图2-19所示的车轨效果图创建模型。新建一个立方体并对其移动复制一个，如图2-20所示。

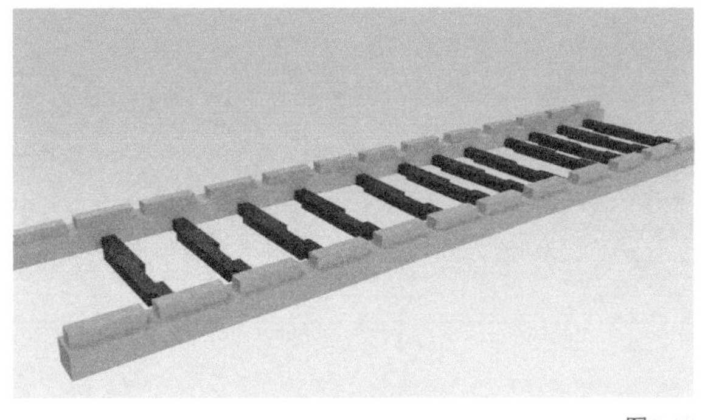

图2-19

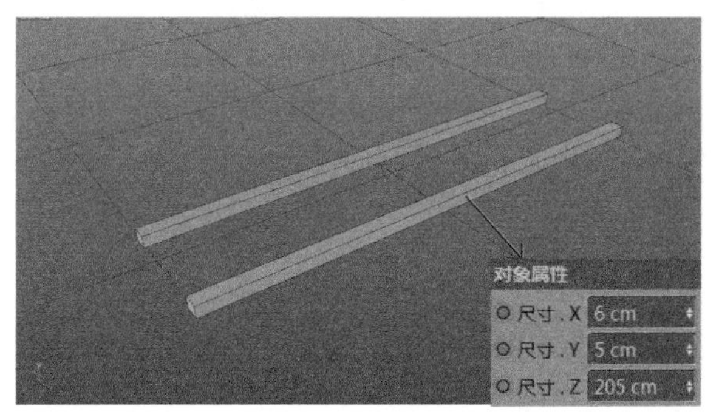

图2-20

11 在上一步创建的立方体基础上再新建一个立方体，如图2-21所示。

12 选择上一步创建的立方体，移动复制多个，放置在图2-22所示的位置。

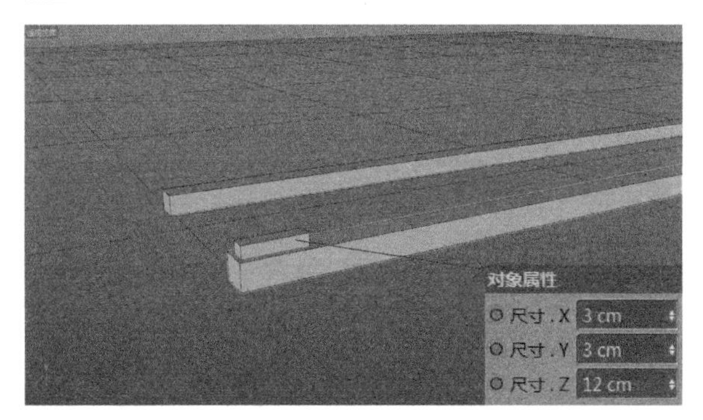

图2-21

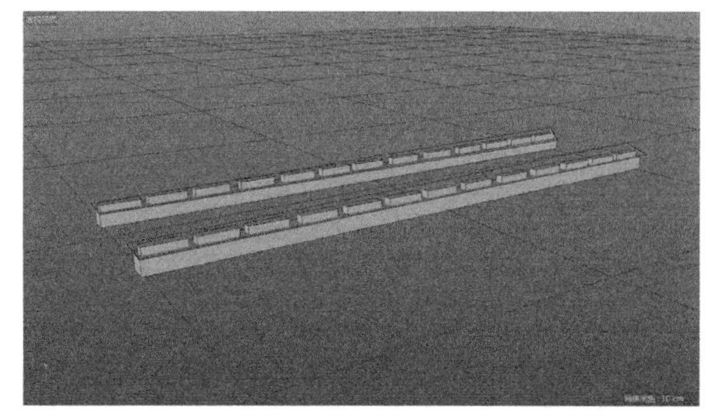

图2-22

13 新建立方体，移动复制进行组合，如图2-23所示。

14 选择上一步创建的枕木组合，移动复制多个，并放置在图2-24所示的位置。

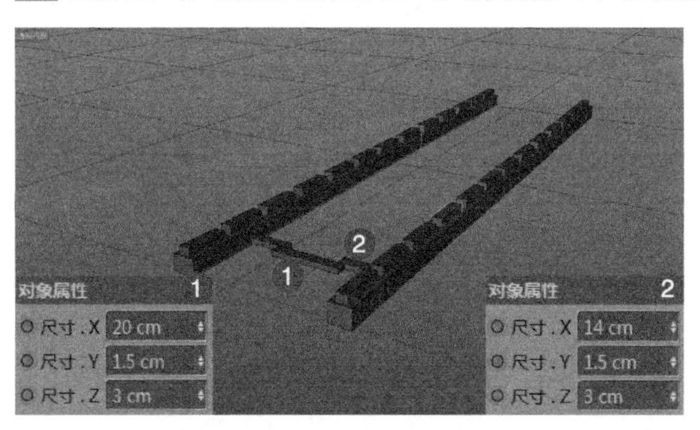

图2-23

图2-24

15 再次，进行场地与花草的建模。参照图2-25所示的场地与花草效果图创建模型。在“几何工具组”中创建一个立方体，然后复制并进行移动组合，如图2-26所示。

16 在“几何工具组”中新建一个立方体作为花草模型，如图2-27所示。

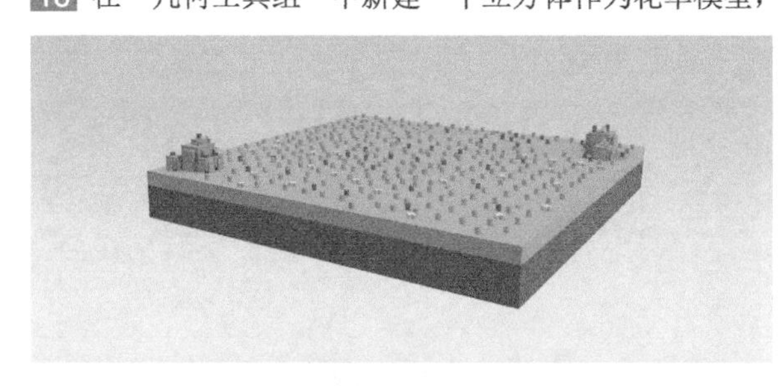

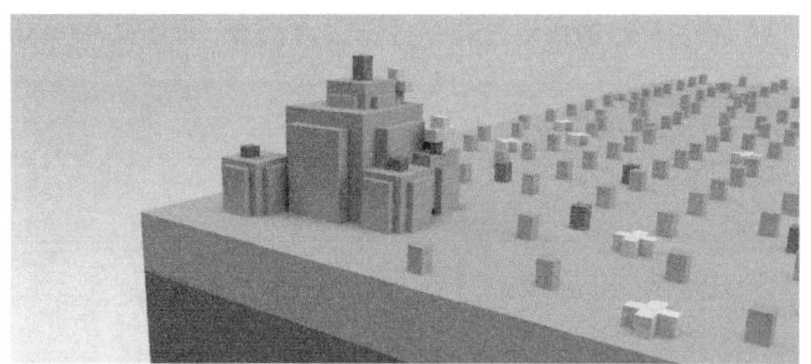

图2-25

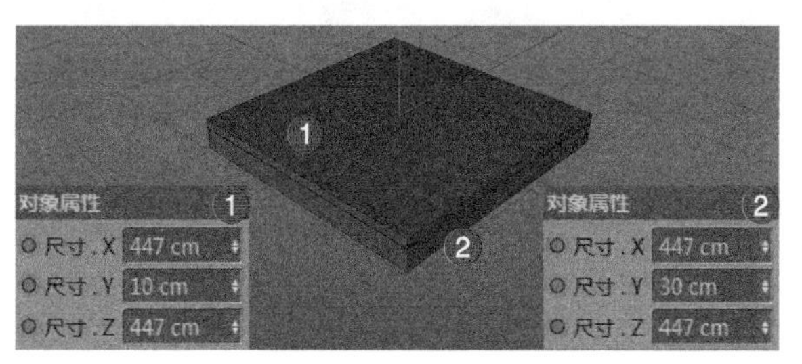

图2-26

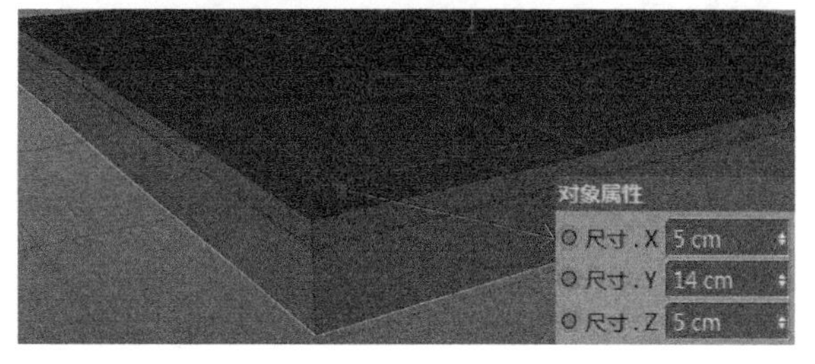

图2-27

17 选择上一步创建的立方体，移动复制并随机排列，如图2-28所示。

18 新建一个立方体作为花草的主立方体，如图2-29所示。

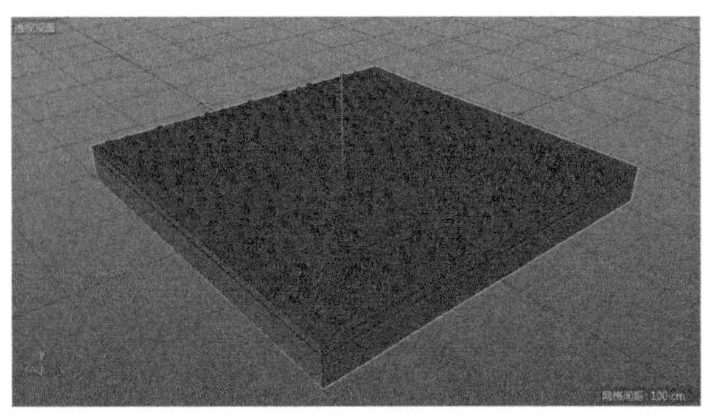

图2-28

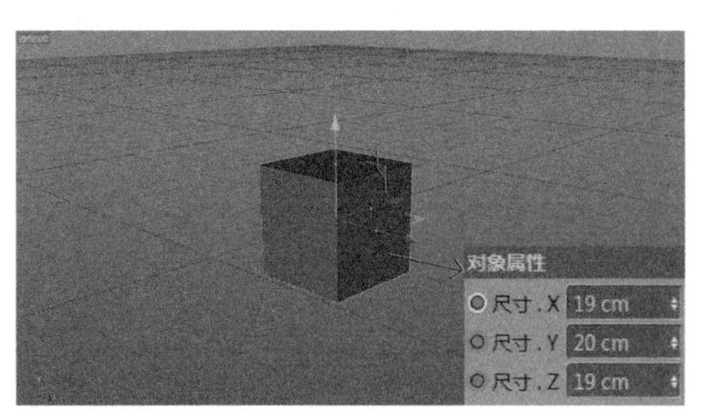

图2-29

19 分别在花草主立方体前后左右4个面，创建新的立方体并进行组合，如图2-30所示。

20 按快捷键Alt+G将新建立好的花草组合编组并命名为“花草主体”，然后选中“花草主体”组进行复制，并将复制出的新的“花草主体”组整体缩放为原有大小的一半，如图2-31所示。

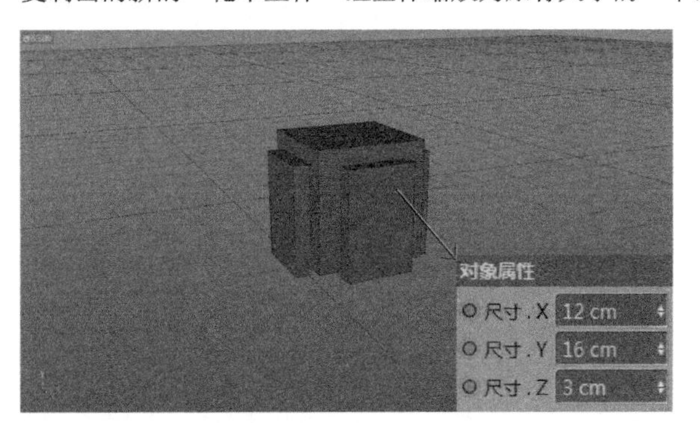

图2-30

图2-31

21 新建立方体，对组合好的花草组合进行局部添加，如图2-32所示。

22 将创建好的场地与花草进行最终组合，如图2-33所示。

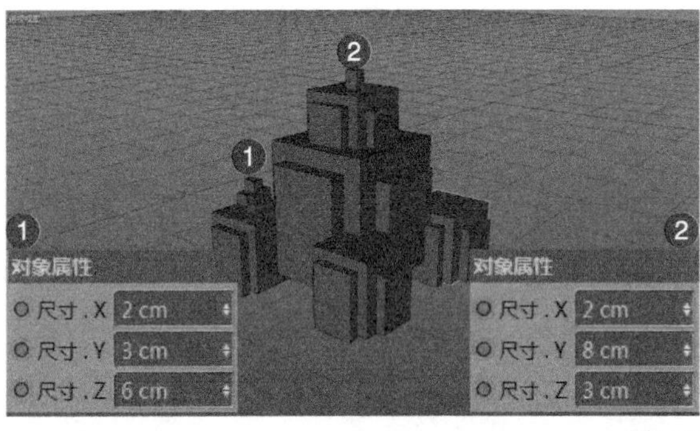

图2-32

图2-33

23 然后，进行电线和电线杆的建模。参照图2-34所示的电线和电线杆效果图创建模型。新建一个立方体，如图2-35所示。

24 复制组合上一步创建好的立方体，如图2-36所示。

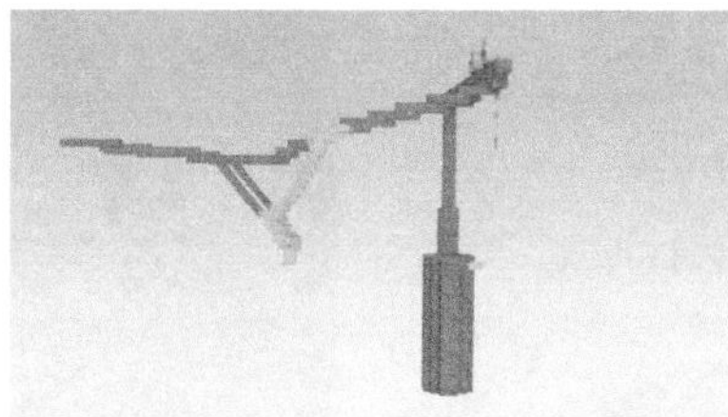

图2-34

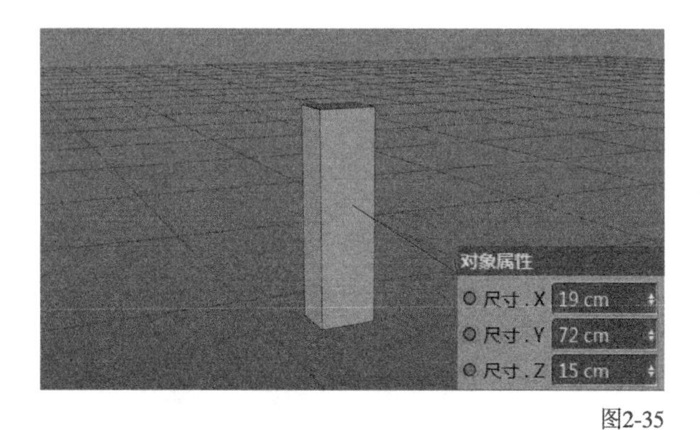

图2-35

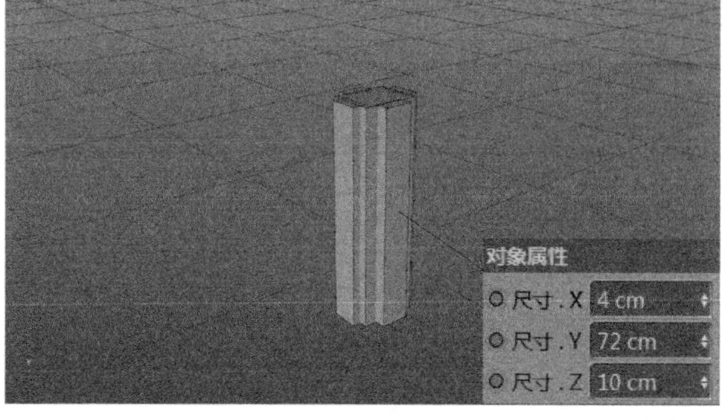

图2-36

25 选中创建好的立方体进行复制组合，如图2-37所示。

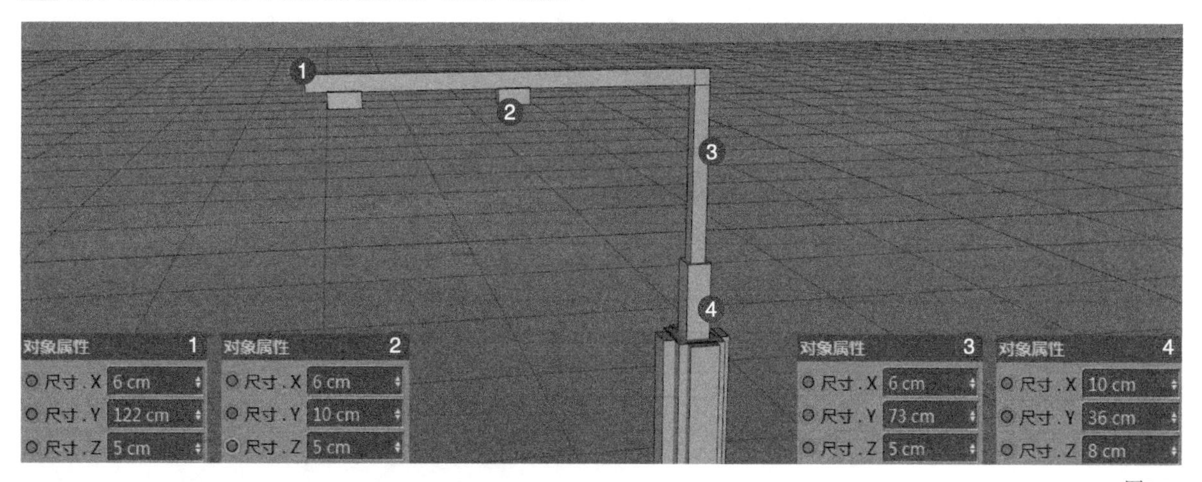

图2-37

26 新建一个立方体，设置参数及位置，如图2-38所示。

27 将上一步创建的立方体进行复制组合，如图2-39所示。

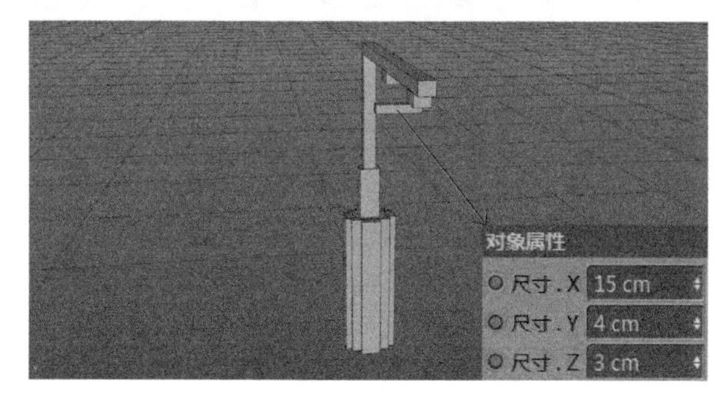

图2-38

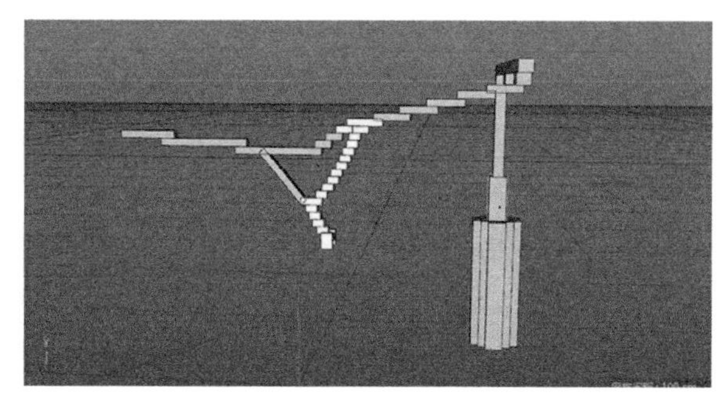

图2-39

28 将摆放好的电线立方体全部选中，按快捷键Alt+G对其进行编组并命名为“电线-1”，接着选中“电线-1”组进行复制并放在相应的位置，如图2-40所示。

29 新建立方体进行复制和组合，如图2-41所示。

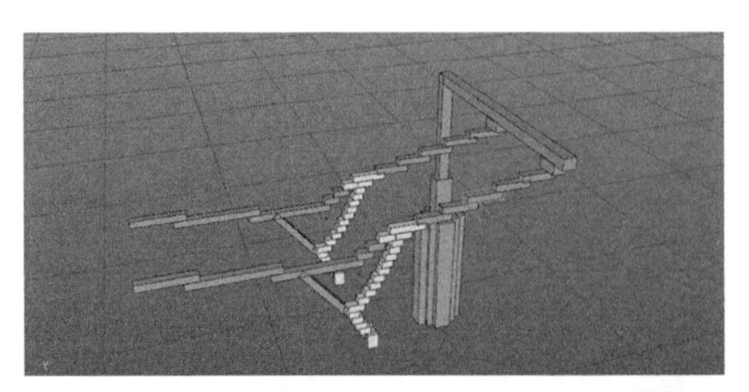

图2-40

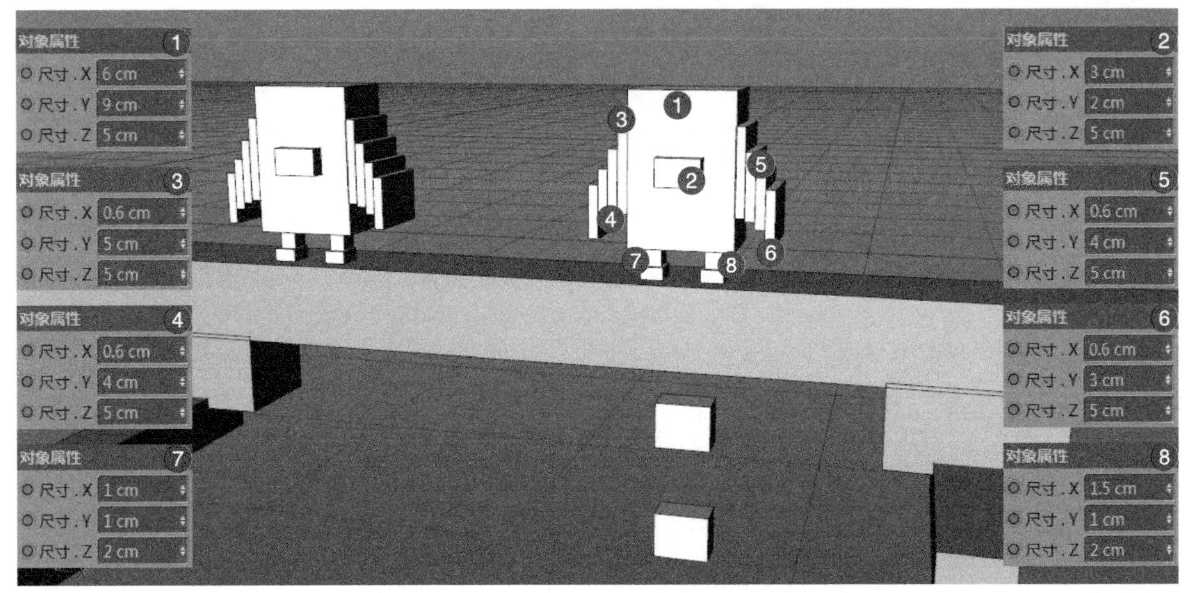

图2-41

30 将完成后的电线和电线杆进行组合，如图2-42所示。

31 最后，进行树木的建模。参照图2-43所示的树木效果图创建模型。新建一个立方体，如图2-44所示。

32 复制上一步创建的立方体，并与创建好的立方体进行组合，如图2-45所示。

图2-42

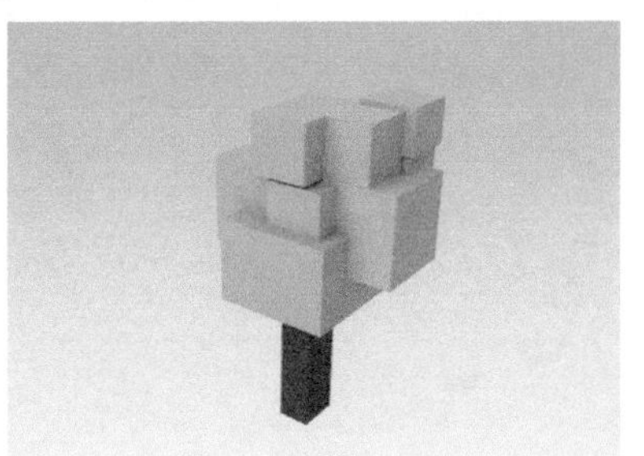

图2-43

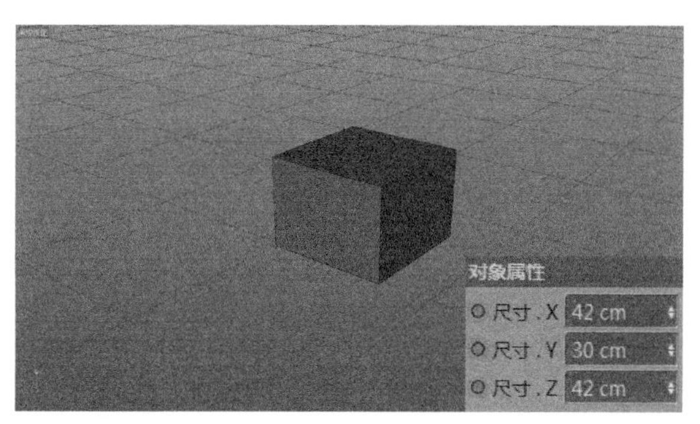

图2-44

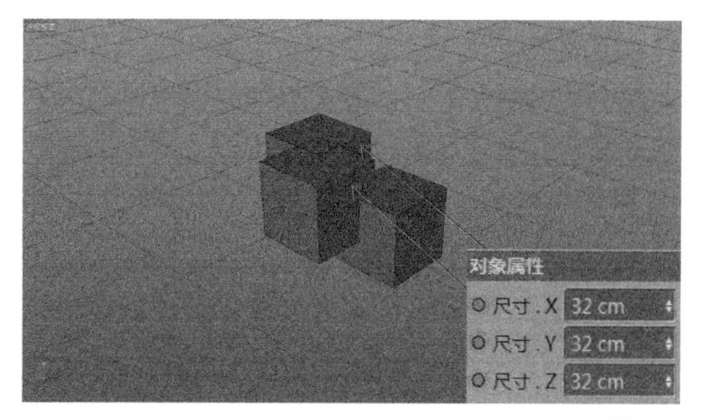

图2-45

33 复制立方体进行更多的组合，如图2-46所示。

34 创建一个立方体并与上面组合好的立方体进行组合，参数与位置如图2-47所示。

至此，通过“几何工具组”的立方体工具将模型逐一组合完成，最终的组合效果如图2-48所示。

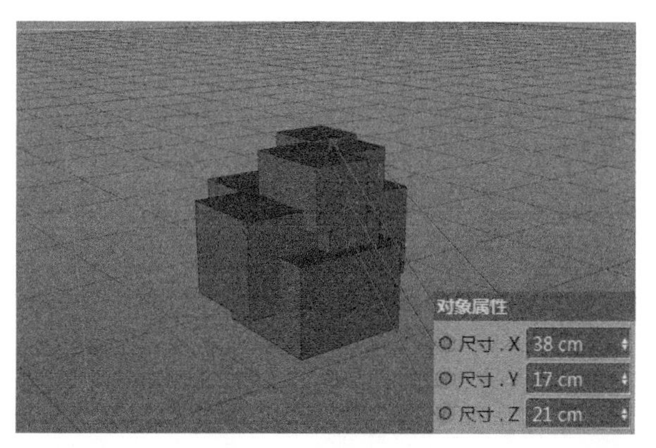

图2-46

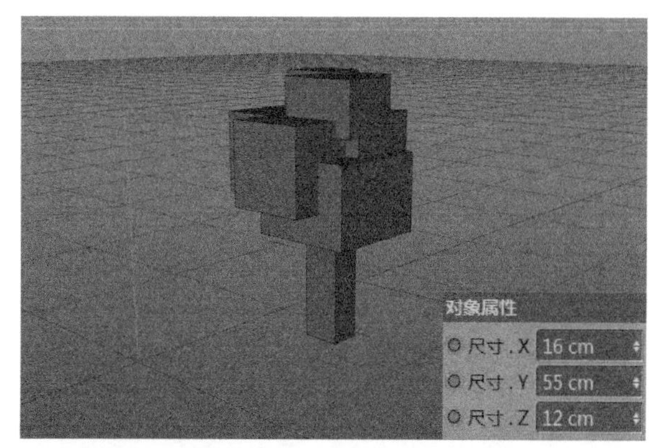

图2-47

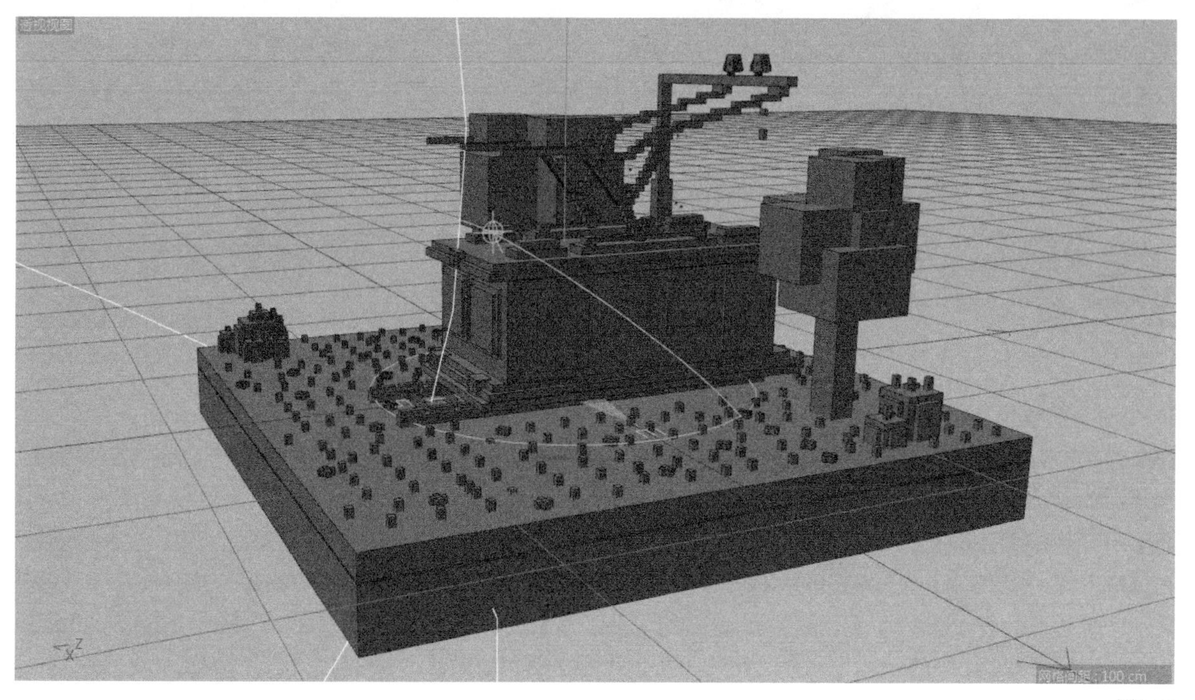

图2-48

设置材质

01 在材质面板中执行“创建-新材质”菜单命令，如图2-49所示，创建一个新的材质。

02 双击创建的材质图标打开“材质编辑器”面板，勾选“颜色”选项，右侧会出现颜色的相关属性，接着单击右侧色块打开“颜色拾取器”面板，并在RGB颜色模式下设置颜色为（R:247，G:99，B:49），如图2-50所示。

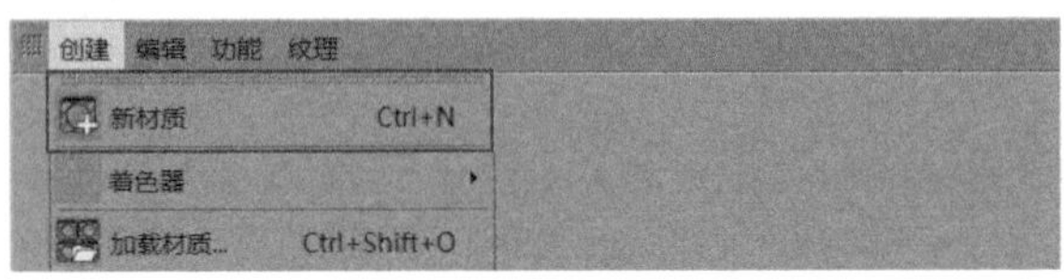

图2-49

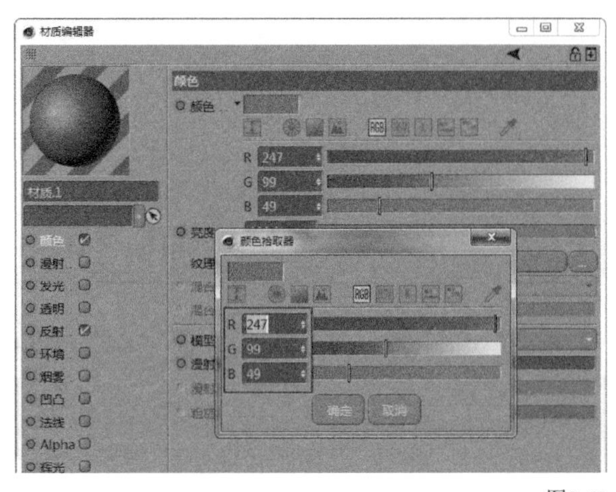

图2-50

03 切换到“反射”属性，在“反射”面板中单击“添加-GGX”选项，为其添加GGX反射，接着展开“层颜色”卷展栏，并将“亮度”设置为30%，再展开“层菲涅耳”卷展栏，并在“菲涅耳”中选择“绝缘体”选项，最后设置“预置”为“聚酯”，如图2-51和图2-52所示。

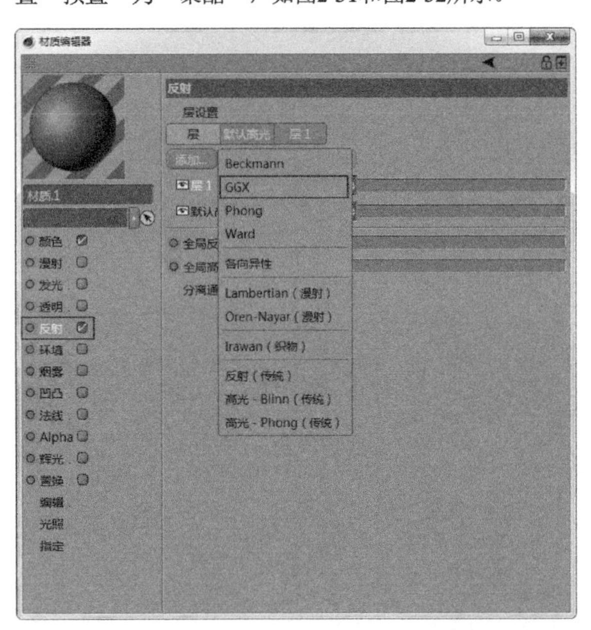

图2-51

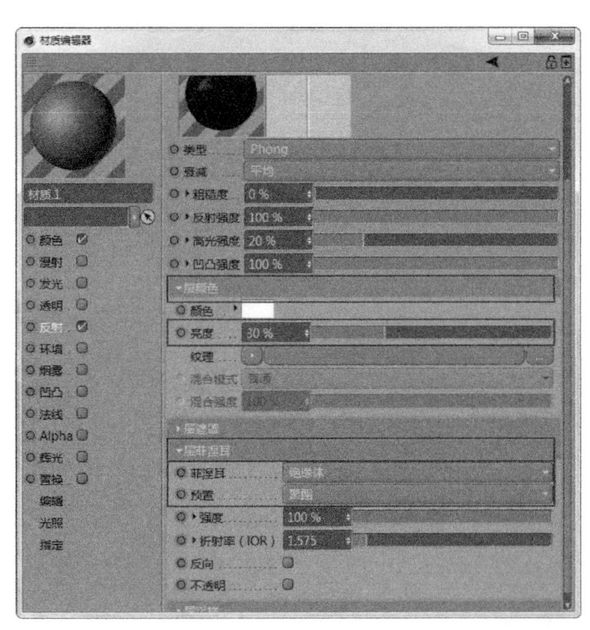

图2-52

04 修改材质名称为“车体材质”，如图2-53所示。

05 确保车体对象处于选中的状态，然后在材质上单击鼠标右键，在弹出的菜单中选择“应用”命令，将材质赋予车体，如图2-54所示。

06 用同样方法继续创建土壤、花草、车轨、枕木、车玻璃、电线、电线杆、树木和树干等的材质，保持它们的反射通道不变，然后分别设置土壤颜色为（R:238，G:153，B:50）、花草颜色为（R:128，G:233，B:48）、车轨颜色为（R:208，G:208，B:208）、枕木颜色为（R:133，G:91，B:51）、车玻璃颜色为（R:74，G:74，B:74）、电线颜色为（R:242，G:242，B:242）、电线杆颜色为（R:179，G:179，B:179）、树木颜色为（R:73，G:221，B:44）、树干颜色为（R:131，G:91，B:51），并将材质赋予在有轨电车的各个模型上，如图2-55所示。

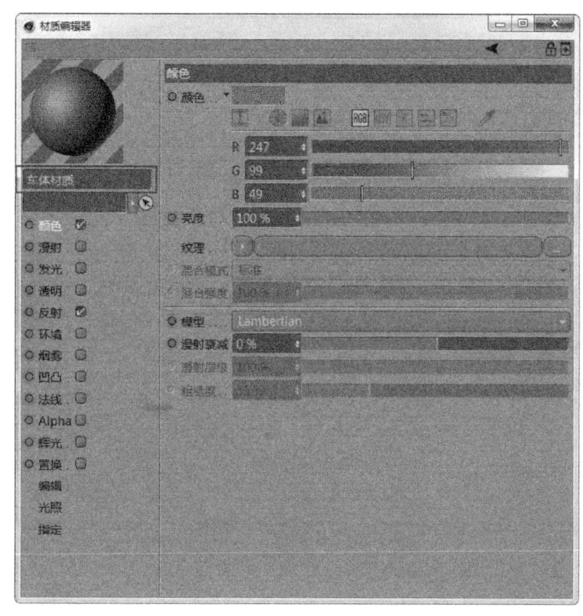

图2-53

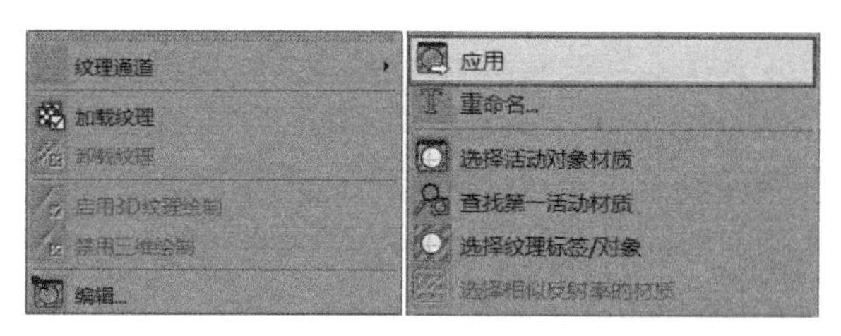

图2-54

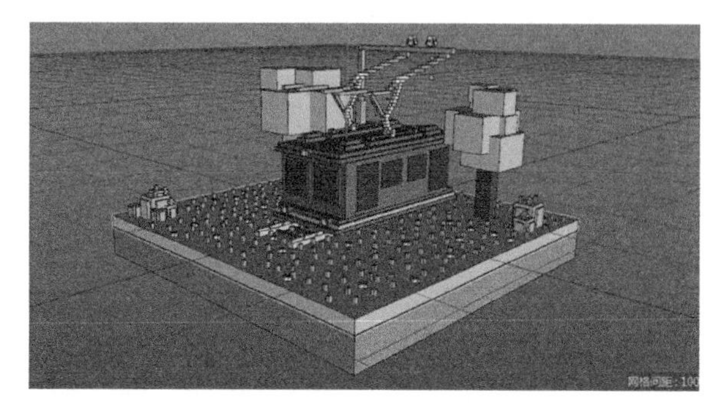

图2-55

■ 设置环境

环境是渲染一幅作品完成时的必备条件。在渲染时我们在场景中可以不创建任何一盏灯光，但不能不创建一个环境。

环境分两种类型，一种是“物理天空”，另一种是普通的“天空”。“物理天空”是模拟一种自然物理现象，有太阳、大气和云朵，并且可以通过调整“物理天空”的相关参数让其发生白天、黑夜和冷暖等环境变化；普通的“天空”，需要配合HDRI贴图进行使用。在Cinema 4D中已经内置了27张HDRI贴图，包含多种场景，使用起来非常方便。

长按命令面板的“地面”按钮，就可以创建“物理天空”和普通的“天空”环境，如图2-56所示。

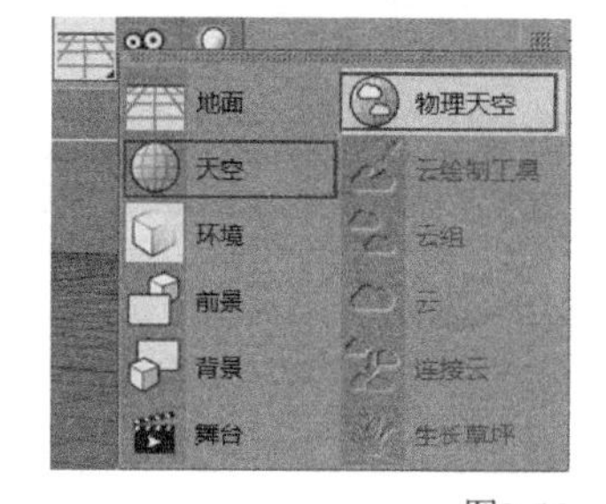

图2-56

HDRI是Hight Dynamic Range Image高动态范围图像的简称，拥有比普通RGB格式图像（仅8bit的亮度范围）更大的亮度范围。标准的RGB图像最大亮度是值是255，如果用这样的图像结合光能传递照明一个场景的话，即使是最亮的白色也不足以提供足够的照明模拟真实世界中的情况，渲染结果看上去会平淡且缺乏对比。这是因为这种图像文件将现实中的大范围的照明信息仅用一个8bit的RGB图像进行描述，但使用HDRI的话，相当于将太阳光的亮度值（如6000%）加到光能传递计算及反射的渲染中，得到的渲染结果也是非常真实和漂亮的。

在本案例中我们使用普通的“天空”结合HDRI贴图来模拟环境。

01 长按“地面”按钮选择“天空”选项，此时在场景中的天空是一个灰色的状态，如图2-57所示。在进行有轨电车的渲染中，天空不能是一种灰色的状态，需要使用一张真实的环境贴图来模拟天空，一般情况下使用HDRI贴图来进行模拟。

图2-57

02 执行“窗口-内容浏览器”菜单命令（快捷键为Shift+F8）打开“内容浏览器”面板，然后加载材质“预置/Presets/Light Setups/HDRI/Photo Studio”，拖曳到材质面板中即可，如图2-58所示。

03 拖曳Photo Studio材质给到天空对象，单击命令面板的“编辑渲染设置”按钮（快捷键为Ctrl+B）打开“渲染设置”面板，接着在“渲染设置”面板中单击“效果”按钮，并添加“全局光照”选项，如图2-59所示。按快捷键Ctrl+R进行渲染，此时有轨电车反射了天空环境贴图，如图2-60所示。

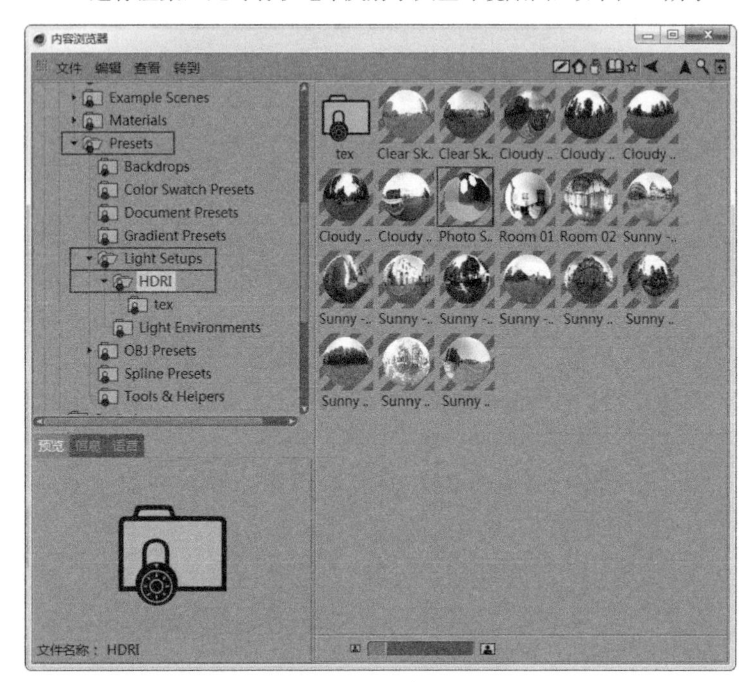

图2-58

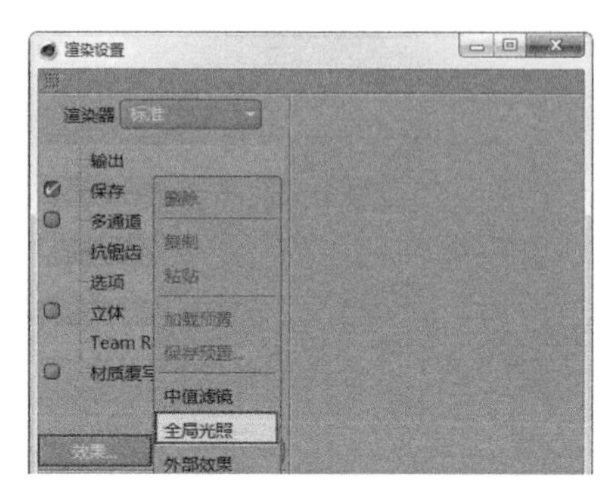

图2-59

图2-60

04 我们并不希望周围的天空环境都被渲染出来。在“对象”面板中选中天空对象，然后单击鼠标右键，在弹出的菜单中选择“CINEMA 4D标签-合成”命令为其添加“合成”标签，如图2-61所示。

05 选择该标签后，在“合成”标签的属性面板中，选择“标签”选项卡并取消勾选“摄像机可见”选项，如图2-62所示。

图2-61

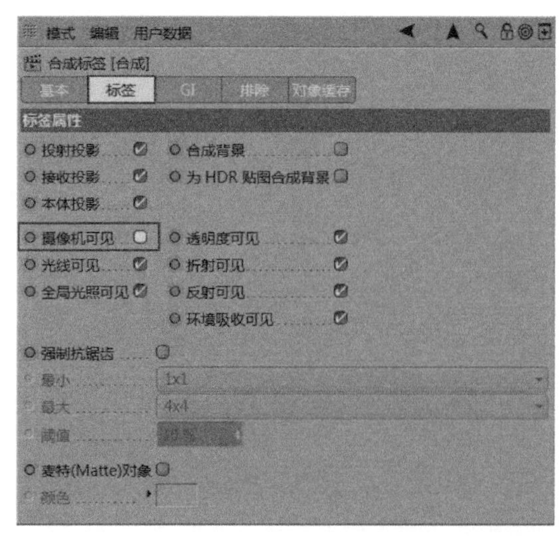

图2-62

06 再次对有轨电车进行渲染，此时天空环境就不会被渲染出来，如图2-63所示。这时会发现渲染出来的效果并不是特别理想，背景漆黑一片与整个作品格格不入，且整体场景过暗细节部分需要优化。长按“地面”按钮选择“背景”选项，如图2-64所示，这时在场景当中就添加了一个背景。

图2-63

图2-64

07 双击材质面板创建一个背景材质，然后打开“材质编辑器”面板选择“颜色”通道，单击“纹理”旁边的小三角添加“渐变”选项，如图2-65所示，再单击进入“着色器属性”面板，将“类型”设置为“二维-V”，最后将左边的渐变色块的RGB数值设置为（R:207，B:240，G:246），并将右边的渐变色块的RGB数值设置为（R:104，B:200，G:241），如图2-66所示，形成渐变效果。

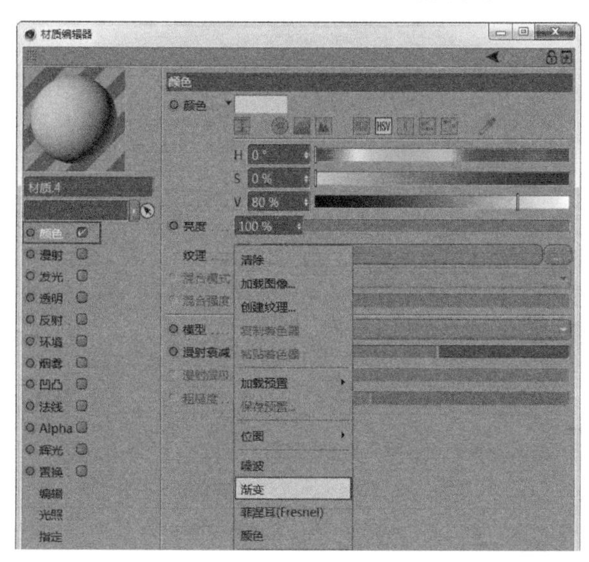

图2-65

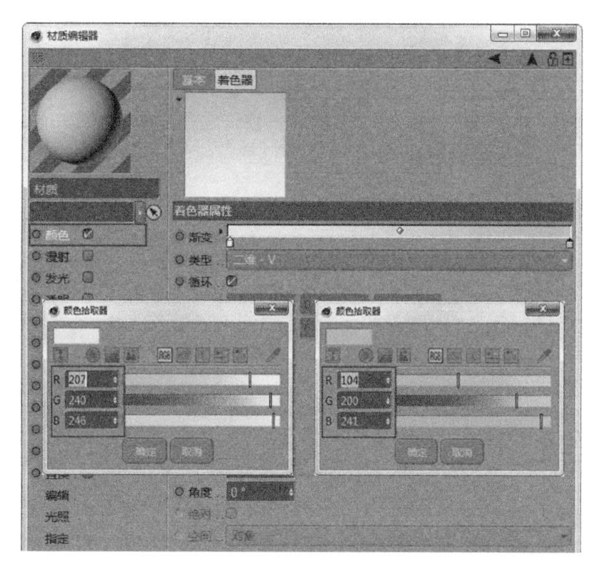

图2-66

08 材质设置完毕后，按快捷键Ctrl+R对有轨电车进行渲染，如图2-67所示。

图2-67

设置灯光

01 从上面渲染的效果图中，可以看到整体作品细节不够且颜色偏暗，此时就需要添加灯光。在“命令”面板中长按“灯光”按钮，然后在弹出的扩展面板中选择“区域光”选项，如图2-68所示。

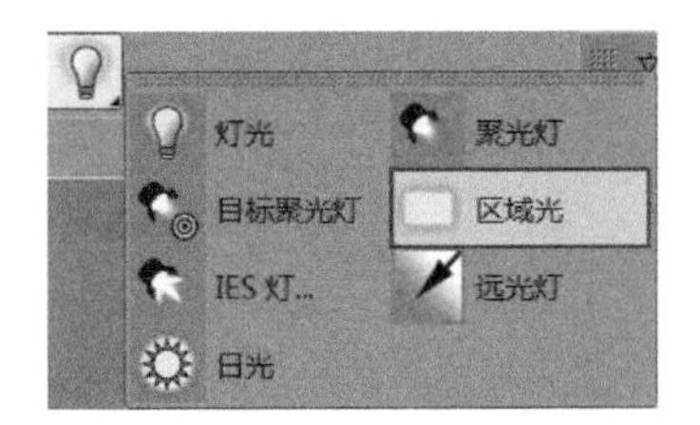

图2-68

02 选中创建的区域灯光，在“常规”选项卡中设置“投影”为“区域”，接着在“细节”选项卡中设置“衰减”为“平方倒数（物理精度）”，如图2-69所示，并将灯光的位置摆放在有轨电车的正前上方，如图2-70所示。

03 按快捷键Ctrl+R渲染并观察，如图2-71所示。此时有轨电车整体的光影和体积感更强了，至此灯光设置完毕。

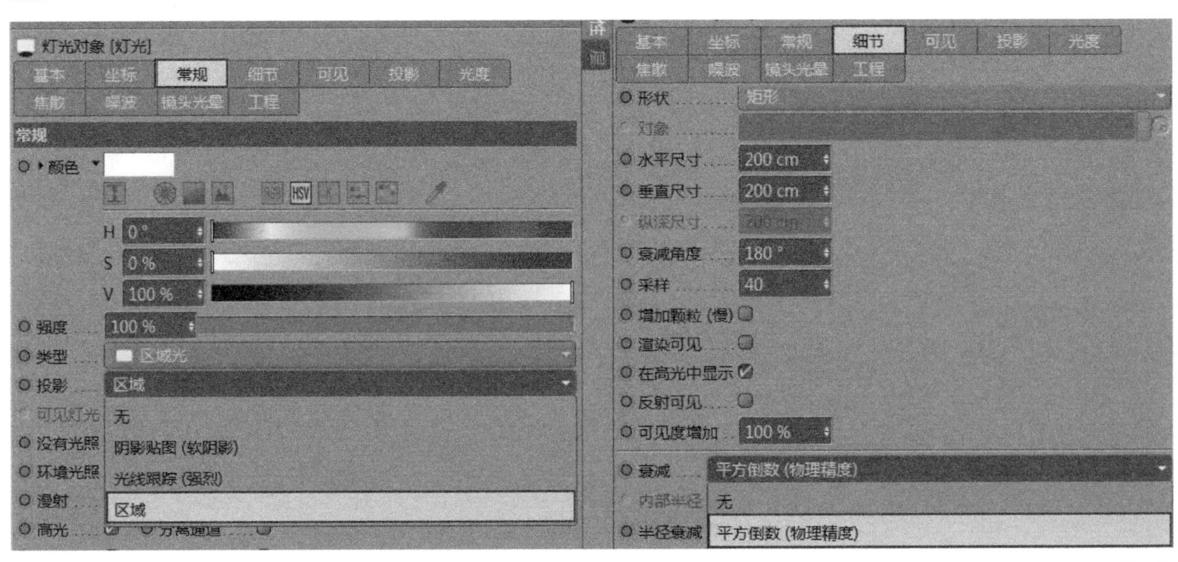

图2-69

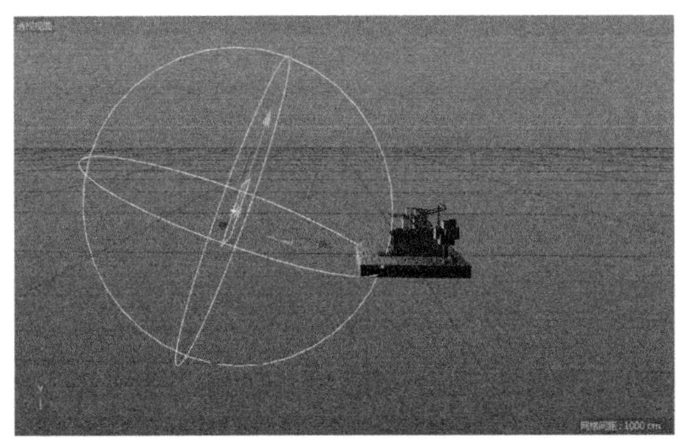

图2-70

图2-71

渲染输出

01 在命令面板中长按“摄像机”按钮，然后在弹出的扩展面板中找到“摄像机”选项，并在场景中单击创建，如图2-72所示。

02 单击“摄像机”对象右侧图标就可以激活摄像机视图，在此基础上移动摄像机找到一个渲染的最佳视角，然后单击鼠标右键，在弹出的菜单中选择“CINEMA 4D标签”选项添加“保护”标签将摄像机视角进行固定，如图2-73所示，这样可以防止我们在编辑模型时因不小心触碰而移动了摄像机最佳角度。

03 从“命令”面板中单击“编辑渲染设置”按钮（快捷键为Ctrl+B），打开“渲染设置”面板，如图2-74所示。

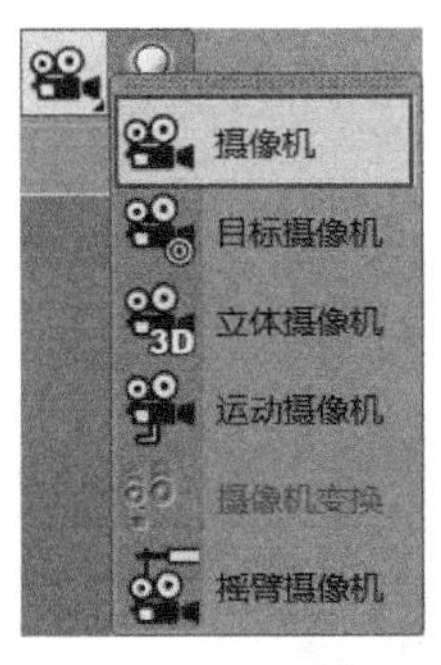

图2-72

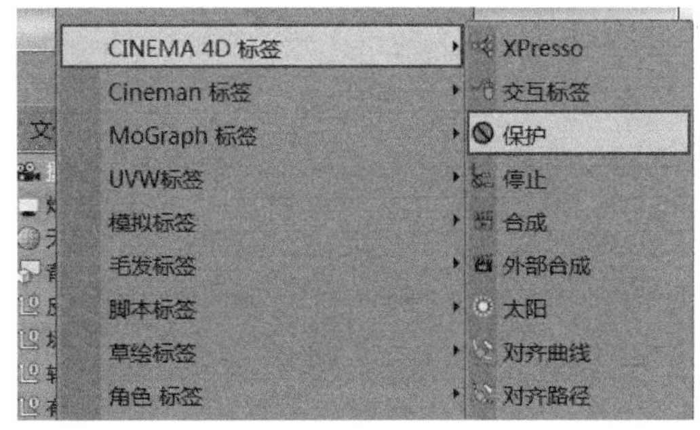

图2-73

图2-74

04 选择保存路径和格式，然后单击“文件”路径后的“浏览”按钮，并设置渲染后的输出路径，接着在“格式”当中选择“TIFF(PSD图层)”选项，如图2-75所示。

05 选择“输出”选项，单击按钮，此时会在右侧出现扩展面板，在里面选择“屏幕-1280×720”选项，如图2-76所示。

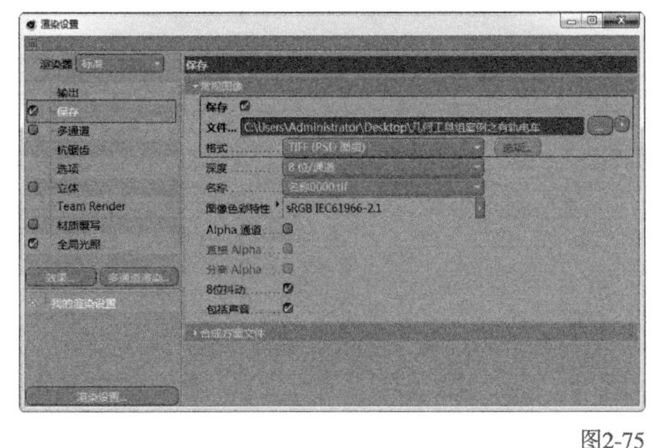

图2-75

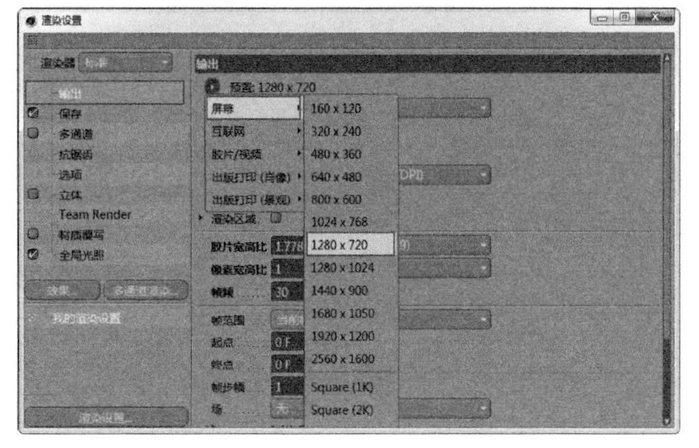

图2-76

06 切换到“抗锯齿”选项卡，设置“抗锯齿”为“最佳”，“最小级别”为2×2，“最大级别”为4×4，如图2-77所示。

07 在命令面板中单击“渲染到图片查看器”按钮，如图2-78所示。至此本案例制作完成。

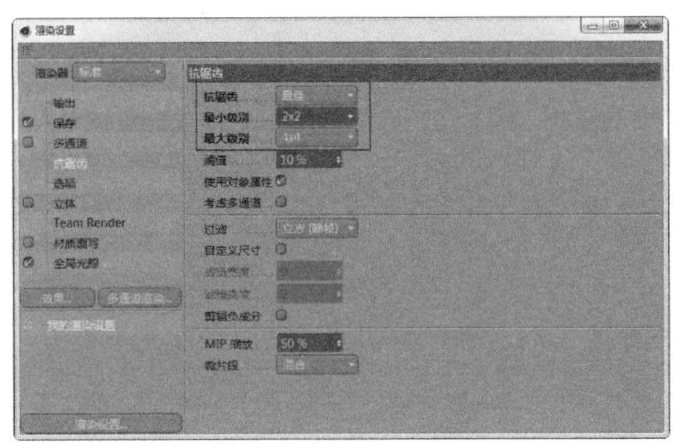

图2-77

图2-78

总结

本案例是运用基础“几何工具组”的案例，介绍了很多基础知识，希望读者能够认真阅读，在后面的案例中，如果有重复的基础知识就不再赘述了。

读者也可以多创建几台摄像机，变换不同的角度，从而得到另外几张效果图，如图2-79所示。渲染完成后可以进入Photoshop软件进行后期调整，如曲线、色阶、色相和饱和度等属性。

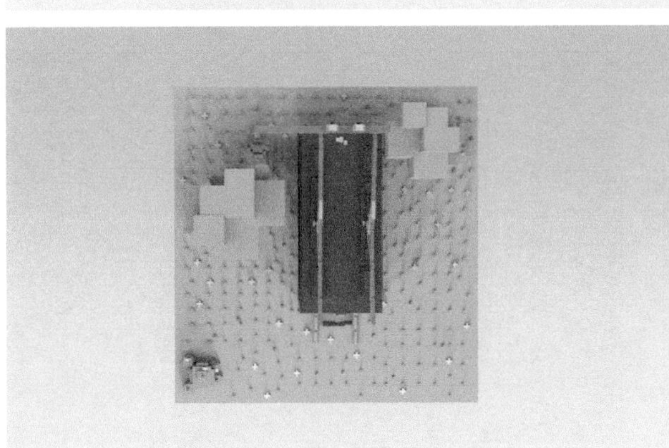

图2-79

2.1.3 样条线建模：可乐玻璃瓶

◎ 视频名称 样条线建模：可乐玻璃瓶

◎ 实例位置 实例文件 >CH02> 样条线建模：可乐玻璃瓶

◎ 学习目标 掌握样条线和曲线建模工具组的使用方法

本节将为读者详细讲解可乐玻璃瓶的制作，案例最终效果如图2-80所示。

图2-80

案例概述

本案例使用Cinema 4D中的样条线和曲线建模工具创建可乐玻璃瓶，以帮助读者快速地认识和运用样条线和曲线工具。在使用样条线绘制可乐玻璃瓶外轮廓时，一定要对可乐玻璃瓶外形有明确的认识。在材质方面细心调整玻璃、水和其他物体的材质。布光要合理，除了环境天空之外，一般还要在场景当中添加常规灯光和反光板以增加细节与质感。

创建模型

在制作这个案例之前首先要对案例进行分析及拆分，这样有利于我们在制作过程中有一个明确的思路和流程。在可乐玻璃瓶这个案例中，大致可以将场景中的模型分为4个部分，分别是可乐瓶身的建模、可乐瓶内部液体的建模、可乐瓶盖的建模和舞台的建模，拆解完成后逐一对其进行建模。

通过可乐玻璃瓶的整体图和两张细节图，全面了解可乐玻璃瓶的结构，如图2-81所示。

图2-81

01 在Cinema 4D属性面板中选择“工程-视图设置”选项，然后在“背景”选项卡的“图像”通道中加载一张可乐图片，如图2-82所示。

02 选择“样条线工具组”中的“画笔”工具，对可乐瓶子的外轮廓进行勾勒，如图2-83所示。

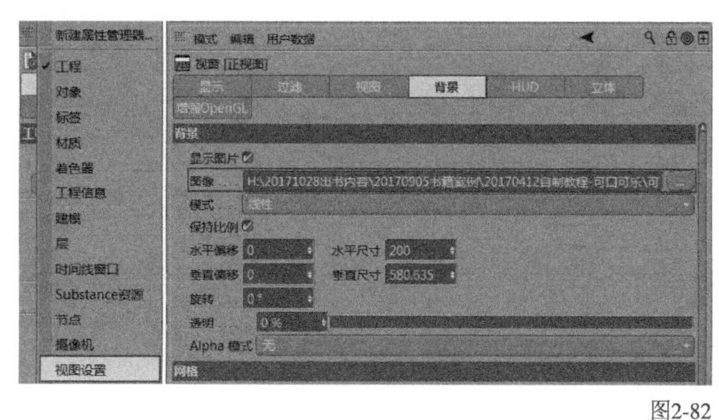

图2-82

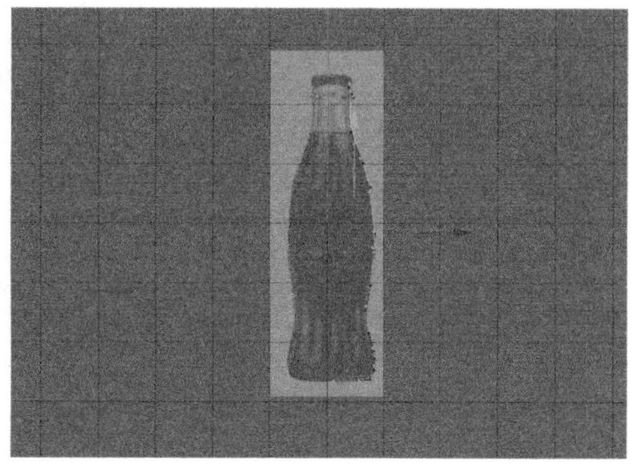

图2-83

03 选择“曲线建模工具组”中的“旋转”工具，将勾勒好的样条线放在“旋转”工具的子集位置，即可得到可乐瓶的外轮廓，如图2-84所示。

04 选择菜单中“模拟-布料-布料曲面”命令，将“旋转”放在“布料曲面”的子集位置，如图2-85所示。

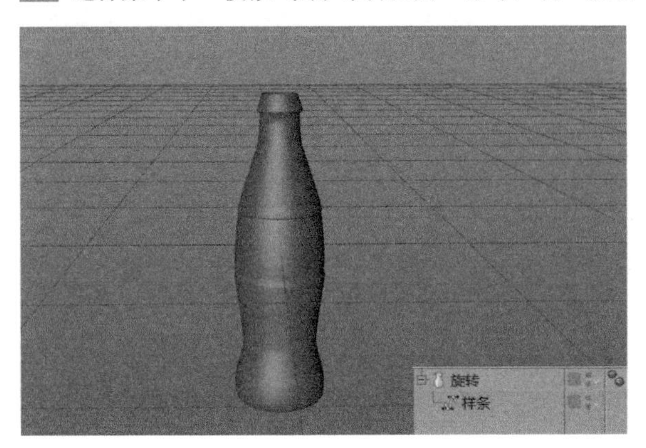

图2-84

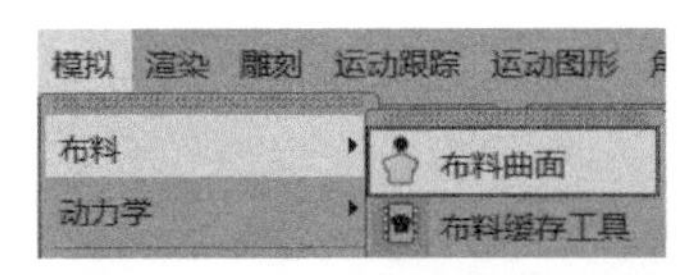

图2-85

05 选中“布料曲面”选项，在属性面板的“对象属性”中将“厚度”设置为6cm，如图2-86所示。

06 选中对象面板中的“布料曲面”选项，然后在“布料曲面”上单击“转化为可编辑对象”按钮（快捷键为C），把可乐瓶外轮廓变成一个可编辑的对象，如图2-87所示。

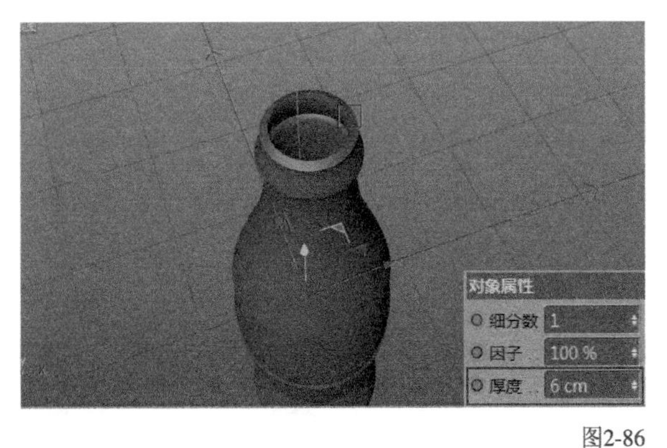

图2-86

图2-87

07 通过对可乐瓶身的观察，发现在可乐瓶身的上半部分和下半部分都有凹陷的效果，所以使用“多边形”工具选中可乐瓶身的上下凹陷的多边形，如图2-88所示。

08 保持选中的多边形不变，单击鼠标右键，在弹出的菜单中选择“挤压”选项，接着将“偏移”设置为-3cm，如图2-89所示。

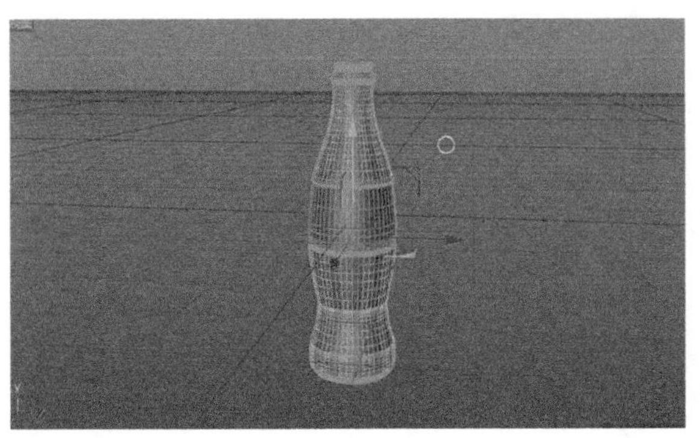

图2-88

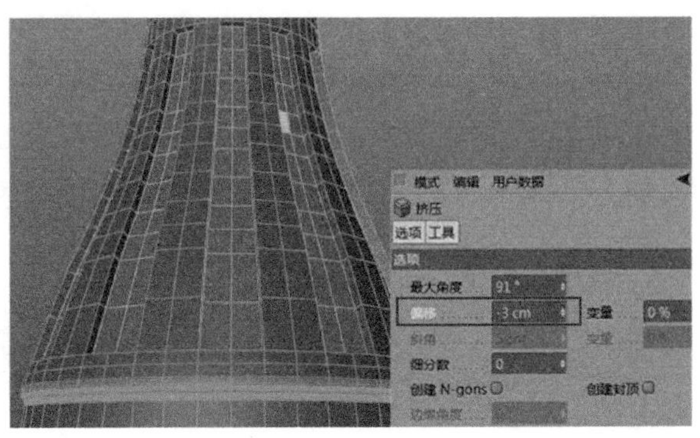

图2-89

09 选择“曲线建模工具组”中的“细分曲面”工具，将挤压后的模型放置在“细分曲面”工具的下方，如图2-90所示。至此可乐瓶身的建模完成。

图2-90

10 下面，进行可乐内部液体的建模。参照图2-91所示的可乐内部液体效果图对其进行模型的创建。将创建好的可乐瓶身复制一份并删除“细分曲面”选项，然后用“多边形”工具选中瓶身内部图2-92所示的多边形。

图2-91

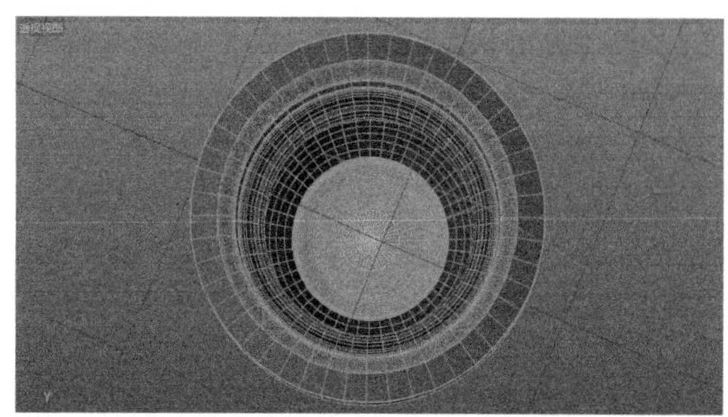

图2-92

11 保持选中的多边形不变，然后执行“选择-填充选择”菜单命令，选中瓶身内所有的多边形，如图2-93所示。

12 在选中的多边形上单击鼠标右键，在弹出的菜单中选择“分裂”选项，即可从瓶身中分裂出液体部分，如图2-94所示。

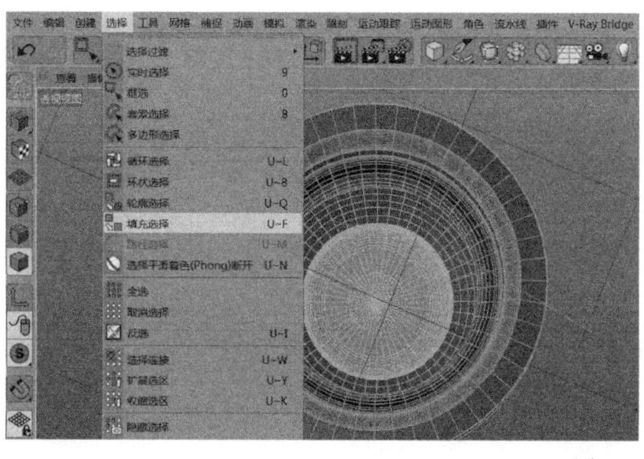

图2-93

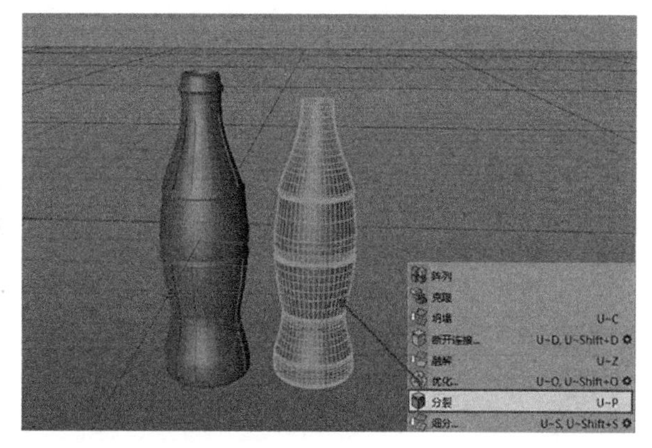

图2-94

13 单击鼠标右键，在弹出的菜单中选择“封闭多边形孔洞”选项，对液体模型的顶部进行封顶，如图2-95所示。

14 给液体建模添加“细分曲面”命令，此时内部液体建模部分完成，如图2-96所示。

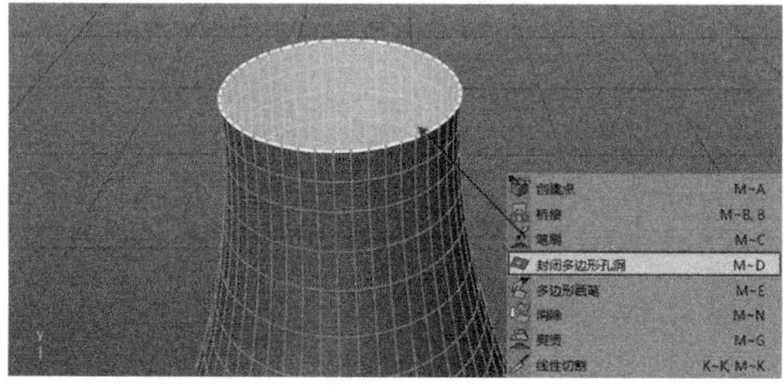

图2-95

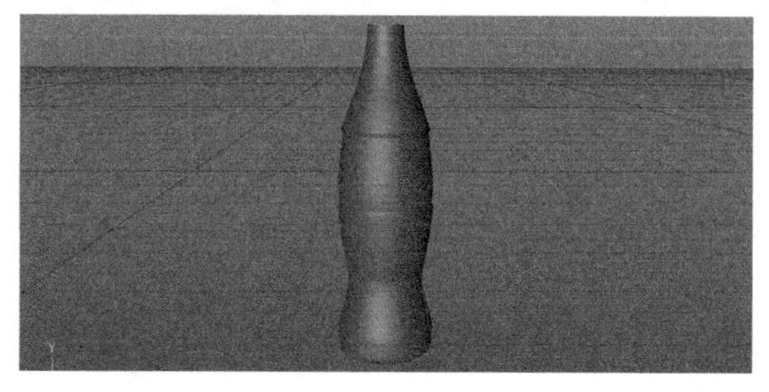

图2-96

15 下面，进行可乐盖的建模。参照图2-97所示的可乐瓶盖效果图对其进行模型的创建。使用“圆盘”工具创建一个圆盘模型，并将其转换成一个可编辑对象，然后选中最外围的边，按住Ctrl键沿*y*轴向下移动，如图2-98所示。

图2-97

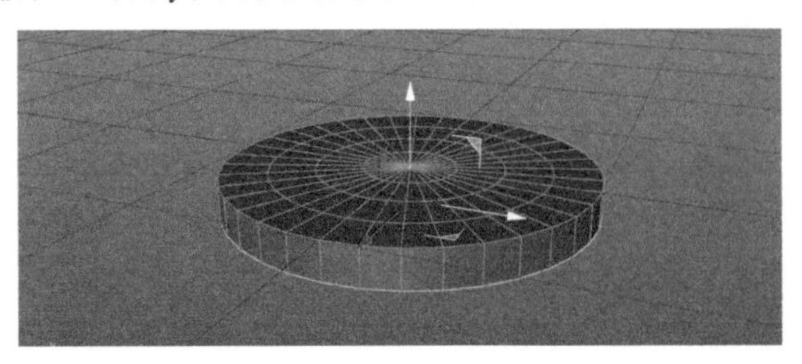

图2-98

16 选中挤压后的圆盘的外轮廓，然后沿*y*轴向下继续挤压两次，如图2-99所示。

17 选中下面的面，单击鼠标右键，在弹出的菜单中选择“挤压”命令，接着设置“偏移”为-8cm，如图2-100所示。

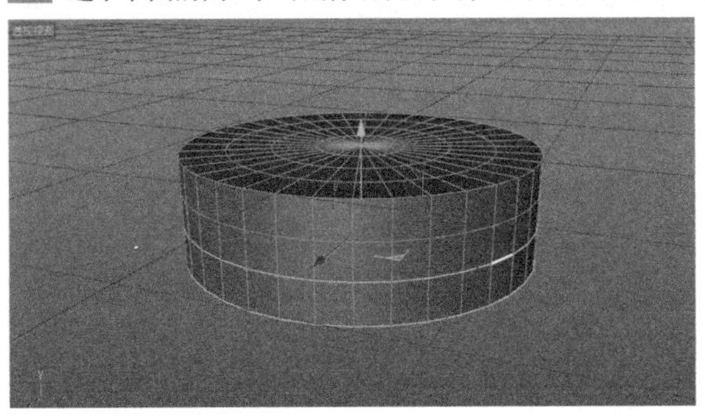

图2-99

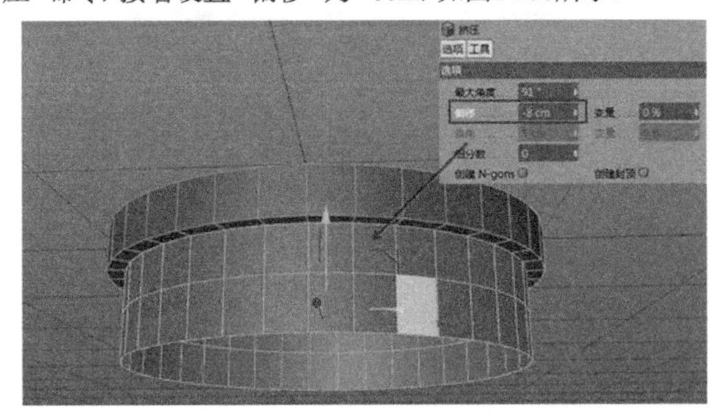

图2-100

18 选中瓶盖底部的面对其进行挤压，然后设置“偏移”为-5cm，如图2-101所示。

19 将选中的面沿*y*轴向下移动，并删除多余的面，如图2-102所示。

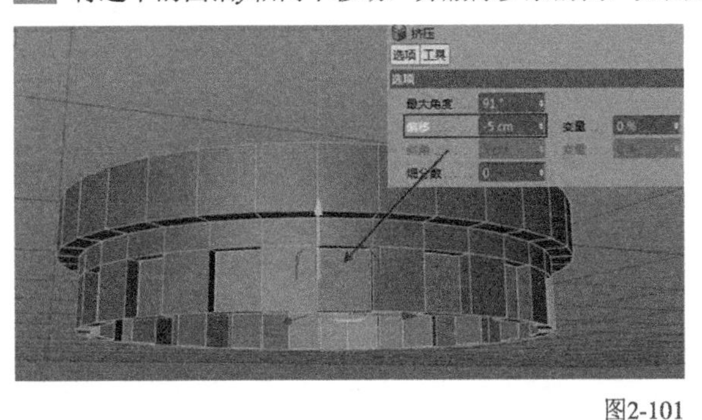

图2-101

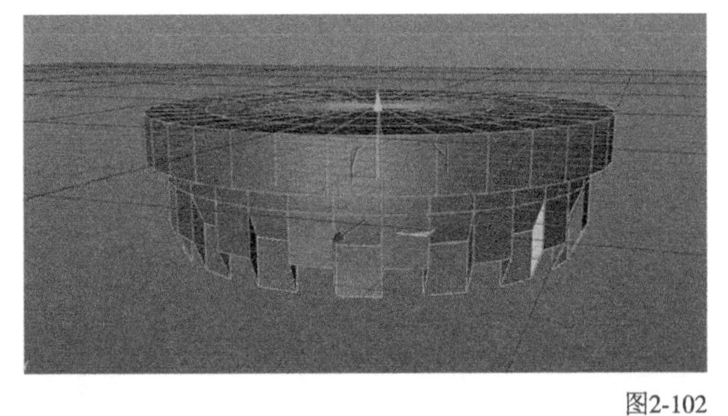

图2-102

20 选中圆盘最底部的边，然后对齐到同一个水平面上，如图2-103所示。

21 为挤压好的圆盘添加“细分曲面”命令，至此可乐瓶盖建模完成，如图2-104所示。

图2-103

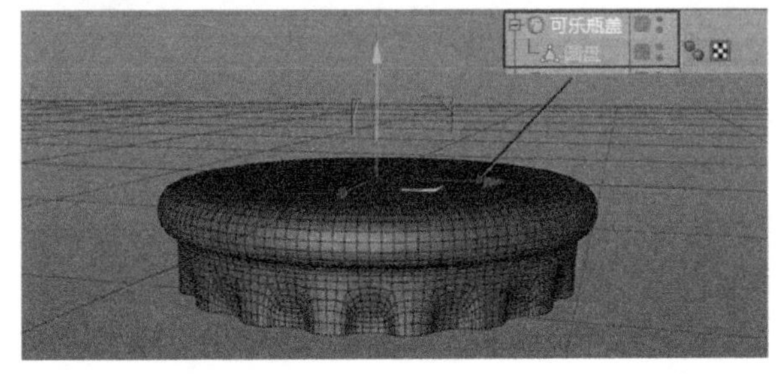

图2-104

22 下面，进行舞台的建模。参照图2-105所示的效果图对其进行模型的创建。创建一个立方体，如图2-106所示。

图2-105

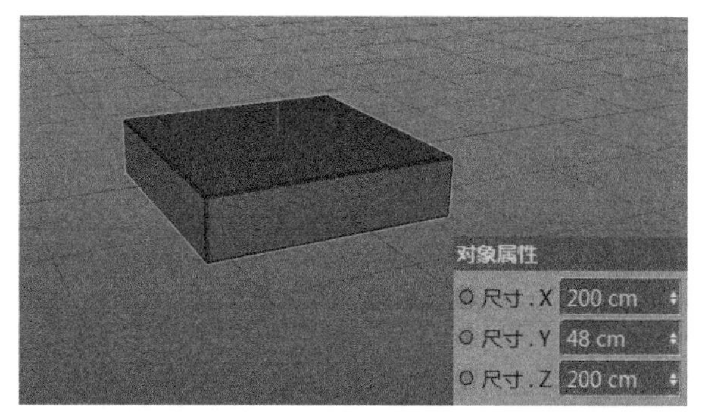

图2-106

23 执行“运动图形-克隆”菜单命令为立方体添加克隆，并调整相关参数，如图2-107所示。

24 执行“运动图形-效果器-随机”菜单命令，然后将“随机”选项添加到“克隆”效果器中，如图2-108所示。

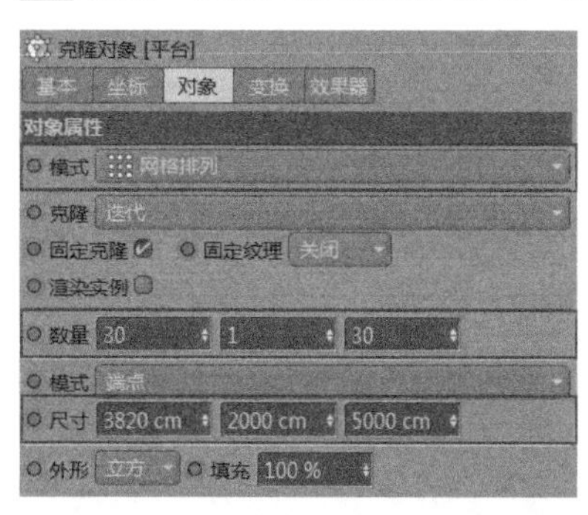

图2-107

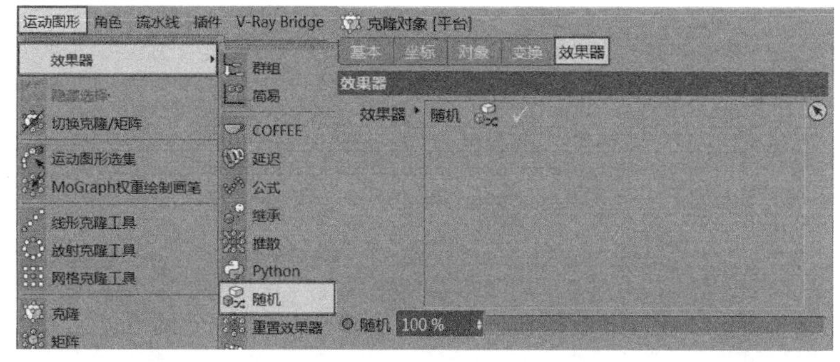

图2-108

25 调整“随机分布”参数，如图2-109所示。至此舞台效果建立完成。

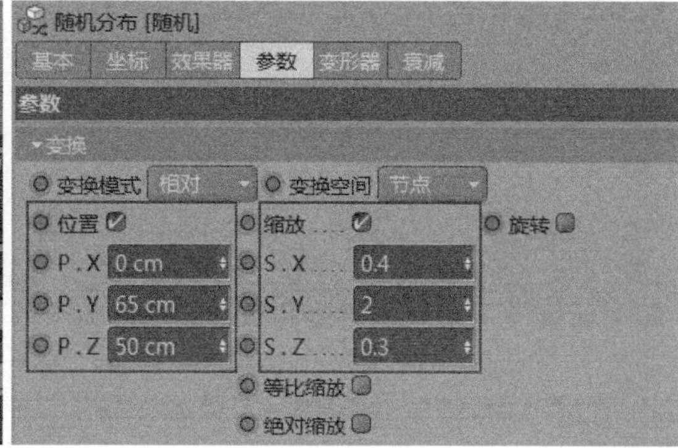

图2-109

设置材质

01 创建可乐瓶的玻璃材质。双击新建的材质打开“材质编辑器”面板，勾选“透明”通道，设置“折射率预设”为“玻璃”，“折射率”为1.517，再勾选“反射”通道，添加GGX反射，并在“层菲涅耳”中设置“菲涅耳”为“绝缘体”，“预置”为“玻璃”，最后调整反射“默认高光”的相关参数，如图2-110~图2-112所示。

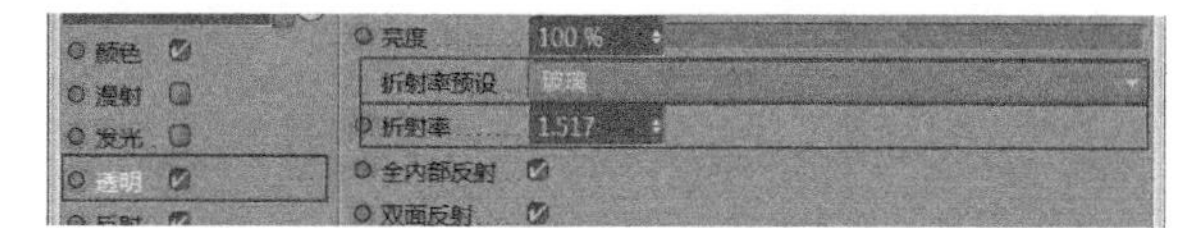

图2-110

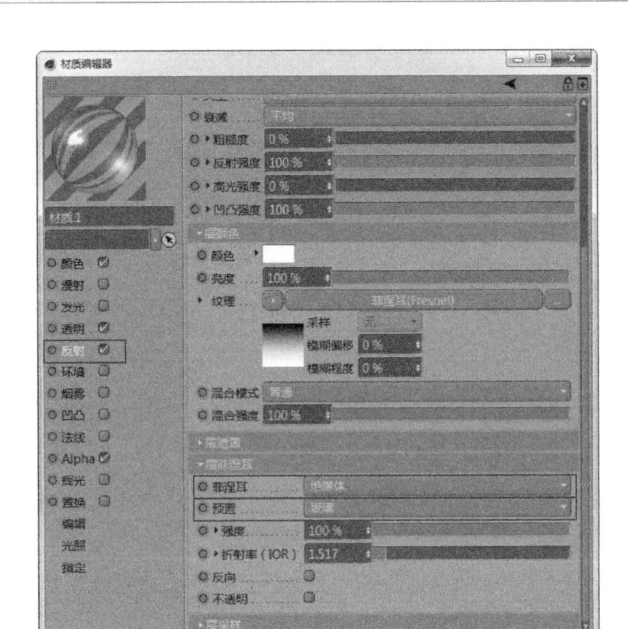

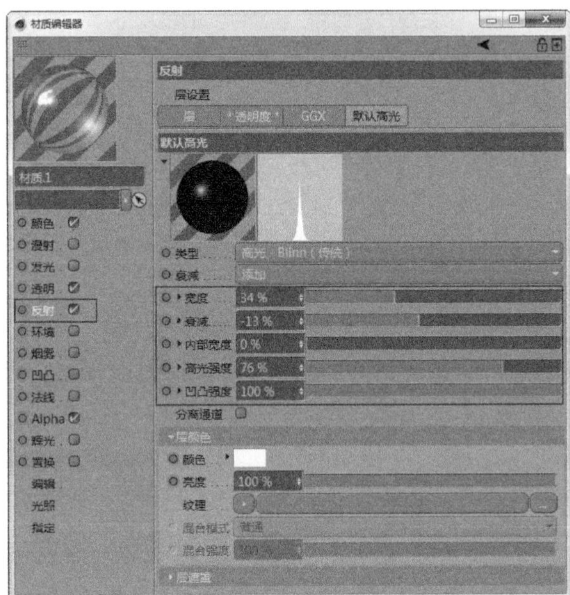

图2-111　　　　图2-112

02 创建瓶盖材质。双击材质面板新建一个材质，然后打开“材质编辑器”面板勾选“颜色”通道，调整颜色通道参数，接着勾选“反射”通道添加GGX反射，并调整相关参数，如图2-113和图2-114所示。

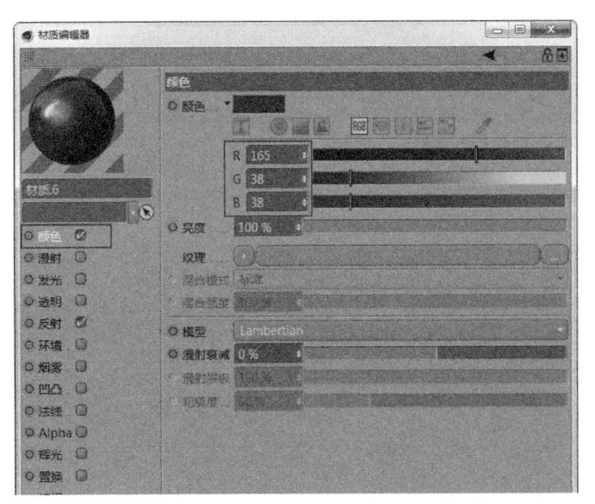

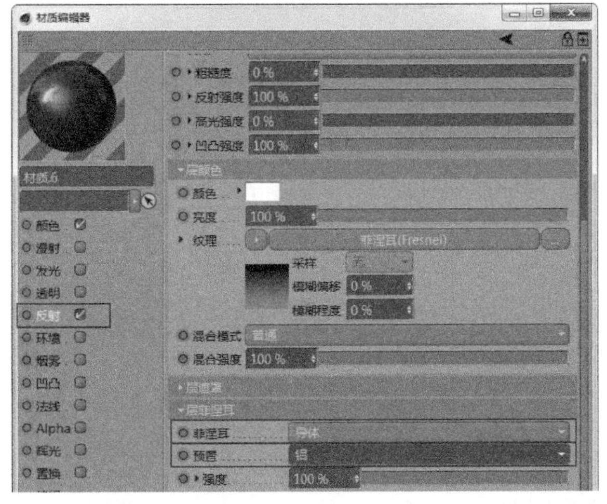

图2-113　　　　图2-114

03 创建液体的材质。双击材质面板新建一个材质，然后打开“材质编辑器”面板勾选“颜色”通道调整参数，勾选“透明”通道，设置“折射率预设”为“水”，“折射率”为1.333，再勾选“反射”通道添加GGX反射，并调整相关参数，如图2-115~图2-118所示。

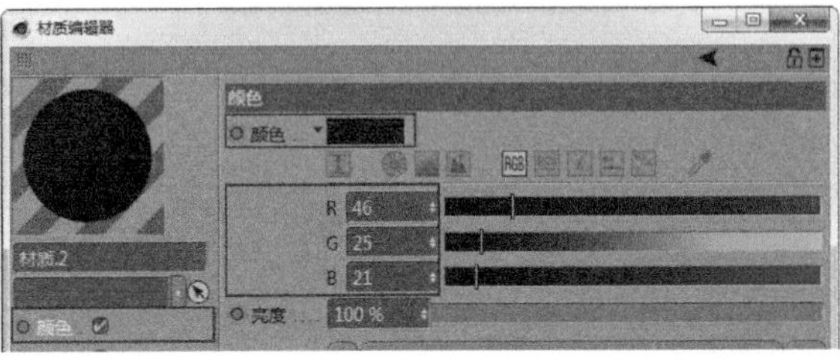

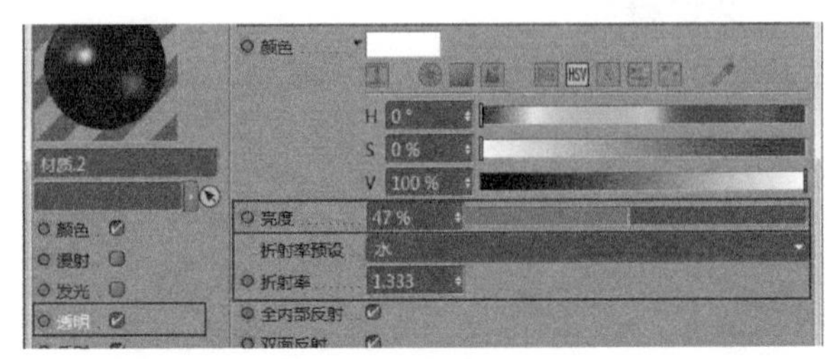

图2-115　　　　图2-116

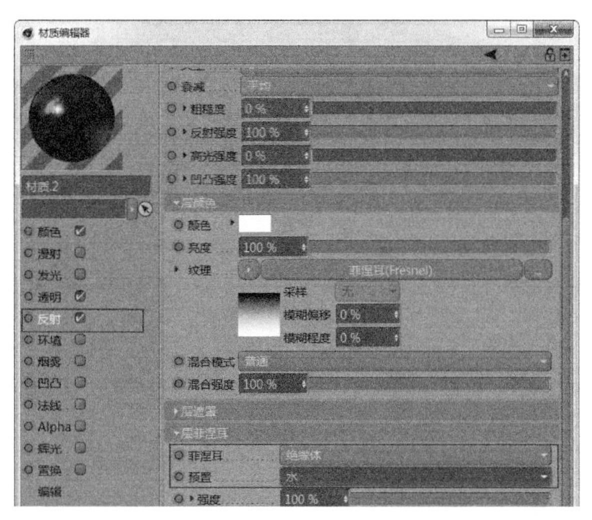

图2-117

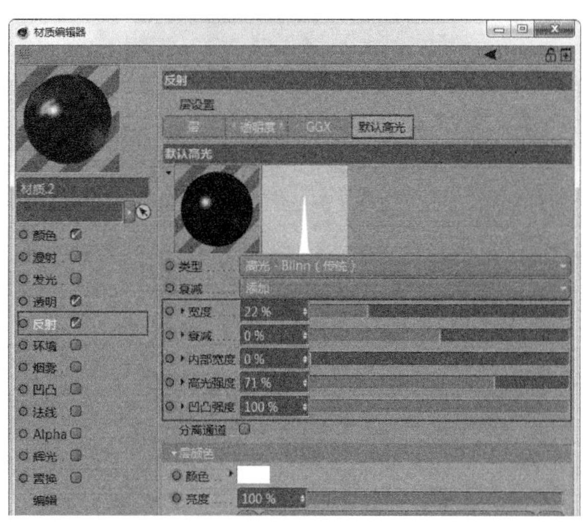

图2-118

04 创建舞台材质。双击材质面板新建一个材质，然后打开“材质编辑器”面板勾选“颜色”通道调整参数，勾选“反射”通道添加GGX反射，并调整相关参数，如图2-119和图2-120所示。

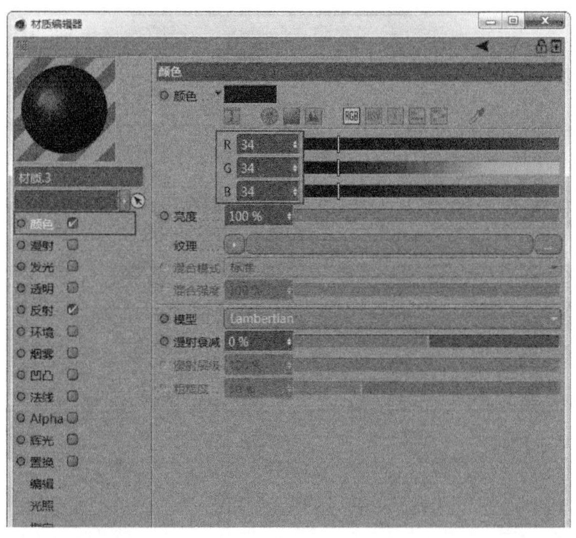

图2-119

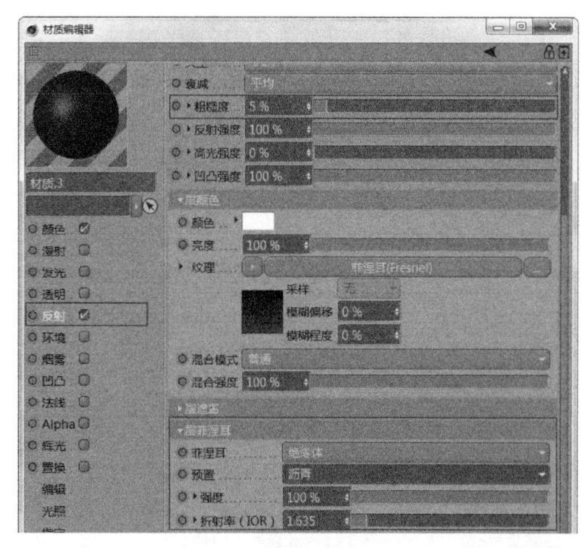

图2-120

05 材质设置完成之后，需要给可乐瓶身赋予贴图。用“多边形”工具选中瓶身，将其设置为多边形选集，如图2-121所示。

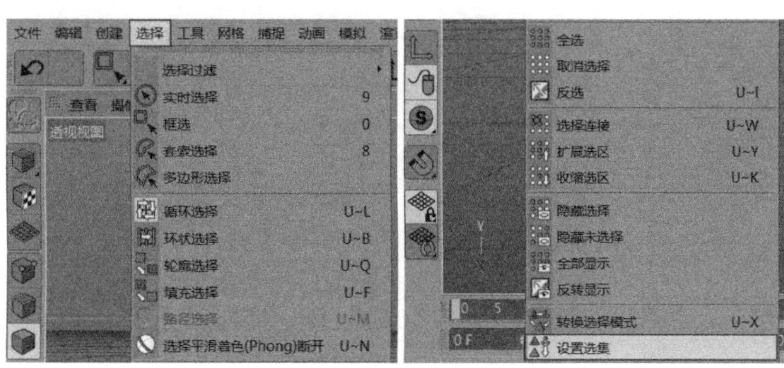

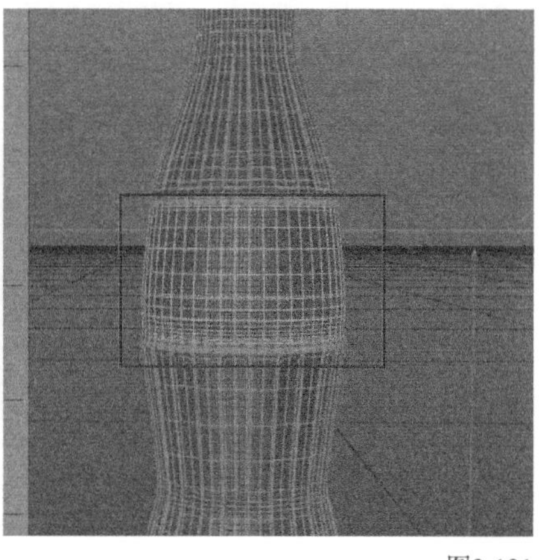

图2-121

06 双击材质面板创建一个新的材质，打开“材质编辑器”面板并勾选“颜色”通道，在“纹理”属性中添加“瓶身贴图”文件，接着打开“反射”通道添加GGX反射并调整相关参数，如图2-122和图2-123所示。

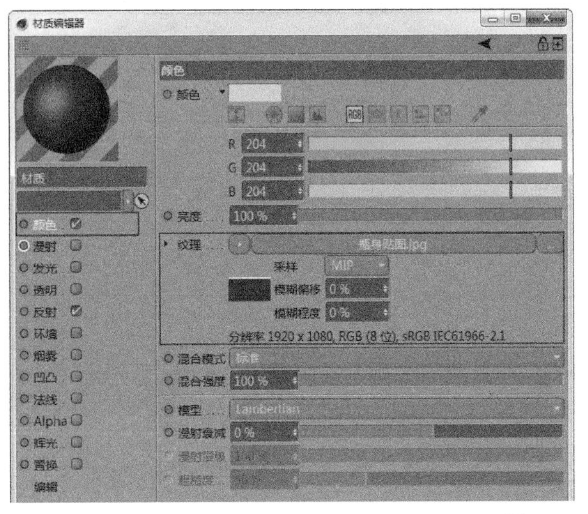

图2-122

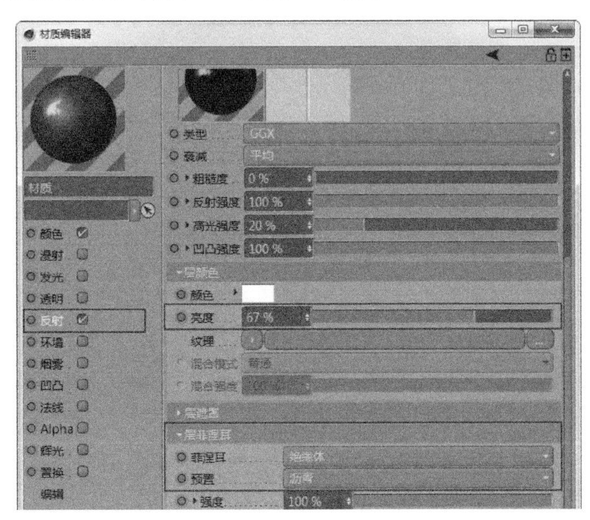

图2-123

07 创建一个新的材质并打开“材质编辑器”面板，在“颜色”通道中设置其相关参数，然后在“纹理”属性中添加“瓶身贴图-文字”贴图，接着打开“反射”通道添加GGX反射并调整相关参数，再打开Alpha通道在“纹理”属性中添加“瓶身贴图-文字”贴图，如图2-124~图2-126所示。

08 至此我们完成了可乐瓶及相关模型的材质和贴图，如图2-127所示。

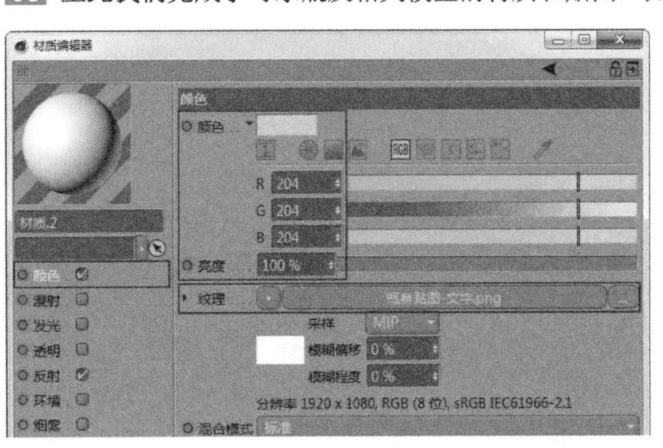

图2-124

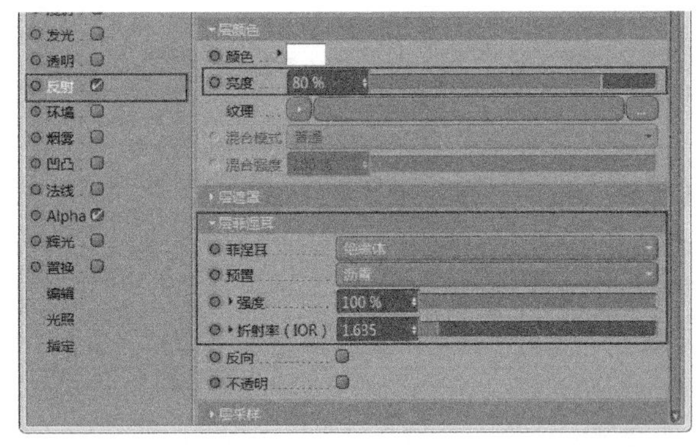

图2-125

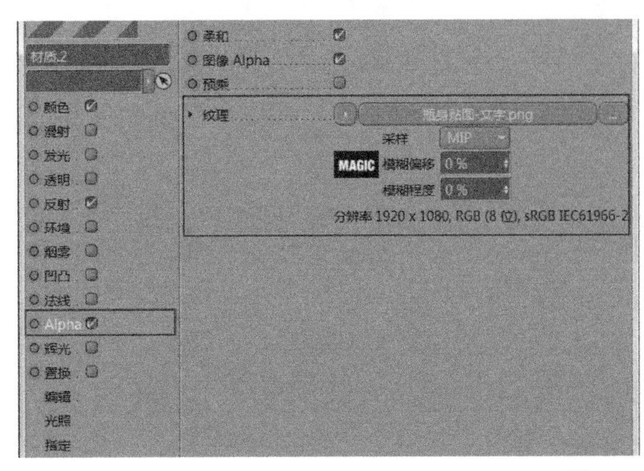

图2-126

图2-127

环境设置

01 新建一个材质并创建天空对象，执行“窗口-内容浏览器”菜单命令打开“内容浏览器”面板，接着加载预置材质“GSG_HDRI_Studio_Pack/Studios/ThreeSoftboxesStudio2.hdr”，再拖曳到材质的“发光”通道中，如图2-128和图2-129所示。

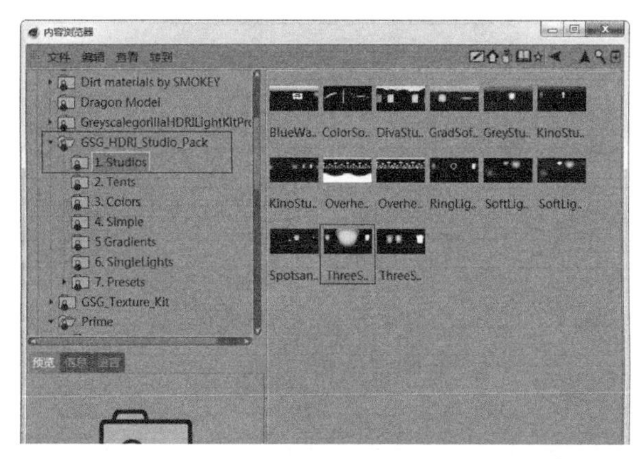

图2-128

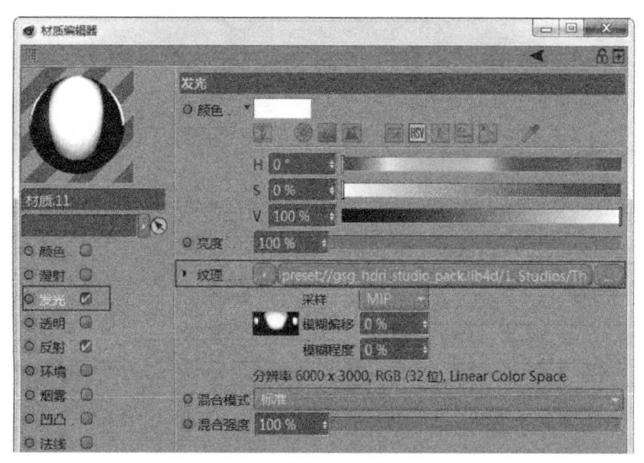

图2-129

02 拖曳天空材质到天空对象，按快捷键Ctrl+B打开“渲染设置”面板，接着单击“效果”按钮添加“全局光照”选项，再按快捷键Ctrl+R进行渲染，此时可乐瓶反射了天空环境贴图，如图2-130所示。

03 这时候发现渲染出来的效果不太理想，虽然整体效果已经渲染出来了但是场景过暗，细节部分也需要优化。创建一盏“区域光”灯光放置在可乐瓶的前方，并打开“投影”和“衰减”，位置如图2-131所示。灯光参数如图2-132和图2-133所示。

图2-130

图2-131

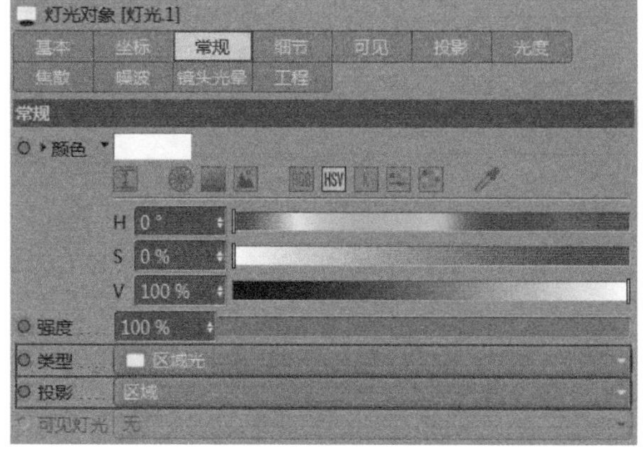

图2-132

图2-133

04 选择“几何工具组”中的“平面”工具作为反光板放置在场景中，如图2-134所示。

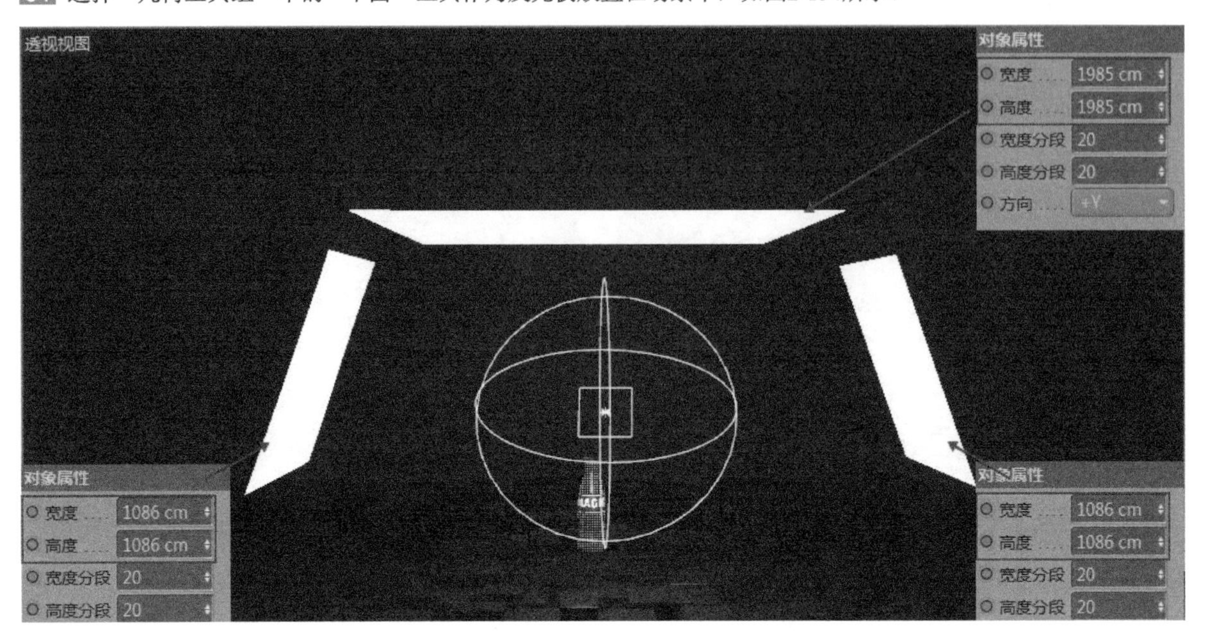

图2-134

05 选择“几何工具组”中的“平面”工具作为场景的背景板，如图2-135所示。材质参数如图2-136和图2-137所示。

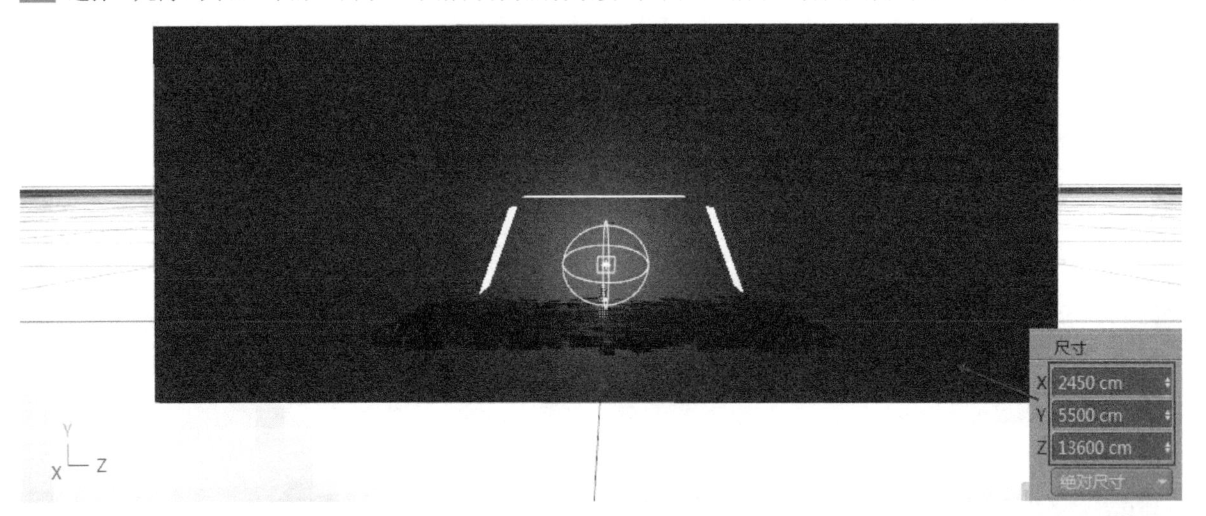

图2-135

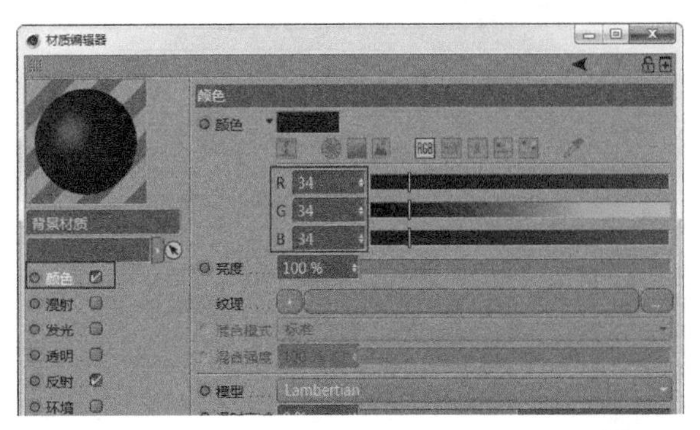

图2-136

图2-137

06 此时渲染并观察效果，如图2-138所示。可乐瓶的光影塑造及体积感更强了。

图2-138

渲染输出

01 长按“摄像机”按钮，在弹出的扩展面板中选择“摄像机”选项，单击创建，如图2-139所示。

02 单击“摄像机”对象右侧图标，激活摄像机视图，在此基础上移动摄像机找到一个渲染的最佳视角，然后单击鼠标右键，在弹出的菜单中选择“CINEMA 4D标签”选项添加“保护”标签固定摄像机视角，如图2-140和图2-141所示。

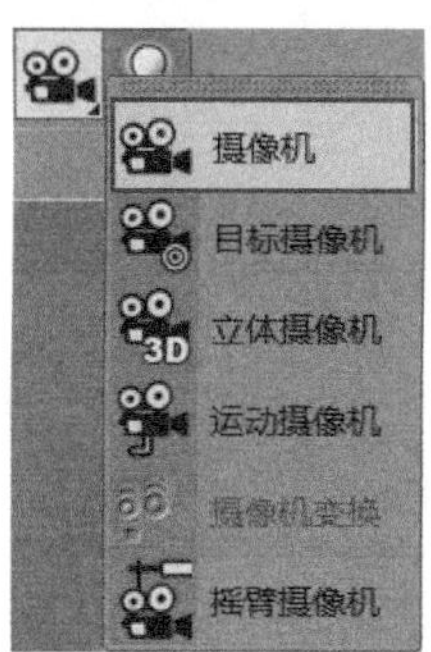

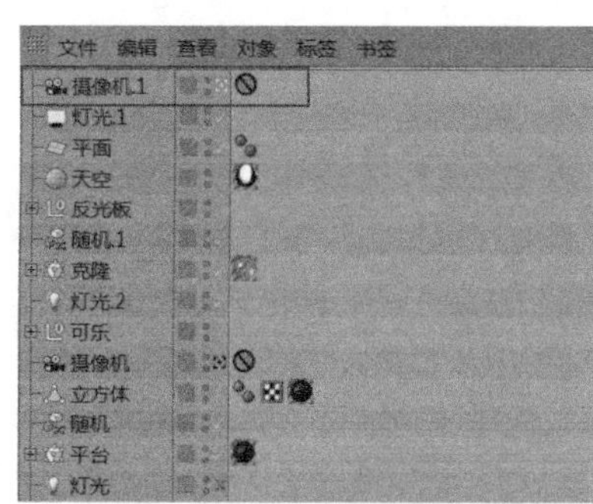

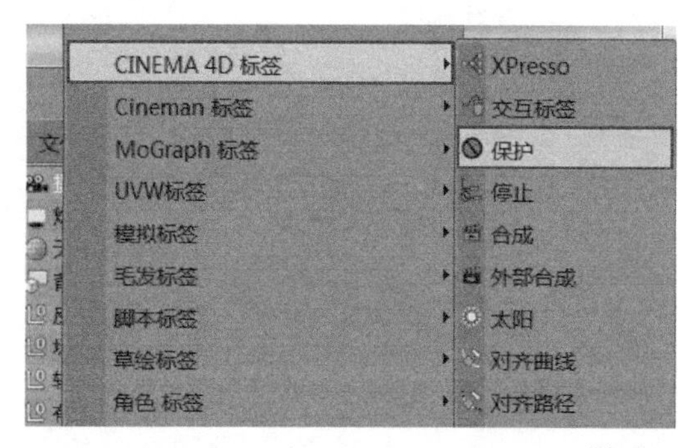

图2-139 图2-140 图2-141

03 单击“编辑渲染设置”按钮，打开“渲染设置”面板，然后在“渲染设置”面板中勾选“保存”选项，接着单击“文件”通道右侧的“浏览”设置渲染后的输出路径，再在“格式”中选择“TIFF(PSD图层)”选项，如图2-142所示。

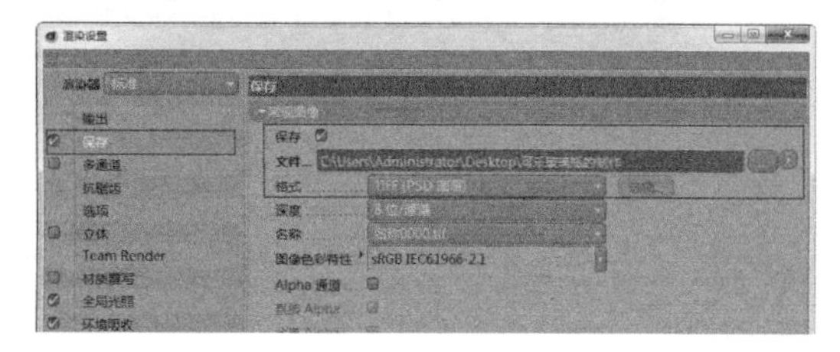

图2-142

04 选择“输出”选项，单击按钮，在右侧则会出现扩展面板，接着选择“屏幕-1280×720”选项，如图2-143所示。

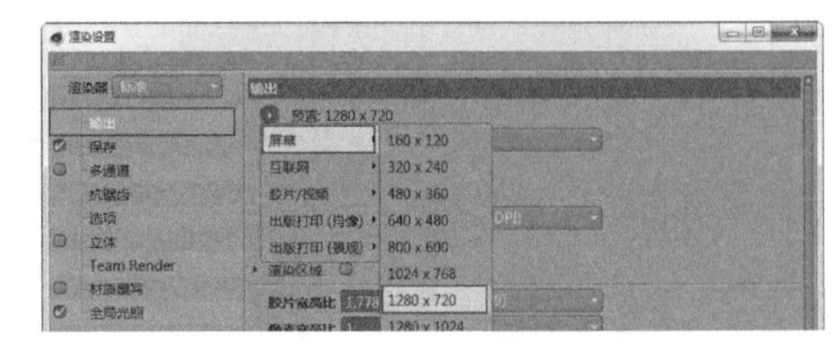

图2-143

05 切换到“抗锯齿”选项，设置“抗锯齿”为“最佳”，“最小级别”为2×2，“最大级别”为4×4，如图2-144所示。

06 在命令面板中单击“渲染到图片查看器”按钮进行渲染，如图2-145所示。至此本案例制作完成。

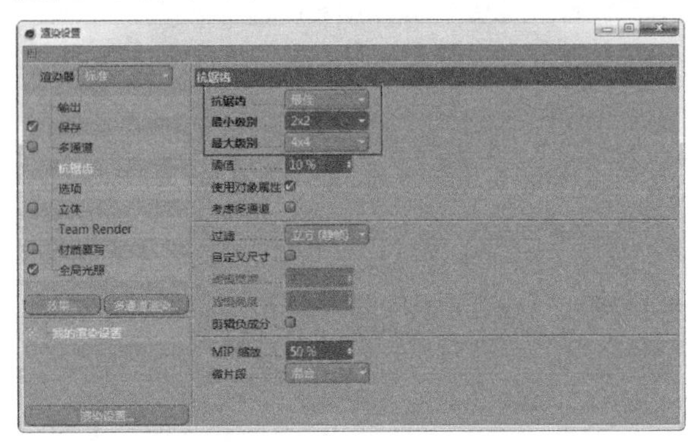

图2-144

图2-145

总结

本案例是样条线与曲线建模的案例，介绍了很多基础知识，希望读者能够认真阅读，在后面的案例中如果有重复的基础知识就不再赘述了。

读者也可以多创建几台摄像机，然后变换不同的角度，从而得到另外几张效果图，如图2-146所示。渲染完成后可以进入Photoshop软件进行后期调整，如曲线、色阶、色相和饱和度等属性。

图2-146

2.1.4 造型工具建模：骰子图标

◎ 视频名称 造型工具建模：骰子图标
◎ 实例位置 实例文件 >CH02> 造型工具建模：骰子图标
◎ 学习目标 掌握造型工具组的使用方法

本节将为读者详细讲解骰子图标的制作，案例最终效果如图2-147所示。

图2-147

案例概述

通过使用Cinema 4D中的“造型工具组”创作骰子图标，以帮助读者快速地认识和运用“造型工具组”。在使用“造型工具组”进行布尔运算时一定要弄清楚布尔运算的物体之间的关系，否则产生不出想要的造型效果。在材质方面要把握好骰子与木质的材质属性。布光要合理，除了环境天空之外，一般还要在场景中添加常规灯光和反光板来增加细节和质感。

创建模型

在制作这个案例之前首先要对案例进行分析及拆分，这样利于我们在制作过程中有一个明确的思路和流程。在骰子图标这个案例当中我们大致可以将场景中的模型分为3个部分，分别是骰子、圆筒和舞台的建模。拆解完成后我们逐一对其进行建模。

01 通过骰子的整体图及两张细节图，全面了解骰子的结构，如图2-148所示。在Cinema 4D创建一个立方体，如图2-149所示。

02 在场景中创建一个球体，修改球体的参数，并与立方体进行组合，如图2-150所示。

图2-148

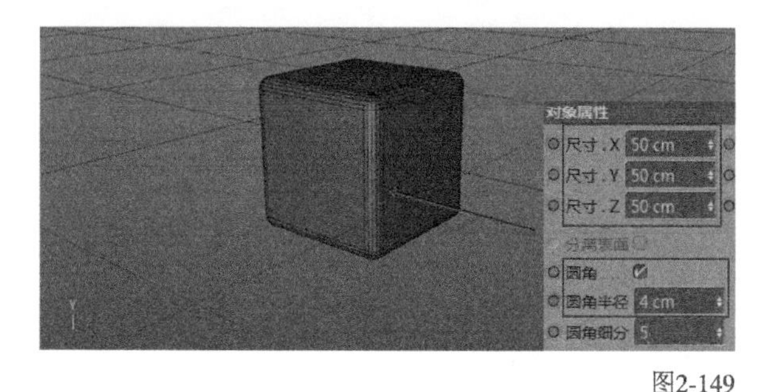

图2-149

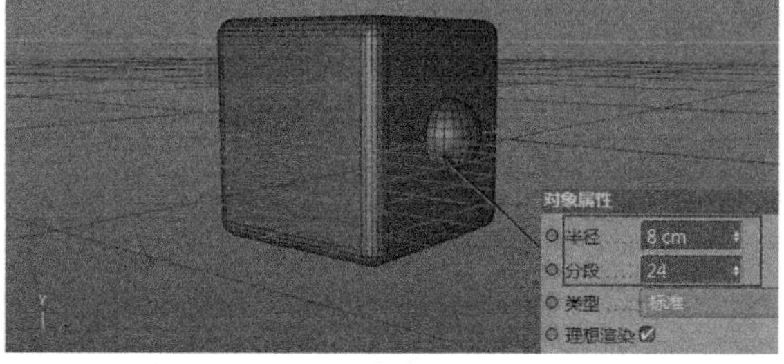

图2-150

03 长按“造型工具组”的“阵列”按钮展开“造型工具组”的扩展界面，然后选择“布尔”工具将球体和立方体放在“布尔”命令的子集位置，如图2-151所示。

04 通过同样的方法将骰子其他几个面上的点数进行布尔运算，如图2-152所示。

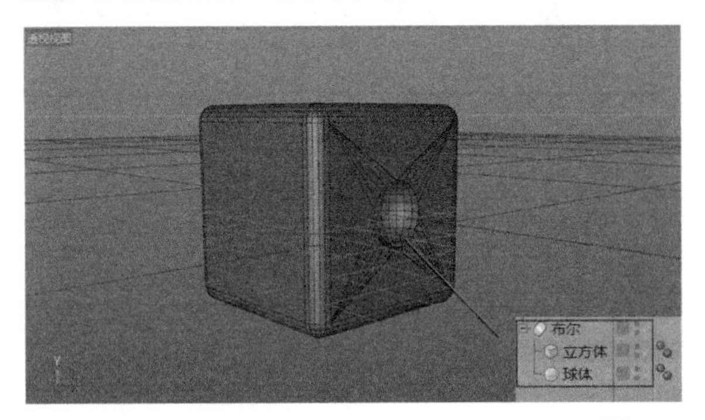

图2-151

图2-152

05 下面，进行圆筒建模。在“几何工具组”中使用“管道”工具创建管道模型，如图2-153所示。

06 下面，进行舞台的建模。创建一个平面放置在圆筒和骰子后面，如图2-154所示。至此骰子建模效果完成，如图2-155所示。

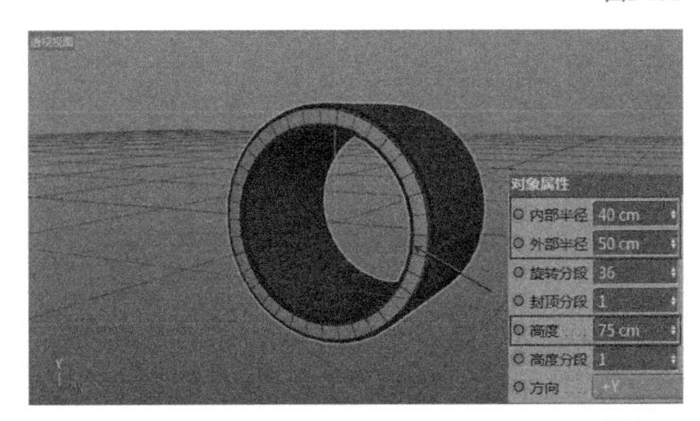

图2-153

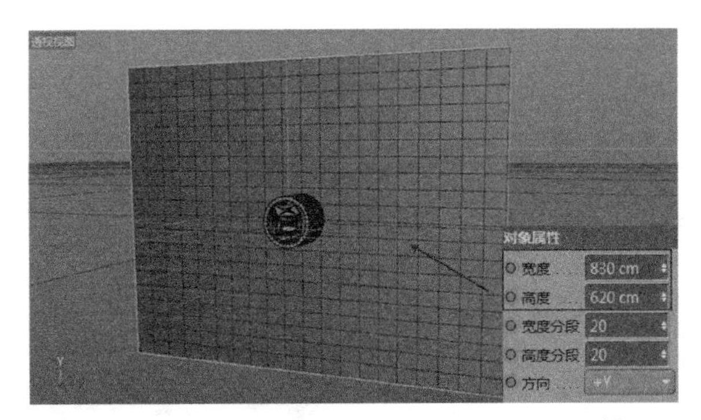

图2-154

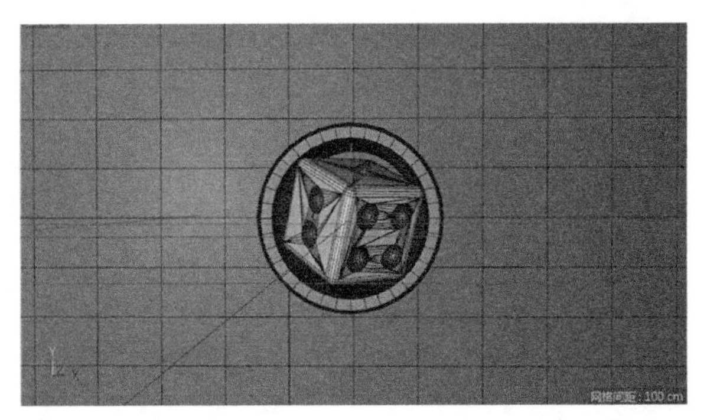

图2-155

设置材质

01 骰子的材质分为两部分，一部分是整体表面材质，另一部分是每个表面点数的材质。先创建骰子整体表面的材质。双击新建的材质打开“材质编辑器”面板，勾选“颜色”通道，设置颜色为（R:197，G:197，B:197），接着勾选“反射”通道，并切换到GGX选项卡，设置“层菲涅耳”的相关参数，设置的参数如图2-156和图2-157所示。

02 接下来通过创建多边形标签对骰子点数的材质进行添加。用“多边形”工具选中骰子表面的点数，然后将选中的部分设置为“多边形选集”，如图2-158所示。

03 这样在对象面板中“骰子”选项后面就多了一个橙色三角形标签，这就是多边形标签，如图2-159所示。

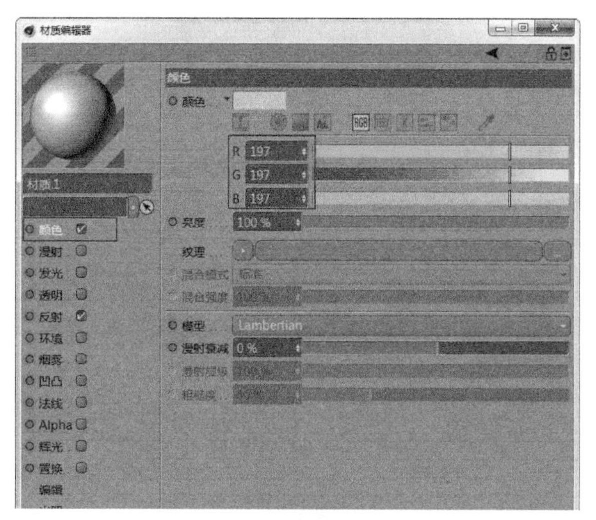

图2-156

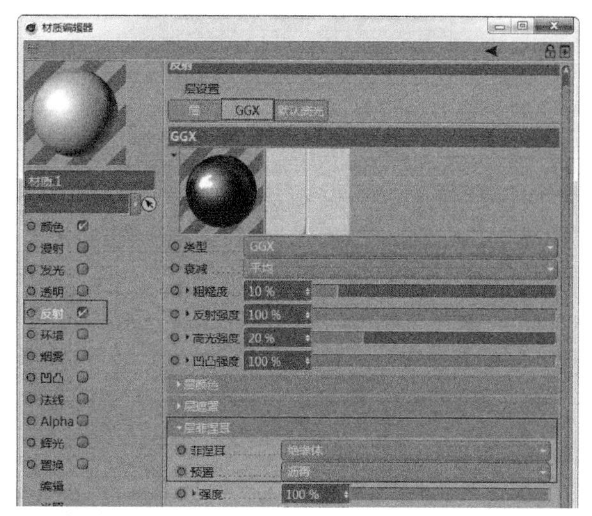

图2-157

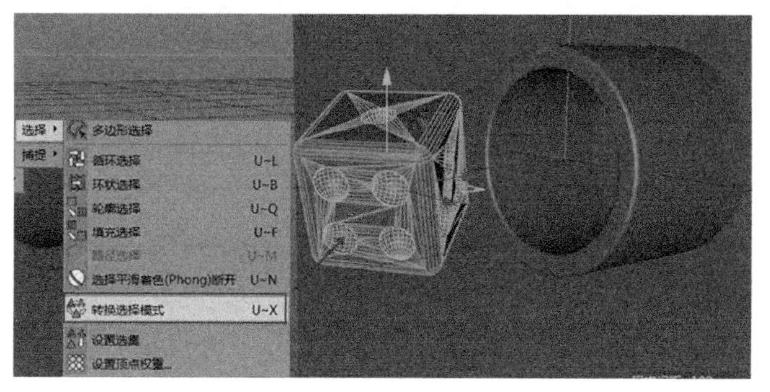

图2-158

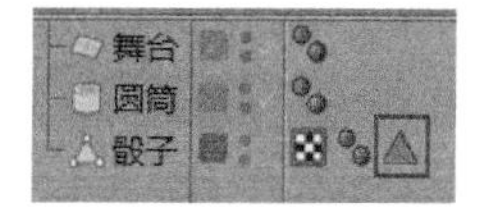

图2-159

04 在材质面板中创建一个新的材质作为骰子点的材质，双击材质打开“材质编辑器”面板勾选“颜色”通道调整相关参数，接着勾选“反射”通道切换到GGX选项卡，设置“层菲涅耳”的相关参数，参数的设置如图2-160和图2-161所示。

图2-160

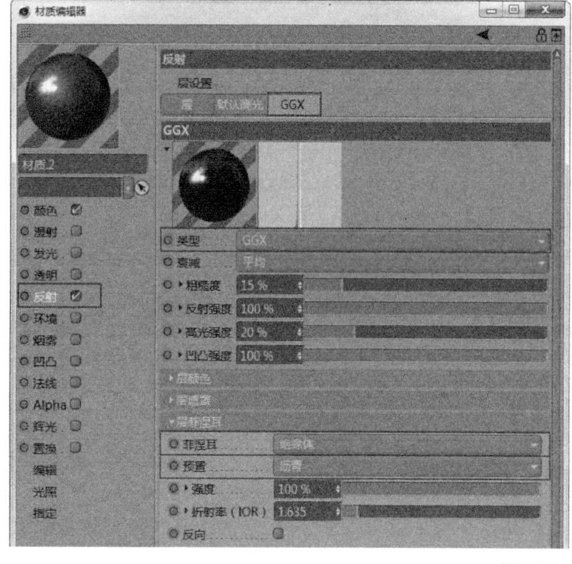

图2-161

05 创建圆筒材质。执行“窗口-内容浏览器”菜单命令打开“内容浏览器”面板，加载预置材质“Texture Pack Infinite - Wood /Wood 13”（此材质在学习资源中，读者可以安装到自己的计算机中进行使用），直接拖曳给到圆筒模型上即可，如图2-162所示。

06 创建一个新的材质作为舞台的材质，然后双击材质打开“材质编辑器”面板，并勾选“颜色”通道调整相关参数，勾选“反射”通道切换到GGX选项卡，再设置“层菲涅耳”的相关参数，参数的设置如图2-163和图2-164所示。至此骰子及相关模型的材质制作完成，效果如图2-165所示。

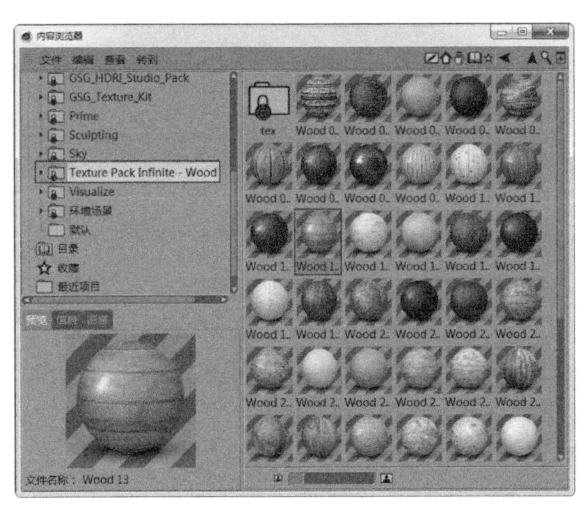

图2-162

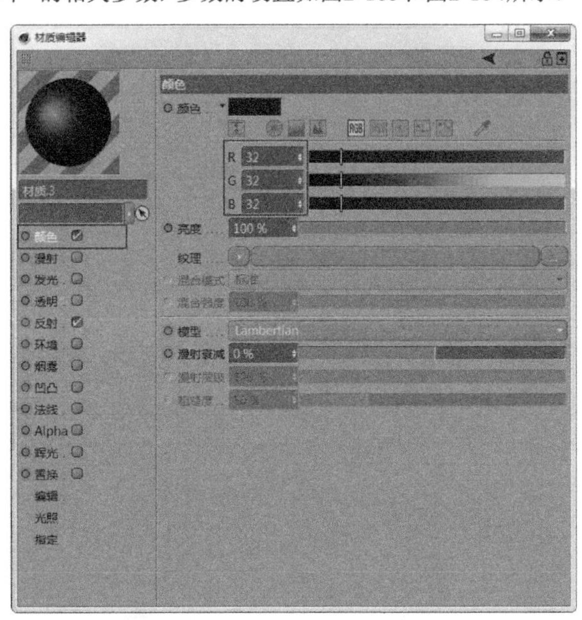

图2-163

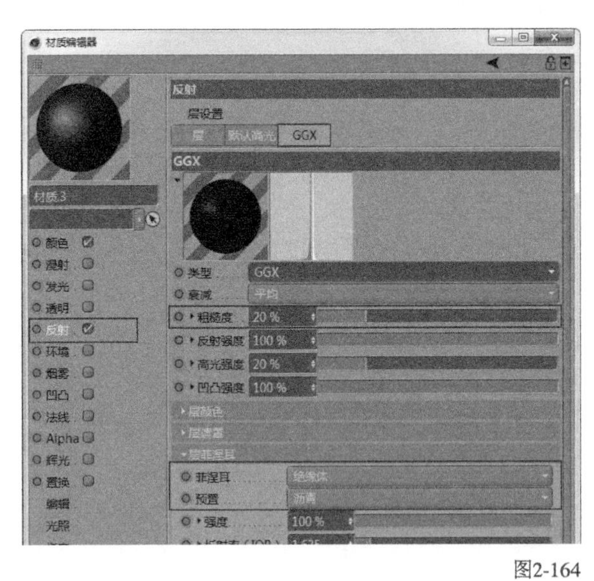

图2-164

图2-165

■ 环境设置

01 新建一个材质并创建一个天空对象，执行“窗口-内容浏览器”菜单命令打开“内容浏览器”面板，然后加载预置材质“Prime/Light Setups/HDRI/Cloudy Park 02”，直接拖曳给天空对象，如图2-166所示。

02 单击“编辑渲染设置”按钮打开“渲染设置”面板，在“渲染设置”面板中单击“效果”按钮添加“全局光照”选项，接着按快捷键Ctrl+R对骰子组合进行渲染，如图2-167所示。这时会发现整体效果已经渲染出来了，但整体场景过暗，细节部分也需要优化。整体场景虽然有环境贴图的亮度，但是圆筒内部过暗没有任何细节，还需要添加灯光及反光板进行补充。

图2-166

图2-167

03 创建一盏灯光放置在骰子的前方，如图2-168所示。在“常规”选项卡中设置“类型”为“区域光”，“投影”为“区域”，接着在“细节”选项卡中设置“衰减”为“平方倒数（物理精度）”，如图2-169和图2-170所示。

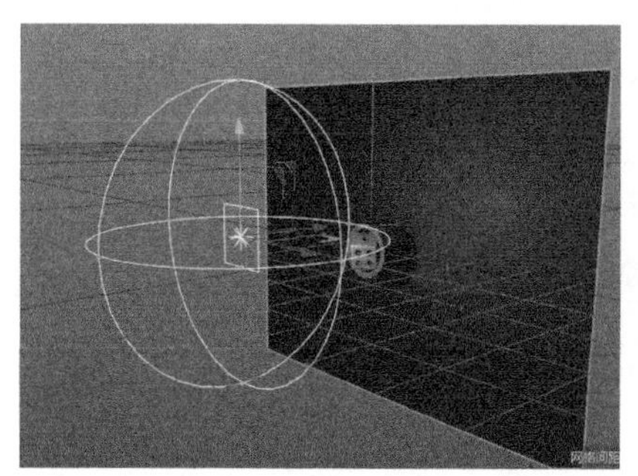

图2-168

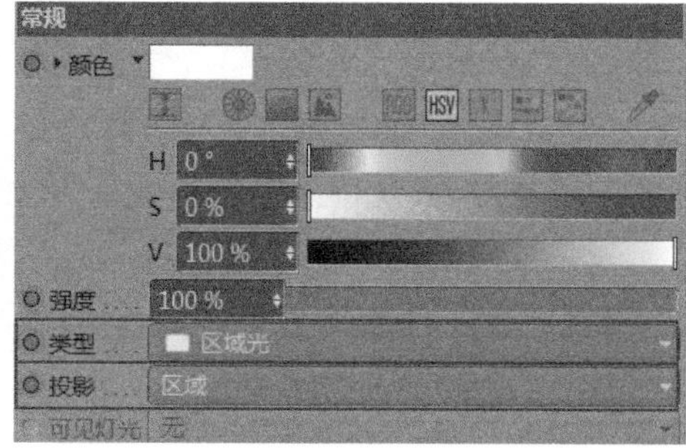

图2-169

图2-170

04 创建一盏灯光放置在圆筒内部，补充圆筒内部的灯光，参数及位置如图2-171所示。

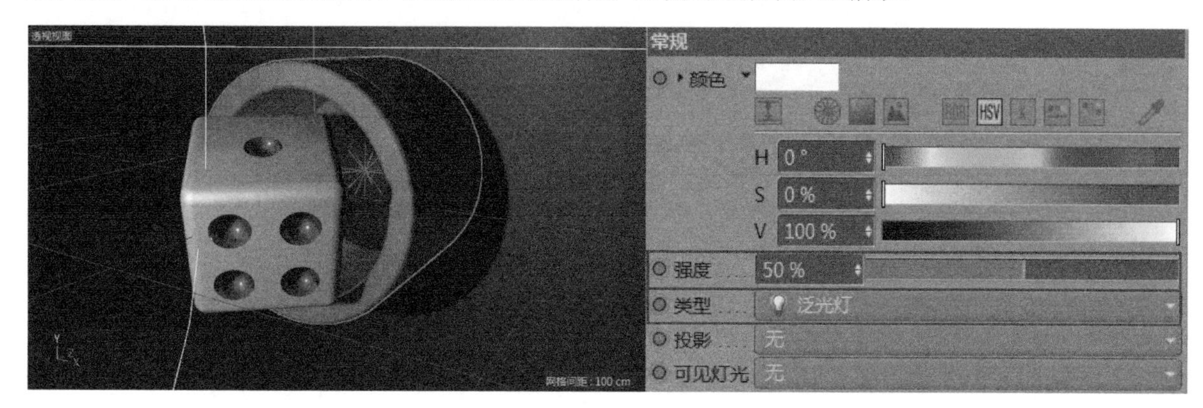

图2-171

05 选择“几何工具组”中的“平面”工具作为反光板放置在场景中，位置及参数如图2-172所示。

06 此时渲染并观察效果，如图2-173所示。骰子的光影塑造和体积感更强了，至此骰子渲染完毕。

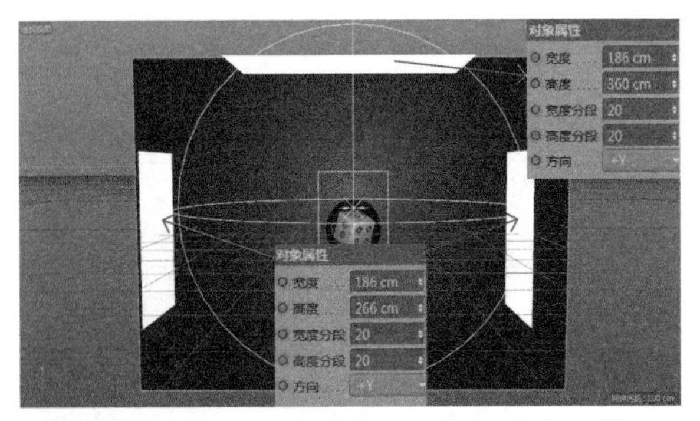

图2-172

图2-173

■ 渲染输出

01 在场景中创建摄像机，单击“摄像机”右侧图标激活摄像机视图，在此基础上移动摄像机找到一个渲染的最佳视角，接着单击鼠标右键，在弹出的菜单中选择“CINEMA 4D标签”选项并添加“保护”标签，固定摄像机视角，如图2-174和图2-175所示。

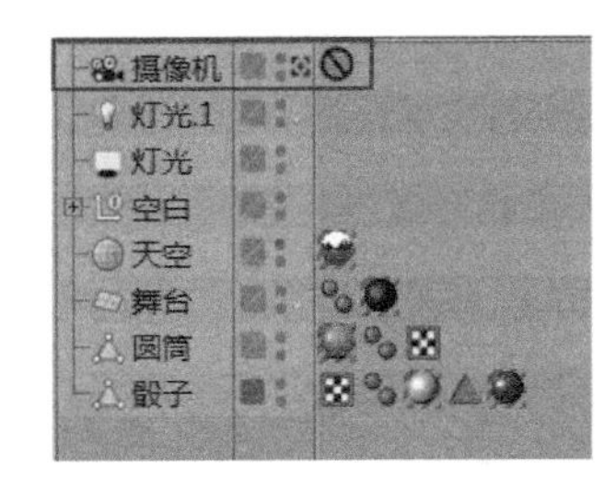

图2-174

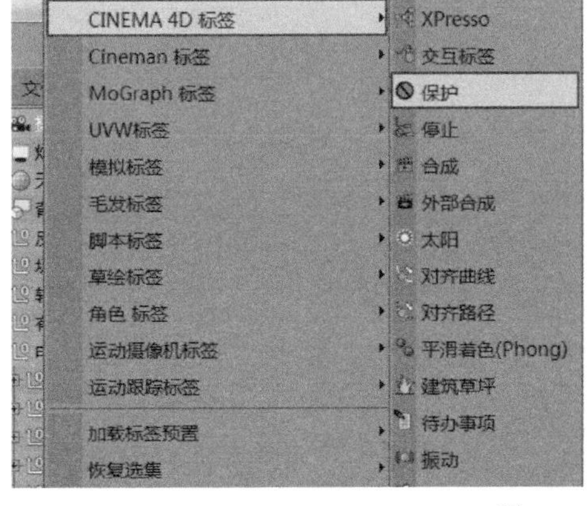

图2-175

02 在“渲染设置”面板中设置保存路径和格式。勾选“保存”选项，单击“文件”通道右侧的“浏览”按钮设置渲染后的输出路径，接着在“格式”中选择“TIFF(PSD图层)”选项，如图2-176所示。

03 选择“输出”选项，然后单击按钮，在右侧则会出现扩展面板，接着选择“屏幕-1280×720”选项，如图2-177所示。

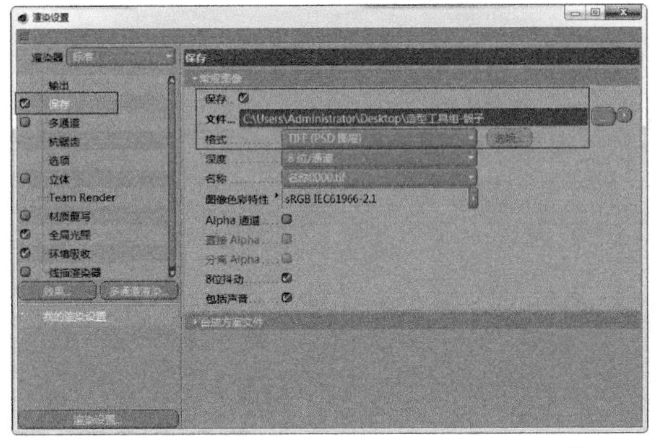

图2-176

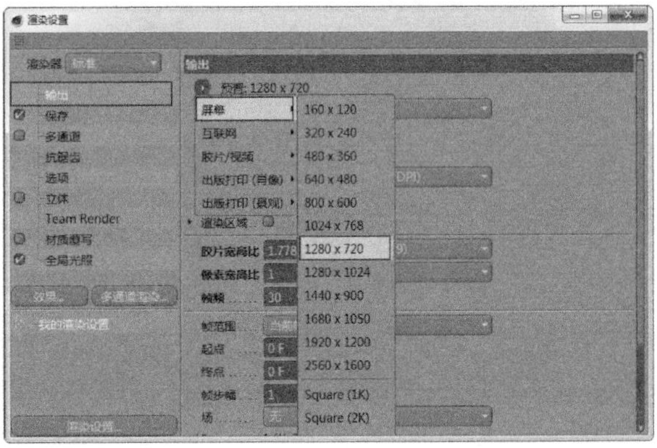

图2-177

04 切换到“抗锯齿”选项，设置“抗锯齿”为“最佳”，“最小级别”为2×2，“最大级别”为4×4，如图2-178所示。

05 在命令面板中单击“渲染到图片查看器”按钮渲染图片，如图2-179所示。至此本案例制作完成。

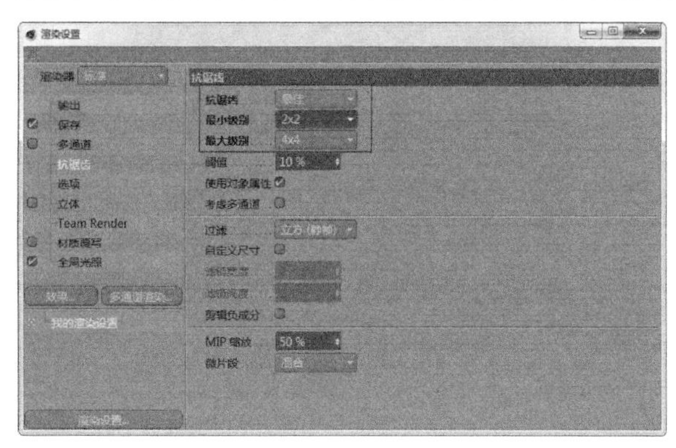

图2-178

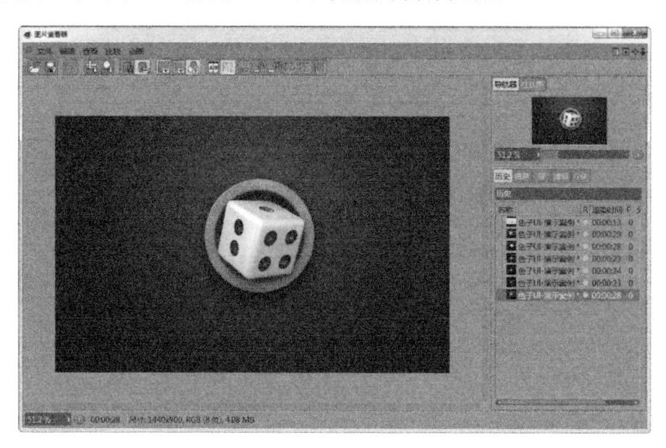
图2-179

总结

本案例是使用“造型工具组”的案例，介绍了很多基础知识，希望读者能够认真阅读，在后面的案例中如果有重复的基础知识就不再赘述了。

读者也可以多创建几台摄像机，变换不同的角度，从而得到另外几张效果图，如图2-180所示。渲染完成后可以进入Photoshop软件进行后期调色，如曲线、色阶及色相饱和度等。

图2-180

2.1.5 变形器工具建模：液态凤梨

◎ 视频名称 变形器工具建模：液态凤梨

◎ 实例位置 实例文件 >CH02> 变形器工具建模：液态凤梨

◎ 学习目标 掌握变形器工具组的使用方法

本节将为读者详细讲解液态凤梨的制作，案例最终效果如图2-181所示。

图2-181

案例概述

本案例使用Cinema 4D中的“变形器工具组”创作液态凤梨，可帮助读者快速地认识和运用“变形器工具组”。在使用“变形器工具组”时一定要知道图形和变形器工具之间的组合关系，否则得不到想要的变形效果。在材质方面要把握液态凤梨的材质属性。布光要合理，除了环境天空之外，一般还会在场景中添加常规灯光和反光板来增加细节和质感。

创建模型

在制作这个案例之前先要对案例进行分析及拆分，这样利于我们在制作过程中有一个明确的思路和流程。在液态凤梨这个案例当中，我们大致可以将场景中的模型分为两大部分，分别是凤梨的建模和叶子的建模。拆解完成后我们逐一对其进行建模。

01 液态凤梨建模。通过液态凤梨的整体图及细节图全面了解凤梨的结构，如图2-182所示。在Cinema 4D中创建一个样条线并对其进行挤压，参数和效果如图2-183所示。

02 选中挤压后的多边形，然后单击“转为可编辑对象”按钮，将其转换成可编辑对象，如图2-184所示。

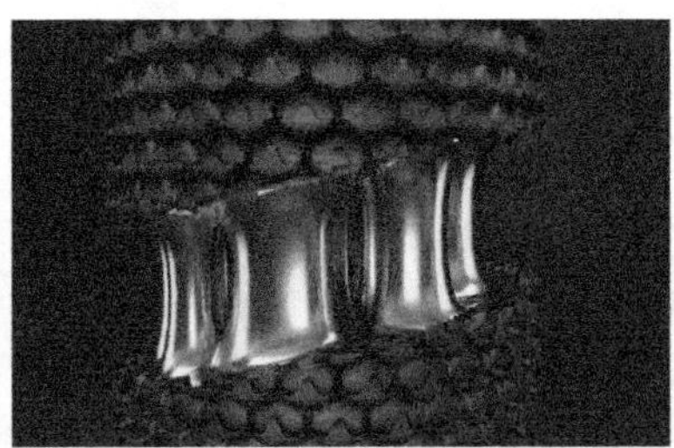

图2-182

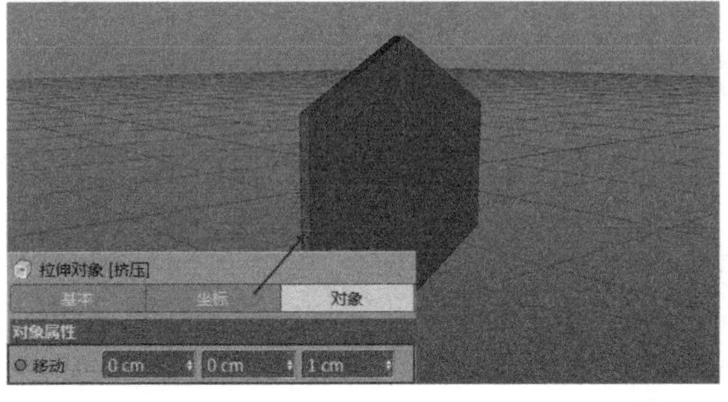

图2-183

图2-184

03 选中多边形，单击鼠标右键，在弹出的菜单中选择“线性切割”选项对多边形进行切割，如图2-185所示。

04 选中所有的多边形，然后单击鼠标右键，在弹出的菜单中选择“内部挤压”选项，并沿z轴正方向进行拖曳，如图2-186所示。

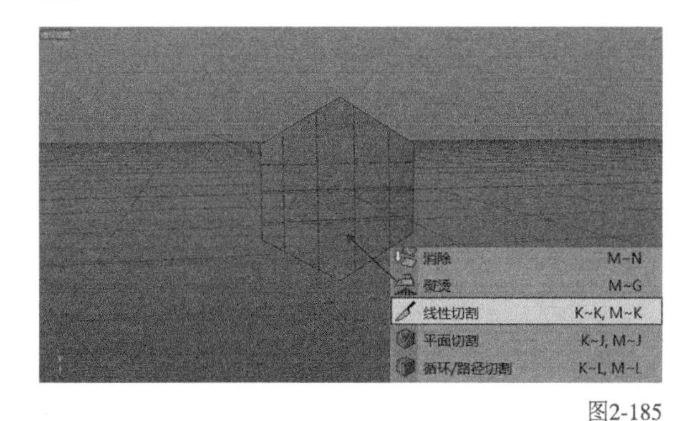

图2-185

图2-186

05 选中部分多边形，对其进行挤压，如图2-187所示。

06 将挤压出来的面进行编辑，至此我们完成了凤梨表皮单个纹理的制作，如图2-188所示。

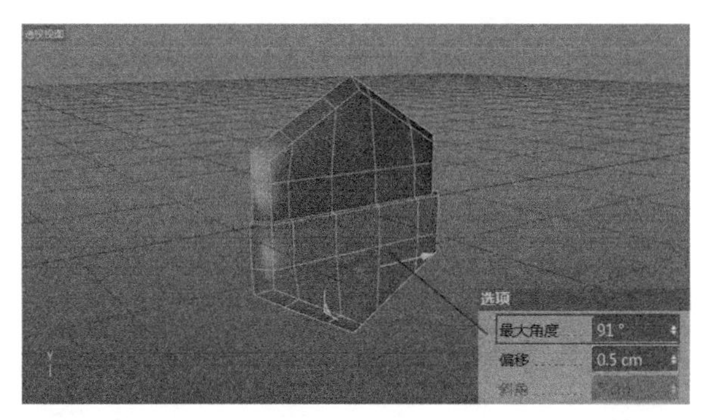

图2-187

图2-188

07 将制作完成的多边形进行复制组合，如图2-189所示。

08 将组合好的多边形按快捷键Alt+G进行编组，然后对其进行克隆，如图2-190所示。

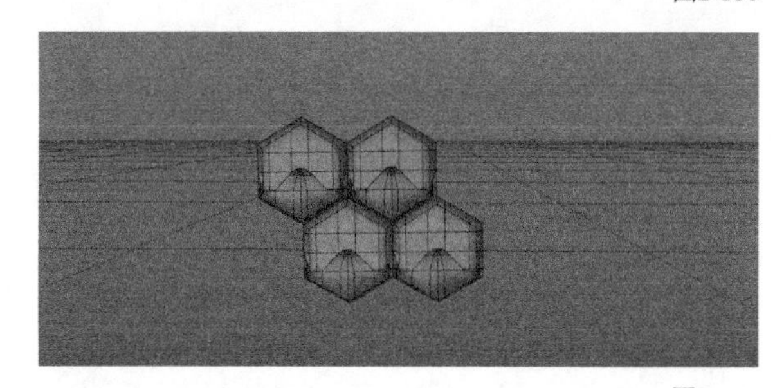

图2-189

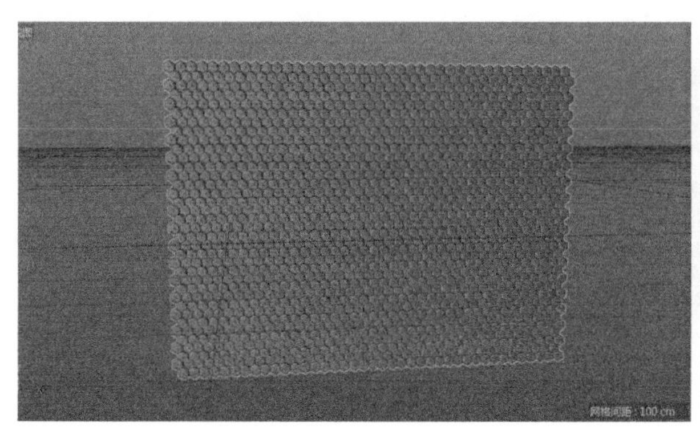

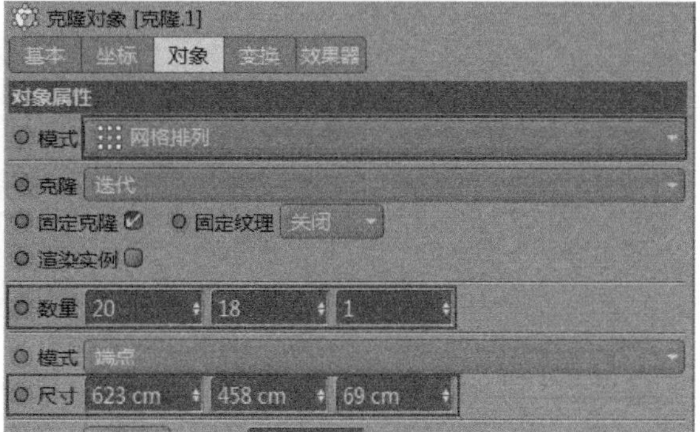

图2-190

09 选择“画笔”工具绘制一个凤梨外轮廓，如图2-191所示。

10 将绘制好的凤梨外轮廓进行旋转，如图2-192所示。

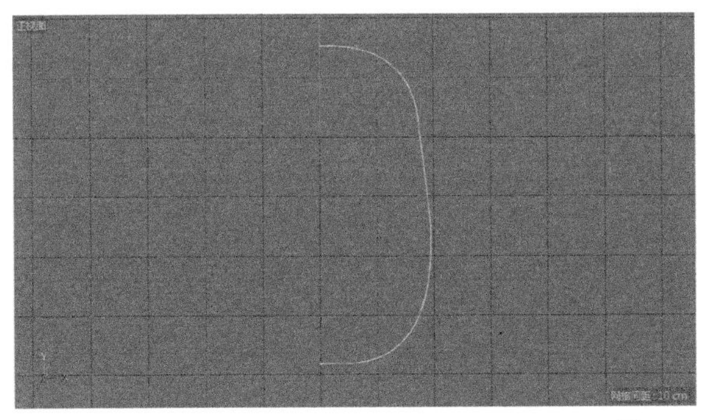

图2-191

图2-192

11 为“克隆”添加一个“连接”工具，将“克隆”的多边形作为一个整体再创建“表面”变形器，接着将二者放置在一个层级里，如图2-193所示。

图2-193

12 选中“表面”变形器，将旋转好的凤梨轮廓放置在“表面”变形器的“表面”属性中，接着将“类型”设置为“映射（U,V）”，使制作好的凤梨表面和旋转好的轮廓进行结合，如图2-194所示。

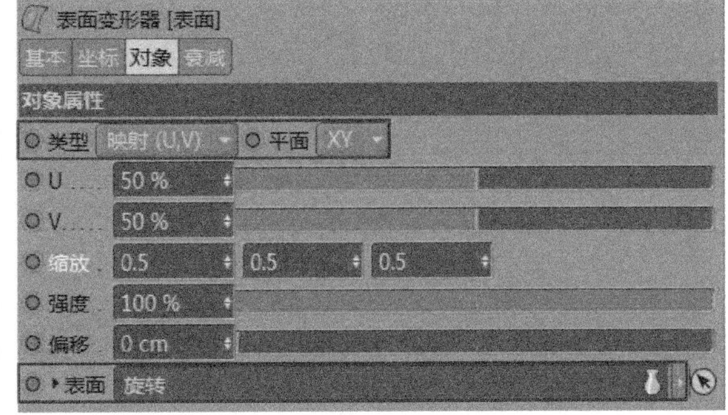

图2-194

13 调整“表面”变形器中的“缩放”参数，如图2-195所示。

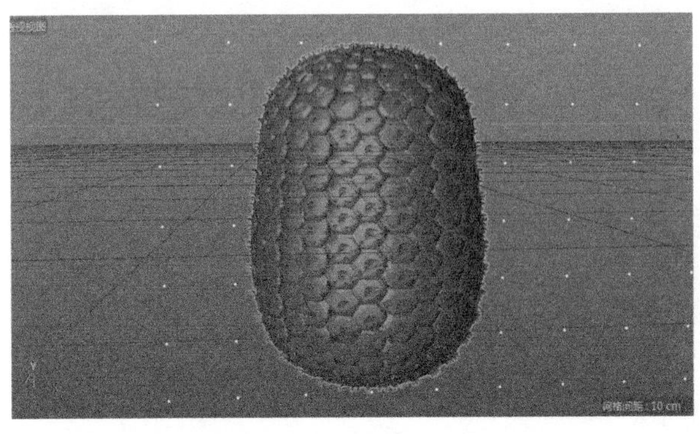

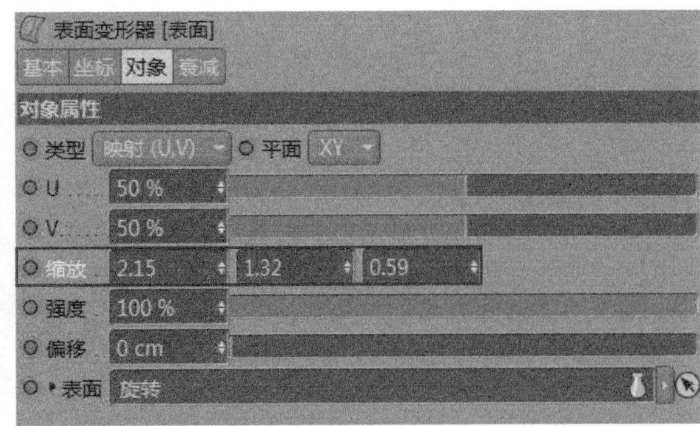

图2-195

14 这时我们发现凤梨表面纹理没有对齐，选中“克隆”的“坐标”选项卡，然后设置B坐标为34°，如图2-196所示。

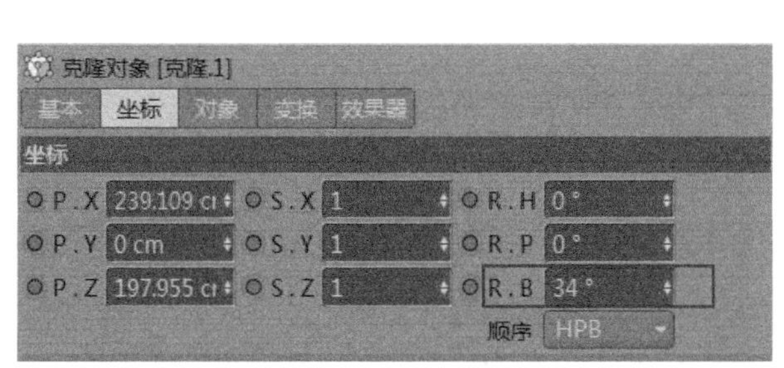

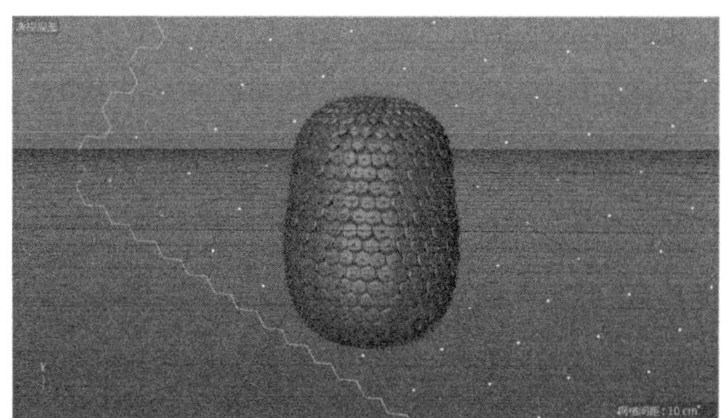

图2-196

15 选中“凤梨纹理”选项，单击鼠标右键，在弹出的菜单中选择“当前状态转对象”选项，即可将整体的凤梨变成一个可编辑对象，如图2-197所示。

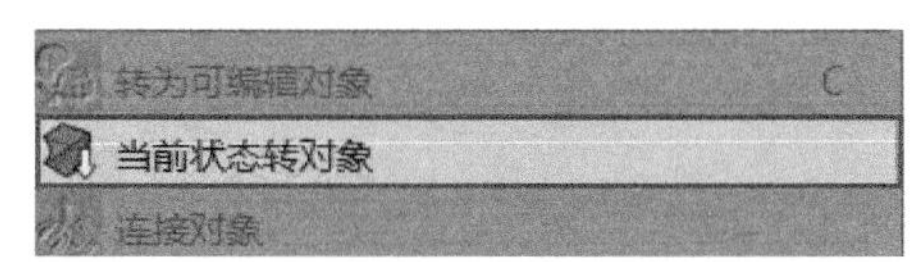

图2-197

16 选中上面的面，然后单击鼠标右键，接着在弹出的菜单中选择“分裂”工具，如图2-198所示。

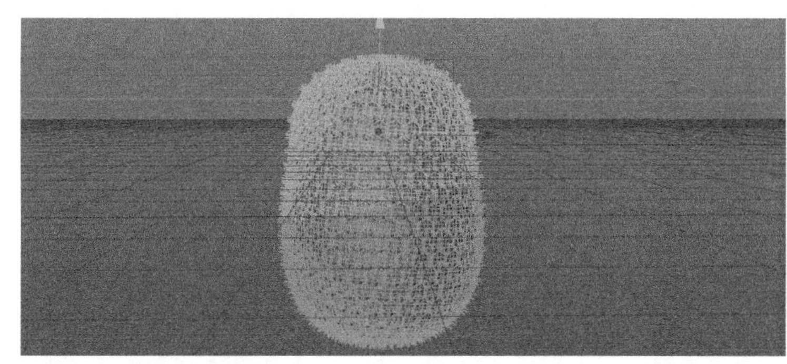

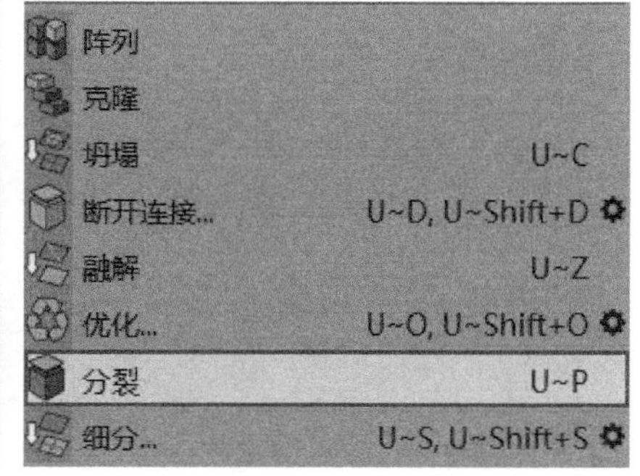

图2-198

17 使用“圆环”工具，添加“放样”命令，接着调整其参数，如图2-199所示。

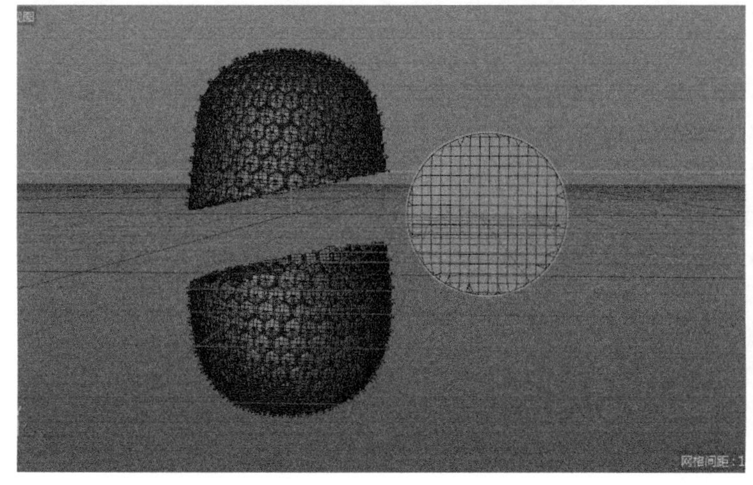

图2-199

18 将放样的圆形转换为可编辑对象，然后用“实时选择”工具选中一部分面进行挤压，如图2-200所示。

19 删除顶部的面，并为其添加“对称”命令，如图2-201所示。

图2-200

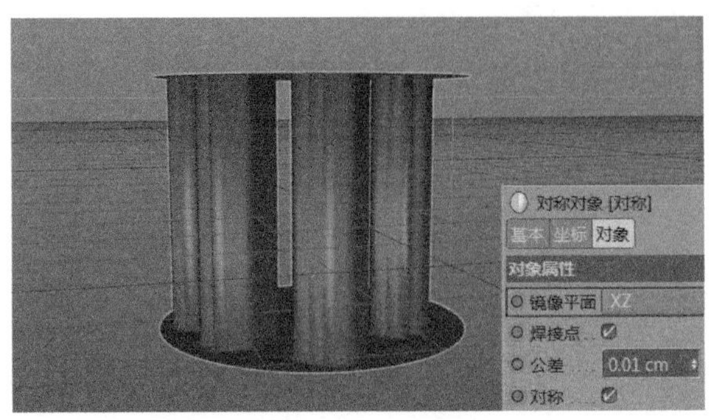

图2-201

20 将对称后的圆盘和“平滑”变形器进行编组，如图2-202所示。

21 新建一个立方体并转换为可编辑对象，然后给圆盘添加“网格”变形器并在“网格”变形器中添加刚才新建的立方体作为网笼，并调整圆盘和凤梨之间的位置及大小，如图2-203所示。修改后的模型效果如图2-204所示。

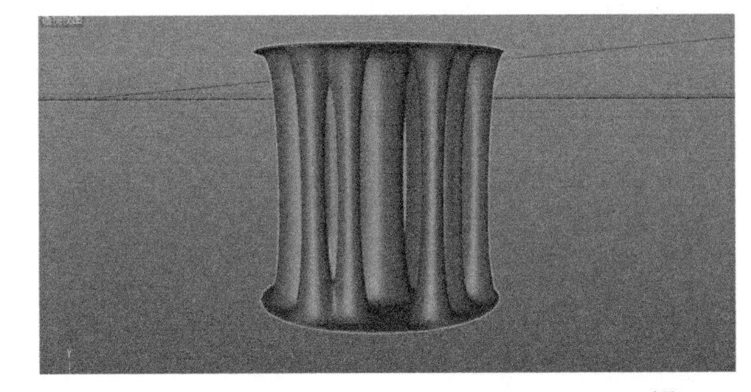
图2-202

圆盘
网格
平滑
对称
网格变形器 [网格]
基本 坐标 对象 衰减
对象属性
初始化 恢复 自动初始化 内存 :1.18 MB
强度 100 %
网笼 立方体

图2-203

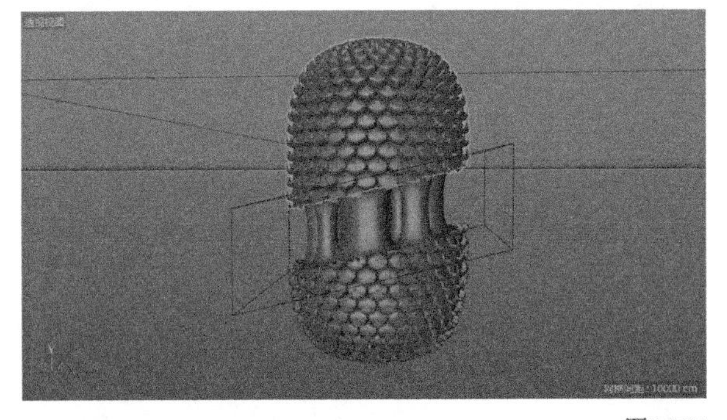
图2-204

22 下面，进行叶子的建模。通过观察凤梨叶子整体图和细节图全面了解凤梨叶子的结构，如图2-205所示。创建一个平面，并将其转换为可编辑对象，如图2-206所示。

23 将创建的平面进行调整，效果如图2-207所示。

图2-205

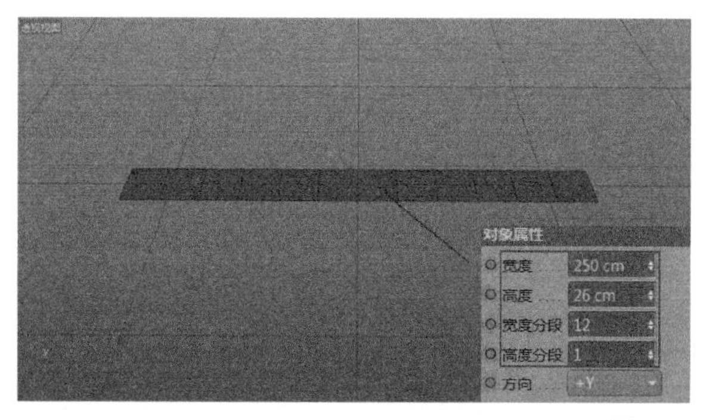

图2-206

图2-207

24 将调整后的平面进行克隆，如图2-208所示。

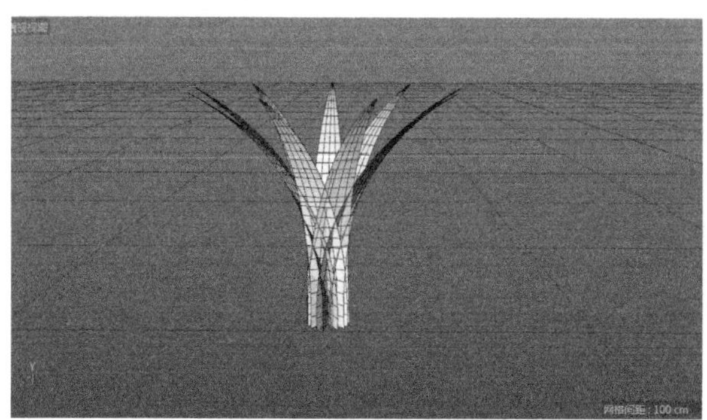

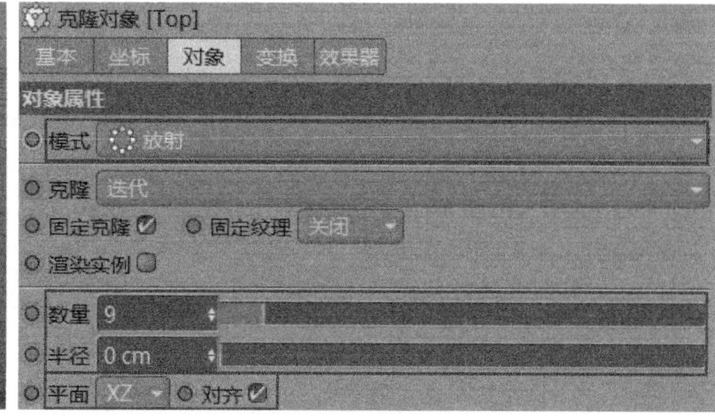

图2-208

25 将克隆的叶子进行复制并缩小，然后放置在之前克隆叶子的上方，如图2-209所示。

26 执行“窗口-内容浏览器”菜单命令打开“内容浏览器”面板，然后加载预置材质“GreyscalegorillaHDRILightKitPro1.5 / Studios /StudioL”创建一个舞台场景，如图2-210所示。

27 至此液态凤梨建模的所有部分全部完成，如图2-211所示。

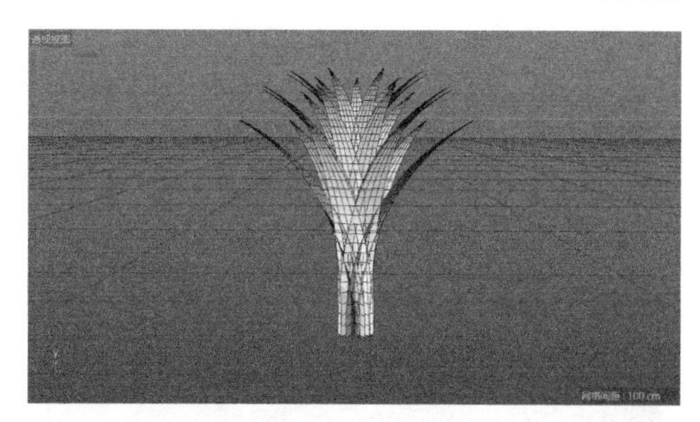

图2-209

图2-210

图2-211

■ 设置材质

01 创建液态凤梨表面纹理材质。双击材质面板新建的一个材质，打开“材质编辑器”面板，勾选“颜色”通道设置“颜色”为（R:59，G:59，B:59），然后勾选“反射”通道设置“类型”为GGX，“粗糙度”为20%，接着在“层颜色”中设置“亮度”为58%，最后在“层菲涅耳”中设置“菲涅耳”为“绝缘体”，“预置”为“沥青”，如图2-212和图2-213所示。

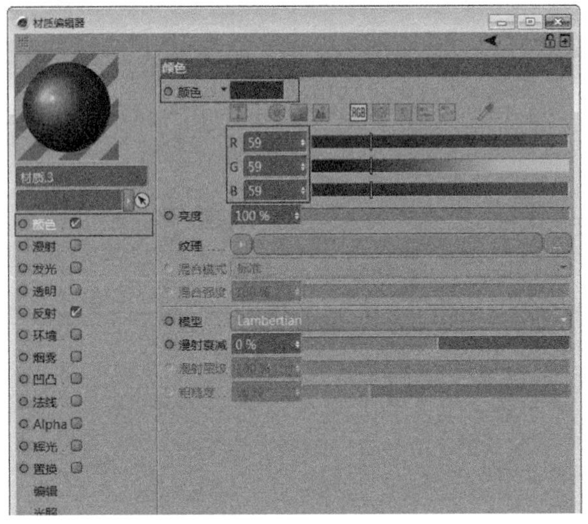

图2-212

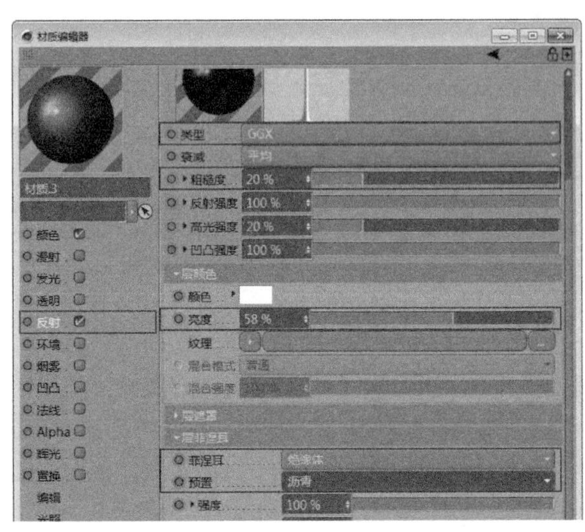

图2-213

02 创建叶子材质。双击材质面板新建一个材质，打开“材质编辑器”面板，接着勾选“反射”通道，并设置“类型”为GGX，“粗糙度”为15%，再在“层菲涅耳”中设置“菲涅耳”为“导体”，“预置”为“金”，如图2-214所示。

03 创建舞台材质。双击材质面板新建一个材质，打开“材质编辑器”面板，接着勾选“颜色”通道，并设置颜色为（R:59，G:59，B:59），如图2-215所示。

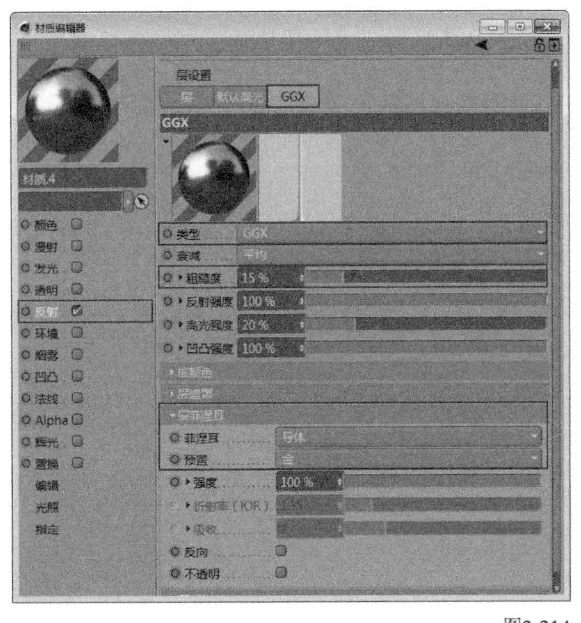

图2-214

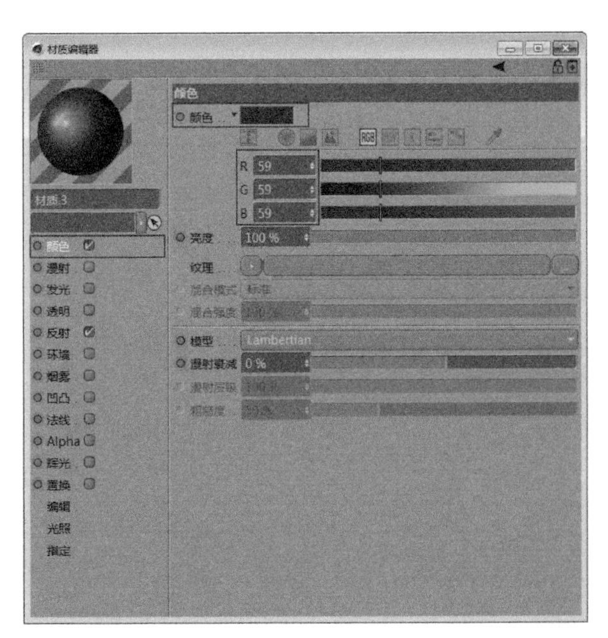

图2-215

04 将创建好的材质赋予凤梨表面，至此凤梨的材质设置完成，效果如图2-216所示。

图2-216

环境设置

01 新建一个材质并创建天空对象，执行“窗口-内容浏览器”菜单命令或按快捷键Shift+F8打开“内容浏览器”窗口，然后加载预置材质“Prime.lib4d/Presets/Light Setups/HDRI/HDR017.hdr”，如图2-217所示。

02 拖曳天空材质到天空对象，然后按快捷键Ctrl+B打开“渲染设置”面板，在“渲染设置”面板中单击“效果”按钮添加“全局光照”选项，再按快捷键Ctrl+R进行渲染，此时液态凤梨反射了天空环境，如图2-218所示。

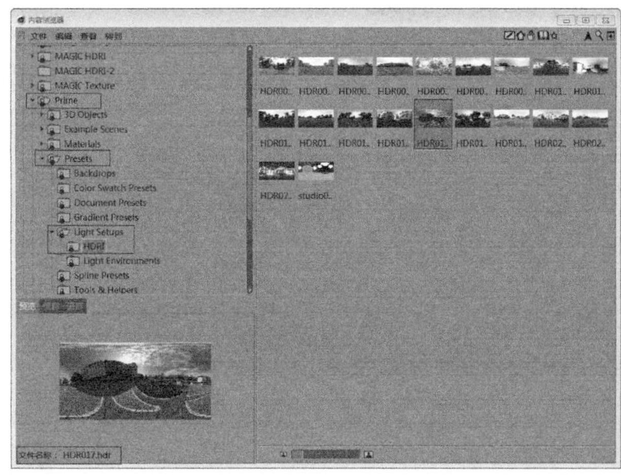

图2-217

图2-218

03 这时会发现渲染出来的效果并不是特别理想，虽然整体效果已经渲染出来但是场景过暗，细节部分也需要优化。使用“区域光”工具在液态凤梨的前方及左右两侧创建灯光，并设置“投影”和“衰减”，位置如图2-219所示。前方主光源参数如图2-220所示，两侧辅助灯光参数如图2-221所示。

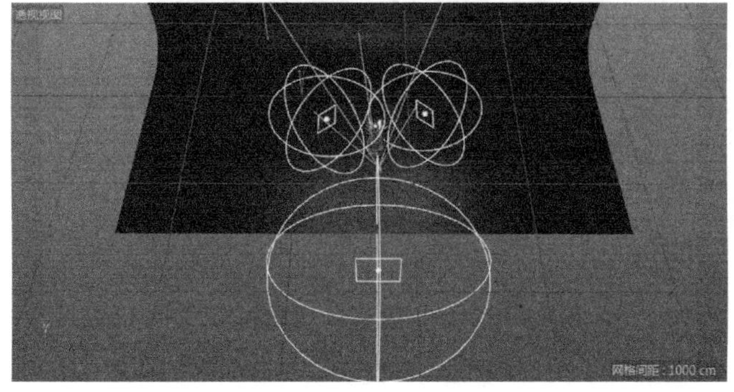

图2-219

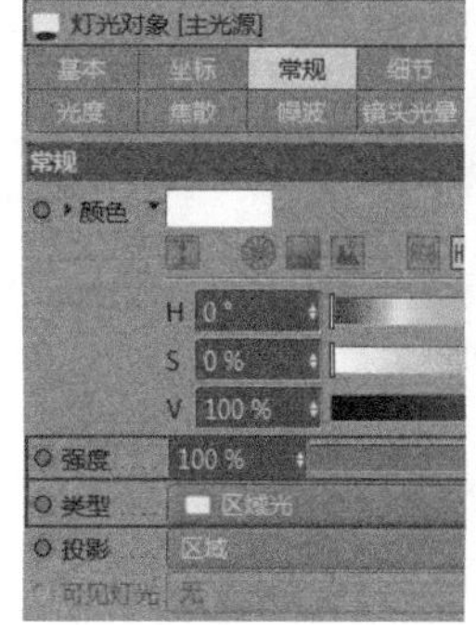

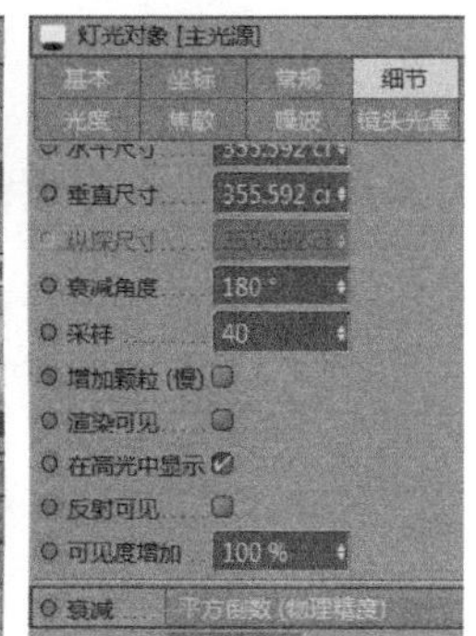

图2-220

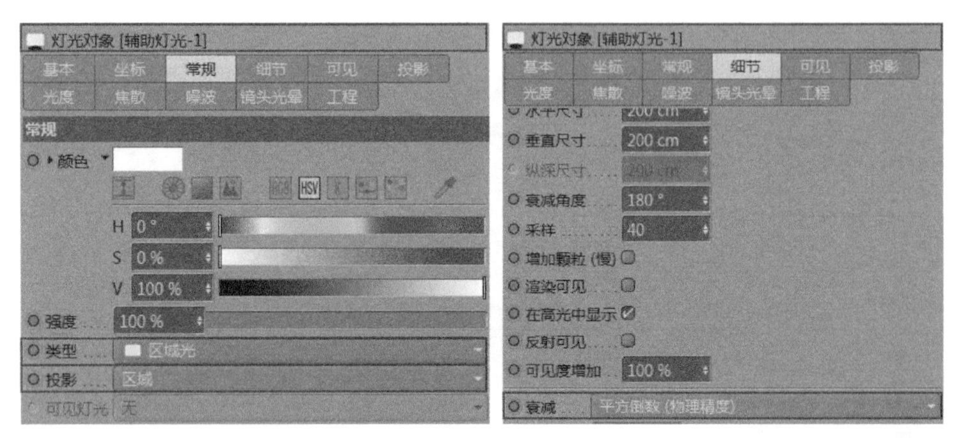

图2-221

04 选择“几何工具组”中的“平面”工具作为反光板放置在场景中，如图2-222所示。

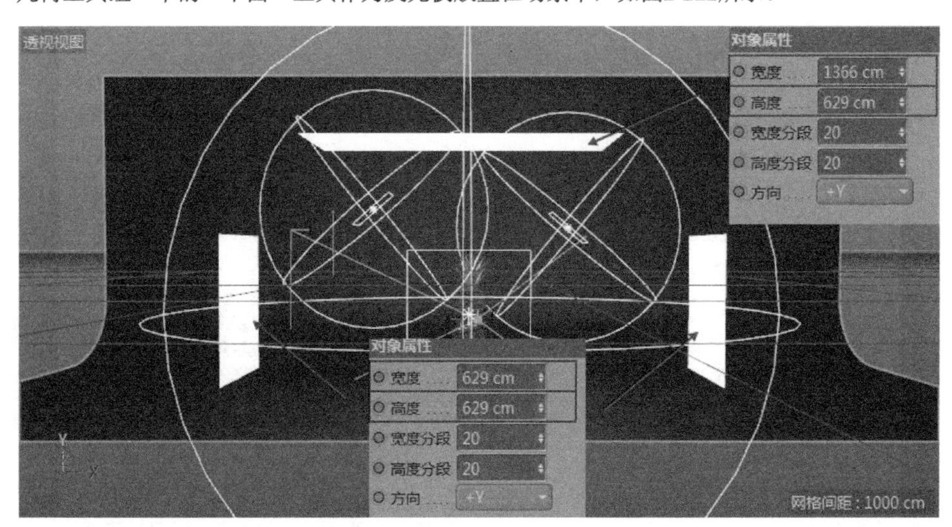

图2-222

05 观察渲染效果液态凤梨光影塑造及体积感更强了，如图2-223所示，至此液态凤梨渲染完毕。

图2-223

渲染输出

01 在场景中创建摄像机，然后单击“摄像机”右侧图标激活摄像机视图，在此基础上移动摄像机找到一个渲染的最佳视角，接着右键选择“CINEMA 4D标签”选项并添加“保护”标签固定摄像机视角，如图2-224和图2-225所示。

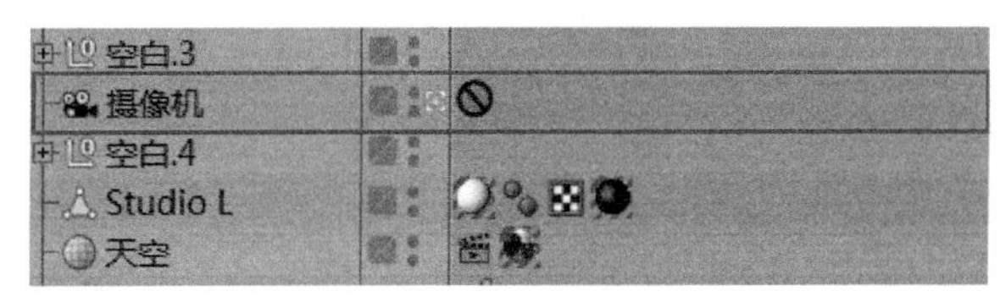

图2-224

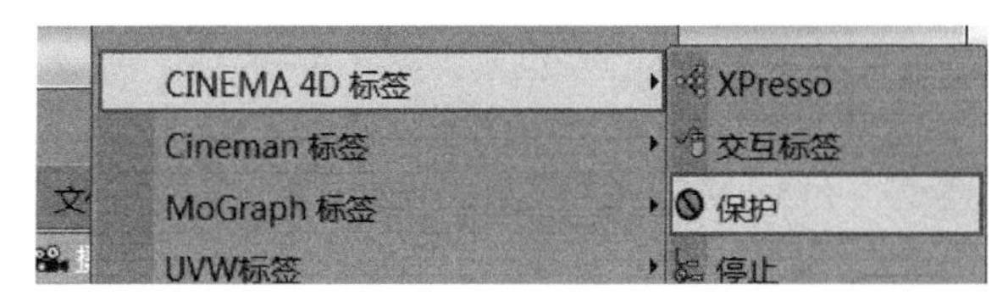

图2-225

02 按快捷键Ctrl+B打开“渲染设置”面板，勾选“保存”选项，接着单击“文件”通道右侧的“浏览”设置渲染后的输出路径，再在“格式”中选择“TIFF(PSD图层)”选项，如图2-226所示。

03 选择“输出”选项，单击按钮，在右侧会出现扩展面板，接着选择“屏幕-1280×720”选项，如图2-227所示。

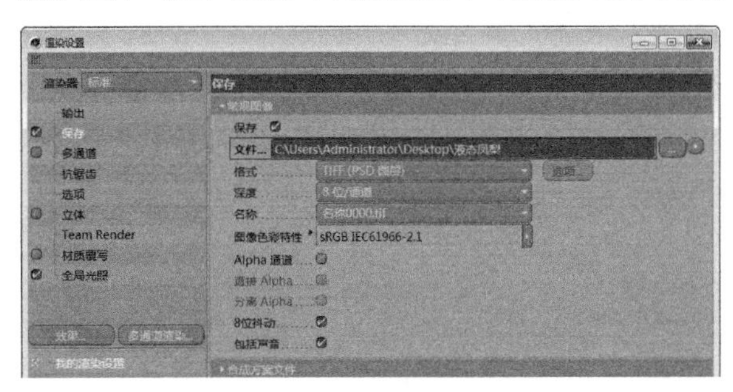
图2-226

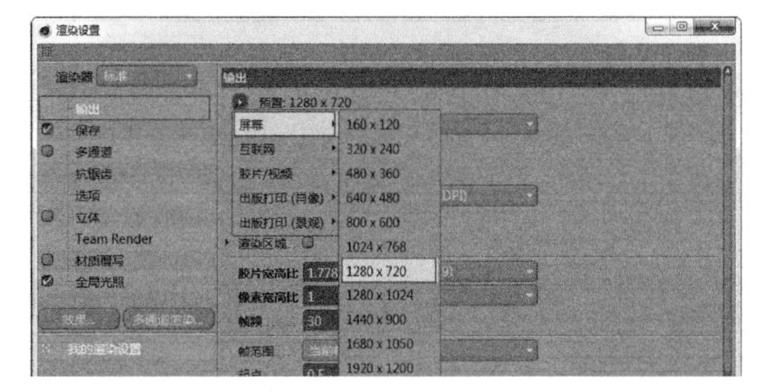
图2-227

04 切换到“抗锯齿”选项，设置“抗锯齿”为“最佳”，“最小级别”为2×2，“最大级别”为4×4，如图2-228所示。

05 在命令面板中单击“渲染到图片查看器”按钮渲染图片，如图2-229所示。至此本案例制作完成。

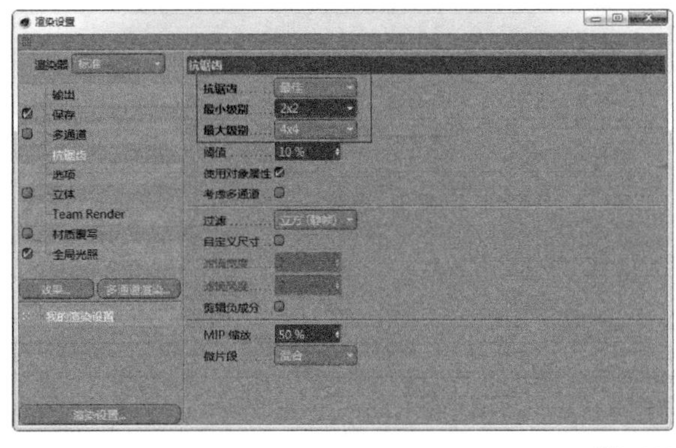
图2-228

图2-229

总结

本案例是“变形器工具组”的案例，介绍了很多基础知识，希望读者能够认真阅读，在后面的案例中如果有重复的基础知识就不再赘述了。

读者也可以多创建几台摄像机，变换不同的角度，从而得到另外几张效果图，如图2-230所示。渲染完成后可以进入Photoshop软件进行后期调色，如曲线、色阶、色相和饱和度等。

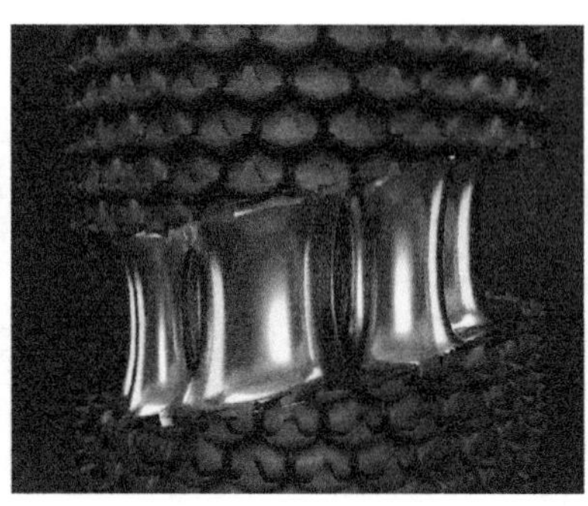

图2-230

2.2 Cinema 4D材质常用技巧与案例

本节将讲解4个材质案例，包括金属字效果的制作、瓷器效果的制作、玻璃效果的制作及SSS次表面反射的制作。通过金属字效果案例的制作，了解如何设置相关金属的参数；通过瓷器材质的案例的制作，了解如何设置瓷器的颜色及反射等参数；通过玻璃材质的案例的制作，了解如何设置透明通道及反射通道的参数；通过SSS次表面反射的案例的制作，了解如何设置发光通道得到次表面反射的效果。

2.2.1 Cinema 4D常用材质的类型

在Cinema 4D中除了创建各式各样复杂的模型外，将创建好的模型赋予材质也是很重要的，这样才能为作品带来最佳的视觉表现。这一节将为读者介绍生活中常见的材质，它们随时出现在我们的生活之中，如金属、瓷器、玻璃和SSS次表面反射，如图2-231所示。

图2-231

2.2.2 Cinema 4D材质编辑器的详解

在讲解“材质编辑器”面板之前一定要知道怎么创建材质。在材质面板中执行“创建-新材质”菜单命令（快捷键为Ctrl+N），即可创建新的材质，这是Cinema 4D最常用的材质。此外，还可以通过双击材质面板的空白区域创建新的材质，如图2-232所示。

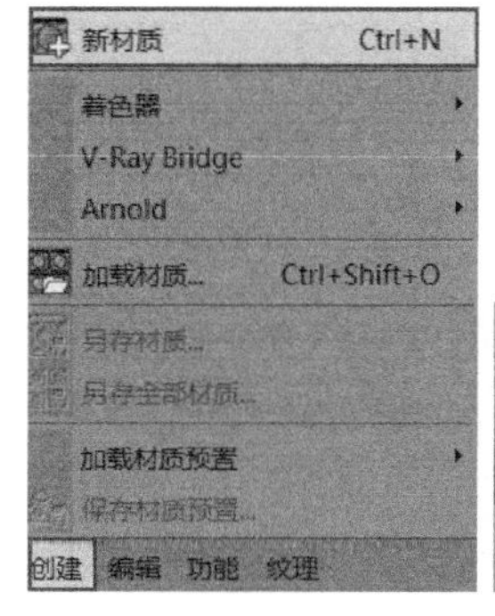

图2-232

在Cinema 4D中还提供了多种着色器，可以直接选择所需的材质进行运用，如图2-233所示。

双击创建的材质可以打开“材质编辑器”面板。“材质编辑器”面板主要分为两个部分，左侧为材质预览图和材质通道，右侧则为材质通道的属性。在左侧单击材质通道，在右侧就会出现相应通道的材质属性，如图2-234所示。

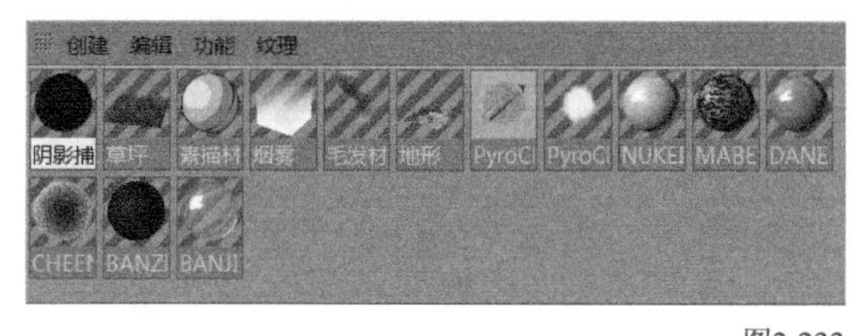

图2-233

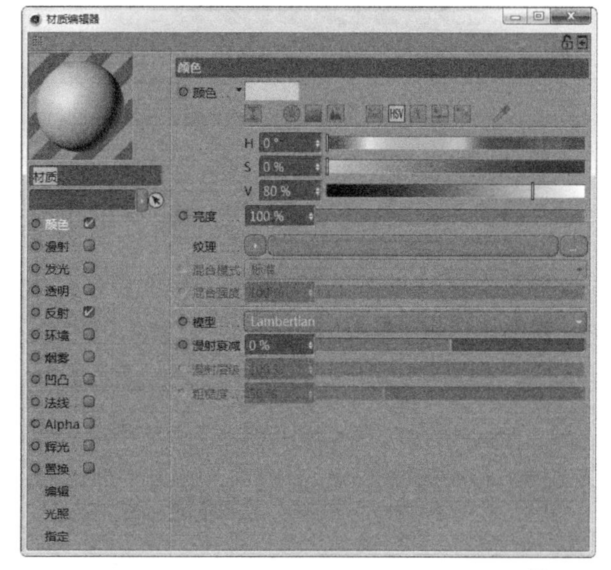

图2-234

颜色

单击“颜色”通道，在右侧即可出现颜色通道的相关属性。默认是以HSV模式选取颜色，除此之外也可以通过色轮、光谱、图片、RGB、开尔文温度、颜色混合、色块和吸管等方式进行颜色的选择，如图2-235所示。

在“颜色”的下方是“亮度”属性。“亮度”的作用可以理解为调整颜色的明暗，移动后方的进度条可以调整颜色的明暗，直接在“亮度”参数中输入百分比数值也可以进行调整。单击“纹理”后的按钮即可弹出加载纹理贴图的扩展面板，如图2-236所示。

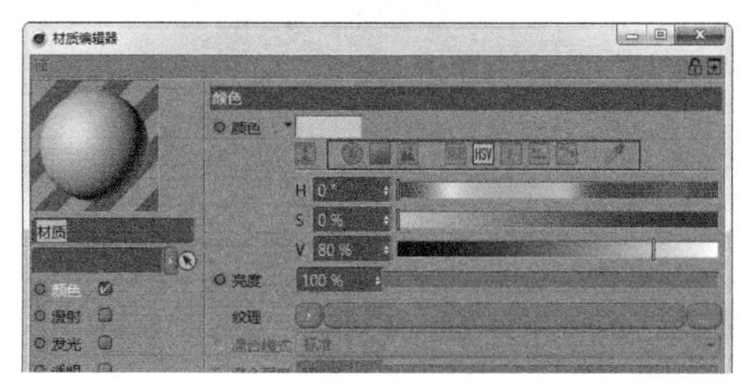

图2-235

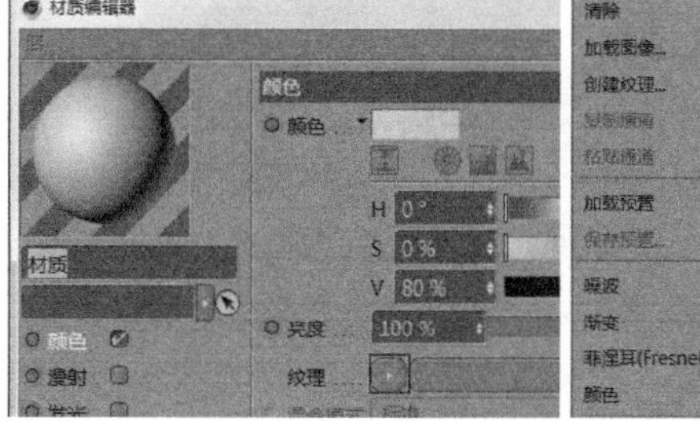

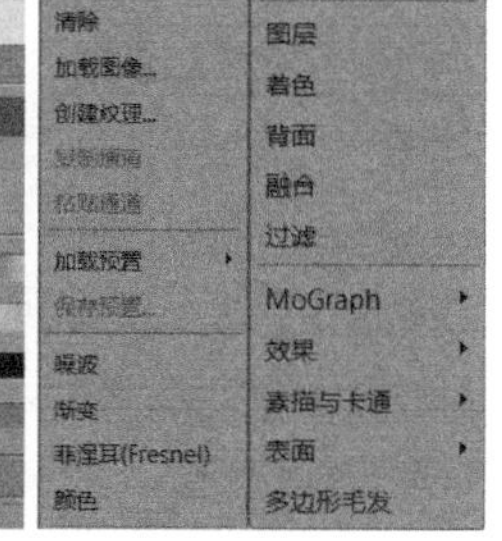

图2-236

重要参数讲解

清除：清理所有的纹理贴图及效果。

加载图像：可以加载任何图像赋予到材质中，对材质的表面产生影响。

创建纹理：弹出“新建纹理”面板，自定义纹理的颜色等。

复制通道/粘贴通道：这两个命令类似于我们常用的复制和粘贴，是将纹理通道的信息复制并粘贴到其他的通道。

加载预置/保存预置：将设置好的纹理保存在计算机中并加载运用。

噪波：是一种不规则的黑白噪点贴图。执行该命令后会在纹理下方出现噪波贴图的预览图，单击预览图进入噪波属性面板中，可以设置噪波的颜色、空间、缩放和周期等，如图2-237所示。

渐变：是一种颜色到另外一种颜色过渡的贴图。执行渐变命令后，单击预览图即可进入渐变属性面板，设置渐变的颜色及类型，如图2-238所示。

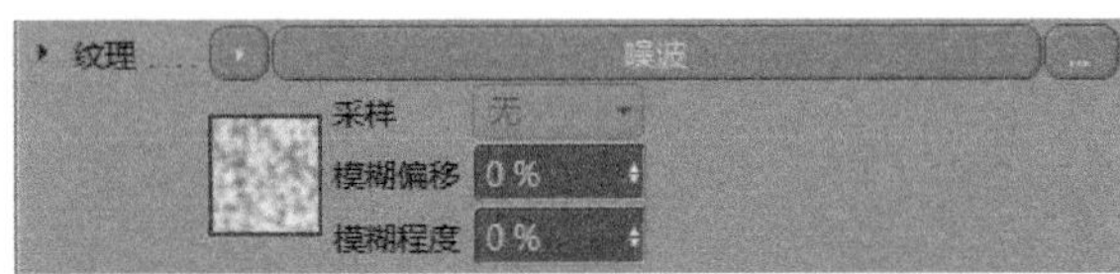

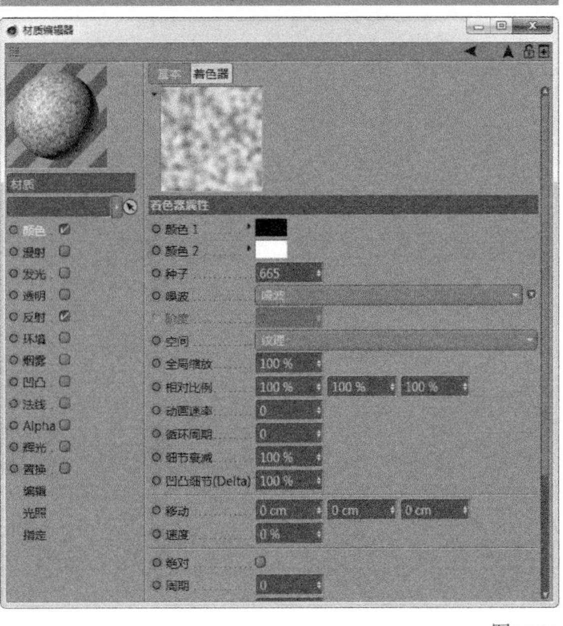

图2-237

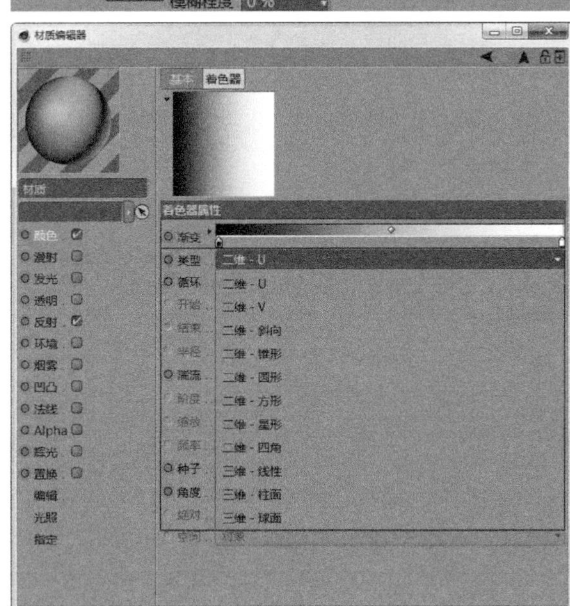

图2-238

菲涅耳（Fresnel）：菲涅耳用来渲染一种类似瓷砖表面釉质或木头表面清漆的效果。菲涅耳是指当光到达材质交界面时，一部分光被反射，一部分光发生折射。当视线垂直于表面时，反射较弱；而当视线未垂直于表面时，夹角越小，反射效果越明显。所有物体都有菲涅耳反射，只是强度大小不同，这就是“菲涅耳效应”。单击预览图进入属性面板，通过调整滑块颜色控制菲涅耳的属性，可模拟物体从中心到边缘的颜色、反射和透明等属性的变化，如图2-239所示。

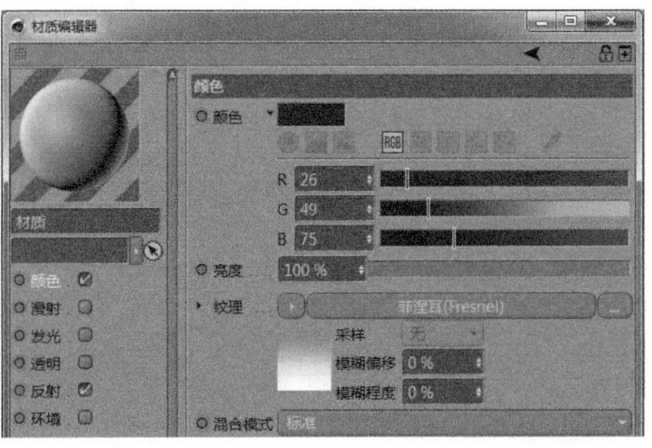

图2-239

颜色：控制材质表面的颜色，如图2-240所示。

图层：类似Photoshop软件的图层属性。进入图层属性面板，可以对图层进行编组、加载图像、添加着色器和设置效果等，如图2-241~图2-244所示。

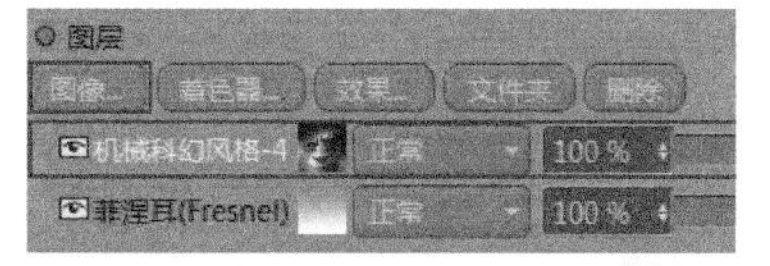

图2-241

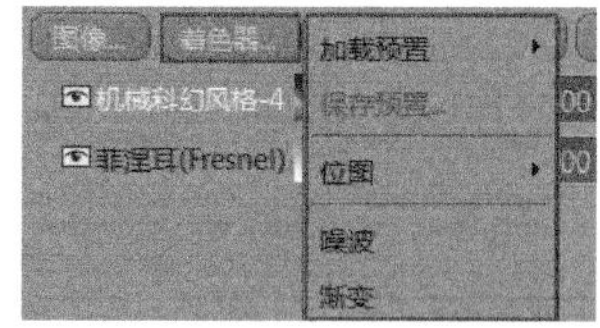

图2-242

图2-240

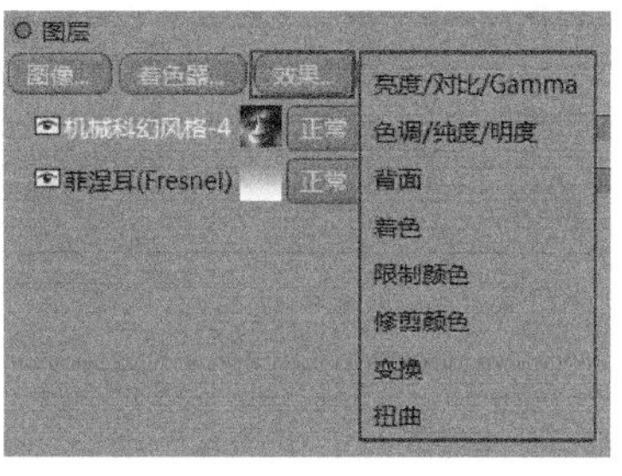

图2-243

图2-244

着色：类似Photoshop软件的颜色映射，将渐变色和图像进行图层混合而产生的效果。在纹理中可以添加各种纹理效果，渐变滑块可以控制纹理混合的颜色及整体效果，如图2-245所示。

背景：在背景面板中可以通过调整纹理、色阶和过滤宽度调整纹理效果，如图2-246所示。

融合：类似Photoshop软件的图层混合模式，通过更改上一张图层模式的类型与下一张图层的图片产生一种混合效果。滑动混合百分比可以控制图片混合的强弱程度，数值越大混合效果越强烈，数值越小混合效果越弱。通过在混合通道和基本通道中去加载图像或纹理可以形成新的图像纹理效果，如图2-247所示。

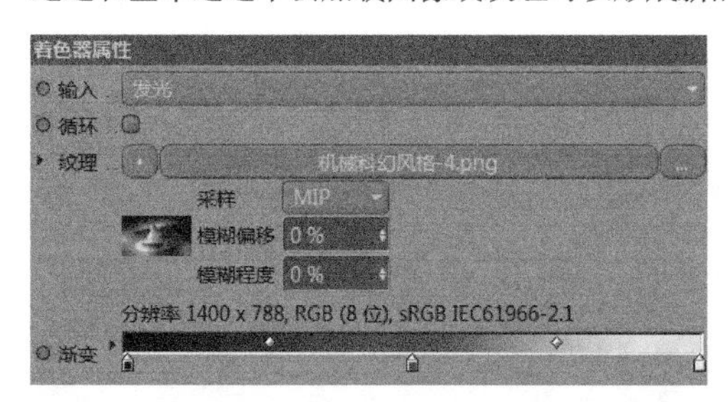

图2-245

图2-246

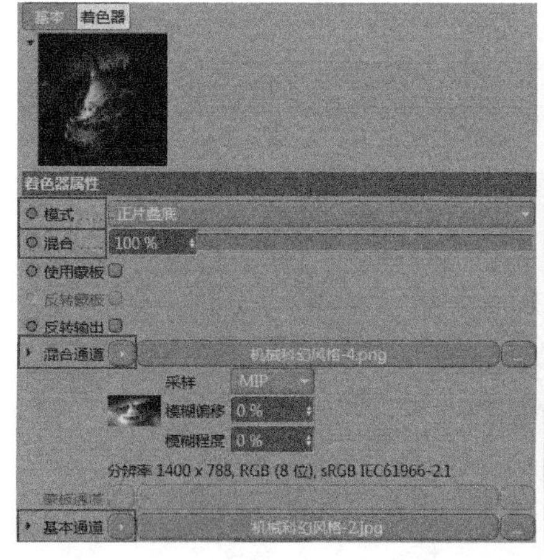

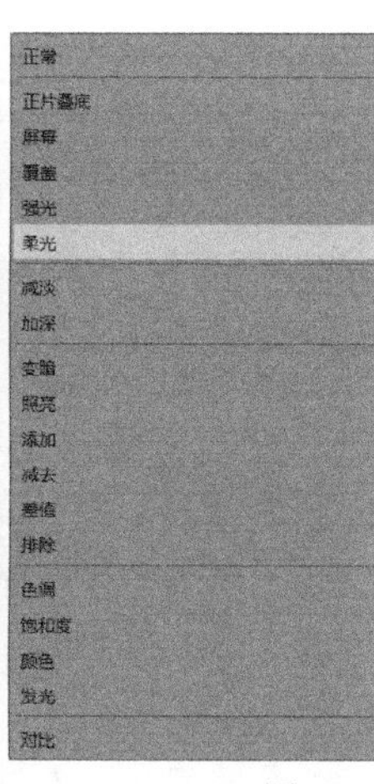

图2-247

过滤：类似将Photoshop软件中的色相饱和度和曲线结合在一起的一种调色功能。通过在纹理中添加纹理贴图可以调整属性栏中的色调、明度、饱和度和渐变曲线，如图2-248所示。

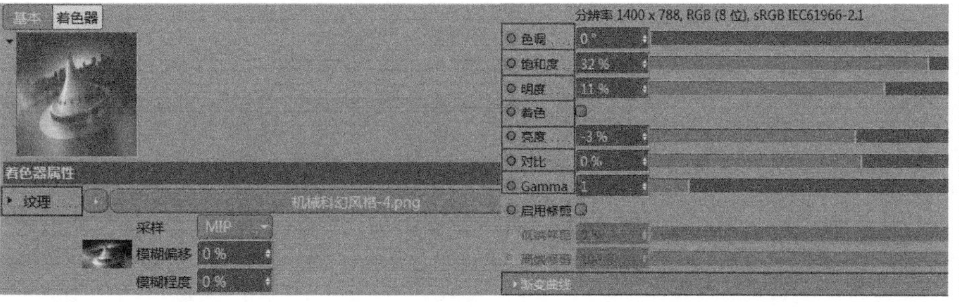

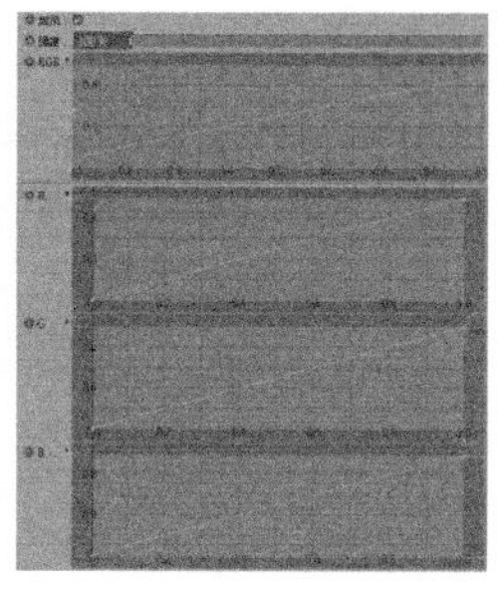

图2-248

MoGraph：此纹理分为多个MoGraph着色器，此类着色器只作用于MoGraph物体，如图2-249所示。

多重着色器：单击纹理按钮可以选择各种纹理。单击“添加”按钮可以添加多个纹理图层，并将设置好的多重作色纹理放置在物体上，物体表面将会产生多个纹理效果，如图2-250所示。

MoGraph ▸ 多重着色器
效果 ▸ 摄像机着色器
素描与卡通 ▸ 节拍着色器

图2-249

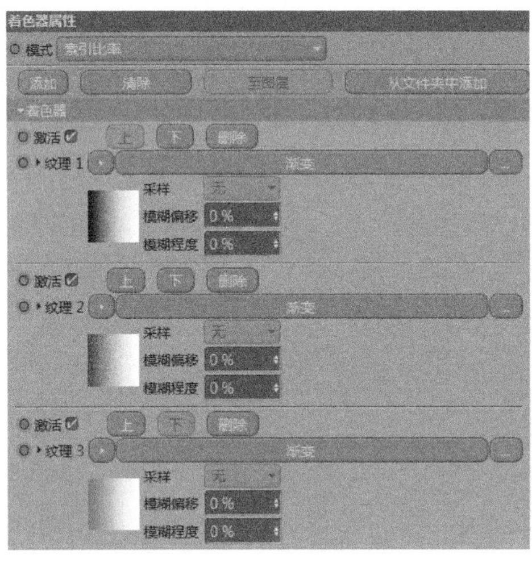

图2-250

摄像机着色器：在摄像机一栏中加载一台摄像机，这样映射在物体材质的纹理就是摄像机所显示的画面，并以水平和垂直缩放对摄像机投射的纹理进行长宽比例的调整，勾选或取消前景与背景可以控制是否投射到摄像机中，如图2-251所示。

节拍着色器：通过设置拍数、峰值范围和范围曲线，控制贴图在物体上的强弱变化，单击动画面板上的播放按钮，物体上的贴图就会产生明暗变化，如图2-252和图2-253所示。

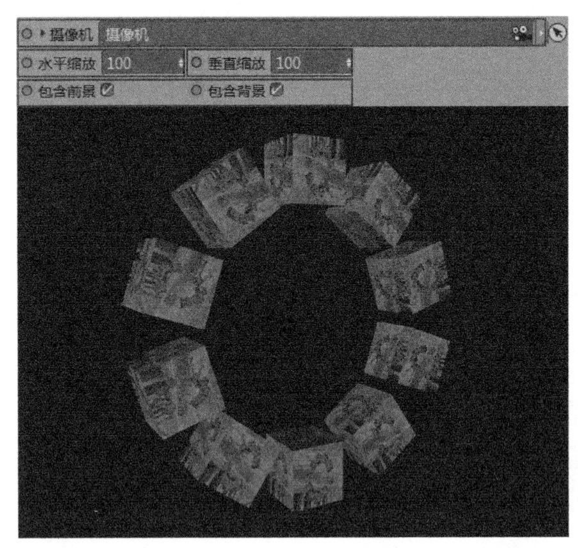

图2-251

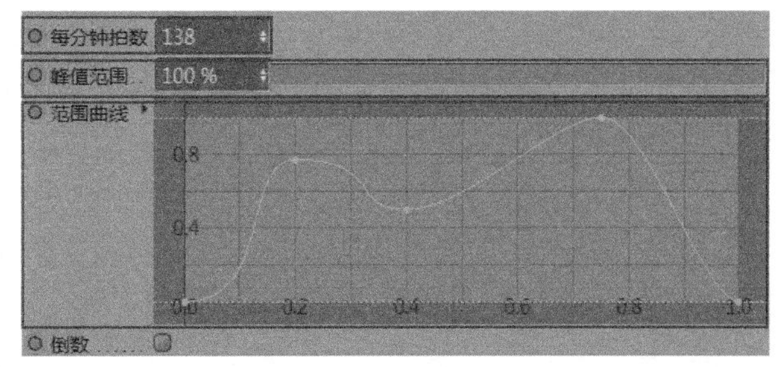

图2-252

图2-253

颜色着色器：通道默认是颜色属性时，物体纹理颜色就默认为颜色。如果将颜色属性切换为索引比率，物体纹理颜色就会随着曲线的变化而发生改变，如图2-254所示。

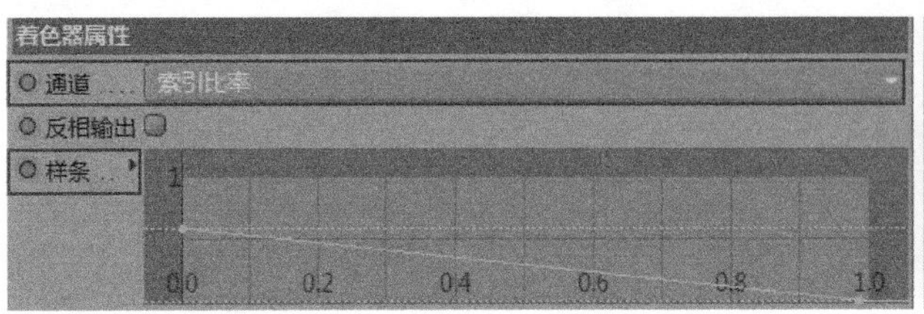

图2-254

效果：提供了多种常用的效果选择，如扭曲、投射、样条和次表面反射等，每种效果都有各自的特性。如扭曲，可以对纹理进行x、y和z轴向的扭曲，还可以添加扭曲的纹理贴图，如图2-255所示。

素描与卡通：分为划线、卡通、点状和艺术。

划线：加载一张图片，在属性面板中可以对图像UV的偏移、密度和间隔等进行调整，如图2-256所示。

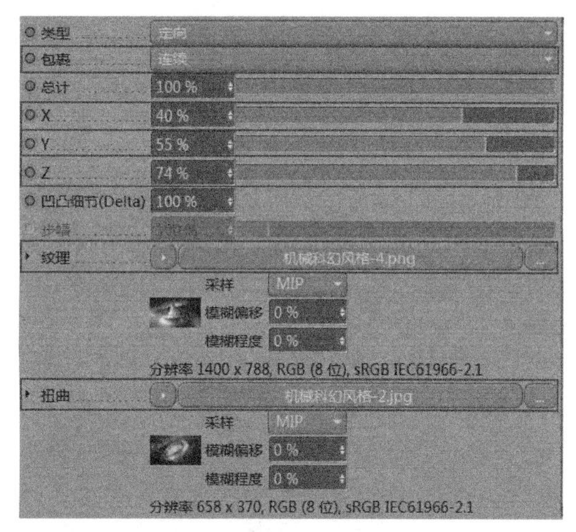

图2-255

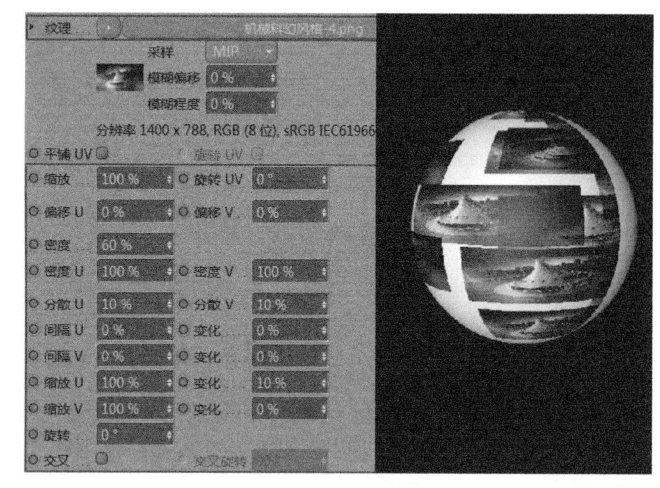

图2-256

卡通：通过滑动漫射的滑块调整卡通的显示颜色，同时可以勾选摄像机、灯光及凹凸等属性控制卡通的颜色显示，如图2-257所示。

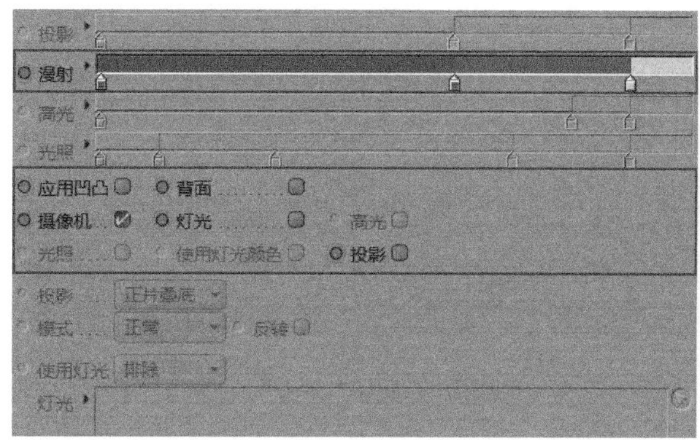

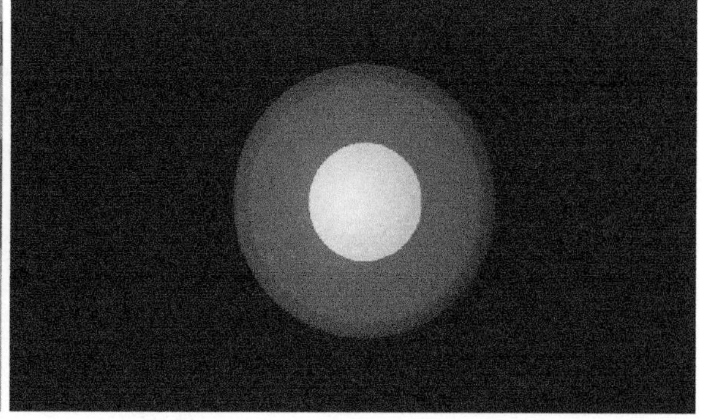

图2-257

点状：单击形状可以调整物体的纹理形状，通过点状属性面板的其他参数去调整纹理的颜色、缩放和旋转，如图2-258所示。

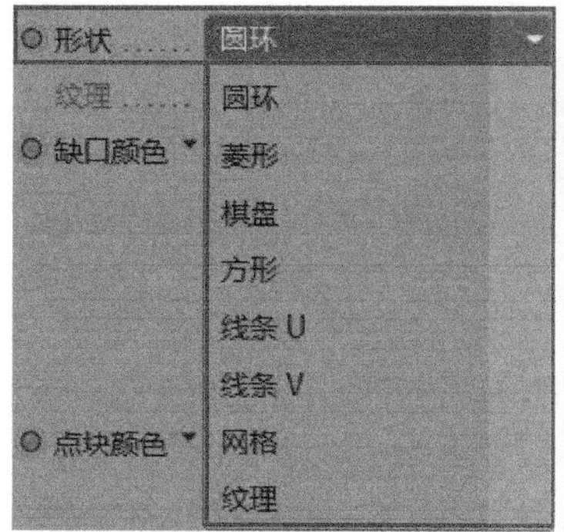

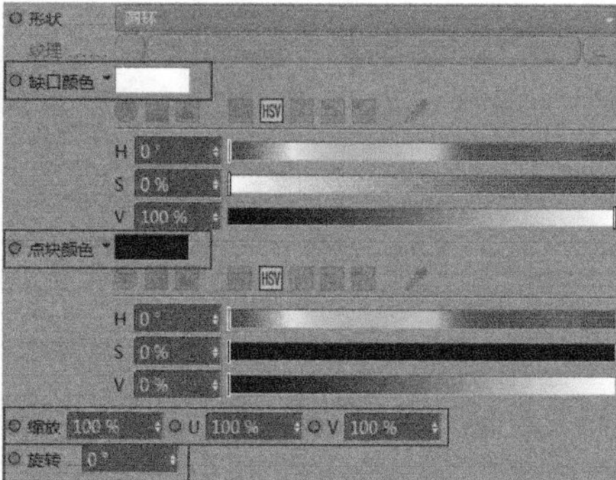

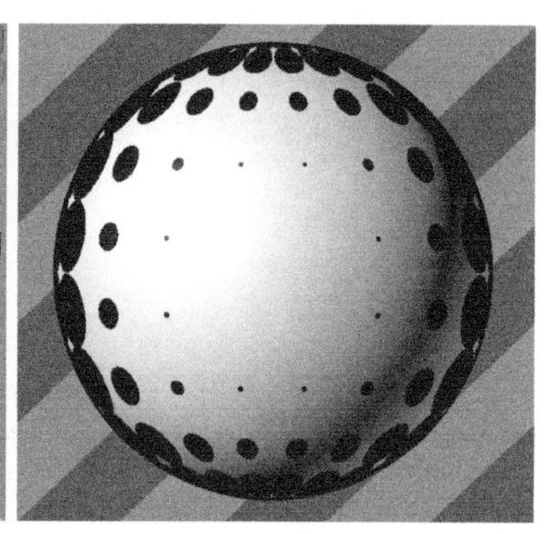

图2-258

艺术：通过全局类型控制整体贴图纹理的缩放和旋转等参数，如图2-259所示。

表面：提供各种物体纹理，如燃烧、火苗、砖块和平铺等。如平铺，执行该命令后进入平铺属性面板，可以调整平铺的颜色、图案和长宽比等，如图2-260所示。

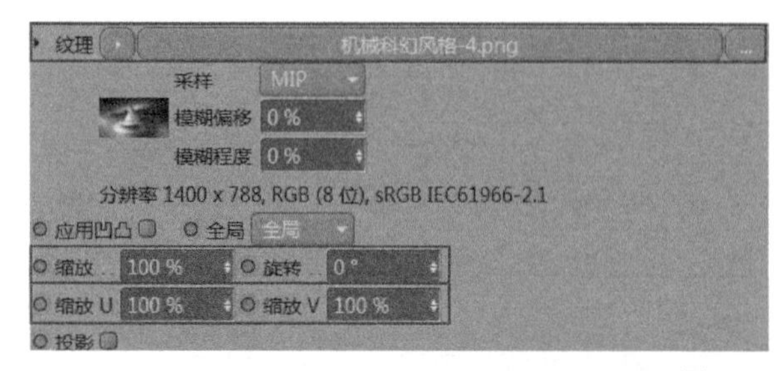

图2-259

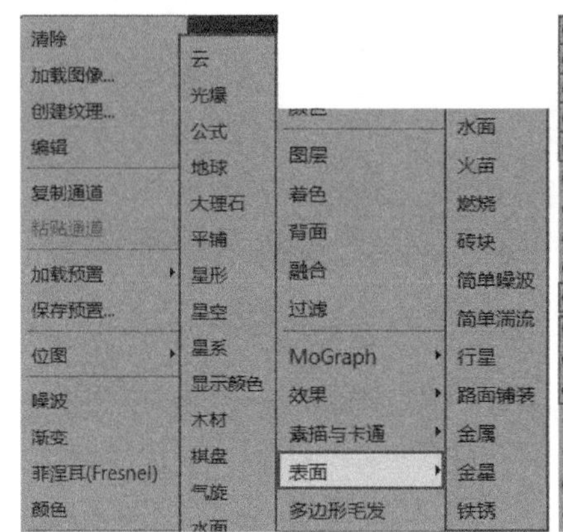

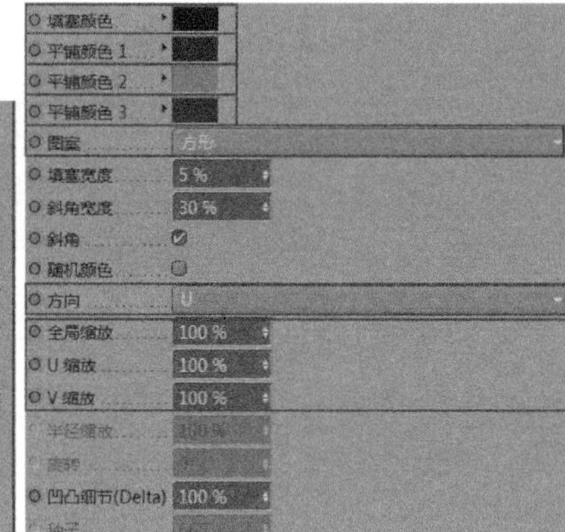

图2-260

多边形毛发：模拟毛发的一种纹理。进入该属性面板可对颜色、高光和漫射等参数进行调整，如图2-261所示。

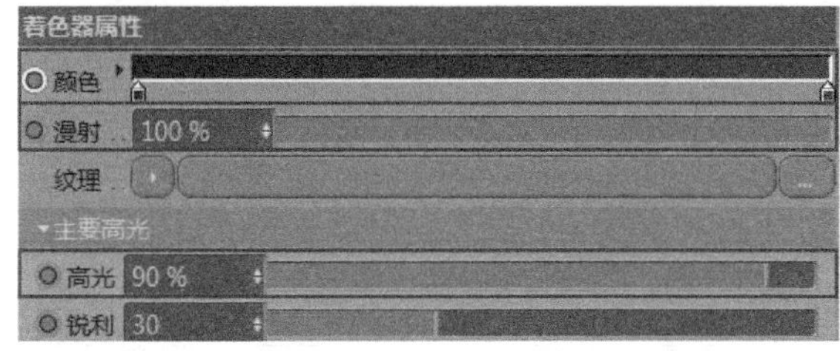

图2-261

漫射

漫射是指光线被粗糙表面无规则地向各个方向发射的现象。在漫射的属性面板中有亮度和纹理两个属性。亮度属性是控制漫射反射的强弱变化，数值越大漫射效果越强烈，数值越小漫射效果越弱；纹理属性是通过添加纹理来影响漫射的漫射的效果，如图2-262所示。

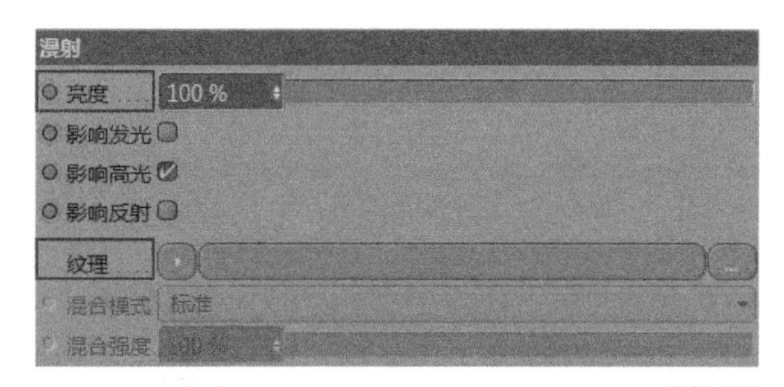

图2-262

发光

发光在渲染时常用来作为反光板或环境贴图进行使用。发光本身不能产生真正的发光效果，不能充当光源，只有在开启了“全局光照”选项后，被赋予发光材质的物体才能真正产生发光效果。在发光的属性面板中通过调整颜色可以控制发光的颜色变化，调整亮度可以控制整体的明暗变化，并且可以在纹理当中添加贴图来作为环境贴图进行使用，如图2-263所示。

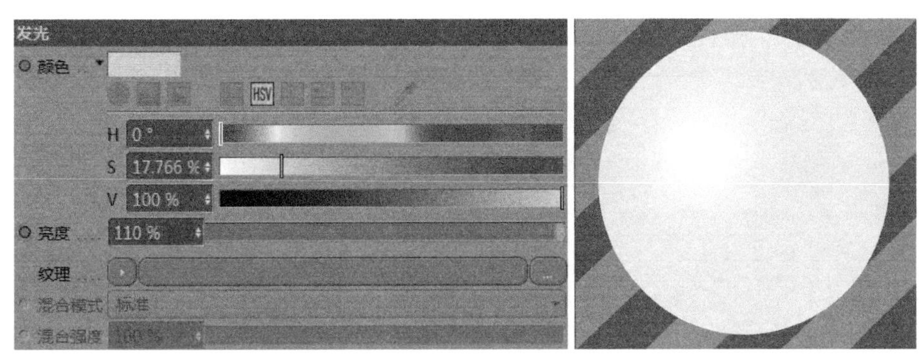

图2-263

■ 透明

在表现一些透明材质时会启用这个选项，如玻璃、水、空气、钻石和酒精等。在透明的属性面板中，通过调整亮度、折射率和纹理的参数控制透明材质的特性。在“折射率预设”中提供了很多常用的透明材质的折射率，如图2-264所示。

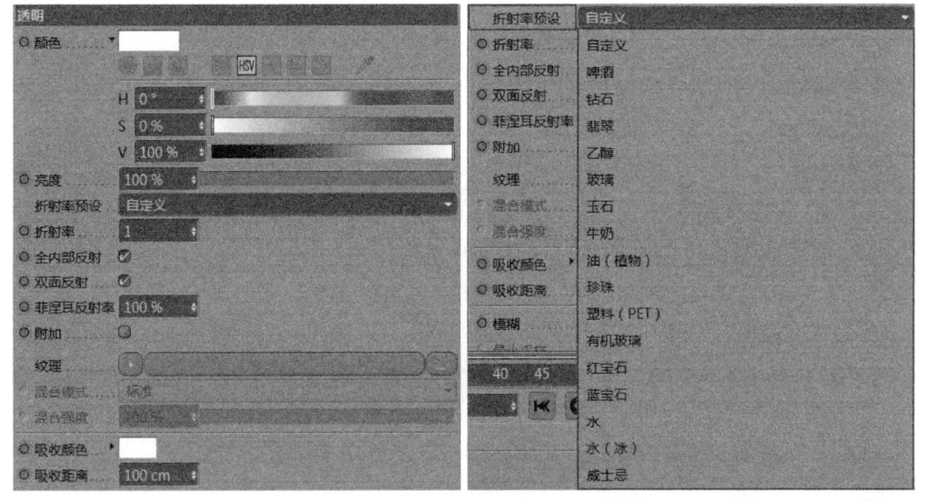

图2-264

■ 反射

在反射的属性面板中分为“层”和“默认高光”两大部分。在反射的“层”属性中，可以添加最多15个层反射去控制物体的反射效果。每一个反射层的后面都有一个控制条，用来调整当前层反射的透明度，并且可以与Photoshop软件中的图层一样对其反射中的层顺序进行上下的移动、添加、复制和粘贴，如图2-265所示。

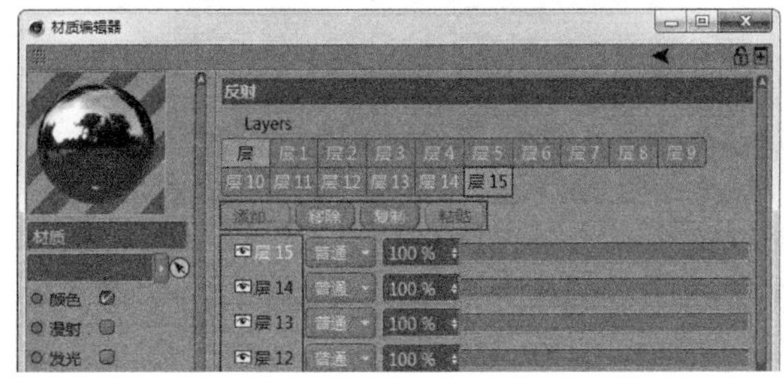

图2-265

在“层”属性的下方是“全局反射亮度”和“全局高光亮度”，二者控制当前反射通道内的所有反射亮度和高光亮度，如图2-266所示。

在反射通道中提供了如下反射类型，如图2-267所示。

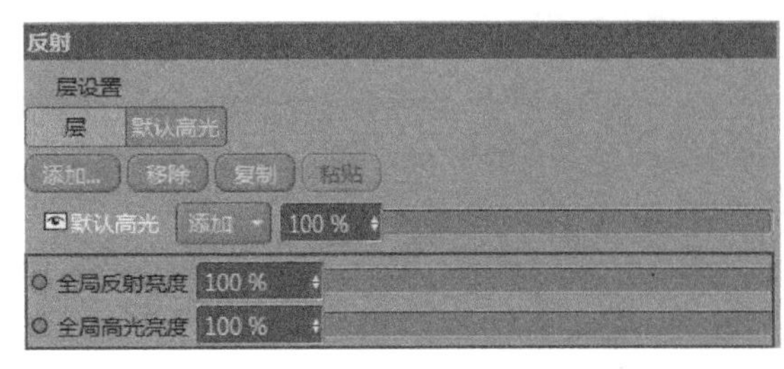

图2-266

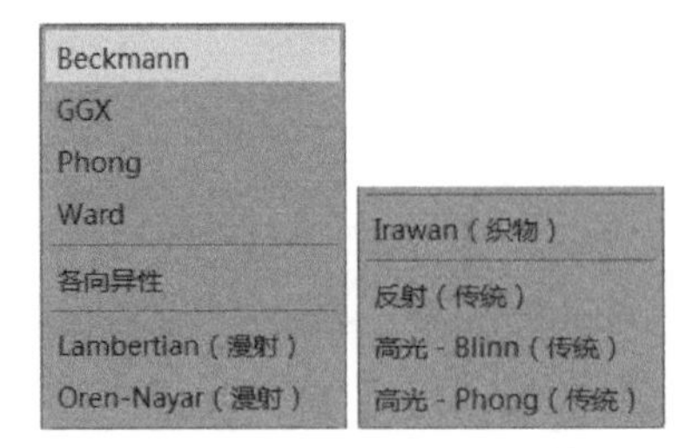

图2-267

在反射类型第一组中Beckmann、GGX、Phong、Ward的区别仅在于因反射的角度不一样而造成反射的快慢、强弱变化，它们之间的变化是微弱的。

重要参数讲解

Beckmann：是一种默认的正确和快速的反射效果，用于大部分情况。

GGX：能够产生最佳的分散效果，适合模拟金属的表面。

Phong：适合表现漂亮的高光和亮度递减的效果。

Ward：适合渲染柔软的表面，如橡胶或皮肤。

各向异性：能够使反射光线在一定的方向上发生弯曲，从而产生反射的扭曲，如用于拉丝或刮痕金属等效果。

Lambertian（漫射）和Oren-Nayar（漫射）：模拟哑光反射，不过这两种通道要慎重使用，主要是它们不能被GI进行计算缓存，保留他们是Cinema 4D为了和过去版本兼容。

Irawan（织物）：是一种特殊的各向异性，用于创建逼真的布料表面。

反射（传统）、高光-Blinn（传统）、高光-Phong（传统）：主要是用于兼容低版本文件的加载。

以上是全部反射通道中的反射类型，我们可以通过官方提供的反射效果来看不同反射类型的视觉表现，如图2-268所示。

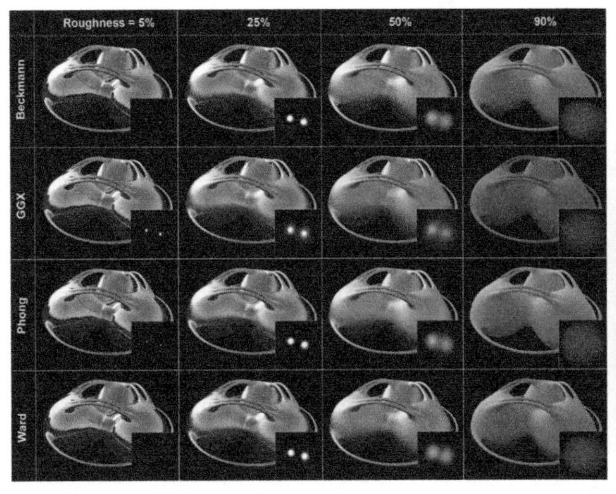

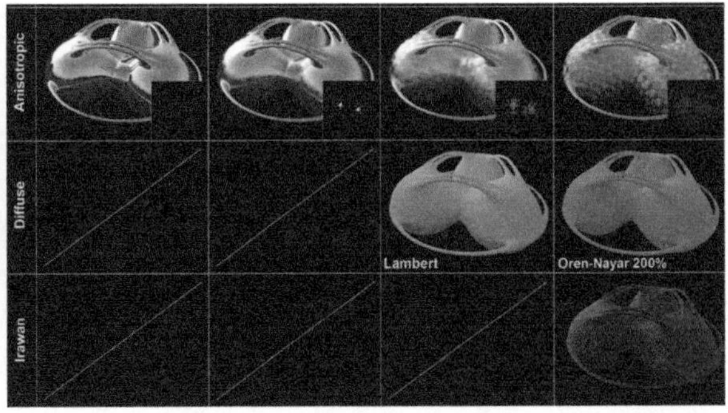

图2-268

其实这么多反射类型的参数都是一样的，因此本书以GGX反射去讲解反射当中的具体参数。反射参数可以分为两部分，一部分以衰减、粗糙度、反射强度、高光强度和凹凸强度的光线参数进行讲解，另一部分以层颜色、层遮罩、层菲涅耳和层采样作为反射层属性参数进行讲解。

重要参数讲解

衰减：控制物体和反射混合之后的效果，类似于图层混合模式。在衰减的类型中提供了4种衰减混合的类型，分别是“平均”“最大”“添加”和“金属”，它们都会对本身物体的反射产生不一样的效果，如图2-269所示。

粗糙度：控制物体表面的粗糙程度，数值越大粗糙效果越强烈，数值越小粗糙效果越弱，如图2-270所示。

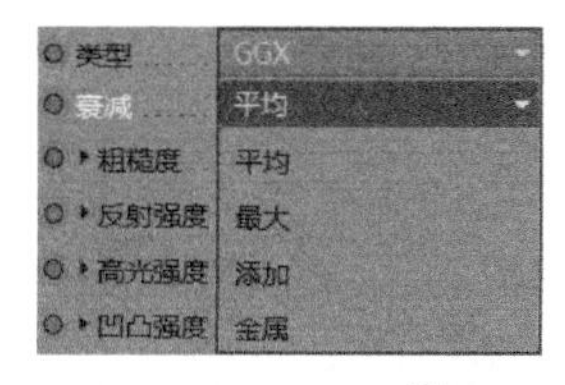

图2-269

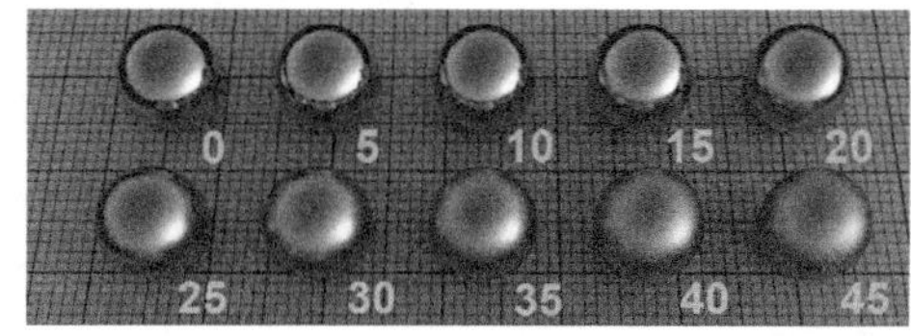

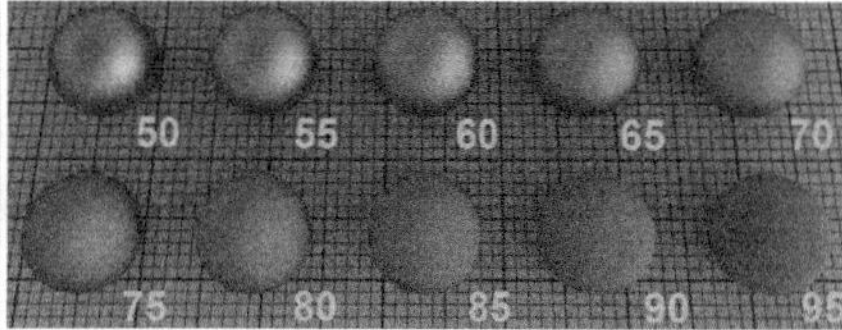

图2-270

反射强度：控制反射光线的强度，数值越大物体反射强度越强越亮，数值越小反射强度越弱越暗。单击反射强度旁边的▸按钮，可以展开隐藏在反射强度下方的纹理和着色功能，如图2-271所示。

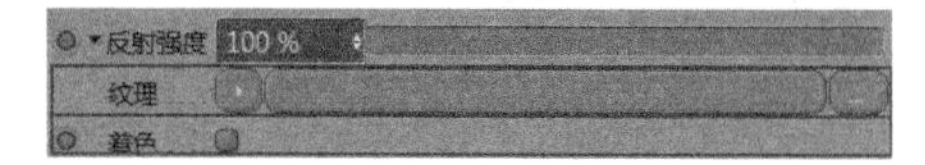

图2-271

纹理：通过纹理控制反射强度的变化，以增加整个反射强度的细节表现。

着色：开启着色之后，颜色通道当中的颜色会与反射强度产生混合效果。

高光强度：高光的强度与粗糙度是互相联系的，当粗糙度为零时，加大高光强度是没有任何效果的，当粗糙度的数值不为零的时，高光强度才会产生变化，如图2-272所示。

凹凸强度：控制物体边面高低起伏的凹凸反射效果。单击凹凸强度旁边的▸按钮，可以展开隐藏在凹凸强度下方的“纹理”和“模式”参数。其中“纹理”可以控制物体在不同表面下产生的明暗强度的变化，“模式”类型分为“自定义凹凸贴图”和“自定义法线贴图”，如图2-273所示。

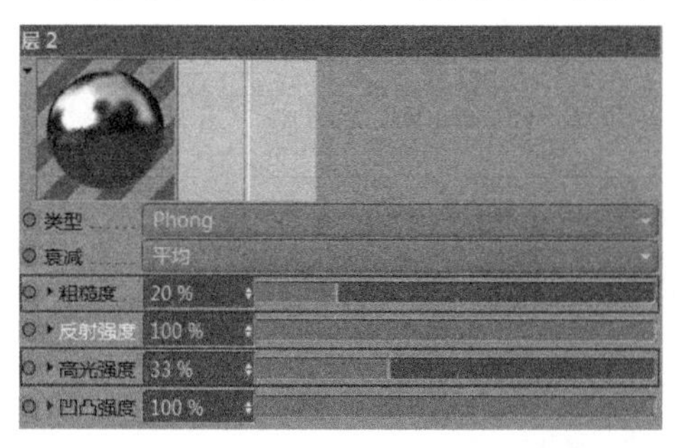

图2-272

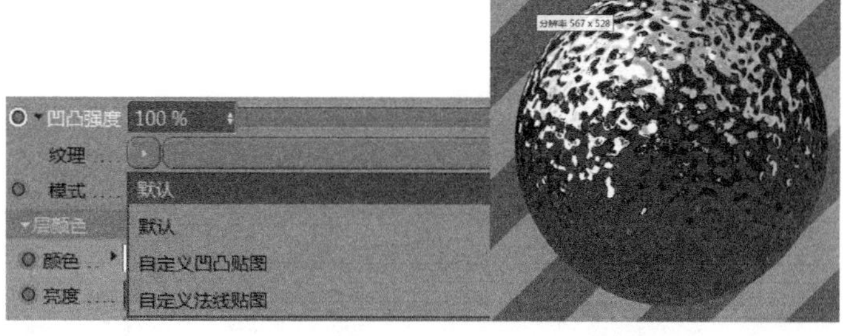

图2-273

层颜色：层颜色可以定义当前层的颜色。在层颜色中有颜色、亮度和纹理去控制层的颜色属性。

颜色：定义物体表面反射的颜色。如果想制作一个反射彩色的效果，则在层颜色中选取想要的反射颜色的数值，如果不想反射颜色，则要将颜色调整为白色。

亮度：控制当前物体反射的亮度或可以理解为控制物体反射的强弱程度。数值越大反射效果越强烈，数值越小反射效果越弱。

纹理：加载一幅图像或纹理来影响当前的层颜色。

混合模式：类似于图层混合模式，控制层颜色和层纹理之间的混合效果。

混合强度：控制层颜色和层纹理的混合强度，数值越低混合效果越弱，数值越高混合效果越强，如图2-274所示。

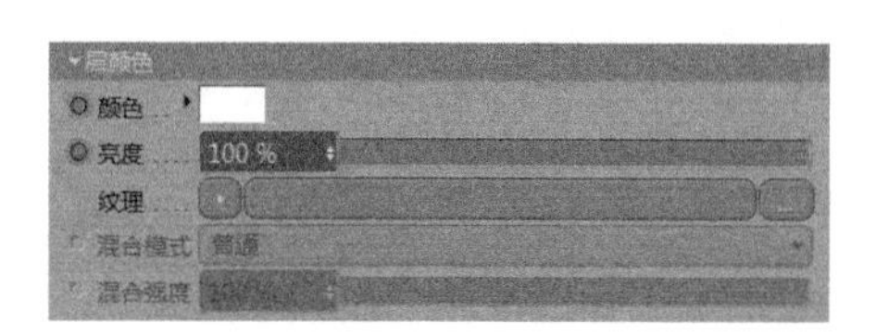

图2-274

层遮罩：类似于Photoshop的图层蒙版。黑色纹理表示隐藏当前的反射，白色纹理表示显示当前的反射效果，而灰色则表示半隐半现当前的反射效果。在层遮罩中有数量、颜色、纹理、混合模式和混合强度5个属性。

数量：控制物体反射效果，数值越大物体反射效果越强烈，当层遮罩的数量为零时物体反射效果消失。

颜色：定义物体表面反射的颜色。

纹理：控制层遮罩的反射效果。当加载的纹理是以黑白灰的形式进行显示的时候，黑色直接隐藏当前的反射效果透显出下层的颜色，白色表示显示当前的反射效果，而灰色则会出现半隐半现当前的反射效果，如图2-275和图2-276所示。

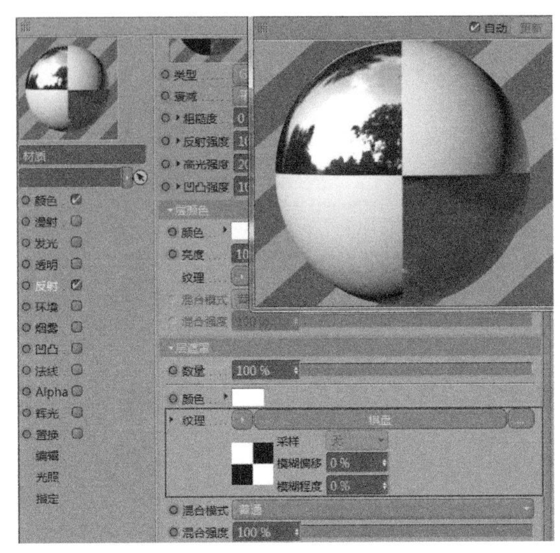

图2-275

图2-276

混合模式：控制层遮罩与层纹理的混合模式，通过不同计算模式将层纹理与层遮罩的颜色混合，即可得到不同的效果。

混合强度：控制层遮罩和层纹理的混合强度，数值越低混合效果越弱，数值越高混合效果越强。

层菲涅耳：这里的菲涅耳是一个带有很多预设的遮罩，它将我们常用的材质分为绝缘体和导体两部分，如图2-277所示。

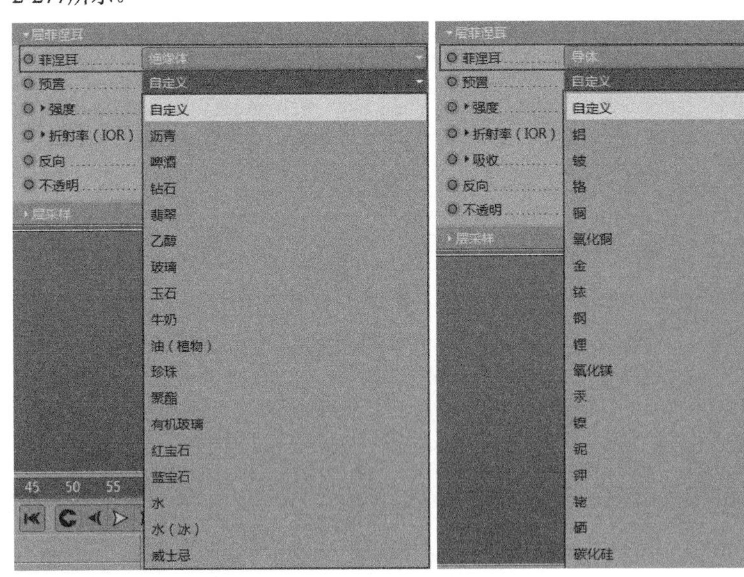

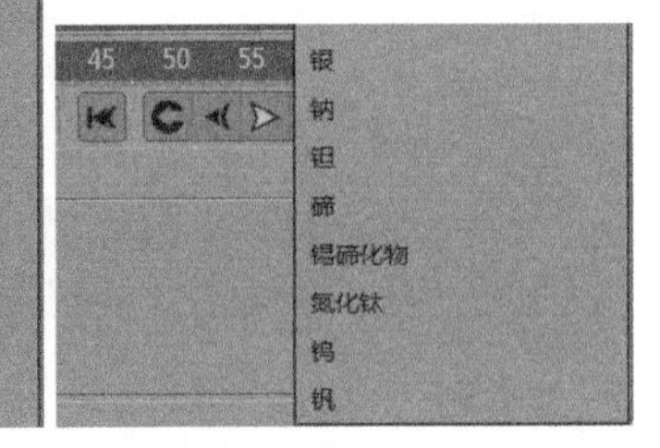

图2-277

层采样：通过调整层采样的数值，使整个材质的采样效果更加细腻。在层采样面板中有采样细分、限制次级、切断、出口颜色及距离减淡等参数。

采样细分：控制物体表面反射的噪点，采样细分数量越小物体表面反射越粗糙噪点越大，采样细分数量越大物体表面反射越光滑噪点越小，如图2-278和图2-279所示。

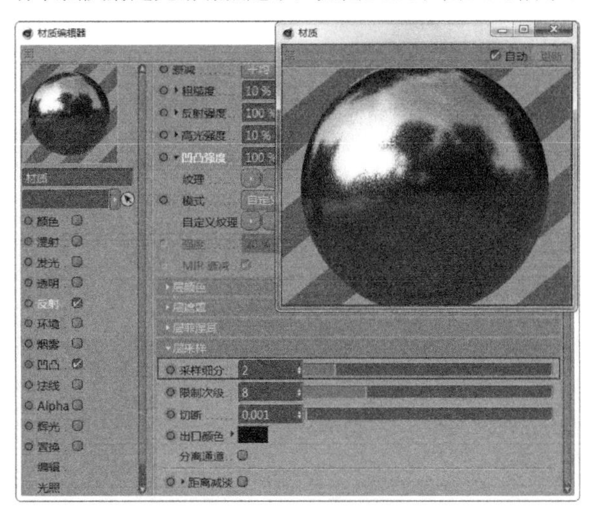

图2-278

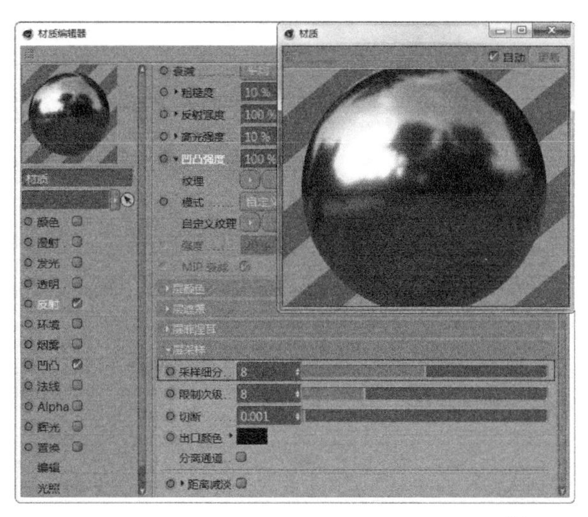

图2-279

限制次级：物体在反射HDRI图像时会在物体的表面产生非常亮的点。为了减少这种亮点在物体表面的产生，通过限制次级来控制此反射现象，数值越高反射在物体表面的亮点就越少。

切断：可以理解为一种阈值。控制物体被反射在前方或附近的一个物体上反射的效果，数值越大前方物体反射效果越弱，数值越小前方物体反射效果越强，如图2-280和图2-281所示。

图2-280

图2-281

出口颜色：调整物体与物体之间产生的颜色区域，如图2-282和图2-283所示。

图2-282

图2-283

距离减淡：控制对象反射距离的长短变化。在距离减淡属性面板中有距离、衰减及距离颜色等参数。

距离：控制物体投射长短变化。距离数值越大物体投射效果越长。

衰减：控制物体投射的过渡效果。衰减数值越大物体投射效果越弱，衰减数值越小物体投射效果越好。

距离颜色：控制物体投射过渡颜色，如图2-284~图2-286所示。

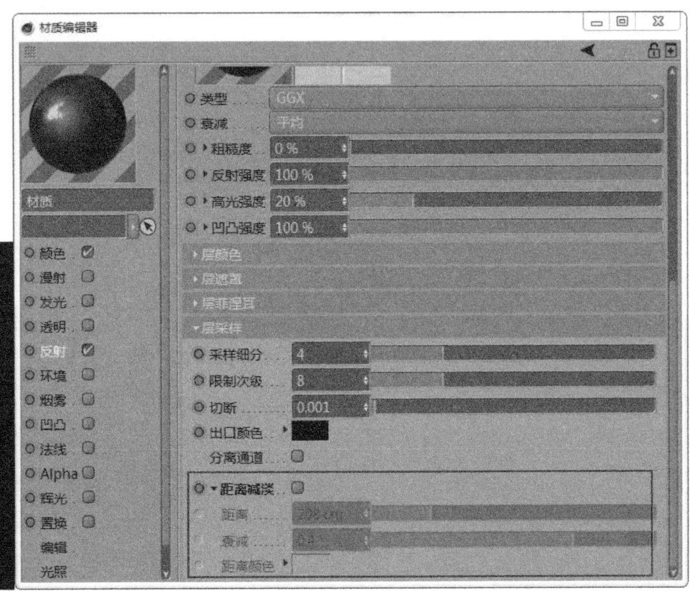

图2-284

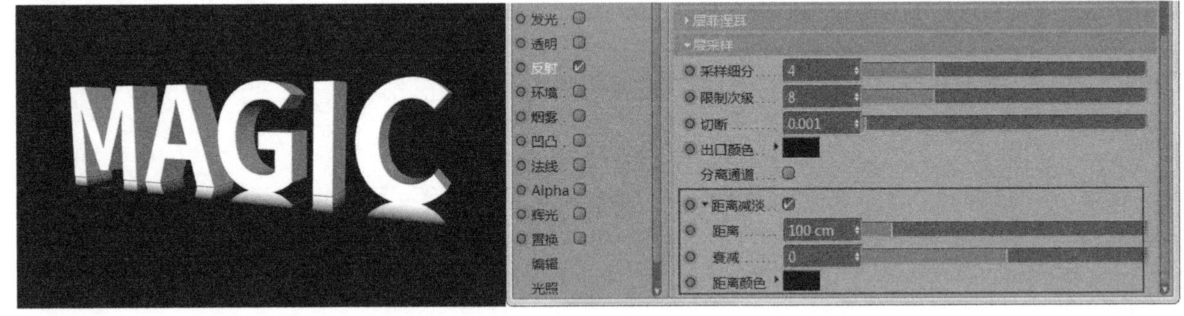

图2-285

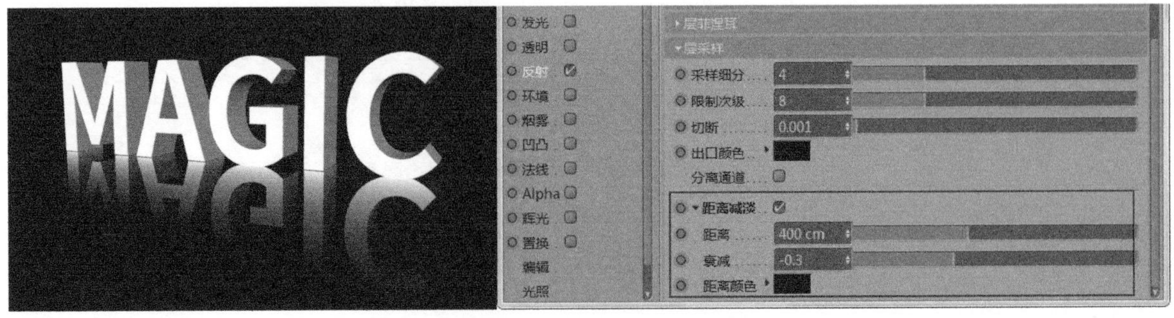

图2-286

■ 环境

将环境赋予物体表面模拟周围反射的效果。在环境的属性面板中可以通过加载各种纹理和图片当作物体反射的贴图，如图2-287所示。

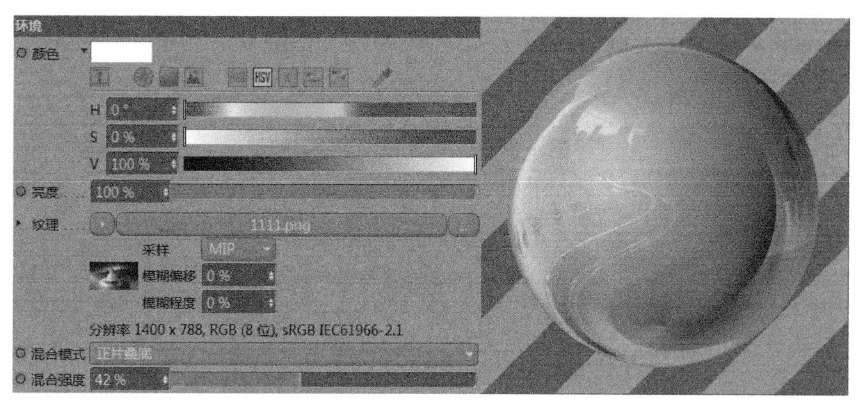

图2-287

■ 烟雾

模拟周围环境雾气的效果。烟雾属性面板中的距离参数可以控制物体在雾气中的能见度，距离数值越小能见度越低，距离数值越大能见度越高，如图2-288和图2-289所示。

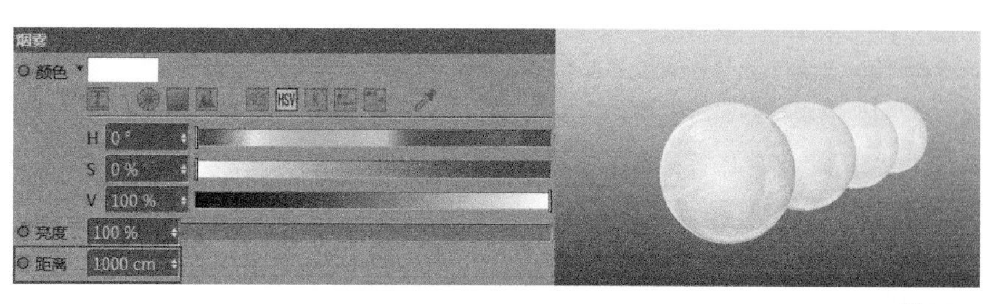

图2-288

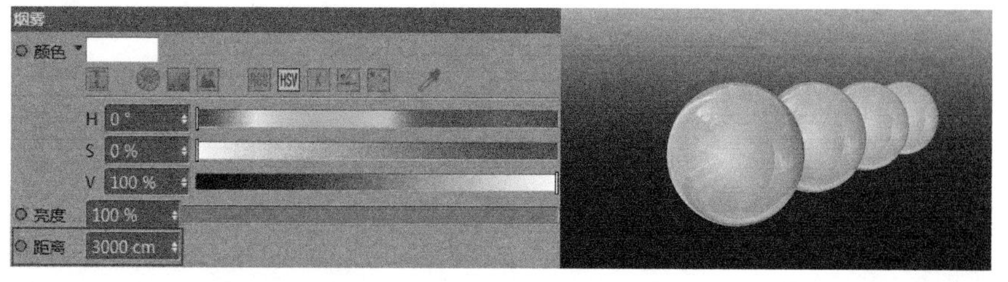

图2-289

■ 凹凸

通过纹理的黑白信息来定义凹凸效果。凹凸的强弱效果可以通过强度的大小来控制，强度越大凹凸效果越强，如图2-290所示。

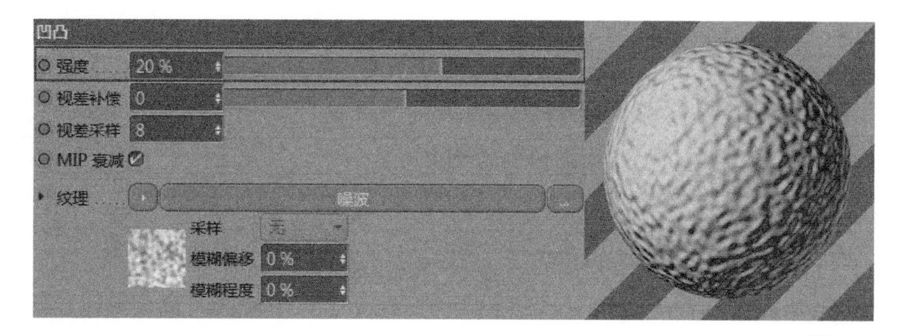

图2-290

■ 法线

法线是一种来自计算机游戏开发的技术，它能够使一个低层次、低细节的对象成为一个详细的、结构明确的表面，从而降低渲染的时间。我们可以通过在法线中添加一张贴图在表面形成效果，如图2-291所示。

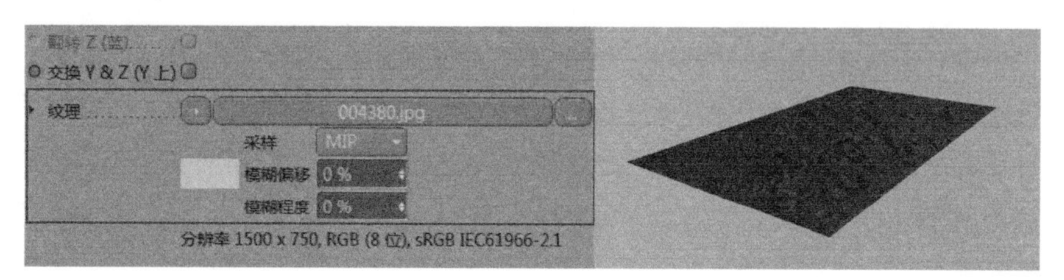

图2-291

Alpha

类似Photoshop的Alpha通道，具有镂空和抠图的作用。在Alpha通道中黑色表示镂空表面，白色表示显示表面，灰色表示半透明的状态。在纹理中加载一张黑白贴图即可看到物体的表面效果，如图2-292所示。

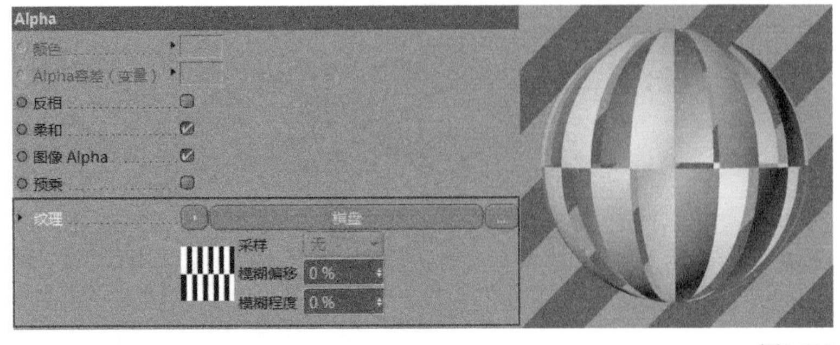

图2-292

辉光

表现物体一种外发光的效果，可以用来模拟发光的灯光和太阳等。在辉光的属性面板可以通过调整颜色、亮度、内外强度和半径等参数控制辉光的效果，如图2-293所示。

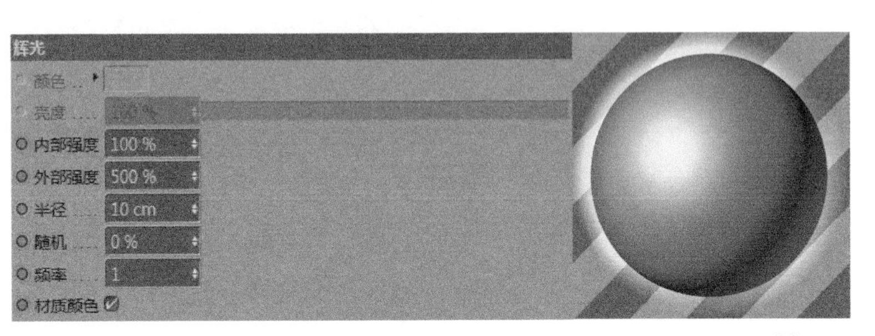

图2-293

置换

类似于凹凸对物体的表现，都是对物体的表面产生凹凸效果，置换所产生的凹凸效果更为强烈，通过调整凹凸的强度和高度可以使原本物体表面的形状变得面目全非，如图2-294所示。

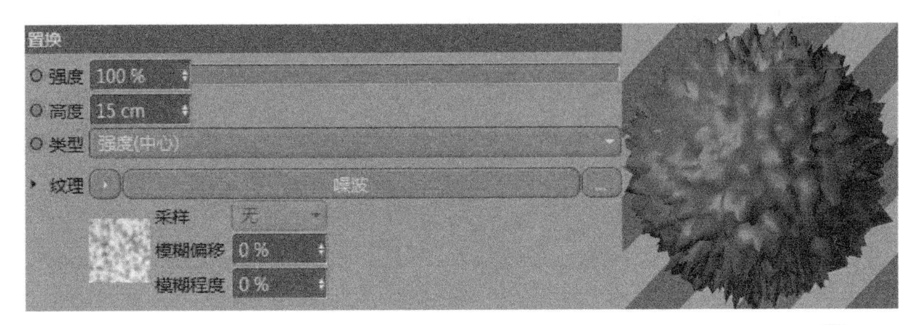

图2-294

编辑

编辑的属性面板中有动画预览、OpenGL、反射率预览和视图Tessellation等4个属性，如图2-295所示。

重要参数讲解

动画预览：勾选动画预览之后，可以调整预览纹理的尺寸。

OpenGL：该值控制纹理内部的未着色视口的显示，调整之后可以在视窗当中显示更详细的纹理。

反射率预览：增加纹理预览尺寸。数值越大会需要的内存越多，这里的数值一般不去调整。

视图Tessellation：选择默认选项即可，不需要过多的调整。

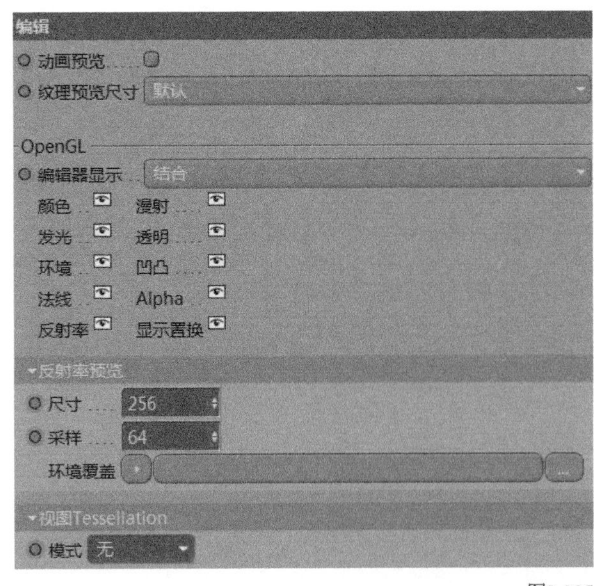

图2-295

光照

控制整个场景中产生与接收的全局光照效果，以及产生与接收的焦散效果，如图2-296所示。

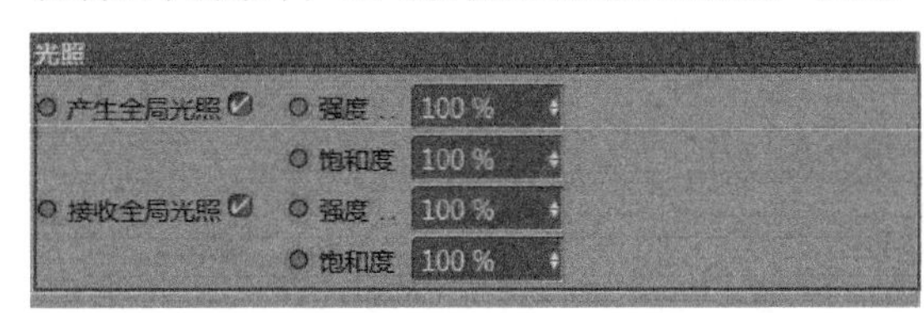

图2-296

指定

在物体过多而材质相同的情况下，可以通过此命令将同样材质的物体直接拖曳到此画板中进行整体材质的更换，如图2-297所示。

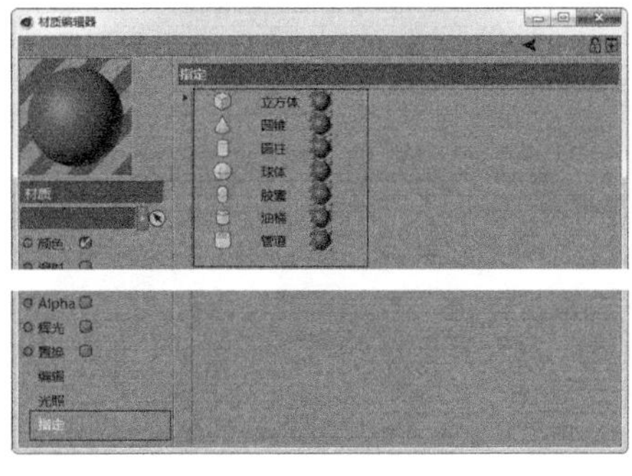

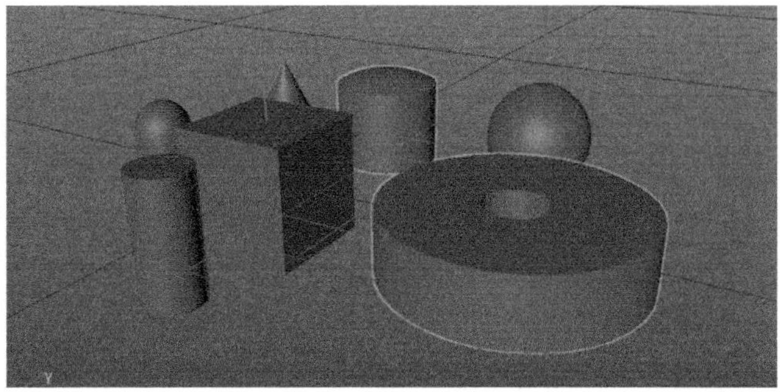

图2-297

总结

至此，材质编辑器中的重要内容已经介绍完成，希望读者能够认真阅读。下面，我们通过学习的材质编辑器的内容进行案例制作，如果在案例讲解和制作过程中有重复的基础知识则不再赘述。

2.2.3 材质渲染：金属文字

◎ 视频名称 材质渲染：金属文字

◎ 实例位置 实例文件 >CH02> 材质渲染：金属文字

◎ 学习目标 掌握金属材质的应用方法

本节将为读者详细讲解金属字体的渲染制作，案例效果如图2-298所示。

图2-298

01 打开金属文字工程文件，场景中的灯光已经布好。在材质面板中双击创建一个新的材质，然后双击材质打开“材质编辑器”面板，选择“反射”通道添加GGX反射，如图2-299所示。

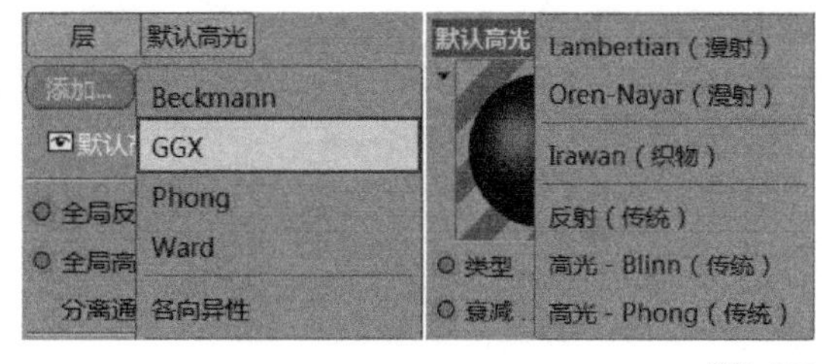

图2-299

02 在GGX的属性面板中设置“粗糙度”为15%，“菲涅耳”为“导体”，“预置”为“金”，如图2-300所示。

03 将设置好的金属材质赋予文字模型，并进行渲染，渲染效果如图2-301所示。

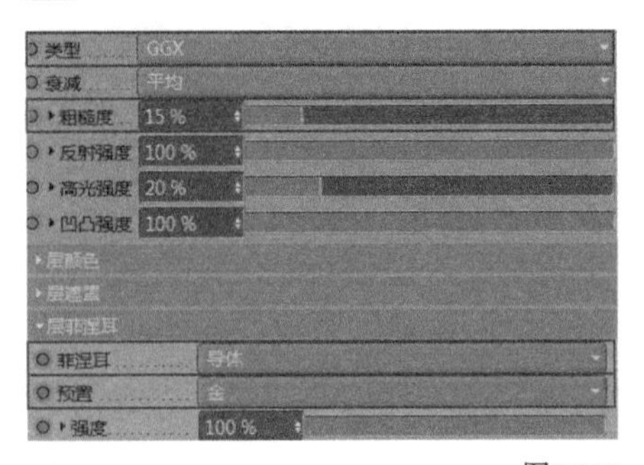

图2-300

图2-301

2.2.4 材质渲染：陶瓷茶壶

◎ 视频名称 材质渲染：陶瓷茶壶

◎ 实例位置 实例文件 >CH02> 材质渲染：陶瓷茶壶

◎ 学习目标 掌握陶瓷材质的应用方法

本节将为读者详细讲解陶瓷茶壶的渲染制作，案例效果如图2-302所示。

图2-302

01 打开陶瓷茶壶工程文件，场景中的灯光已经布好。在材质面板中双击创建一个新的材质，然后双击材质打开“材质编辑器”面板，设置“颜色”为（R:48，G:141，B:255），如图2-303所示。

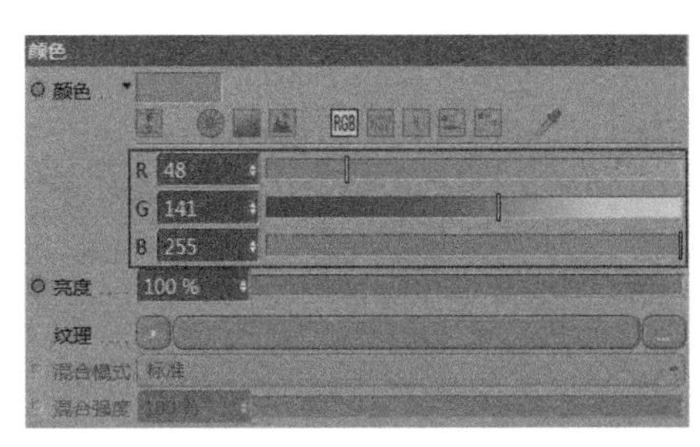

图2-303

02 设置“反射”的“类型”为GGX，“菲涅耳”为“绝缘体”，接着在“默认高光”中设置“类型”为“高光-Blinn（传统）”，“宽度”为38%，“高光强度”为77%，如图2-304和图2-305所示。

03 将设置好的材质赋予茶壶模型进行渲染，渲染效果如图2-306所示。

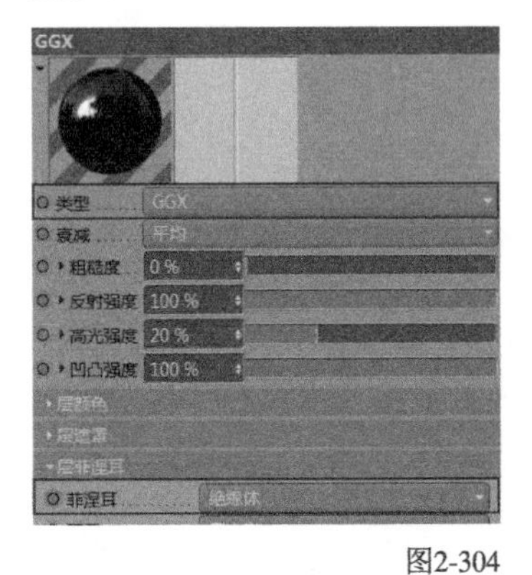

图2-304

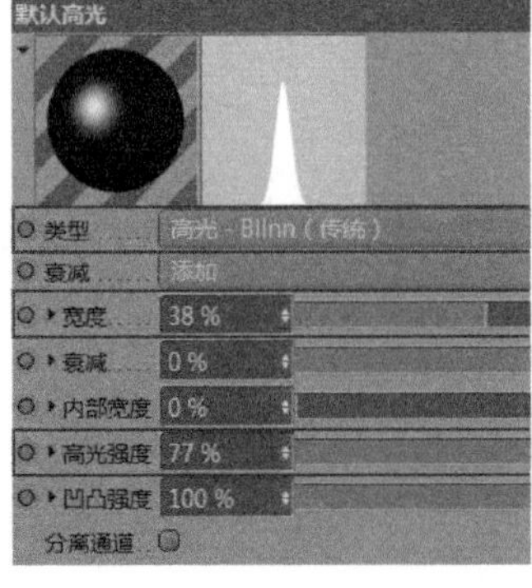

图2-305

图2-306

2.2.5 材质渲染：玻璃高脚杯

◎ 视频名称 材质渲染：玻璃高脚杯
◎ 实例位置 实例文件 >CH02> 材质渲染：玻璃高脚杯
◎ 学习目标 掌握玻璃材质的应用方法

本节将为读者详细讲解玻璃高脚杯的渲染制作，案例效果如图2-307所示。

图2-307

01 打开玻璃高脚杯工程文件，场景中的灯光已经布好。在材质面板中双击创建一个新的材质，双击材质打开“材质编辑器”面板，在“透明”中设置“折射率预设”为“玻璃”，“折射率”为1.517，再勾选“全部内部反射”和“双面反射”选项，如图2-308所示。

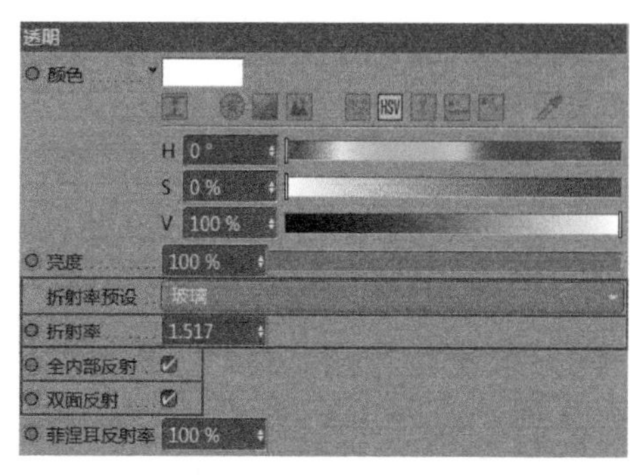

图2-308

02 设置“类型”为GGX，“菲涅耳”为“绝缘体”，“预置”为“玻璃”，接着在“默认高光”中设置“类型”为“高光-Blinn（传统）”，“宽度”为20%，“高光强度”为89%，如图2-309和图2-310所示。

03 将设置好的材质赋予高脚杯模型进行渲染，渲染效果如图2-311所示。

图2-309

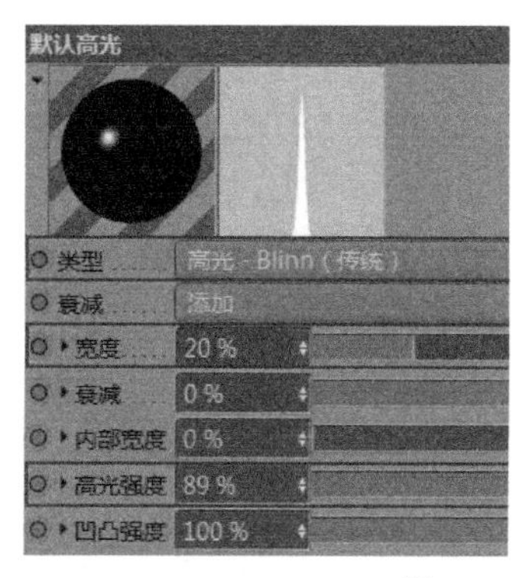

图2-310

图2-311

2.2.6 材质渲染：SSS次表面散射

◎ 视频名称 材质渲染：SSS 次表面散射
◎ 实例位置 实例文件 >CH02> 材质渲染：SSS 次表面散射
◎ 学习目标 掌握 SSS 次表面散射材质的应用方法

本节将为读者详细讲解SSS次表面散射的渲染制作，案例效果如图2-312所示。

图2-312

01 打开龙的工程文件，场景中的灯光已经布好。在材质面板中双击创建一个新的材质，然后双击材质打开“材质编辑器”面板，在“效果”中选择“次表面散射”选项，再在“发光”中设置“纹理”为“次表面散射”，“颜色”为（R:13，G:255，B:138），如图2-313和图2-314所示。

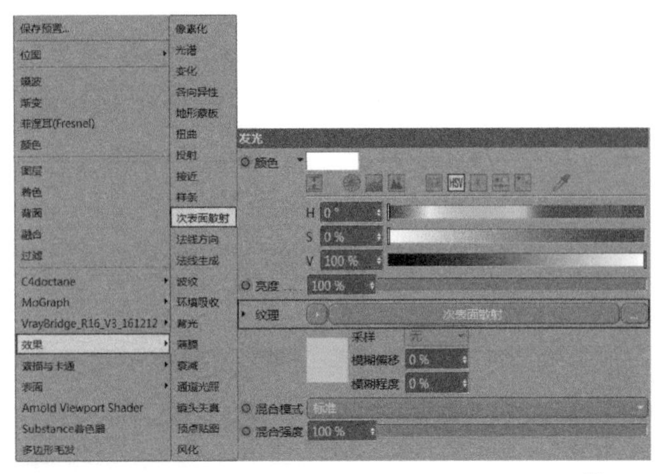

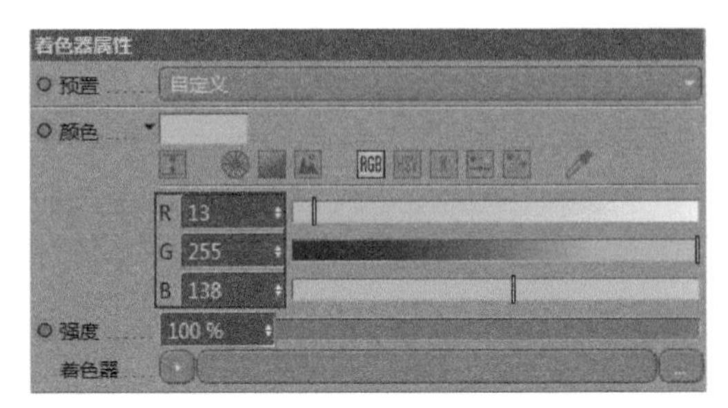

图2-313 图2-314

02 在GXX中设置“类型”为GGX，“菲涅耳”为“绝缘体”，“预置”为“玉石”，如图2-315所示。

03 将设置好的材质赋予龙的模型进行渲染，渲染效果如图2-316所示。

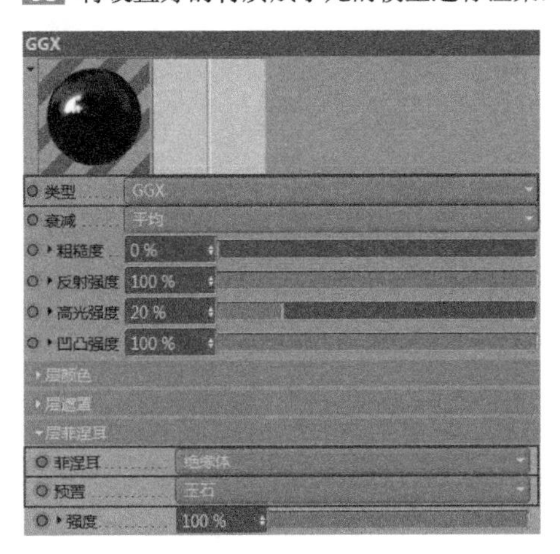

图2-315 图2-316

2.3 Cinema 4D粒子特效常用技巧与案例

粒子特效可以给画面带来丰富的视觉效果。通过了解和学习粒子的建立、发射、汇聚、跟随、破碎、路径动画和受风力影响等特性，可以丰富和完善画面视觉效果。

2.3.1 粒子的建立与力场

通过创建粒子我们可以了解粒子的编辑器生成比率、渲染器生成比率、可见、投射起点/投射终点、种子、生命和速度等属性。通过创建力场可以了解到粒子结合引力、反弹、破坏、摩擦、重力、旋转、湍流和风力等力场可以做出丰富的视觉效果。

粒子的建立

执行“模拟-粒子-发射器”菜单命令，然后单击“向前播放”按钮，即可观察粒子效果，如图2-317所示。

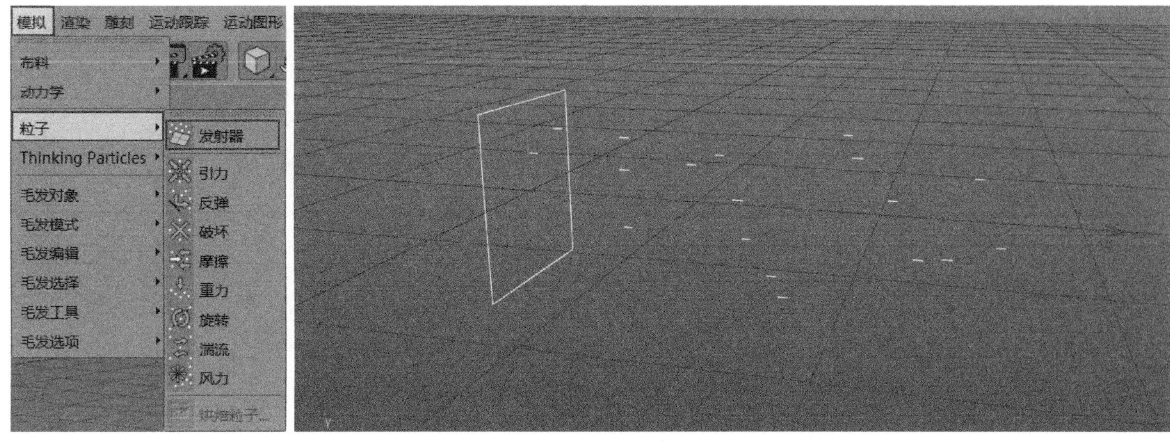

图2-317

粒子属性

单击发射器下方的属性面板，即可弹出粒子的相关属性，如图2-318所示。

重要参数讲解

基本：在基本属性面板中可以更改发射器的名称及颜色，设置编辑器和渲染器的显示状态，勾选和未勾选“透显”可以对发射器半透明和不透明的显示状态进行设置，如图2-319所示。

坐标：控制发射器的位置、缩放及旋转属性，如图2-320所示。

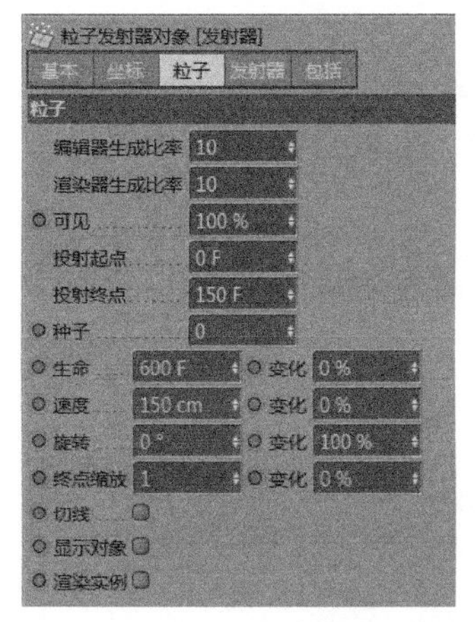

图2-318

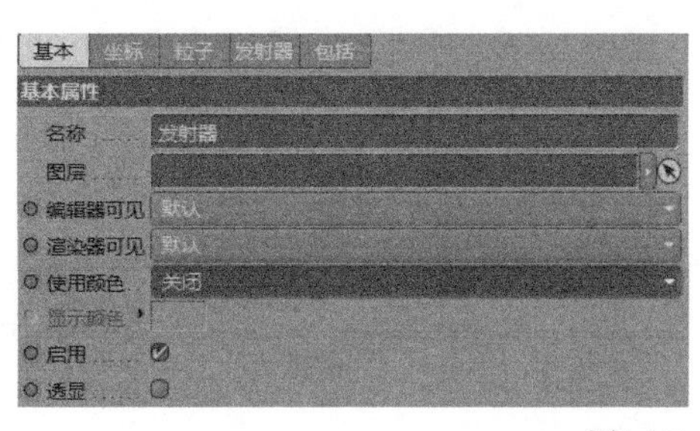

图2-319

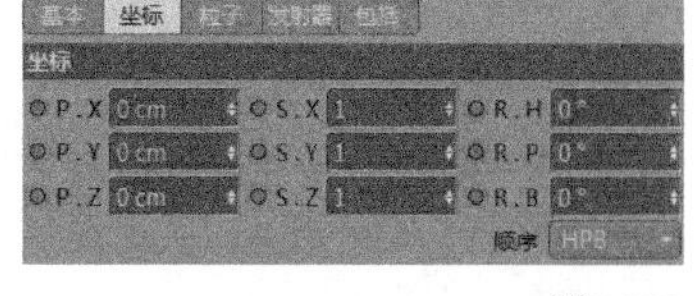

图2-320

粒子：通过计算机图形学模拟一些特定的模糊现象的技术。通过了解和学习粒子的编辑器生成比率、渲染器生成比率、可见、投射起点、投射终点、种子、生命、速度及旋转等属性，可以模拟出各式各样抽象的视觉效果。

编辑器生成比率：控制发射器发射粒子的数量。

渲染器生成比率：粒子在渲染过程中实际生成粒子的数量，一般情况下渲染器生成比率和编辑器生成比率的数量是一样的。

可见：控制粒子在视图中的可视化的百分比数量。

投射起点/投射终点：控制粒子发射的起始和结束的时间。

种子：控制粒子发射中的状态表现。

生命：控制粒子寿命，并可以使粒子的寿命进行随机变化。

速度：控制粒子的运动速度，并可以使粒子的速度进行随机变化。

旋转：控制粒子的旋转方向，并可以使粒子的旋转进行随机变化，如图2-321所示。

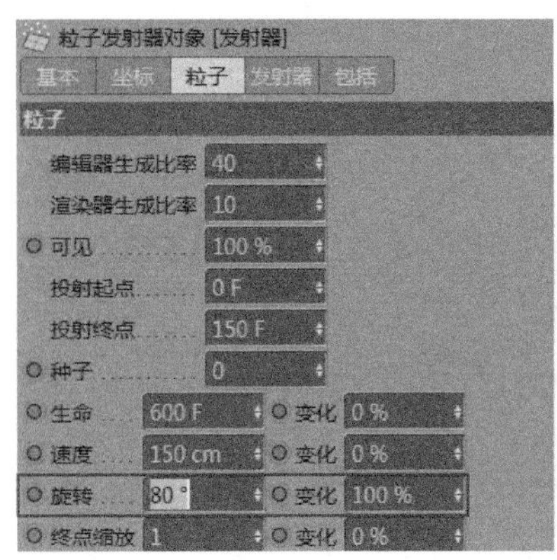

图2-321

终点缩放：控制粒子运动结束前的缩放大小比例，并可以使粒子的缩放比例进行随机变化，如图2-322所示。

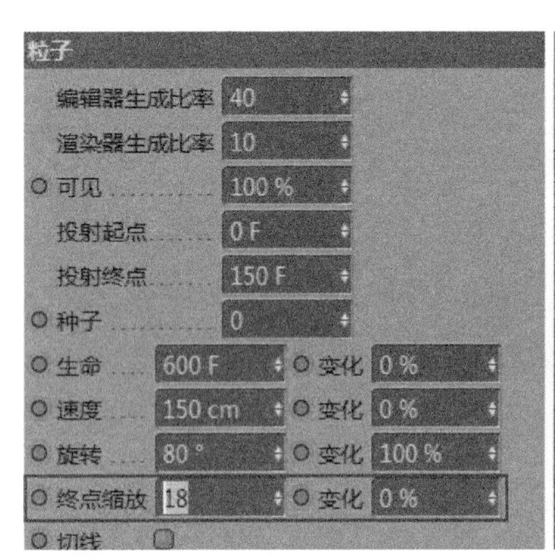

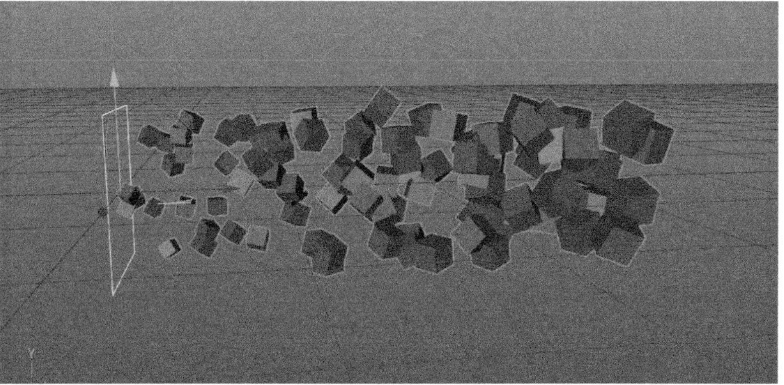

图2-322

切线：勾选“切线”后，发出的粒子方向将呈现和z轴处于水平对齐的效果，如图2-323所示。

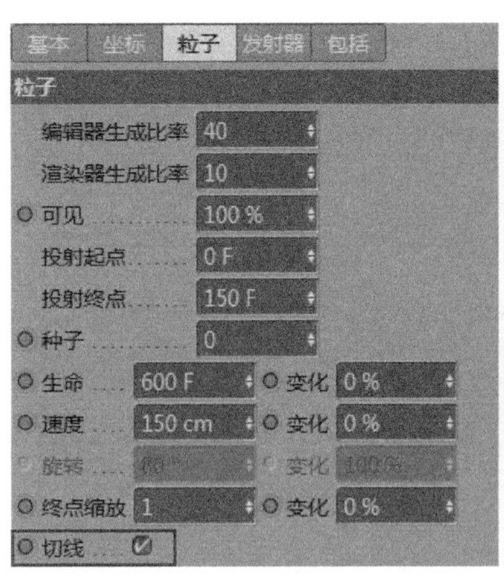

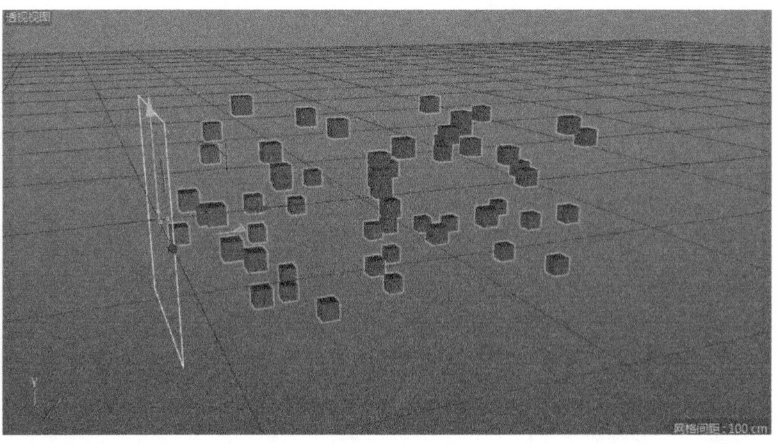

图2-323

显示对象：显示场景中替换粒子的对象。

渲染实例：勾选后，发射器变成可以编辑的对象，或者直接选中发射器并按C键，粒子对象外其他发射的粒子都会变成渲染实例对象，如图2-324所示。

发射器：控制发射器的水平与垂直的尺寸大小，以及发射粒子的水平和垂直角度。在发射器中分为角锥和圆锥两种类型，角锥可以控制发射器水平和垂直角度，圆锥只能控制发射器水平角度，如图2-325所示。

包括：用于设置力场是否包含和排除发射粒子的作用，如图2-326所示。

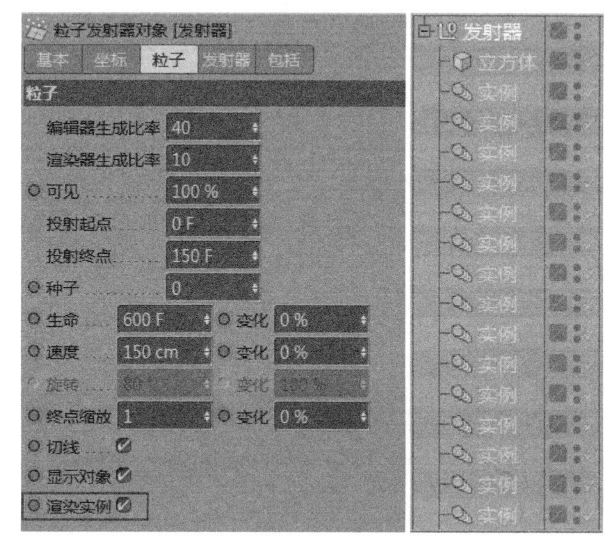

图2-324

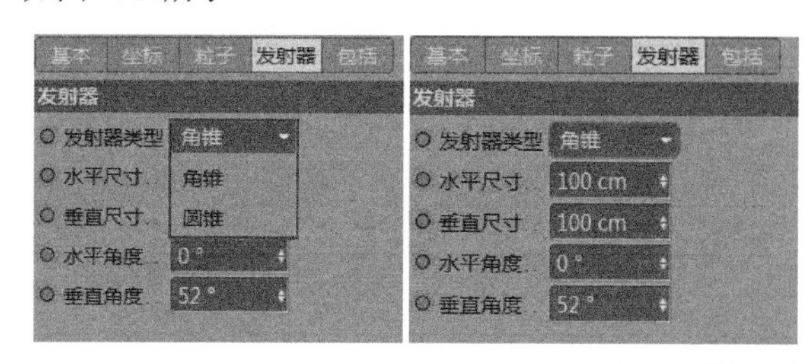

图2-325

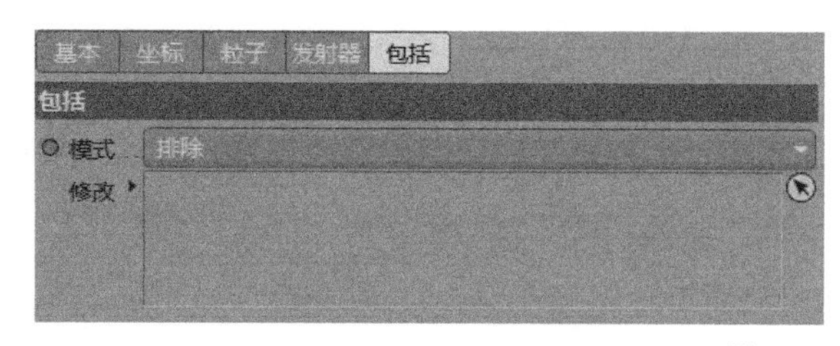

图2-326

力场

菜单栏中的“模拟-粒子-发射器”菜单的下方是力场的相关属性，如图2-327所示。

重要参数讲解

引力：对粒子进行吸引和排斥的作用，如图2-328所示。

强度：控制粒子吸附和排斥的效果。当强度数值是正值时为吸附效果，当强度数值是负值时为排斥效果。

图2-327

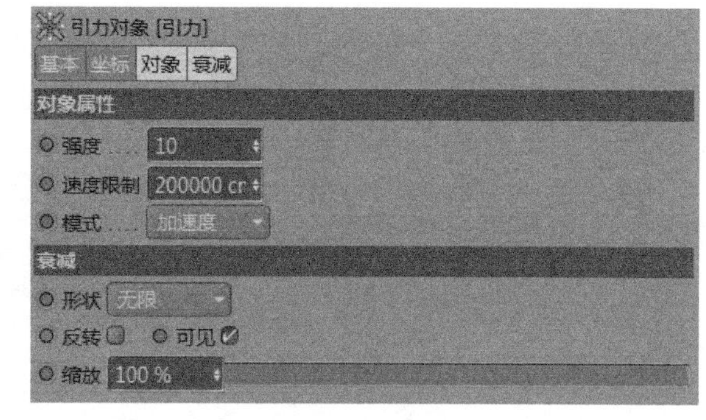

图2-328

限制速度：限制粒子引力之间距离。数值越小粒子与引力产生的距离效果越小，数值越大粒子与引力产生的距离效果越强。

模式：通过引力两种不同的模式“加速度”和“力”去影响粒子的运动效果，一般默认为“加速度”即可。

形状：通过不同的形状去控制引力与粒子的影响范围。黄色线框区域以内是引力衰减作用范围，红色和黄色线框之间则为引力衰减区域，红色线框区域则为无衰减引力区域。通过尺寸、缩放、偏移及切片等参数可以控制衰减的大小及方向，如图2-329所示。

反弹：对粒子产生反弹的效果，如图2-330所示。

弹性：控制弹力，数值越大弹力效果越好。

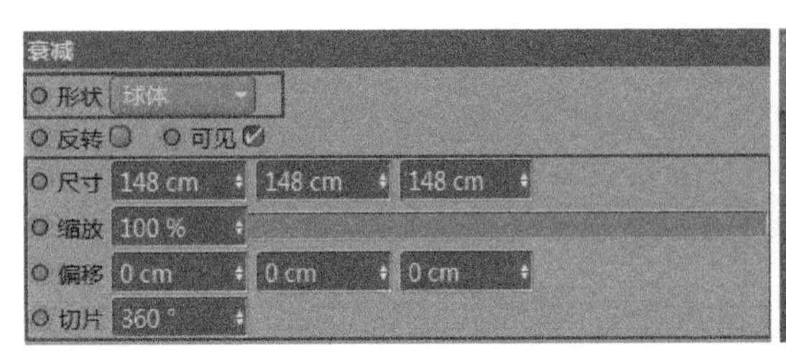

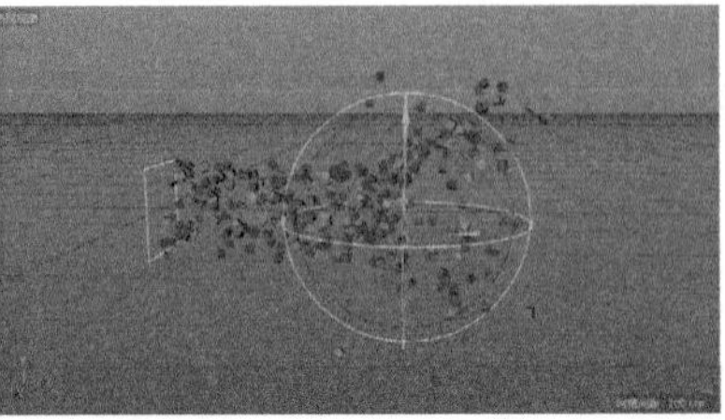

图2-329

图2-330

分裂波束：勾选此选项后，可对部分粒子进行反弹，如图2-331所示。

水平尺寸/垂直尺寸：控制弹力形状的尺寸。

破坏：当粒子在接触破坏力场时会自行消失，如图2-332所示。

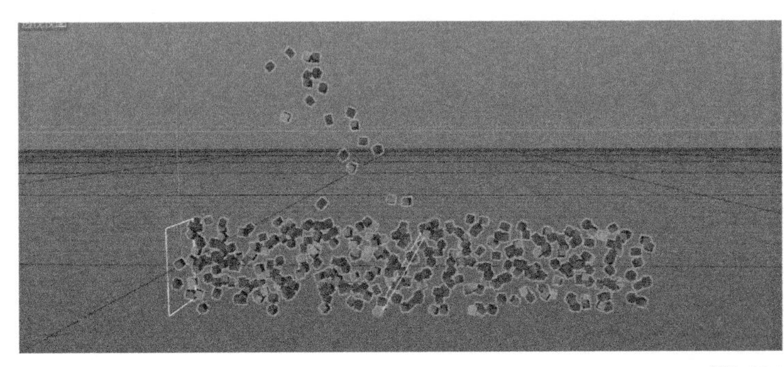

图2-331

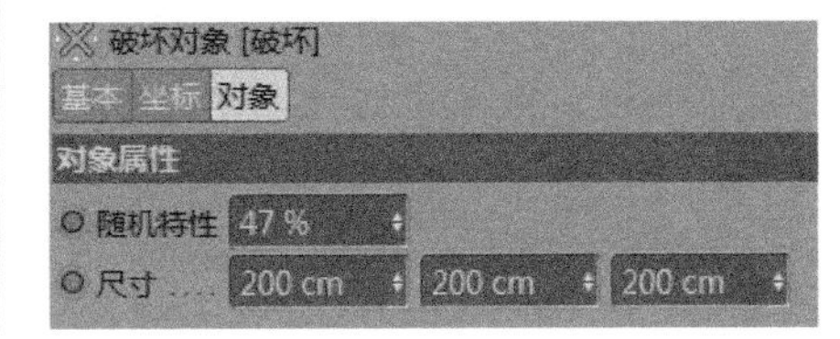

图2-332

随机特性：控制粒子在接触破坏力场时消失的数量。百分比越小粒子消失的数量越多，百分比越大粒子消失的数量越少。

尺寸：控制破坏力场的尺寸大小，如图2-333所示。

摩擦：对粒子在运动过程中产生阻力的效果，如图2-334所示。

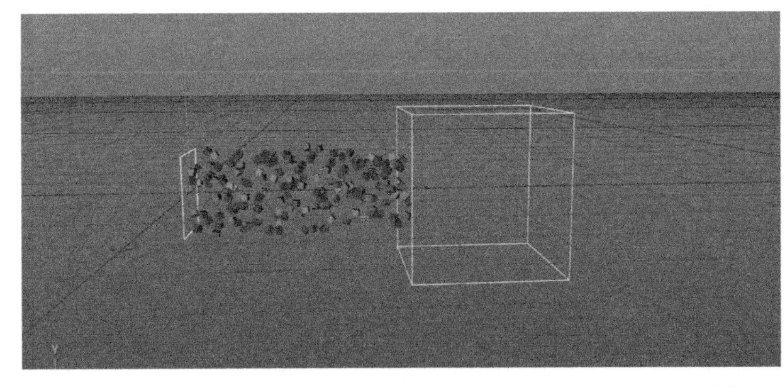

图2-333

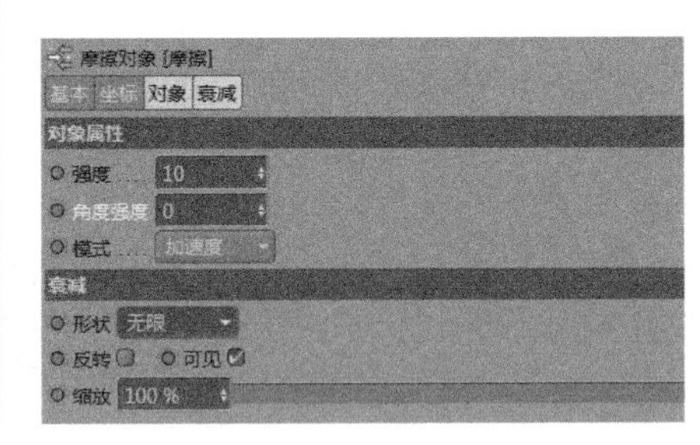

图2-334

强度：控制粒子在运动中的阻力效果。数值越大阻力效果越强。

角度强度：控制粒子在运动中角度变化效果。数值越大角度变化越小。

模式：通过摩擦两种不同的模式“加速度”和“力”去影响粒子的阻力效果，一般默认为“加速度”即可。

形状：通过不同的形状去控制摩擦力与粒子的影响范围。黄色线框区域以内是摩擦衰减作用范围，红色和黄色线框之间则为摩擦衰减区域，红色线框区域则为无衰减摩擦区域。通过尺寸、缩放、偏移及切片等参数可以控制衰减的大小及方向，如图2-335所示。

重力：使粒子在运动过程中有下落的效果，如图2-336所示。

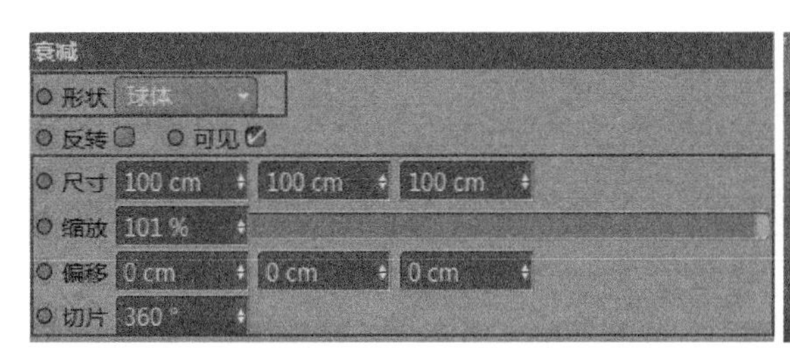

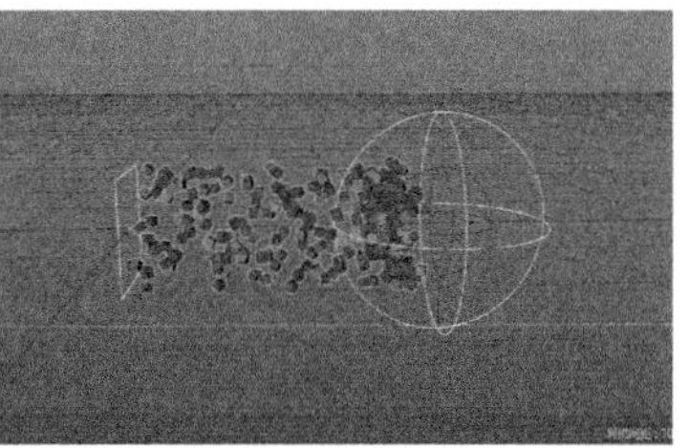

图2-335

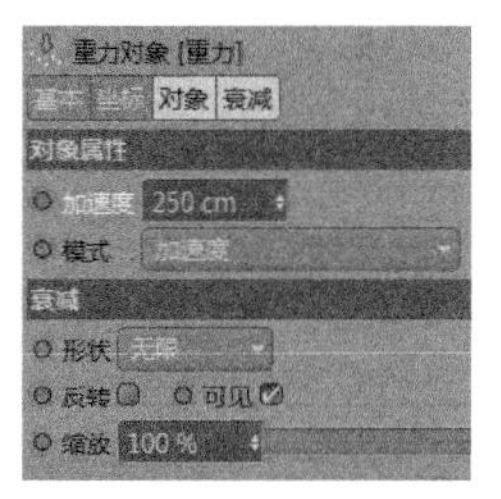

图2-336

加速度：控制粒子在重力力场作用下的运动速度。加速度数值越大粒子的重力速度与效果越明显，加速度数值越小粒子的重力速度与效果越不明显。

模式：通过重力3种不同的模式“加速度”“力”和“空气动力学风”影响粒子的重力效果，一般默认为“加速度”即可。

形状：通过不同的形状去控制重力的与粒子的影响范围。黄色线框区域以内是重力衰减作用范围，红色和黄色线框之间则为重力衰减区域，红色线框区域则为无衰减重力区域。通过尺寸、缩放、偏移及切片等参数可以控制衰减的大小及方向，如图2-337所示。

旋转：使粒子在运动过程中产生旋转的效果，如图2-338所示。

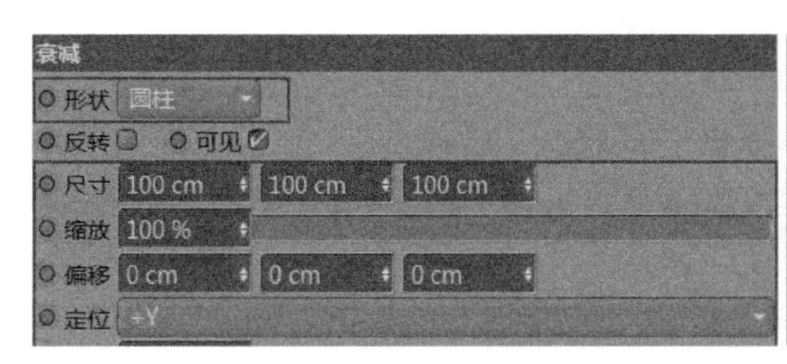

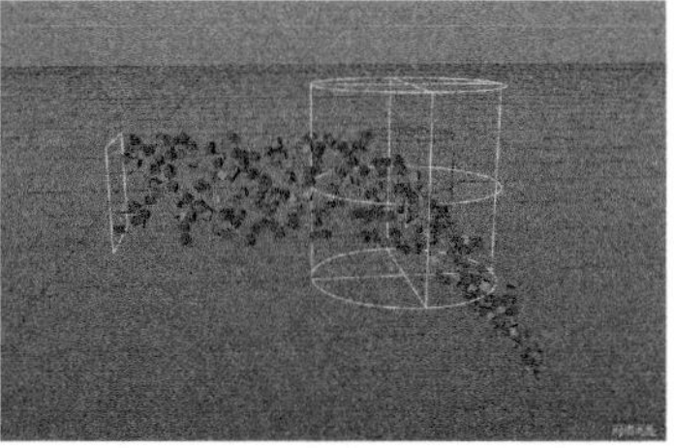

图2-337

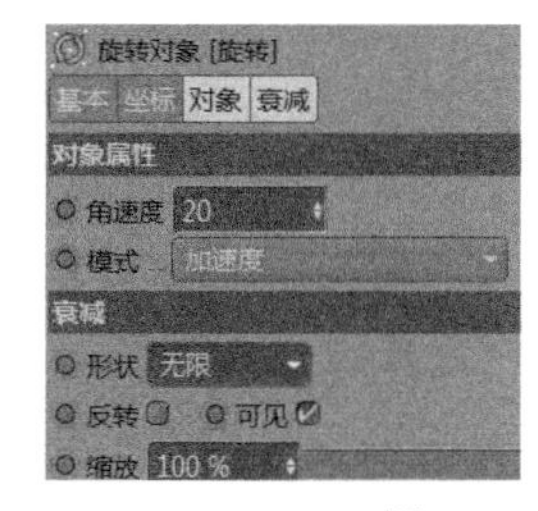

图2-338

角速度：控制粒子在运动中旋转速度。数值越大粒子在运动中旋转的速度越快。

模式：通过旋转3种不同的模式“加速度”“力”和“空气动力学风”影响粒子的旋转效果，一般默认为“加速度”即可。

形状：通过不同的形状去控制旋转与粒子的影响范围。黄色线框区域以内是旋转衰减作用范围，红色和黄色线框之间则为旋转衰减区域，红色线框区域则为无衰减旋转区域。通过尺寸、缩放、偏移及切片等参数可以控制衰减的大小及方向，如图2-339所示。

湍流：使粒子在运动过程中产生随机的抖动效果，如图2-340所示。

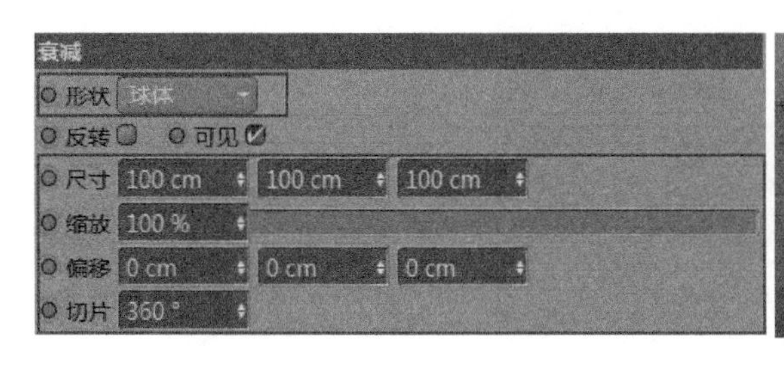

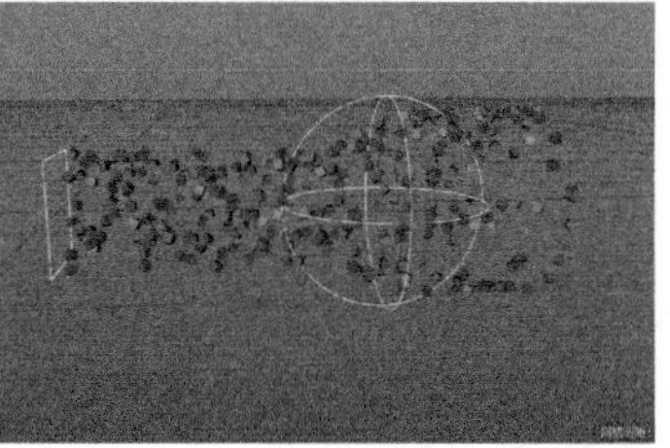

图2-339

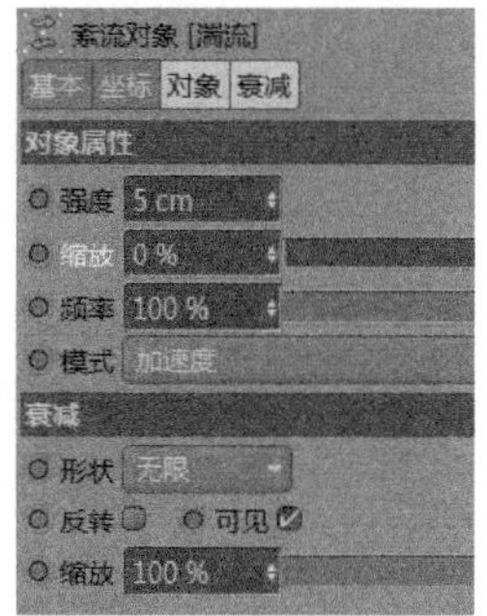

图2-340

强度：控制湍流对粒子的强度。数值越大湍流对粒子产生的效果越明显。

缩放：控制粒子在湍流缩放下产生的聚集和散开的效果。数值越大湍流缩放的聚集和散开效果越明显。

频率：控制粒子的抖动幅度和次数。频率越高粒子抖动幅度和效果越明显。

模式：通过湍流的3种不同模式“加速度”“力”和“空气动力学风”影响粒子的旋转效果，一般默认为“加速度”即可。

形状：通过不同的形状去控制湍流的与粒子的影响范围。黄色线框区域以内是湍流衰减作用范围，红色和黄色线框之间则为湍流衰减区域，红色线框区域则为无衰减湍流区域。通过尺寸、缩放、偏移及切片等参数可以控制衰减的大小及方向，如图2-341所示。

风力：控制粒子在风力作用下的运动效果，如图2-342所示。

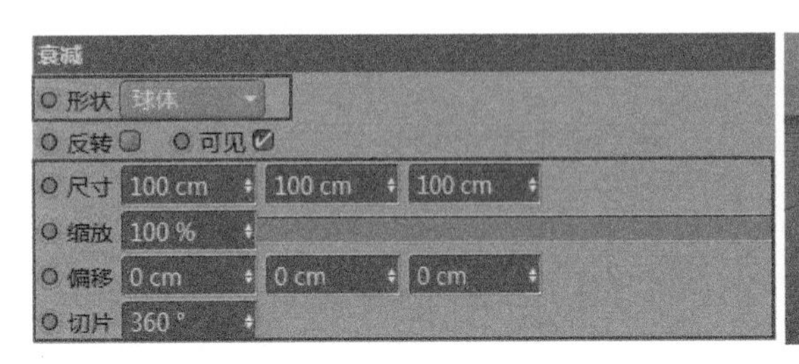

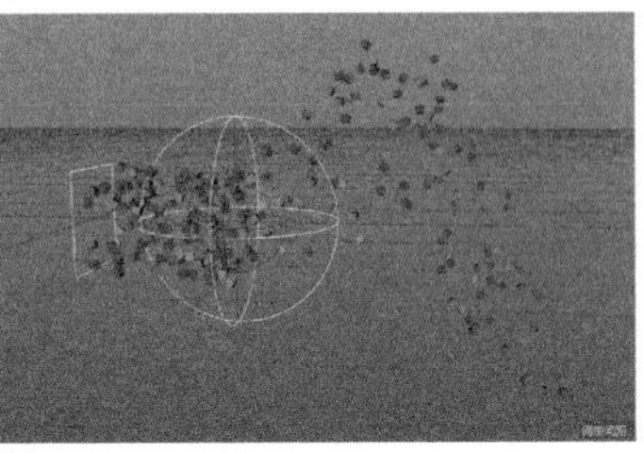

图2-341

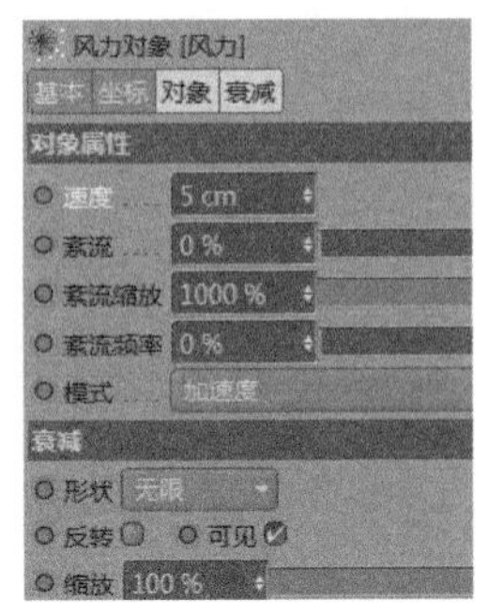

图2-342

速度：控制风力的速度。速度数值越大对粒子运动的效果越强烈。

紊流：控制粒子在风力运动下的抖动效果。数值越大粒子抖动效果越强烈。

紊流缩放：控制粒子在风力运动下抖动时聚集和散开效果。

紊流频率：控制粒子的抖动幅度和次数。频率越高粒子抖动幅度和效果越明显。

模式：通过风力3种不同的模式“加速度”“力”及“空气动力学风”去影响粒子的旋转效果，一般默认为“加速度”即可。

形状：通过不同的形状去控制风力与粒子的影响范围。黄色线框区域以内是风力衰减作用范围，红色和黄色线框之间则为风力衰减区域，红色线框区域则为无衰减风力区域。通过尺寸、缩放、偏移和切片等参数可以控制衰减的大小及方向，如图2-343所示。

烘焙粒子：将粒子发射之后的运动轨迹进行记录，记录完成之后可以通过拖曳动画面板的播放滑块，播放粒子的运动轨迹。选择“模拟-粒子-烘焙粒子”命令打开“烘焙粒子”面板对粒子运动的起点及终点帧数进行相应的设置。“每帧采样”控制烘焙的精度，帧采样的数值越大采样的精度越精细。“烘焙全部”设定每次烘焙的帧数，如图2-344和图2-345所示。

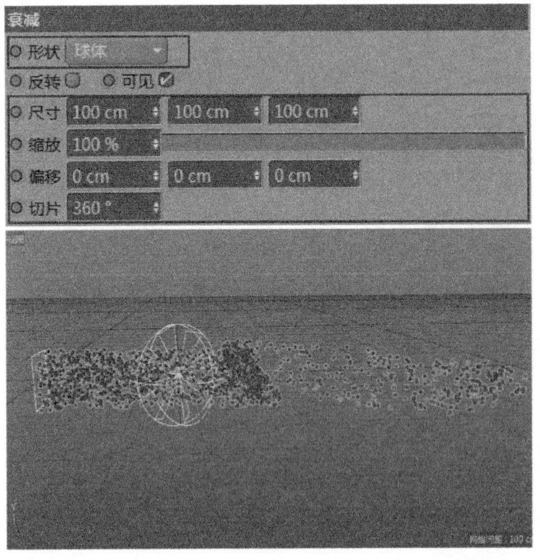

图2-343

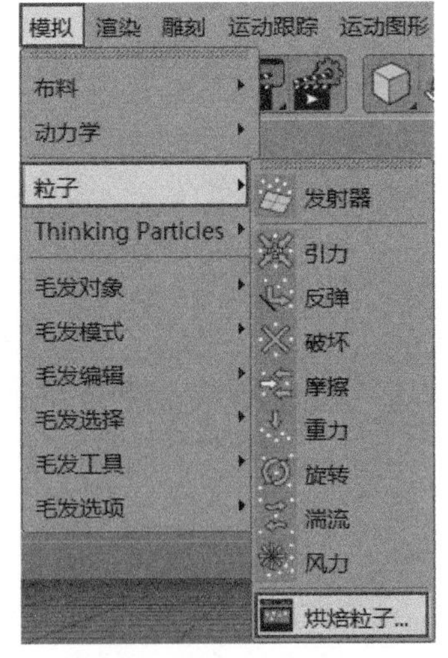

图2-344

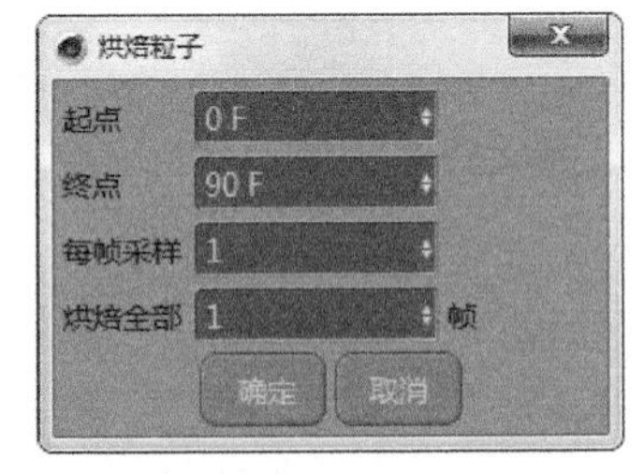

图2-345

2.3.2 粒子特效：抽象光线

◎ 视频名称 粒子特效：抽象光线

◎ 实例位置 实例文件 >CH02> 粒子特效：抽象光线

◎ 学习目标 掌握粒子特效的制作方法

本节将为读者详细讲解抽象光线的制作，最终效果如图2-346所示。

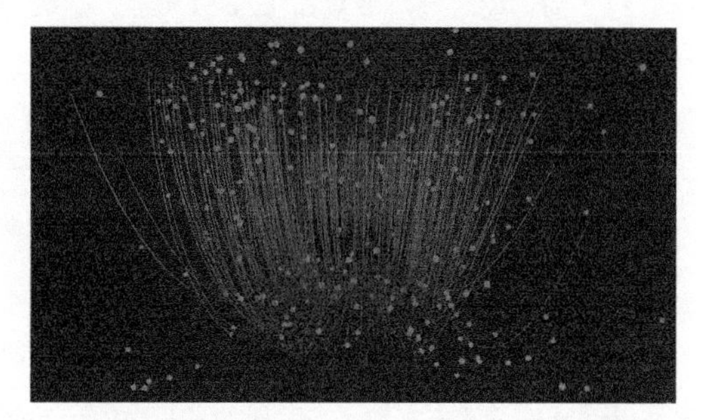

图2-346

案例概述

在创作抽象光线时，首先要建立一个发射器，结合力场等相关命令对粒子的数量及运动的效果进行设置。其次通过结合运动效果器及毛发材质等，设置粒子运动表现及相应的材质。最后就是后期处理，一般会借助Photoshop对其进行必要的后期修饰。

创建粒子

01 选择菜单栏中“模拟-粒子-反射器”命令在场景中创建一个粒子发射器，如图2-347所示。

02 创建一个立方体，将其放置在发射器下方建立父子级关系，如图2-348所示。

03 选择发射器并在粒子属性面板中勾选“显示对象”，然后单击“向前播放”按钮进行播放，如图2-349所示。

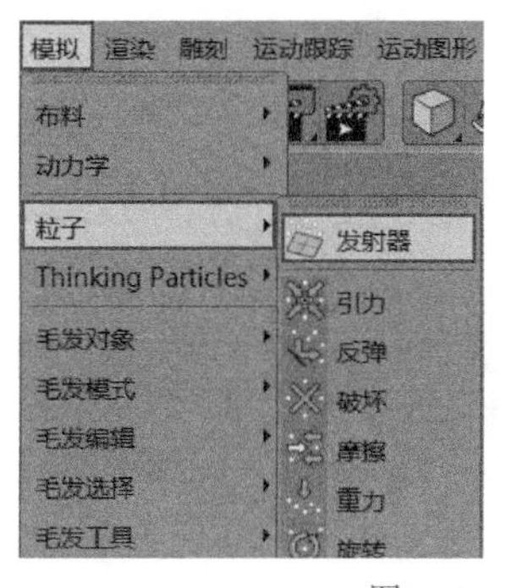

图2-347

发射器
立方体
立方体对象 [立方体]
基本
对象属性
尺寸 . X 4 cm
尺寸 . Y 4 cm
尺寸 . Z 4 cm

图2-348

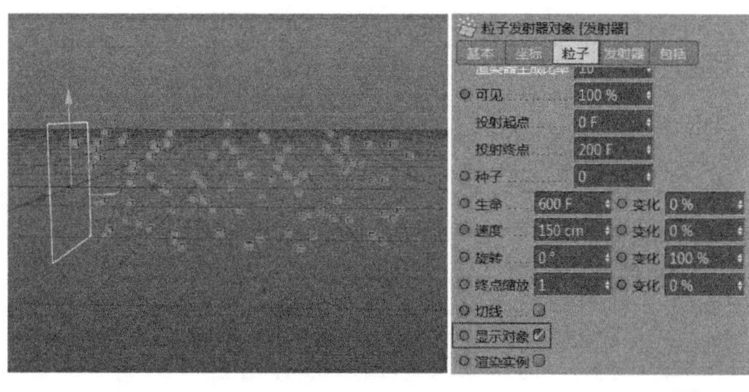

图2-349

04 这时我们发现粒子的发射效果非常单调。选择发射器执行“运动图形-追踪对象”菜单命令，为发射出的粒子添加拖尾效果，如图2-350所示。

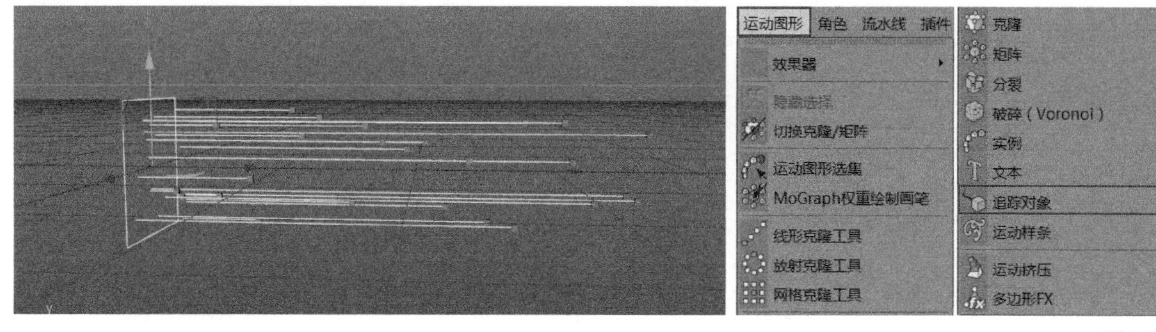

图2-350

05 给发射器添加“引力”“湍流”和“旋转”力场，丰富粒子的运动轨迹，参数如图2-351所示。生成的效果如图2-352所示。

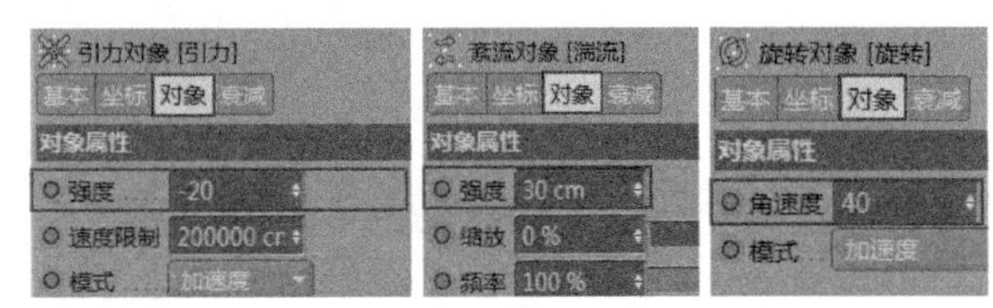

图2-351

图2-352

06 为了能够再次丰富粒子在发射的过程中的运动轨迹，对发射器参数进行相关设置，如图2-353和图2-354所示。

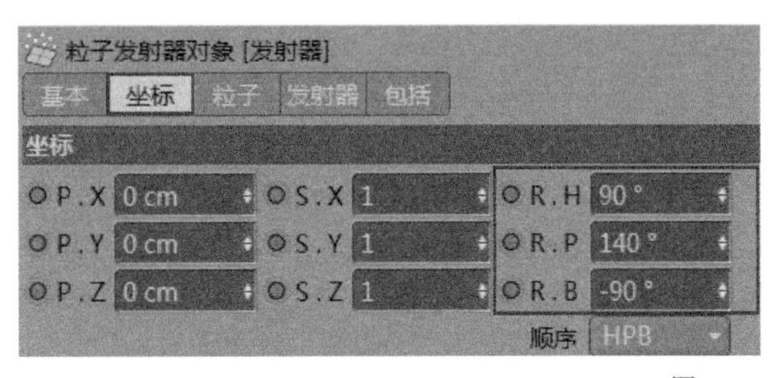

图2-353

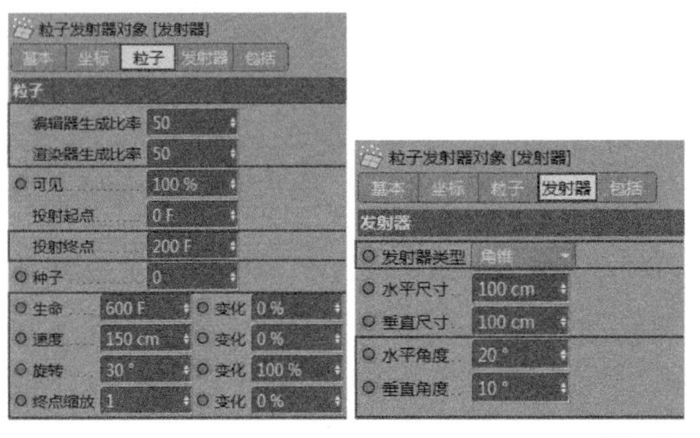

图2-354

07 对发射器进行播放，如图2-355所示。至此，我们已经完成了粒子从建立、发射到力场等相关参数的添加与调整，接下来我们需要给粒子及粒子运动的拖尾添加相关的材质并进行渲染。

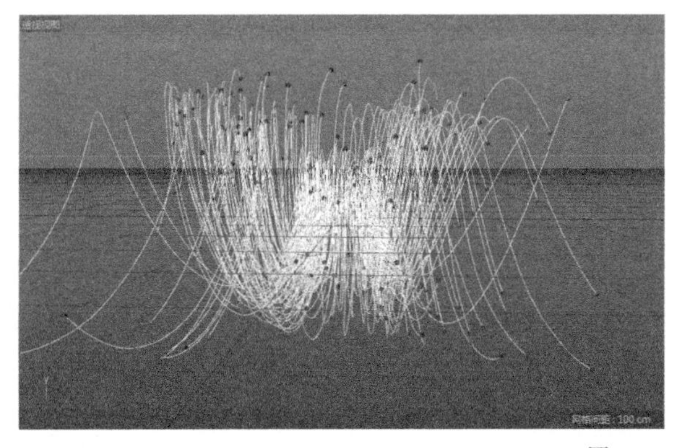

图2-355

■ 设置材质

01 在材质面板中单击“创建-着色器-毛发材质”选项，双击毛发材质打开“材质编辑器”面板，接着在“颜色”通道中设置毛发渐变滑块的颜色分别为（R:69，G:23，B:153）和（R:224，G:44，B:237），再打开“粗细”通道，将“发根”的数值设置为2cm、“发梢”的数值设置为0.1cm，如图2-356和图2-357所示。

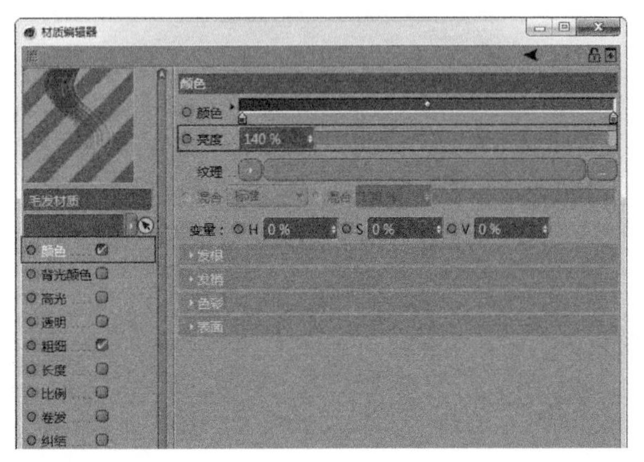

图2-356

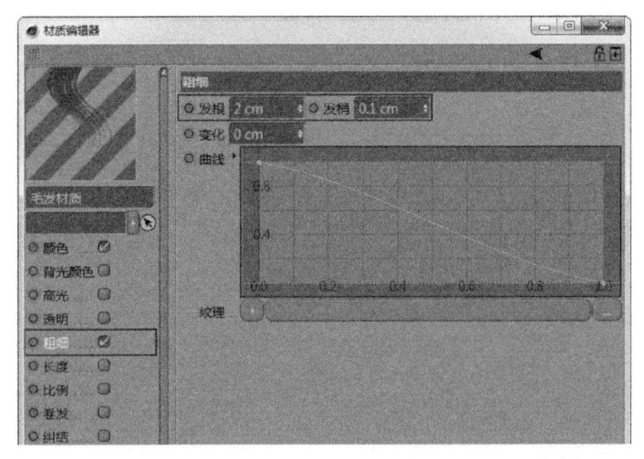

图2-357

02 将调整好的毛发材质赋予“追踪对象”选项，然后新建一个材质，勾选“发光”选项，再设置“颜色”为（R:249，G:72，B:255），如图2-358所示。

03 使用“背景”工具创建背景对象，然后创建一个材质并双击打开“材质编辑器”面板，接着在“颜色”通道的“纹理”属性中添加“渐变”，再在“渐变”属性面板中调整渐变条的颜色分别为（R:75，G:0，B:74）和（R:4，G:3，B:54），如图2-359和图2-360所示。

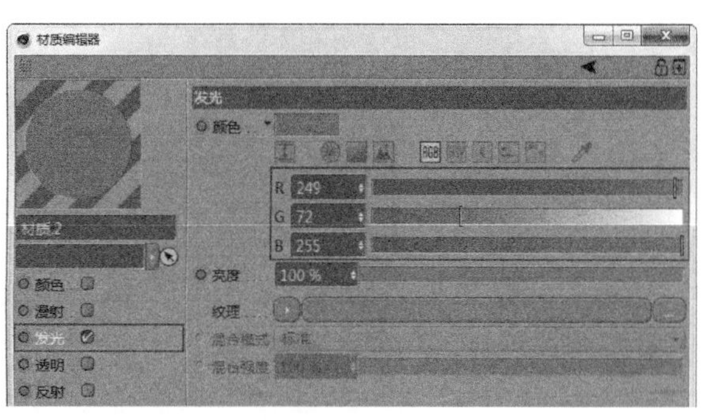

图2-358

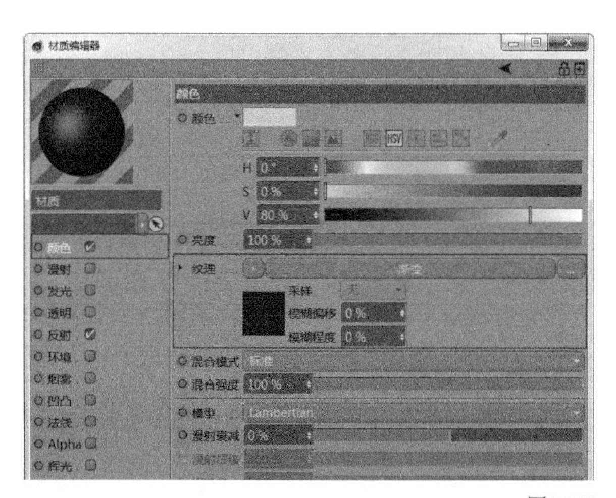

图2-359

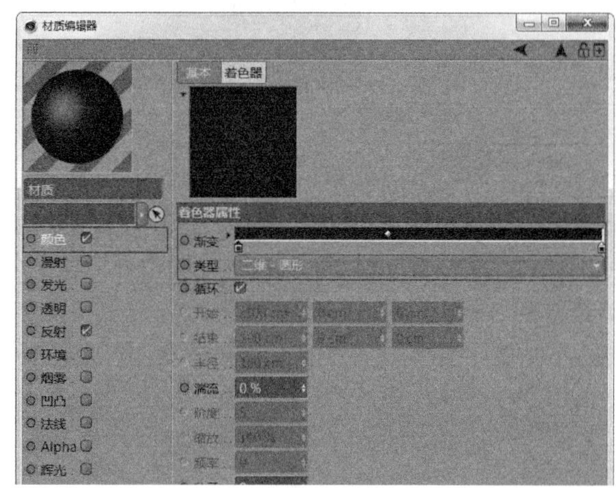

图2-360

04 新建一个材质，勾选“发光”选项，接着设置“颜色”为（R:249，G:72，B:255），再赋予发射器下方的立方体，如图2-361所示。

05 创建一盏“区域光”放置在整个粒子的正上方，并调整相关参数，如图2-362和图2-363所示。

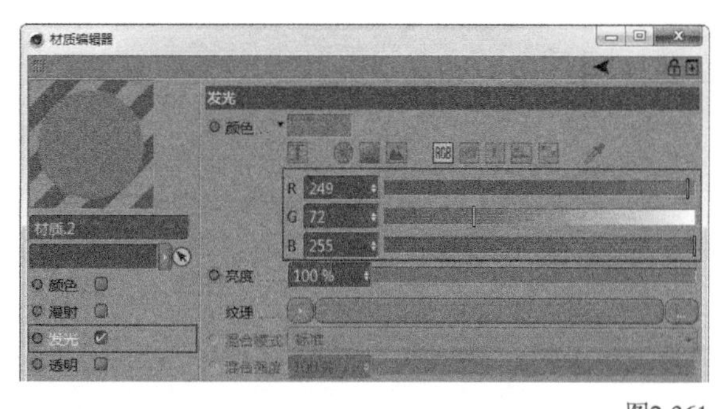

图2-361

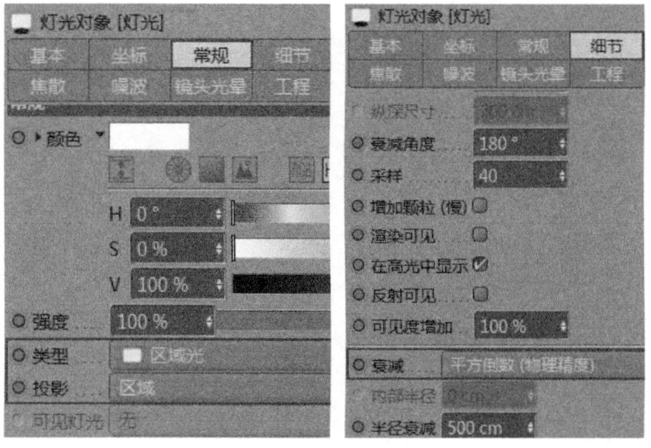

图2-362

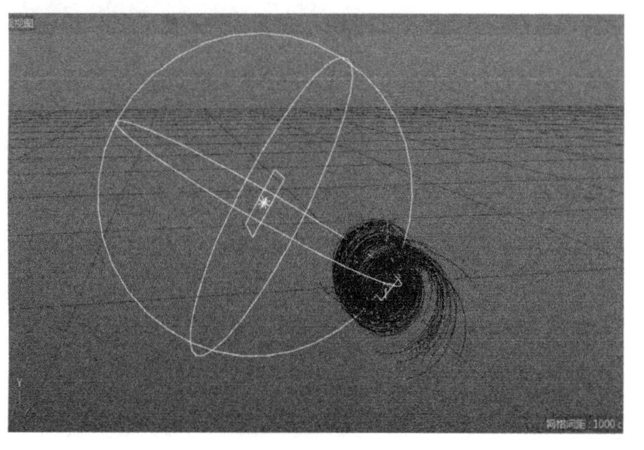

图2-363

06 创建一台摄像机并调整好相应的角度，然后单击“渲染到图片查看器”按钮进行渲染，如图2-364所示。

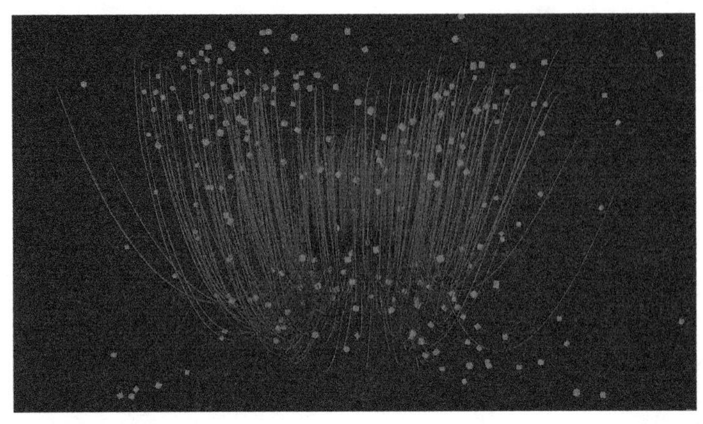

图2-364

后期合成

01 下面，在Photoshop中进行简单的后期合成。打开渲染好的效果图，在渲染图的上方建立“曲线”调整图层和“色相/饱和度”调整图层，并对相应的参数进行调整，如图2-365所示。

02 新建一个空白图层，选择一个软笔头，设置“前景色”为（R:217，G:34，B:206），再将图层模式更改为“叠加”，设置“不透明度”为53%，进行绘制，如图2-366所示。

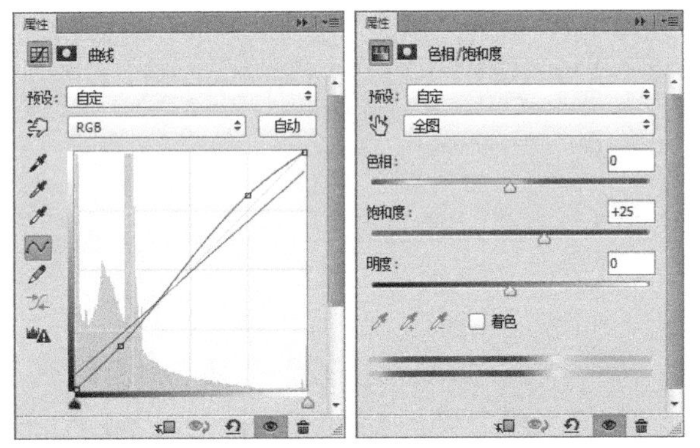

图2-365

图2-366

03 用“文字”工具输入一些文字进行简单的版式设计。至此粒子特效抽象光线案例全部制作完成，最终效果如图2-367所示。

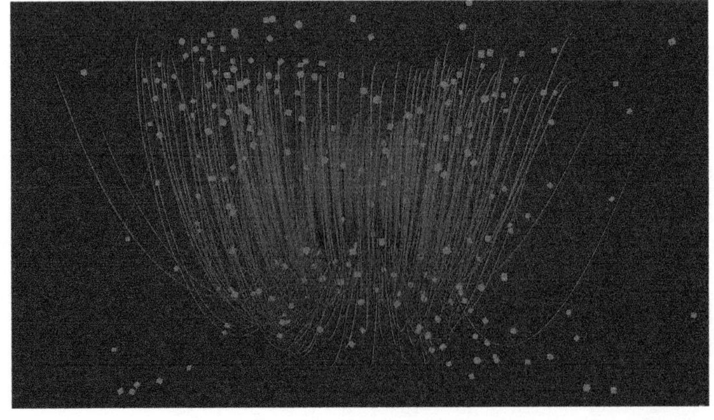

图2-367

第 3 章

车间流水线风格：手机加工厂

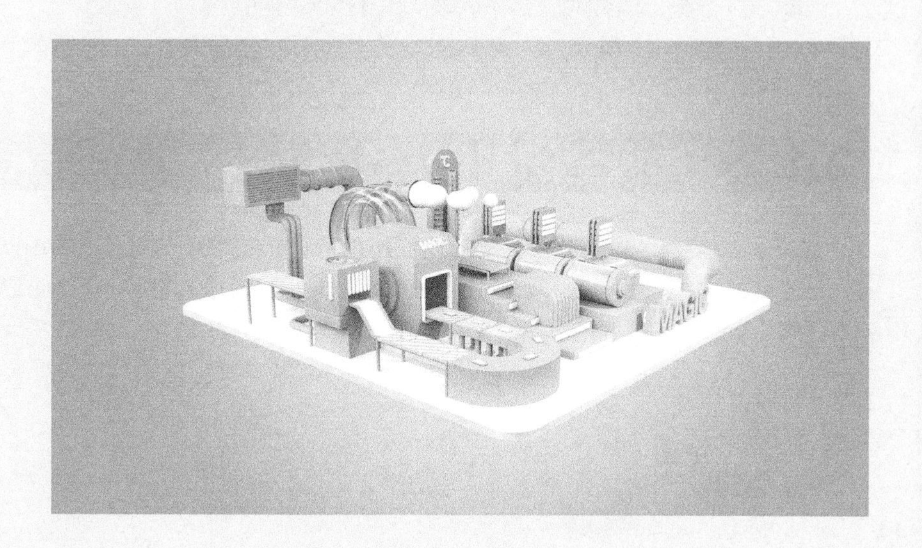

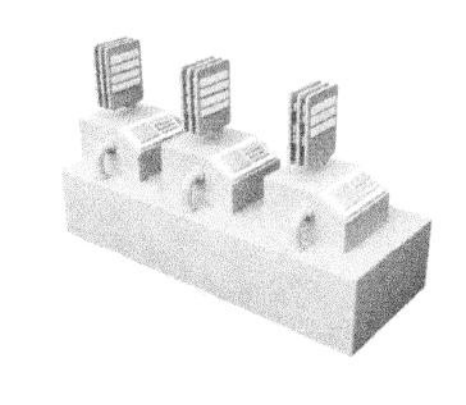

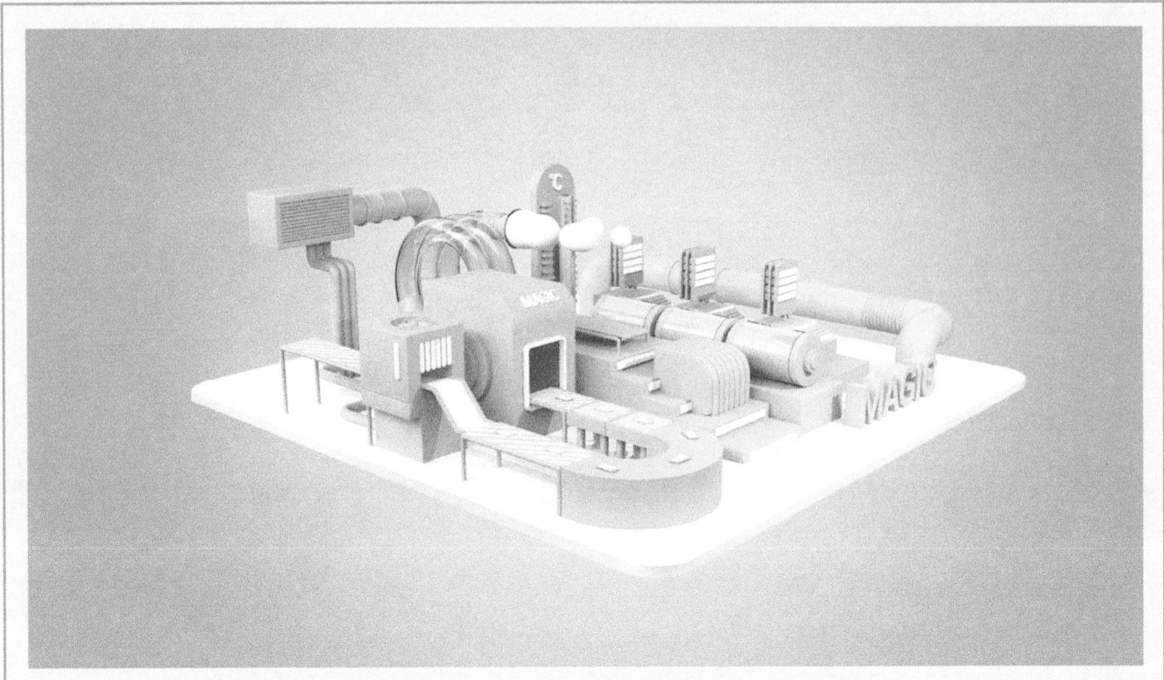

图3-1

本章将为读者详细讲解手机加工厂模型的制作，案例最终效果如图3-1所示。

◎ 视频名称 车间流水线风格：手机加工厂

◎ 实例位置 实例文件 >CH03> 车间流水线风格：手机加工厂

◎ 学习目标 掌握流水线风格模型的制作方法及玻璃材质的设置方法等

3.1 主体模型的制作

在制作这个案例之前，首先要对案例上的模型进行分析和拆分，这样利于在制作过程中有一个明确的思路和流程。在手机加工厂这个案例中，场景可以大概分为主体加工区、发动机区、电池温度区、记忆存储区、管道传送区和散热区，如图3-2~图3-7所示。拆解完成后我们逐一对其进行建模。

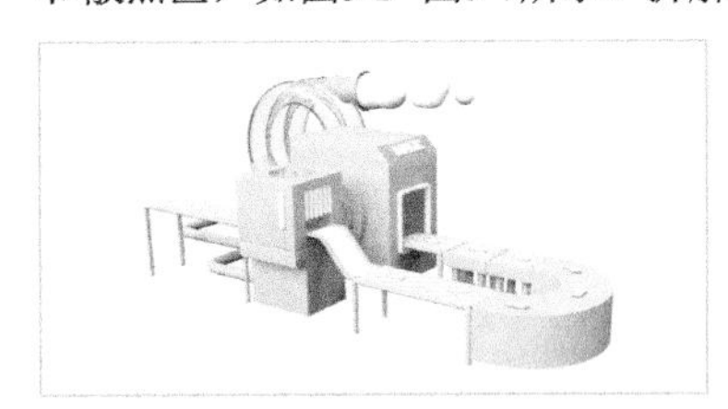

图3-2

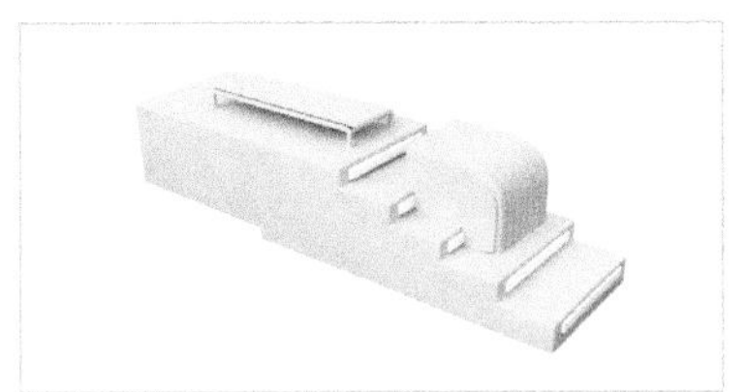

图3-3

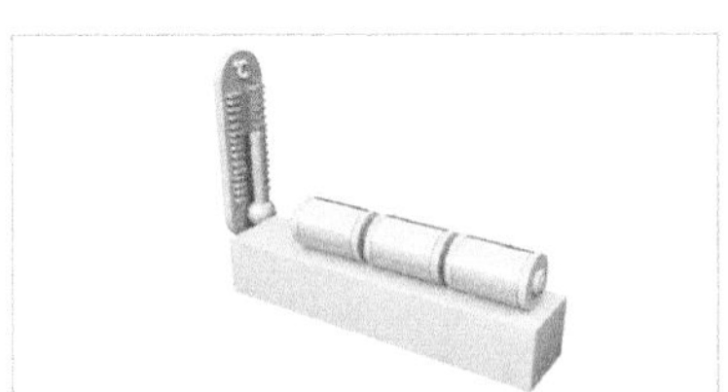

图3-4

图3-5

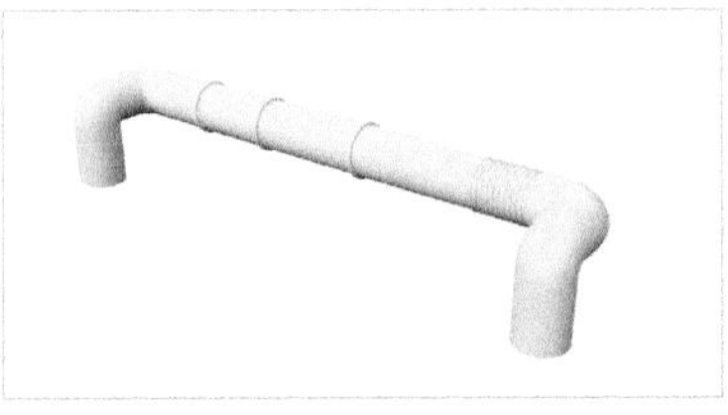

图3-6

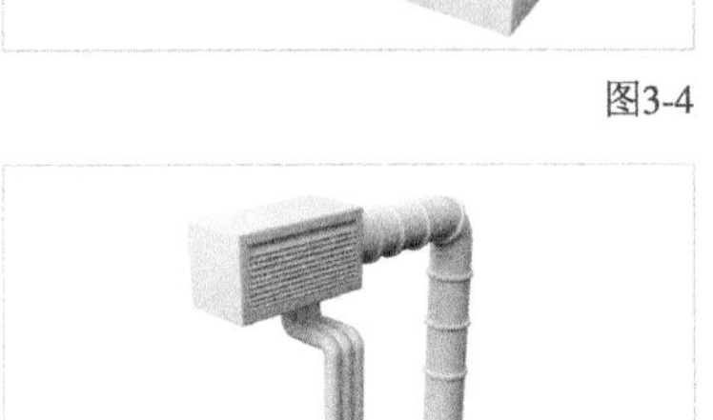

图3-7

3.1.1 主体加工区模型的创建

01 创建一个样条线并调整圆角和大小，如图3-8所示，接着将样条线进行挤压作为模型的舞台，如图3-9所示。

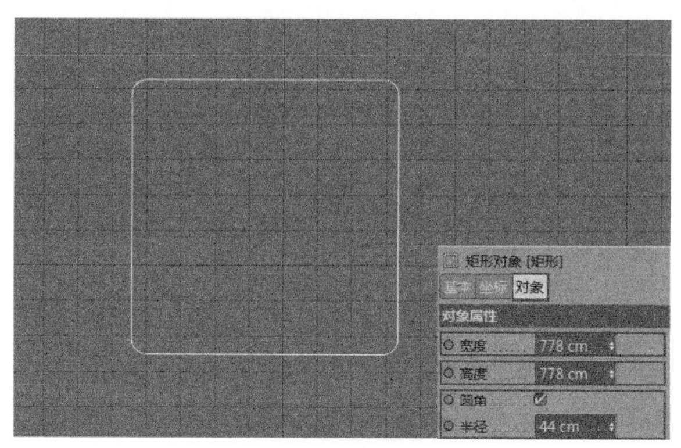

图3-8

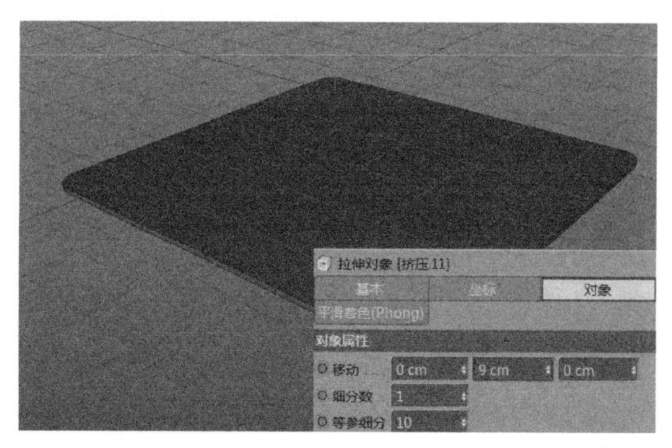

图3-9

02 创建一个立方体并使用“循环/路径切割”工具为其添加分段线，如图3-10所示。

03 再次对立方体进行造型调整，如图3-11所示。

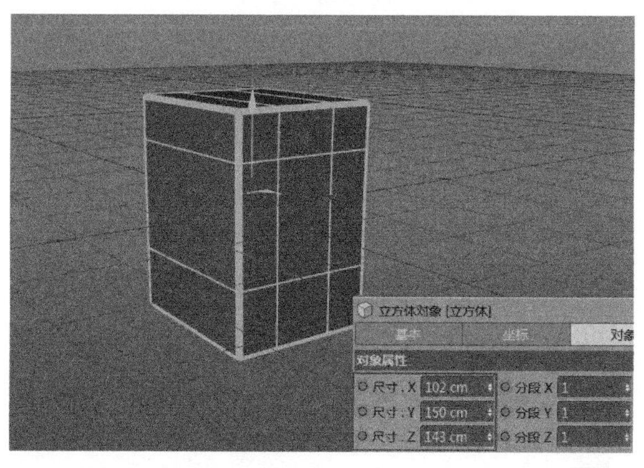

图3-10

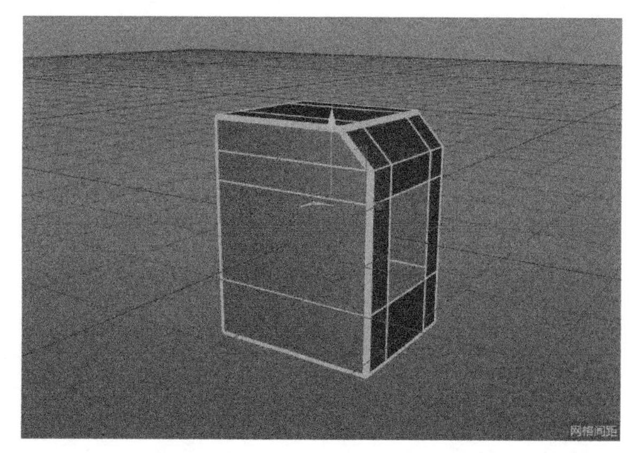

图3-11

04 选择矩形样条线调整大小和圆角并对其进行扫描，如图3-12所示。

05 创建两个圆柱，分别标识为①和②，调整大小和圆角后进行组合，接着选中组合的圆柱体对其进行复制并放置在立方体的另一侧，如图3-13所示。

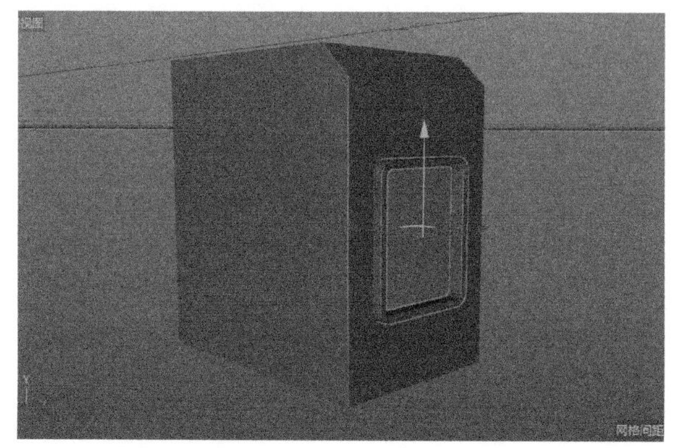

图3-12

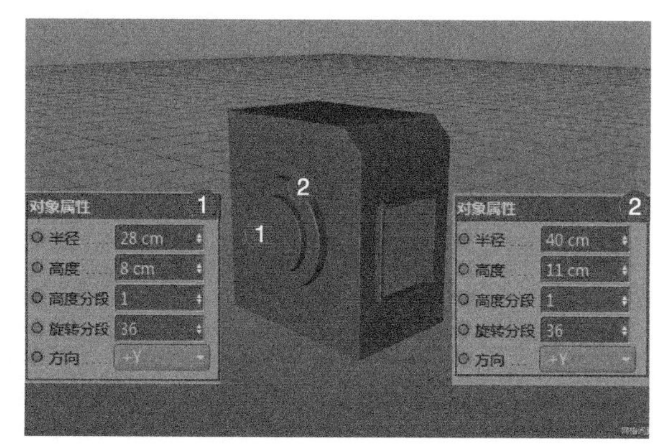

图3-13

06 创建一个样条线并将其转换为可编辑对象，接着进行扫描，如图3-14所示。

图3-14

07 创建两个矩形样条线，然后设置小矩形样条线的“宽度”为1cm、“高度”为43cm，并勾选“圆角”选项，接着设置大矩形样条线的“宽度”为50cm、“高度”为5cm、“圆角半径”为2.5cm，创建完成后将二者进行扫描，如图3-15所示。

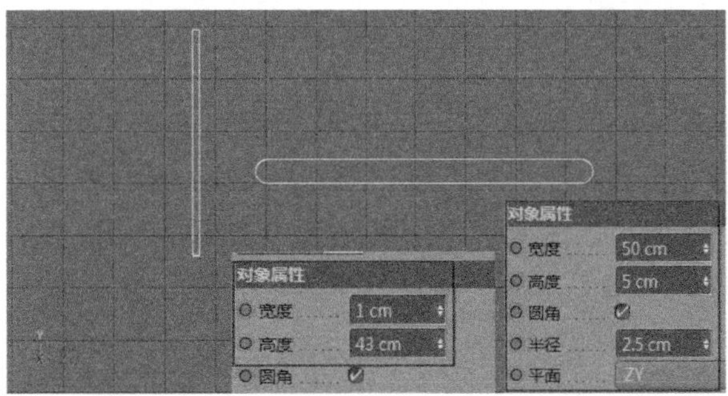

图3-15

08 将扫描好的样条线进行组合，如图3-16所示。

图3-16

09 将之前所有的模型进行组合，如图3-17所示。

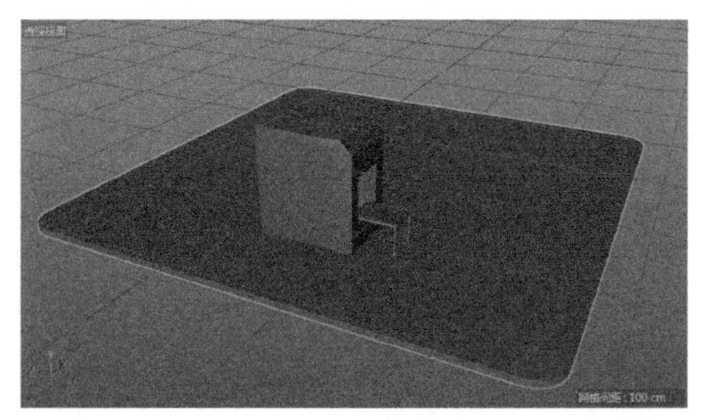

图3-17

10 创建一个立方体，调整“尺寸”和“圆角”并进行内部挤压，如图3-18所示，接着将立方体进行挤压，如图3-19所示。

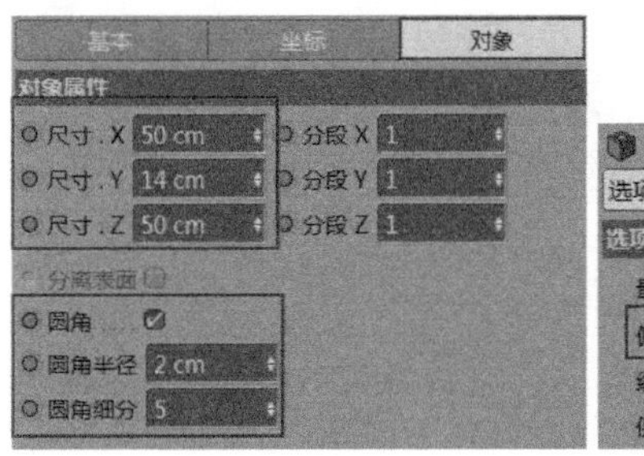

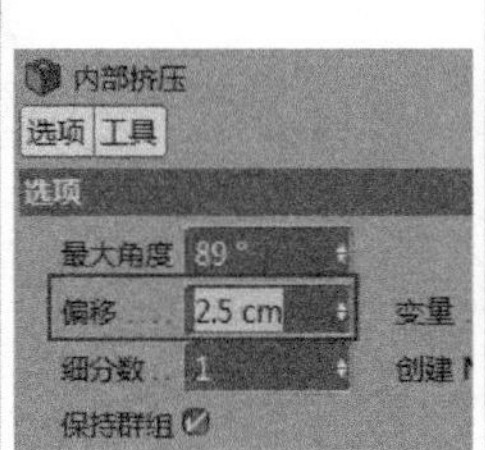

图3-18

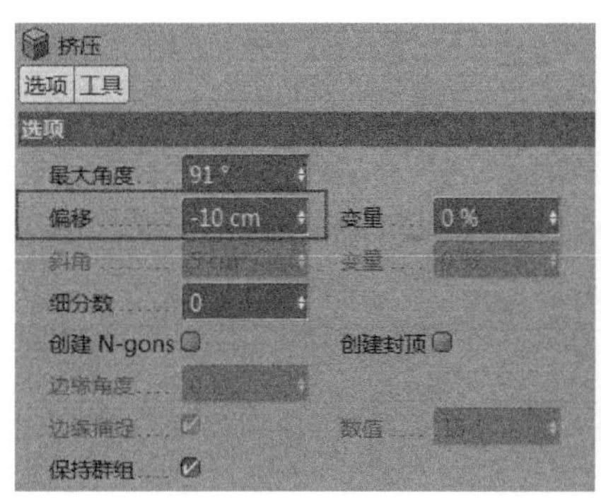

图3-19

11 创建两个尺寸不同的圆柱体，如图3-20所示，然后将两个圆柱体进行组合，如图3-21所示。

12 将之前做好的矩形放置在挤压后的立方体的内部并进行组合，如图3-22所示。

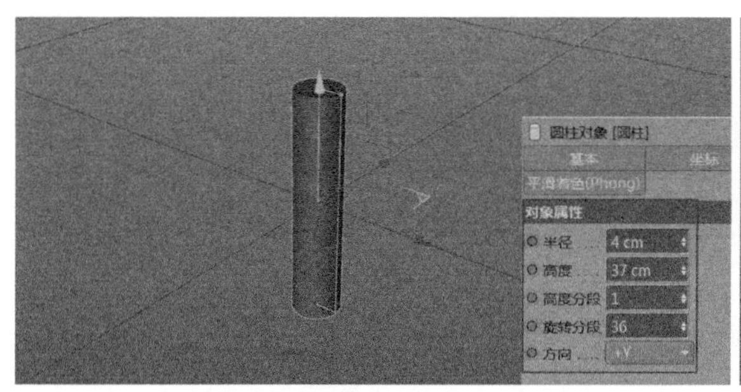

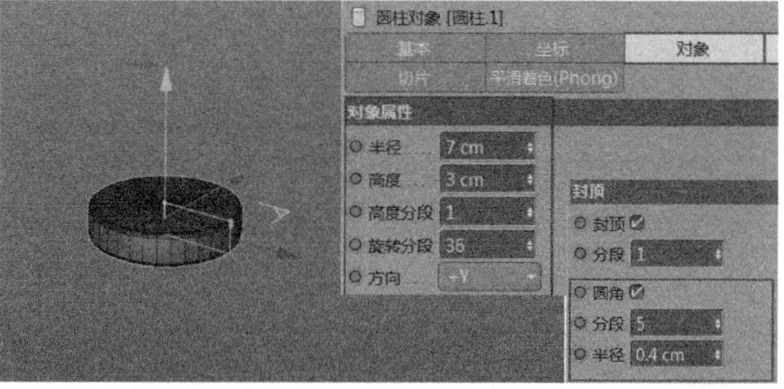

图3-20

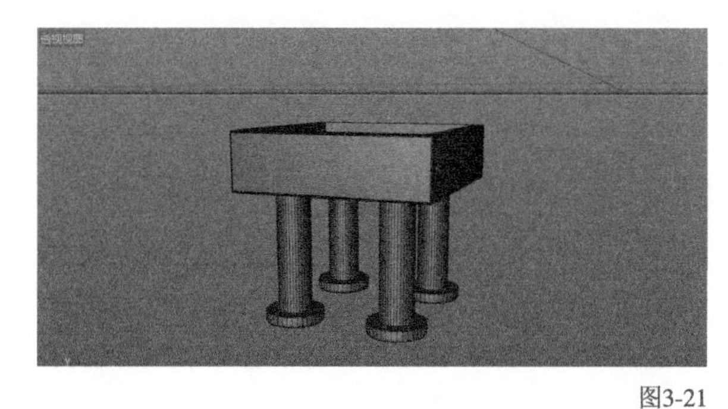

图3-21

图3-22

13 创建立方体和圆柱体，调整其相关参数，如图3-23所示，接着将二者进行布尔运算，如图3-24所示。

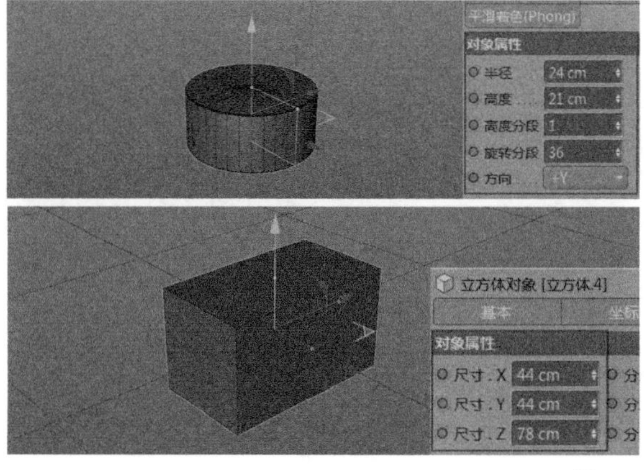

图3-23

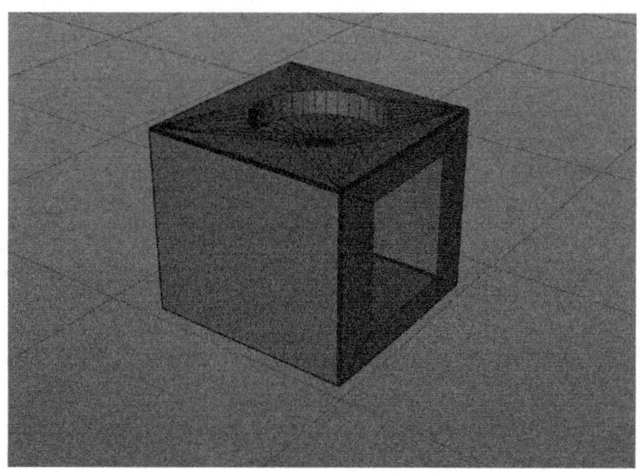

图3-24

14 绘制3个圆环，从小到大的“半径”分别为12cm、18cm和24cm，如图3-25所示。选中所有的圆环，然后单击鼠标右键在弹出的菜单中选择“连接对象+删除”选项，将3者合并成一个整体并进行扫描，如图3-26所示。

15 用“样条线画笔”工具绘制一片扇叶并对其进行“挤压”，如图3-27所示。

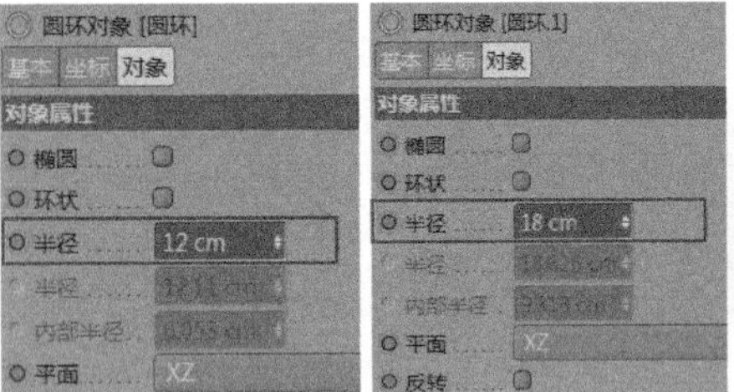

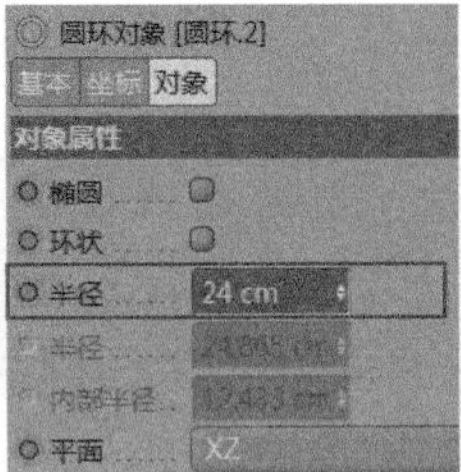

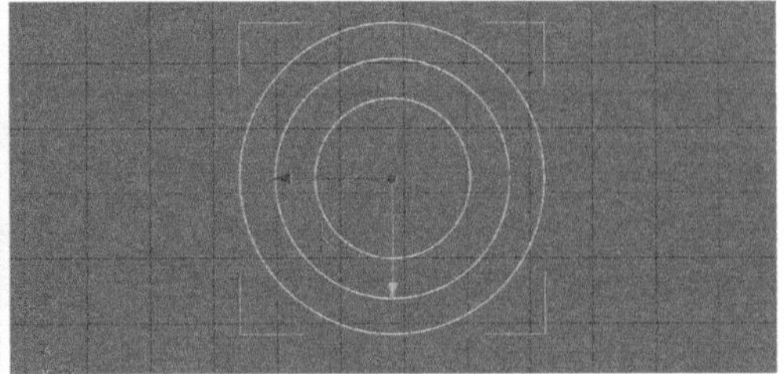

图3-25

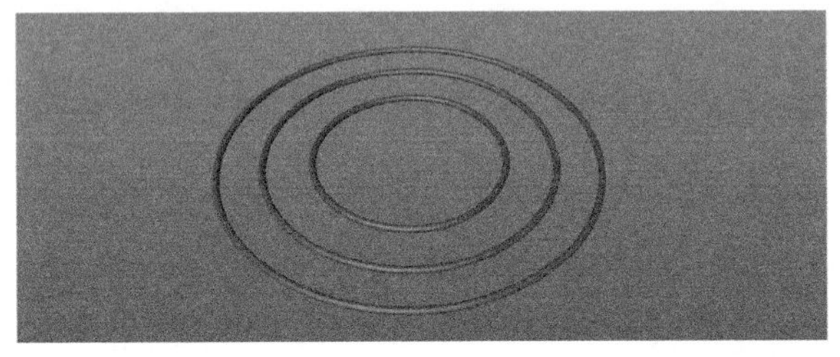

图3-26

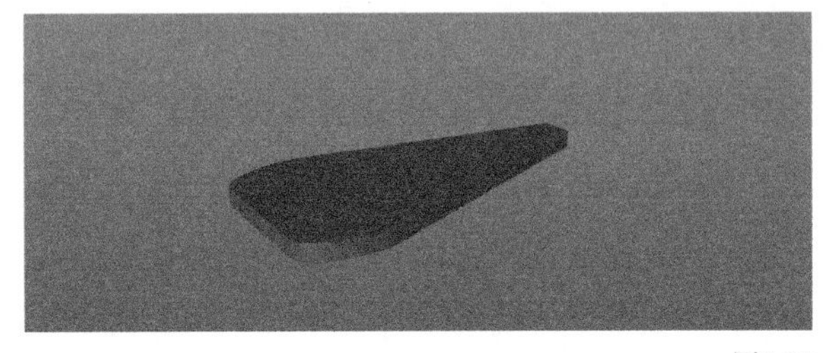

图3-27

16 选择扇叶执行“克隆”命令，克隆11个，然后创建圆柱体调整尺寸大小，并将12个扇叶进行拼合，效果如图3-28所示。

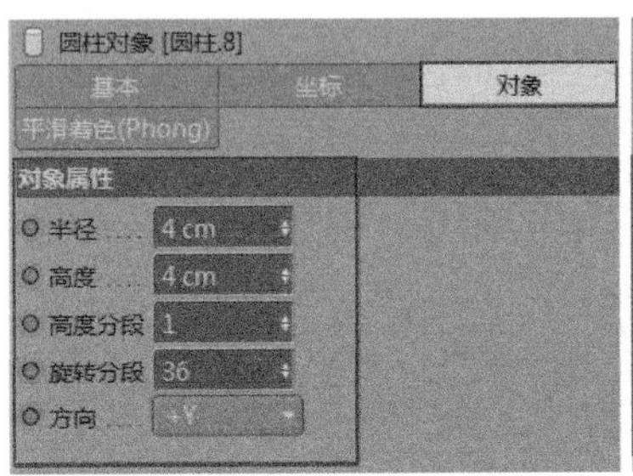

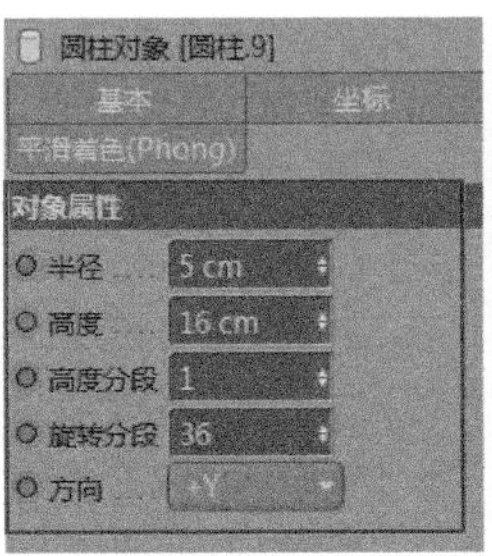

图3-28

17 将制作好的风扇和立方体进行组合，如图3-29所示。

18 绘制一条样条线并对其进行挤压，如图3-30所示。

19 将挤压后的样条线进行复制和组合，如图3-31所示。

图3-29

图3-30

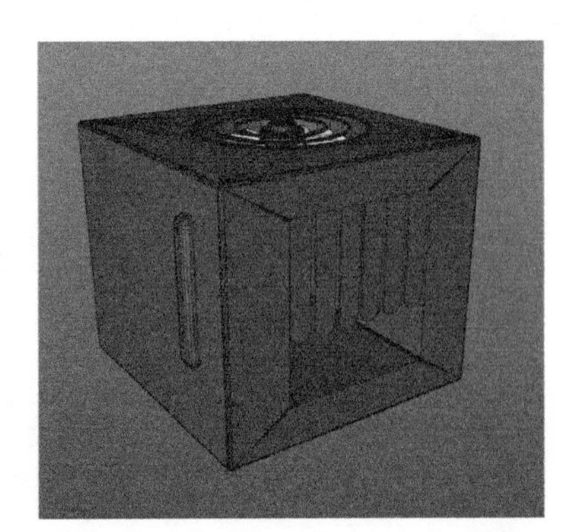

图3-31

20 绘制两条样条线，然后将两者进行放样，如图3-32所示，接着对其添加“布料曲面”命令，设置厚度为1cm，如图3-33所示。

21 复制之前的样条线，然后进行扫描，并与滑梯进行组合，如图3-34所示。

图3-32

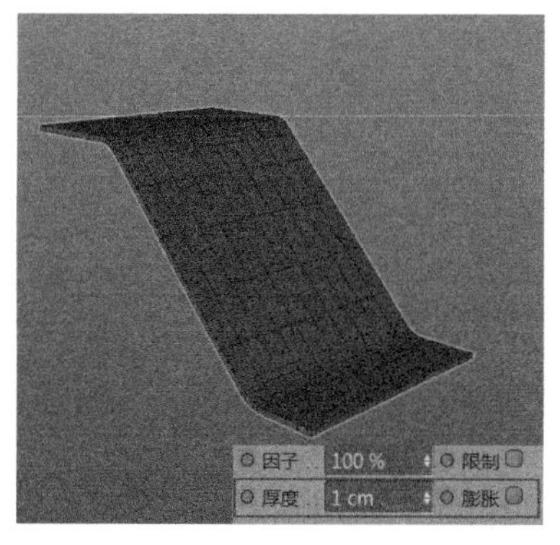

图3-33

图3-34

22 绘制一条螺旋线，然后进行编辑并扫描，如图3-35所示。

23 绘制一个圆柱体，然后转换为可编辑对象，并使用“循环/路径切割”工具添加分段线，如图3-36所示。

24 选择“边”工具，然后对圆柱的边进行放大，如图3-37所示。

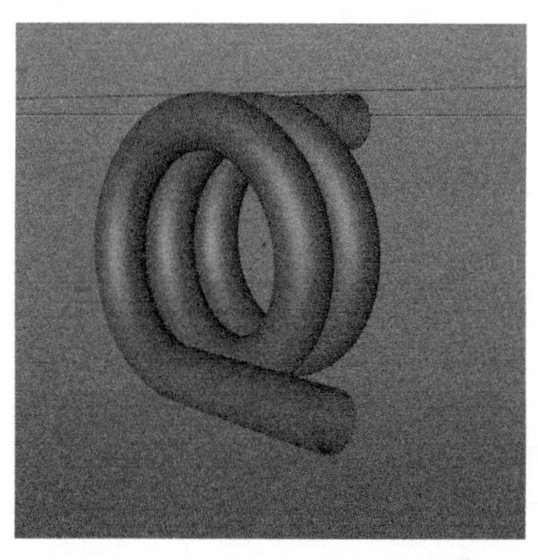

图3-35

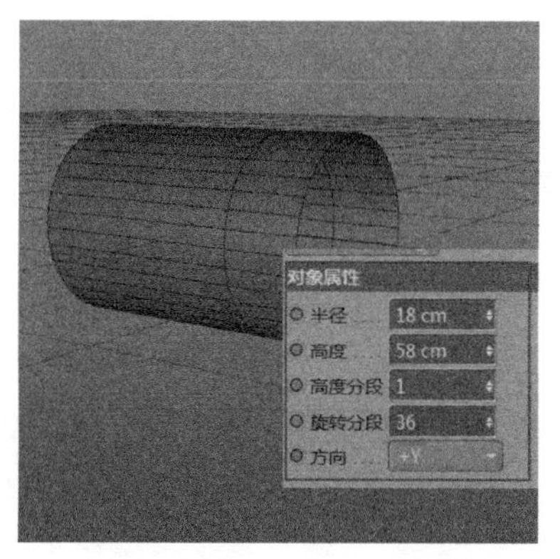

图3-36

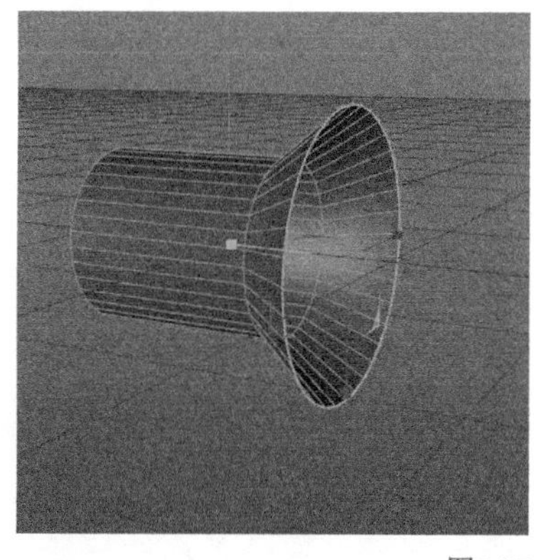

图3-37

25 使用“循环/路径切割”工具添加分段线，并对其切割的面进行挤压，参数及效果如图3-38和图3-39所示。

26 给圆柱体添加“布料曲面”和“细分曲面”命令，然后使圆柱体与螺旋几何体进行组合，如图3-40所示。

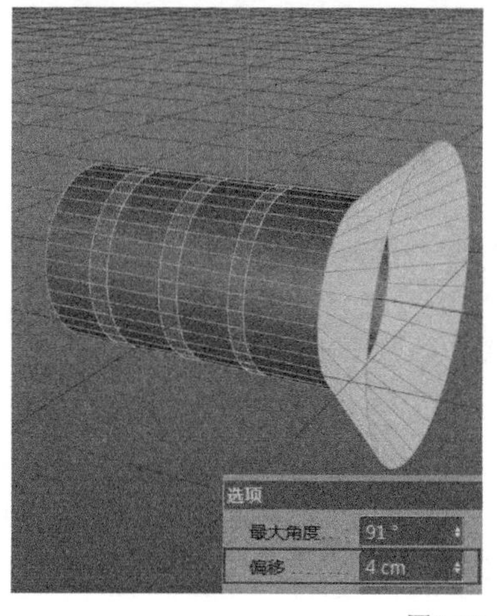

图3-38

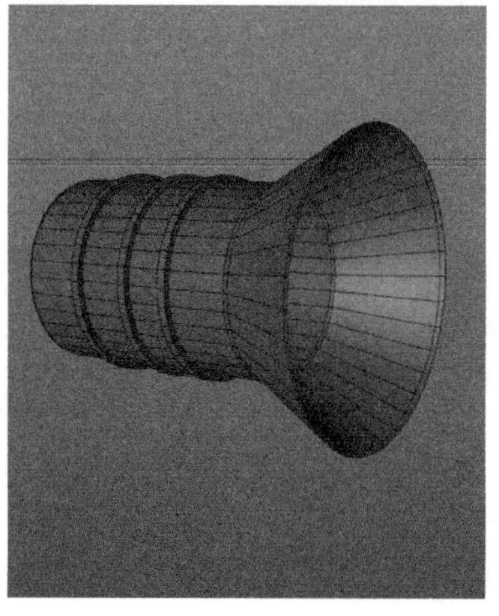

图3-39

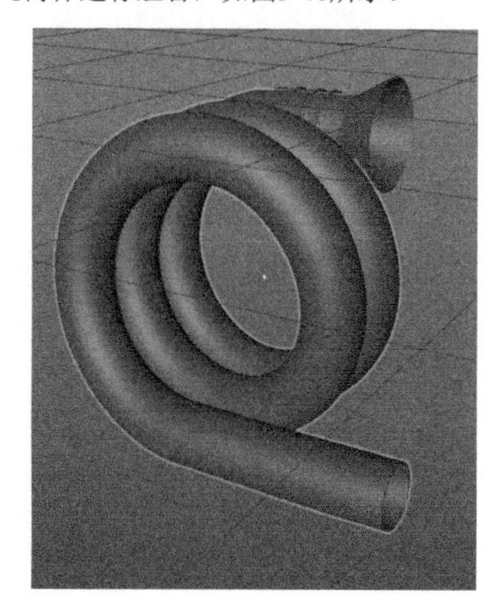

图3-40

27 选择“造型工具组”中的“融球”，并在底部添加多个球体进行组合，如图3-41所示。

28 将制作好的模型进行组合，如图3-42所示。

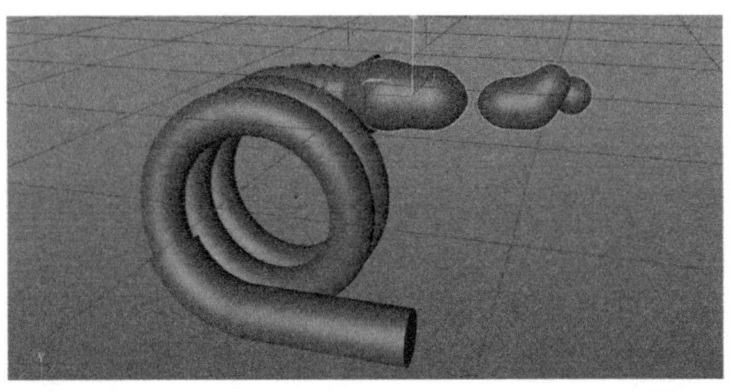

图3-41

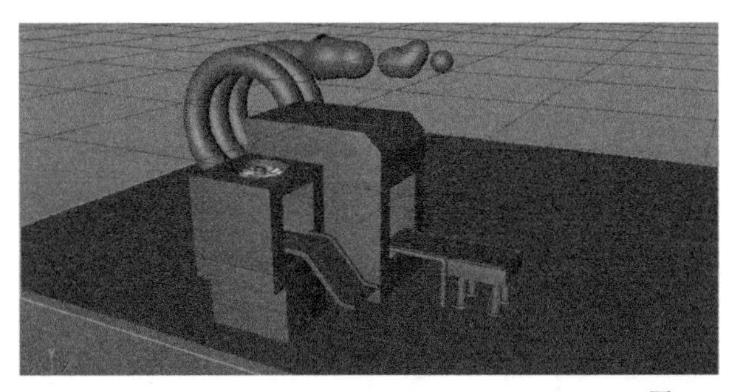

图3-42

29 绘制一个半圆形样条线，然后对其进行扫描，如图3-43所示。

30 绘制一条样条线，然后对其进行扫描，如图3-44所示。

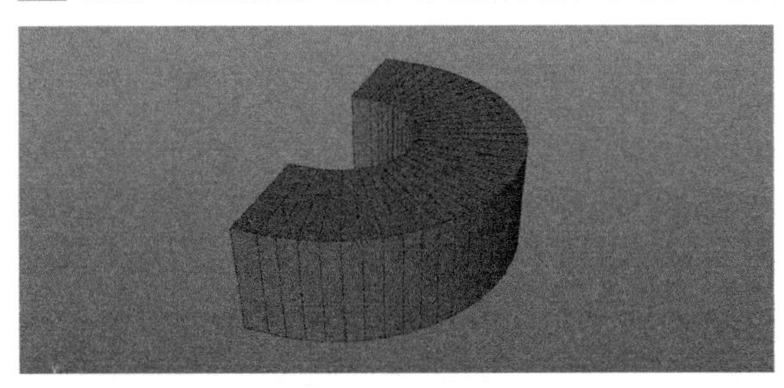

图3-43

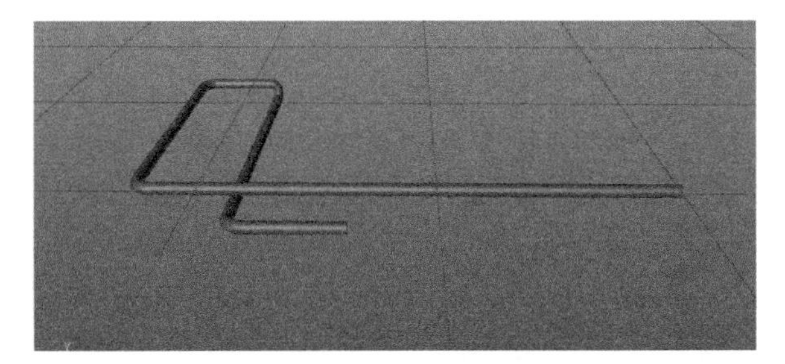

图3-44

31 接下来制作一个简易的手机外形。用样条线绘制一个手机外壳，然后对其进行挤压，如图3-45所示。

32 在手机外壳的表面创建圆柱体和立方体，然后进行布尔运算，如图3-46所示。

图3-45

图3-46

33 创建屏幕的立方体及按键的圆柱体，至此一个简易的手机制作完成，如图3-47所示。

34 将上面所有的模型进行组合，主体加工区的最终效果如图3-48所示。

图3-47

图3-48

3.1.2 发动机区建模

01 按照从①~⑥的顺序，依次创建6个立方体，并对其进行组合，如图3-49所示。

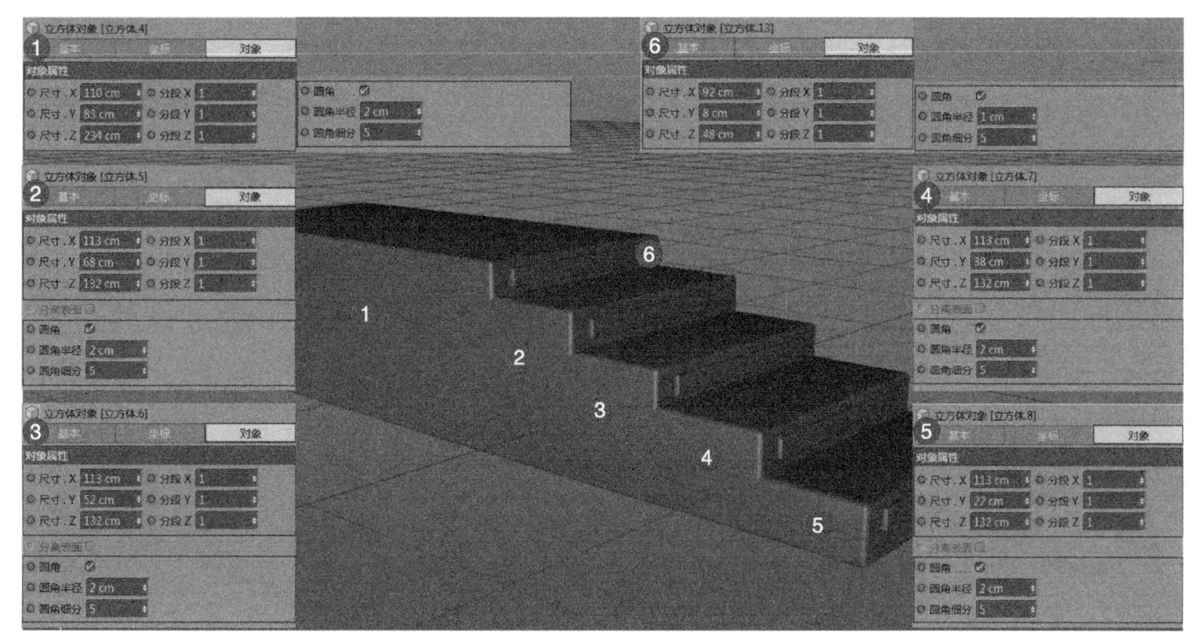

图3-49

02 创建一个样条线进行编辑，然后进行挤压，如图3-50所示。

03 把挤压后的模型变成可编辑对象，并对其添加分段线后再挤压，如图3-51和图3-52所示。

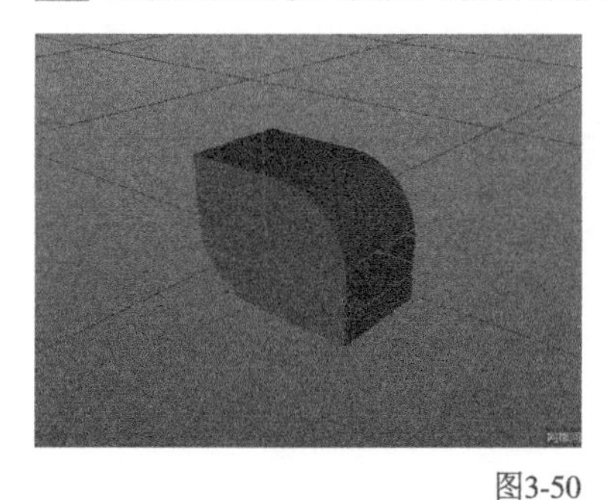

图3-50

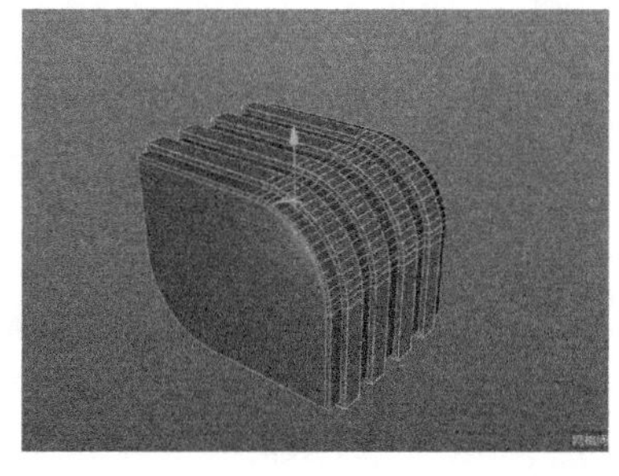

图3-51

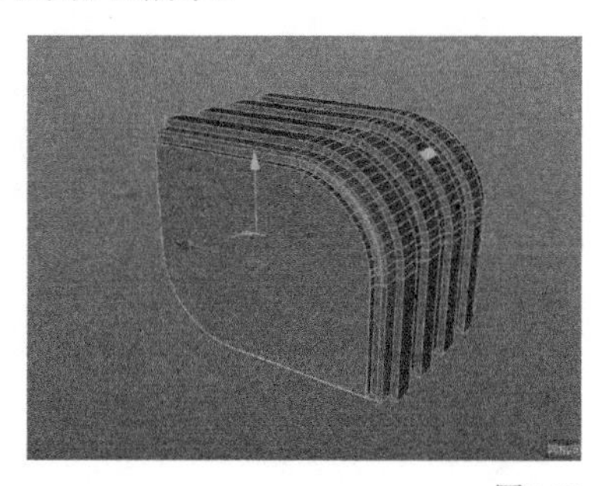

图3-52

04 为上一步编辑的模型添加“细分曲面”命令，如图3-53所示。

05 将制作好的发动机区的模型进行组合，如图3-54所示。

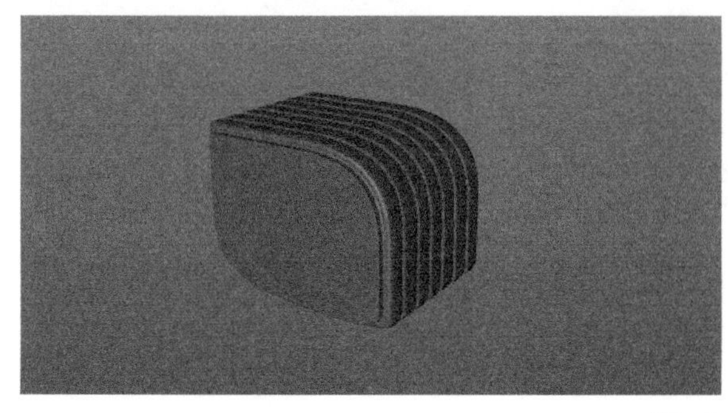

图3-53

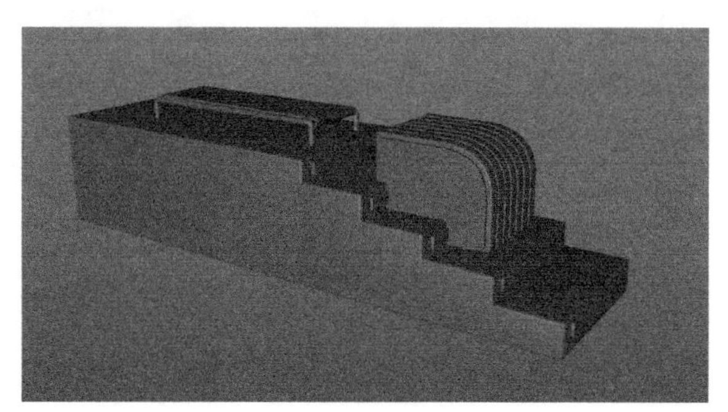

图3-54

3.1.3 电池温度区模型的创建

01 按照从①~④的顺序，依次创建4个圆柱体，然后进行组合，如图3-55所示。

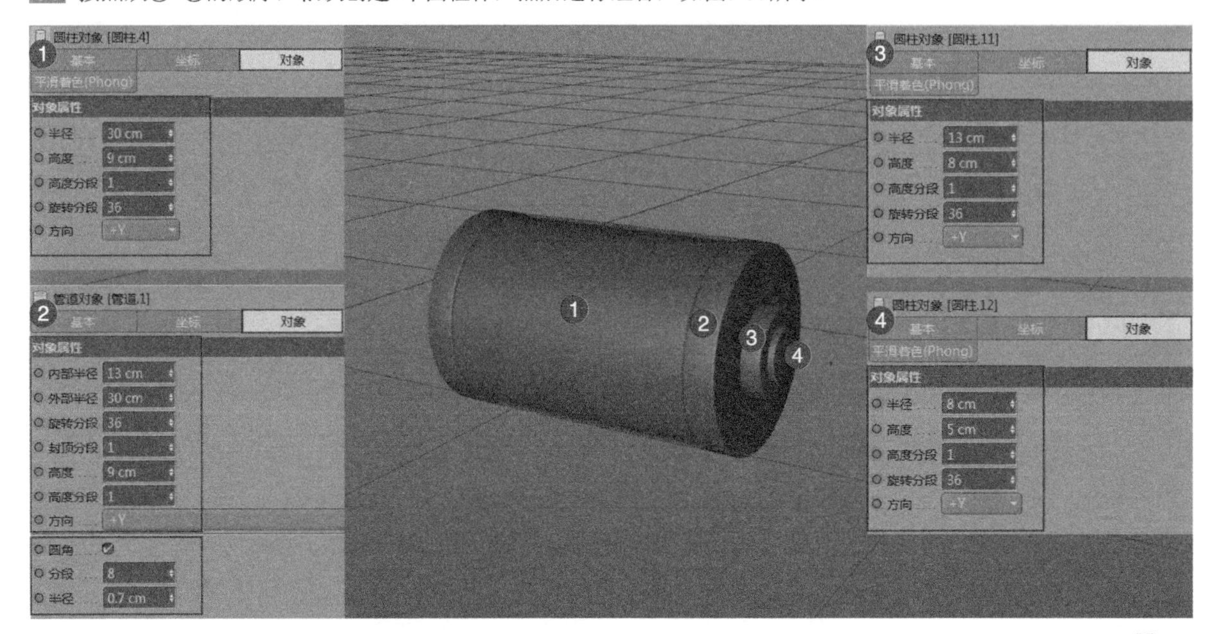

图3-55

02 创建一个立方体，如图3-56所示，然后将创建好的电池进行组合，如图3-57所示。

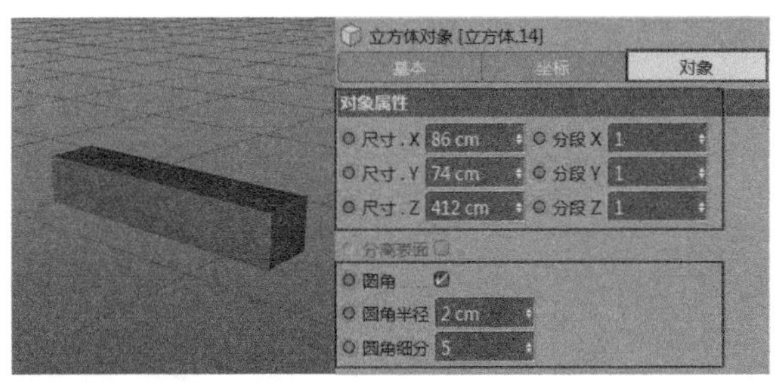

图3-56

图3-57

03 创建一个样条线，然后对其进行编辑并挤压，如图3-58所示。

04 再创建一条样条线并对其进行旋转，如图3-59所示。

05 将旋转好的样条线进行复制组合，如图3-60所示。

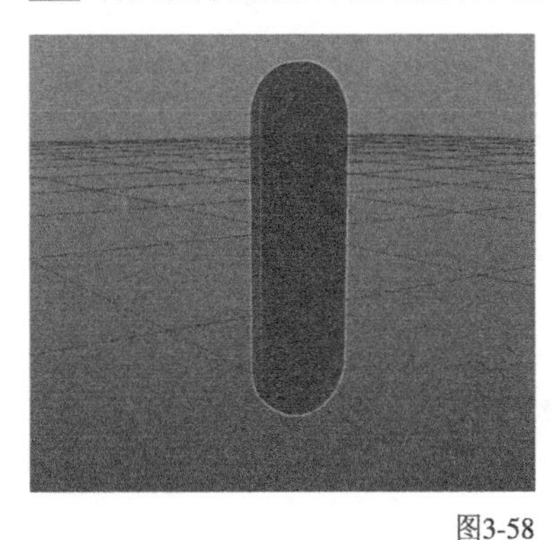

图3-58

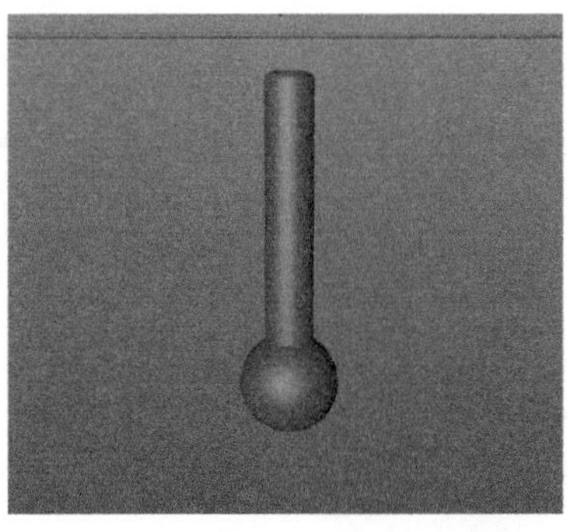

图3-59

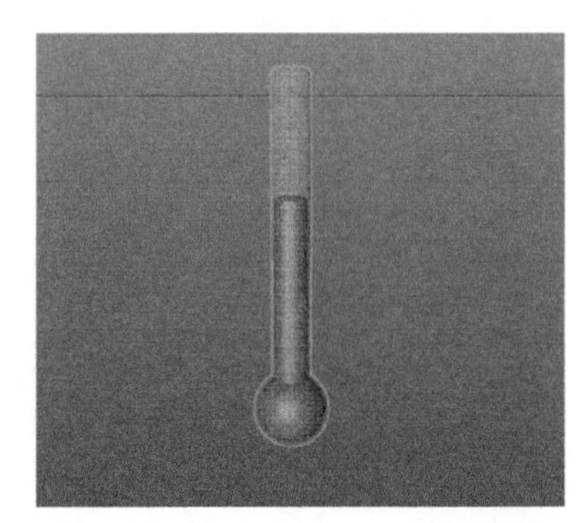

图3-60

06 用立方体绘制温度计的刻度并使其对称，如图3-61所示。

07 使用“文本”工具输入℃，然后对其进行挤压，如图3-62所示。

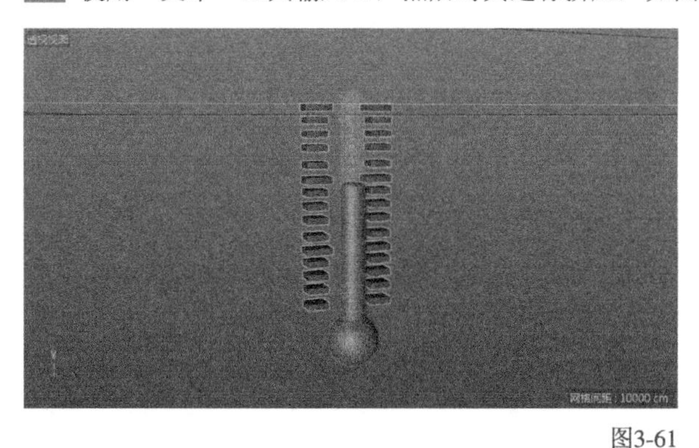

图3-61

图3-62

08 将上述制作好的温度计模型进行组合，如图3-63所示。

09 将电池温度区的模型进行组合，如图3-64所示。

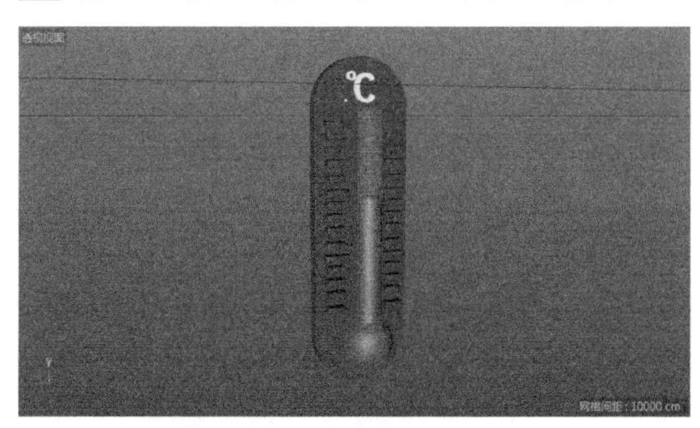

图3-63

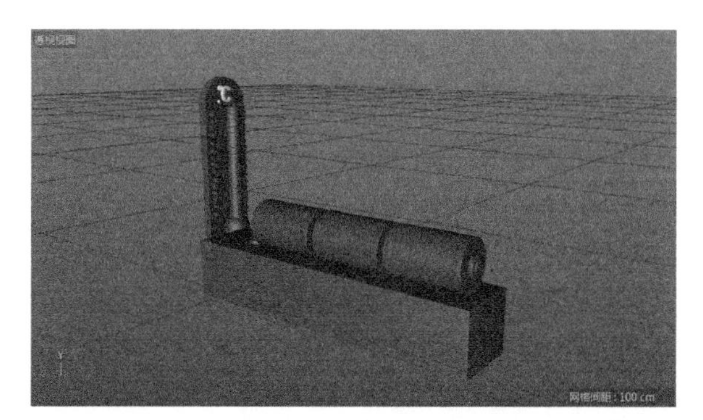

图3-64

3.1.4 记忆存储区模型的创建

01 创建立方体并调整相应的尺寸，如图3-65所示，然后对其添加循环分段线并进行编辑，如图3-66所示。

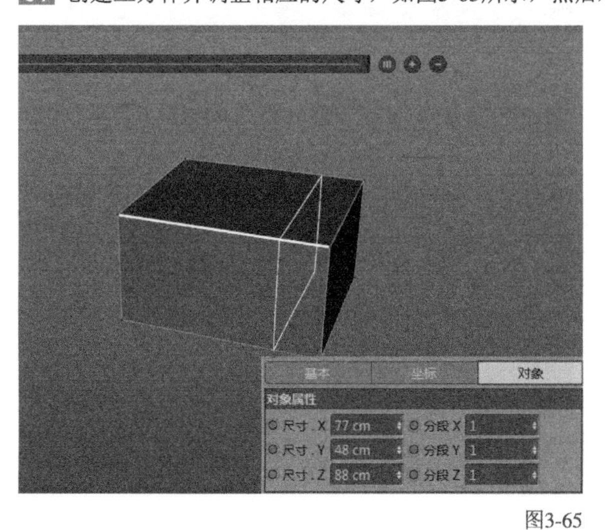

图3-65

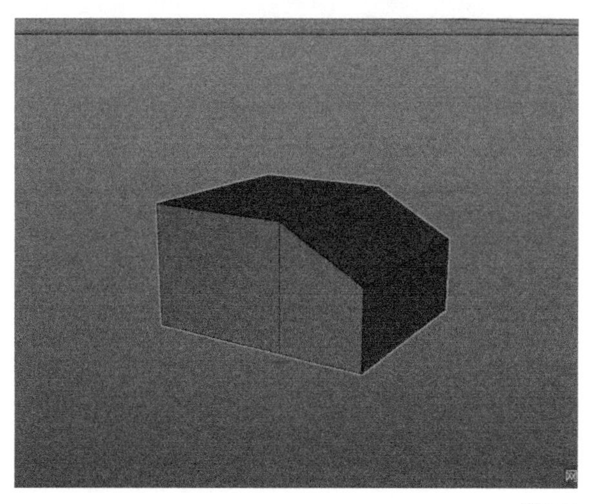

图3-66

02 创建4个不同尺寸的立方体并进行组合，如图3-67所示。

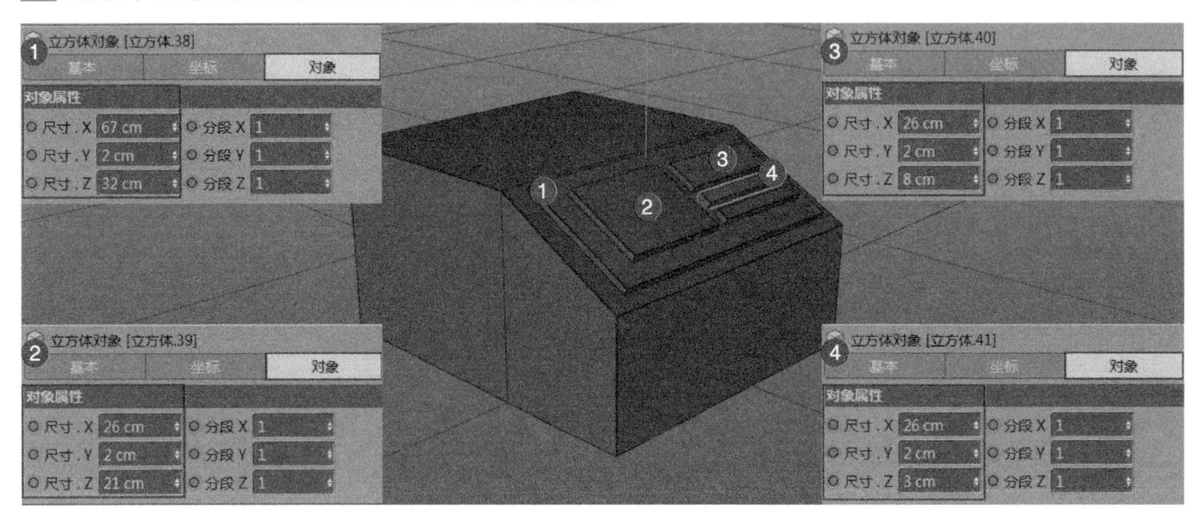

图3-67

03 创建一个矩形样条线，然后设置其“宽度”和“高度”，并将其转换为可编辑对象，如图3-68所示。

04 选中矩形样条线的一个点，然后单击鼠标右键，在弹出的菜单中选择“断开连接”选项，如图3-69所示。

05 删除断开的样条线，然后选择样条线左上角的点，单击鼠标右键，在弹出的菜单中选择“倒角”命令，如图3-70所示。

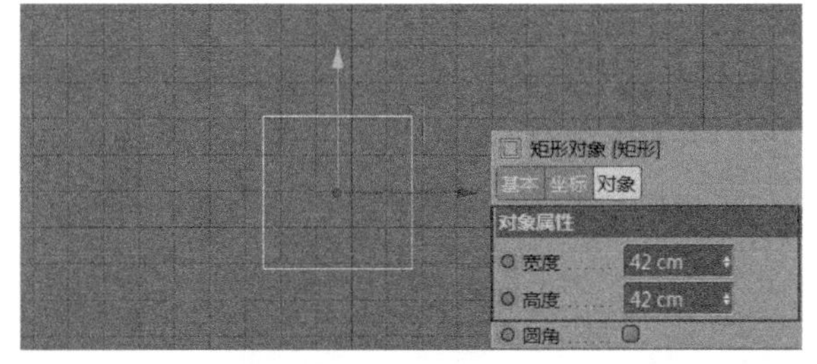

图3-68

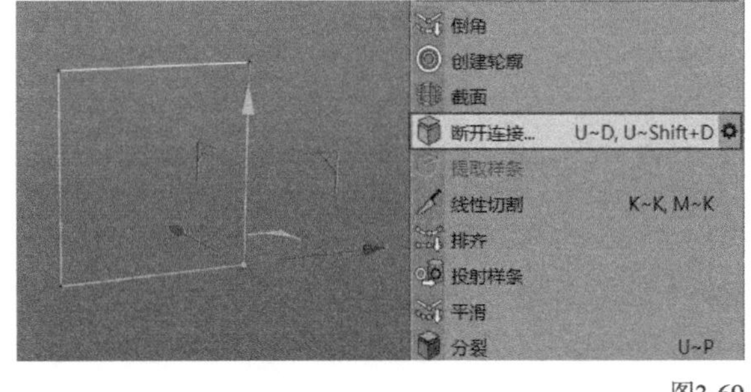

图3-69

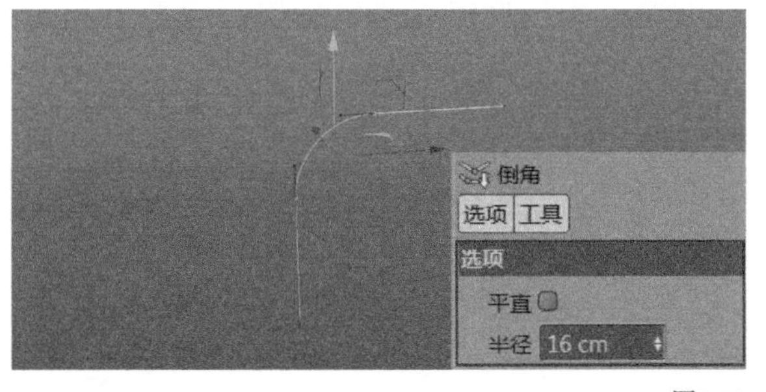

图3-70

06 创建一个圆形样条线并调整其尺寸，如图3-71所示，然后将上一步编辑后的样条线与圆形进行扫描，并与其他模型组合，如图3-72所示。

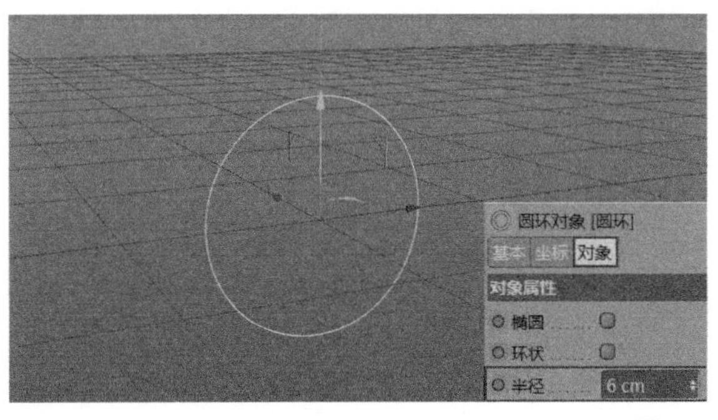

图3-71

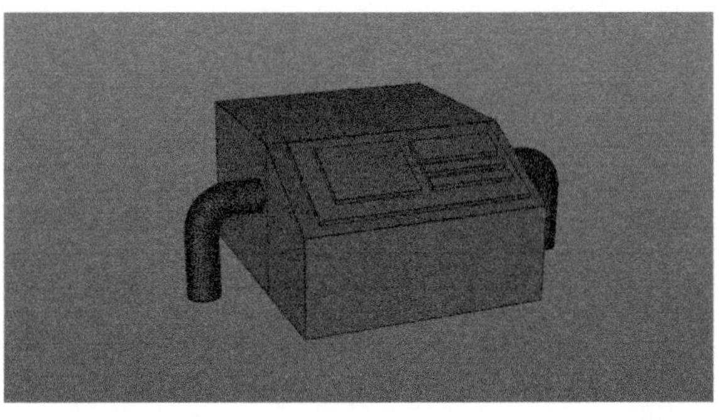
图3-72

07 创建一个圆柱体并调整其尺寸，如图3-73所示，然后将其与上一步的模型进行组合，如图3-74所示。

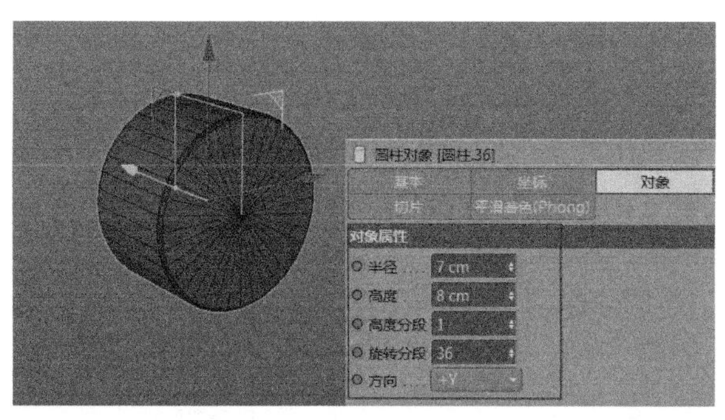

图3-73

图3-74

08 创建一个样条线，调整尺寸并将其转换为可编辑对象，如图3-75所示。

09 选中上一步创建的样条线，单击鼠标右键，在弹出的菜单中选择“创建点”命令，接着添加3个点并移动，如图3-76和图3-77所示。

10 使用“挤压”工具对编辑好的样条线进行挤压，如图3-78所示。

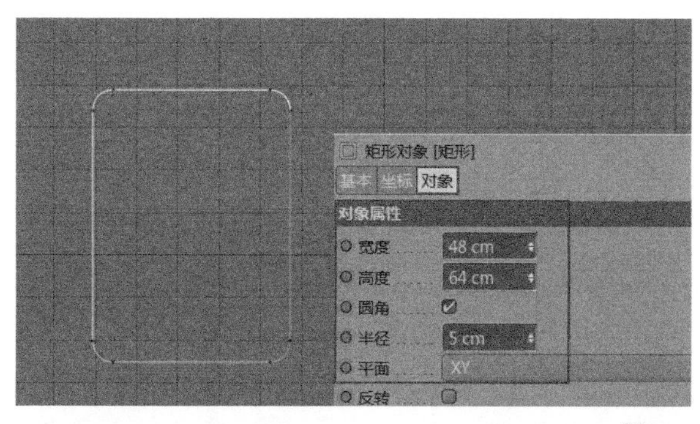

图3-75

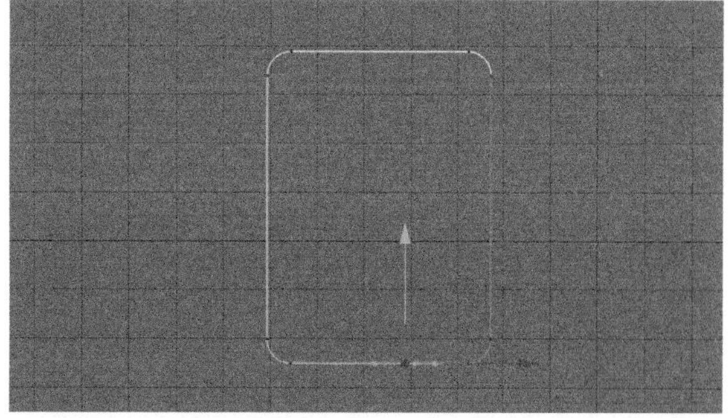

图3-76

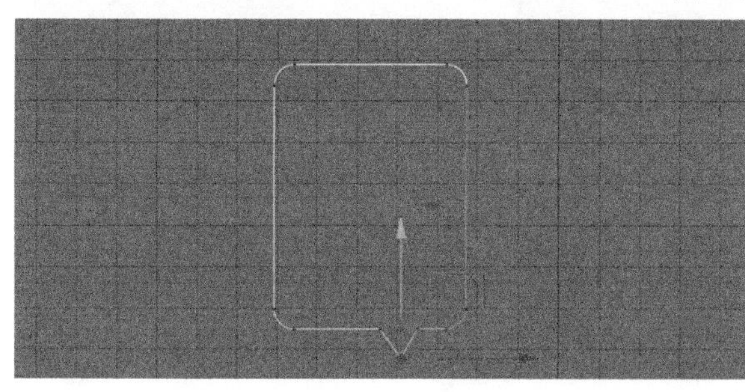

图3-77

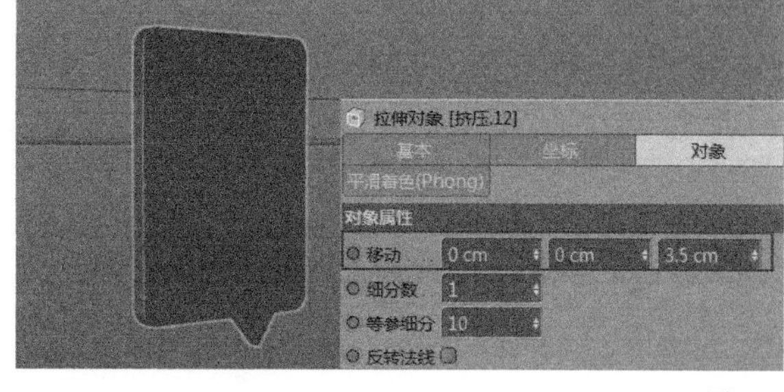

图3-78

11 创建立方体并调整参数，如图3-79所示，然后与上一步创建的模型进行组合，如图3-80所示。

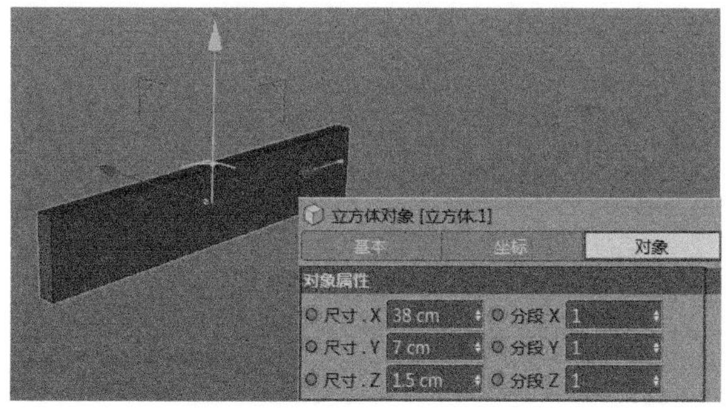

图3-79

图3-80

12 创建一个立方体并调整参数，如图3-81所示，然后将记忆存储区所有的模型进行组合，如图3-82所示。

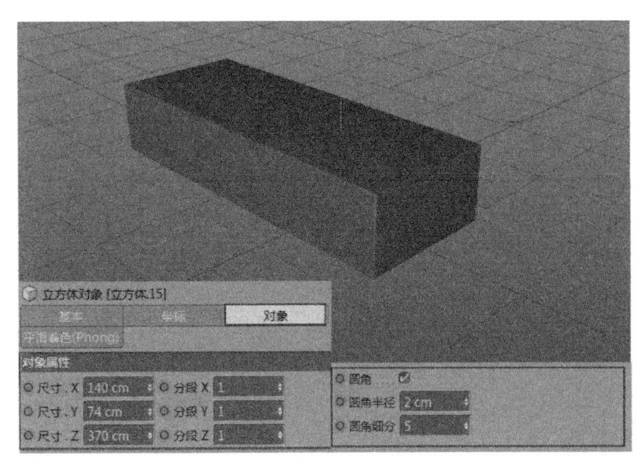

图3-81

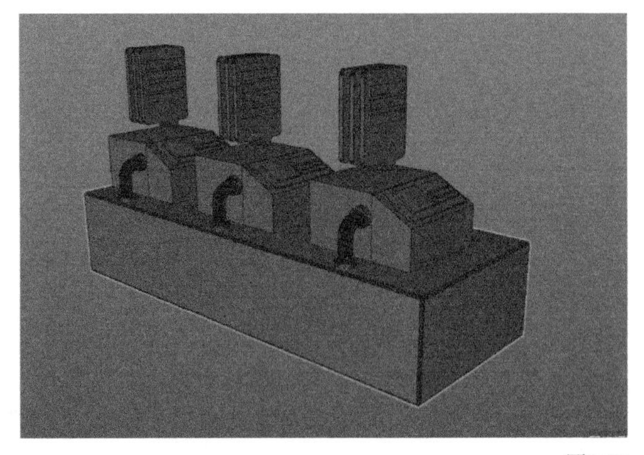

图3-82

3.1.5 管道传送区模型的创建

01 绘制一条样条线并对其进行扫描，如图3-83所示。

02 继续丰富管道的效果和组合效果，如图3-84所示。

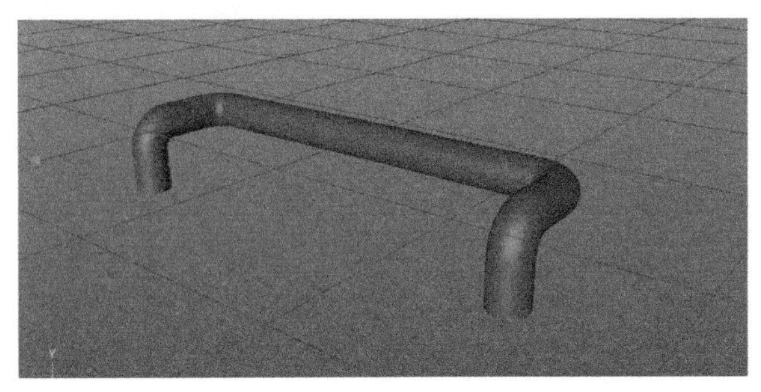

图3-83

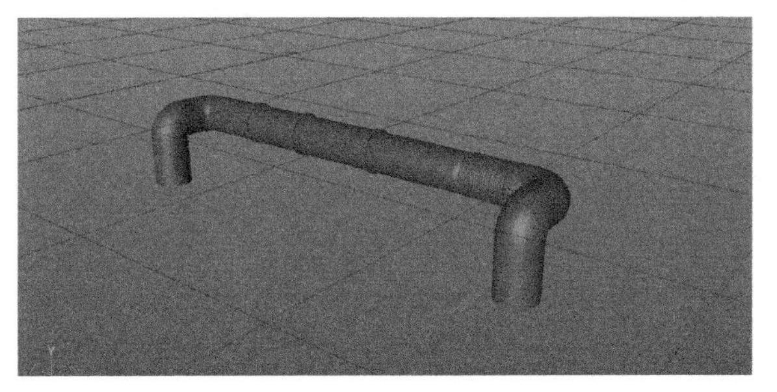

图3-84

3.1.6 散热区模型的创建

01 选择“画笔”工具绘制一个不规则的样条线，选中样条上的点，然后单击鼠标右键，在弹出的菜单中选择“倒角”命令对其进行倒角设置，如图3-85所示。

02 选择“画笔”工具绘制样条线，然后选中样条上的点进行“倒角”设置，如图3-86所示。

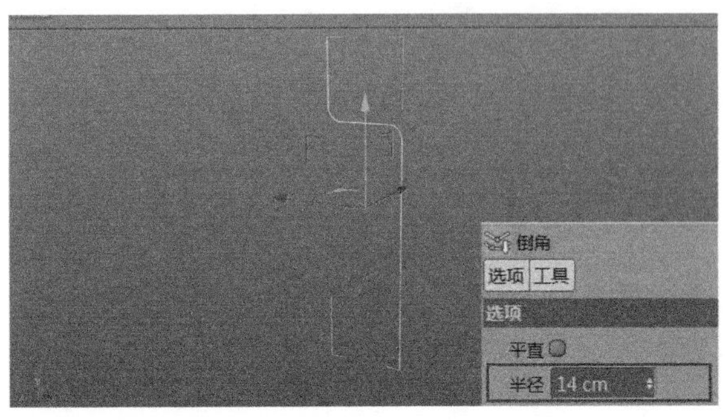

图3-85

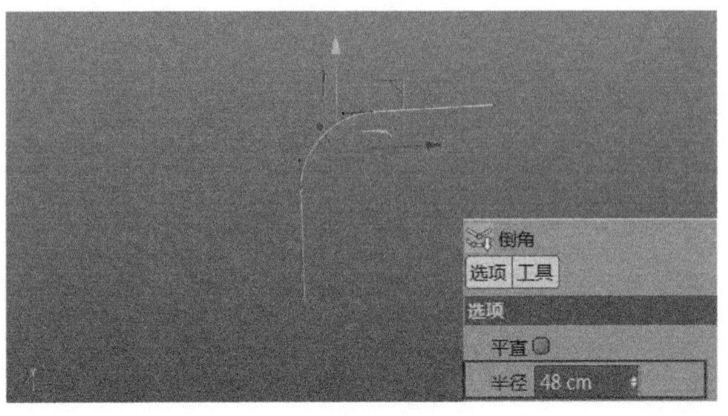

图3-86

03 将创建的样条线进行组合，然后创建两个圆环作为扫描的路径，如图3-87所示，接着将创建好的样条线进行扫描，如图3-88所示。

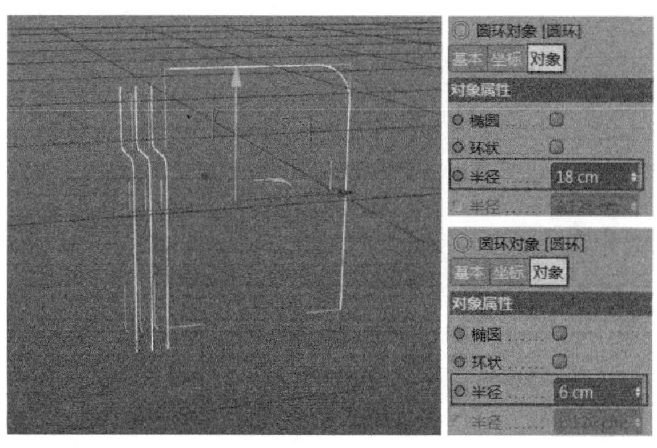

图3-87

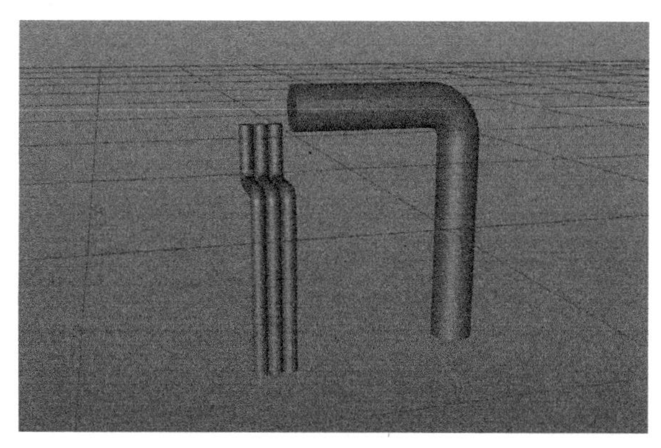

图3-88

04 创建一个管道并调整参数，如图3-89所示。继续丰富散热区管道的组合，如图3-90所示。

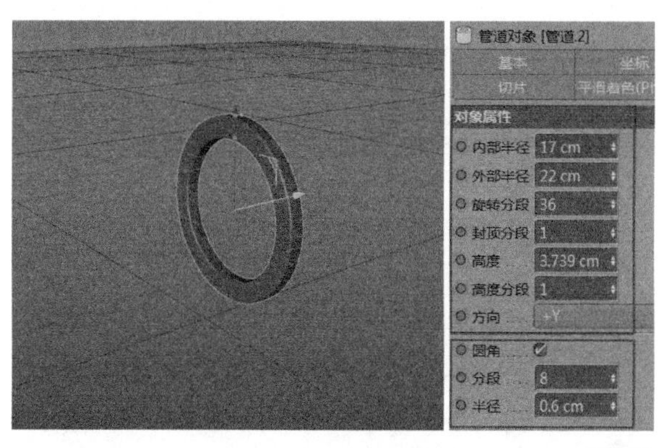

图3-89

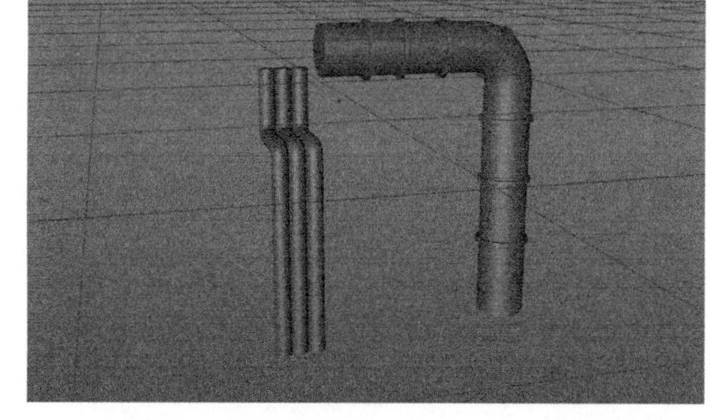

图3-90

05 创建一个立方体，然后调整其参数，如图3-91所示，接着将它变成一个可编辑对象，再选中一个面对其内部挤压，如图3-92所示。

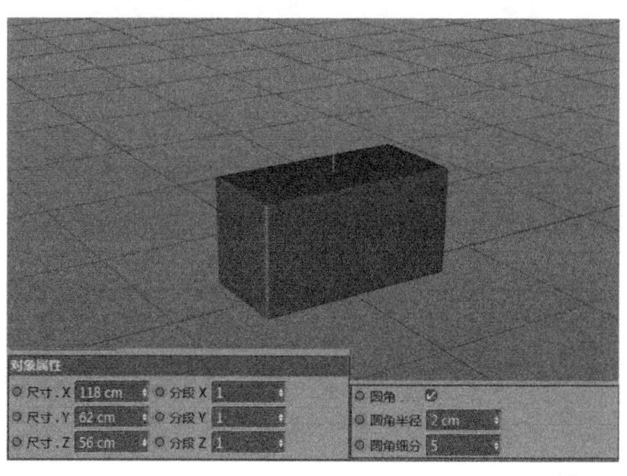

图3-91

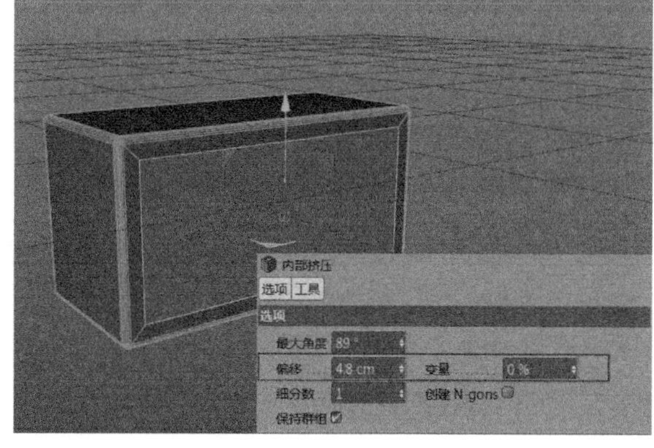

图3-92

06 单击鼠标右键，在弹出的菜单中选择“挤压”命令，然后调整相应参数，如图3-93所示。

07 创建立方体并调整其参数，如图3-94所示。然后将之前挤压好的立方体进行复制组合，如图3-95所示。

08 将创建好的模型进行组合，如图3-96所示。

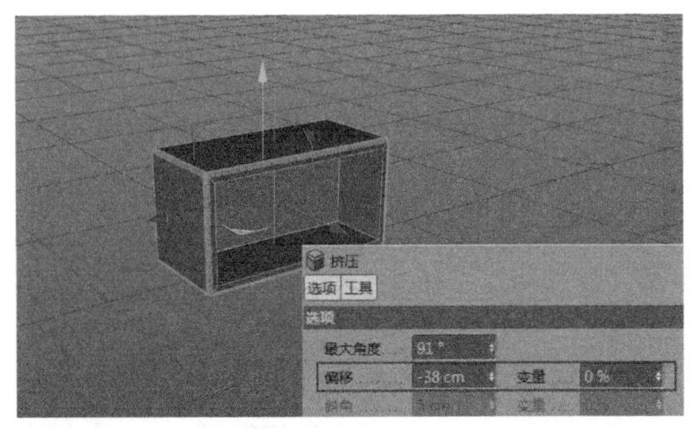

图3-93

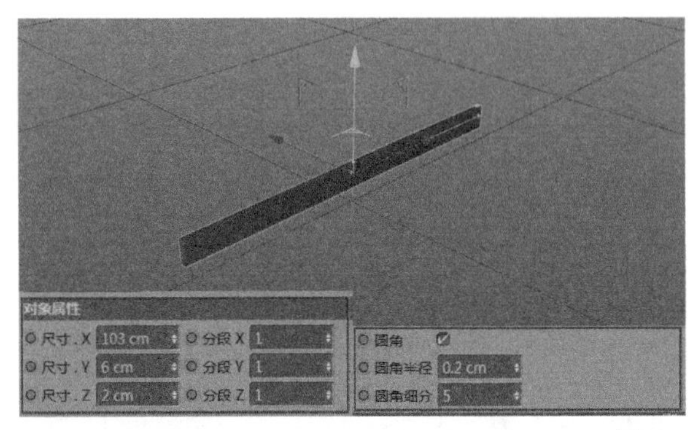

图3-94

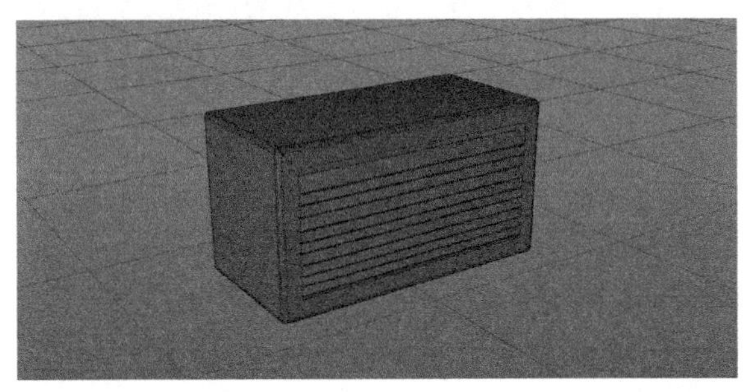

图3-95

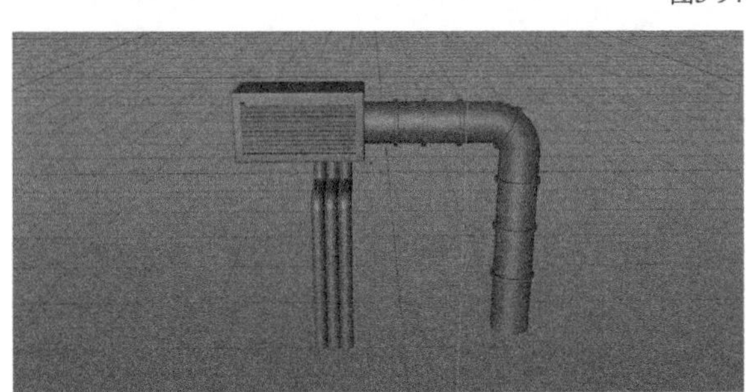

图3-96

09 使用“文本”工具输入文字并进行挤压，如图3-97所示。至此我们已经将手机加工厂模型全部创建完成，组合后的最终效果如图3-98所示。

图3-97

图3-98

3.2 设置材质

三维作品中物体的颜色、纹理、透明和光泽等特性都需要通过材质去表现，材质在三维作品中有着举足轻重的作用，下面通过调整材质来完善作品。

3.2.1 黄色材质

创建一个空白材质，双击进入“材质编辑器”面板，具体参数设置如图3-99和图3-100所示。

操作步骤

① 勾选“颜色”选项，设置“颜色”为（R:230，G:195，B:96），“亮度”为100%。

② 勾选“反射”选项，设置“类型”为GGX，“粗糙度”为10%，“亮度”为37%，“菲涅耳”为“绝缘体”，“预置”为“自定义”，“强度”为100%，“折射率（IOR）”为1.7。

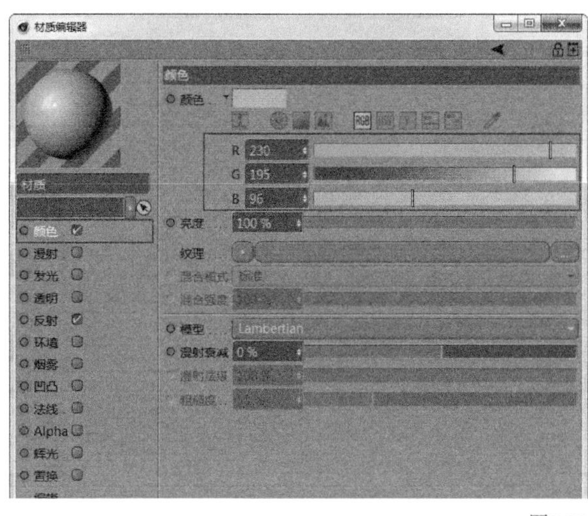

图3-99

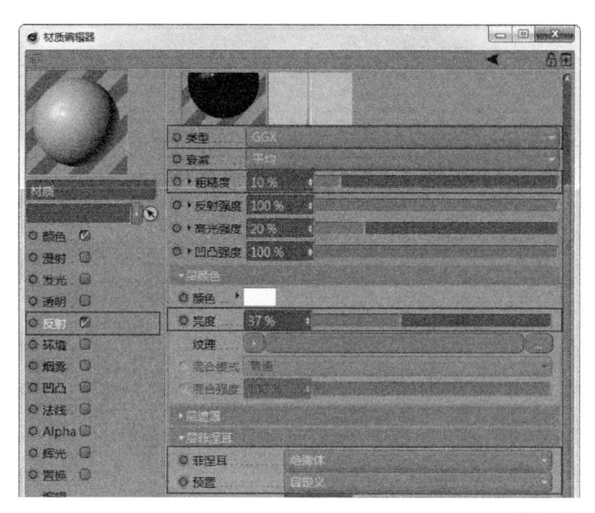

图3-100

3.2.2 米白色材质

创建一个空白材质，双击进入“材质编辑器”面板，具体参数设置如图3-101和图3-102所示。

操作步骤

① 勾选“颜色”选项，设置“颜色”为（R:255，G:249，B:233），“亮度”为100%。

② 勾选“反射”选项，设置“类型”为GGX，“粗糙度”为10%，“亮度”为42%，“菲涅耳”为“绝缘体”，“预置”为“沥青”。

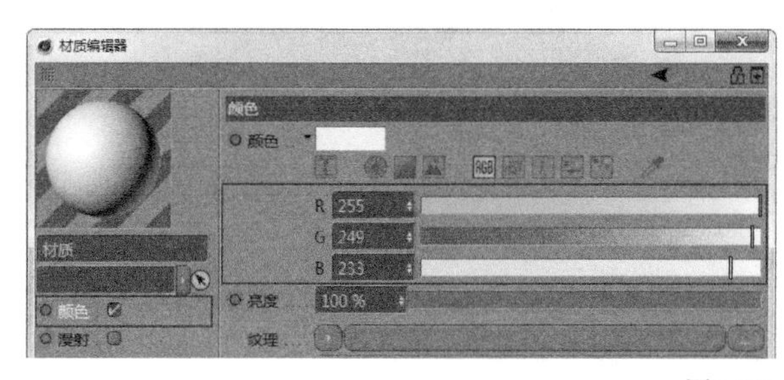

图3-101

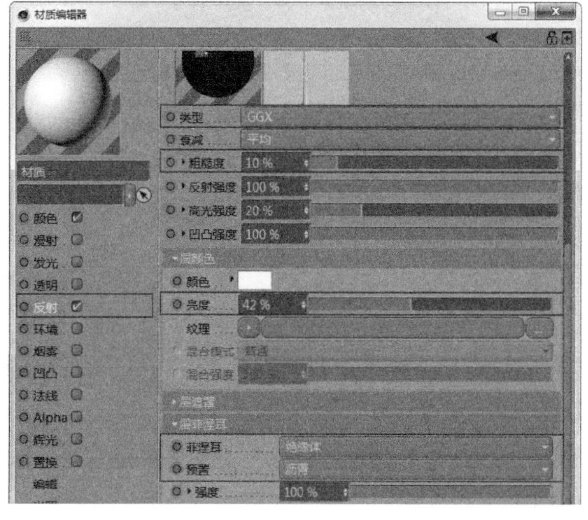

图3-102

3.2.3 玻璃材质

创建一个空白材质，双击进入“材质编辑器”面板，具体参数设置如图3-103~图3-105所示。

操作步骤

① 勾选“颜色”选项，设置“颜色”为（R:255，G:255，B:255），“亮度”为100%。

② 勾选“透明”选项，设置“亮度”为100%，“折射率预设”为“玻璃”。

③ 勾选“反射”选项，设置“类型”为GGX，“菲涅耳”为“绝缘体”，“预置”为“玻璃”。

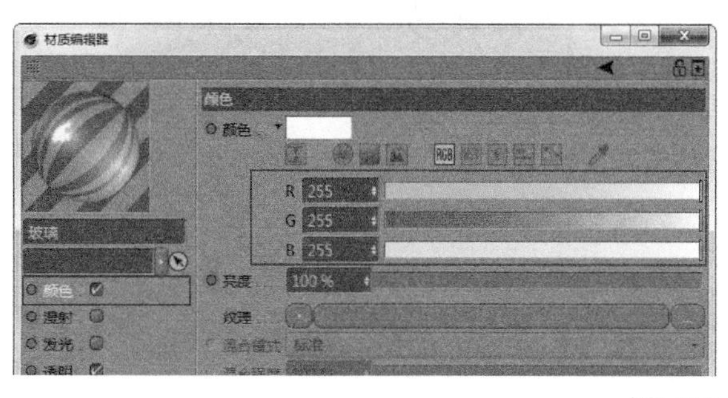

图3-103

图3-104

图3-105

3.2.4 条纹材质

01 创建一个空白材质，双击进入“材质编辑器”面板，具体参数设置如图3-106和图3-107所示。

操作步骤

① 勾选“颜色”选项，设置“纹理”为“渐变”，“渐变”的黄色为（R:242，G:203，B:102），白色为（R:255，G:255，B:255），“类型”为“二维-U”。

② 勾选“反射”选项，设置“类型”为GGX，“亮度”为31%，“菲涅耳”为“绝缘体”，“预置”为“沥青”，“强度”为100%，“折射率（IOR）”为1.635。

02 将所有的材质完成后赋予相应的模型，效果如图3-108所示。

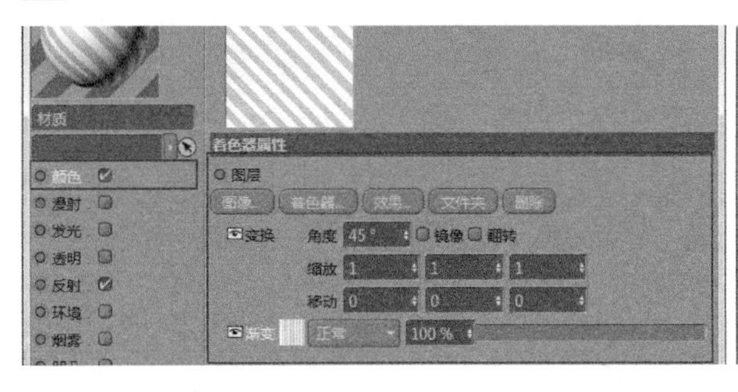

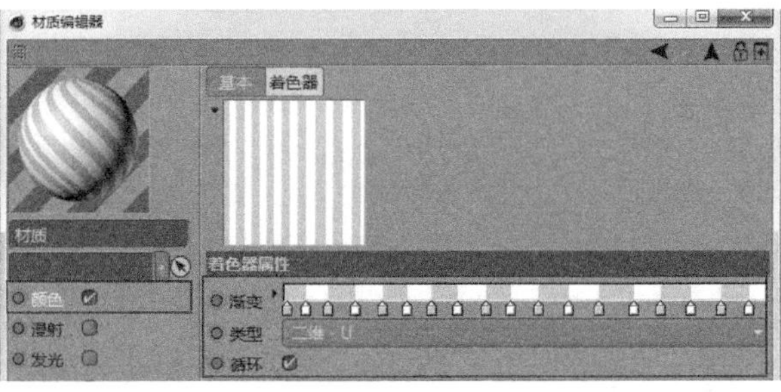

图3-106

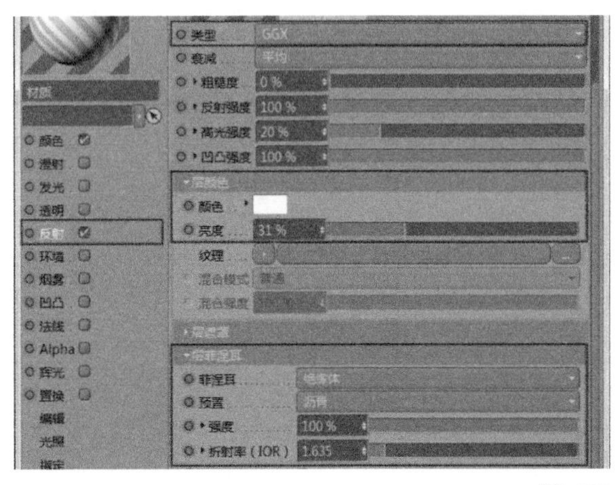

图3-107

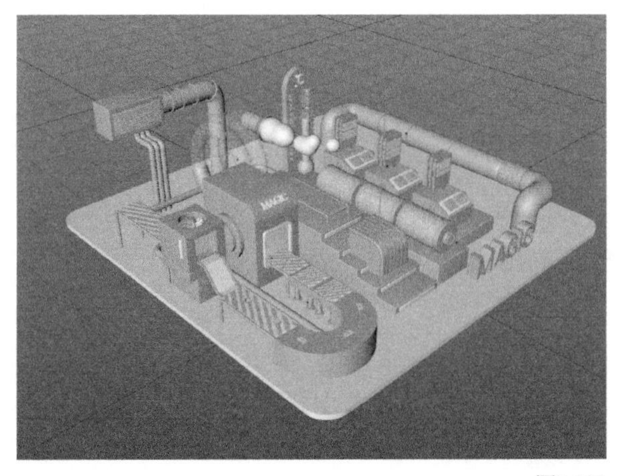

图3-108

3.3 添加灯光

灯光是表现三维效果非常重要的一部分，下面通过添加灯光来完善手机加工厂的整个创作环节。

3.3.1 主光源

在当前场景中添加4盏区域灯光，分别放置在整个场景的前、后、左、右，其中一盏主光源和3盏辅助光源，如图3-109所示。主光源的参数设置，如图3-110所示。

操作步骤

① 在“常规”中设置“颜色”为白色，“强度”为100%，“类型”为“区域光”，“投影”为“区域”。

② 在“细节”中设置“衰减”为“平方倒数（物理精度）”，“半径衰减”为500cm。

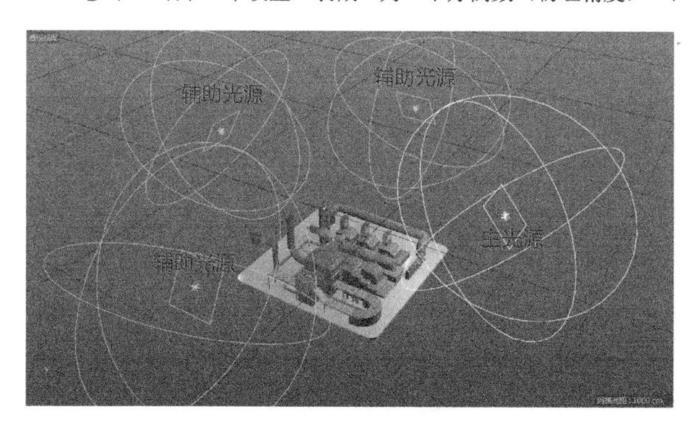

图3-109

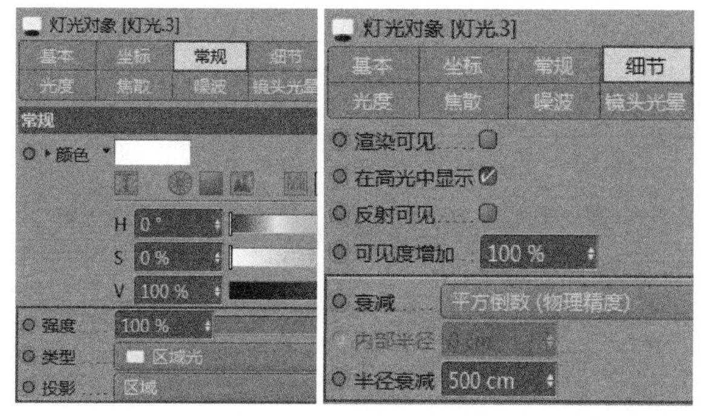

图3-110

3.3.2 辅助光源

其余3盏辅助光源的参数设置，如图3-111所示。

操作步骤

① 在“常规”中设置“颜色”为白色，“强度”为80%，“类型”为“区域光”，“投影”为“无”。

② 在“细节”中设置“衰减”为“平方倒数（物理精度）”，“半径衰减”为500cm。

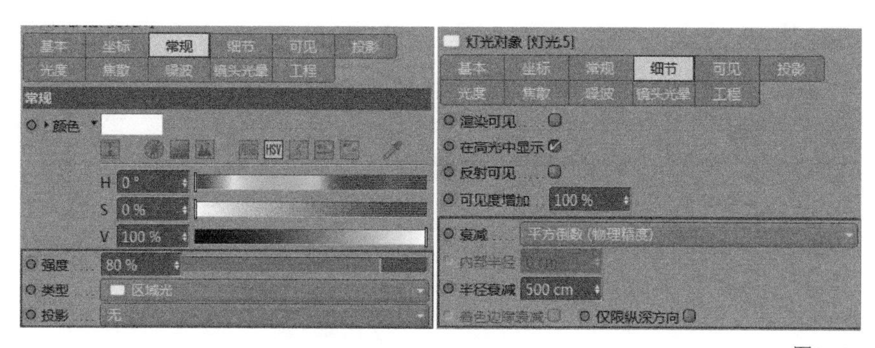

图3-111

3.4 设置环境

01 新建一个材质并创建一个天空，然后执行“窗口-内容浏览器”菜单命令打开“内容浏览器”面板，接着将预置材质“preset://Prime.lib4d/Presets/Light Setups/HDRI/tex/HDR013.hdr”拖曳到天空材质的“发光”通道中，如图3-112和图3-113所示。

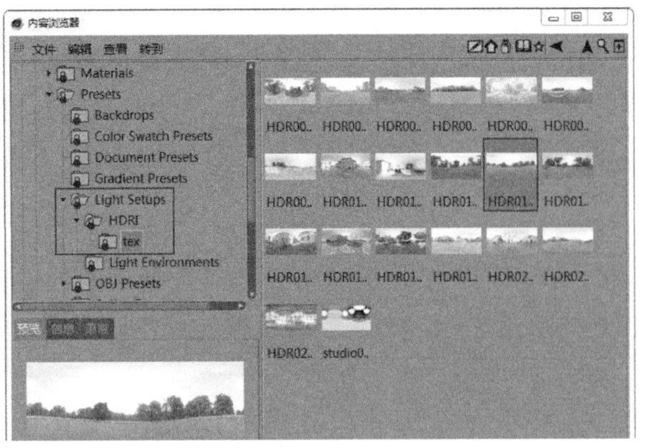

图3-112

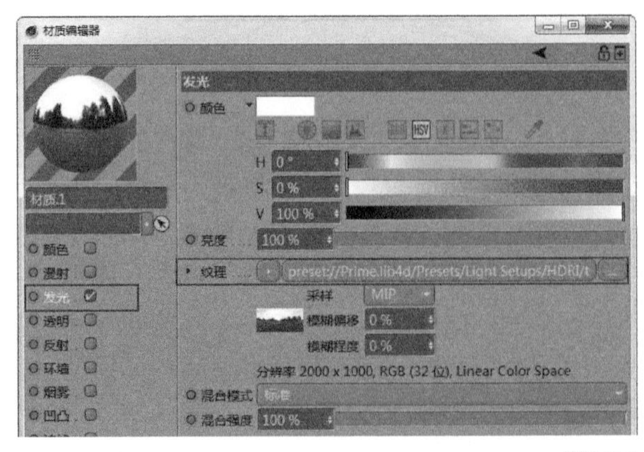

图3-113

02 拖曳天空材质赋予天空对象，然后按快捷键Ctrl+B打开“渲染设置”面板，在“渲染设置”面板中单击“效果”按钮添加“全局光照”选项，如图3-114所示。

03 按快捷键Ctrl+R进行渲染，此时手机加工厂反射了天空环境贴图，如图3-115所示，然后打开Photoshop软件对作品进行简单的调色处理，最终效果如图3-116所示。

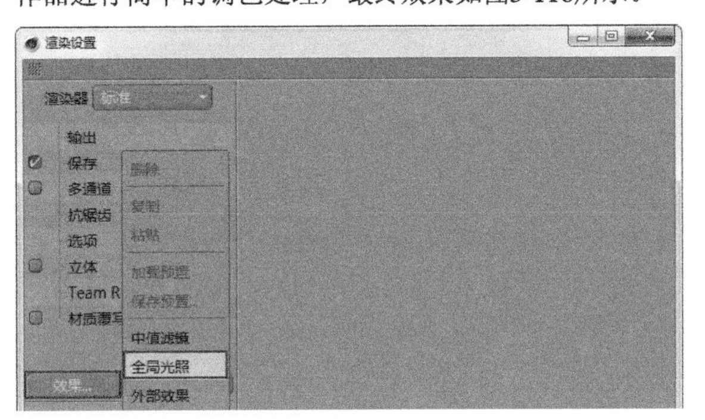

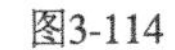

图3-114

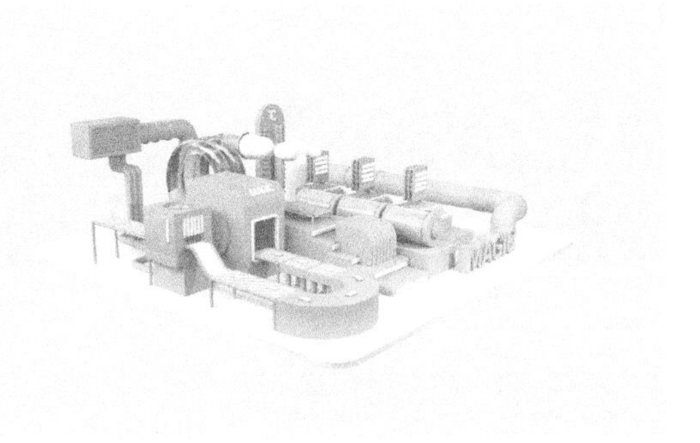

图3-115

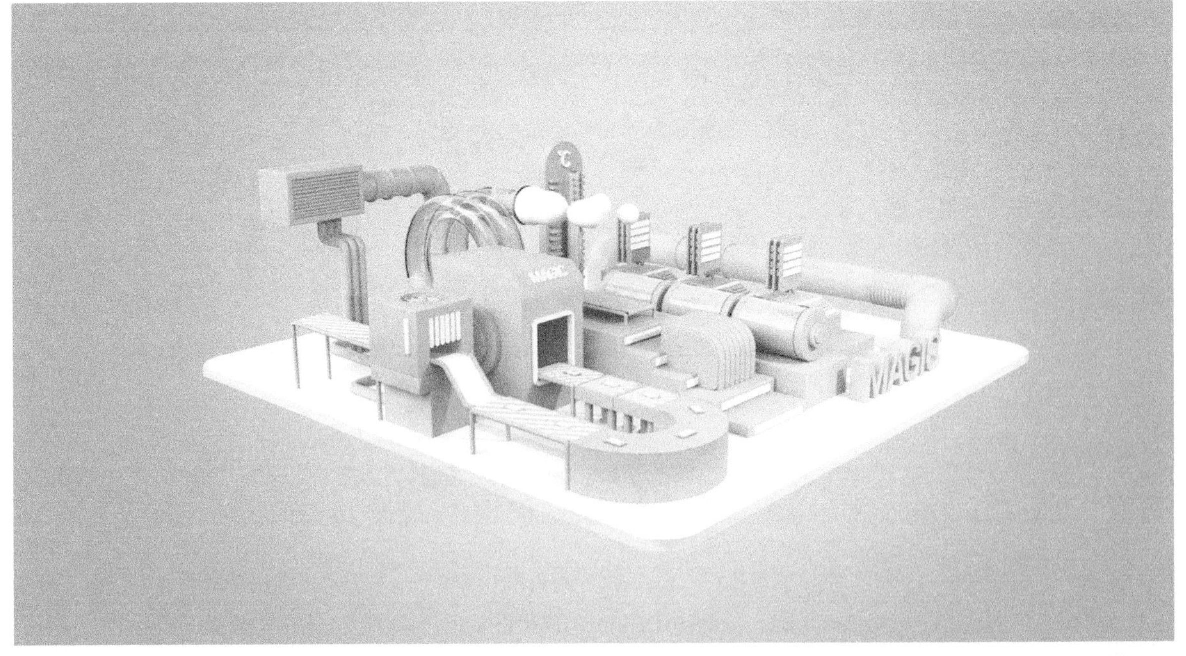

图3-116

第 4 章

低多边形风格：啤酒海报

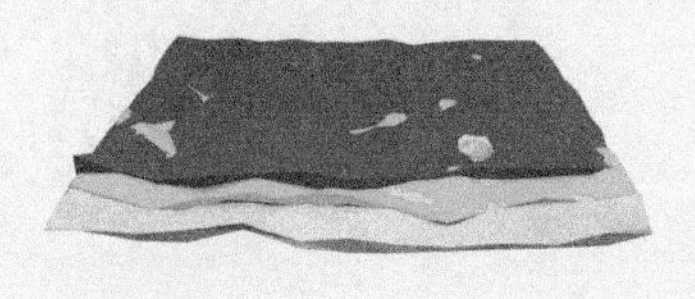

图4-1

本章将为读者讲解啤酒海报的制作，案例最终效果如图4-1所示。

◎ 视频名称 低多边形风格：啤酒海报

◎ 实例位置 实例文件 >CH04> 低多边形风格：啤酒海报

◎ 学习目标 掌握低多边形风格模型的制作方法，以及酒瓶材质、植物类材质、云彩材质、太阳材质和金属材质的设置方法等

4.1 主体模型的制作

在制作这个案例之前，先对案例的模型进行分析和拆分，以便于我们在制作过程中有一个明确的思路和流程。在啤酒海报这个案例中，场景可以大概分为啤酒部分、树木部分、云彩部分和场地部分，如图4-2~图4-5所示。拆解完成后逐一对其进行建模。

图4-2

图4-3

图4-4

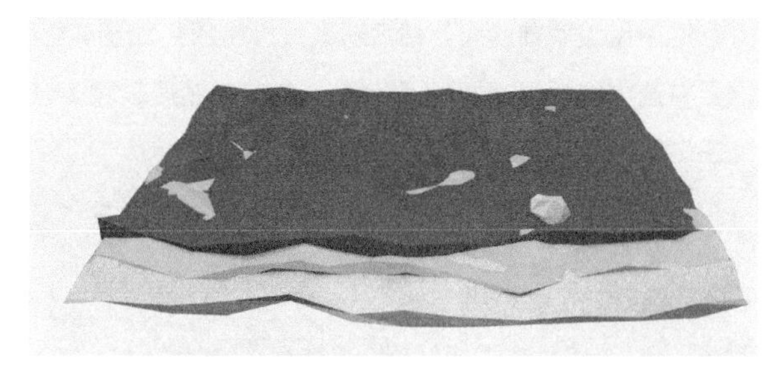

图4-5

4.1.1 啤酒部分模型的创建

01 在属性面板的模式中选择“视图设置”选项，然后在“背景”选项卡中加载一张啤酒瓶的图片，如图4-6所示，接着沿其外轮廓对其进行勾勒，如图4-7所示。

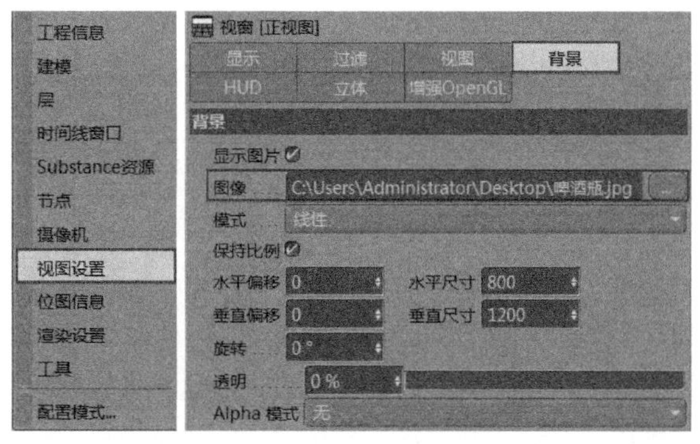

图4-6

图4-7

02 将勾勒好的样条线放置在“旋转”生成器下，如图4-8所示。

03 在“几何工具组”中创建一个圆盘，如图4-9所示，然后将圆盘转换为可编辑对象，接着选中最外围的边框调整效果，如图4-10所示。

图4-8

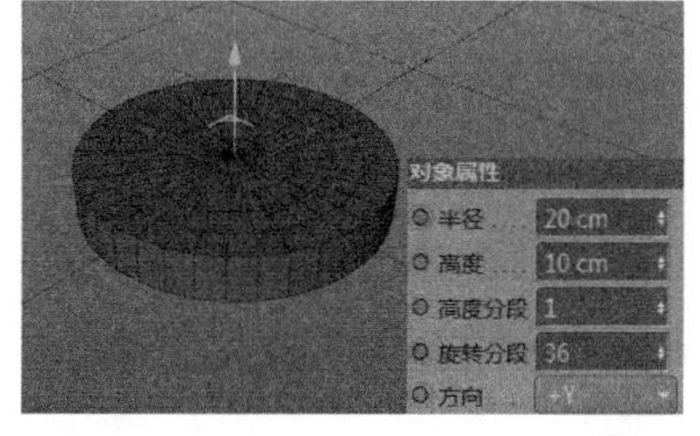

图4-9

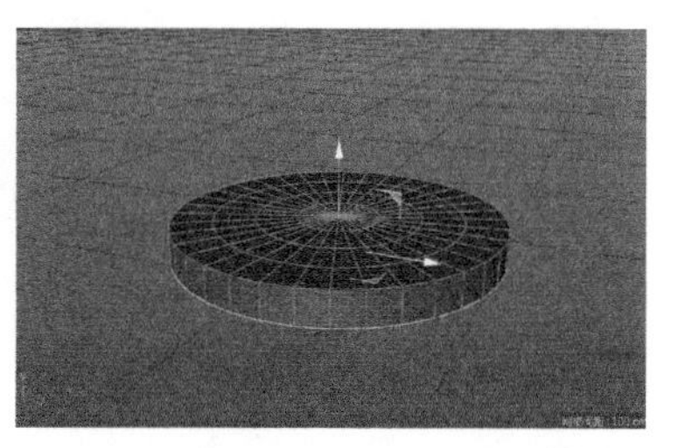

图4-10

04 选中圆盘外轮廓的边线，然后沿y轴继续“挤压”两次，如图4-11所示。

05 选中下边的面，然后单击鼠标右键，在弹出的菜单中选择“挤压”选项，如图4-12所示。

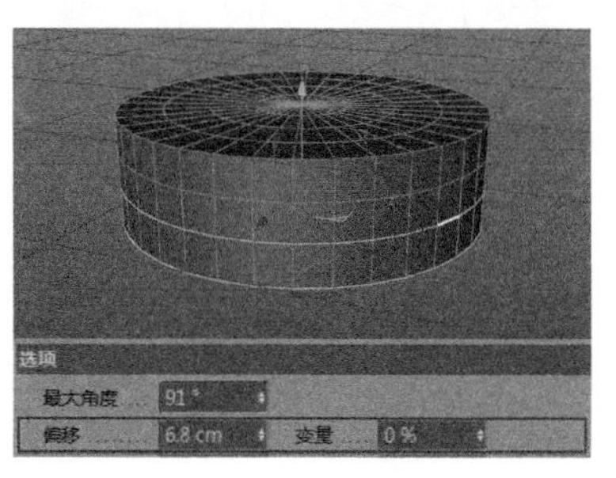

图4-11

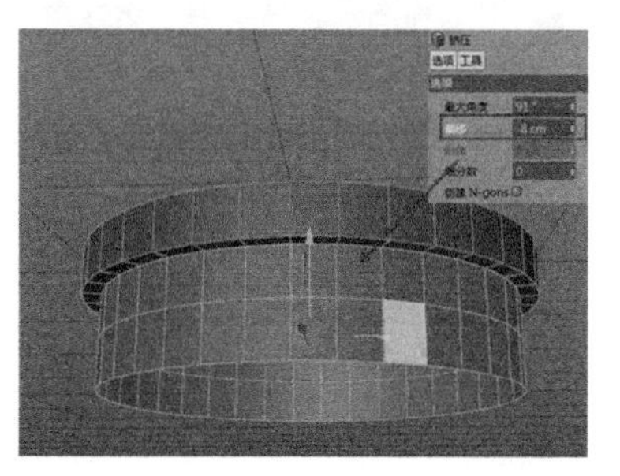

图4-12

06 选中瓶盖底部的面，然后对其进行挤压，如图4-13所示。

07 将选中的面沿*y*轴向下移动1cm左右，然后删除多余的面，如图4-14所示。

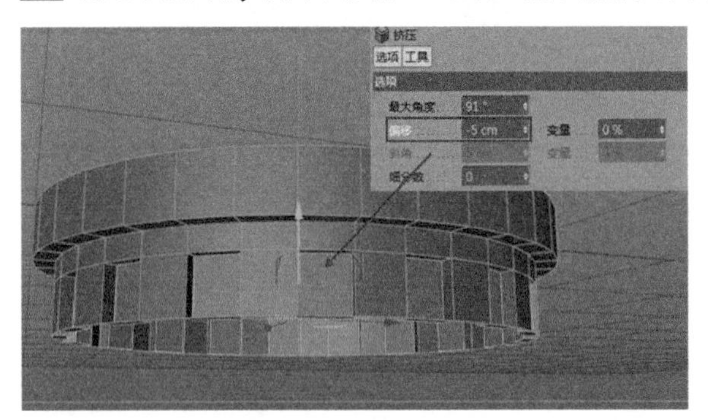

图4-13

图4-14

08 选中圆盘最底部的分段线，然后将Y的数值设置为0，即可将其对齐到同一个水平面上，如图4-15所示。

09 为挤压好的圆盘添加“细分曲面”命令，完成瓶盖的制作，如图4-16所示。

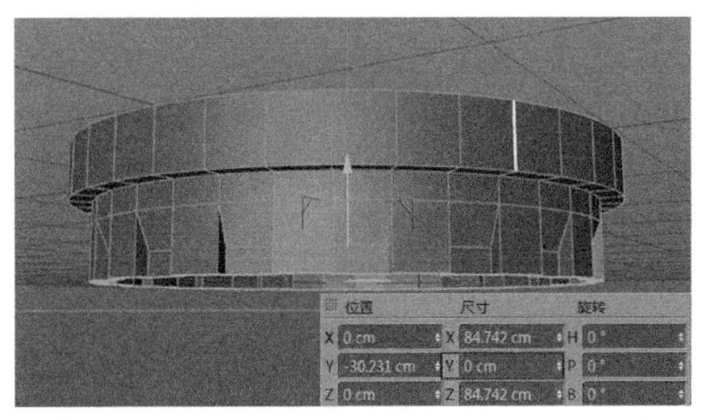

图4-15

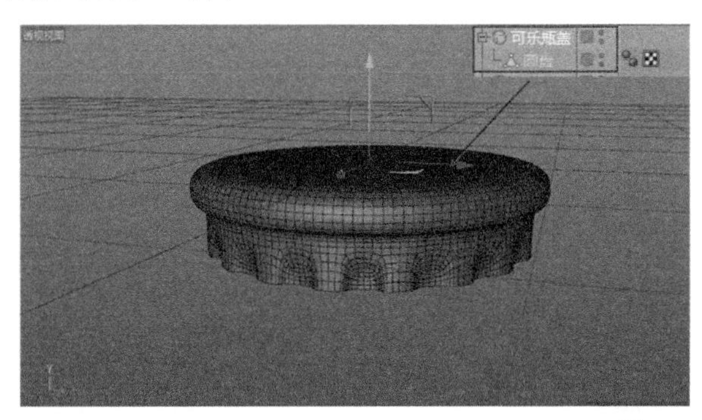

图4-16

10 再次打开啤酒瓶的图片，然后用“画笔”工具沿着啤酒瓶的外轮廓绘制样条线，接着对绘制好的样条线进行旋转，如图4-17所示，再将啤酒瓶模型与啤酒瓶盖拼合，如图4-18所示。

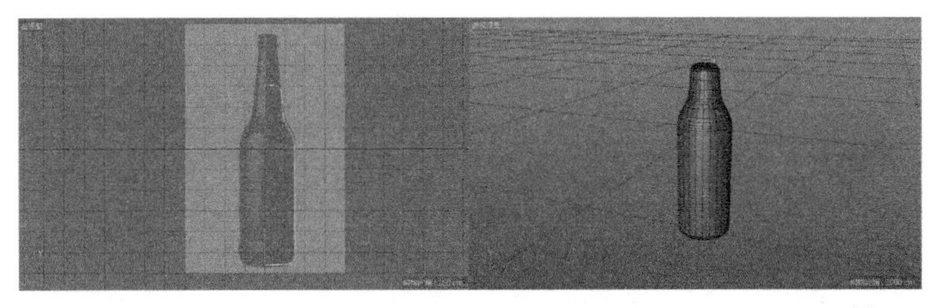

图4-17

图4-18

11 用“画笔”工具绘制一条样条线和一个矩形样条线，如图4-19和图4-20所示，然后调整其相关参数并对其进行扫描，如图4-21所示。

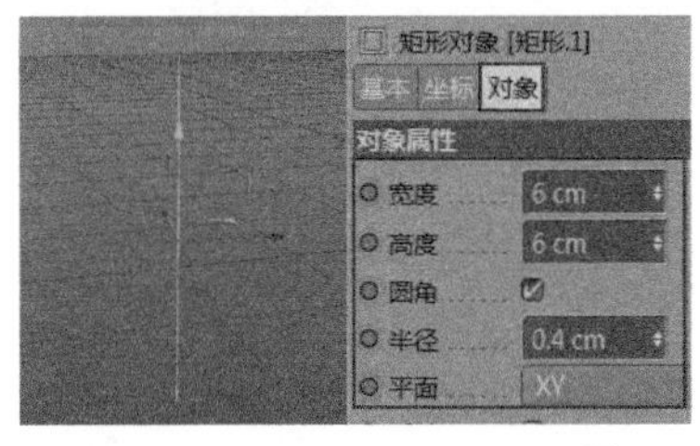

图4-19

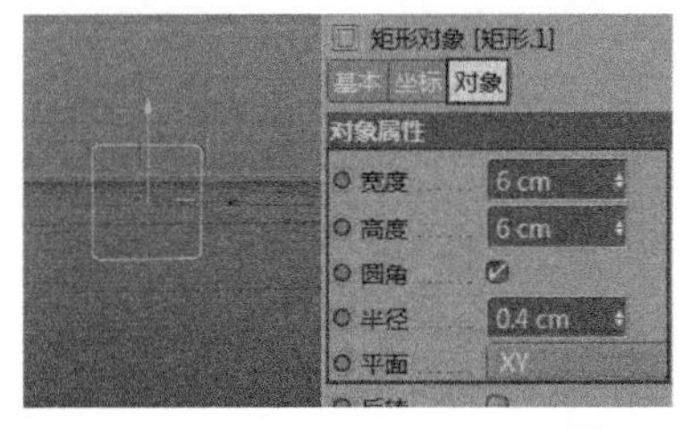

图4-20

图4-21

12 绘制一个圆环样条线并调整其尺寸，如图4-22所示，然后将其转换为可编辑对象后进行编辑，如图4-23所示。

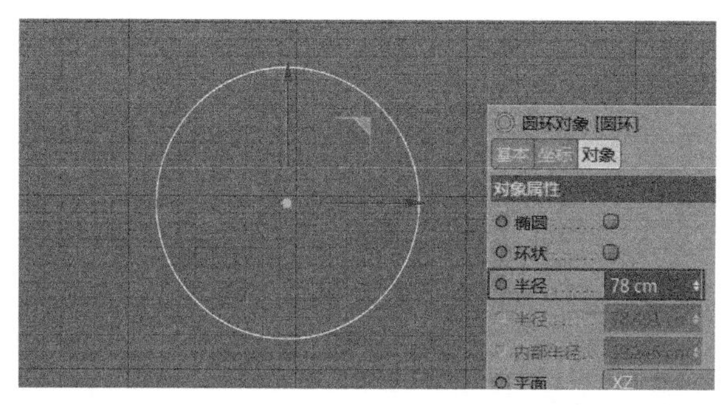

图4-22

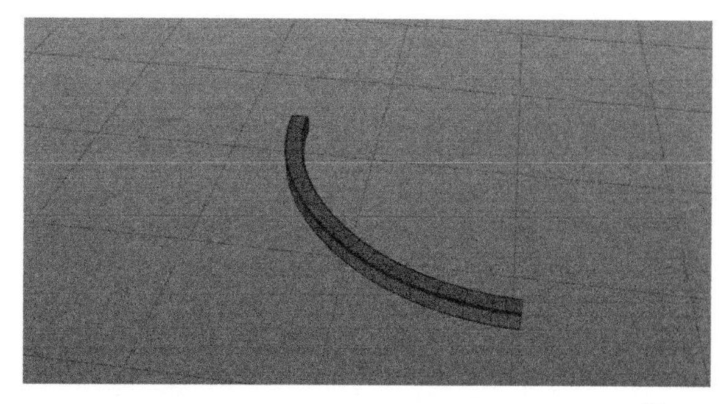

图4-23

13 将创建好的矩形和半圆弧立方体进行复制与组合，如图4-24所示。

14 绘制一条样条线和一个矩形样条线，然后调整其参数，如图4-25和图4-26所示，接着将二者进行扫描，如图4-27所示。

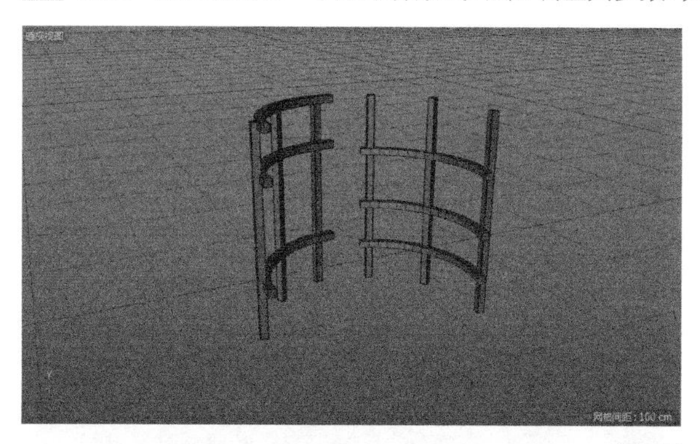

图4-24

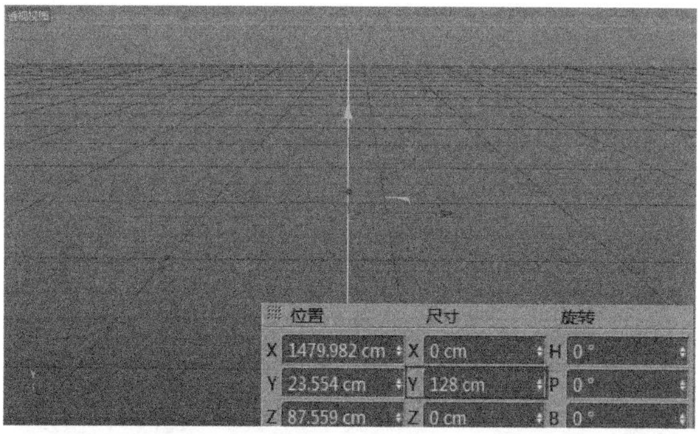

图4-25

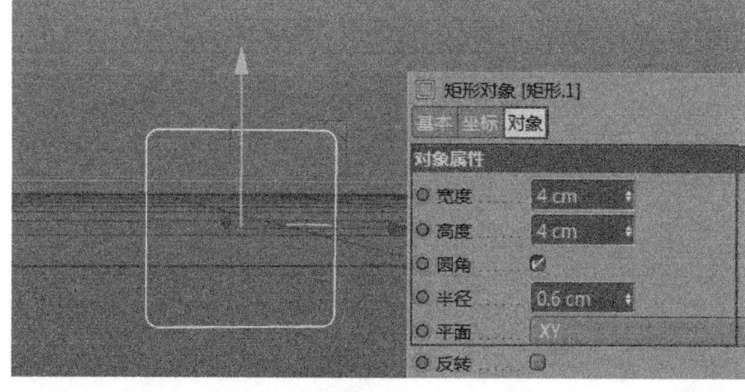

图4-26

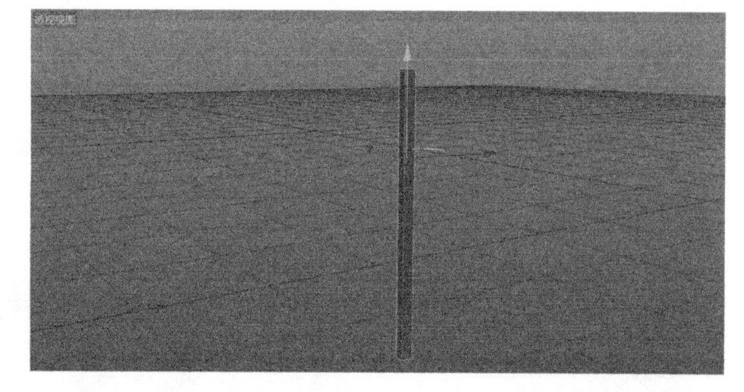

图4-27

15 将创建好的样条线进行复制，并将其放置在相应的位置，如图4-28所示。

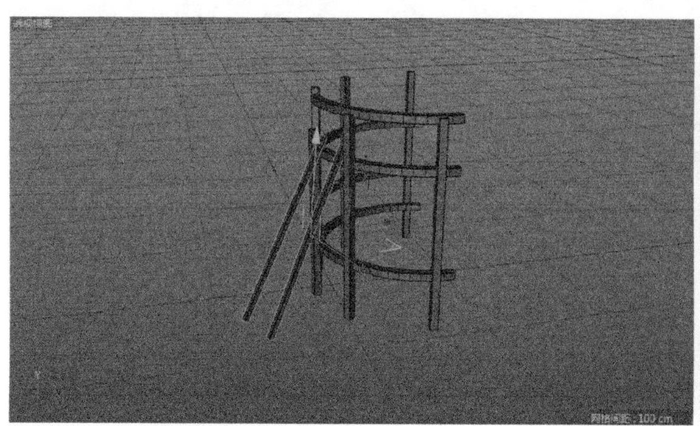

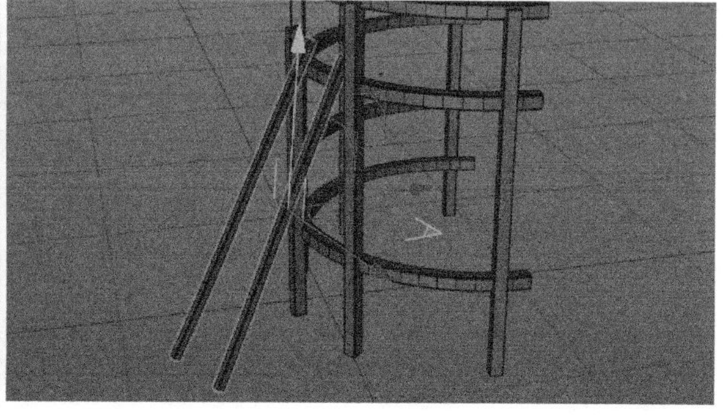

图4-28

16 绘制一条样条线和一个矩形样条线，然后调整其参数，如图4-29和图4-30所示，接着将二者进行扫描，如图4-31所示。

17 将扫描好的立方体进行组合，并放置在相应的位置，如图4-32所示。

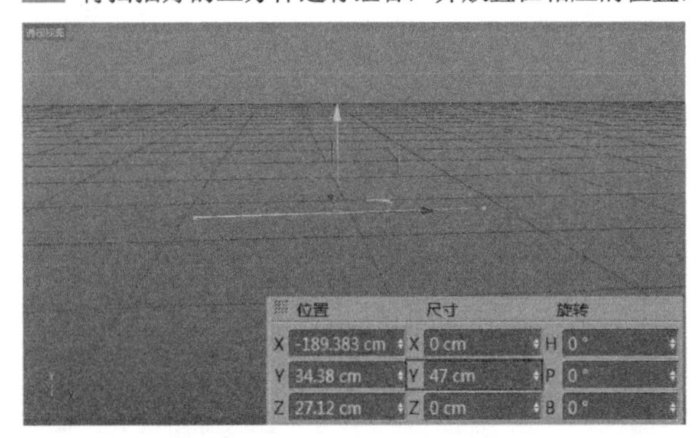

图4-29

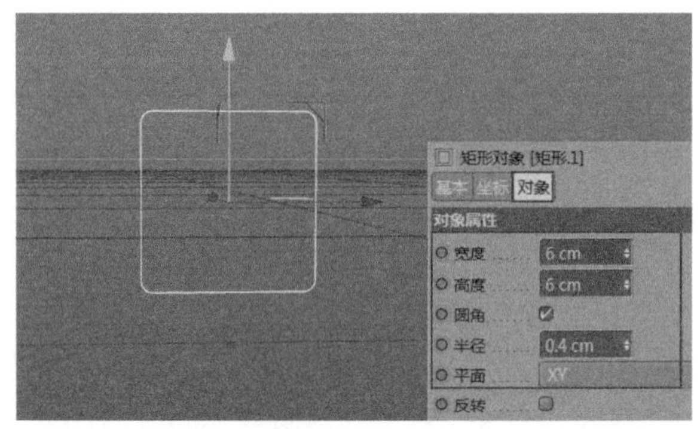

图4-30

图4-31

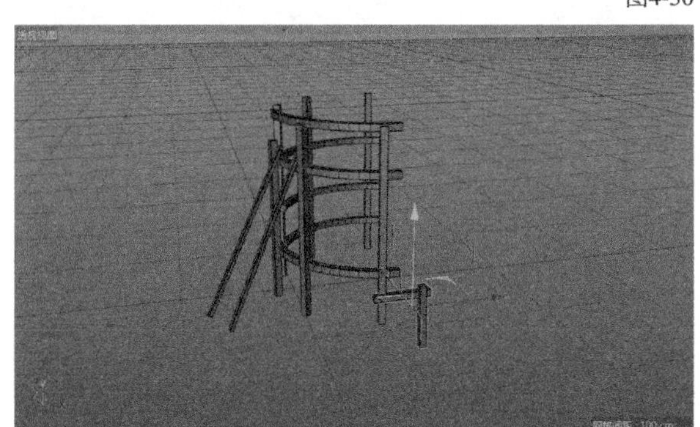

图4-32

18 根据图中①~④的编码创建立方体，然后调整立方体的参数并进行组合，如图4-33所示。

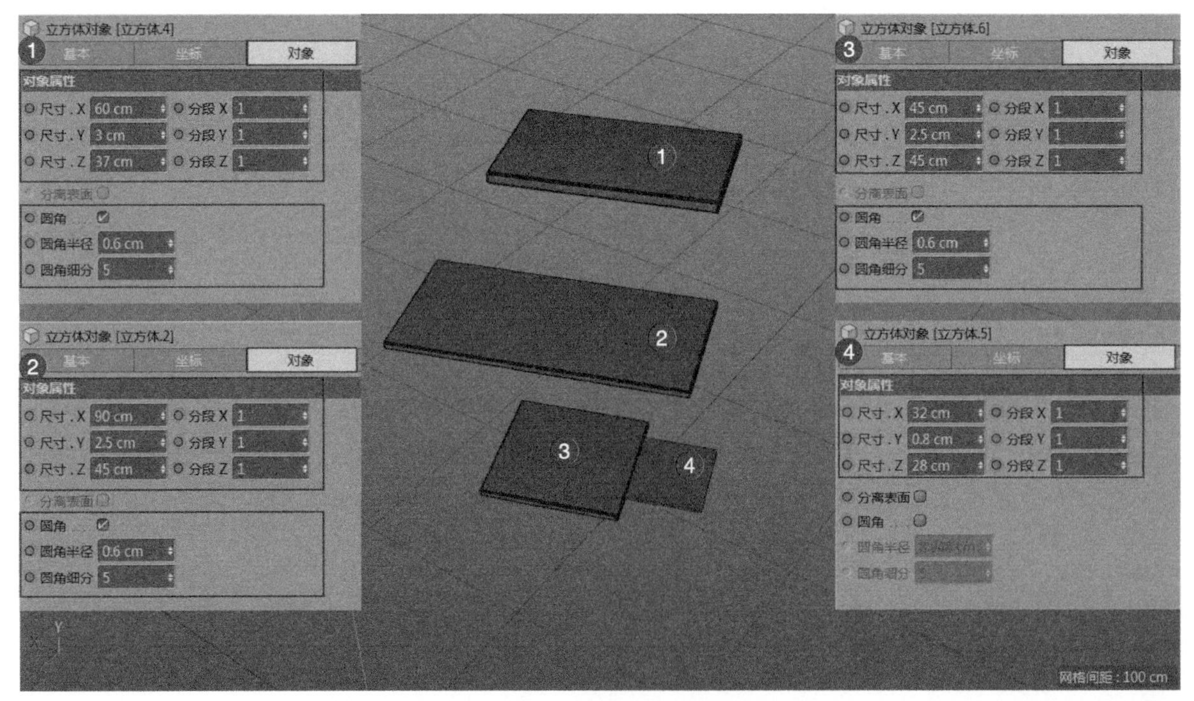

图4-33

19 创建一个立方体并调整其参数，如图4-34所示，然后与中间的立方体进行布尔运算，如图4-35所示。

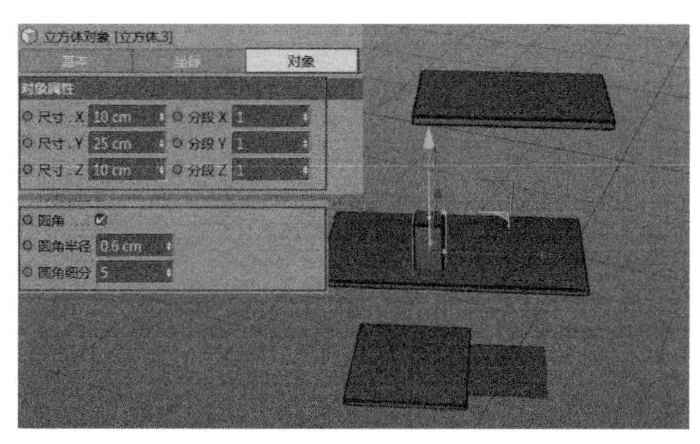

图4-34

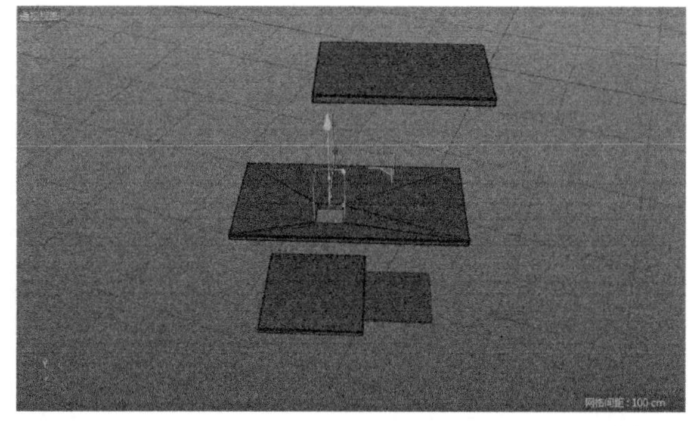

图4-35

20 绘制一条样条线并调整其长度，然后绘制一个矩形样条线并调整其参数，如图4-36和图4-37所示，接着将二者进行扫描并复制调整造型，如图4-38所示。

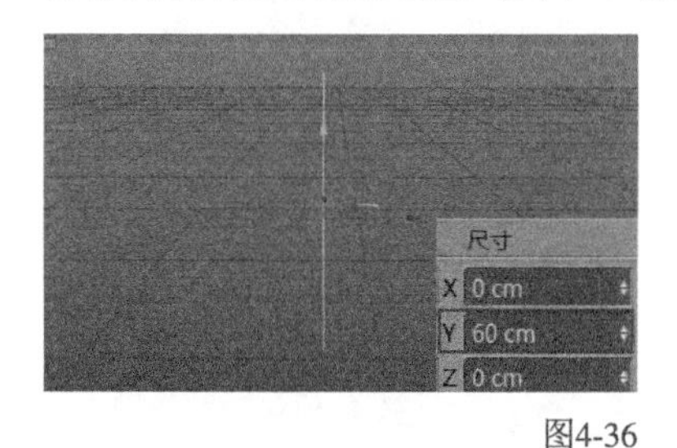

图4-36

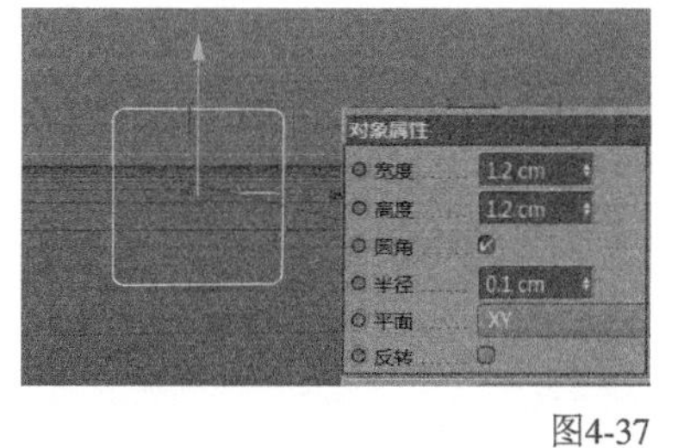

图4-37

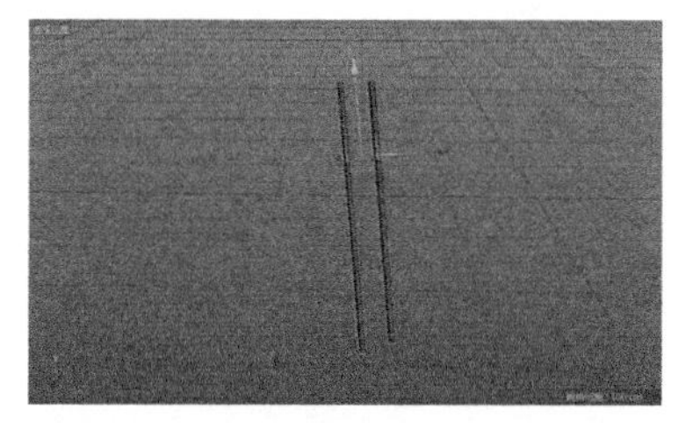

图4-38

21 绘制一条样条线并调整其长度，然后绘制一个矩形样条线并调整其参数，如图4-39和图4-40所示，接着将二者进行扫描，如图4-41所示。

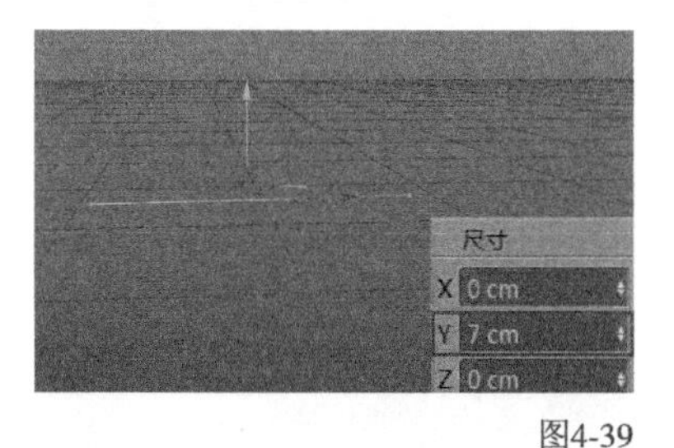

图4-39

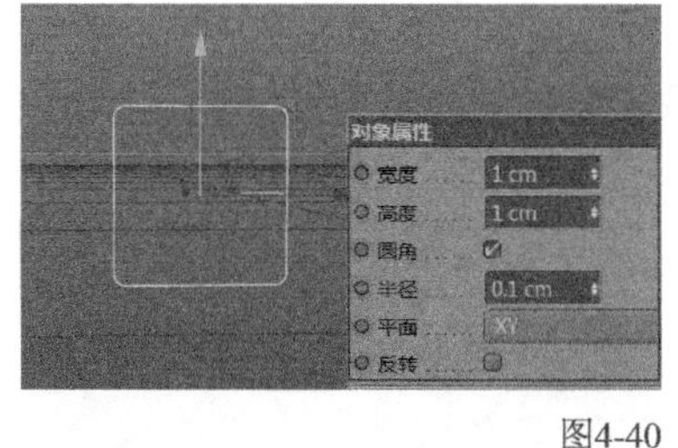

图4-40

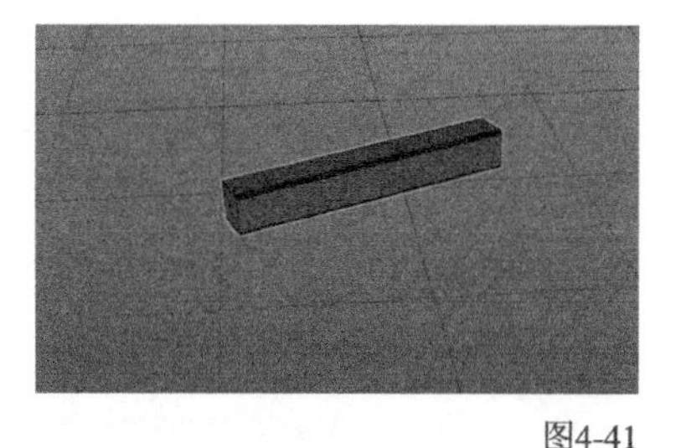

图4-41

22 对上一步创建好的立方体进行克隆并调整参数和组合，完成梯子效果的创建，如图4-42所示。

23 将创建好的梯子进行复制并组合，如图4-43所示。

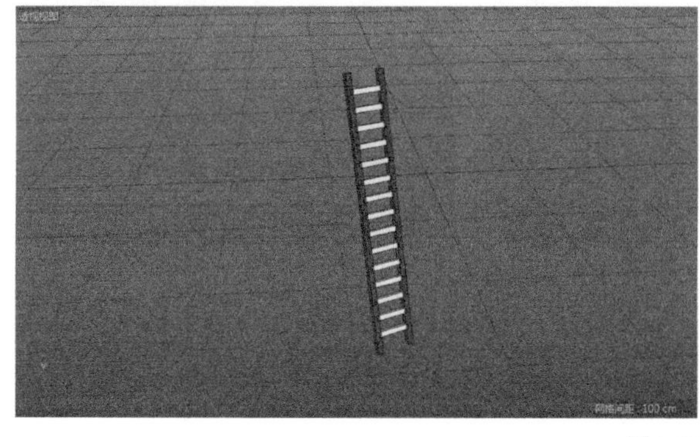

图4-42

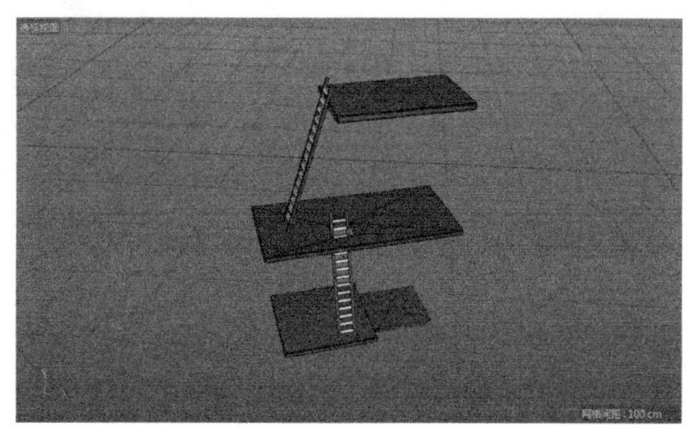

图4-43

24 绘制一条样条线并调整其长度，然后绘制一个矩形样条线并调整其参数，如图4-44和图4-45所示，接着将二者进行扫描，再复制并摆放在相应的位置，如图4-46所示。

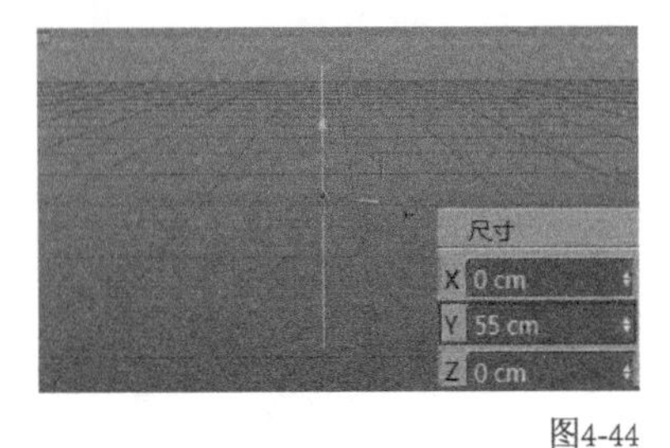

图4-44

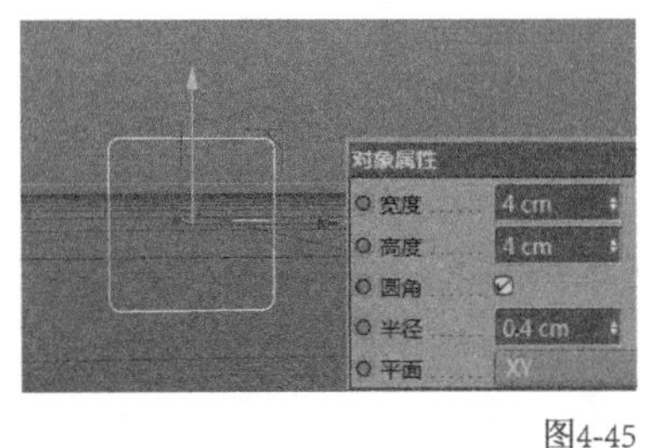

图4-45

图4-46

25 按照上一步的方法创建两个立方体，如图4-47所示。

26 继续用上述的方法创建立方体，如图4-48所示。

27 创建一个长为113cm的立方体，如图4-49所示。

图4-47

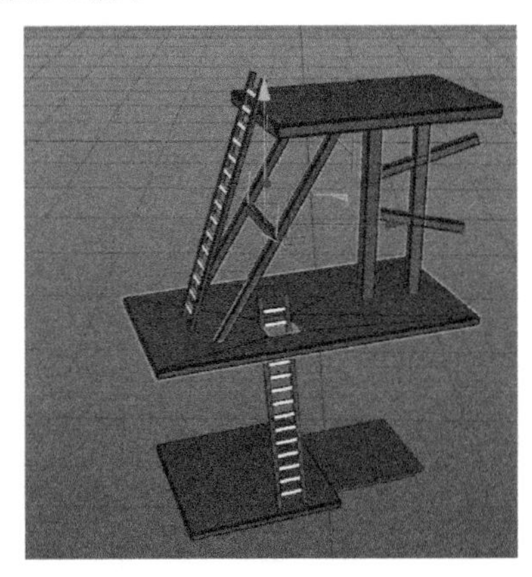

图4-48

图4-49

28 绘制一条长49cm的样条线，然后用矩形进行扫描，如图4-50所示。

29 将创建好的两个模型进行组合，如图4-51所示。

30 将所有创建的立方体进行编组并对称，如图4-52所示。

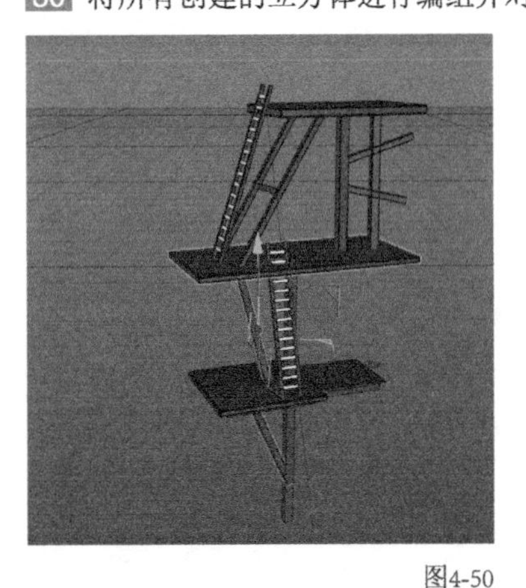

图4-50

图4-51

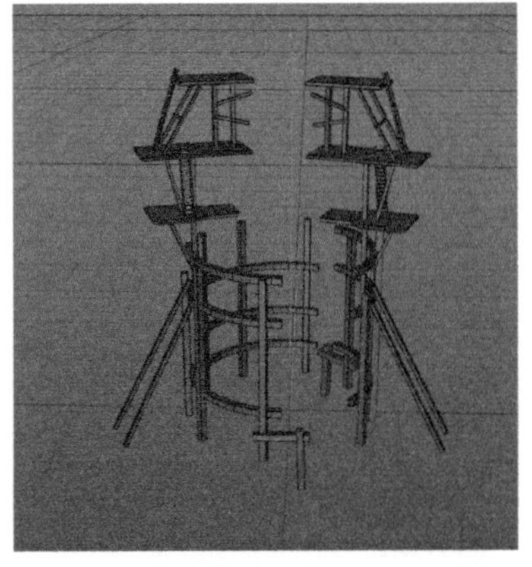

图4-52

31 将做好的啤酒模型与台架模型进行组合，如图4-53所示。

32 绘制一条长89cm的样条线，然后用矩形进行扫描，如图4-54所示。

33 绘制一条长5cm的样条线，然后用矩形进行扫描，如图4-55所示。

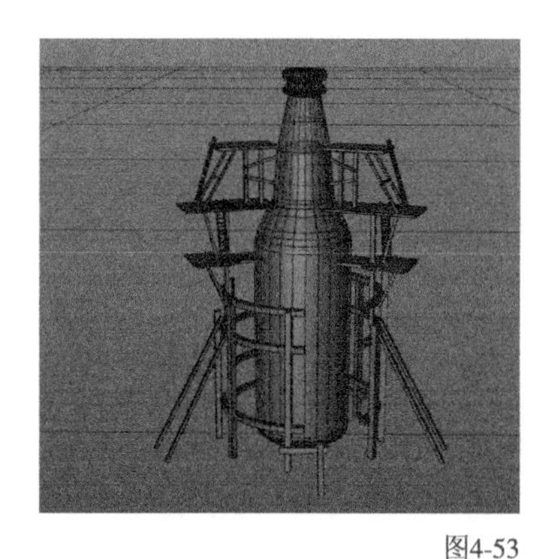

图4-53

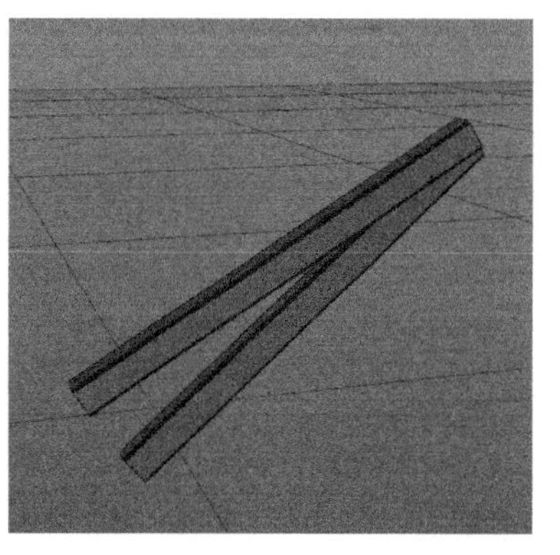

图4-54

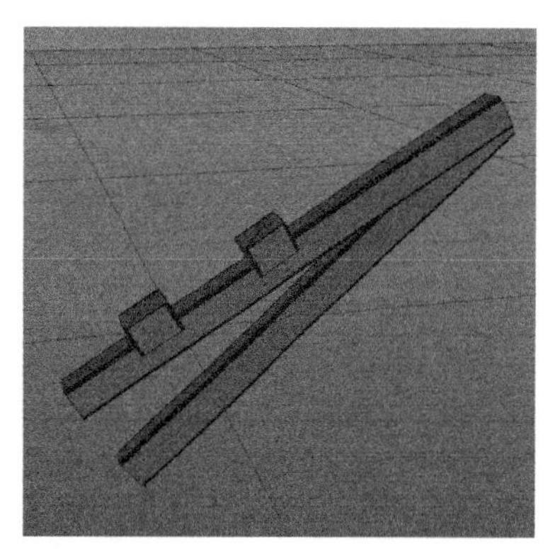

图4-55

34 绘制一条长16cm的样条线，然后绘制矩形进行扫描，如图4-56所示。

35 将制作好模型进行组合，如图4-57所示。

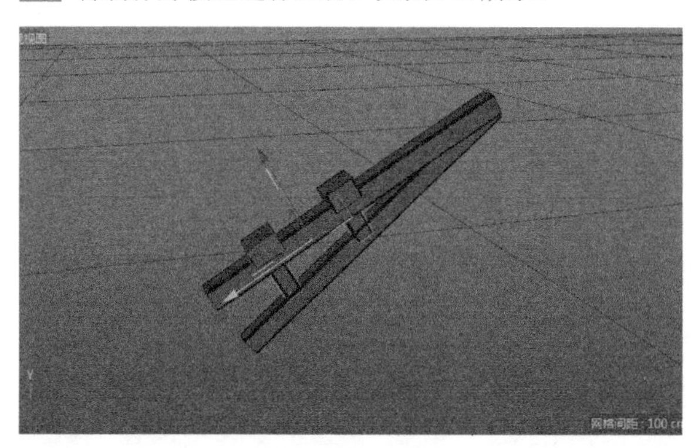

图4-56

图4-57

36 创建一个管道并调整其参数，如图4-58所示。

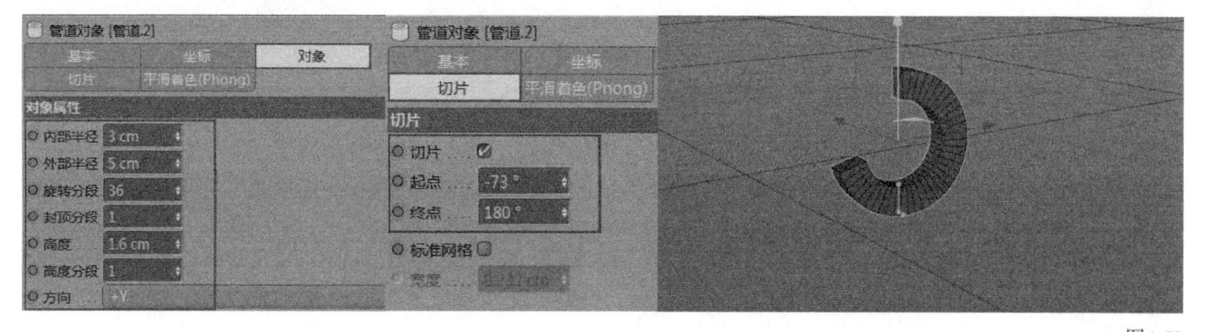

图4-58

37 创建圆柱体①和圆柱体②，修改两个圆柱体的参数，接着将其与上一步创建的管道模型进行组合，如图4-59所示。

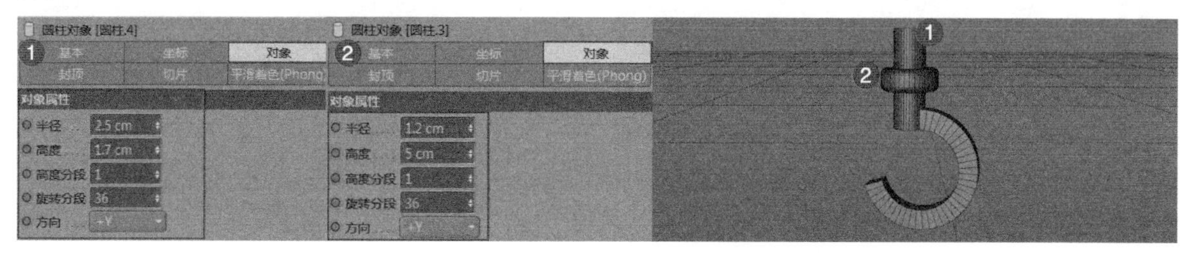

图4-59

38 创建一个圆筒并对其进行复制组合，如图4-60所示。

39 创建“宽度”为10cm，“高度”为25cm的矩形样条线，并对其进行编辑和倒角，如图4-61所示。

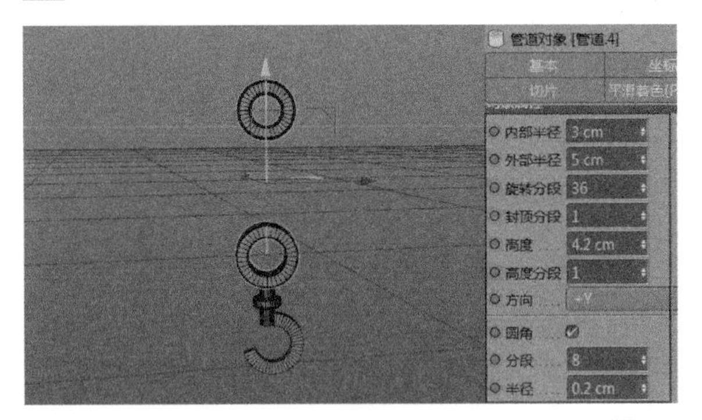

图4-60

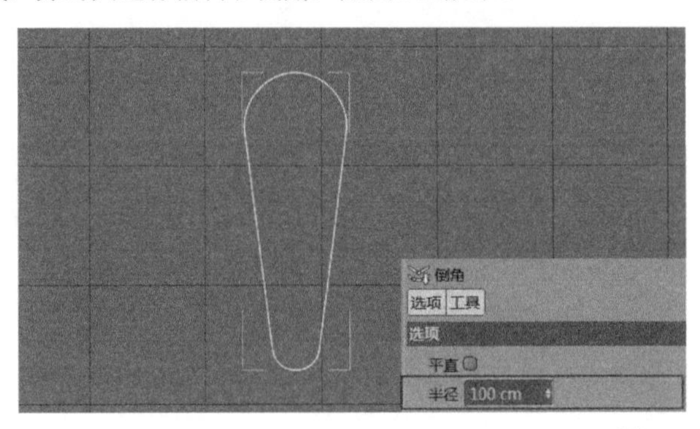

图4-61

40 创建“半径”为0.4cm的圆环样条线，然后与上一步创建的样条线进行扫描，并组合到相应的位置，如图4-62所示。

41 绘制一条长36cm的样条线，然后绘制一个矩形样条线并将二者进行扫描，如图4-63所示。

42 绘制一条长24cm的样条线，然后绘制一个矩形样条线并将二者进行扫描，接着将其与上一步扫描的模型进行组合，如图4-64所示。

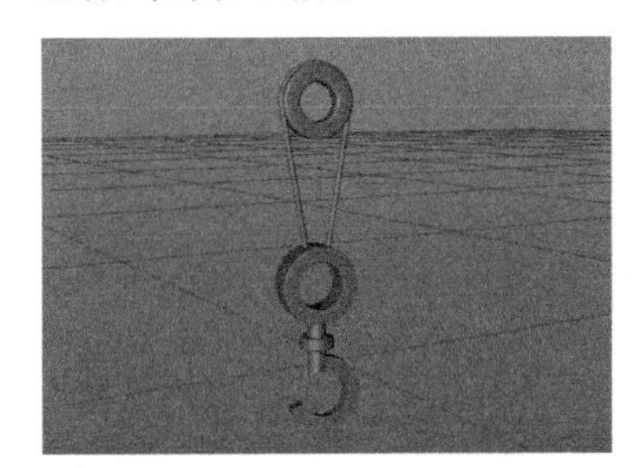

图4-62

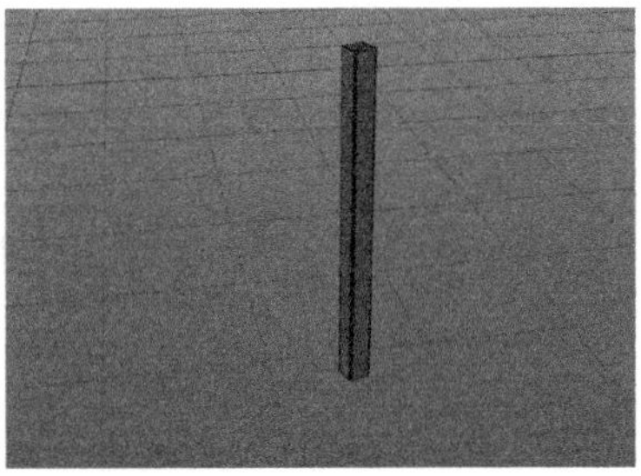

图4-63

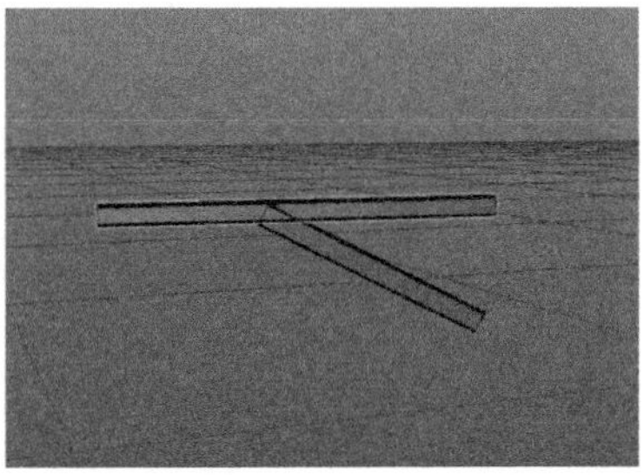

图4-64

43 将创建的模型进行组合并摆放，效果如图4-65所示。

44 创建一个圆筒并调整其参数，如图4-66所示。

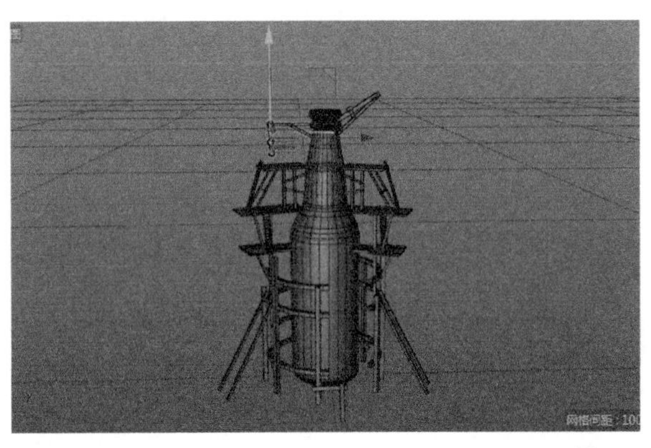

图4-65

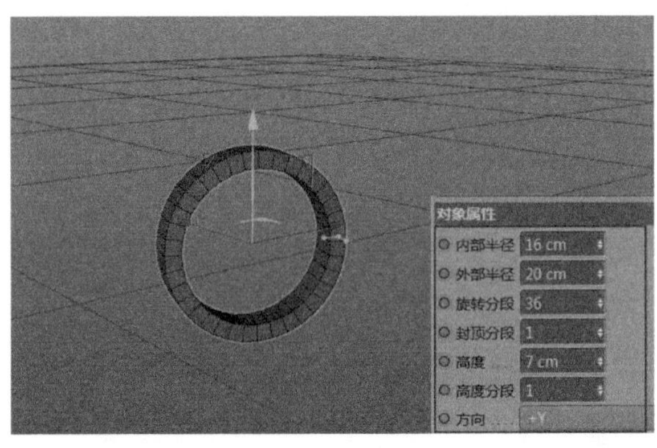

图4-66

45 创建一个立方体调整参数并对其进行克隆，如图4-67和图4-68所示，然后与上一步创建的圆筒模型进行组合，如图4-69所示。

46 创建圆柱体①和圆柱体②，并将其进行组合，如图4-70所示。

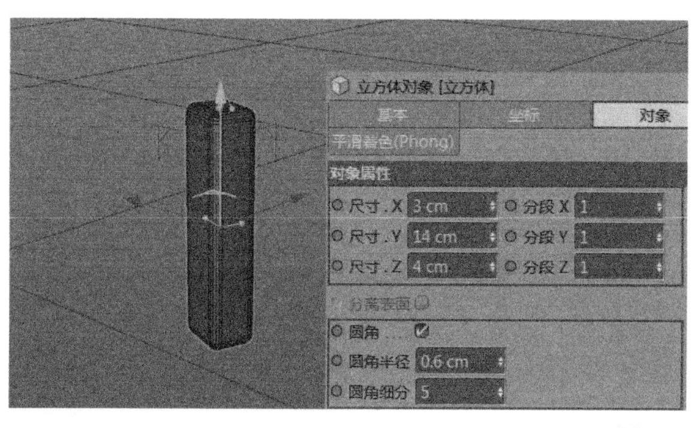

图4-67

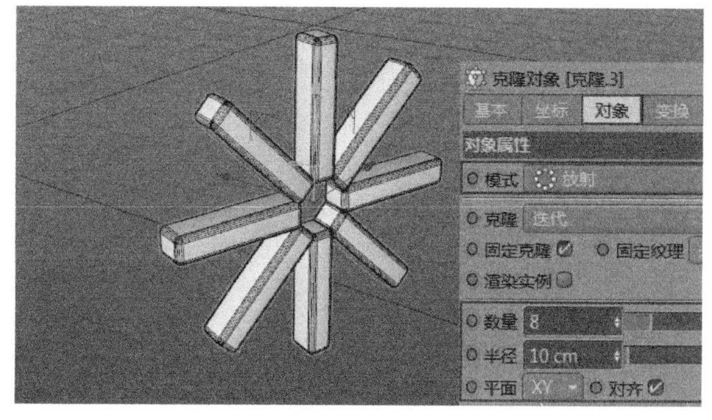

图4-68

图4-69

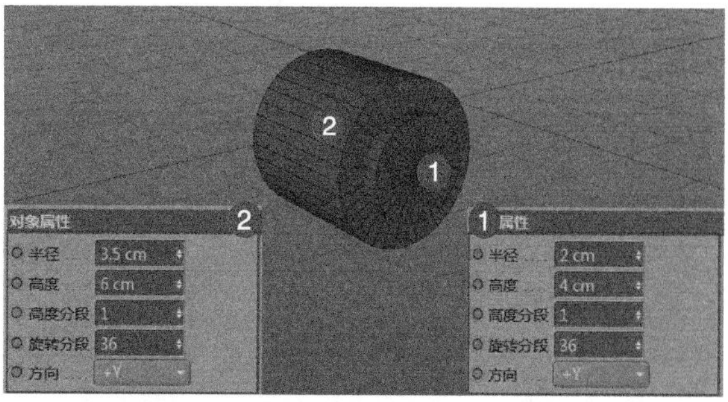

图4-70

47 将上述3个模型进行组合，效果如图4-71所示。

48 将步骤45中的圆柱体再进行“克隆”并将其与模型进行组合，如图4-72所示。

49 将创建好的模型进行复制和缩放，并将其与啤酒瓶进行组合，最终模型效果如图4-73所示。

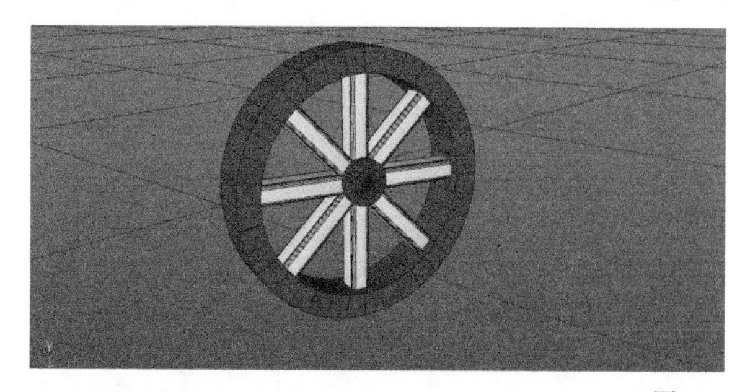

图4-71

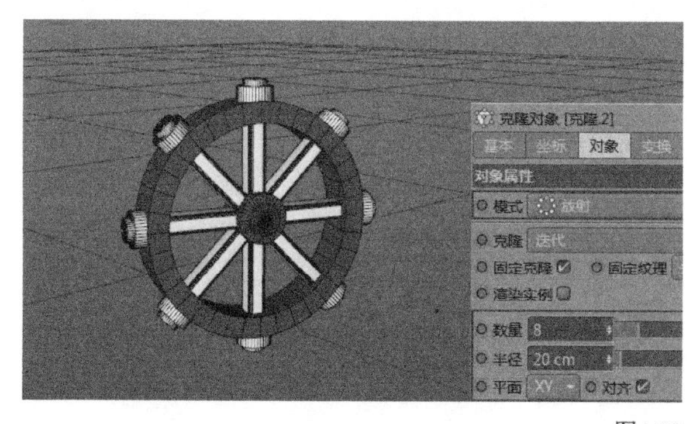

图4-72

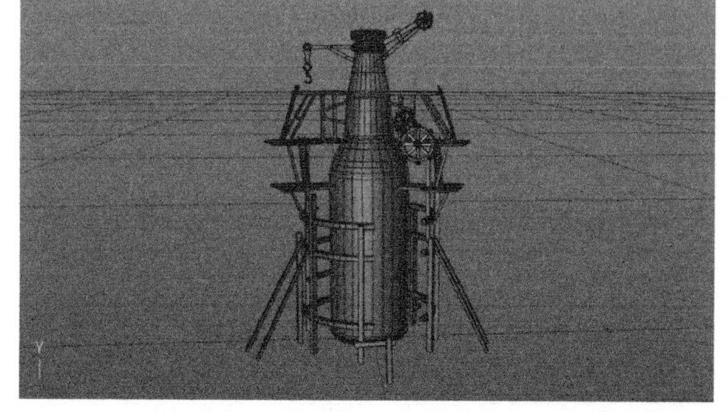

图4-73

4.1.2 树木与云彩建模的创建

01 创建圆锥并对其进行设置，如图4-74所示。

02 在圆锥的下方设置“置换”和“减面”变形器并进行相关设置，如图4-75所示。

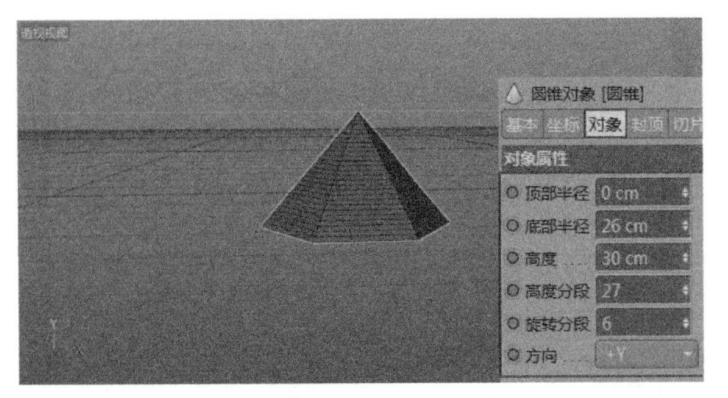

图4-74

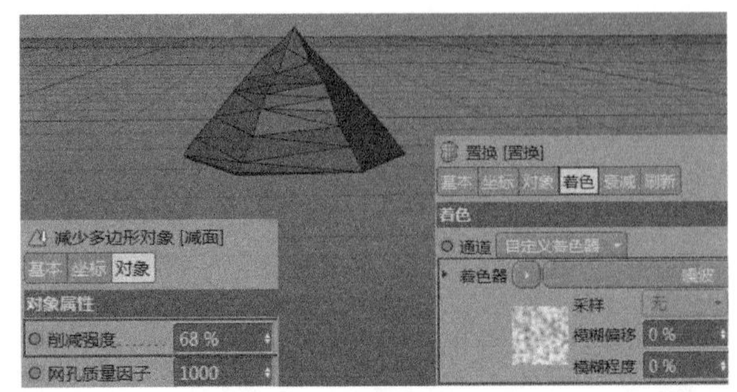

图4-75

03 将修改后的圆锥进行复制和组合，完成第1种树木的样式，如图4-76所示。

04 创建球体并设置相关参数，如图4-77所示。

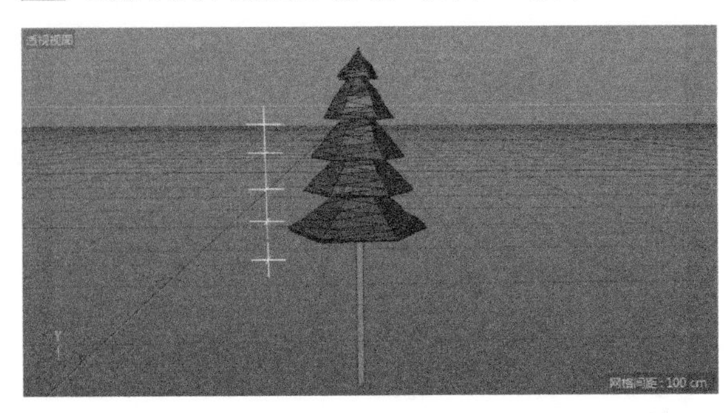

图4-76

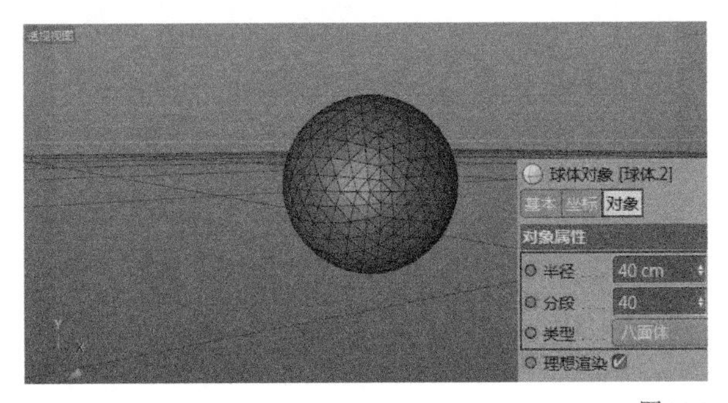

图4-77

05 在球体的下方设置“置换”和“减面”变形器并进行相关设置，如图4-78所示。

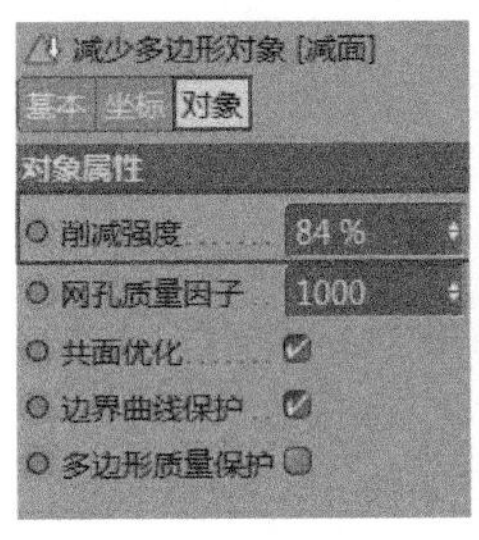

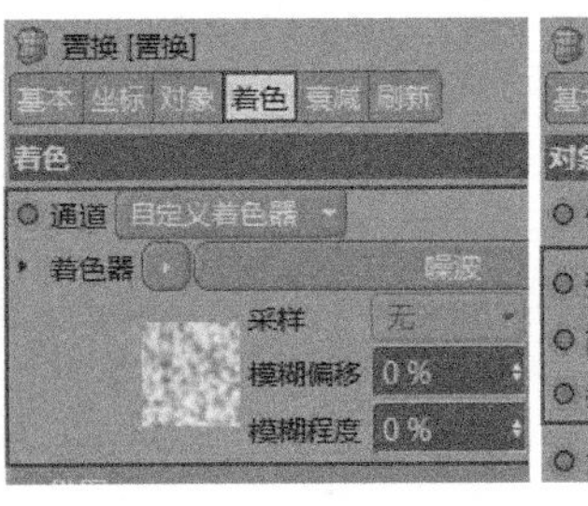

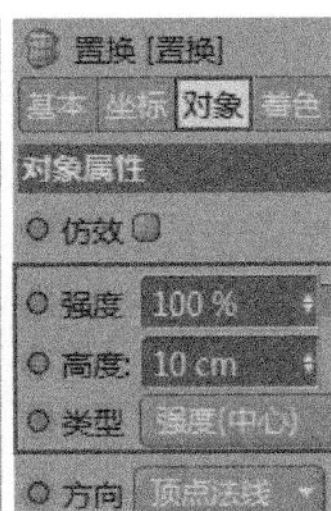

图4-78

06 创建立方体并对其进行切割编辑，如图4-79所示。

07 将编辑好的球体和树干进行组合，如图4-80所示。

图4-79

图4-80

08 新建一个球体，然后添加“置换”和“减面”变形器并设置相关参数，如图4-81所示。

09 将置换后的球进行组合，如图4-82所示。

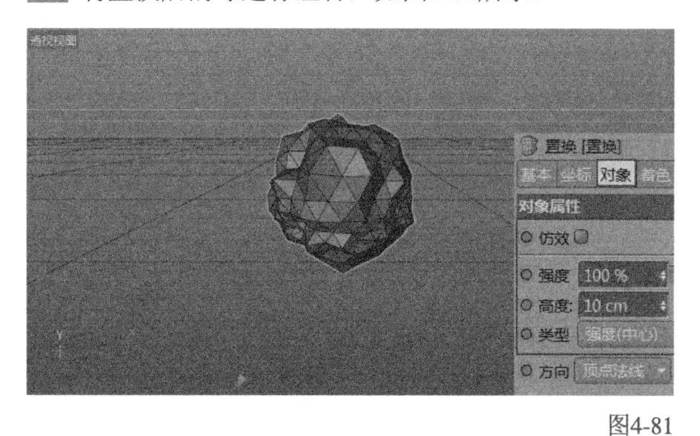

图4-81

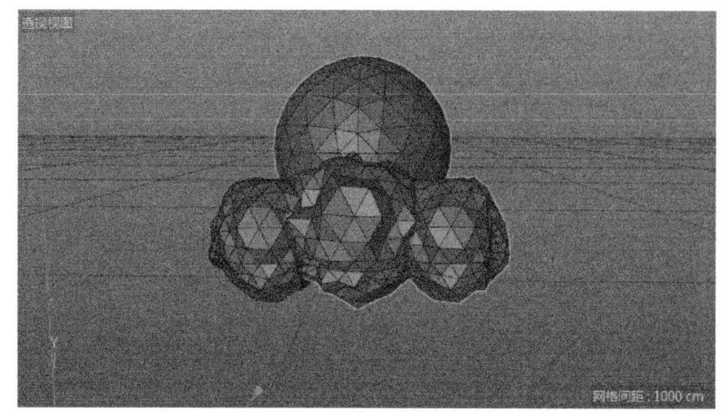

图4-82

4.1.3 场地模型的创建

01 创建一个立方体，然后添加“置换”变形器并设置参数，接着复制立方体调整其大小并叠放，如图4-83所示。

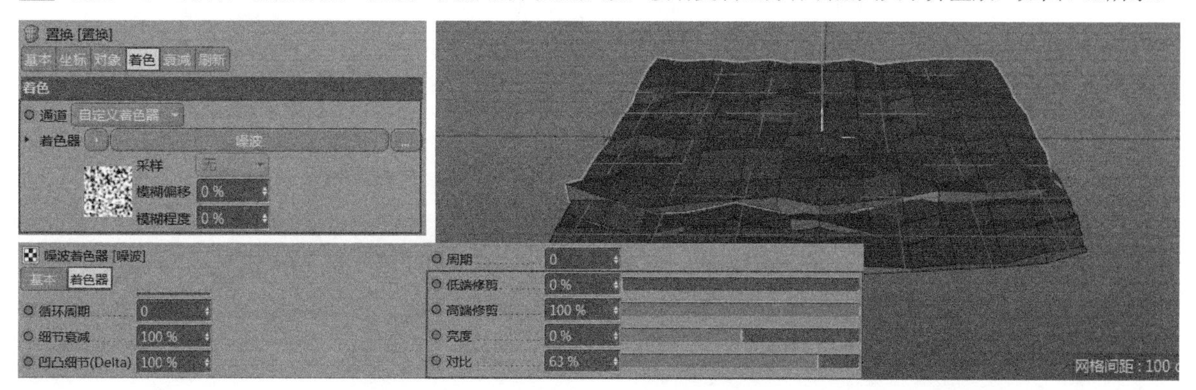

图4-83

02 将所有创建好的模型组合在一起，至此啤酒海报的模型全部创建完成，最终效果如图4-84所示。

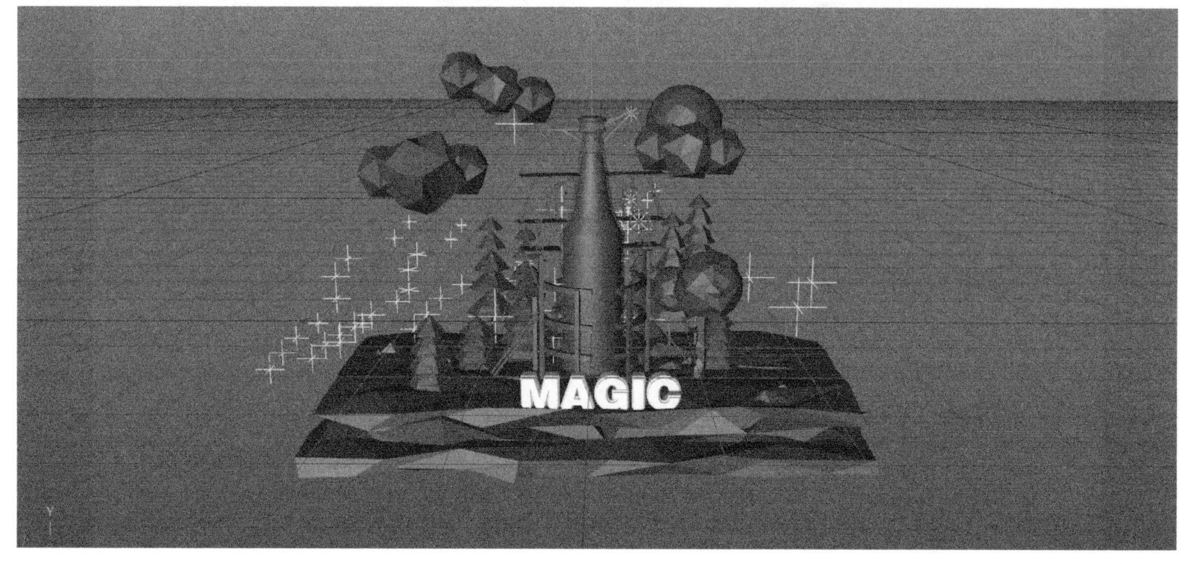

图4-84

4.2 设置材质

本节将完善场景中的材质，本案例需要创建啤酒瓶玻璃等9种材质。

4.2.1 啤酒瓶玻璃材质

创建一个空白材质，双击进入“材质编辑器”面板，具体参数设置如图4-85~图4-87所示。

操作步骤

① 勾选“透明”选项，设置“颜色”为（R:58，G:180，B:95），“亮度”为100%，“折射率预设”为“玻璃”，“折射率”为1.517。

② 勾选“反射”选项，设置“类型”为GGX，接着设置“菲涅耳”为“绝缘体”，“预置”为“玻璃”，“强度”为100%，“折射率（IOR）”为1.517。

③ 单击“默认高光”，设置“默认高光”类型为“高光-Blinn（传统）”，“衰减”为“添加”，“宽度”为43%，“衰减”为-8%，“内部宽度”为0%，“高光强度”为97%，“凹凸强度”为100%。

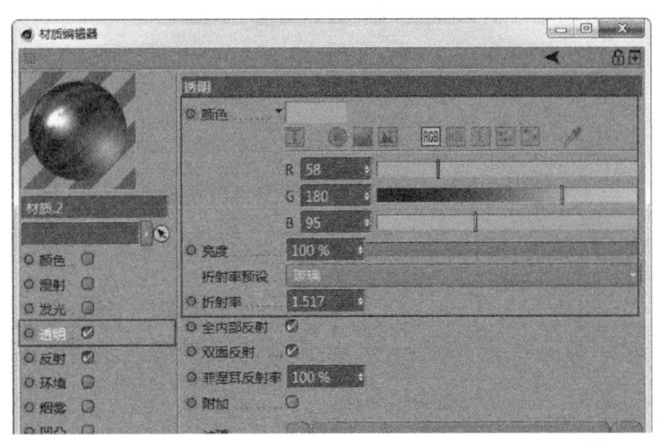

图4-85

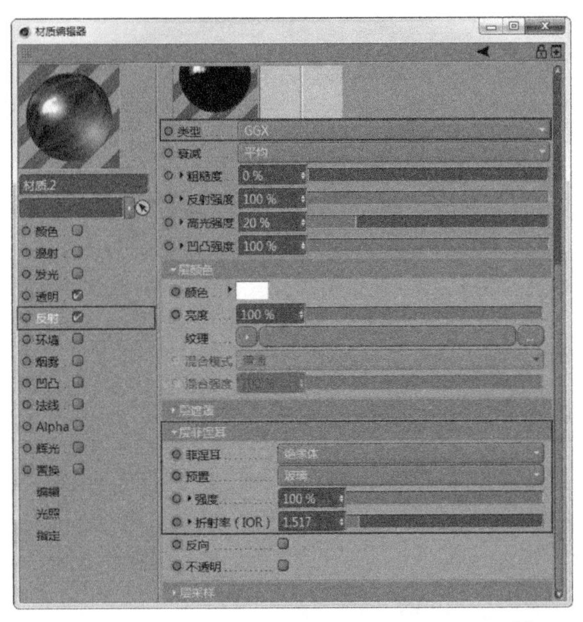

图4-86

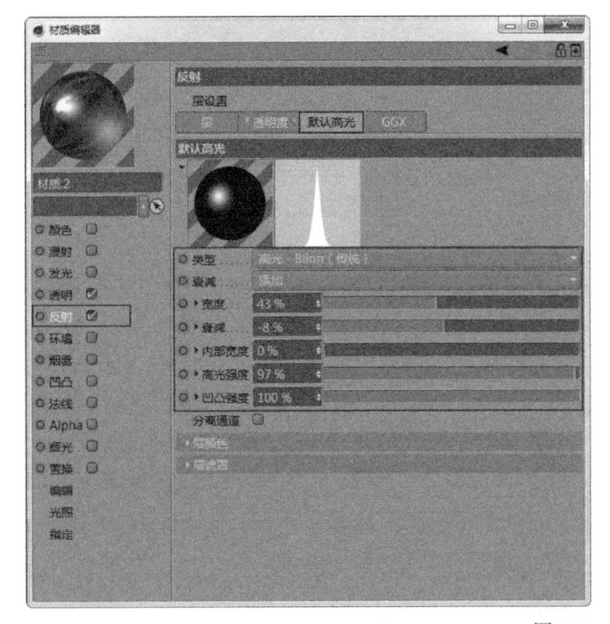

图4-87

4.2.2 啤酒瓶贴图材质

创建一个空白材质，双击进入“材质编辑器”面板，具体参数设置如图4-88~图4-90所示。

操作步骤

① 勾选“颜色”选项，然后在“纹理”通道加载一张主瓶标图片，设置“亮度”为100%。

② 勾选“反射”选项，设置“类型”为GGX，“亮度”为53%，“菲涅耳”为“绝缘体”，“预置”为“沥青”，“强度”为100%，“折射率（IOR）”为1.635。

③ 勾选Alpha选项，然后在“纹理”通道加载一张主瓶标图片。

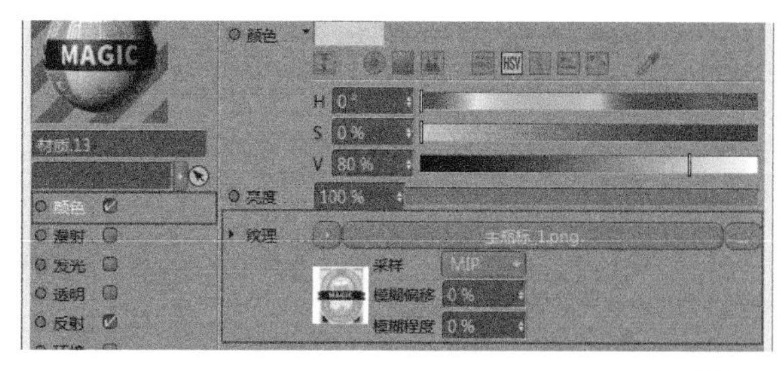

图4-88

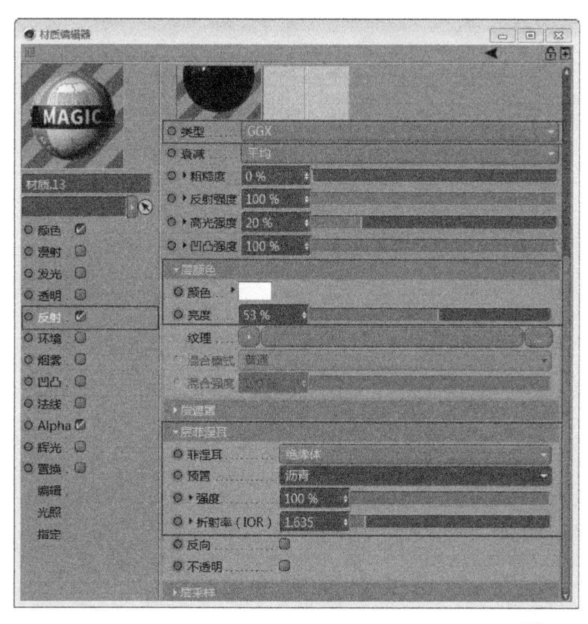

图4-89

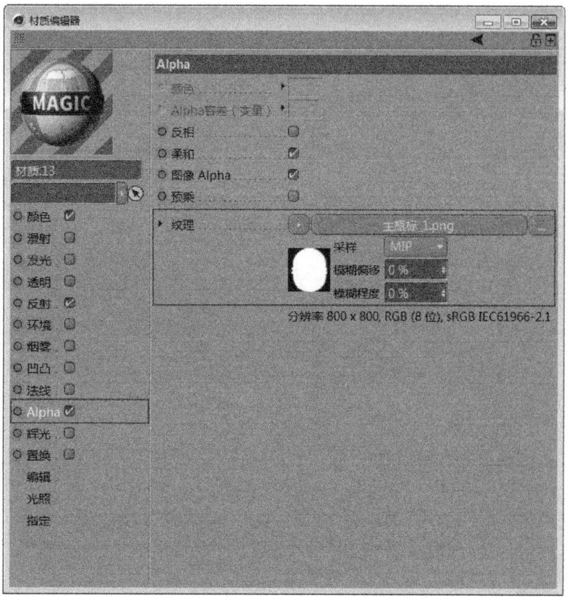

图4-90

4.2.3 啤酒瓶盖材质

创建一个空白材质，双击进入“材质编辑器”面板，具体参数设置如图4-91和图4-92所示。

操作步骤

① 勾选“颜色”选项，设置“颜色”为（R:4，G:117，B:52）。

② 勾选“反射”选项，设置“类型”为GGX，“粗糙度”为5%，“亮度”为53%，“菲涅耳”为“绝缘体”，“预置”为“沥青”，“强度”为100%，“折射率（IOR）”为1.635。

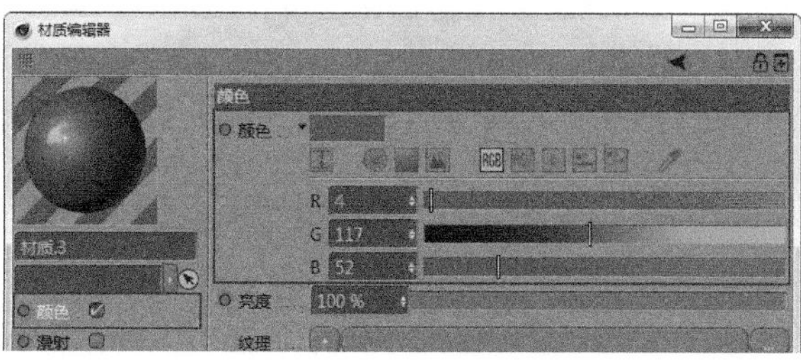

图4-91

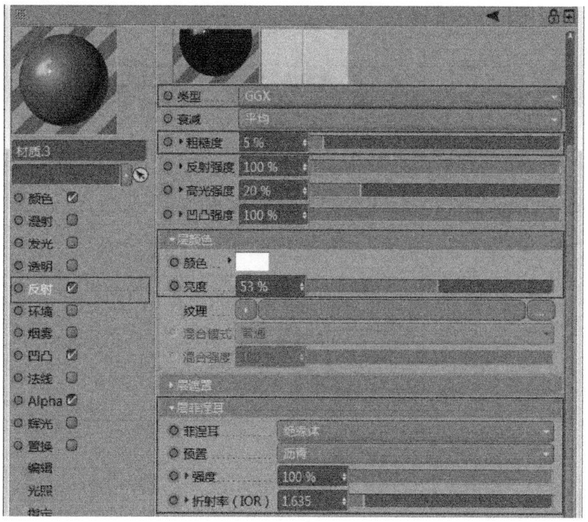

图4-92

4.2.4 啤酒瓶盖LOGO材质

创建一个空白材质，双击进入“材质编辑器”面板，具体参数设置如图4-93~图4-95所示。

操作步骤

① 勾选“颜色”选项，然后在“纹理”通道加载一张瓶盖LOGO图片，设置“亮度”为100%。

② 勾选“反射”选项，设置“类型”为GGX，“粗糙度”为5%，“亮度”为53%，“菲涅耳”为“绝缘体”，“预置”为“沥青”，“强度”为100%，“折射率（IOR）”为1.635。

③ 勾选Alpha选项，然后在“纹理”加载一张瓶盖LOGO图片。

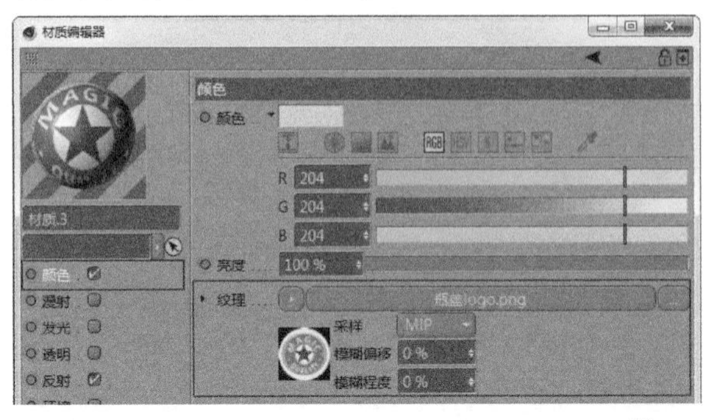

图4-93

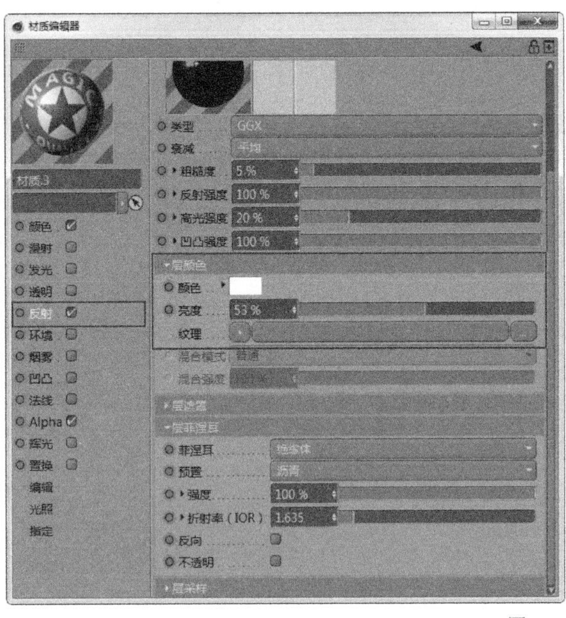

图4-94

材质编辑器

Alpha

颜色

Alpha混合（变量）

反相

柔和

图像 Alpha

预乘

纹理 瓶盖logo.png

采样 MIP

模糊偏移 0 %

模糊程度 0 %

分辨率 800 x 800, RGB (8 位), sRGB IEC61966-2.1

材质.3

颜色 漫射 发光 透明 反射 环境 烟雾 凹凸 法线 Alpha 辉光 置换 编辑 光照 指定

图4-95

4.2.5 叶子及树干材质

创建3个空白材质，双击进入“材质编辑器”面板，具体参数设置如图4-96~图4-98所示。

操作步骤

① 勾选“颜色”选项，设置“颜色”为（R:46，G:150，B:96），“亮度”为100%。

② 勾选“颜色”选项，设置“颜色”为（R:134，G:159，B:44），“亮度”为100%。

③ 勾选“颜色”选项，设置“颜色”为（R:142，G:108，B:79），设置“亮度”为100%。

图4-96

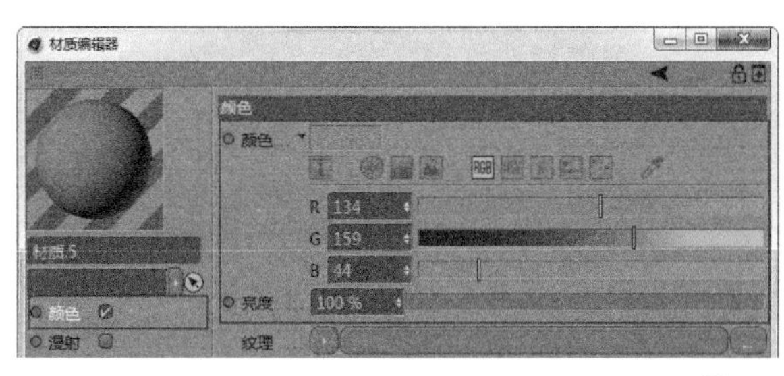

图4-97

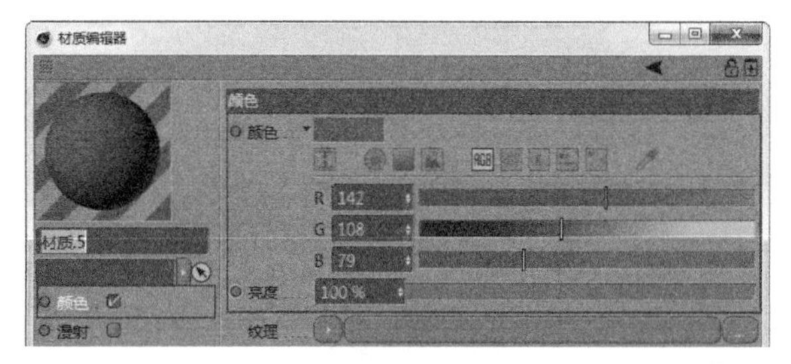

图4-98

4.2.6 云彩及太阳材质

创建两个空白材质，双击进入“材质编辑器”面板，具体参数设置如图4-99~图4-101所示。

操作步骤

① 勾选“颜色”选项，设置“颜色”为（R:223，G:238，B:252），“亮度”为100%。

② 勾选“颜色”选项，设置“颜色”为（R:239，G:187，B:64），“亮度”为100%。

③ 勾选“反射”选项，设置“类型”为GGX，“亮度”为43%，“菲涅耳”为“绝缘体”，“预置”为“沥青”，“强度”为100%，“折射率（IOR）”为1.635。

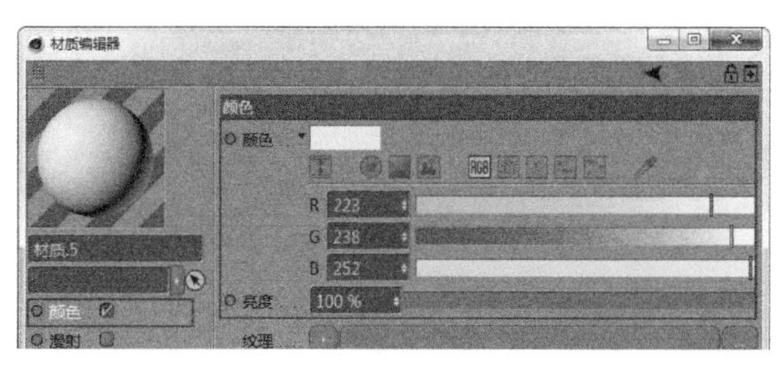

图4-99

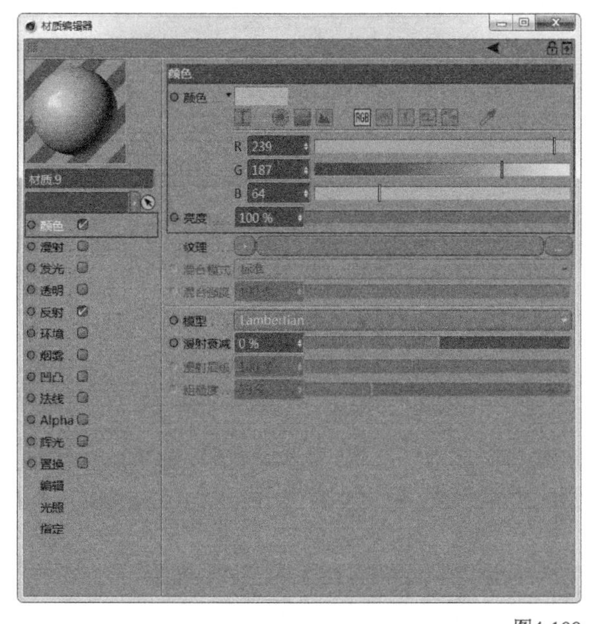

图4-100

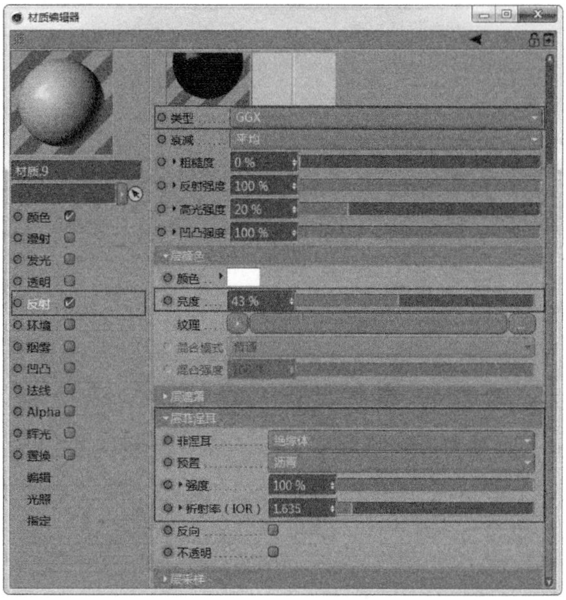

图4-101

4.2.7 草地、水和土地材质

创建3个空白材质，双击进入“材质编辑器”面板，具体参数设置如图4-102~图4-105所示。

操作步骤

① 勾选“颜色”选项，设置“颜色”为（R:40，G:110，B:51），“亮度”为100%。

② 勾选“颜色”选项，设置“颜色”为（R:237，G:200，B:149），“亮度”为100%。

③ 勾选“颜色”选项，设置“颜色”为（R:84，G:201，B:233），“亮度”为100%。

④ 勾选“反射”选项，设置“类型”为GGX，“亮度”为55%，“菲涅耳”为“绝缘体”，“预置”为“沥青”，“强度”为100%，“折射率（IOR）”为1.635。

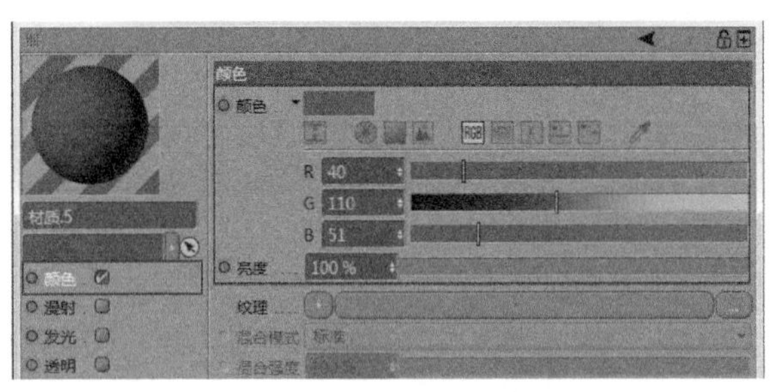

图4-102

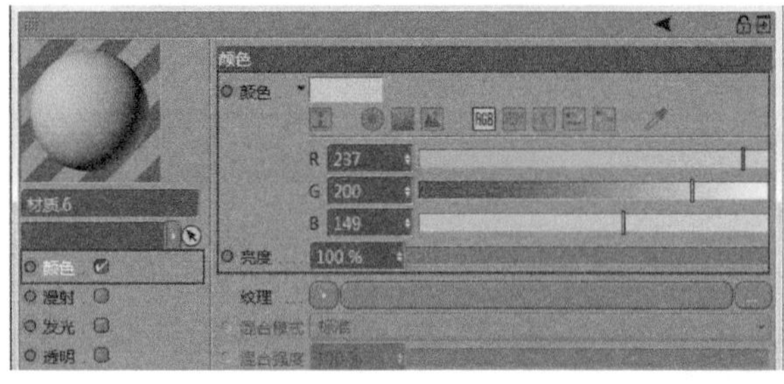

图4-103

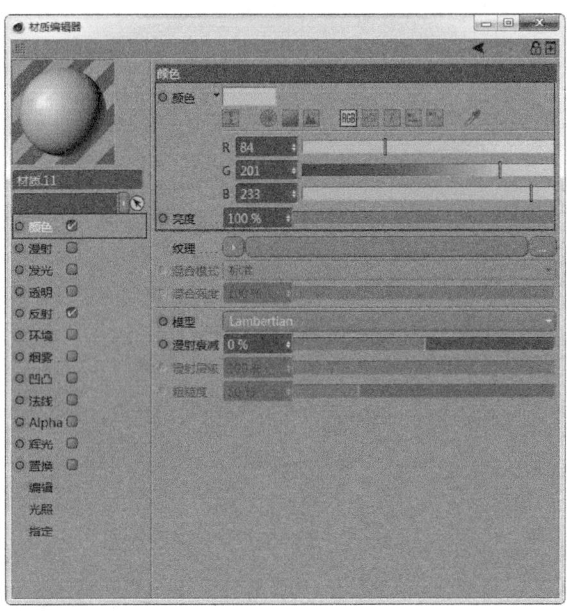

图4-104

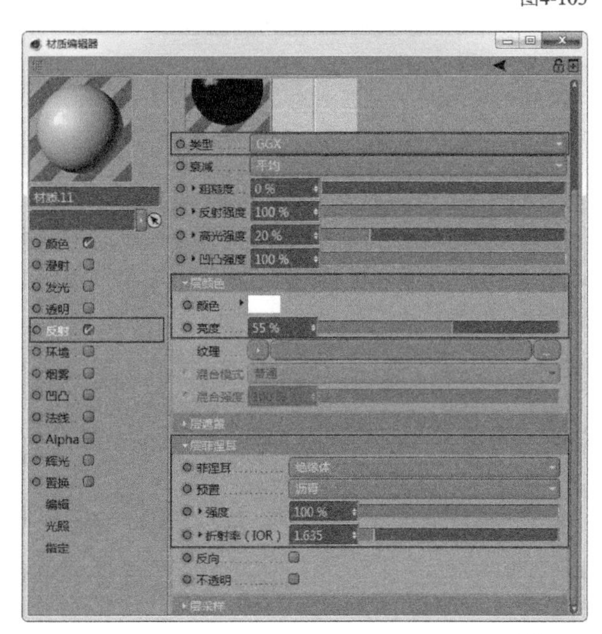

图4-105

4.2.8 金属材质

创建一个空白材质，双击进入“材质编辑器”面板，接着勾选“反射”选项，设置“类型”为GGX，“粗糙度”为0%，“亮度”为100%，“菲涅耳”为“导体”，“预置”为“钢”，“强度”为100%，如图4-106所示。

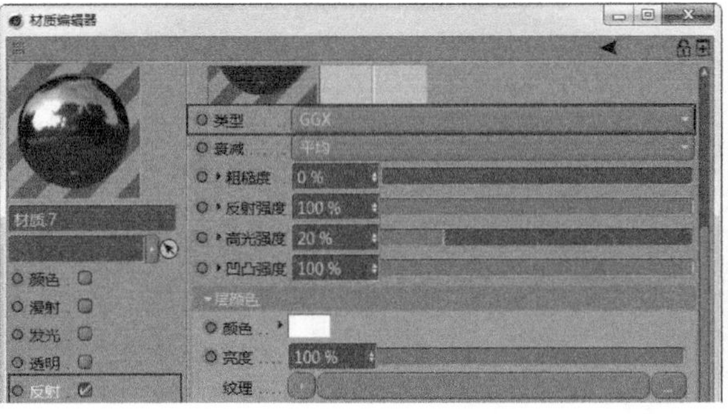

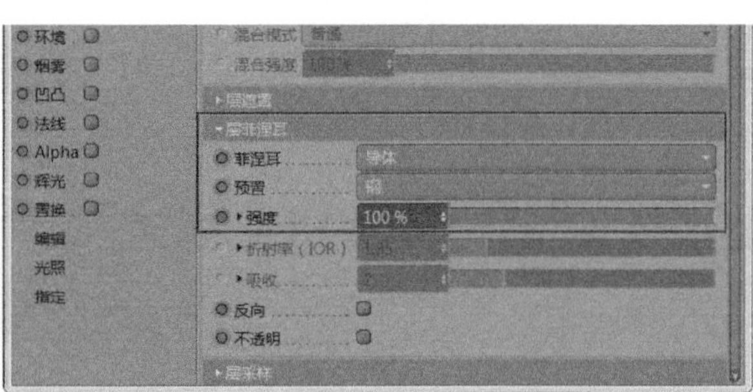

图4-106

4.2.9 文字材质

01 创建一个空白材质，双击进入“材质编辑器”面板，具体参数设置如图4-107~图4-109所示。

操作步骤

① 勾选“颜色”选项，设置“颜色”为（R:217，G:217，B:217），“亮度”为100%。

② 勾选“颜色”选项，设置“颜色”为（R:242，G:68，B:68），“亮度”为100%。

③ 勾选“反射”选项，设置“类型”为GGX、“亮度”为55%，“菲涅耳”为“绝缘体”，“预置”为“沥青”，“强度”为100%，“折射率（IOR）”为1.635。

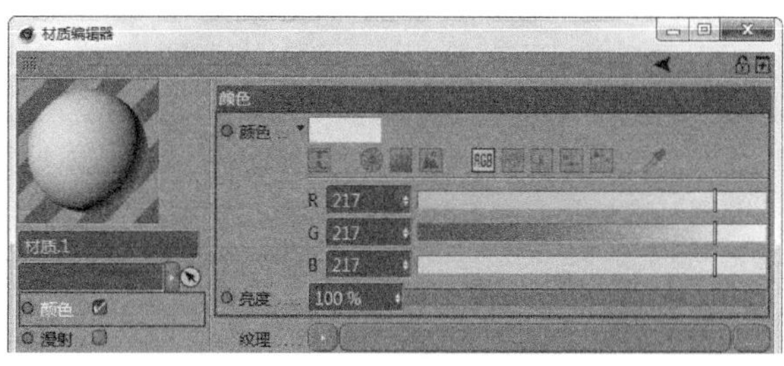

图4-107

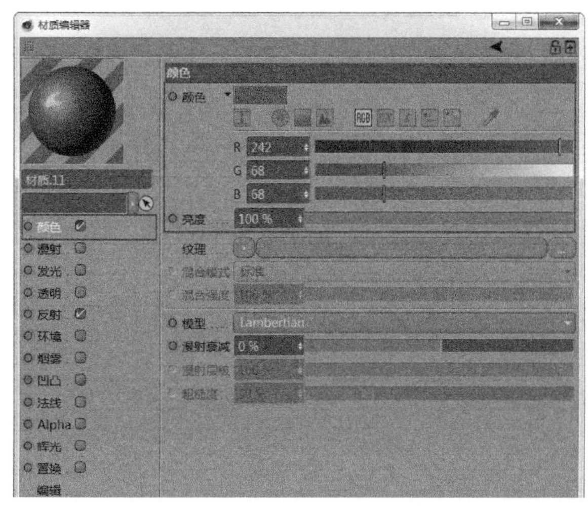

图4-108

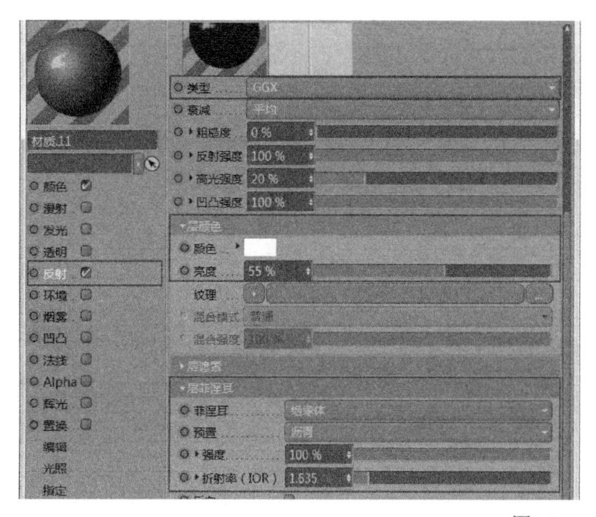

图4-109

02 将所有的材质赋予相应的模型，效果如图4-110所示。

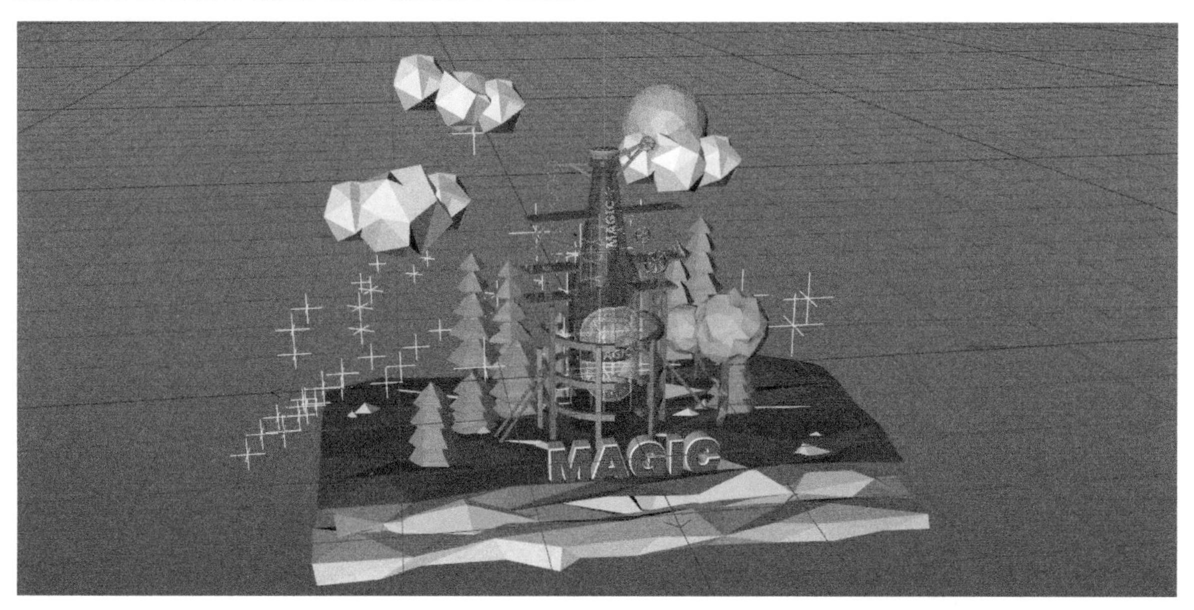

图4-110

4.3 添加灯光

本节将完善场景中的灯光，本案例需要创建一盏主光源和两盏辅助光源。

4.3.1 主光源

在当前场景中添加3盏区域灯光，分别放置在整个场景前方和左右两边，其中一盏主光源、两盏辅助灯光，位置如图4-111所示。主光源的参数设置如图4-112所示。

操作步骤

① 在“常规”中设置“颜色”为白色，“强度”为80%，“类型”为“区域光”，“投影”为“光线跟踪（强烈）”。

② 在“细节”中设置“衰减”为“平方倒数（物理精度）”，“半径衰减”为500cm。

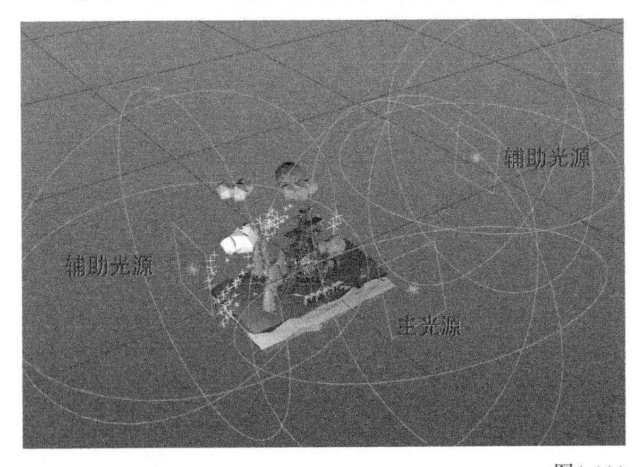

图4-111

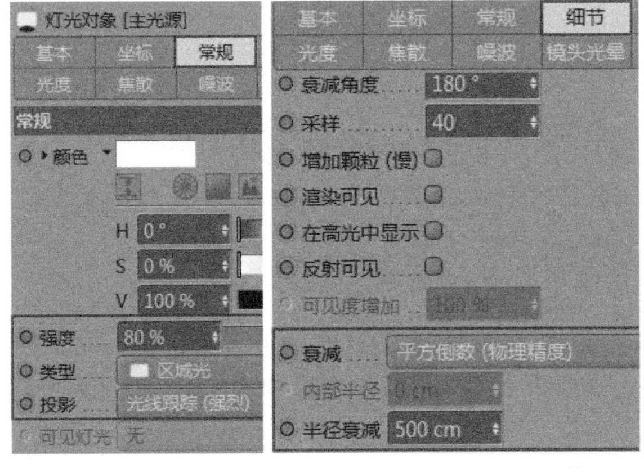

图4-112

4.3.2 辅助光源

辅助光源的参数设置如图4-113和图4-114所示。

操作步骤

① 在“常规”中设置“颜色”为白色，“强度”为80%，“类型”为“区域光”，“投影”为“无”。

② 在“细节”中设置“衰减”为“平方倒数（物理精度）”，“半径衰减”为500cm。

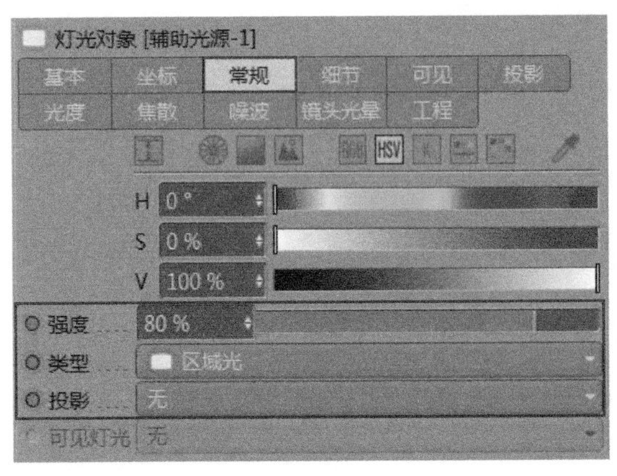

图4-113

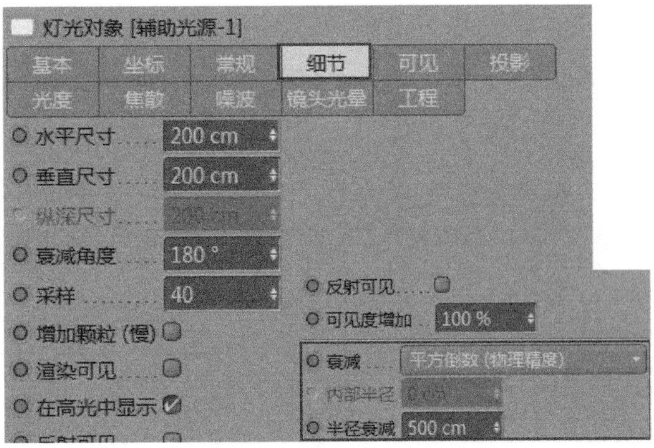

图4-114

4.4 设置环境

01 新建一个材质并创建一个天空对象，然后执行“窗口—内容浏览器”菜单命令打开“内容浏览器”窗口，将预置材质“preset://Prime.lib4d/Presets/Light Setups/HDRI/tex/HDR013.hdr”直接拖曳到天空材质的“发光”通道中，如图4-115和图4-116所示。

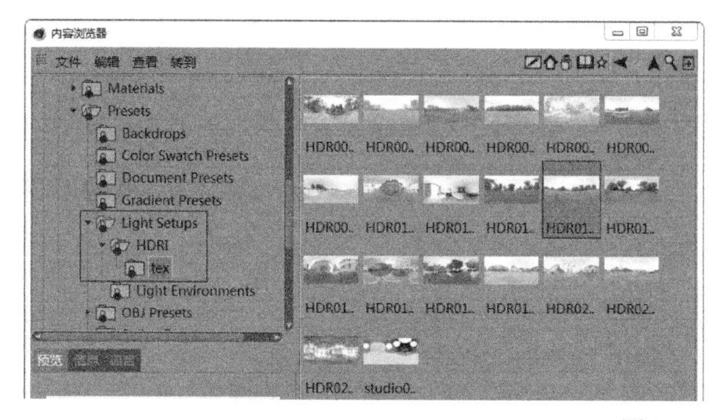

图4-115

图4-116

02 拖曳天空材质赋予天空对象，然后按快捷键Ctrl+B打开“渲染设置”面板，接着在“渲染设置”面板中单击“效果”按钮添加“全局光照”选项，如图4-117所示。

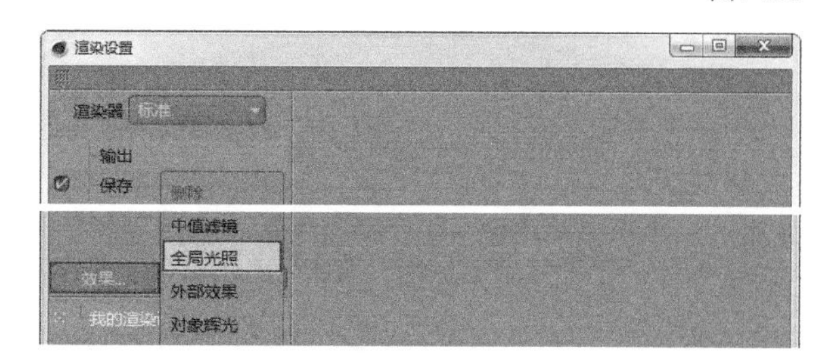

图4-117

03 按快捷键Ctrl+R对模型及场景进行渲染，此时啤酒瓶反射了天空环境贴图，如图4-118所示。

图4-118

04 在Photoshop软件中打开渲染好的效果图对其进行简单的后期处理与版式设计，最终效果如图4-119所示。

图4-119

第5章

游乐场风格：派对乐园

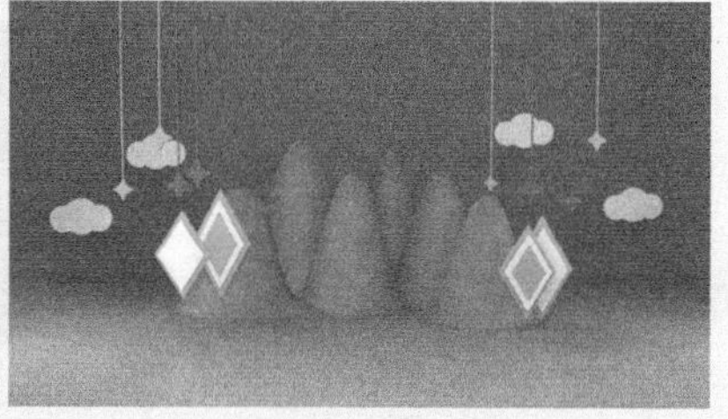

图5-1

本章将为读者讲解派对乐园的设计，案例最终效果如图5-1所示。

◎ 视频名称 游乐场风格：派对乐园

◎ 实例位置 实例文件 >CH05> 游乐场风格：派对乐园

◎ 学习目标 掌握游乐场风格模型的制作方法

5.1 主体模型的制作

在制作这个案例之前，先对案例的模型进行分析和拆分，以便于我们在制作过程中有一个明确的思路和流程。在派对乐园这个案例中，场景可以大概分为城堡，摩天轮，火车和车轨区，礼物和树木，“618PARTY”文字，以及其他的背景元素，如图5-2~图5-8所示。拆解完成后我们逐一对其进行建模。

图5-2

图5-3

图5-4

图5-5

图5-6

图5-7

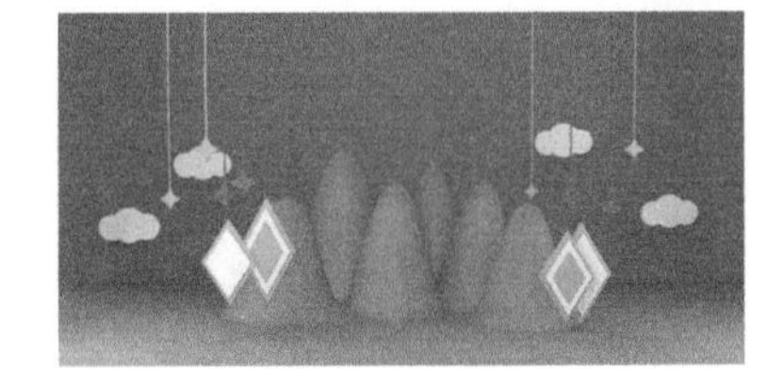

图5-8

5.1.1 城堡模型的创建

01 创建一个立方体并调整其参数，如图5-9所示，然后对其进行内部挤压和挤压操作，如图5-10和图5-11所示。

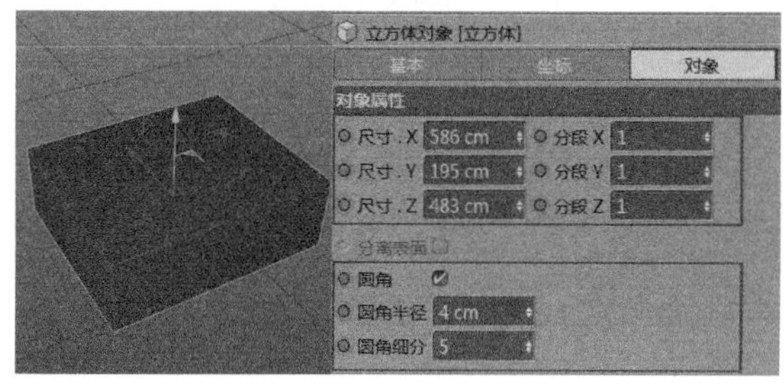

图5-9

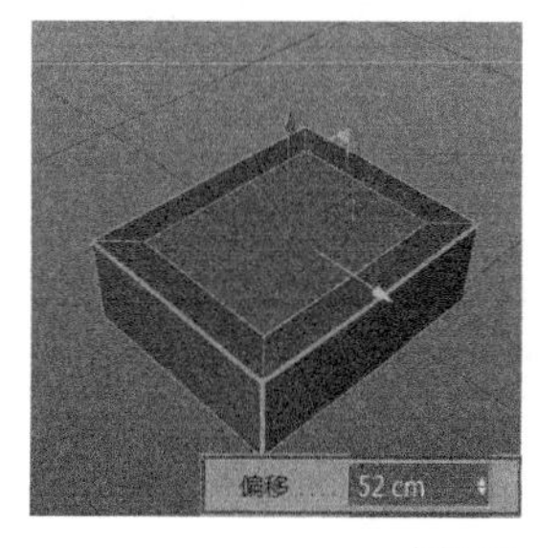

图5-10

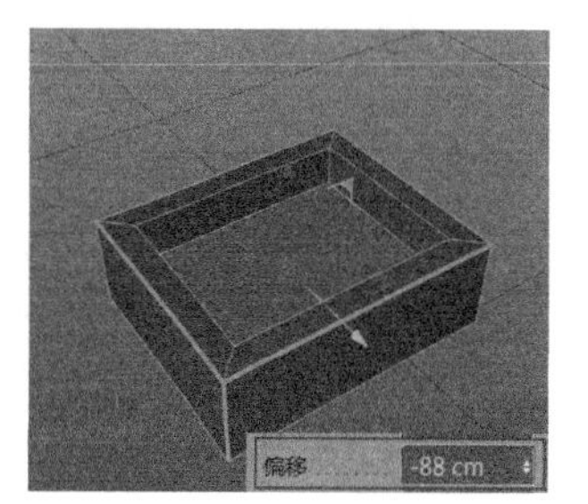

图5-11

02 创建立方体并将其进行组合，如图5-12和图5-13所示。

03 用“画笔”工具绘制一条样条线并对其进行旋转，如图5-14所示。

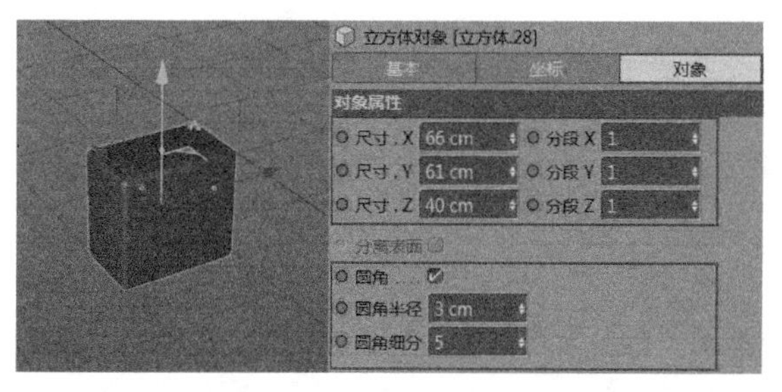

图5-12

图5-13

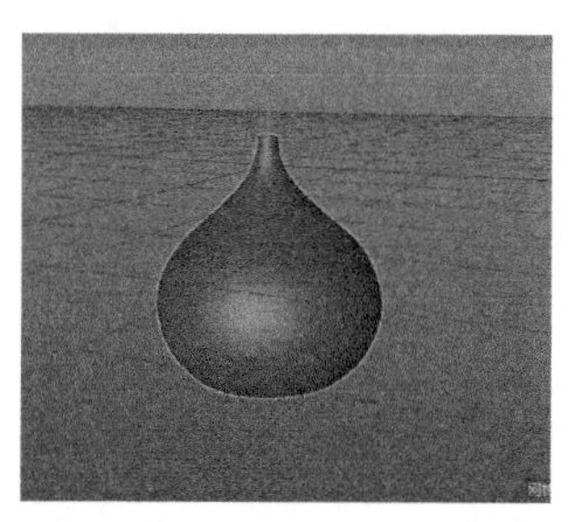

图5-14

04 按照①~⑥的顺序依次创建几何体，并与上一步创建的图形进行组合，具体参数及效果如图5-15所示。

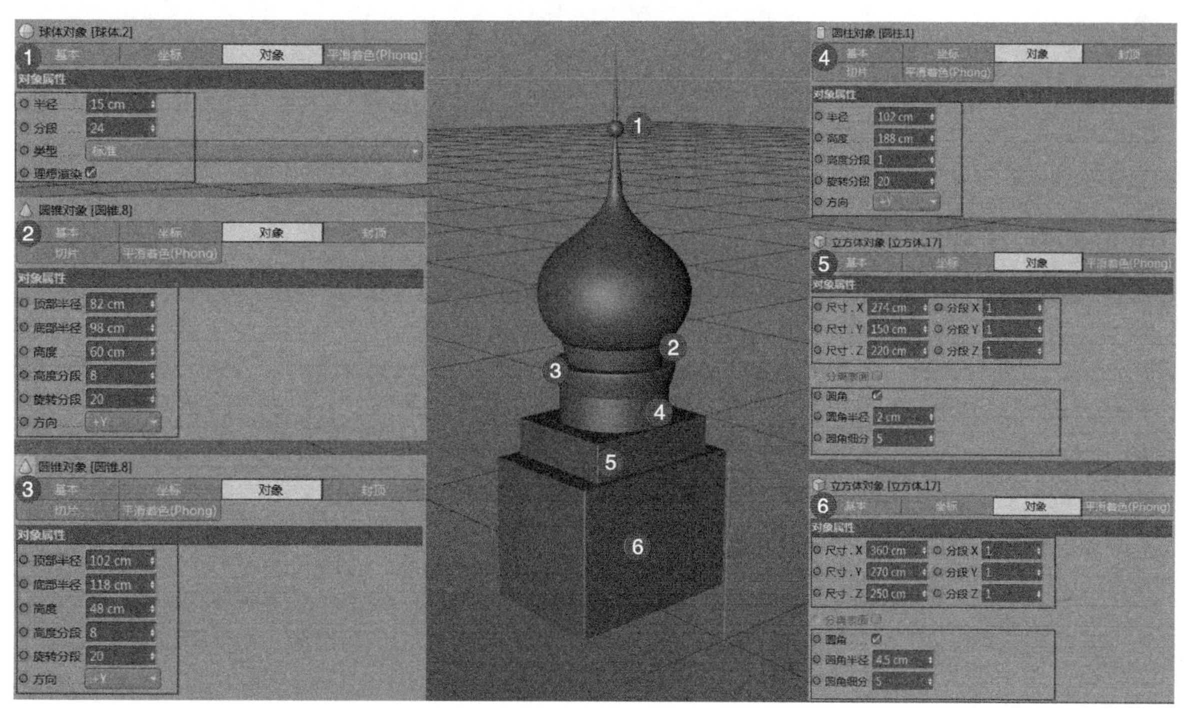

图5-15

05 创建立方体并将其与之前的模型进行组合，如图5-16所示。

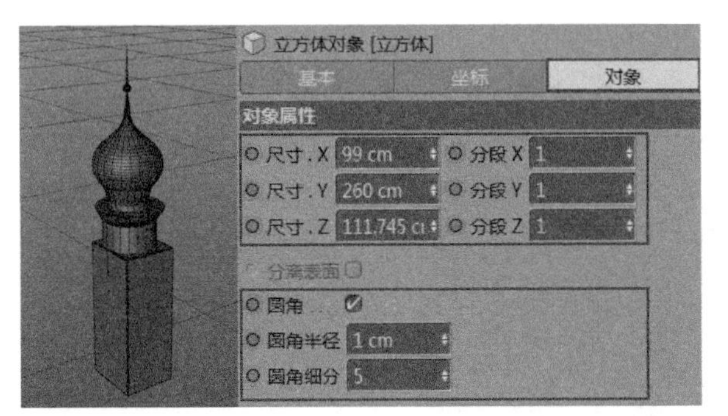

图5-16

06 将创建好的模型进行复制并组合，如图5-17所示。

图5-17

07 按照①~⑦的顺序依次创建圆锥体和圆柱体，然后将其进行组合，如图5-18所示。

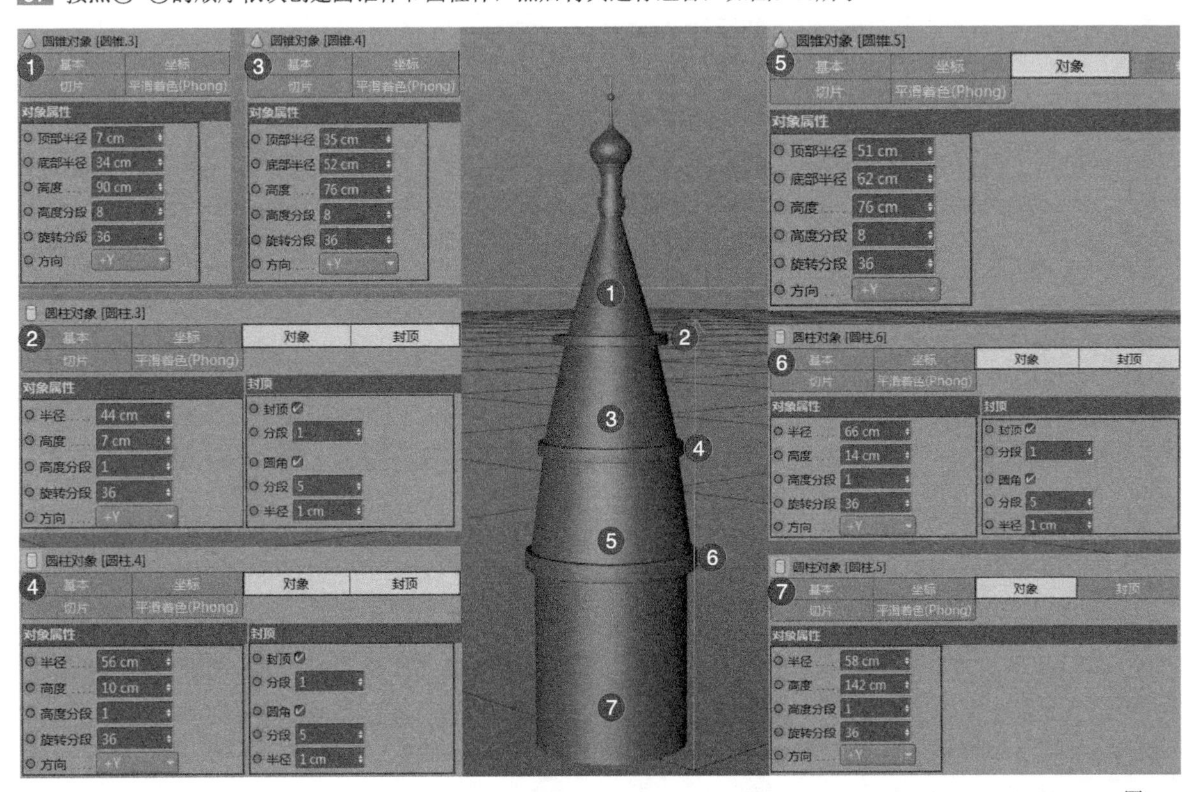

图5-18

08 将创建好的模型进行组合，并摆放在相应的位置，如图5-19所示。

09 创建立方体并调整其参数，如图5-20所示。

10 创建一个立方体，并将其与上一步创建的立方体进行组合，如图5-21所示。

图5-19

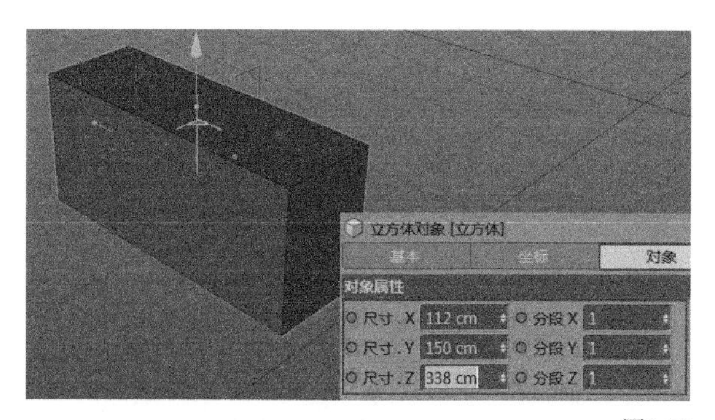

图5-20

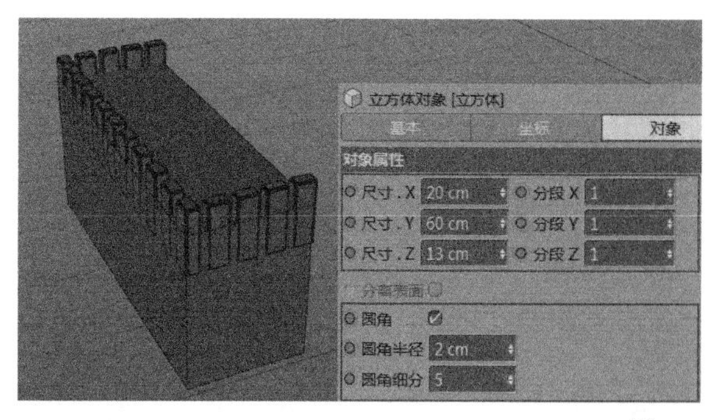

图5-21

11 将创建好的模型进行组合，城堡效果如图5-22所示。

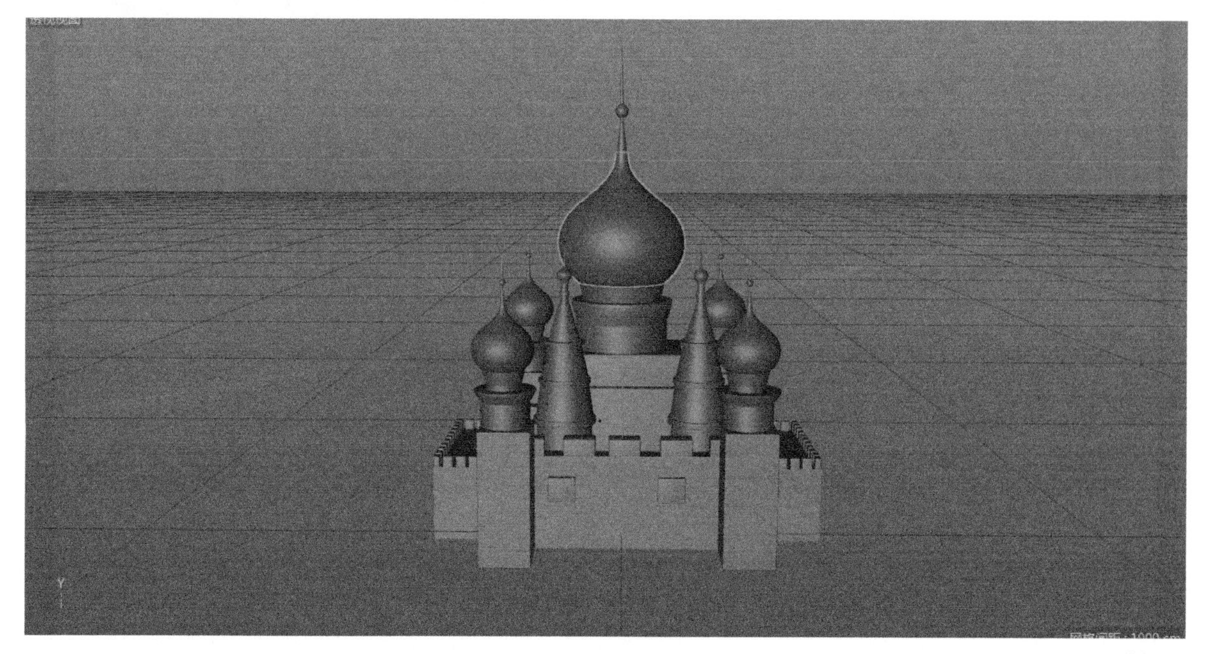

图5-22

5.1.2 摩天轮模型的创建

01 创建一个圆柱体，然后对其进行克隆，如图5-23和图5-24所示。

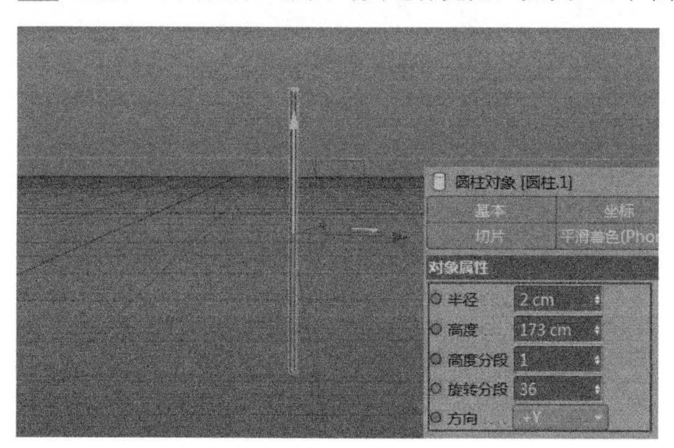

图5-23

图5-24

02 创建两个管道，然后调整其参数并将其进行组合，如图5-25所示。

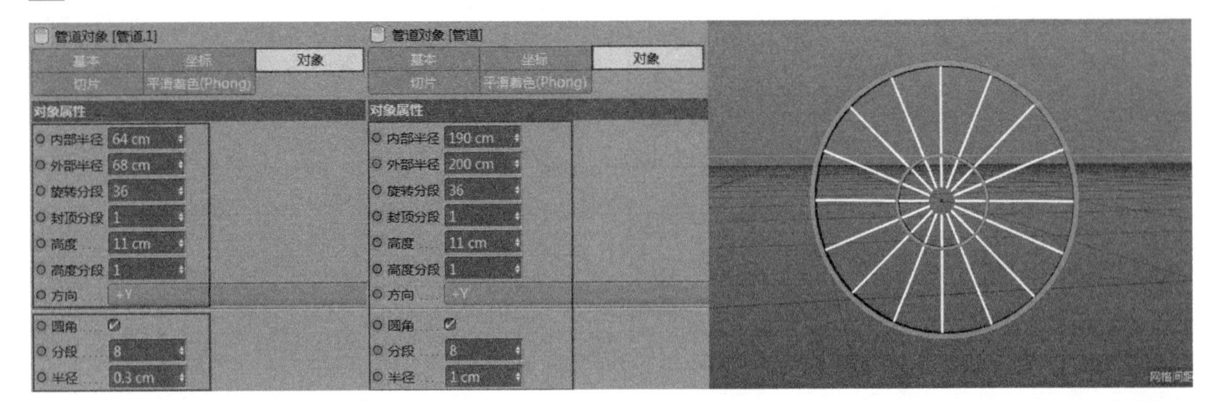

图5-25

03 创建两个圆柱体，然后进行组合，如图5-26所示。

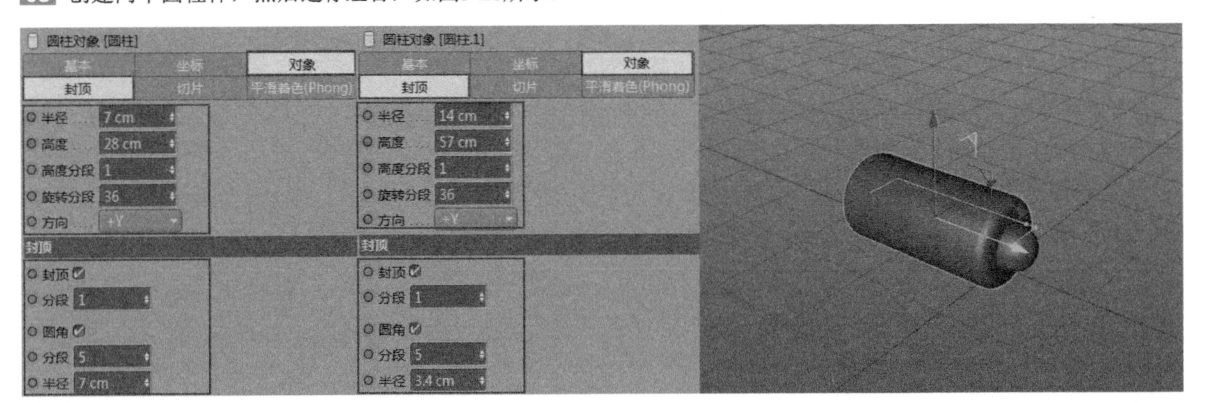

图5-26

04 绘制一条样条线，然后绘制一个“宽度”和“高度”都为7cm，“半径”为0.9cm的圆角矩形，接着将二者进行扫描，并与上一步创建的模型进行组合，如图5-27和图5-28所示。

05 创建一个立方体并调整其参数，然后将其与之前创建的模型进行组合，如图5-29所示。

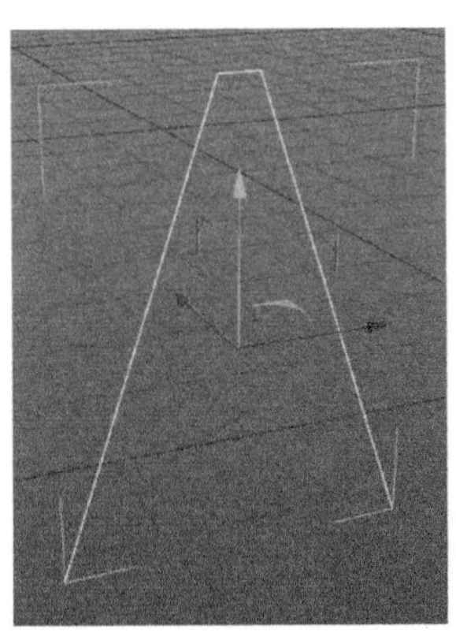

图5-27

图5-28

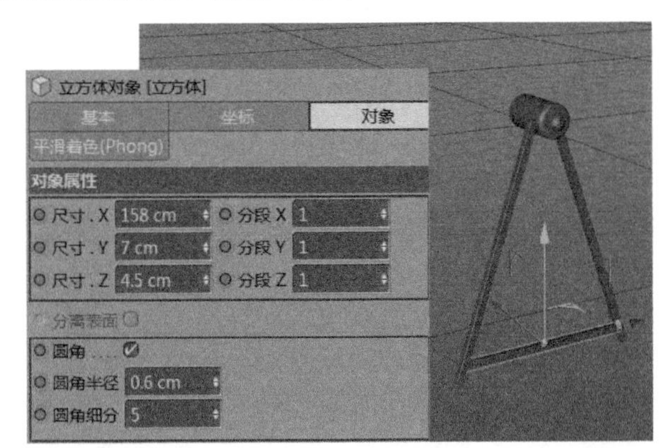

图5-29

06 创建一个立方体，然后调整其参数并添加“斜切”变形器，如图5-30和图5-31所示。

07 将上面创建的所有模型进行组合，如图5-32所示。

08 将上一步创建的组合进行对称，如图5-33所示。

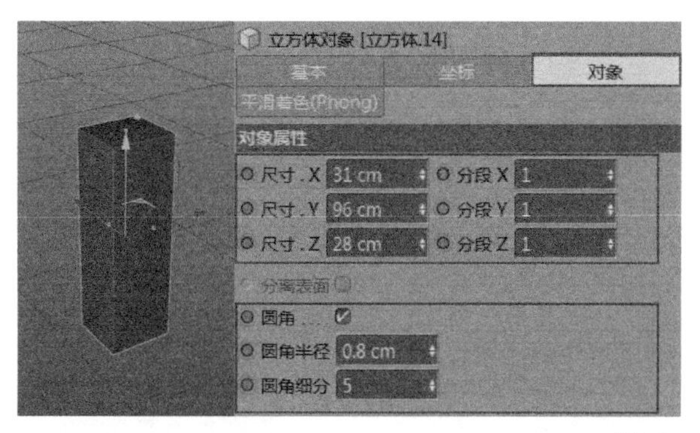

图5-30

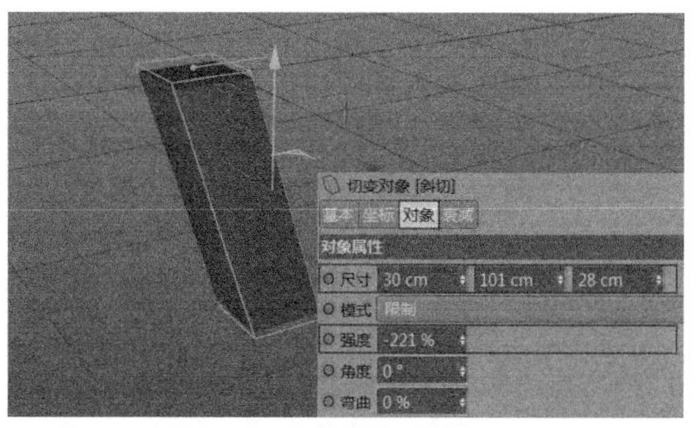

图5-31

图5-32

图5-33

09 继续创建圆柱体，然后将其复制组合，使摩天轮转轴模型及底座模型进行优化组合，如图5-34所示。

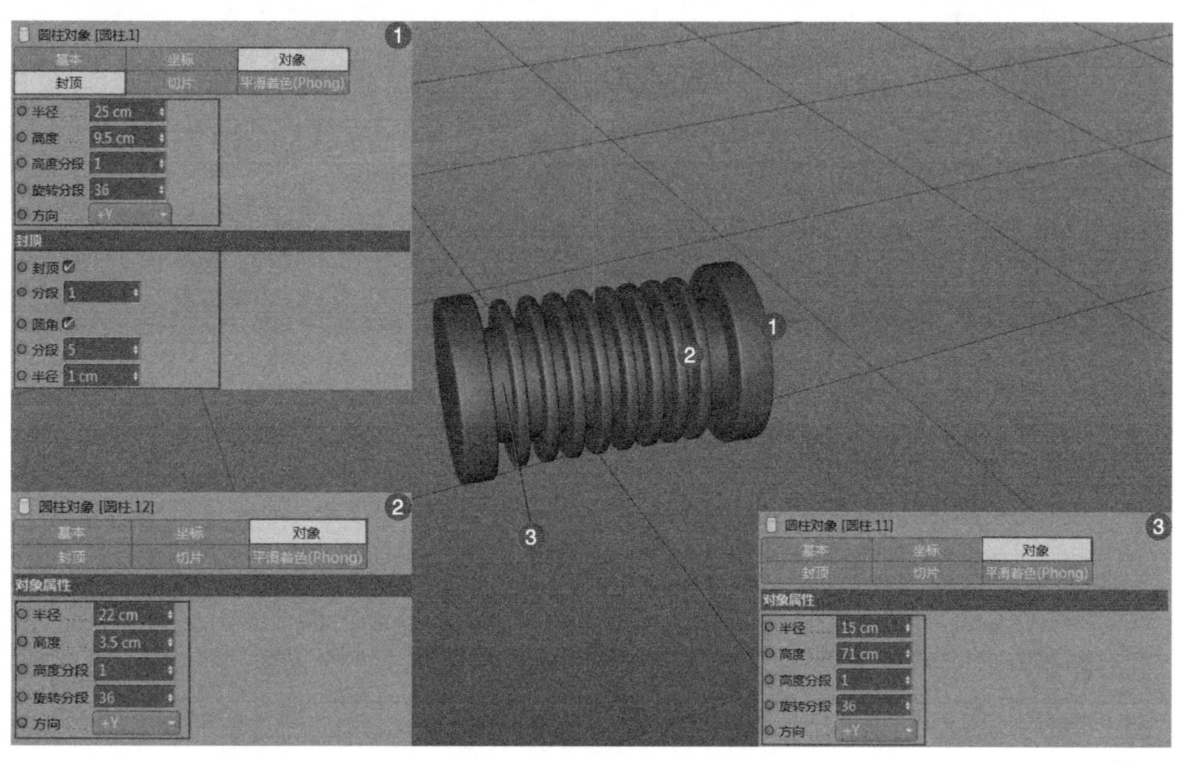

图5-34

10 将创建好的模型进行组合，并放置在相应的位置，如图5-35所示。

11 创建两个圆柱体并进行组合，效果如图5-36所示。

图5-35

图5-36

12 创建一个立方体，使用“循环/路径切割”工具添加布线并挤压，如图5-37和图5-38所示。

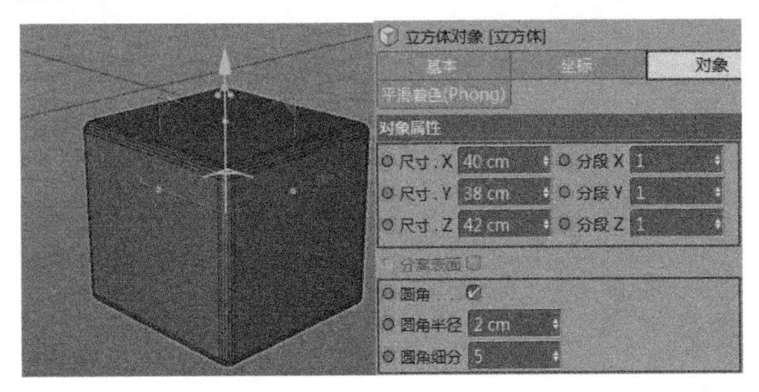

图5-37

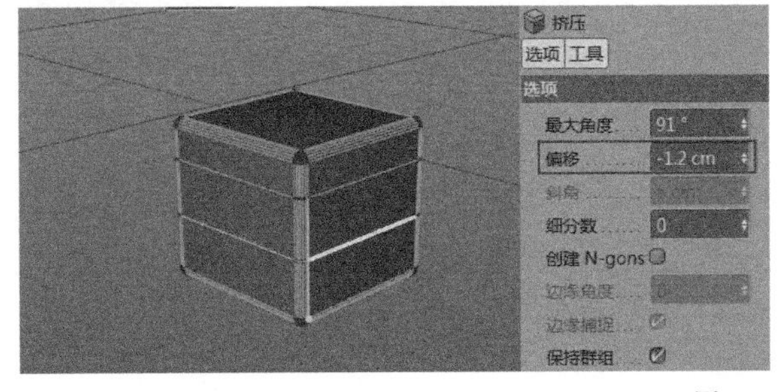

图5-38

13 创建管道模型并与上一步创建的模型进行组合，如图5-39所示，与摩天轮模型组合后的效果，如图5-40所示。

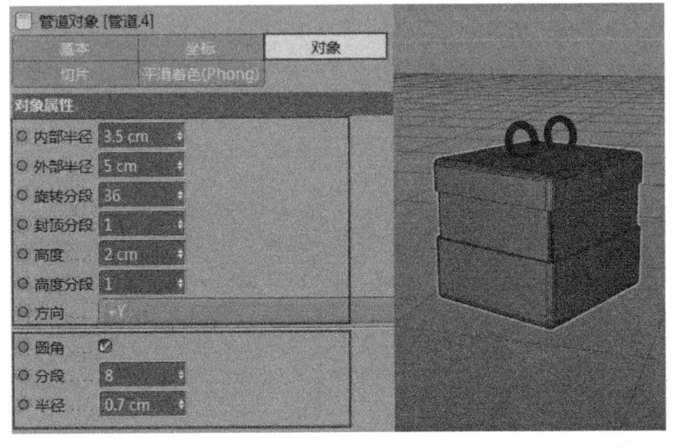

图5-39

图5-40

5.1.3 火车及车轨模型的创建

01 创建两个管道并调整大小和角度，使其成为一个同心圆，如图5-41所示。

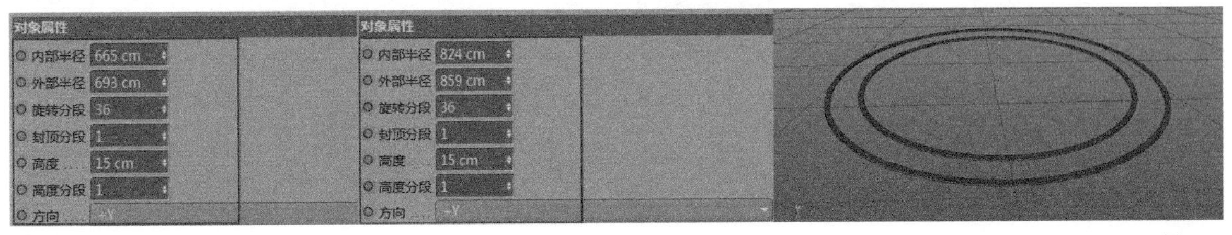

图5-41

02 用“圆环”工具在两个管道立方体的中间绘制一个圆形的样条线，如图5-42所示。

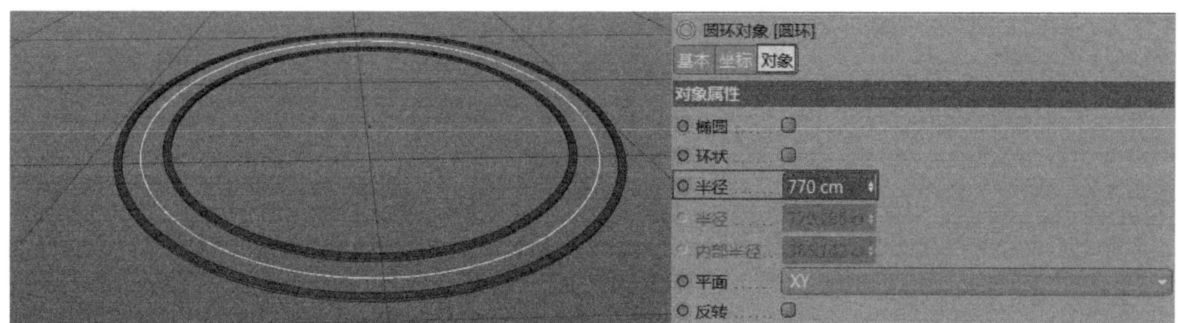

图5-42

03 根据两个管道之间的距离创建一个立方体，然后放置在合适的位置，并对其进行克隆，如图5-43和图5-44所示。

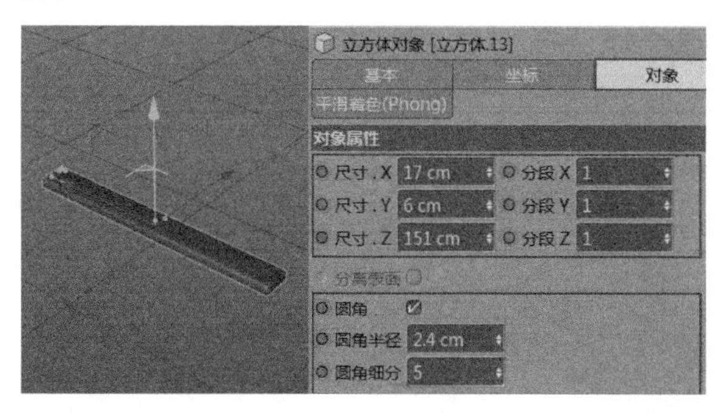

图5-43

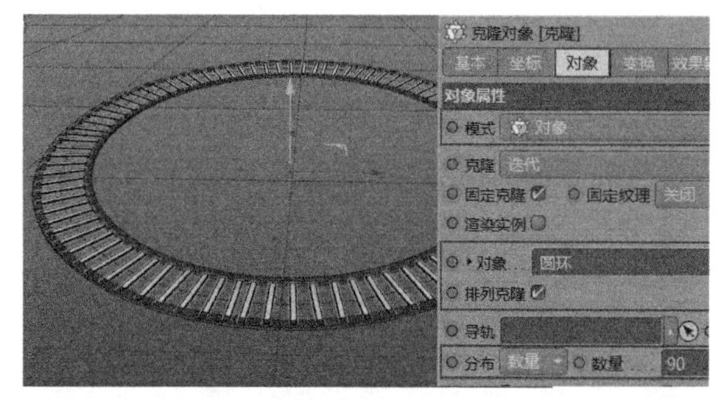

图5-44

04 创建立方体并进行组合，如图5-45所示，然后将其放置在车轨相应的位置，如图5-46所示。至此，火车车轨模型创建完成。

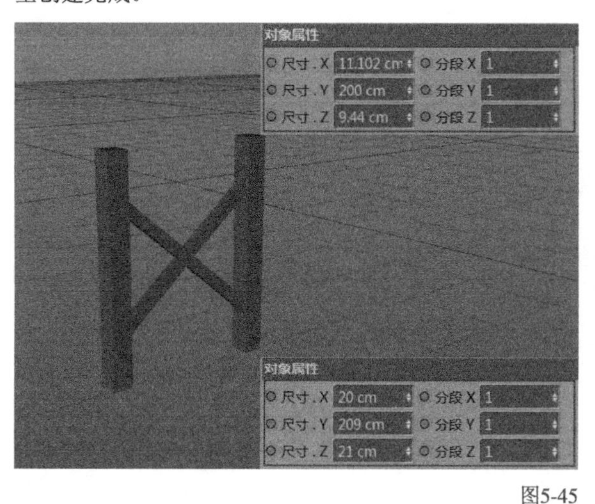

图5-45

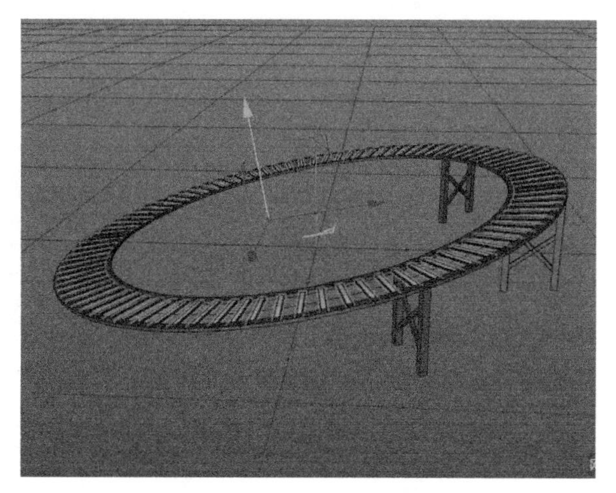

图5-46

5.1.4 火车模型的创建

01 创建圆柱体并组合为火车头模型，如图5-47所示。

02 绘制样条线并进行挤压，如图5-48和图5-49所示。

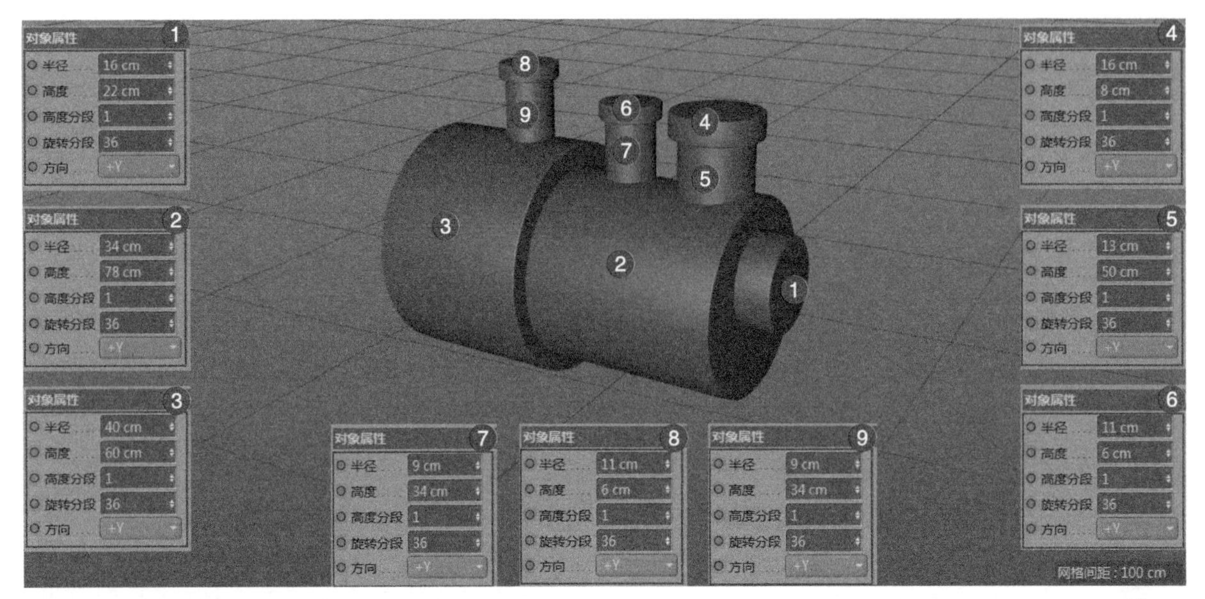

图5-47

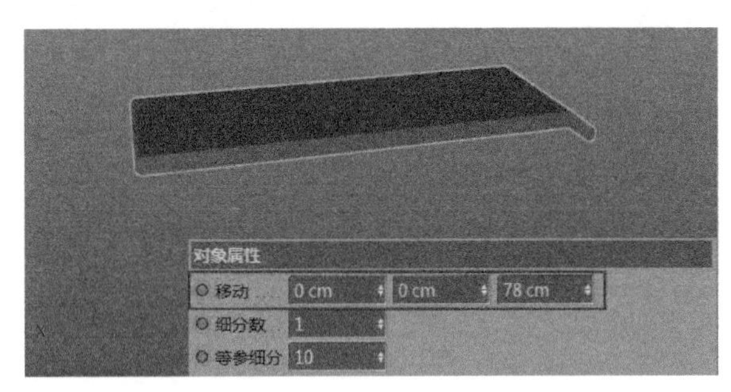

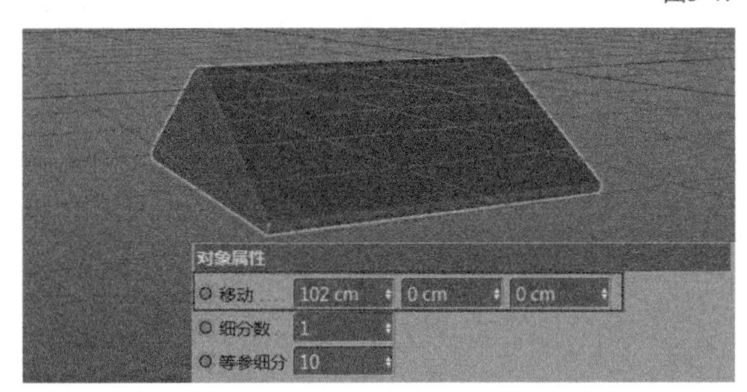

图5-48

图5-49

03 创建两个立方体，并与火车头部模型进行组合，如图5-50所示。

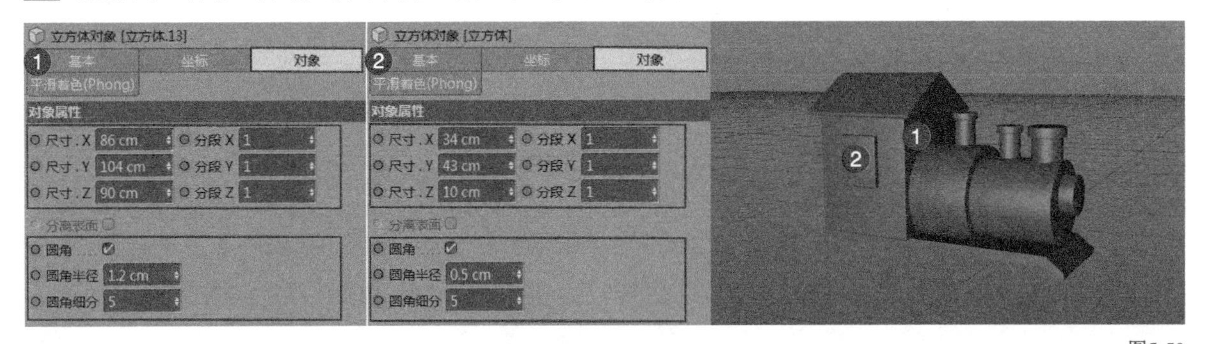

图5-50

04 创建一个立方体对其编辑并克隆，如图5-51和图5-52所示。

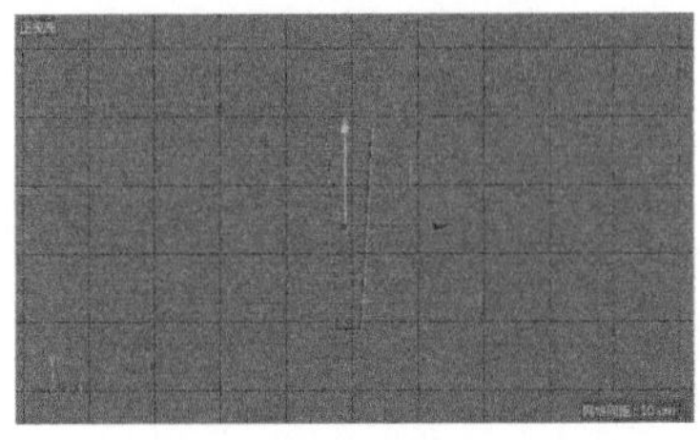

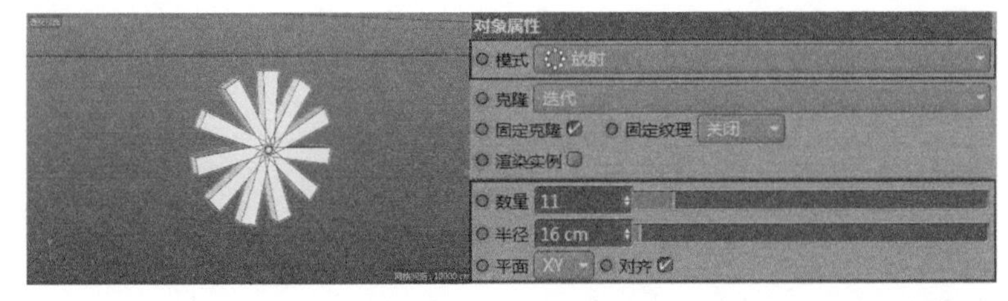

图5-51

图5-52

05 创建一个管道并与上一步的模型进行组合，如图5-53和图5-54所示。

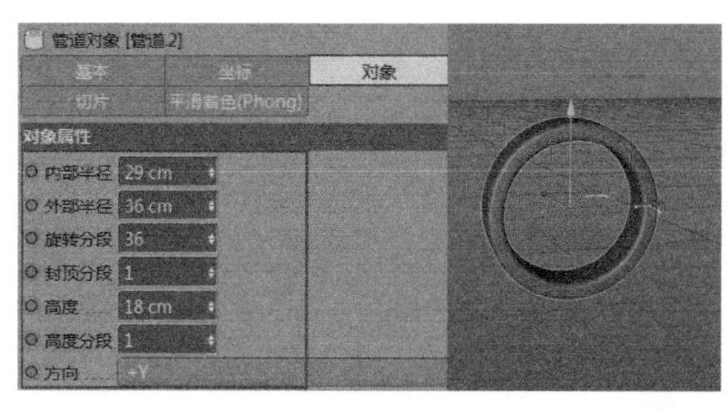

图5-53

图5-54

06 继续创建圆柱体和立方体，对车轮进行丰富和优化，如图5-55~图5-57所示。

图5-55

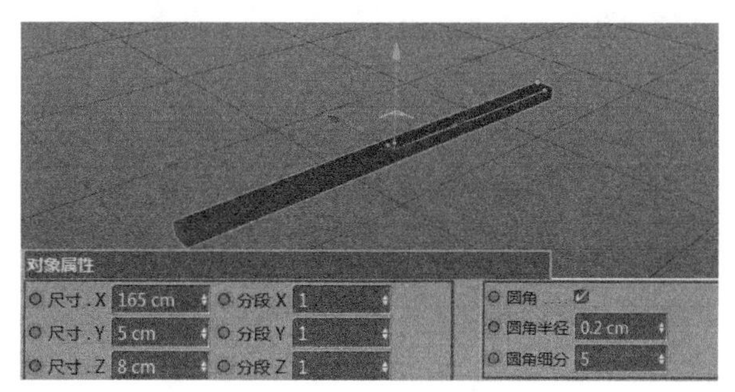

图5-56

图5-57

07 创建立方体和圆柱体优化整个列车，如图5-58和图5-59所示。

08 将上一步创建好的模型进行组合，如图5-60所示。

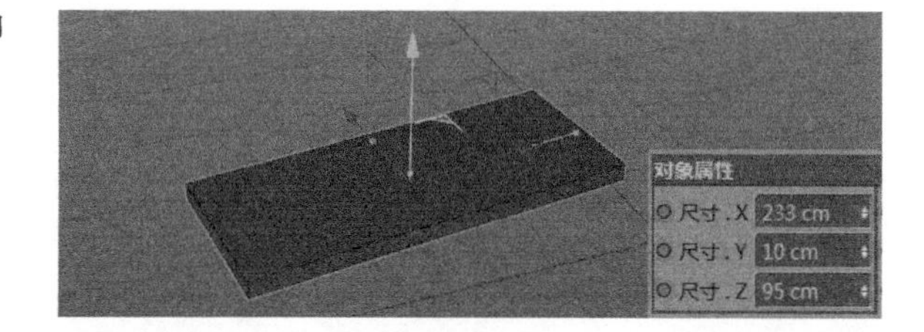

图5-58

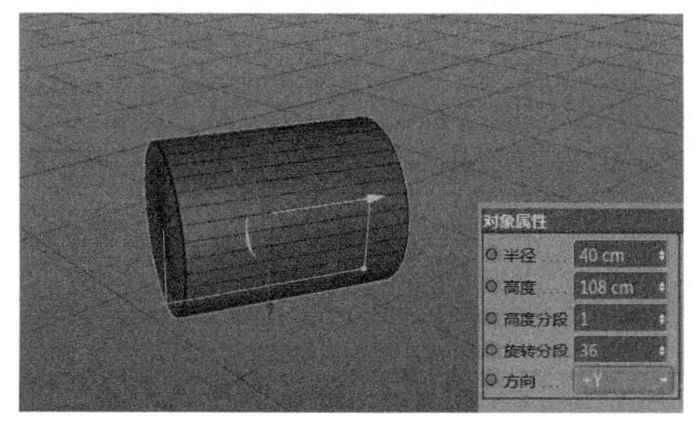

图5-59

图5-60

09 继续创建立方体，调整其参数并进行组合，如图5-61所示。

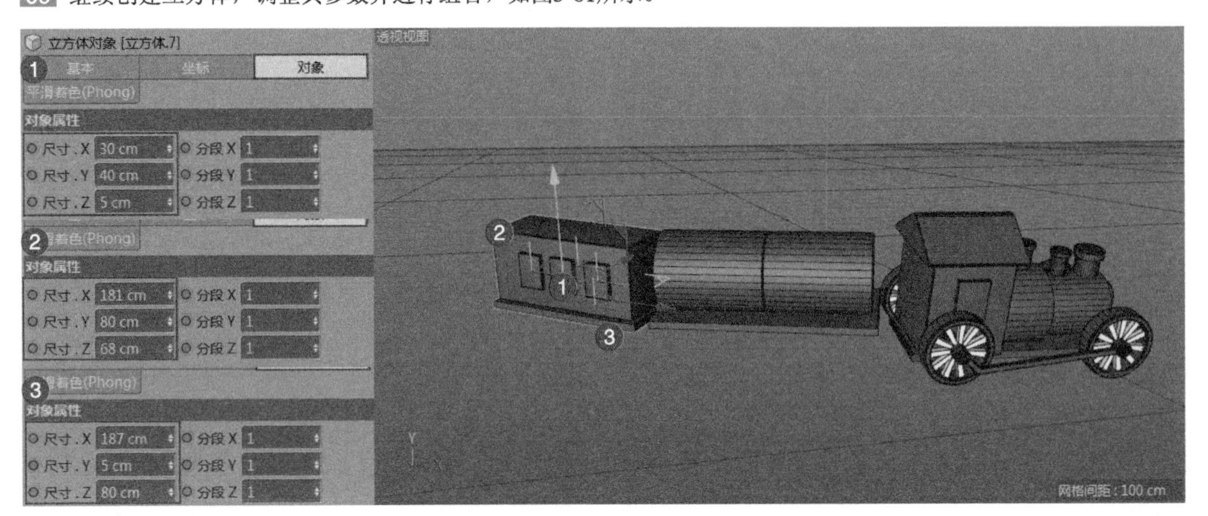

图5-61

10 绘制样条线并对其挤压和组合，如图5-62和图5-63所示。

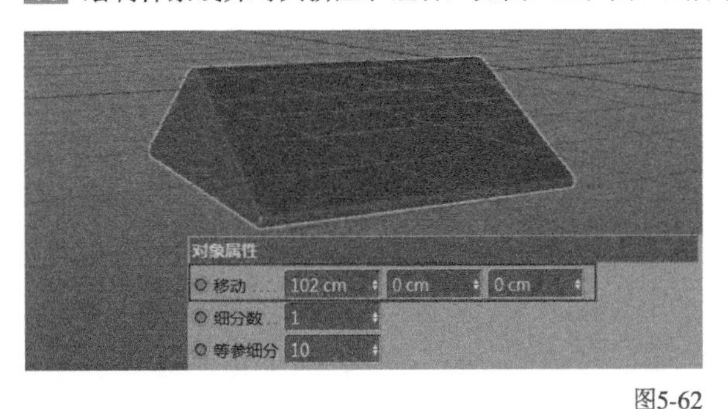

图5-62

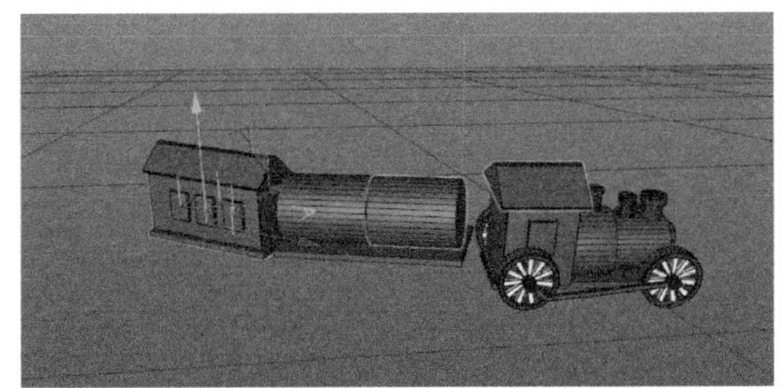

图5-63

11 将车轮模型进行复制和组合，火车模型效果如图5-64所示。

图5-64

5.1.5 礼物及树木模型的创建

01 创建立方体并调整其参数，然后创建样条线并对其进行扫描，如图5-65~图5-68所示。

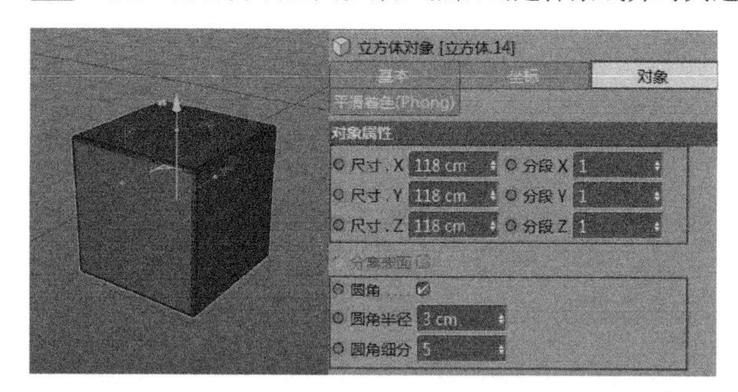

图5-65

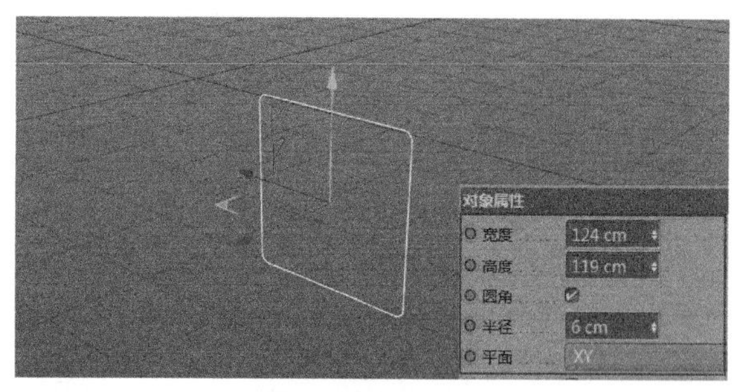

图5-66

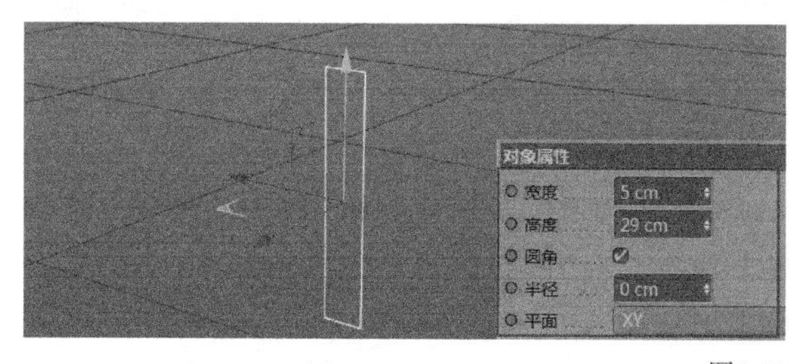

图5-67

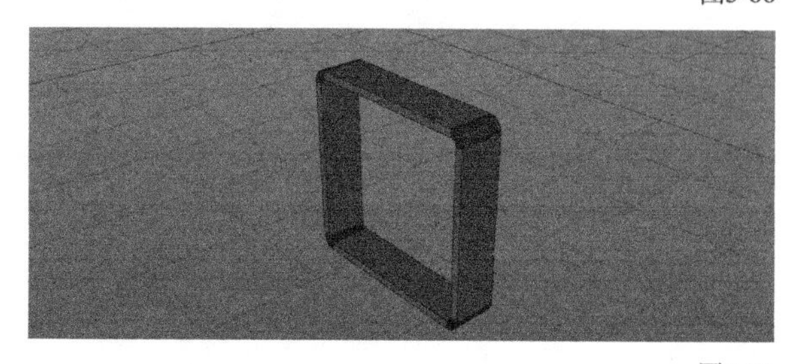
图5-68

02 将上一步创建的模型进行组合，即可得到礼物模型，如图5-69所示。

03 创建一个圆锥体和一个圆柱体并进行组合，即可得到树木模型，如图5-70所示。

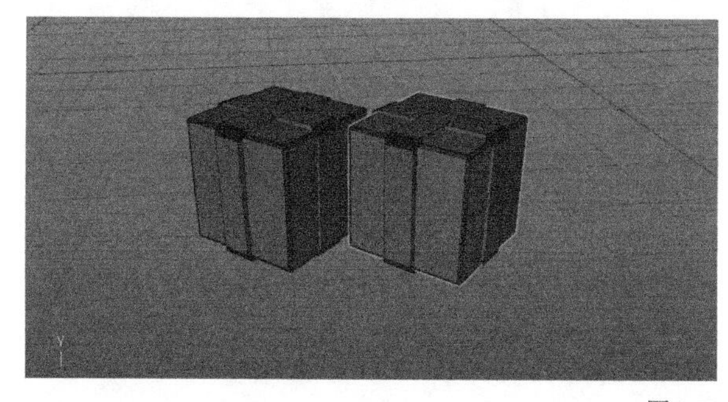
图5-69

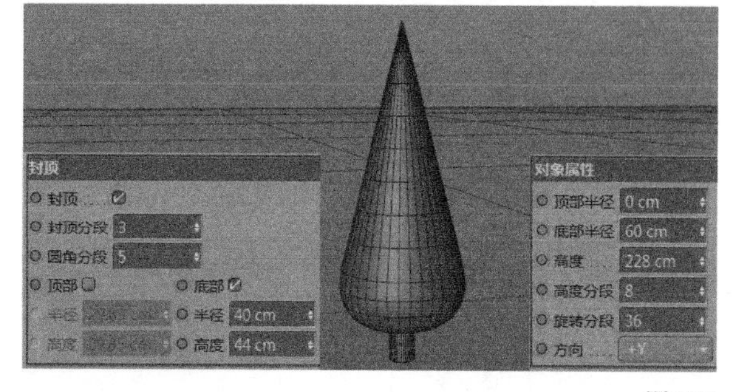

图5-70

5.1.6 文字模型的创建

01 通过“文本”工具输入“618PARTY”，并对其进行挤压，如图5-71和图5-72所示。

图5-71

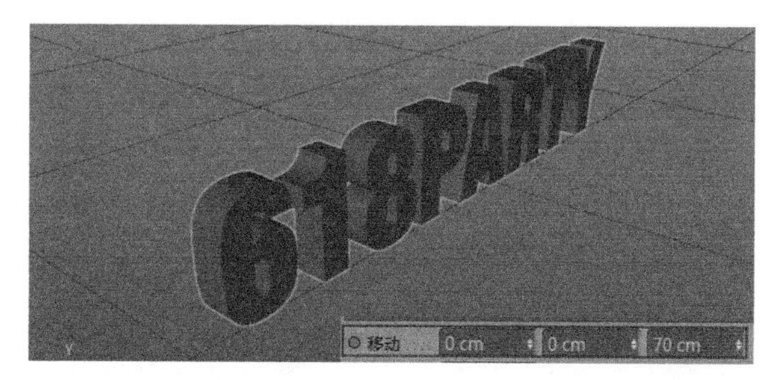

图5-72

02 将挤压后的文字转换为可编辑对象，然后对其进行内部挤压，如图5-73所示。

03 用“画笔”工具沿着文字的轮廓进行绘制，然后创建一个“半径”为3.5cm的圆环，接着将两者进行扫描，如图5-74所示。

图5-73

图5-74

04 将制作出来的模型与之前的文字模型进行组合，如图5-75所示。

05 绘制“半径”分别为430cm、336cm和235cm的多边形样条线形状，然后对其进行挤压和组合，如图5-76所示。

图5-75

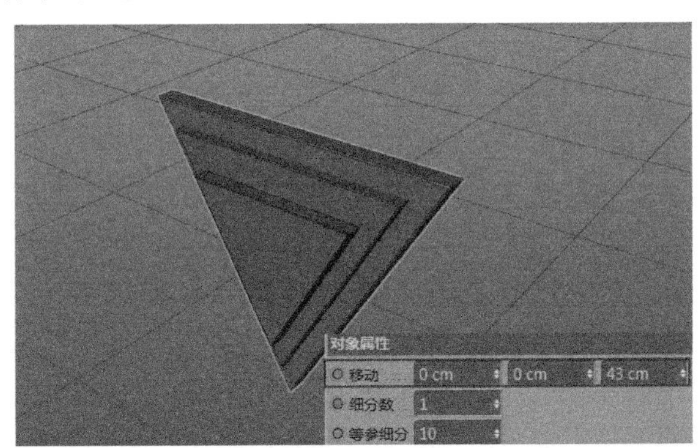

图5-76

06 创建一个圆柱体，然后进行复制并将其与中间的三角形进行布尔运算，如图5-77和图5-78所示。

07 将创建好的模型进行组合，文字的组合效果如图5-79所示。

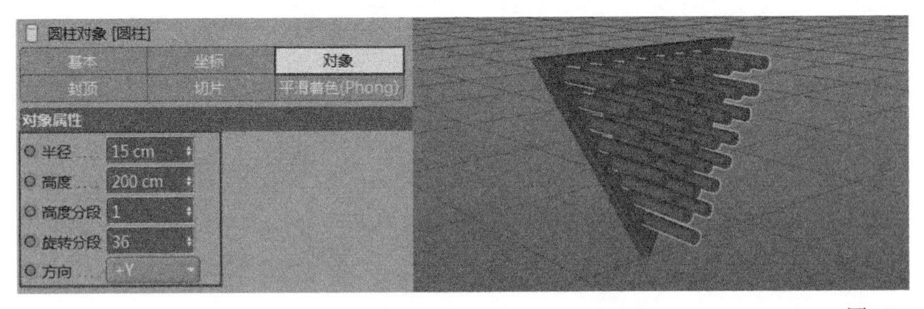

图5-77

图5-78

图5-79

5.1.7 其他的背景元素模型的创建

01 绘制一条样条线并放样制作出舞台模型，舞台模型的大小可以根据本身场景进行缩放，如图5-80和图5-81所示。

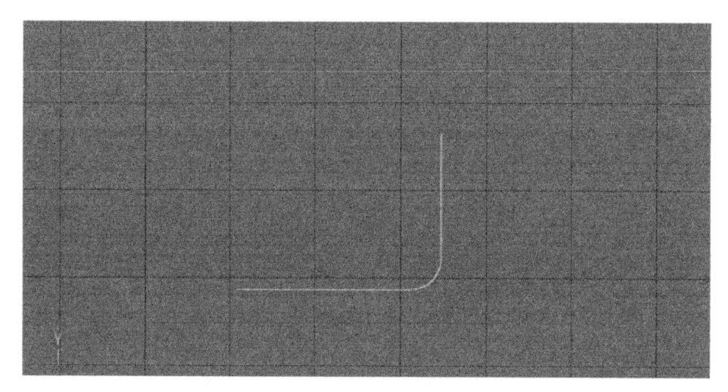

图5-80

图5-81

02 创建一个平面加大分段数，然后把平面转换为可编辑对象，接着打开雕刻面板，如图5-82所示。

03 在“雕刻”工具中选择“抓取”工具对平面进行抓取，即可实现山脉效果，如图5-83所示。抓取的高度根据场景的要求自行设置。

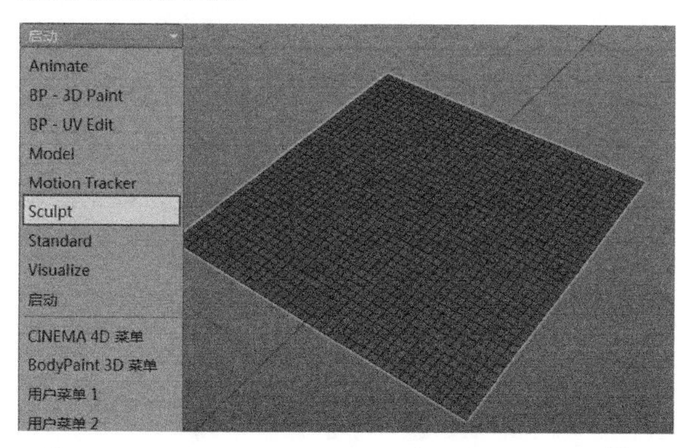

图5-82

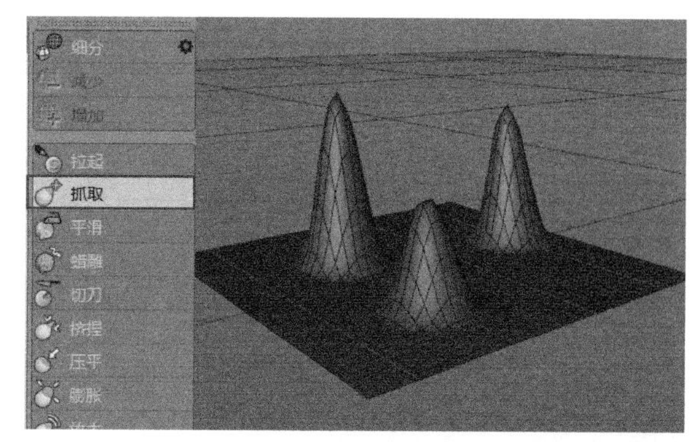

图5-83

04 其他的装饰元素（没有固定的要求，读者可以随意发挥），通过绘制样条线并对其进行挤压形成效果，如图5-84和图5-85所示。

05 将所有的元素进行组合，最终效果如图5-86所示。

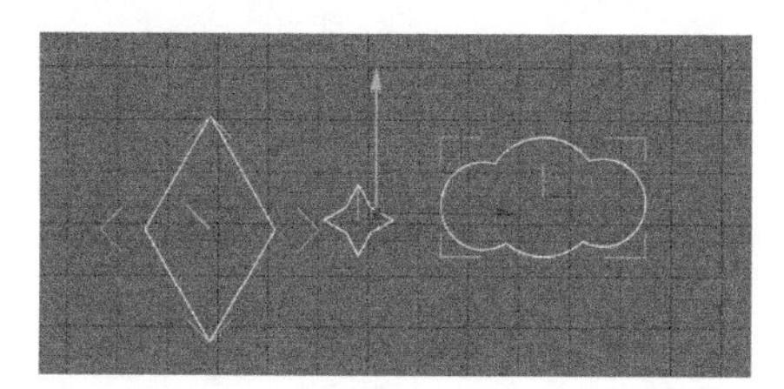

图5-84

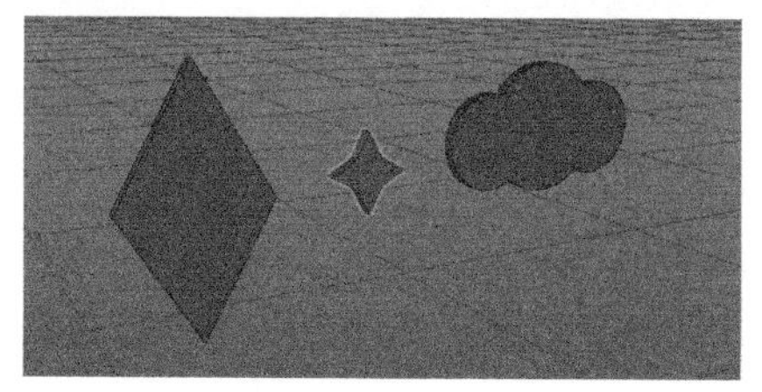

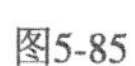

图5-85

图5-86

5.2 设置材质

本节将完善场景中的材质，本案例需要创建城堡、摩天轮和火车等材质。

5.2.1 城堡材质

创建两个空白材质，双击进入“材质编辑器”面板，根据图片的顺序依次调整材质参数，具体参数设置如图5-87~图5-90所示。

操作步骤

① 勾选“颜色”选项，设置“颜色”为（R:255，G:85，B:196），“亮度”为100%。

② 勾选“反射”选项，设置“类型”为GGX，“亮度”为57%，“菲涅耳”为“绝缘体”，“预置”为“沥青”，“强度”为100%，“折射率（IOR）”为1.635。

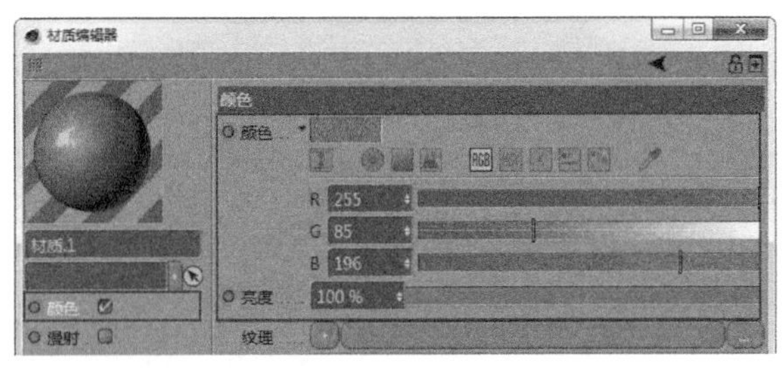

图5-87

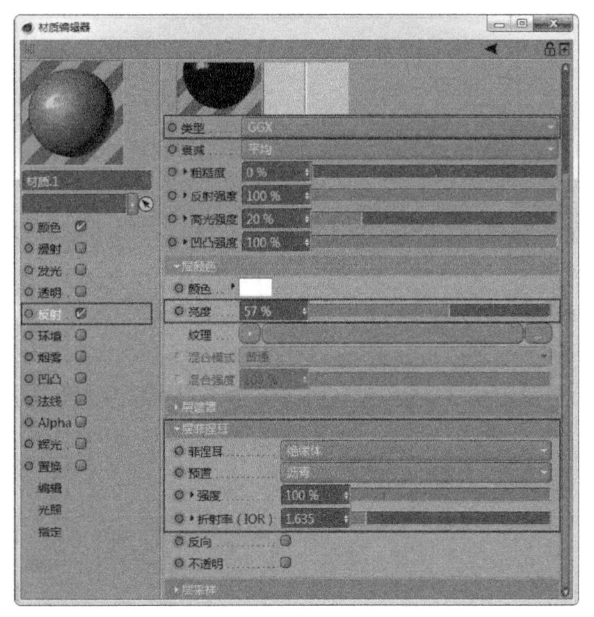

图5-88

③ 勾选“颜色”选项，设置“颜色”为（R:199，G:150，B:255），“亮度”为100%。

④ 勾选“反射”选项，设置“类型”为GGX，“亮度”为44%，“菲涅耳”为“绝缘体”，“预置”为“沥青”，“强度”为100%，“折射率（IOR）”为1.635。

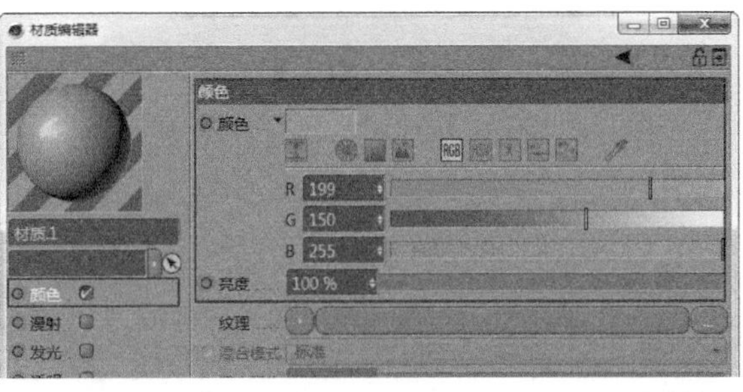

图5-89

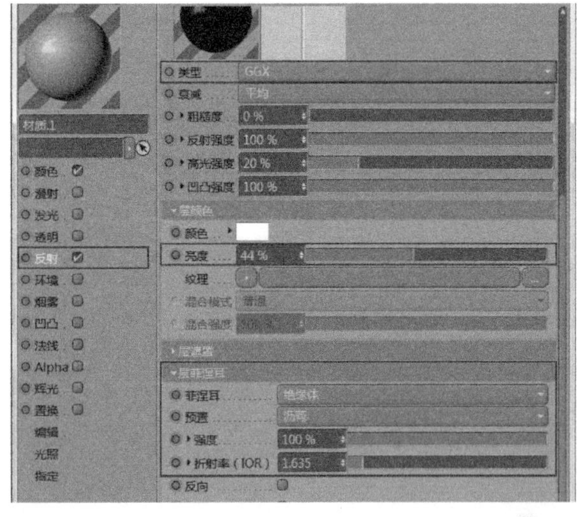

图5-90

5.2.2 摩天轮材质

创建3个空白材质，双击进入“材质编辑器”面板，根据图片的顺序依次调整材质参数，具体参数设置如图5-91~图5-94所示。

操作步骤

① 勾选“颜色”选项，设置“颜色”为（R:199，G:150，B:255），“亮度”为100%。

② 勾选“反射”选项，设置“类型”为GGX，“亮度”为44%，“菲涅耳”为“绝缘体”，“预置”为“沥青”，“强度”为100%，“折射率（IOR）”为1.635。

③ 勾选“颜色”选项，设置“颜色”为（R:95，G:46，B:151），“亮度”为100%。

④ 勾选“颜色”选项，设置“颜色”为（R:69，G:208，B:255），“亮度”为100%。

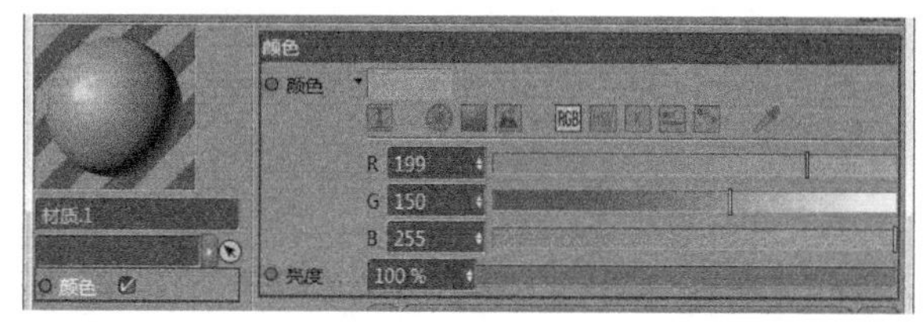

图5-91

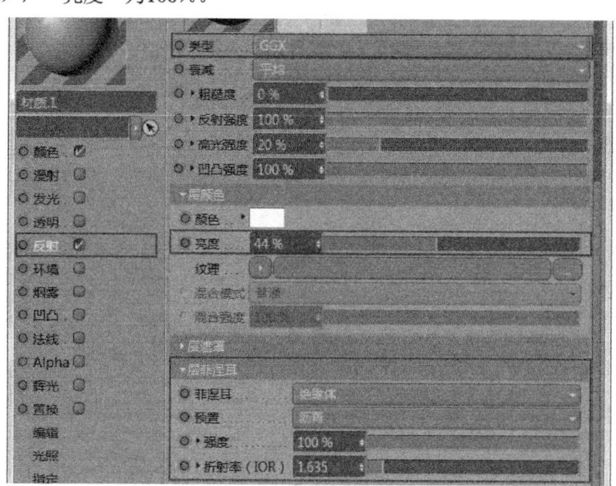

图5-92

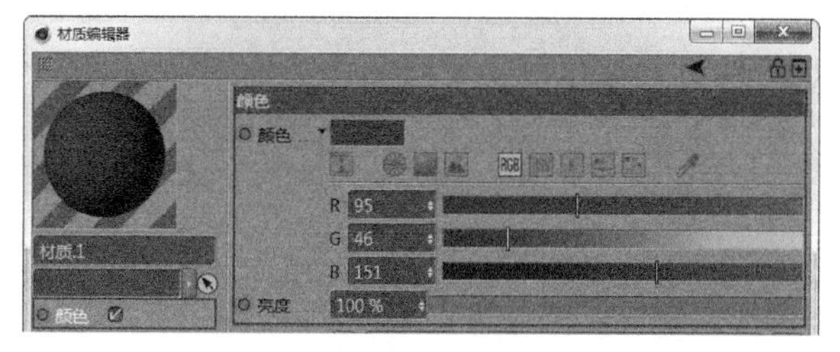

图5-93

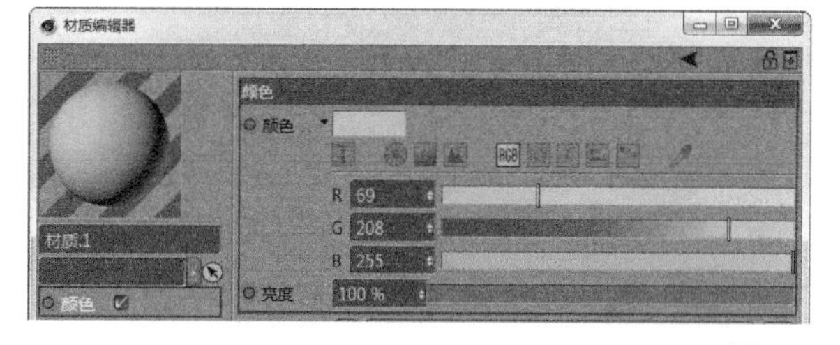

图5-94

5.2.3 火车和轨道材质

创建4个空白材质，双击进入“材质编辑器”面板，根据图片的顺序依次调整材质参数，具体参数设置如图5-95~图5-100所示。

操作步骤

① 勾选“颜色”选项，设置“颜色”为（R:255，G:85，B:196），“亮度”为100%。

② 勾选“反射”选项，设置“类型”为GGX，“亮度”为57%，“菲涅耳”为“绝缘体”，“预置”为“沥青”，“强度”为100%，“折射率（IOR）”为1.635。

③ 勾选“颜色”选项，设置“颜色”为（R:199，G:150，B:255），“亮度”为100%。

④ 勾选“反射”选项，设置“类型”为GGX，“亮度”为44%，“菲涅耳”为“绝缘体”，“预置”为“沥青”，“强度”为100%，“折射率（IOR）”为1.635。

⑤ 勾选“颜色”选项，设置“颜色”为（R:95，G:46，B:151），“亮度”为100%。

⑥ 勾选“颜色”选项，设置“颜色”为（R:255，G:255，B:255），“亮度”为100%。

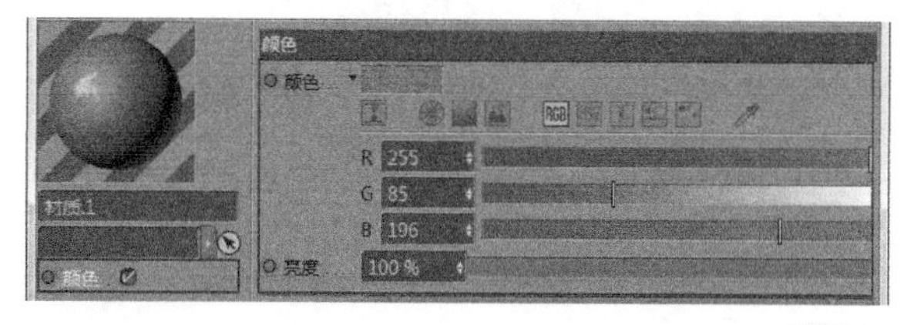

图5-95

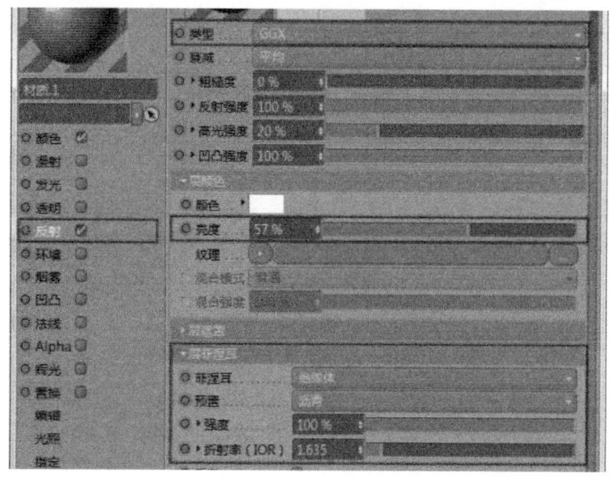

图5-96

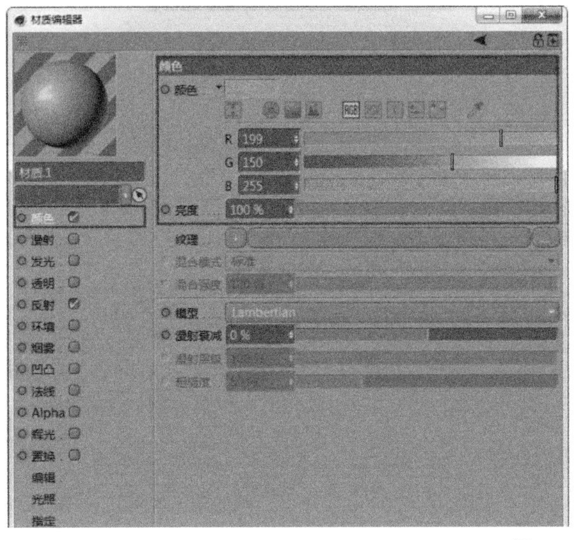

图5-97

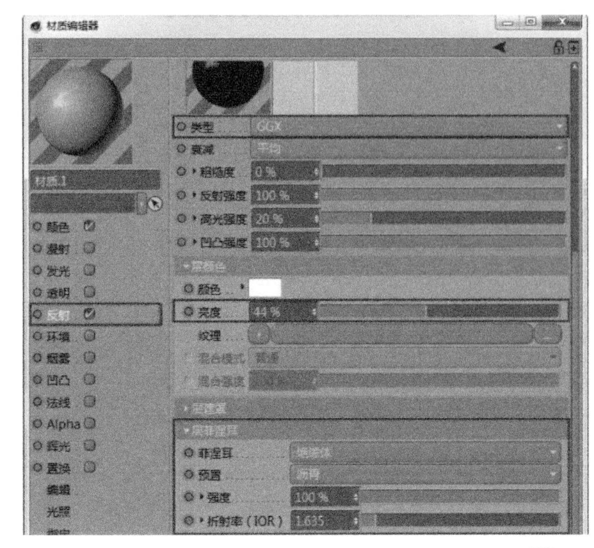

图5-98

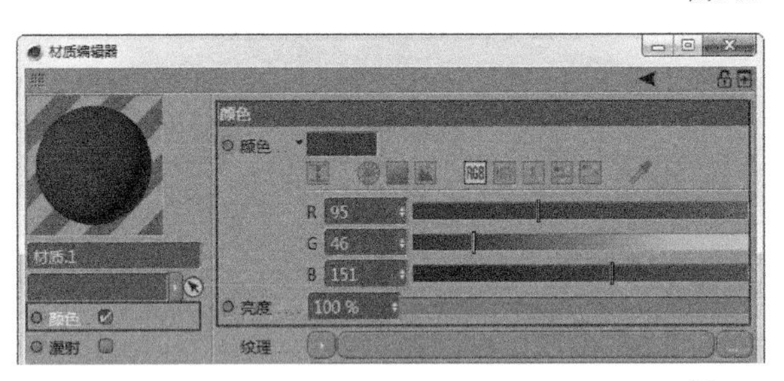

图5-99

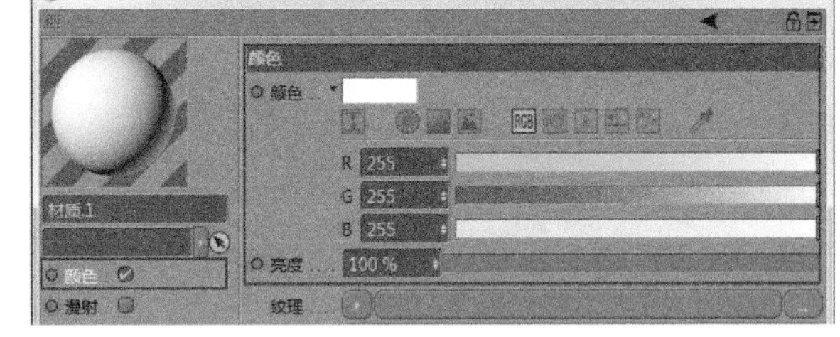

图5-100

5.2.4 树木和礼盒材质

创建3个空白材质，双击进入“材质编辑器”面板，根据图片的顺序依次调整材质参数，具体参数设置如图5-101~图5-103所示。

操作步骤

① 勾选“颜色”选项，设置“颜色”为（R:69，G:208，B:255），“亮度”为100%。

② 勾选“颜色”选项，设置“颜色”为（R:255，G:85，B:196），“亮度”为100%。

③ 勾选“颜色”选项，设置“颜色”为（R:255，G:255，B:255），“亮度”为100%。

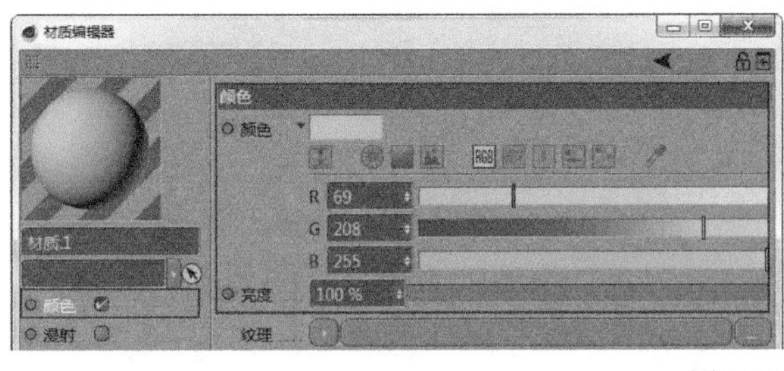

图5-101

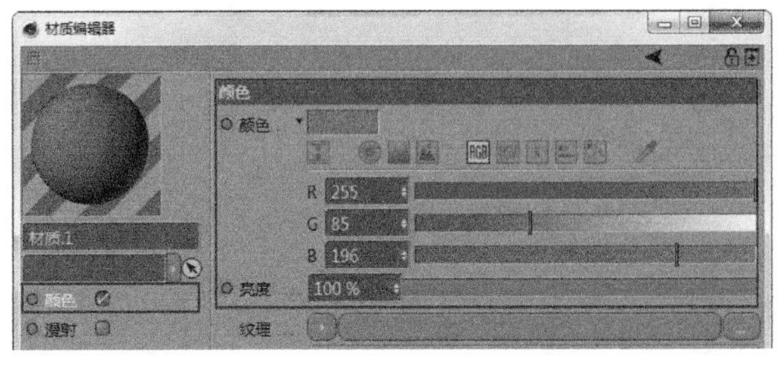

图5-102

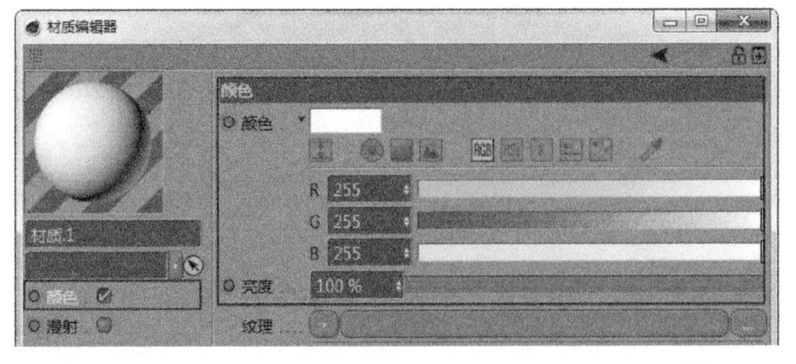

图5-103

5.2.5 文字材质

创建4个空白材质，双击进入“材质编辑器”面板，根据图片的顺序依次调整材质参数，具体参数设置如图5-104~图5-108所示。

操作步骤

① 勾选“发光”选项，设置“颜色”为（R:60，G:237，B:237），“亮度”为120%。

② 勾选“反射”选项，设置“类型”为GGX，“亮度”为100%，“菲涅耳”为“绝缘体”，“预置”为“沥青”，“强度”为100%，“折射率（IOR）”为1.635。

③ 勾选“颜色”选项，设置“颜色”为（R:95，G:46，B:151），“亮度”为100%。

④ 勾选“颜色”选项，设置“颜色”为（R:255，G:255，B:255），“亮度”为100%。

⑤ 勾选“颜色”选项，设置“颜色”为（R:69，G:208，B:255），“亮度”为100%。

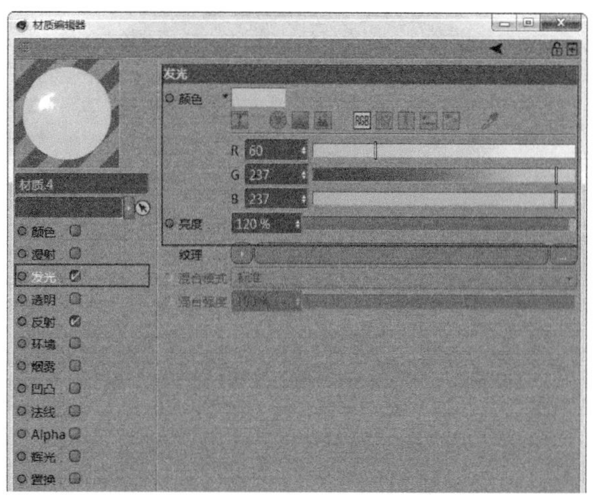

图5-104

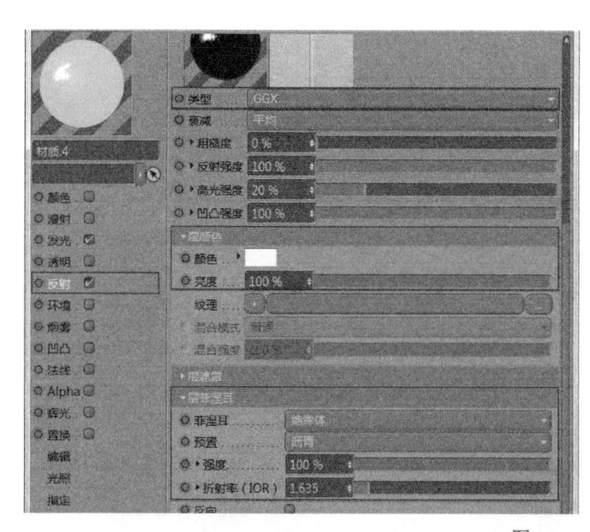

图5-105

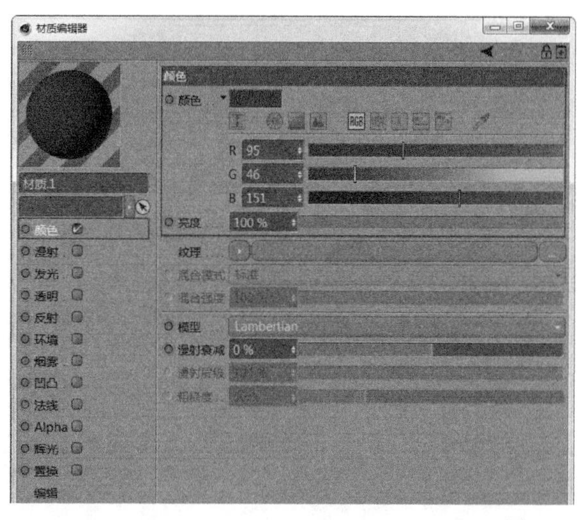

图5-106

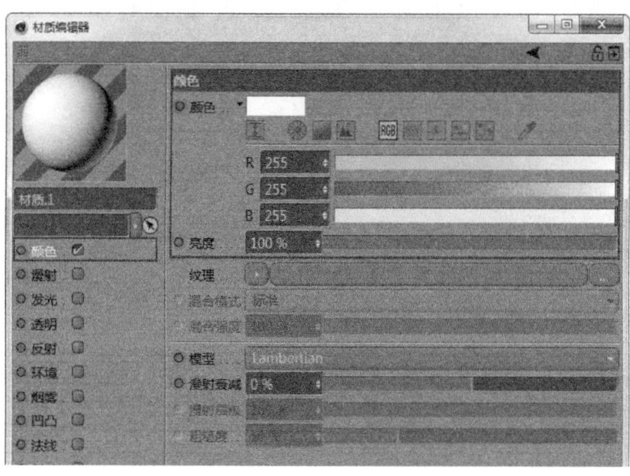

图5-107

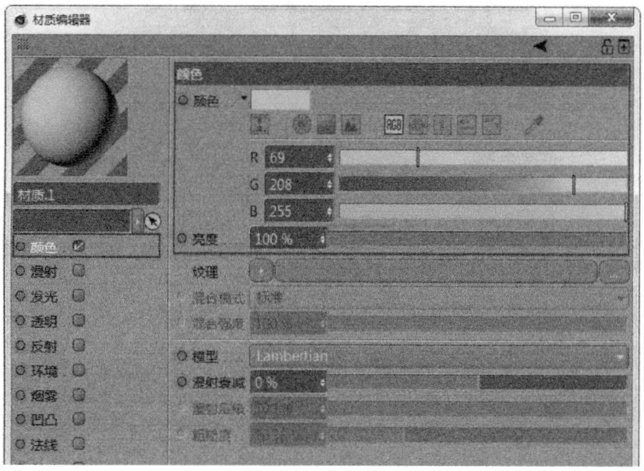

图5-108

5.2.6 背景组合材质

01 创建4个空白材质，双击进入“材质编辑器”面板，根据图片的顺序依次调整材质参数，具体参数设置如图5-109~图5-112所示。

① 勾选“颜色”选项，设置“颜色”为（R:69，G:208，B:255），“亮度”为100%。

② 勾选“颜色”选项，设置“颜色”为（R:255，G:85，B:196），“亮度”为100%。

③ 勾选“颜色”选项，设置“颜色”为（R:255，G:255，B:255），“亮度”为100%。

④ 勾选“颜色”选项，设置“颜色”为（R:95，G:46，B:151），“亮度”为100%。

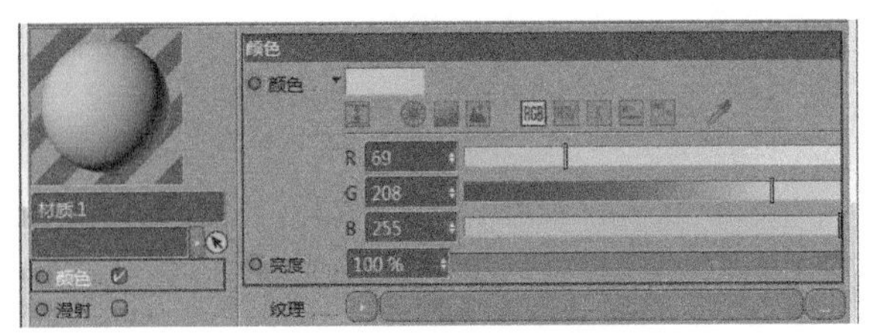

图5-109

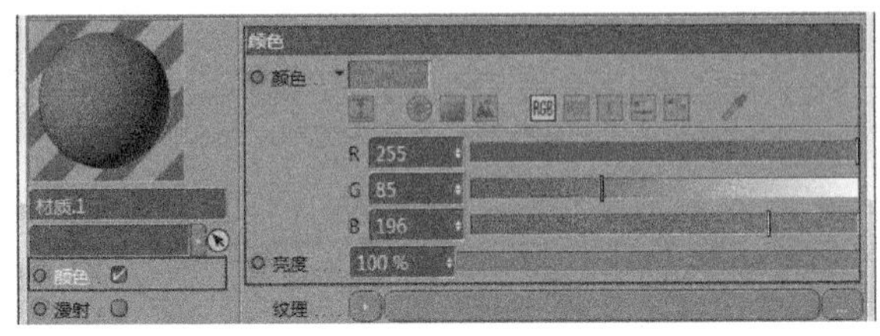

图5-110

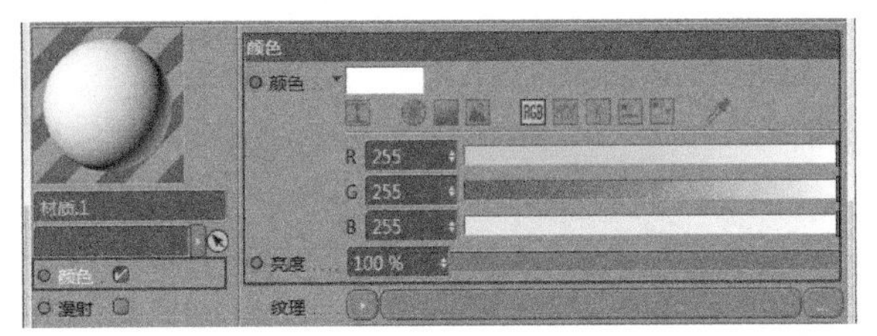

图5-111

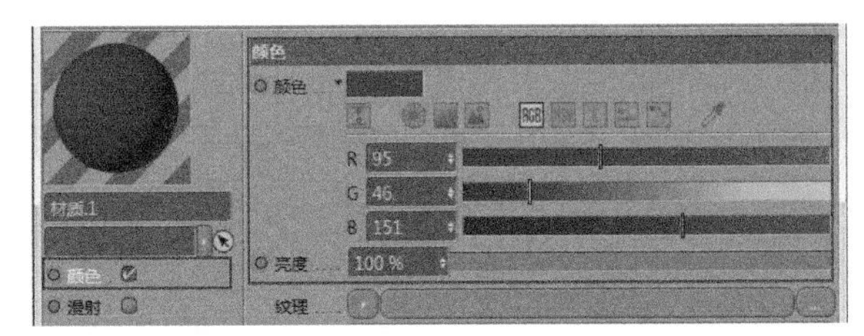

图5-112

02 将所有的材质完成之后赋予相应的模型，效果如图5-113所示。

图5-113

5.3 添加灯光

本节将完善场景中的灯光，本案例需要创建一盏主光源和两盏辅助光源。

5.3.1 主光源

在当前场景中添加3盏区域灯光，分别放置在整个场景前方和两侧，其中一盏主光源、两盏辅助光源，位置如图5-114所示。主光源参数设置如图5-115所示。

操作步骤

① 在“常规”中设置“颜色”为白色，“强度”为100%，“类型”为“区域光”，“投影”为“区域”。

② 在“细节”中设置“衰减”为“平方倒数（物理精度）”，“半径衰减”为1345cm。

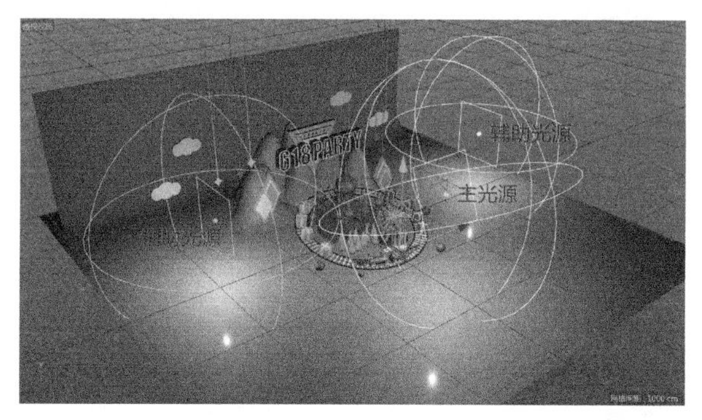

图5-114

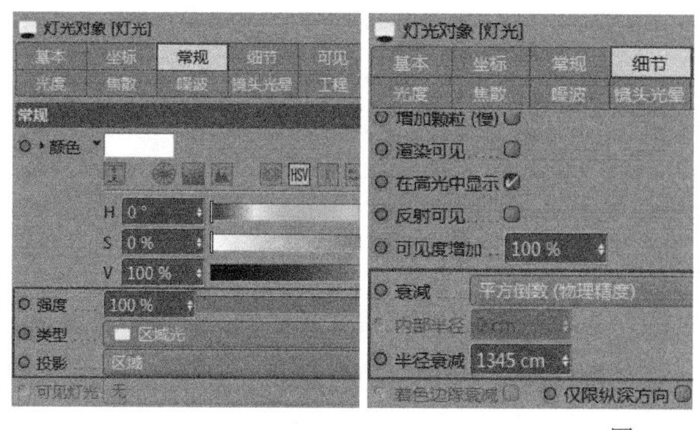

图5-115

5.3.2 辅助光源

设置另外两盏辅助光源的参数，如图5-116所示。

操作步骤

① 在“常规”中设置“颜色”为白色，“强度”为80%、“类型”为“区域光”，“投影”为“无”。

② 在“细节”中设置“衰减”为“平方倒数（物理精度）”，“半径衰减”为1345cm。

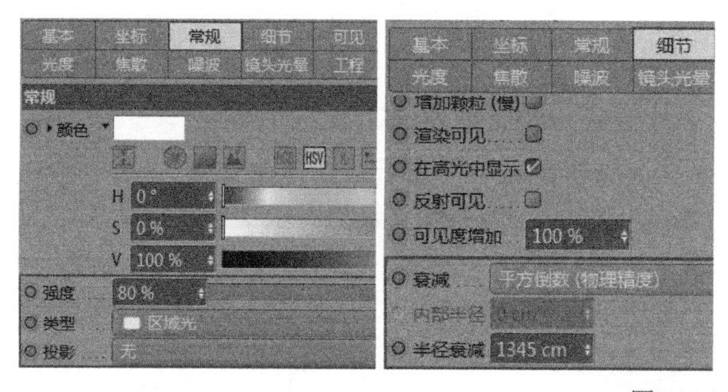

图5-116

5.4 设置环境

01 新建一个材质并创建一个天空对象，执行“窗口-内容浏览器”菜单命令打开“内容浏览器”面板，将预置材质“preset://Prime.lib4d/Presets/Light Setups/HDRI/tex/HDR018.hdr”直接拖曳到天空材质的“发光”通道中，如图5-117和图5-118所示。

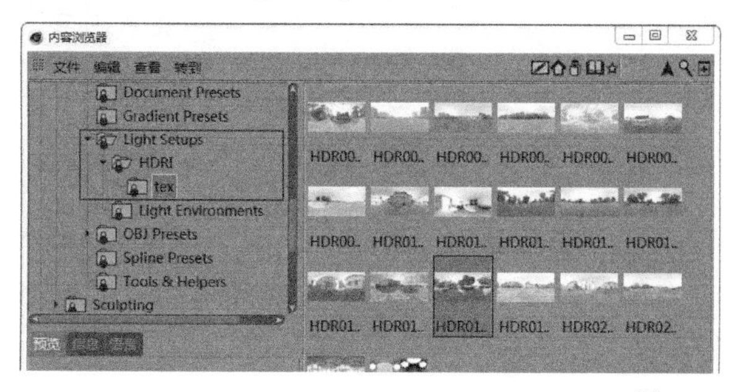

图5-117

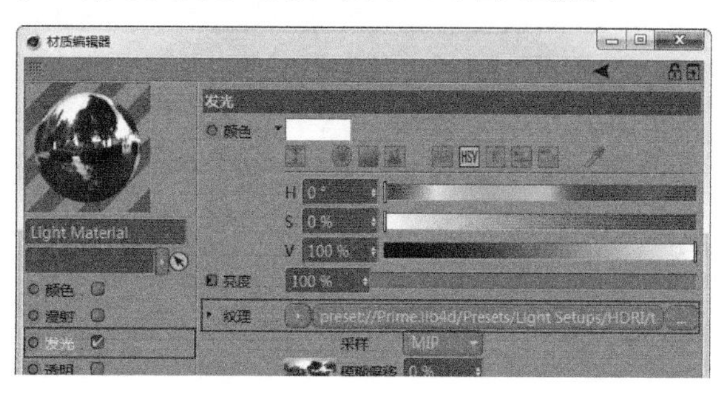

图5-118

02 拖曳天空材质赋予天空对象，然后按快捷键Ctrl+B打开“渲染设置”面板，接着在“渲染设置”面板中单击“效果”按钮添加“全局光照”选项，如图5-119所示。

03 按快捷键Ctrl+R进行渲染，此时场景反射了天空环境贴图，如图5-120所示。这时会发现渲染出来的效果并不是特别的理想，虽然整体效果已经渲染出来但整体场景过暗，细节部分需要优化。

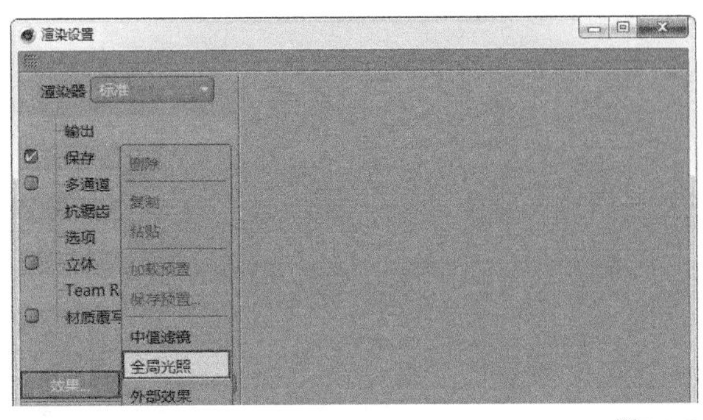

图5-119

图5-120

04 选择“几何工具组”中的“平面”工具作为反光板放置在场景中，位置及效果如图5-121所示。

05 渲染并观察，效果如图5-122所示。最后在Photoshop软件中对其进行简单的后期处理，最终效果如图5-123所示。

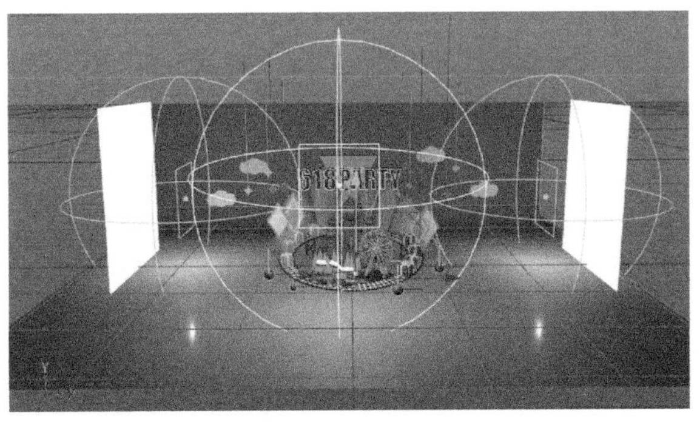
图5-121

图5-122

图5-123

第

章

机械科幻风格：食品包装海报

图6-1

本章将为读者讲解食品包装海报的设计，案例最终效果如图6-1所示。

◎ 视频名称 机械科幻风格：食品包装海报
◎ 实例位置 实例文件 >CH06> 机械科幻风格：食品包装海报
◎ 学习目标 掌握机械科幻风格模型的制作方法及机械类材质的设置方法

6.1 主体模型的制作

在制作这个案例之前，先对案例的模型进行分析和拆分，以便于我们在制作过程中有一个明确的思路和流程。在食品包装这个案例中，场景可以大概分为食品主体区、背景区、文字牌匾区和其他区（齿轮+电视+机械爪），如图6-2~图6-5所示。拆解完成后我们逐一对其进行建模。

图6-2

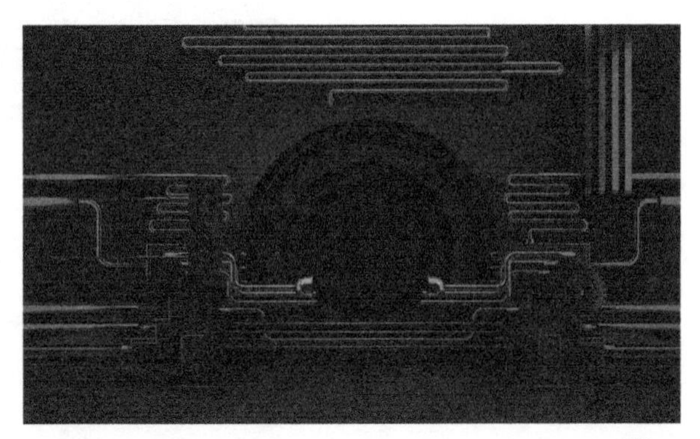

图6-3

图6-4

图6-5

6.1.1 食品主体区模型的创建

01 选择“曲线建模”工具组中的“贝塞尔”工具，创建一个贝塞尔平面，接着设置其参数并拖曳中间点，如图6-6所示。

02 将编辑好的贝塞尔平面进行复制，然后放置在另一侧，如图6-7所示。

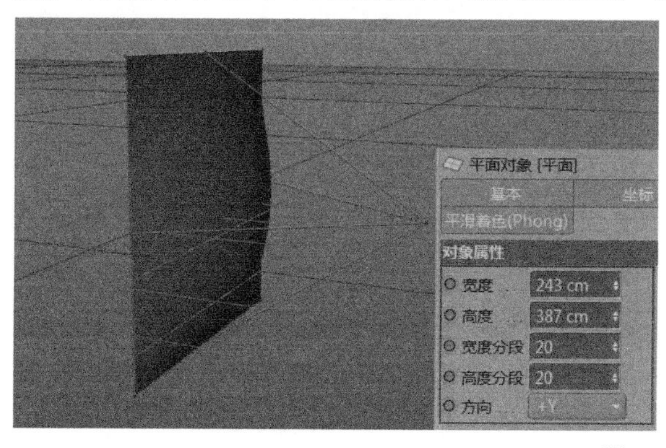

图6-6

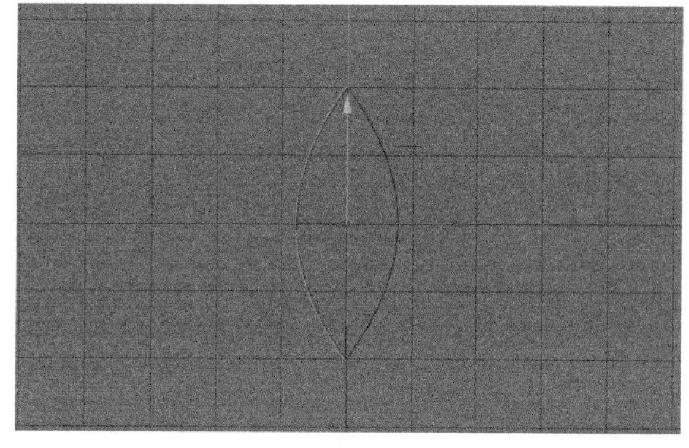

图6-7

03 选中两个贝塞尔平面并转换为可编辑的对象，然后单击鼠标右键，在弹出的菜单中选择“连接对象+删除”选项，如图6-8所示。

04 选择几何体上所有的点，然后单击鼠标右键，在弹出的菜单中选择“优化”选项进行优化，如图6-9所示。

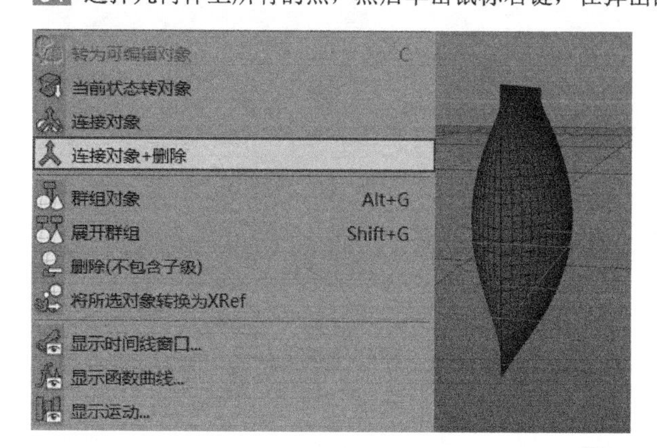

图6-8

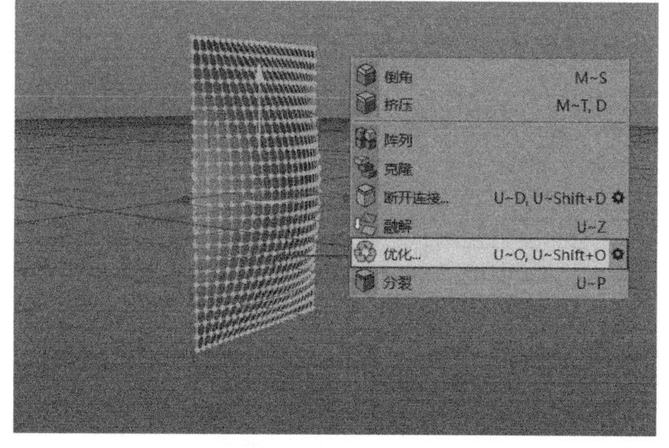

图6-9

05 单击鼠标右键，在弹出的菜单中选择“循环/路径切割”选项，然后对模型的顶部与底部进行循环切割，如图6-10所示。

06 选择面工具，然后对刚才切割的面进行选择并挤压，如图6-11所示。至此，食品包装袋的封口模型制作完成。

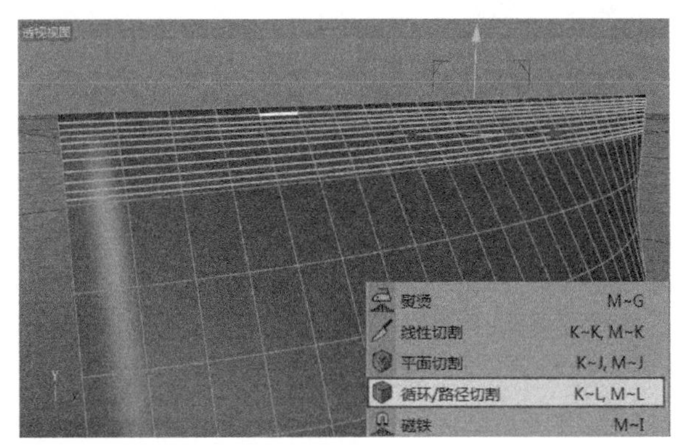

图6-10

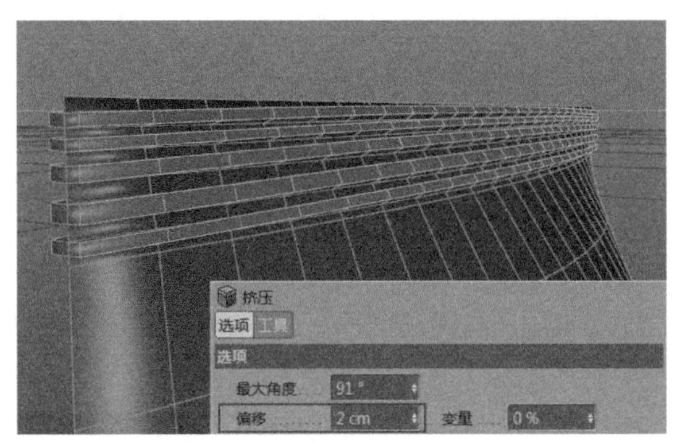

图6-11

07 切换到正视图，单击鼠标右键，在弹出的菜单中选择“笔刷”工具，接着对其食品包装袋的外形进行编辑，如图6-12所示。

08 为编辑好的食品包装袋添加“细分曲面”命令，完成食品包装袋模型的制作，如图6-13所示。

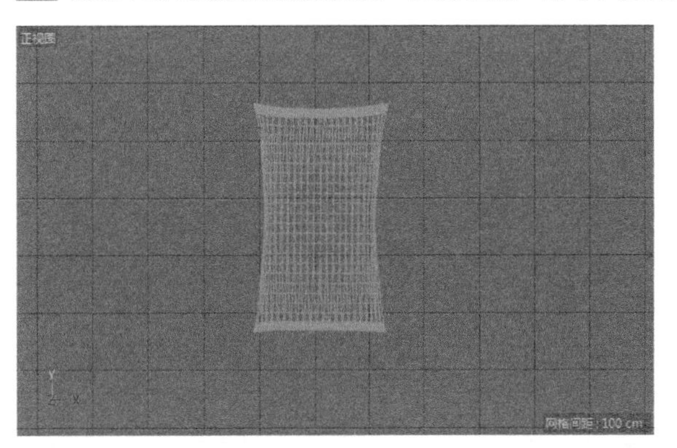

图6-12

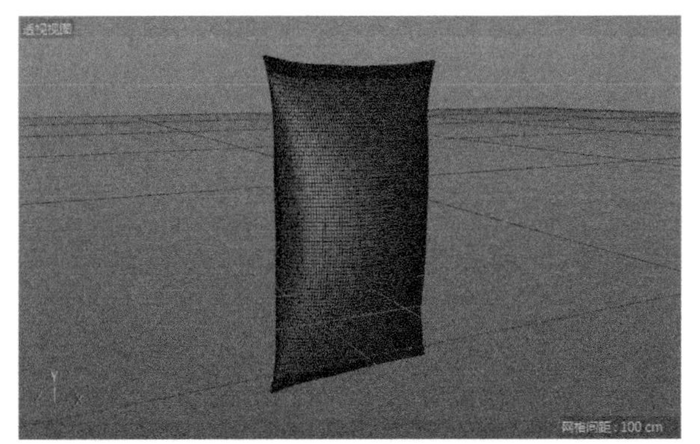

图6-13

09 创建两个圆柱体并对其进行组合，如图6-14所示。

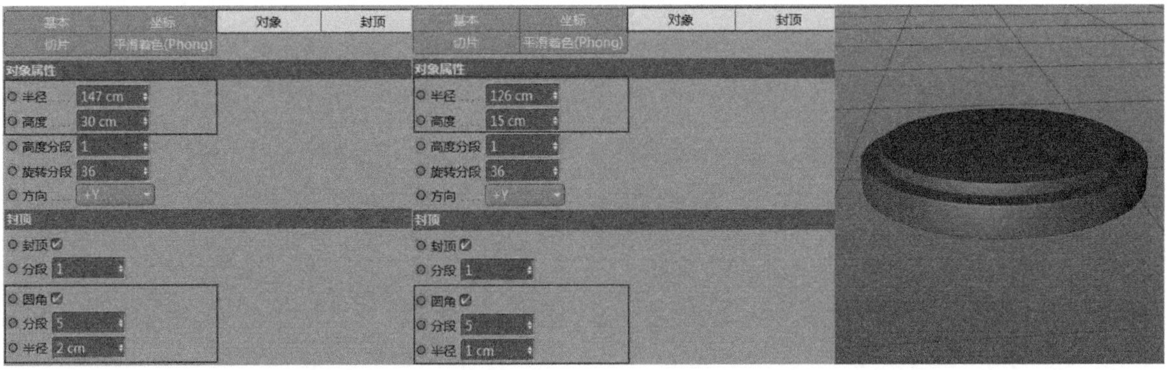

图6-14

10 创建一个“半径”为106cm的圆形样条线，并将其转换为一个可编辑样条，接着选中一个点并单击鼠标右键，在弹出的菜单中选择“断开连接”选项，如图6-15所示。

11 创建一个“宽度”为8cm，“高度”为40cm，“半径”为2cm的矩形样条线，调整其参数并将其与上一步的圆形样条线进行扫描，如图6-16所示。

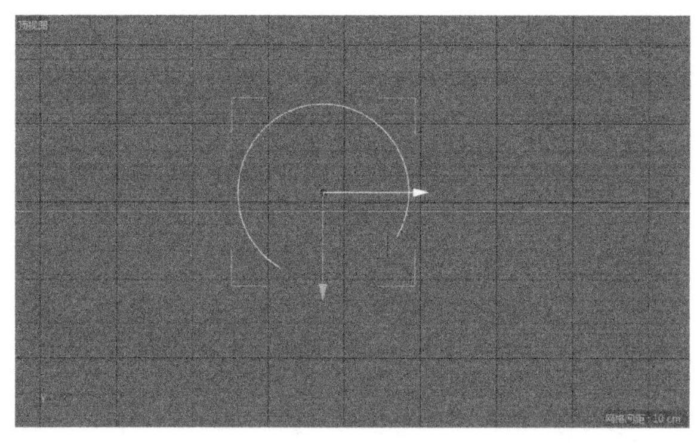

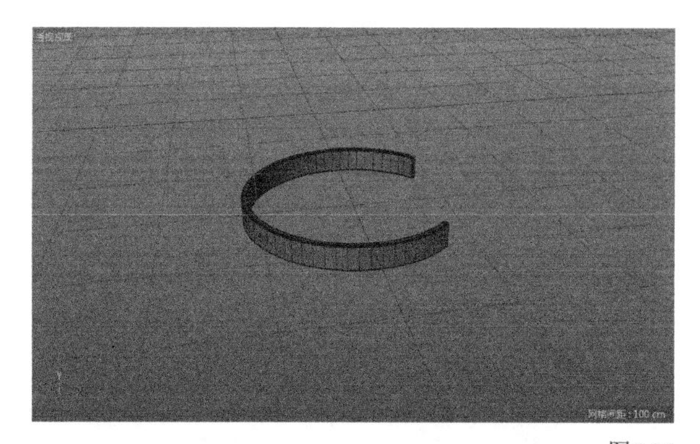

图6-15　　图6-16

12 创建一个“宽度”和“高度”都为7cm，“半径”为2cm 的矩形样条线，然后将其与步骤10中的样条线一起进行扫描，如图6-17所示。

13 将创建的模型进行组合，如图6-18所示。

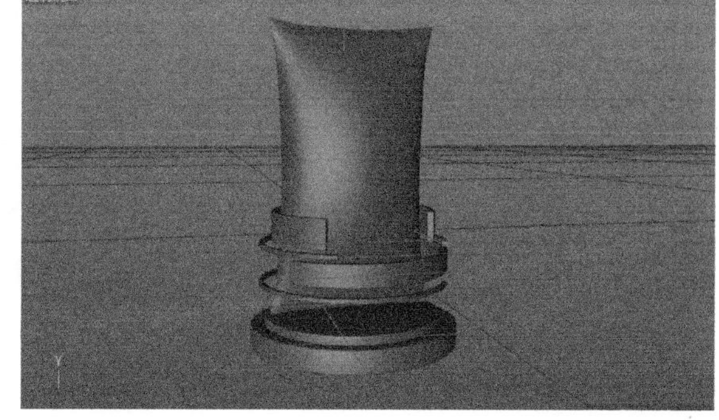

图6-17　　图6-18

6.1.2 背景区建模

01 创建平面和圆柱体，参数设置及效果如图6-19所示，然后将二者组合并进行布尔运算，效果如图6-20所示。

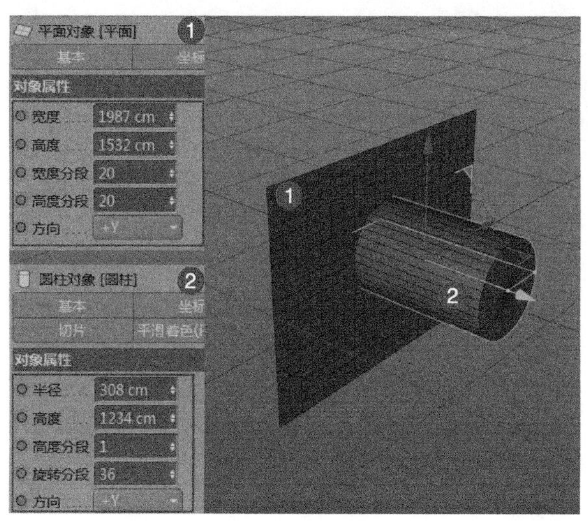

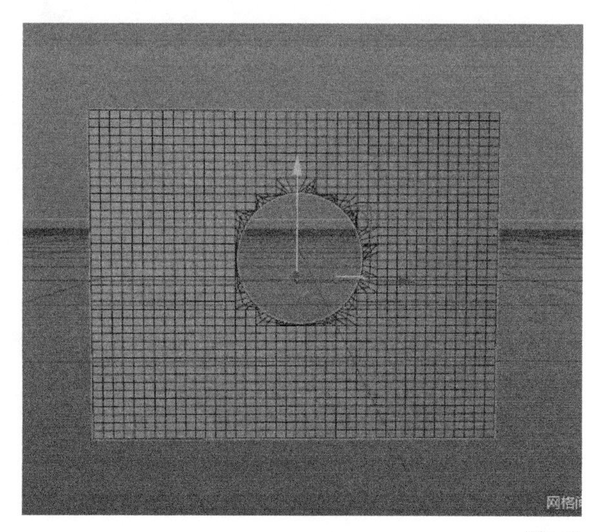

图6-19　　图6-20

02 创建一个立方体，然后调整尺寸，如图6-21所示，接着对其进行克隆，如图6-22所示。

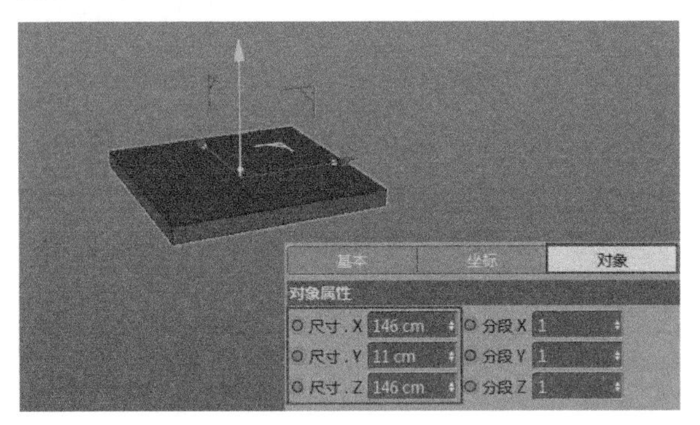

图6-21

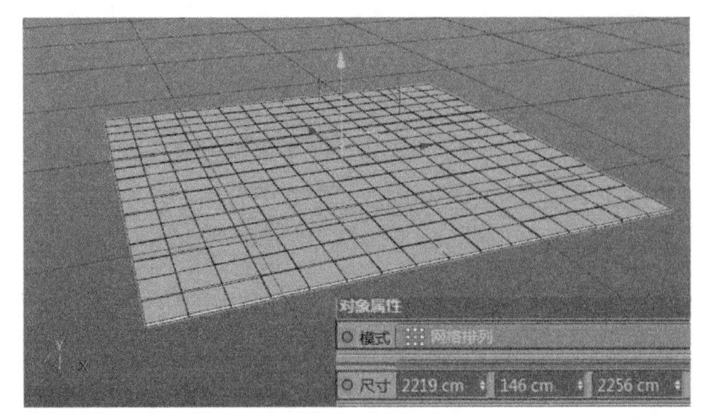

图6-22

03 将克隆的立方体与布尔运算的平面进行组合，如图6-23所示。

04 将布尔运算的平面复制3份，并依次进行排列组合，如图6-24所示。至此，背景的舞台部分搭建完成。

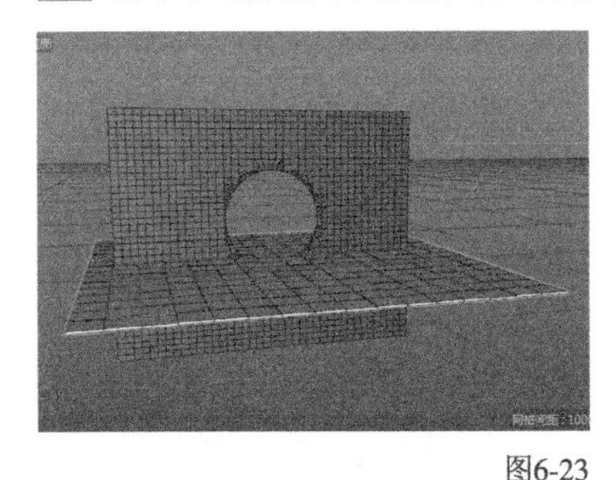

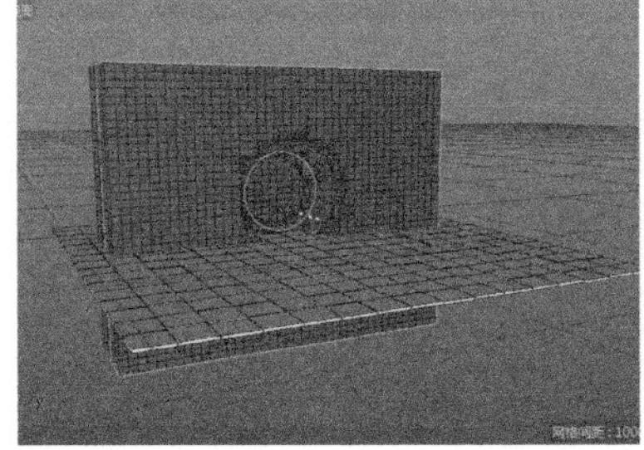

图6-23

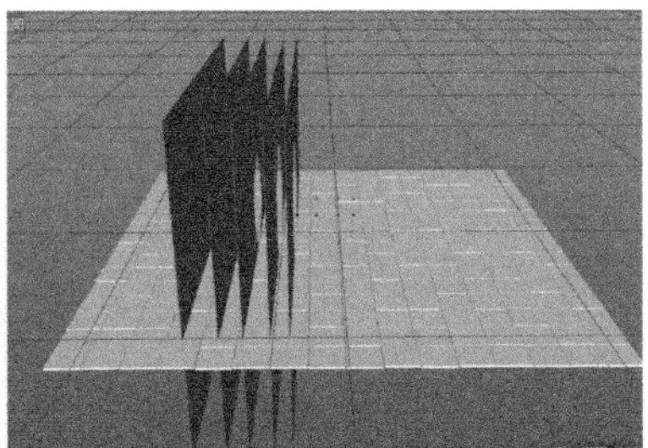

图6-24

05 按照①~④的顺序依次创建立方体并对其进行组合，如图6-25所示。

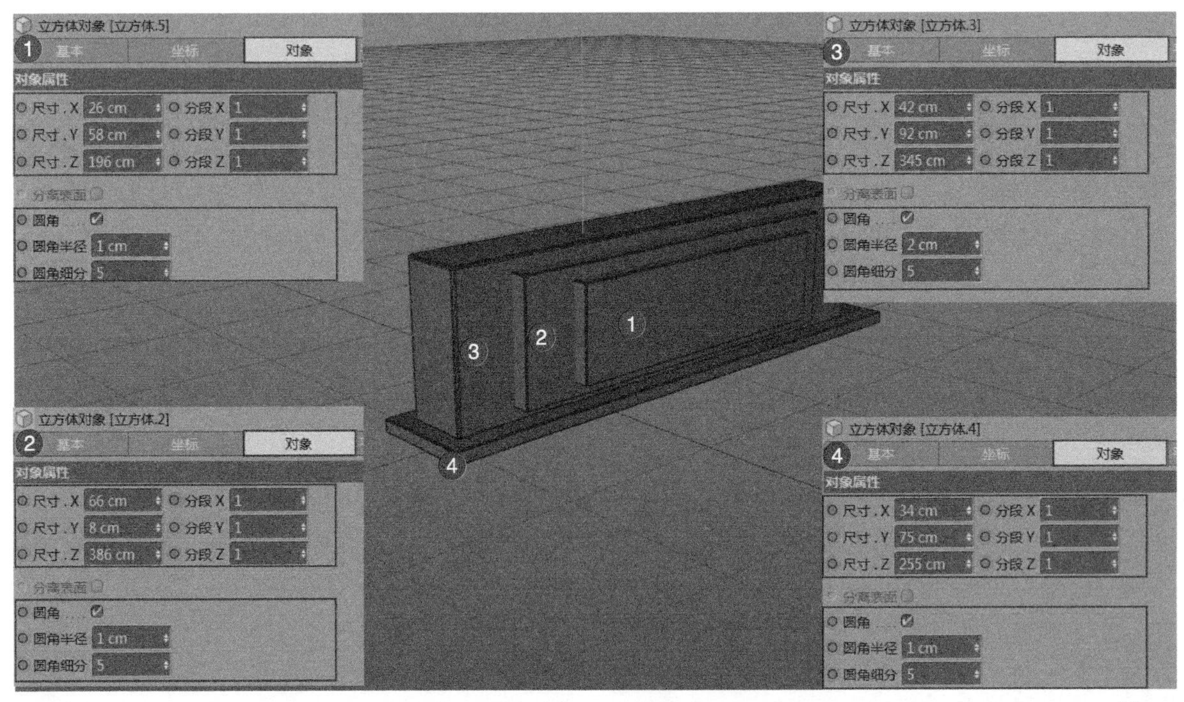

图6-25

06 用“画笔”工具绘制一个样条线，如图6-26所示，然后对其进行挤压，如图6-27所示。

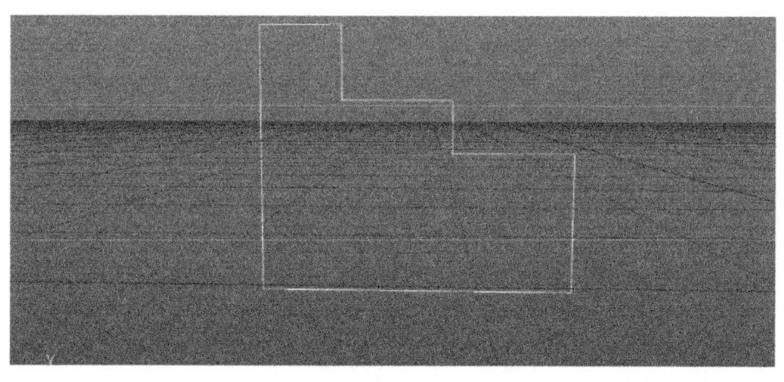
图6-26

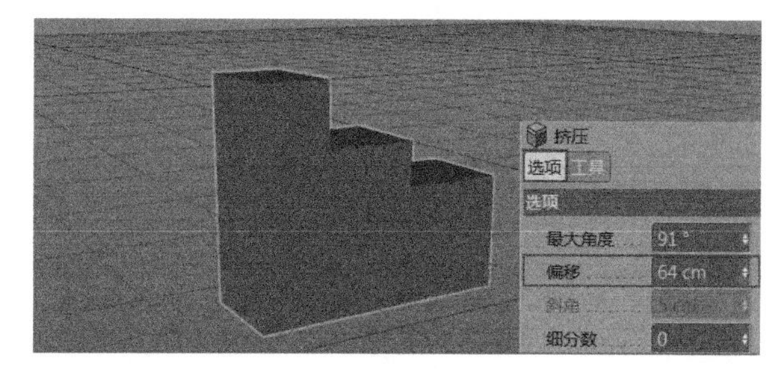

图6-27

07 选中上一步创建模型的面，然后对其进行内部挤压，如图6-28所示。

08 将立方体进行复制，并放置在舞台相应的位置，如图6-29所示。

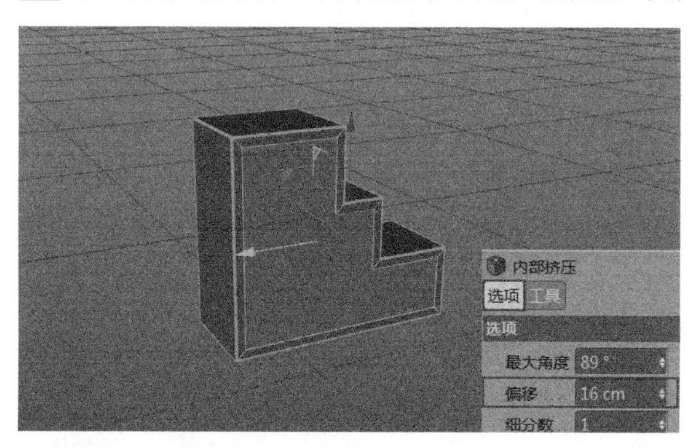

图6-28

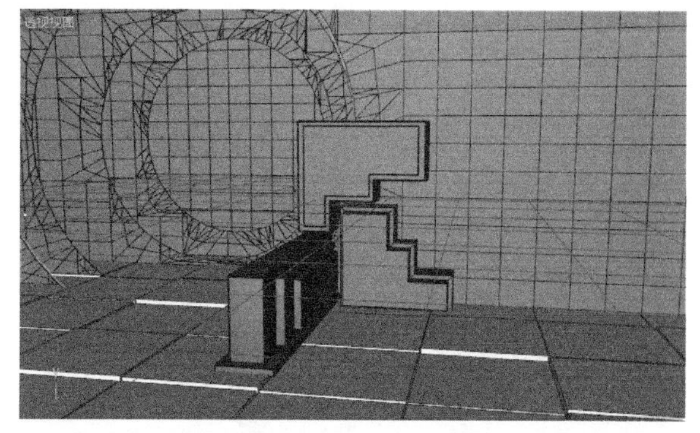
图6-29

09 按照①~③的顺序依次创建立方体，如图6-30所示，然后对其进行复制并与舞台进行组合，如图6-31所示。

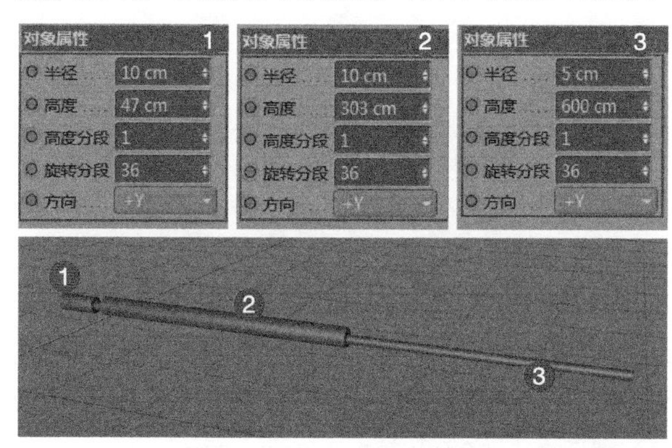

图6-30

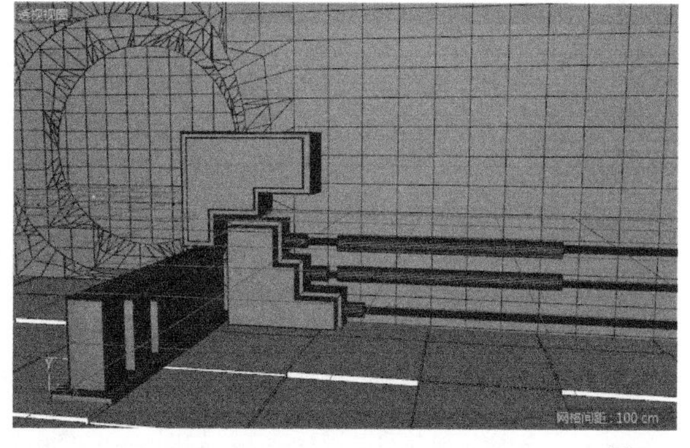
图6-31

10 绘制两条样条线，如图6-32和图6-33所示，然后对其进行扫描，如图6-34所示。

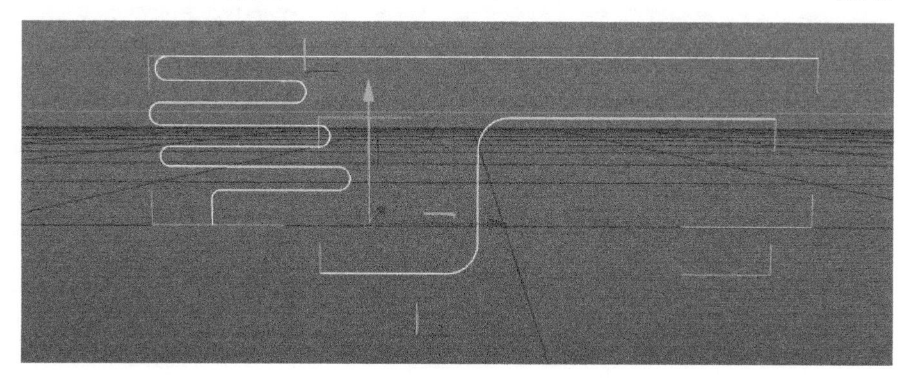
图6-32

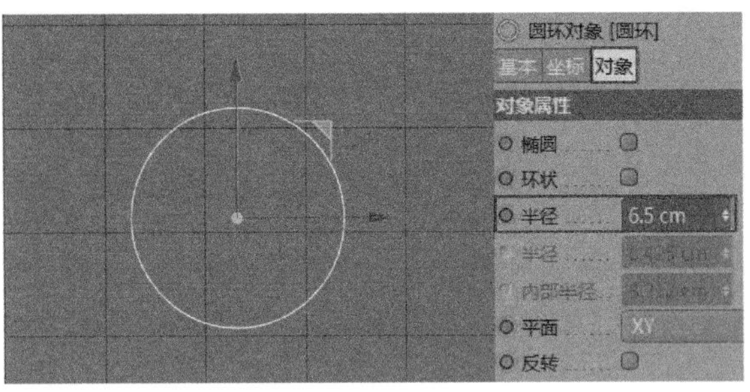

图6-33

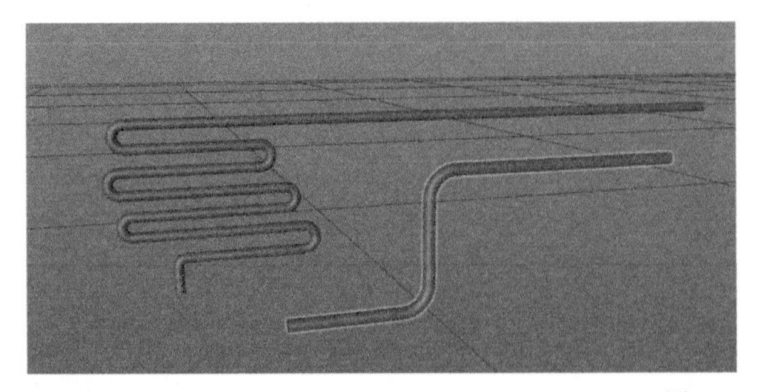

图6-34

11 将扫描后的样条线放置在舞台相应的位置，并结合着圆柱体进行组合，如图6-35所示。

12 绘制一条样条线和一个圆形，如图6-36和图6-37所示，然后对其进行扫描，如图6-38所示。

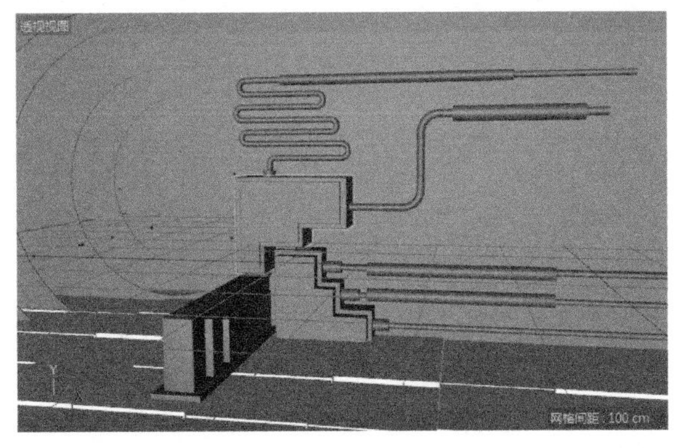

图6-35

图6-36

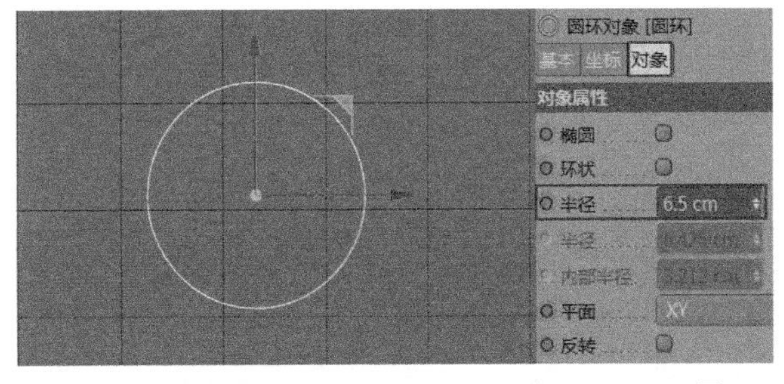

图6-37

图6-38

13 将扫描后的样条线进行复制组合，如图6-39所示。

14 继续绘制样条线并对其进行旋转，如图6-40和图6-41所示，然后将其拼合到场景中，如图6-42所示。

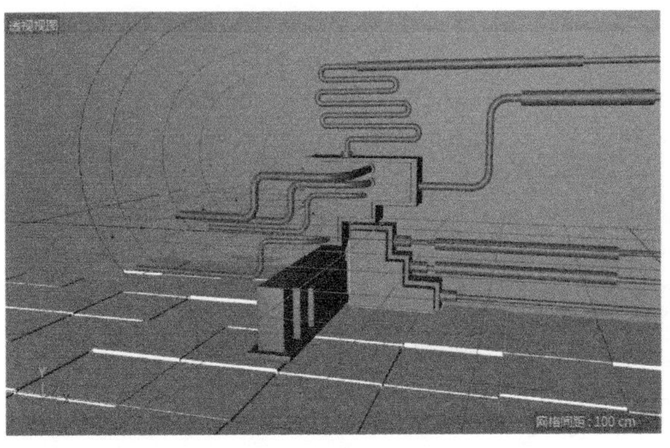

图6-39

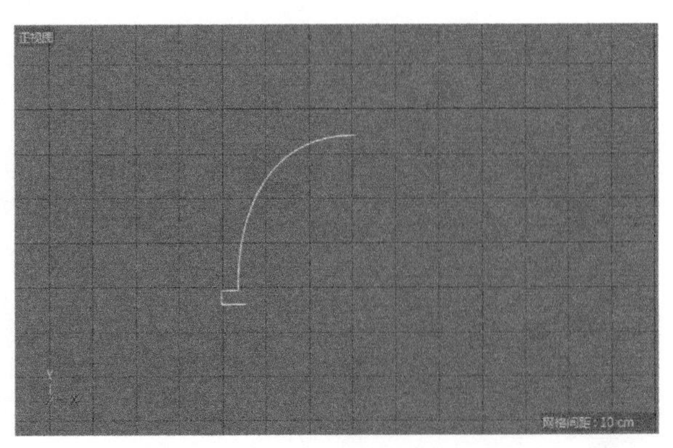

图6-40

图6-41

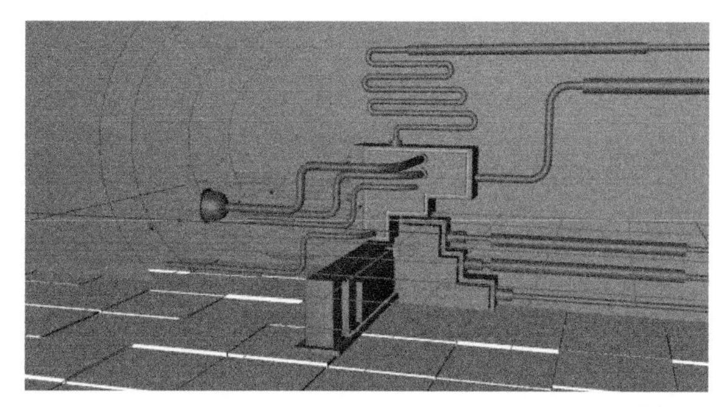

图6-42

15 将上述所有的组合进行编组，然后使用“对称”命令对其进行对称，如图6-43所示。

16 绘制样条线，然后绘制一个“半径”为6.5cm的圆形样条线，接着进行扫描，如图6-44和图6-45所示。再将其与舞台场景组合，如图6-46所示。

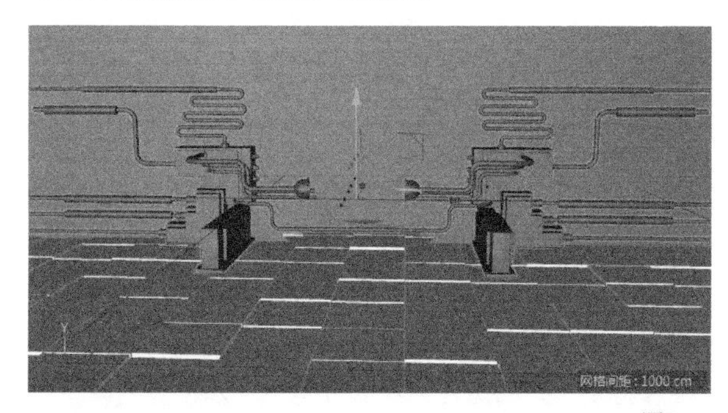

图6-43

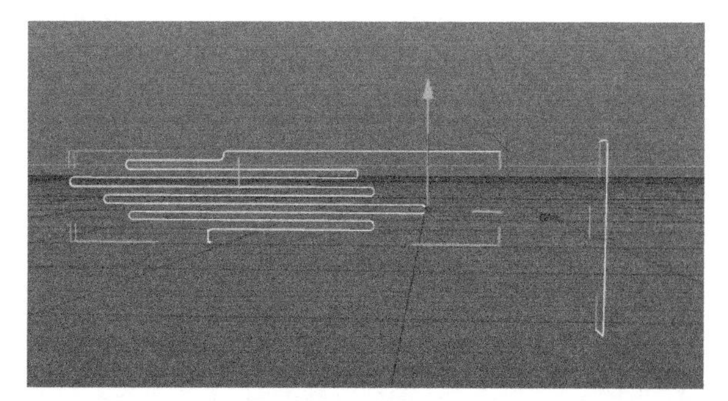

图6-44

图6-45

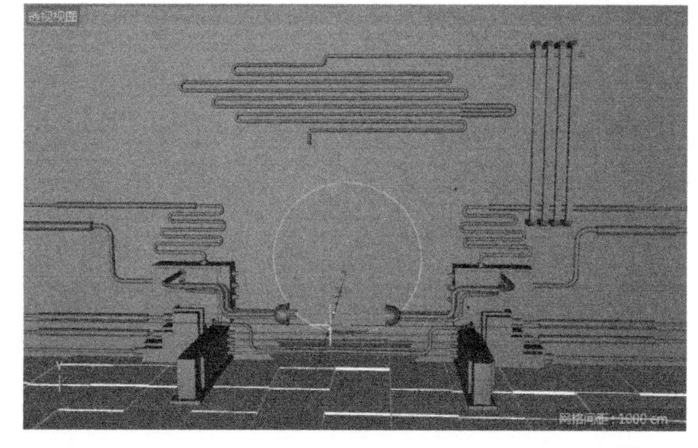

图6-46

17 绘制样条并进行样条布尔，然后进行挤压，如图6-47和图6-48所示。接着将其与舞台场景进行组合，如图6-49所示。

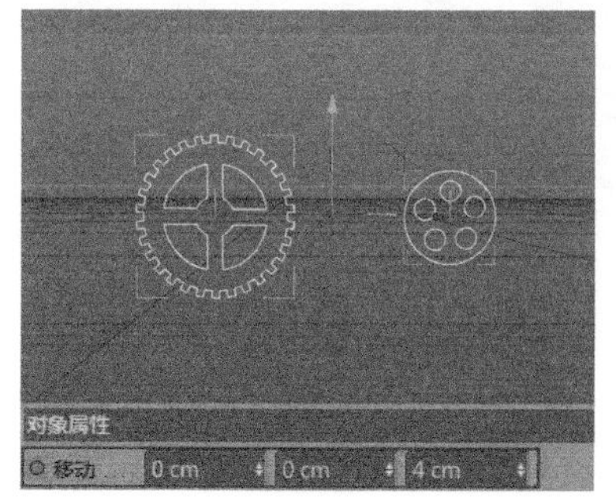

图6-47

图6-48

图6-49

18 创建两个立方体，并将其合并，如图6-50所示。然后对立方体进行内部挤压和挤压，如图6-51和图6-52所示。

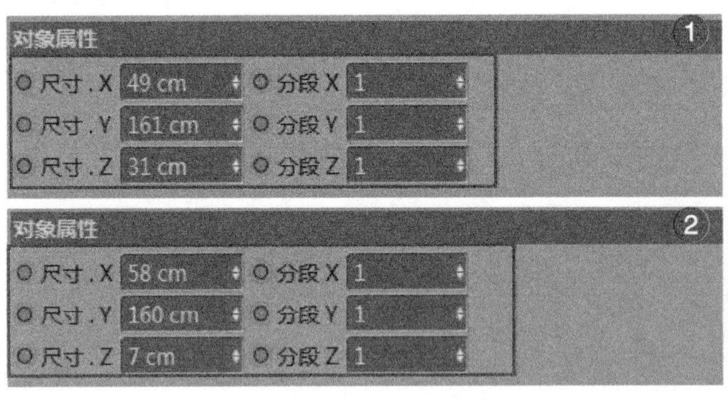

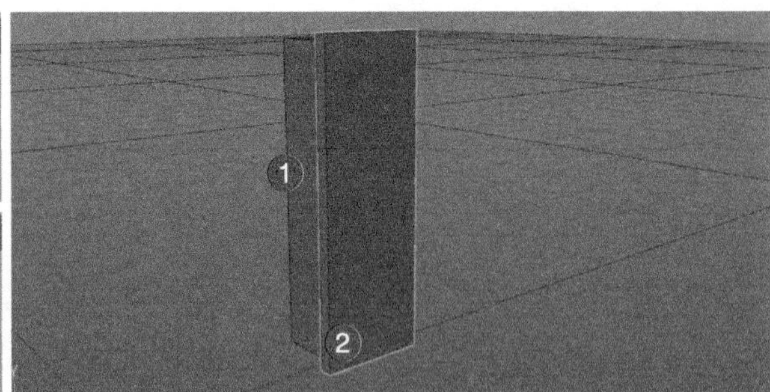

图6-50

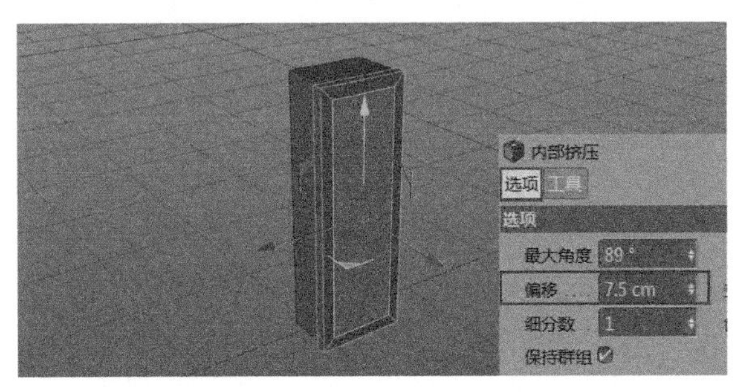

图6-51

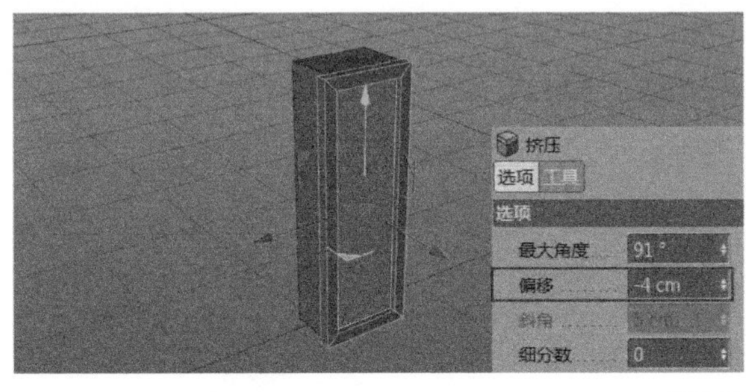

图6-52

19 创建一个圆柱体，然后将其复制4个，如图6-53所示。接着将复制好的圆柱体组合并与上一步创建的模型拼合，如图6-54所示。

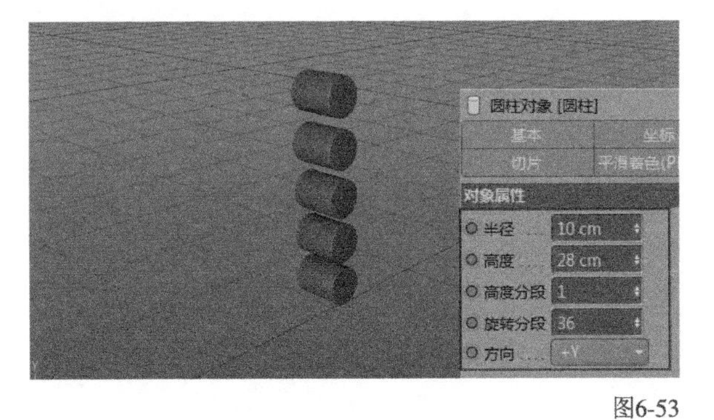

图6-53

图6-54

20 按照①~③的顺序依次创建3个立方体，如图6-55所示。

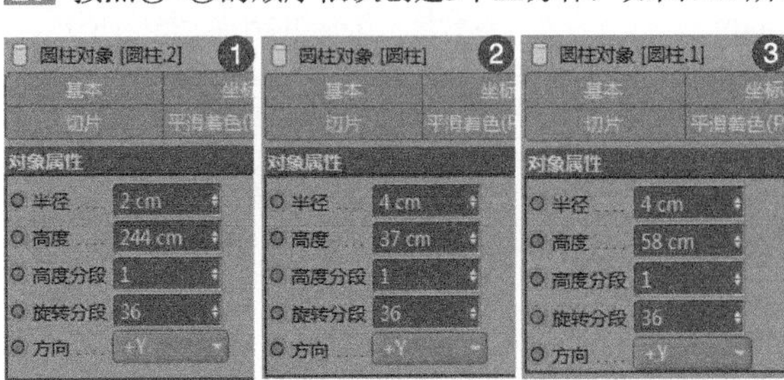

图6-55

21 将创建好的模型进行复制组合，如图6-56所示。

22 将上述所有的模型进行组合，完成背景区的所有建模，如图6-57所示。

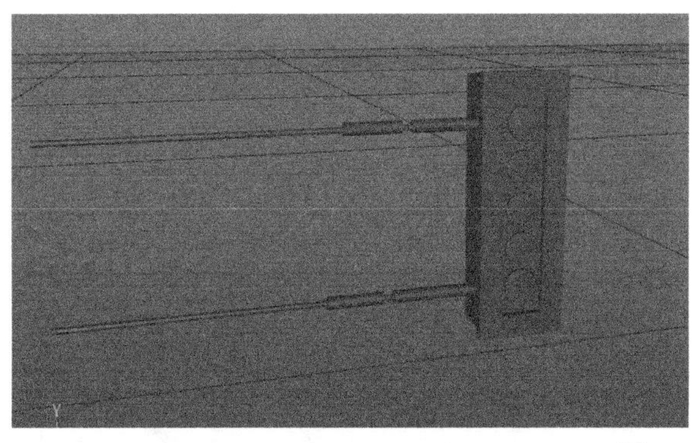

图6-56

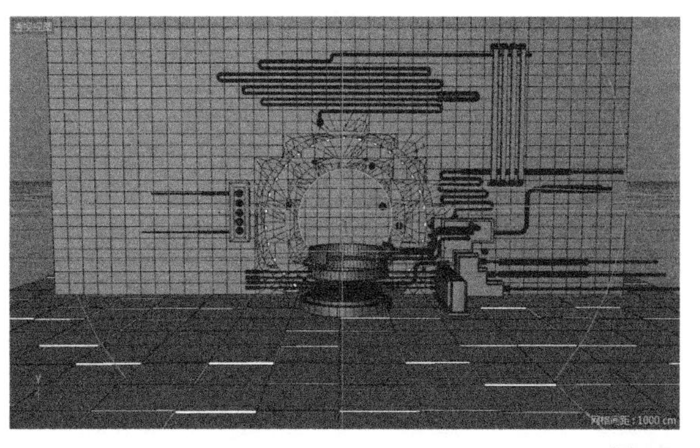

图6-57

6.1.3 文字牌匾区建模

01 创建两个圆柱体，然后调整参数并对其进行组合，如图6-58所示。

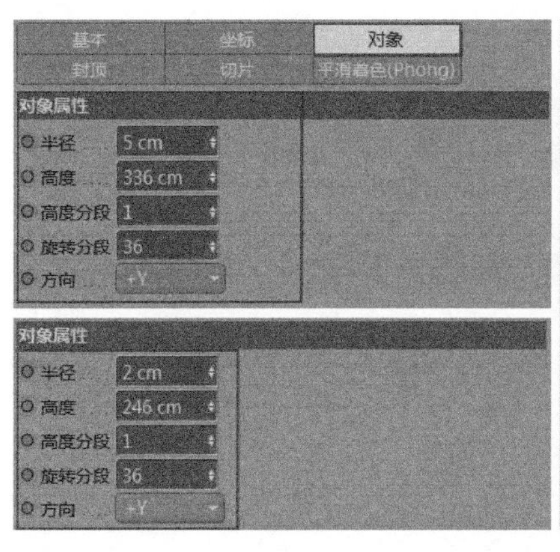

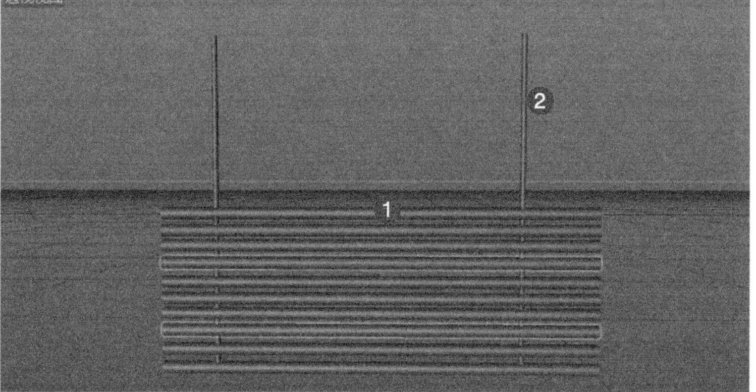

图6-58

02 用“画笔”工具绘制文字，如图6-59所示，然后将绘制好的文字与“半径”为2.2cm的“圆环”进行扫描，接着与上一步创建的模型进行组合，如图6-60所示。至此，文字牌匾区的建模完成。

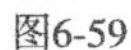

图6-59

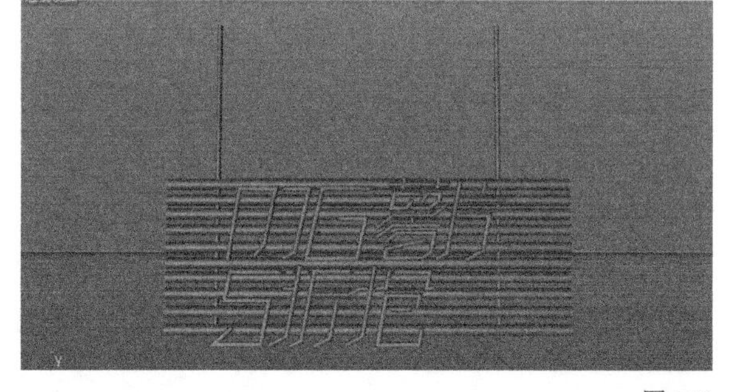

图6-60

6.1.4 其他区建模

01 结合样条布尔和样条线工具，绘制各式各样的齿轮效果，然后对齿轮样条线进行挤压并组合，如图6-61所示。

02 将挤压后的齿轮进行组合，并放置在舞台的相应的位置，如图6-62所示。

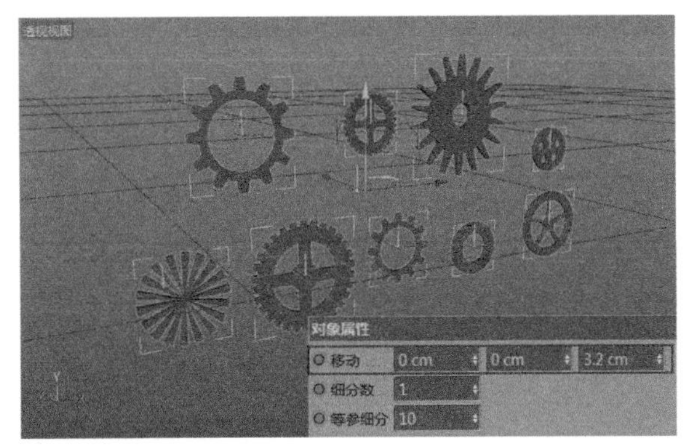

图6-61

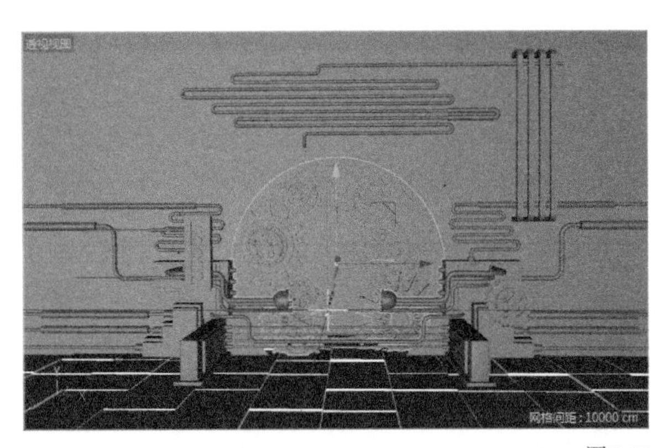

图6-62

03 选择“画笔”工具绘制机械爪的样条线，然后对其进行挤压，如图6-63和图6-64所示。

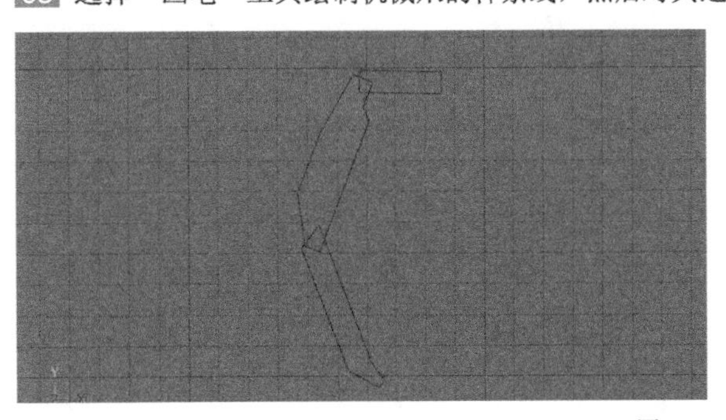

图6-63

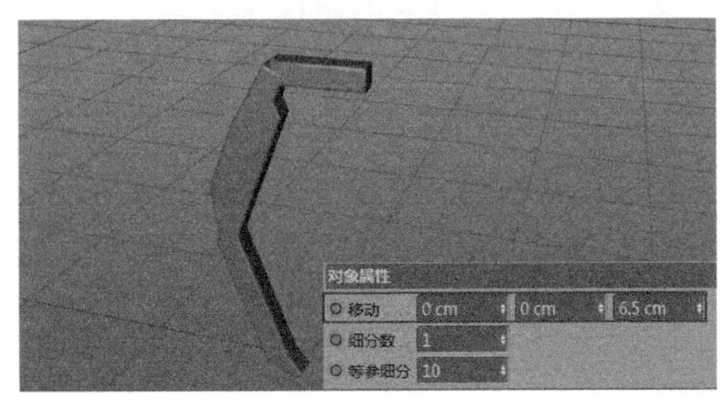

图6-64

04 创建一个“半径”为4.5cm，“高度”为10cm，“旋转分段”为36的圆柱体，然后将其与上一步创建的模型进行组合，如图6-65所示。

05 将创建好的模型进行克隆，如图6-66所示。

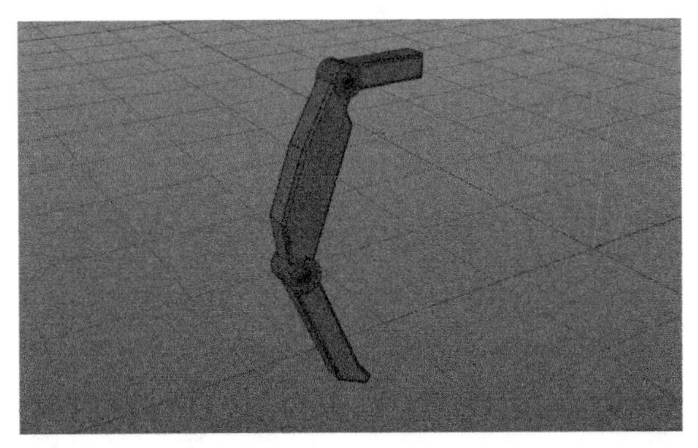

图6-65

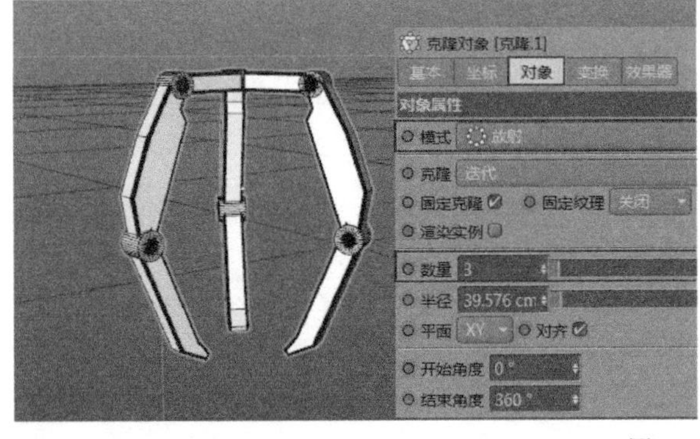

图6-66

06 创建两个圆柱体并与机械爪模型进行组合，如图6-67所示。

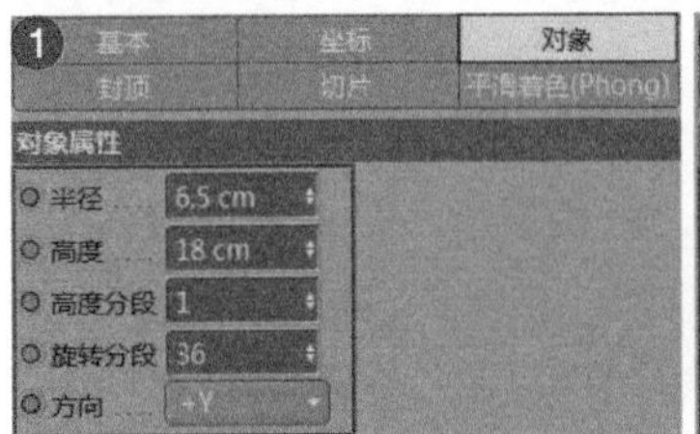

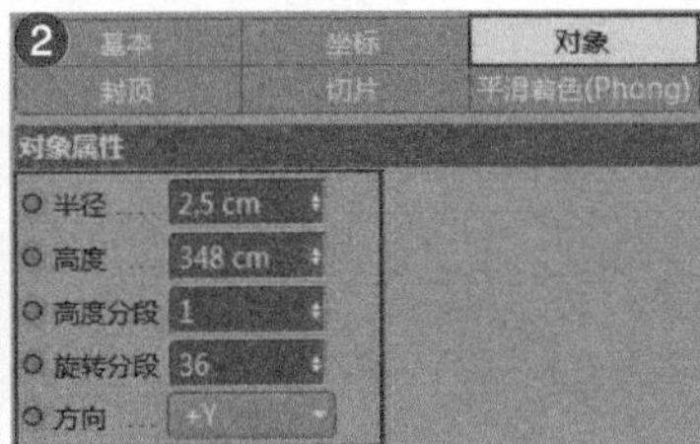

图6-67

07 创建一个立方体，将其转换为可编辑对象，接着使用"循环/路径切割"工具增加布线，如图6-68所示。

08 选择面，然后对其进行内部挤压和挤压，如图6-69和图6-70所示。

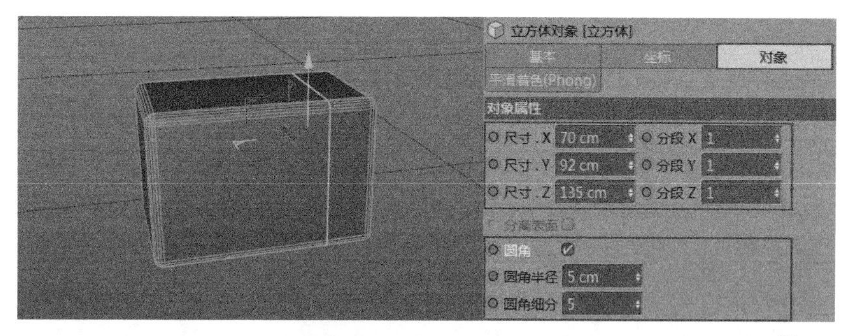

图6-68

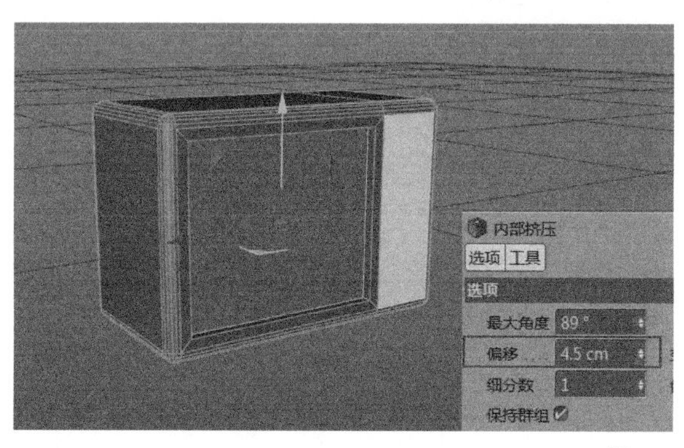

图6-69

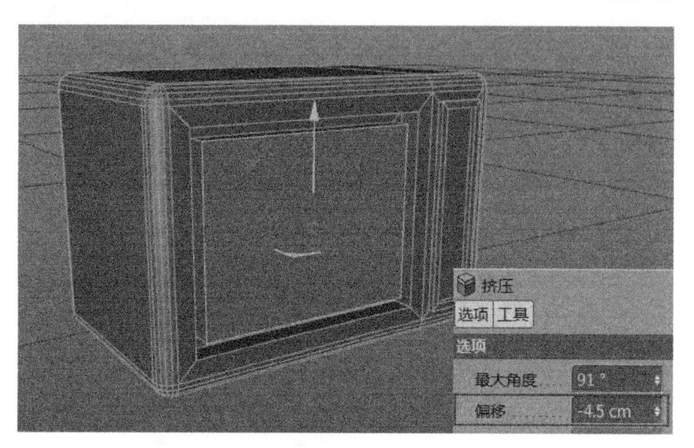

图6-70

09 选中面并连续两次进行内部挤压，如图6-71和图6-72所示。

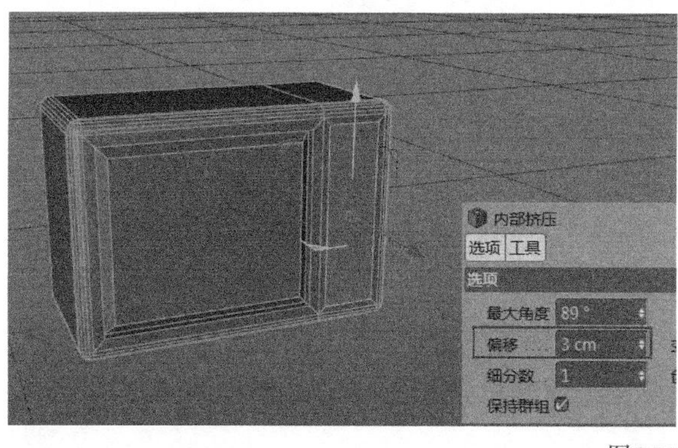

图6-71

图6-72

10 选中周围的面对其进行挤压，如图6-73所示。

11 选中电视机底部和背部的面，然后对其进行内部挤压并移动，如图6-74和图6-75所示。

图6-73

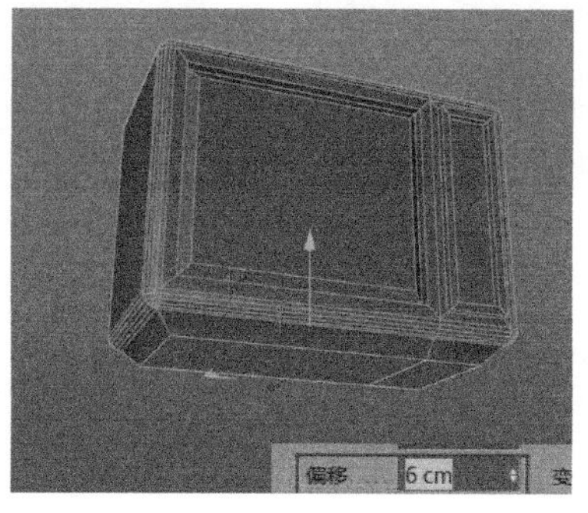

图6-74

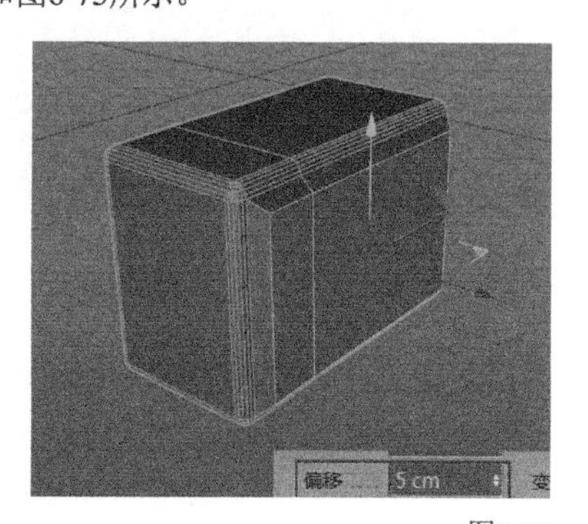

图6-75

12 创建一个“半径”为7cm，“高度”为4cm，“旋转分段”为36的圆柱体，然后对其内部挤压1.5cm，接着挤压－1cm，参数设置及效果如图6-76所示。

13 创建一个立方体，具体参数如图6-77所示，然后将其与上一步创建的圆柱体进行组合，如图6-78所示。

14 为电视模型添加“细分曲面”命令，并将上一步组合的旋钮模型与其进行拼合，如图6-79所示。

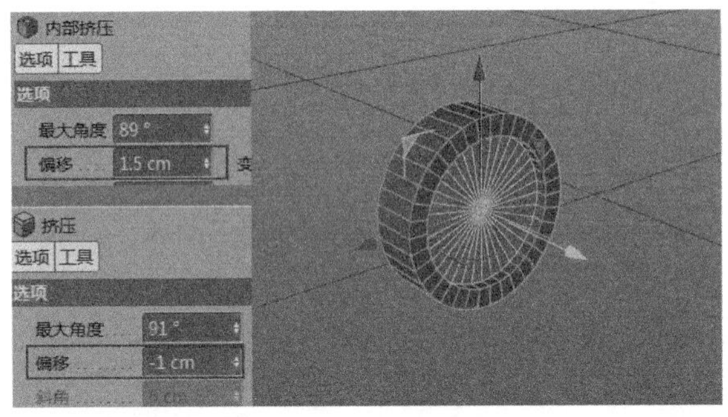

图6-76

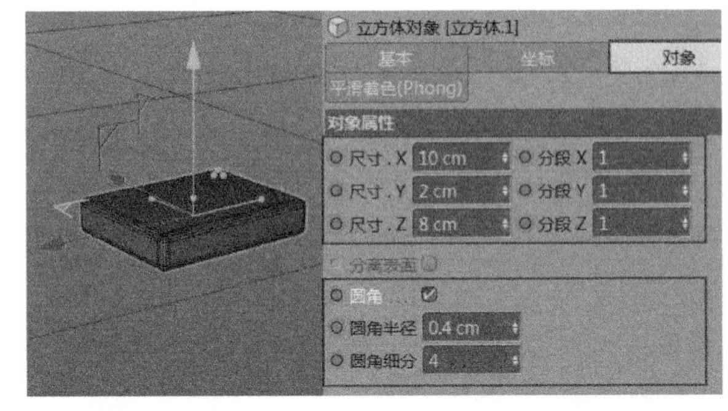

图6-77

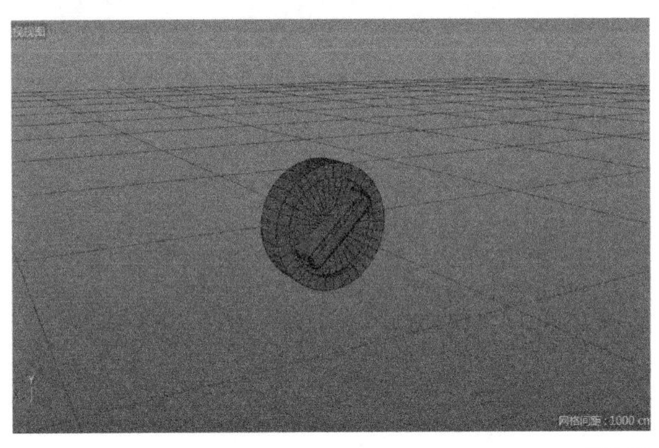

图6-78

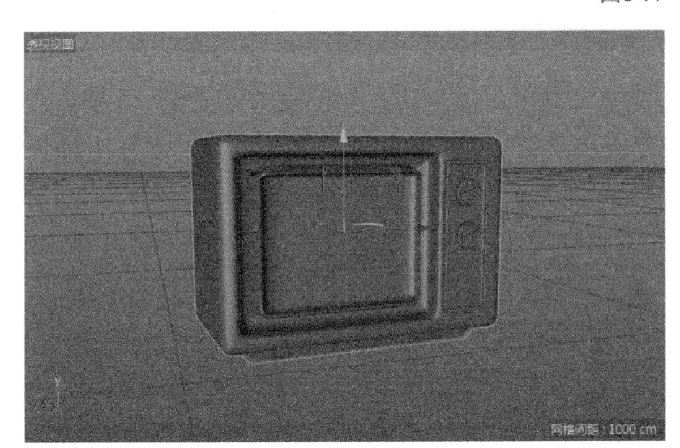

图6-79

15 在电视机的顶部添加两个圆柱体，然后调整参数并组合，如图6-80所示。至此，电视机的建模完成。

16 食品包装海报的全部模型创建完成，组合后的最终效果如图6-81所示。

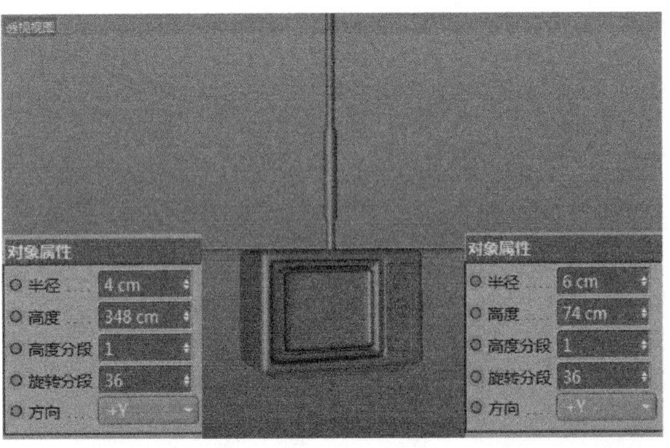

图6-80

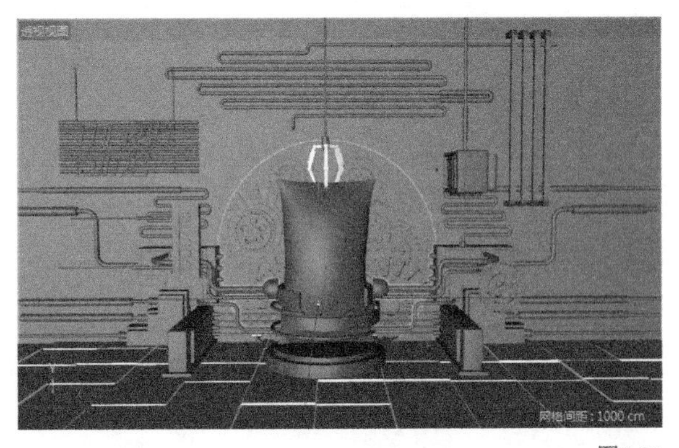

图6-81

6.2 设置材质

本节将完善场景中的材质，本案例需要创建食品包装和舞台等材质。

6.2.1 食品包装材质

创建一个空白材质，双击进入“材质编辑器”面板，具体参数设置如图6-82和图6-83所示。

操作步骤

① 勾选“颜色”选项，然后在“纹理”通道中添加一张食品包装贴图，设置“亮度”为100%。

② 勾选“反射”选项，设置“类型”为GGX，“粗糙度”为5%，“菲涅耳”为“绝缘体”，“预置”为“沥青”。

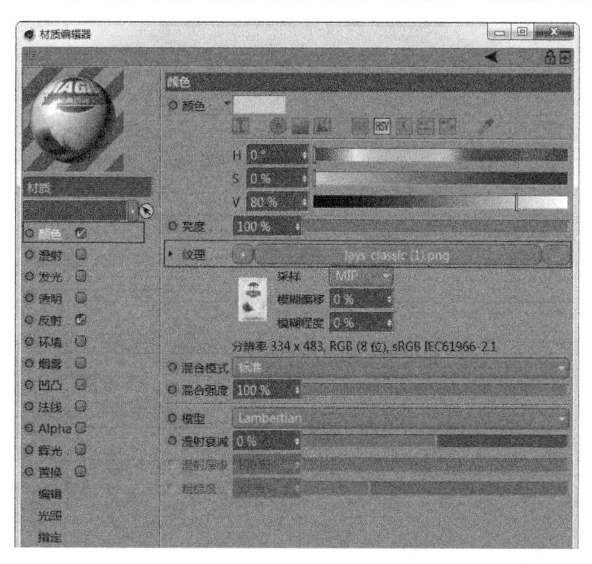

图6-82

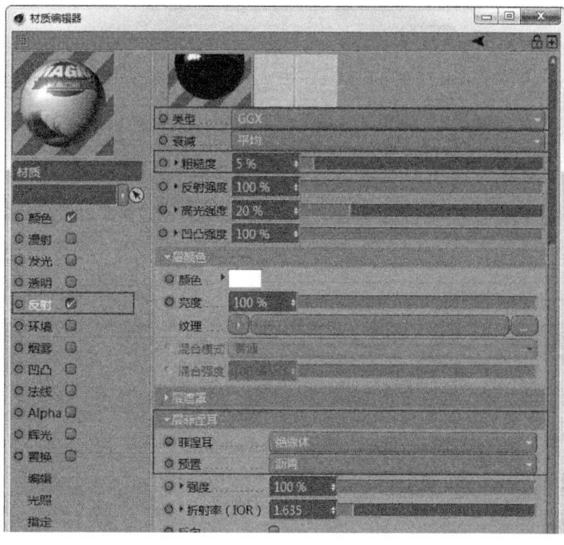

图6-83

6.2.2 舞台材质

创建一个空白材质，双击进入“材质编辑器”面板，具体参数设置如图6-84和图6-85所示。

操作步骤

① 勾选“颜色”选项，设置“颜色”为（R:66，G:66，B:66），“亮度”为100%。

② 勾选“反射”选项，设置“类型”为GGX，“粗糙度”为10%，“亮度”为66%，“菲涅耳”为“导体”，“预置”为“钢”，“强度”为100%。

图6-84

图6-85

6.2.3 金色材质

创建一个空白材质，双击进入“材质编辑器”面板，接着在“反射”选项设置“类型”为GGX，“粗糙度”为10%，“菲涅耳”为“导体”，“预置”为“金”，“强度”为100%，如图6-86所示。

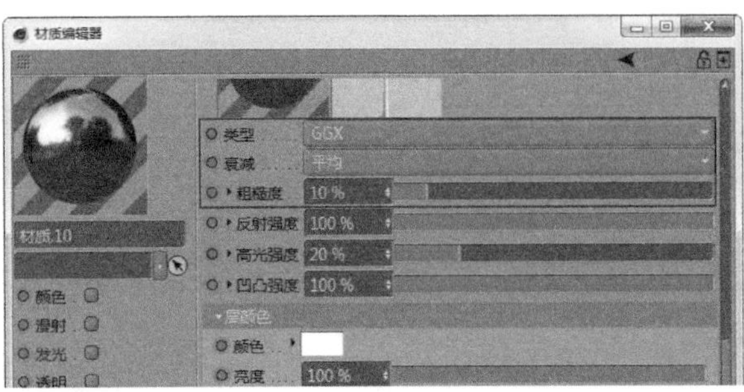

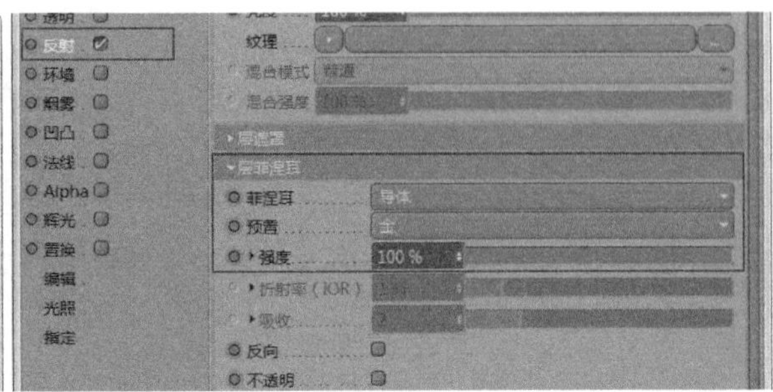

图6-86

6.2.4 机械爪材质

创建一个空白材质，双击进入“材质编辑器”面板，具体参数设置如图6-87和图6-88所示。

操作步骤

① 勾选“颜色”选项，设置“颜色”为（R:239，G:239，B:239），“亮度”为100%。

② 勾选“反射”选项，设置“类型”为GGX，“菲涅耳”为“导体”，“预置”为“钢”，“强度”为100%。

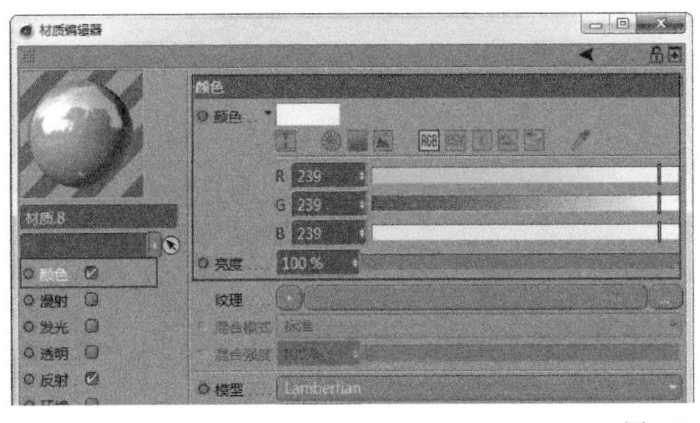

图6-87

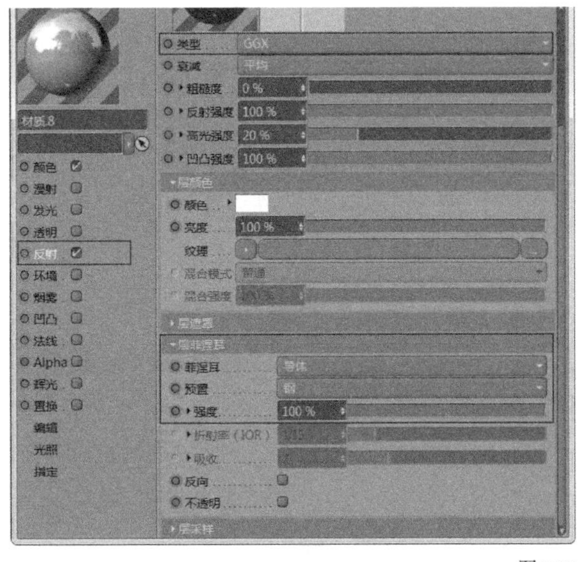

图6-88

6.2.5 文字材质

01 创建一个空白材质，双击进入“材质编辑器”面板，具体参数设置如图6-89~图6-92所示。

操作步骤

① 勾选“颜色”选项，设置“颜色”为（R:253，G:207，B:41），“亮度”为100%。

② 勾选“发光”选项，设置“颜色”为（R:255，G:212，B:42），“亮度”为150%。

③ 勾选“透明”选项，设置“颜色”为（R:255，G:255，B:255），“折射率预设”为“玻璃”，“折射率”为1.517，“菲涅耳反射率”为100%。

④ 勾选“反射”选项，设置“类型”为GGX，“菲涅耳”为“绝缘体”，“预置”为“自定义”，“强度”为100%，“折射率（IOR）”为3.21。

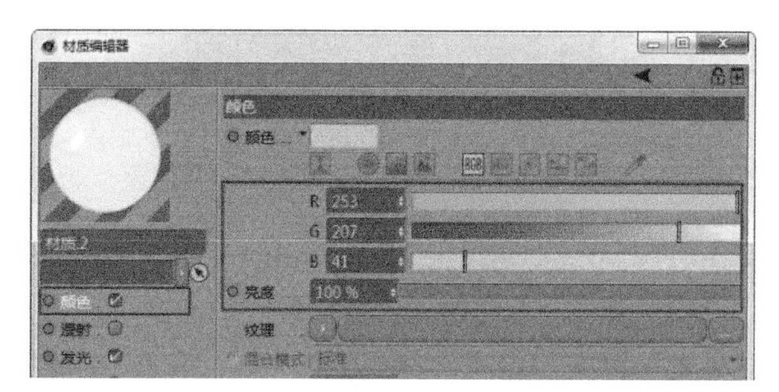

图6-89

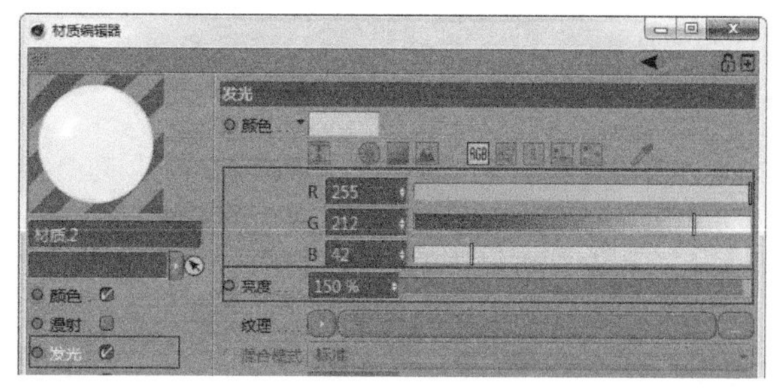

图6-90

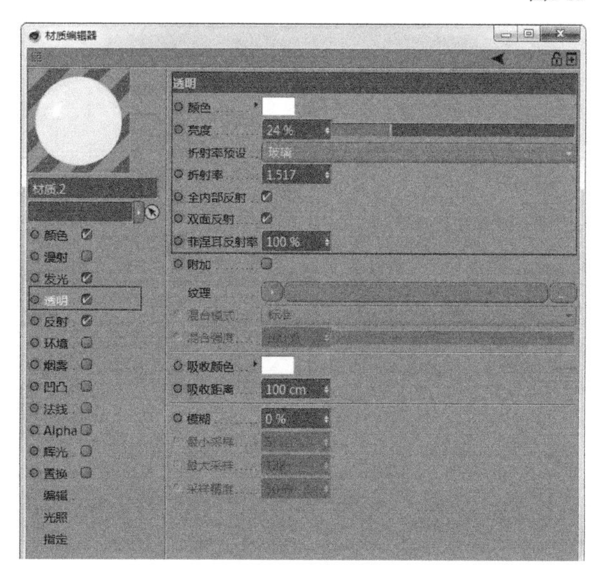

图6-91

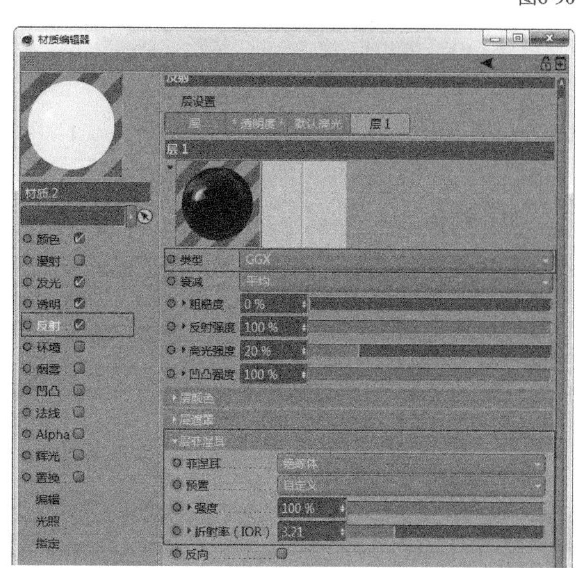

图6-92

02 将设置好的材质赋予相应的模型，最终效果如图6-93所示。

图6-93

6.3 添加灯光

本节将完善场景中的灯光，本案例只需要创建一盏主光源。在当前场景中添加一盏区域灯光，放置在整个场景的正前方，如图6-94所示，然后设置灯光参数，如图6-95和图6-96所示。

操作步骤

① 在“常规”中设置“颜色”为（R:128，G:128，B:128），“强度”为120%，“类型”为“区域光”，“投影”为“阴影贴图（软阴影）”。

② 在“细节”中设置“衰减”为“平方倒数（物理精度）”，“半径衰减”为575cm。

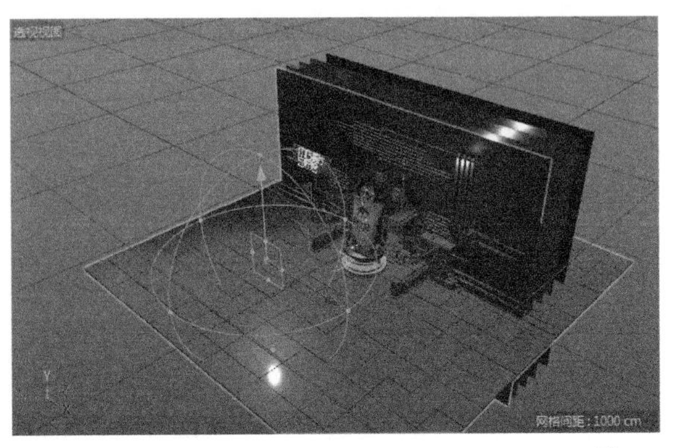

图6-94

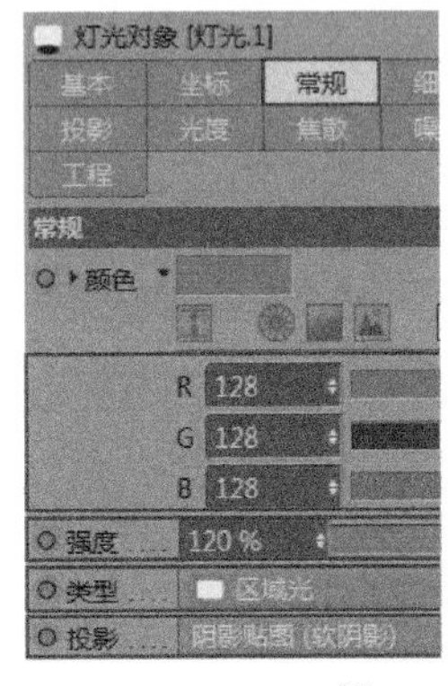

图6-95

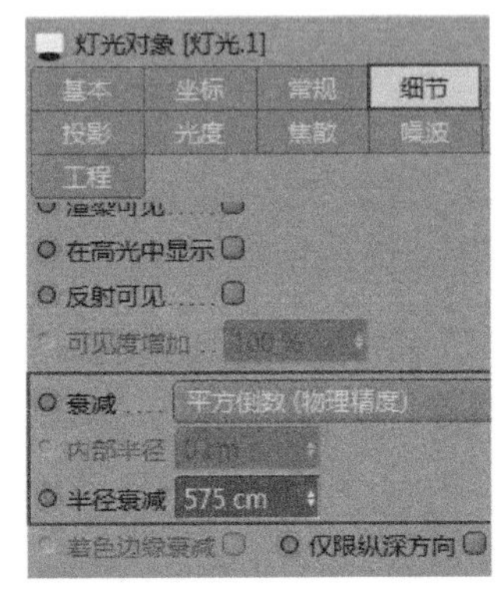

图6-96

6.4 设置环境

01 新建一个材质并创建一个天空对象，然后执行“窗口-内容浏览器”菜单命令打开“内容浏览器”面板，将预置材质“preset://Prime.lib4d/Presets/Light Setups/HDRI/tex/studio021.hdrr”直接拖曳到天空材质的“发光”通道中，如图6-97和图6-98所示。

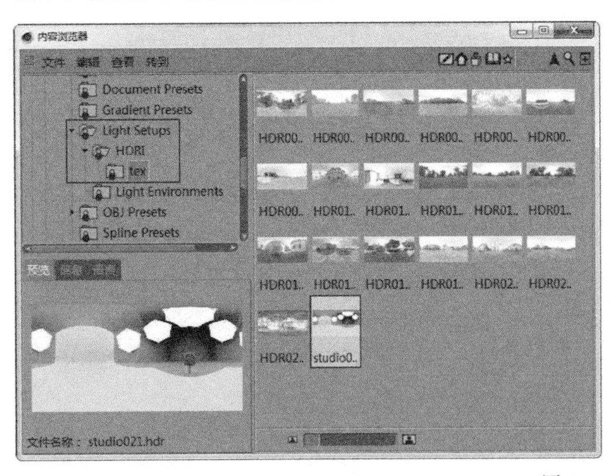

图6-97

图6-98

02 拖曳天空材质赋予天空对象，然后按快捷键Ctrl+B打开“渲染设置”窗口，接着在“渲染设置”面板中单击“效果”按钮添加“全局光照”选项，如图6-99所示。

03 按快捷键Ctrl+R进行渲染，此时可乐瓶反射了天空环境贴图，如图6-100所示。这时会发现渲染出来的效果并不是特别的理想，虽然整体效果已经渲染出来了但是场景过暗，细节部分也需要优化。

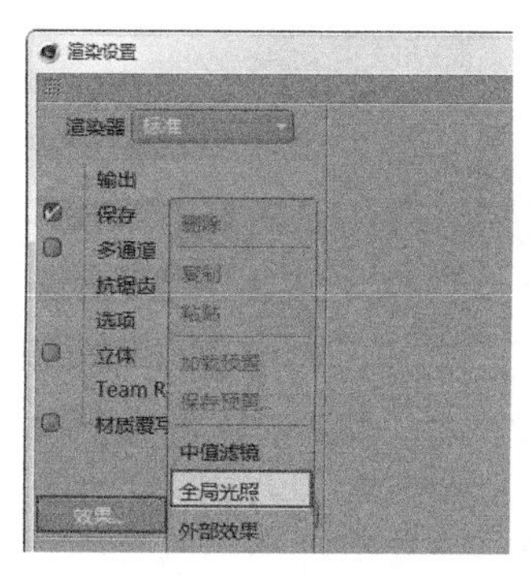

图6-99

图6-100

04 选择“几何工具组”中的“平面”工具作为反光板放置在场景中，如图6-101所示。

图6-101

05 渲染并观察效果，如图6-102所示。

图6-102

06 在Photoshop软件中对渲染好的效果图进行简单的后期明暗对比调整，最终效果如图6-103所示。

图6-103

第

章

迷幻霓虹灯风格：可乐海报

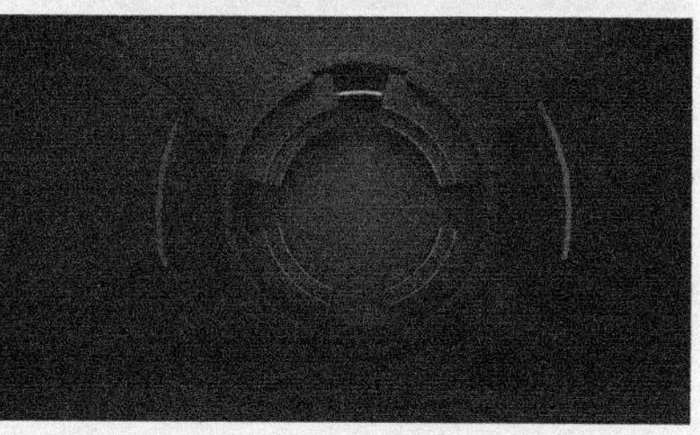

图7-1

本章将为读者讲解可乐海报的制作，案例最终效果如图7-1所示。

◎ 视频名称 迷幻霓虹灯风格：可乐海报
◎ 实例位置 实例文件 >CH07> 迷幻霓虹灯风格：可乐海报
◎ 学习目标 掌握霓虹类材质的设置方法及对霓虹场景氛围的把控方法

7.1 主体模型的制作

在制作这个案例之前，先对案例的模型进行分析和拆分，以便于我们在制作过程中有一个明确的思路和流程。在可乐海报这个案例中，场景可以大概分为霓虹字体区、背景区和可乐区，如图7-2~图7-4所示。拆解完成后逐一对其进行建模。

图7-2

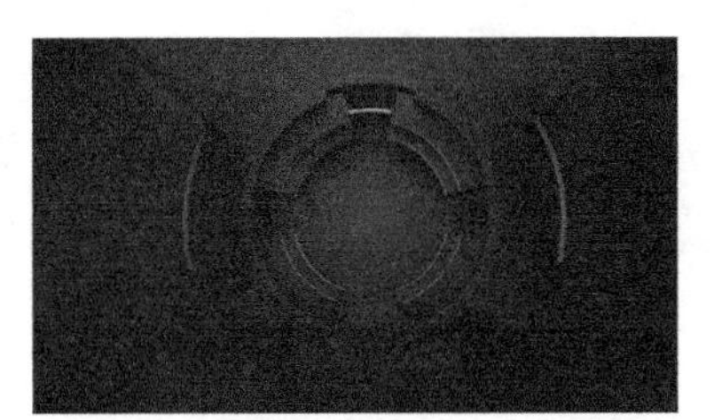

图7-3

图7-4

7.1.1 霓虹文字区模型的创建

在场景中加载霓虹字体的路径，创建一个“半径”为3.5cm的圆形，接着进行扫描，如图7-5所示。

图7-5

7.1.2 背景区建模

01 创建两个立方体并对其进行组合，如图7-6所示。

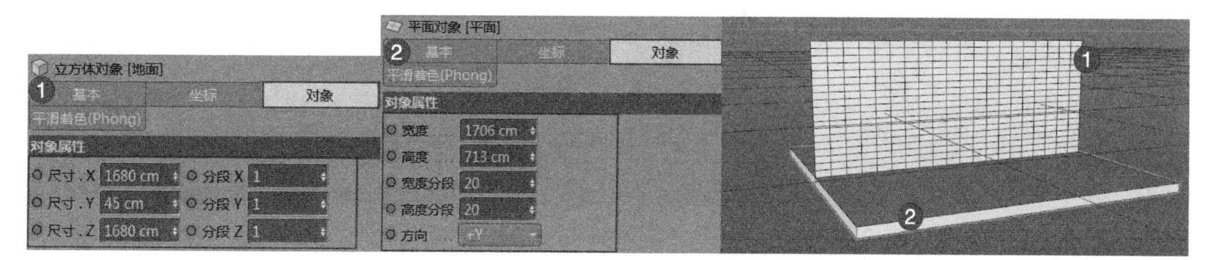

图7-6

02 绘制一个圆柱体和一个多边形，然后将二者进行布尔运算，如图7-7和图7-8所示。

03 将布尔运算后的图形进行对称，并放置在舞台的相应位置，如图7-9所示。

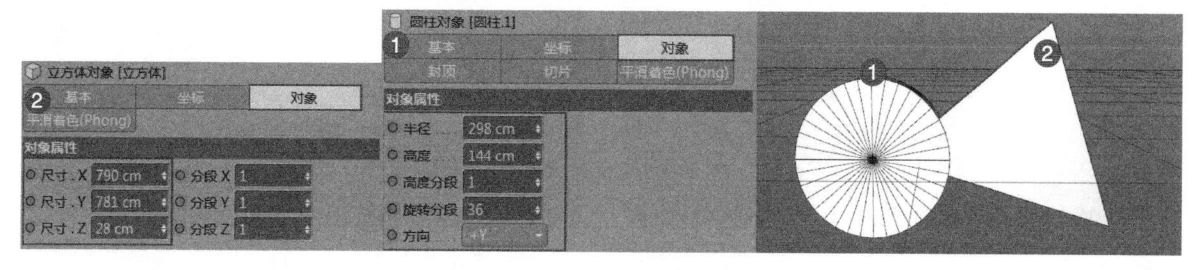

图7-7

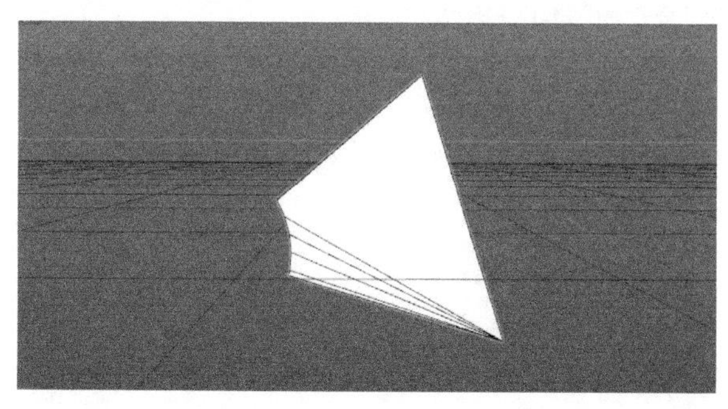

图7-8

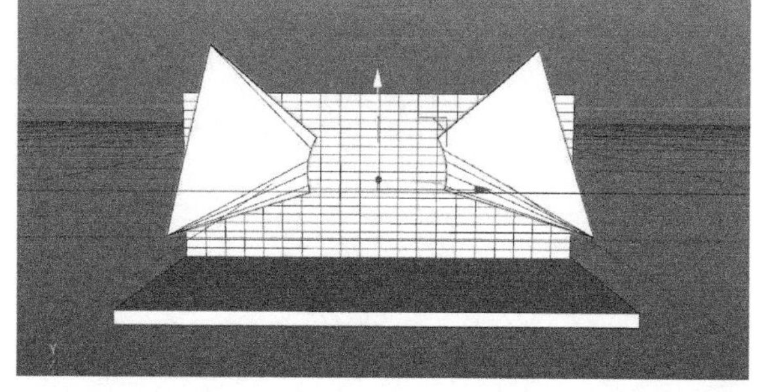

图7-9

04 绘制一个圆柱体和一个多边形，然后将多边形进行编辑，并将二者进行布尔运算，如图7-10和图7-11所示。

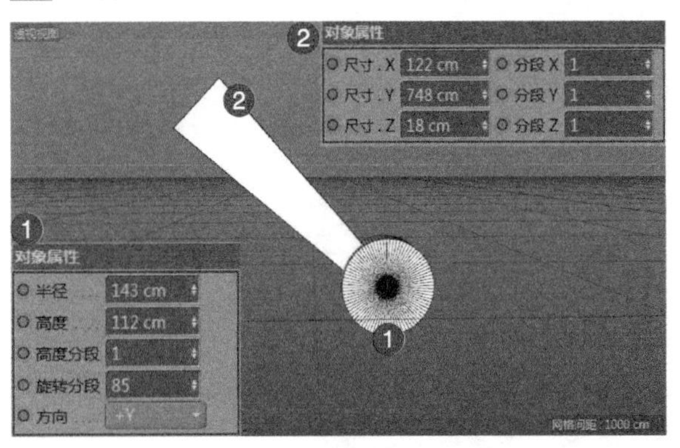

图7-10

图7-11

05 将布尔运算后的图形进行对称，然后摆放在舞台的相应位置，如图7-12和图7-13所示。

图7-12

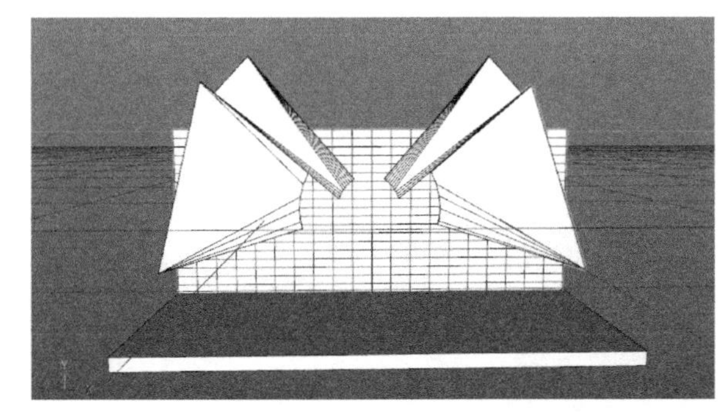

图7-13

06 创建一个立方体，对其进行编辑并对称，接着将对称后的图形与创建好的舞台进行组合，如图7-14和图7-15所示。

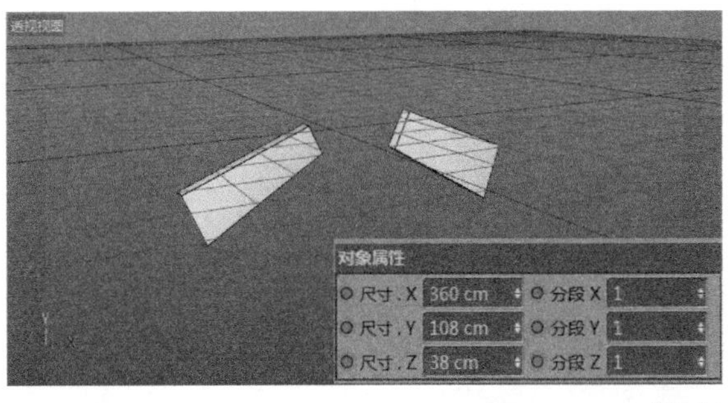

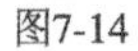

图7-14

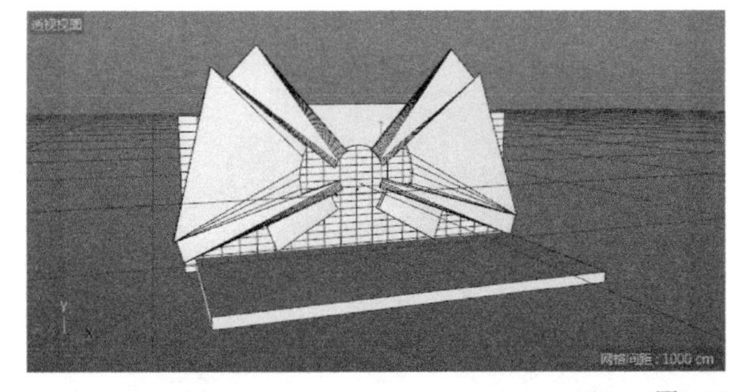

图7-15

07 创建一个立方体对其进行编辑，然后与创建的舞台进行组合，如图7-16和图7-17所示。

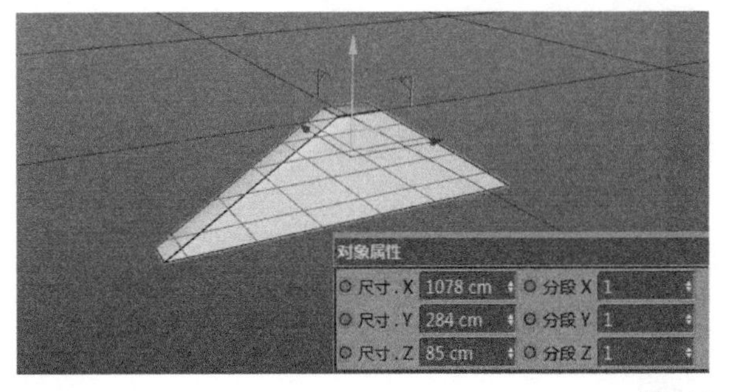

图7-16

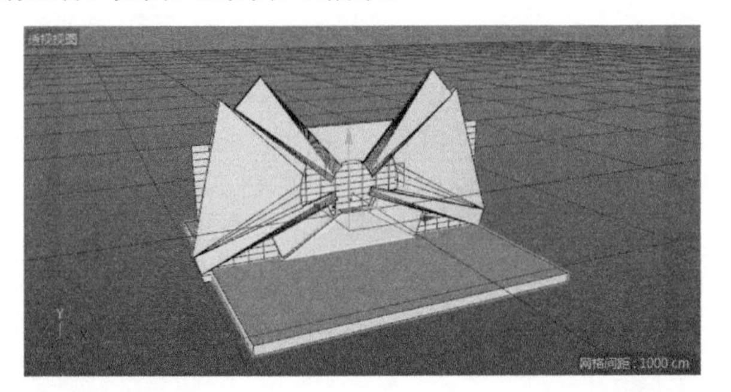

图7-17

08 绘制管道和立方体模型，然后将立方体进行编辑并对其进行布尔运算，如图7-18和图7-19所示。

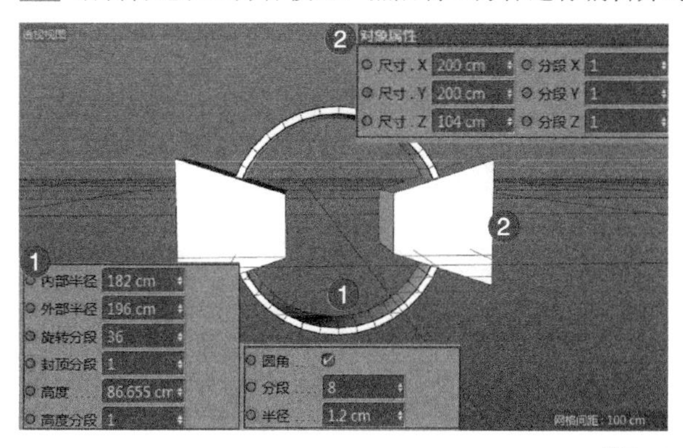

图7-18

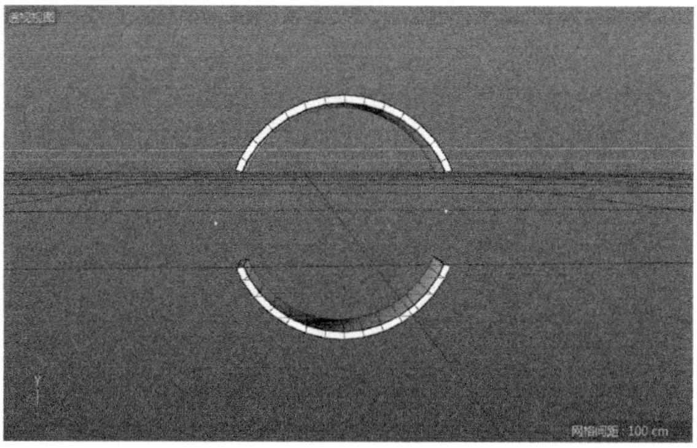

图7-19

09 将制作好的圆筒放置在舞台的相应位置，如图7-20所示。

10 将制作好的圆筒复制一份，缩放并旋转，接着放置在舞台的相应位置，如图7-21和图7-22所示。

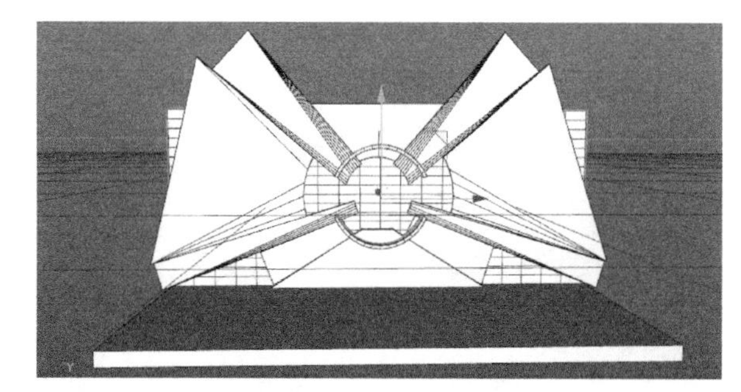

图7-20

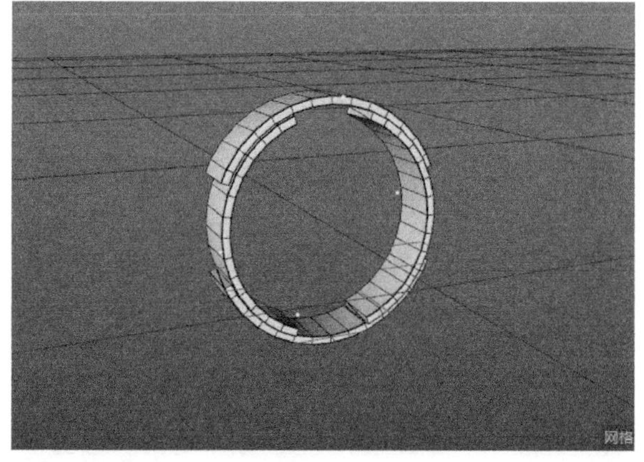

图7-21

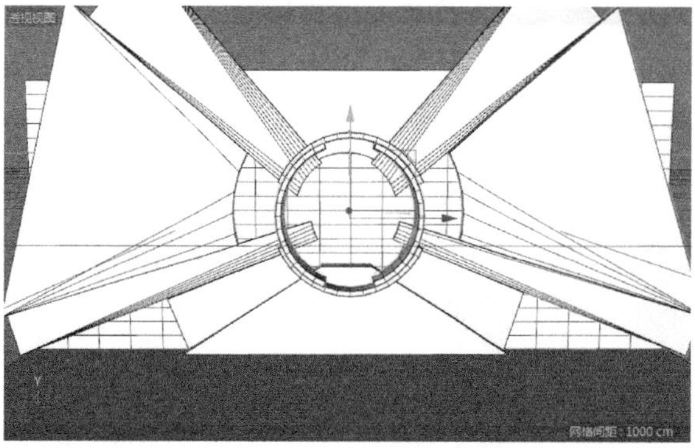

图7-22

11 创建样条线并对其进行挤压，然后创建管道模型并将二者进行布尔运算，如图7-23和图7-24所示。

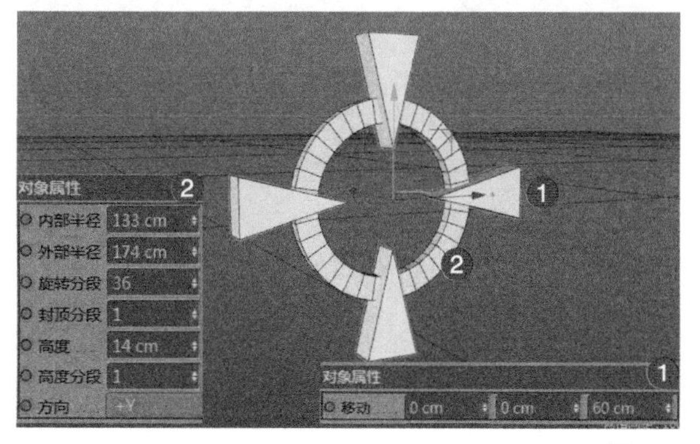

图7-23

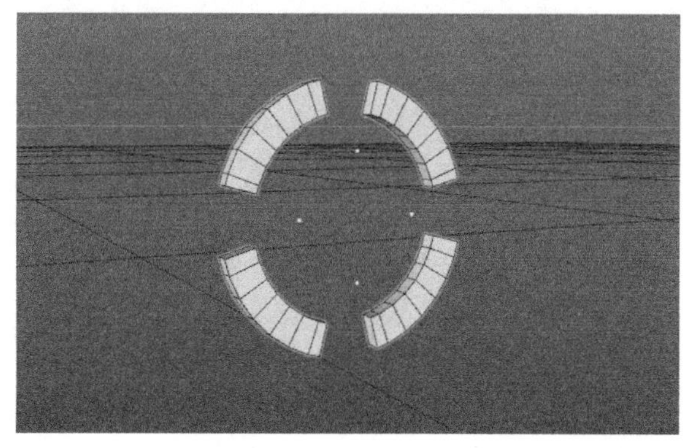

图7-24

12 将布尔运算的圆筒复制一份并调整其大小，然后将其与舞台进行组合，如图7-25和图7-26所示。

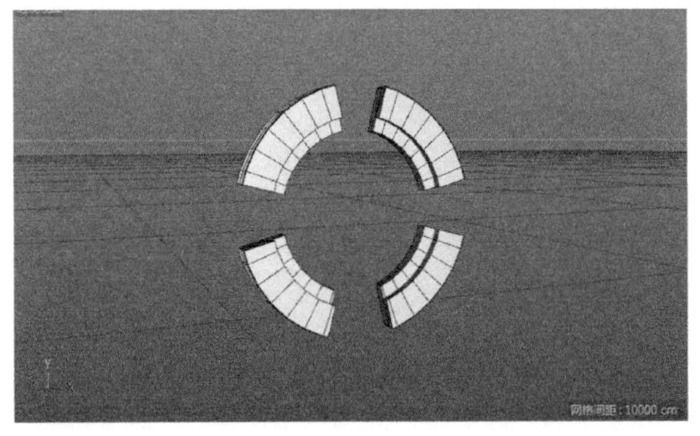

图7-25

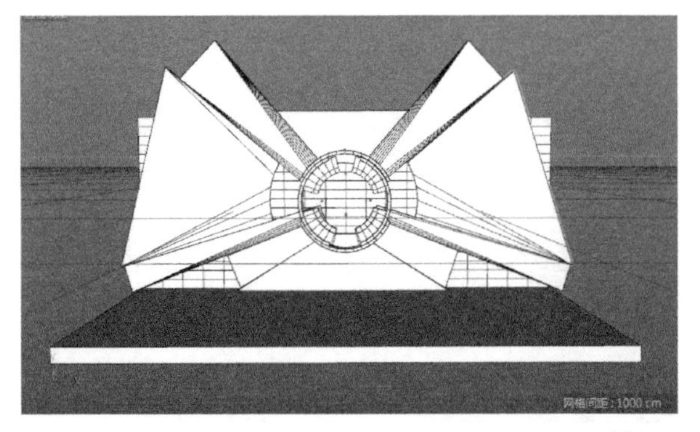

图7-26

13 创建一个“半径”为190cm，“高度”为123cm，“旋转分段”为36的圆柱体，转换为可编辑对象，然后对其进行内部挤压和挤压，如图7-27和图7-28所示。

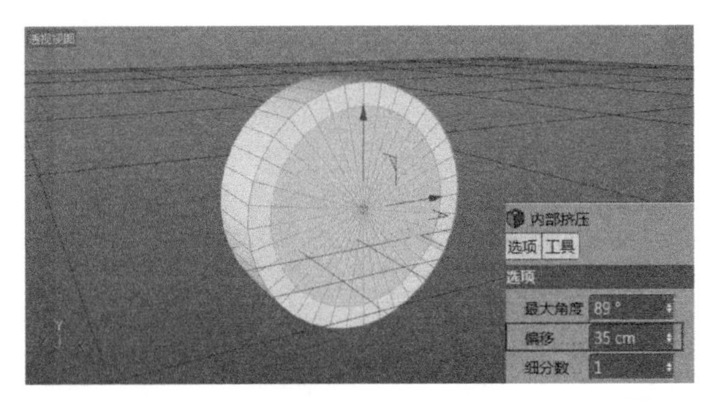

图7-27

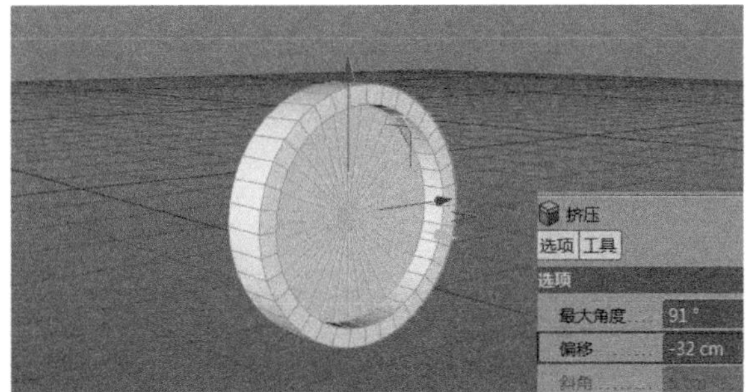

图7-28

14 将挤压后的圆柱体与舞台进行组合，如图7-29所示。

15 创建两个六边形样条线，然后对其进行样条布尔和挤压，如图7-30和图7-31所示。

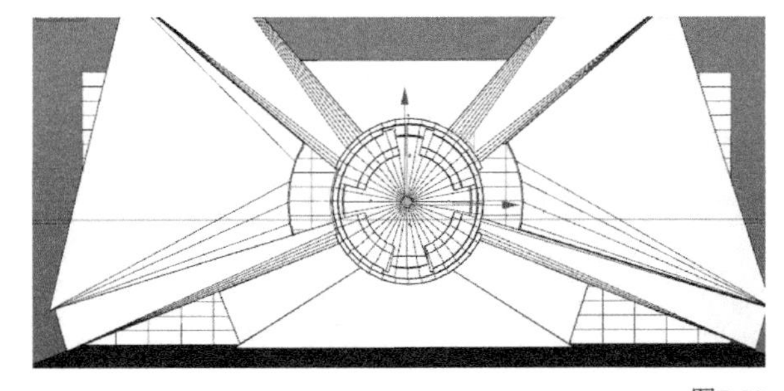

图7-29

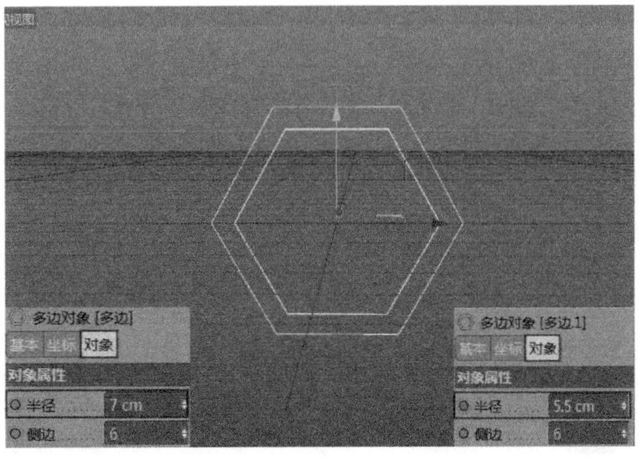

图7-30

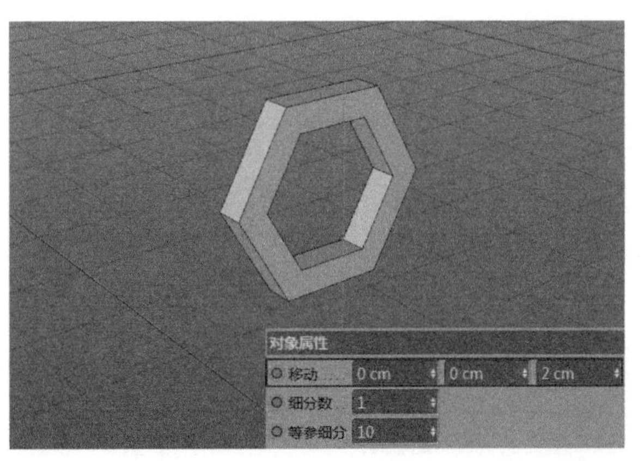

图7-31

16 将上一步创建的模型进行组合，如图7-32所示。

17 对组合好的六边形添加“克隆”命令，然后设置“模式”为“线性”，“数量”为20，如图7-33所示。

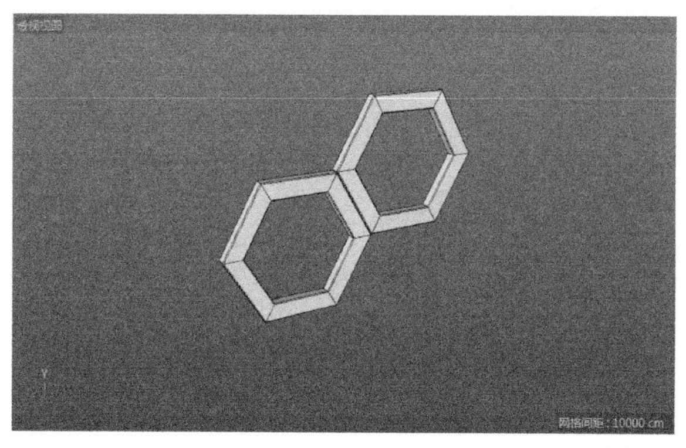

图7-32

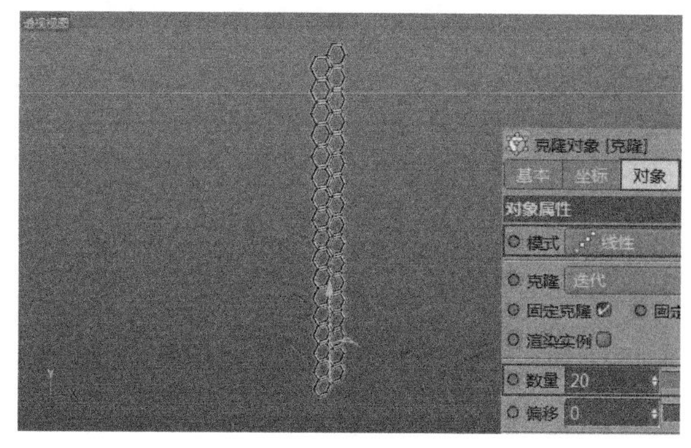

图7-33

18 在克隆的基础上继续添加“克隆”命令，设置“模式”为“线性”，“数量”为27，如图7-34所示。

19 将克隆好的六边形组合进行复制，然后放置在舞台上进行组合，如图7-35所示。至此，舞台部分的模型创作完成。

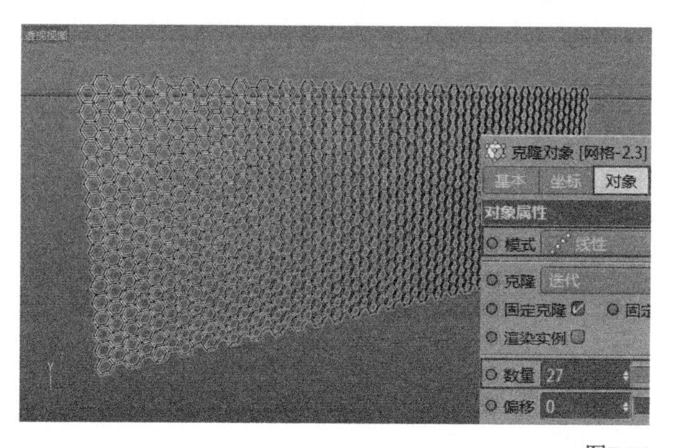

图7-34

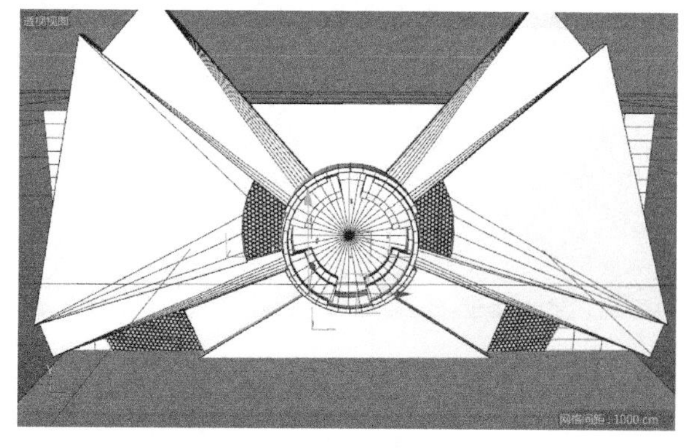

图7-35

7.1.3 可乐区建模

01 在正视图中加载一张学习资源中的可乐图片，如图7-36所示。

02 使用“画笔”工具沿可乐瓶身外轮廓绘制，然后对其进行旋转，如图7-37所示。

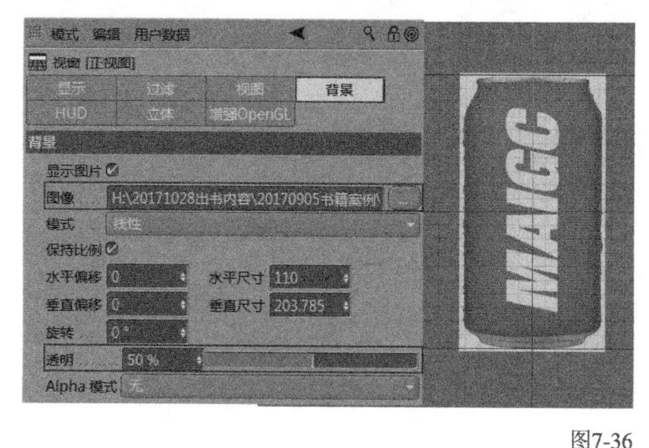

图7-36

图7-37

03 选择可乐瓶底部的面对其进行内部挤压，并沿y轴移动，如图7-38和图7-39所示。

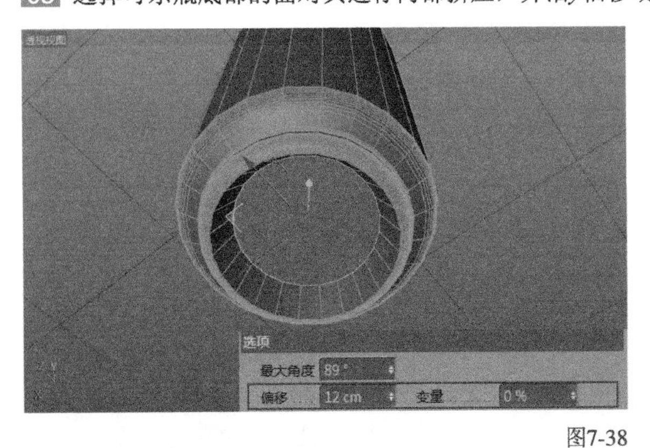

图7-38

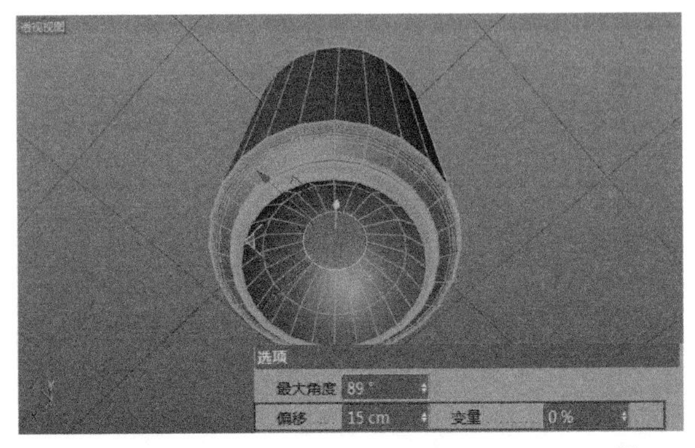

图7-39

04 给可乐瓶身外轮廓添加“细分曲面”命令，如图7-40所示。

05 在顶视图加载一张学习资源中的可乐瓶盖图片，如图7-41所示。

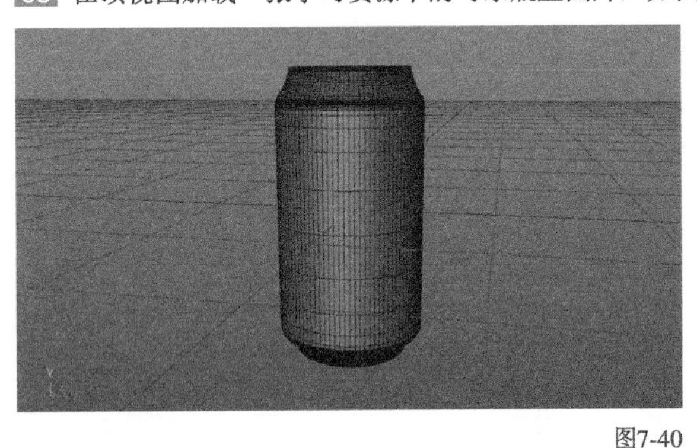

图7-40

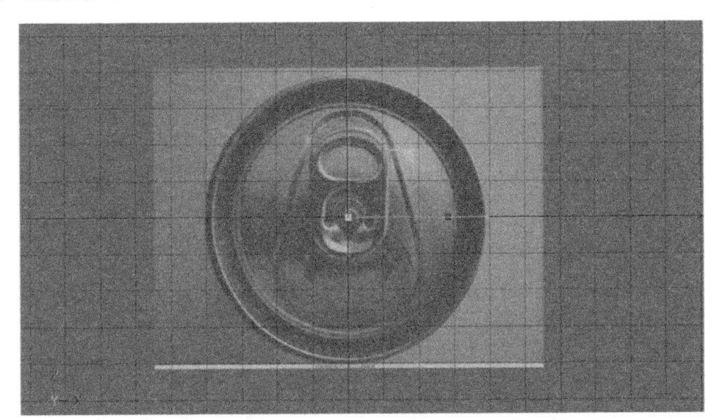

图7-41

06 创建一个圆柱体，并调整圆柱的大小与高度，使其与可乐瓶身图片大小相等，如图7-42和图7-43所示。

07 将圆柱的“旋转分段”设置为10，然后转换为可编辑对象，如图7-44所示。

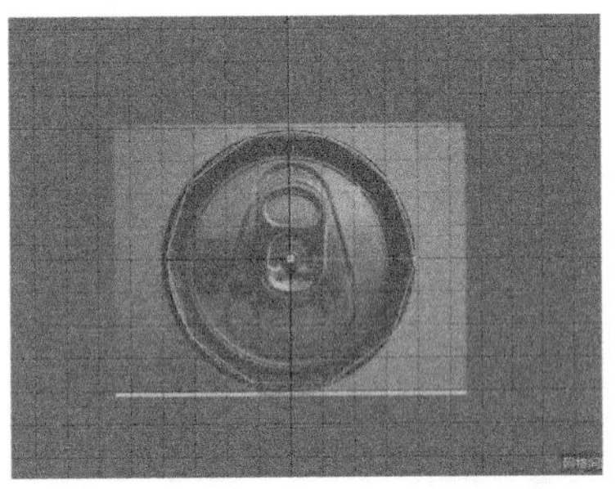

图7-42

图7-43

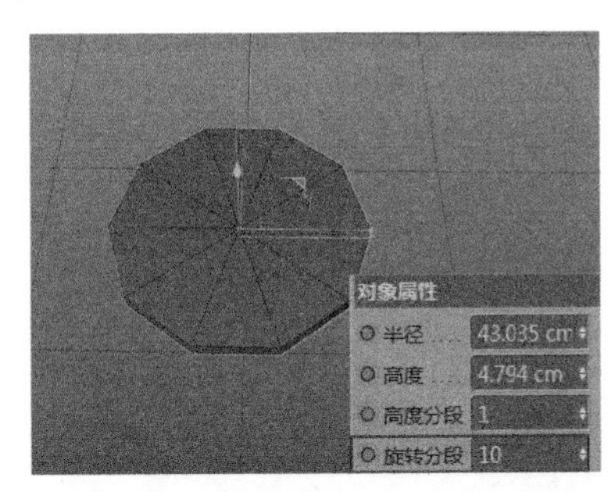

图7-44

08 根据可乐瓶盖的凹凸结构对其进行内部挤压，挤压参数可根据图片本身确定，如图7-45和图7-46所示。

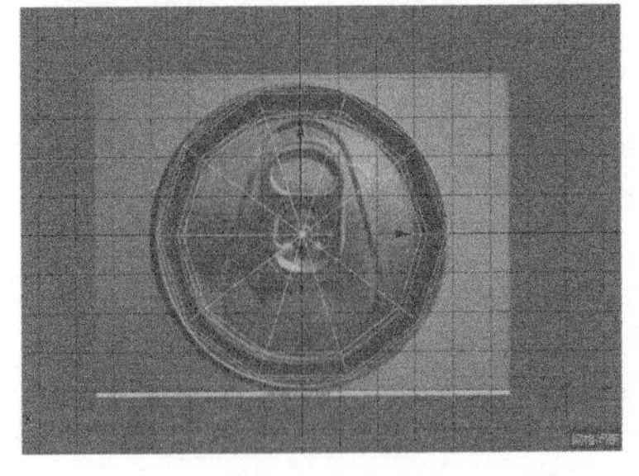

图7-45

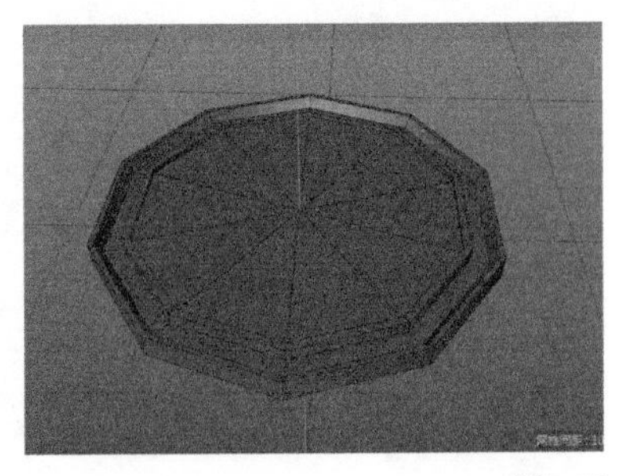

图7-46

09 选择瓶盖中间的面，进行内部挤压，然后根据照片对挤压后的布线调整锚点与整体形状，如图7-47和图7-48所示。

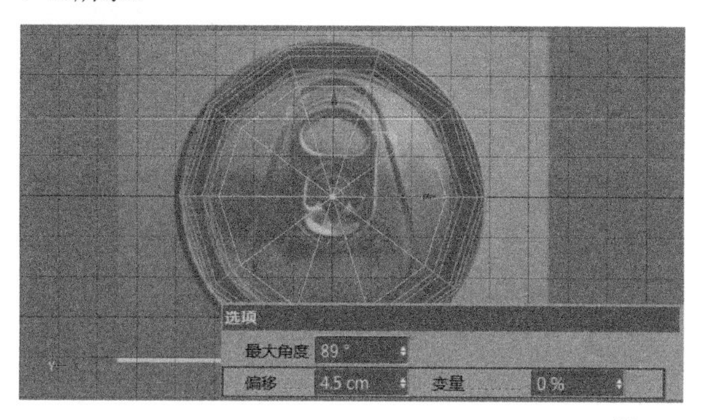

图7-47

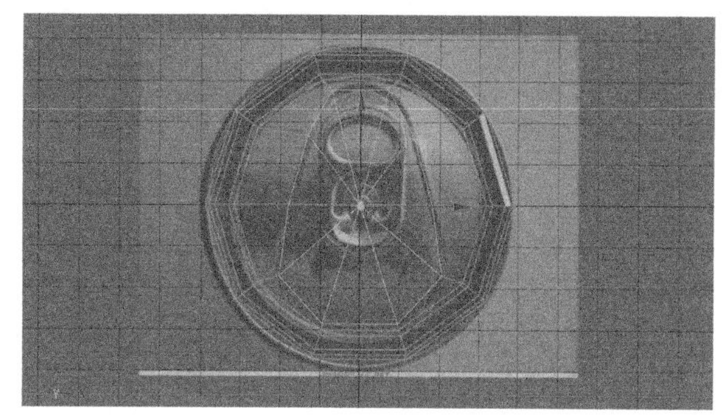

图7-48

10 选中调整布线的面，然后对其进行挤压，如图7-49所示。

11 选中挤压的面，然后单击鼠标右键，在弹出的菜单中选择“融解”选项，将所选择的面融解成一个整体的面，如图7-50所示。

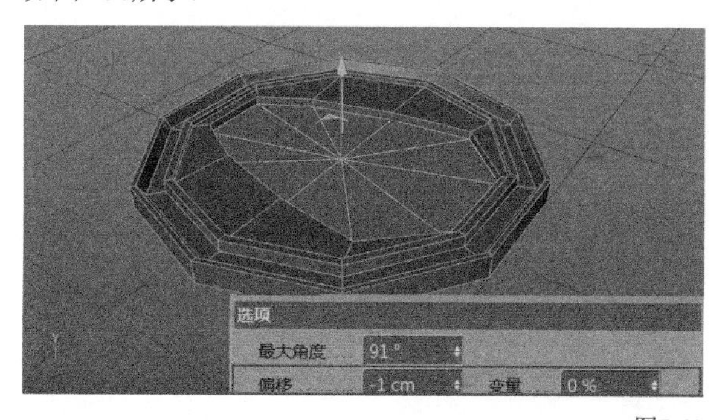

图7-49

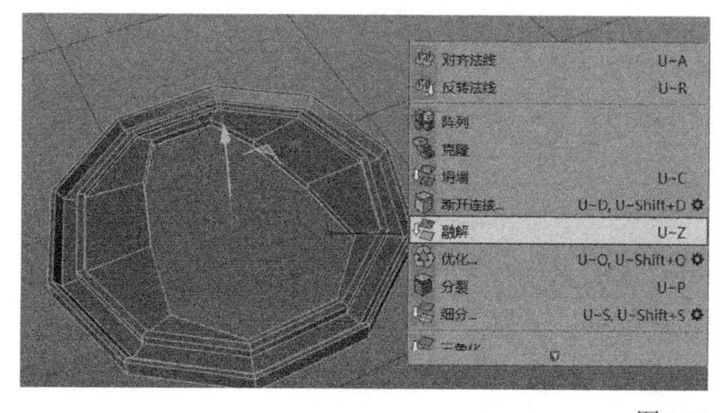

图7-50

12 选择“线性切割”工具重新对融解的面进行分割布线，如图7-51所示。

13 选择重新布线后的面，进行编辑并对其进行内部挤压，如图7-52所示。

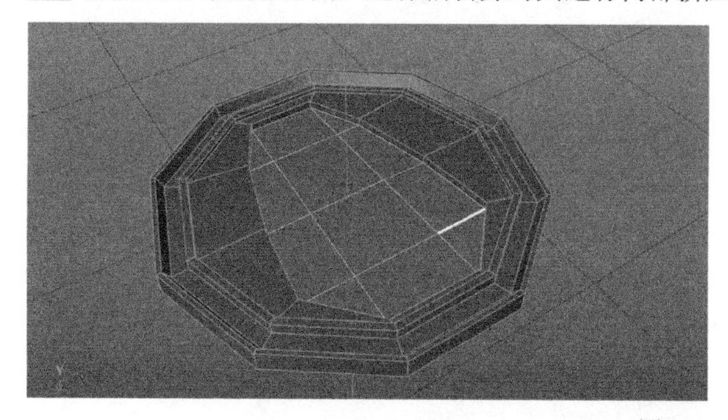

图7-51

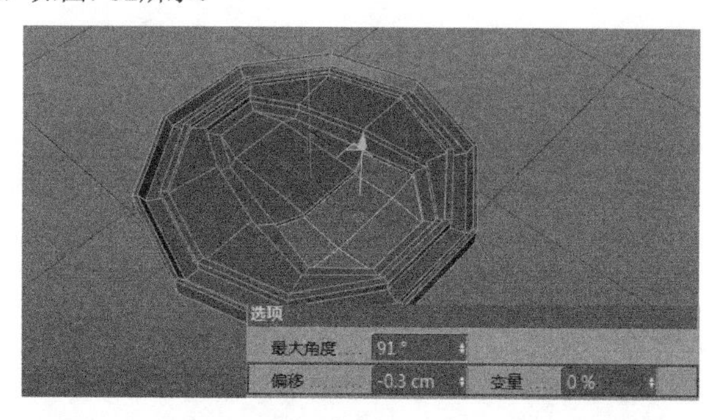

图7-52

14 保持选中的面不变，继续对其进行内部挤压，如图7-53所示。

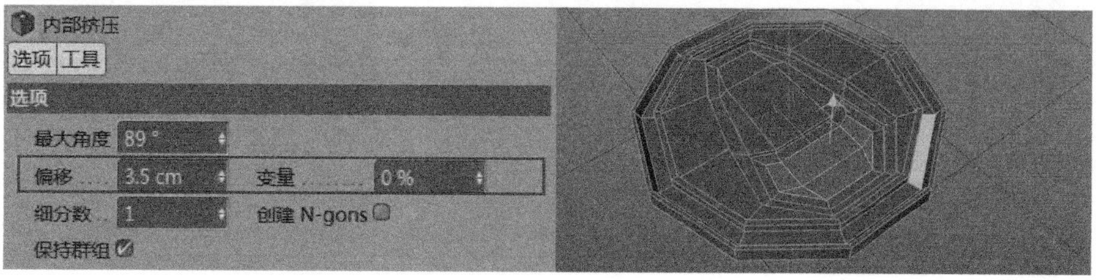

图7-53

15 保持选中的面不变，再次进行挤压并移动点，如图7-54和图7-55所示。

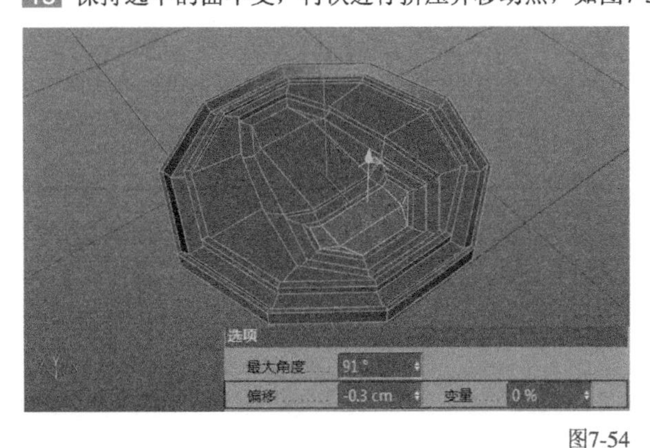

图7-54

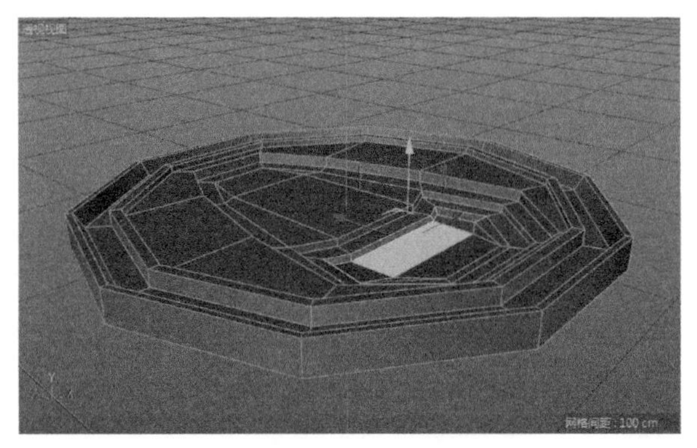

图7-55

16 为编辑好的可乐瓶盖添加“细分曲面”命令，如图7-56所示。

17 单击鼠标右键，在弹出的菜单中选择“循环/路径切割”选项，然后给可乐瓶盖添加循环切线，如图7-57~图7-59所示。

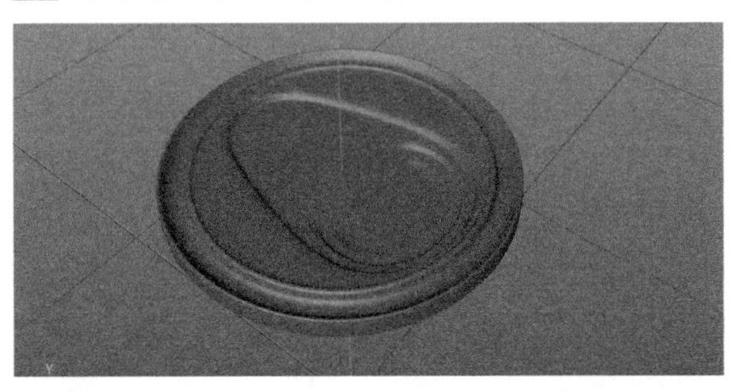
图7-56

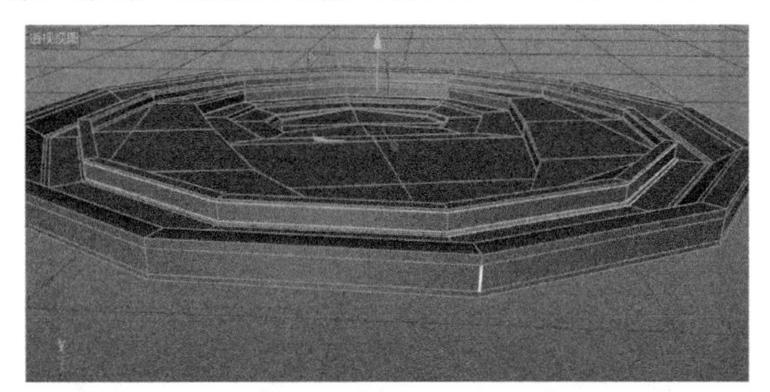
图7-57

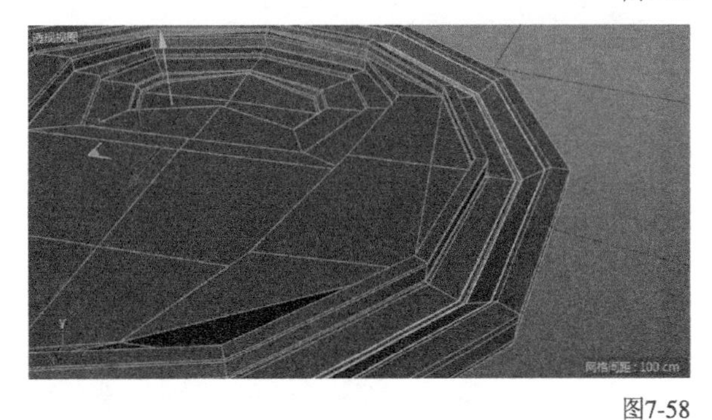

图7-58

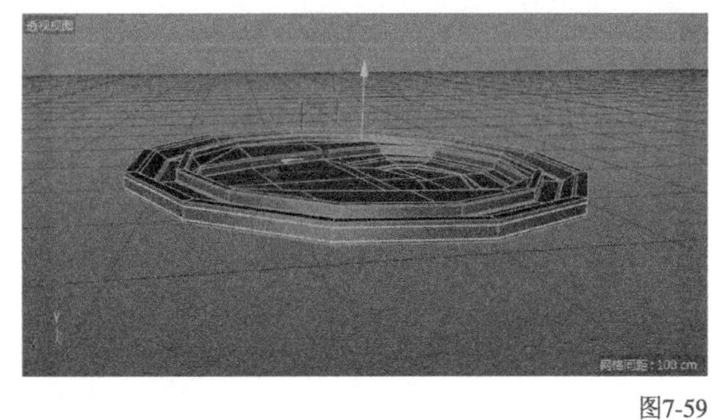

图7-59

18 创建一个圆盘，然后将“圆盘分段”设置为3，将“旋转分段”设置为10，如图7-60所示。

19 编辑圆盘的点、线和面，然后调整到相应的位置，如图7-61所示。

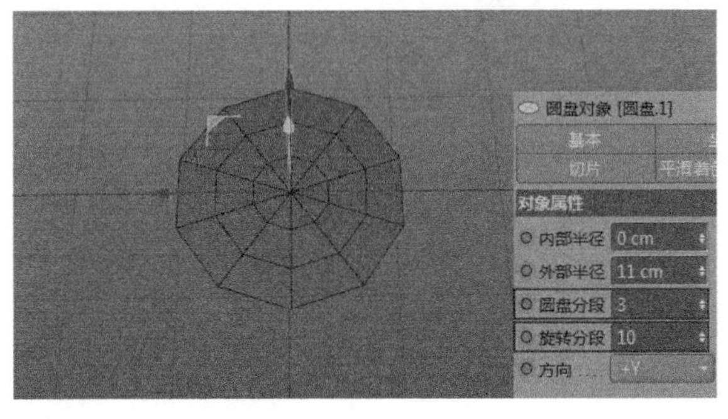

图7-60

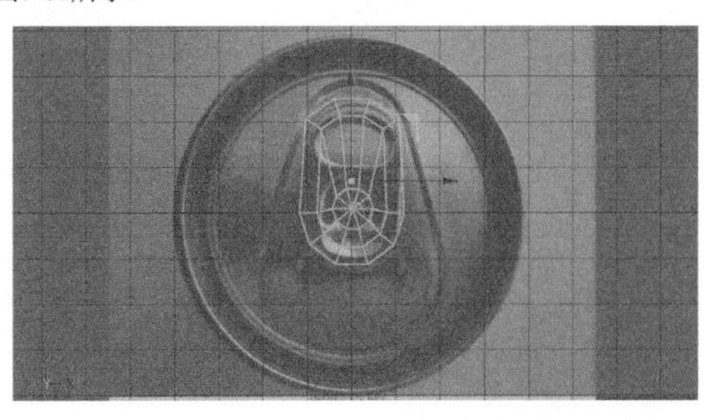
图7-61

20 继续调整和编辑圆盘的布线，如图7-62所示。

21 选中所有的面，然后单击鼠标右键，在弹出的菜单中选择“挤压”选项对其进行挤压，如图7-63所示。

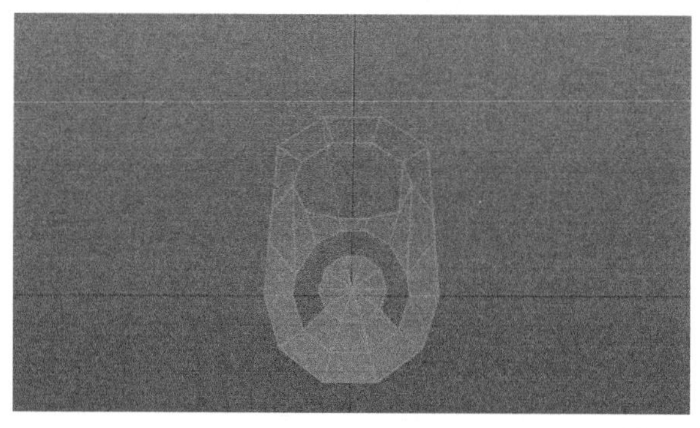

图7-62

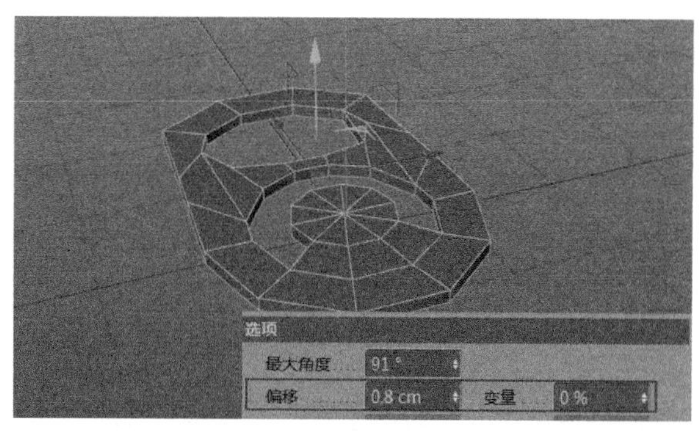

图7-63

22 为挤压后的圆盘添加“细分曲面”命令，然后使用“循环/路径切割”工具增加布线，如图7-64~图7-66所示。

图7-64

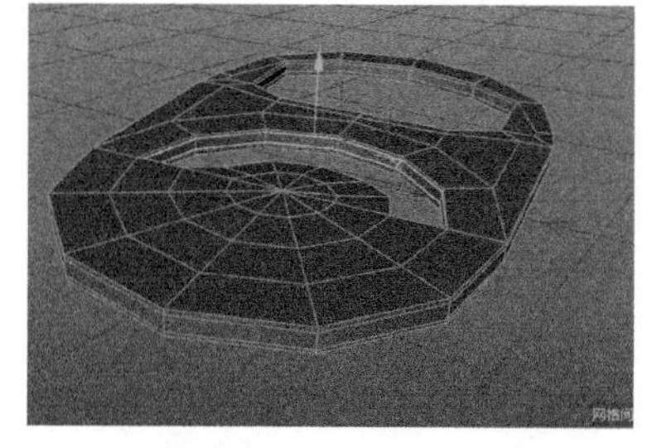

图7-65

图7-66

23 将可乐瓶身、瓶盖和拉环组合，此时可乐易拉罐的模型创建完成，如图7-67所示。将上述所有的模型组合，本案例的模型全部创建完成，如图7-68所示。

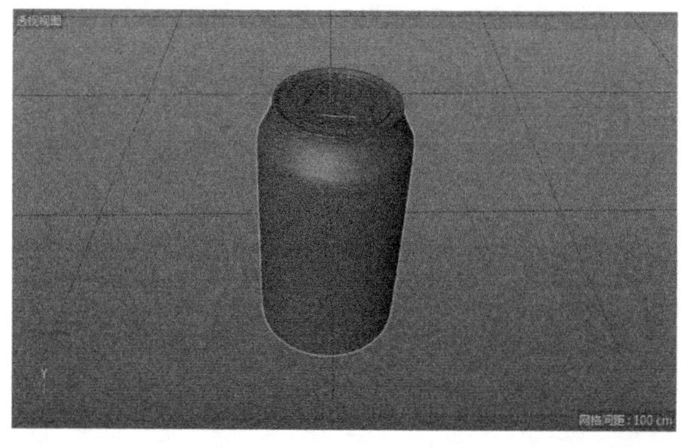

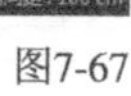

图7-67

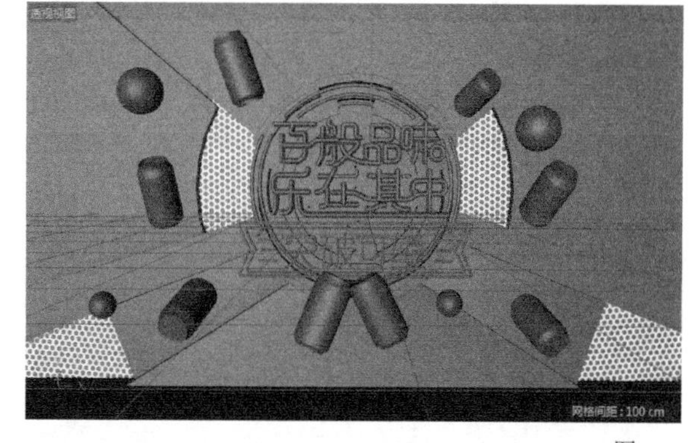

图7-68

7.2 设置材质

本节将讲解场景中的材质，本案例需要创建霓虹字体和舞台背景等材质。

7.2.1 霓虹文字材质

01 创建一个空白材质，双击进入“材质编辑器”面板，具体参数设置如图7-69~图7-71所示。

操作步骤

① 勾选“发光”选项，设置“颜色”为（R:32，G:159，B:255），“亮度”为130%。

② 勾选“反射”选项，设置“类型”为GGX，“亮度”为120%，“菲涅耳”为“绝缘体”，“预置”为“钻石”，“强度”为100%，“折射率（IOR）”为2.417。

③ 勾选“辉光”选项，设置“内部强度”为5%，“外部强度”为50%，“半径”为10cm，“随机”为0%，“频率”为1，接着勾选“材质颜色”选项。

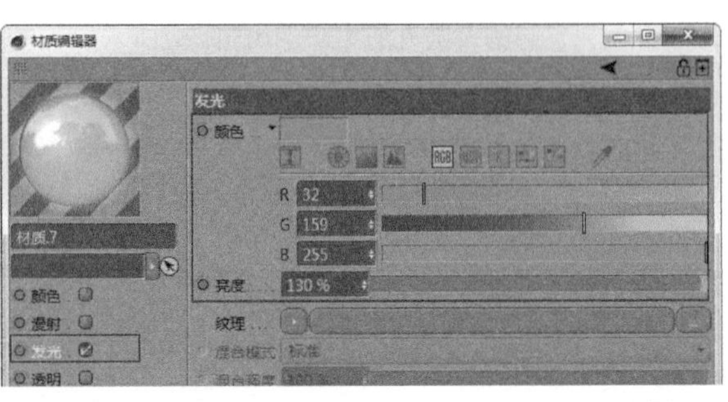

图7-69

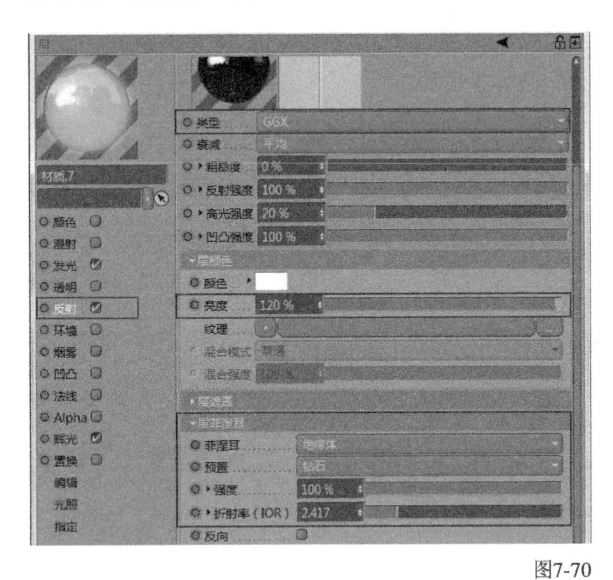

图7-70

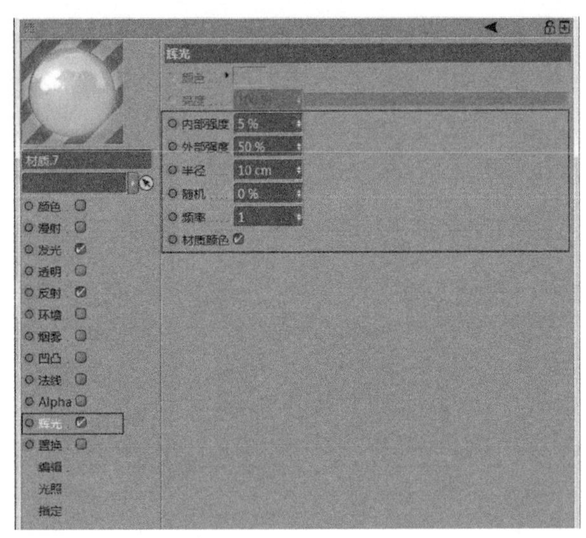

图7-71

02 新建一个空白材质，双击进入“材质编辑器”面板，具体参数设置如图7-72和图7-73所示。

操作步骤

① 勾选“发光”选项，设置“颜色”为（R:255，G:84，B:152），“亮度”为100%。

② 勾选“反射”选项，设置“类型”为GGX，“菲涅耳”为“绝缘体”，“预置”为“钻石”，“强度”为100%，“折射率（IOR）”为2.417。

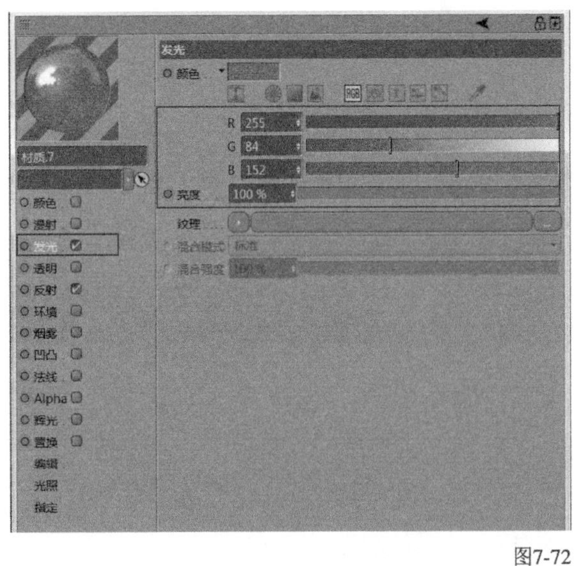

图7-72

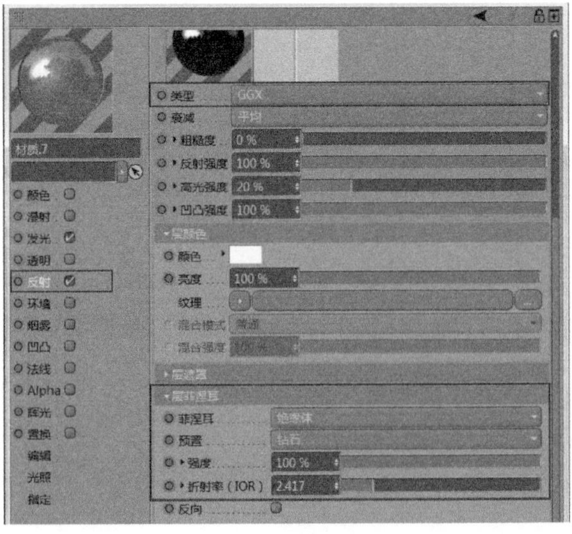

图7-73

7.2.2 舞台背景材质

创建一个空白材质，双击进入“材质编辑器”面板，具体参数设置如图7-74和图7-75所示。

操作步骤

① 勾选“颜色”选项，设置“颜色”为（R:27，G:31，B:38），“亮度”为100%。

② 勾选“反射”选项，设置“类型”为GGX，“粗糙度”为10%，“亮度”为23%，“菲涅耳”为“导体”，“预置”为“钢”，“强度”为100%。

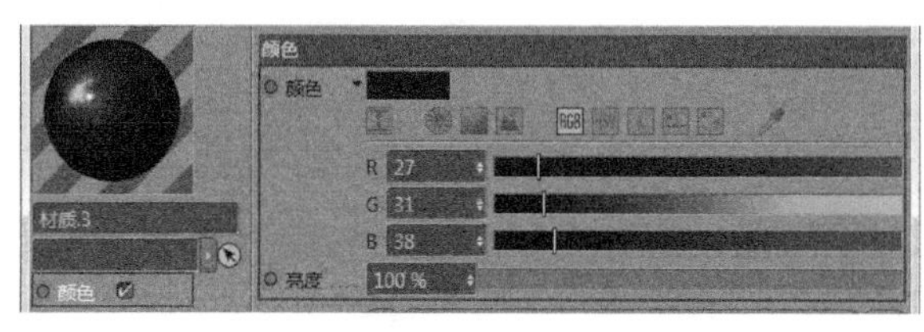

图7-74

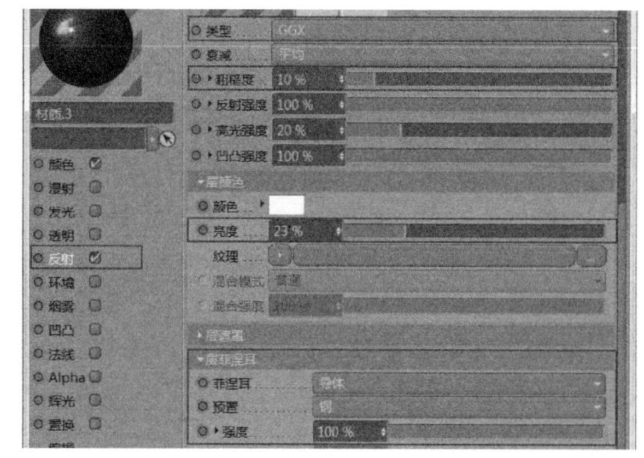

图7-75

7.2.3 可乐贴图材质

创建一个空白材质，双击进入“材质编辑器”面板，接着勾选“颜色”选项，并在“纹理”中添加一张可乐包装贴图，再设置“亮度”为100%，具体参数设置如图7-76所示。

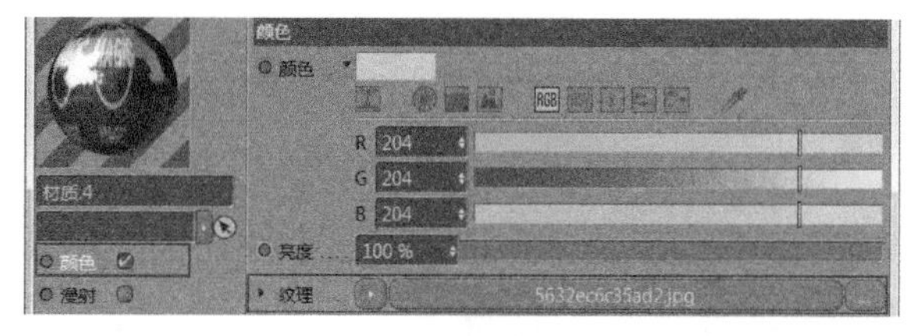

图7-76

7.2.4 可乐瓶身材质

创建一个空白材质，双击进入“材质编辑器”面板，具体参数设置如图7-77和图7-78所示。

操作步骤

① 勾选“颜色”选项，设置“颜色”为（R:52，G:65，B:146），“亮度”为100%。

② 勾选“反射”选项，设置“类型”为GGX，“亮度”为74%，“粗糙度”为0%，“菲涅耳”为“导体”，“预置”为“铝”，“强度”为100%。

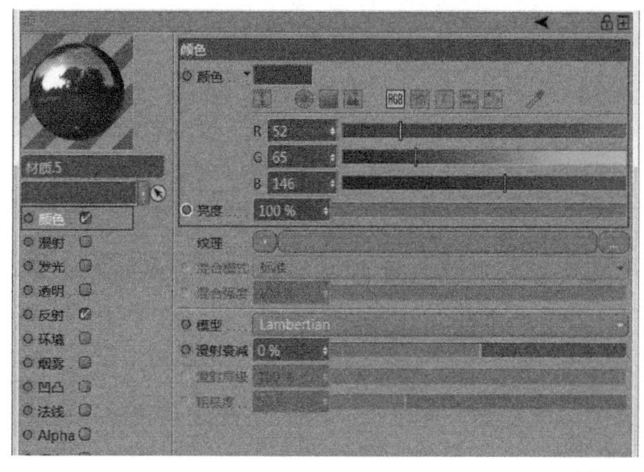

图7-77

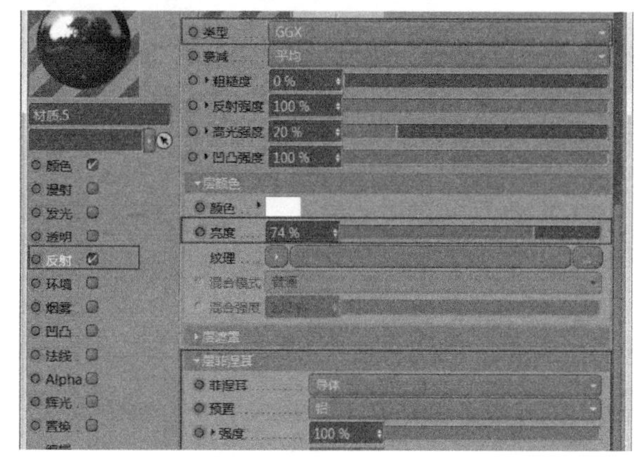

图7-78

7.2.5 可乐瓶顶和瓶底材质

01 创建一个空白材质，双击进入“材质编辑器”面板，勾选“反射”选项，设置“类型”为GGX，“粗糙度”为5%，“菲涅耳”为“导体”，“预置”为“铝”，“强度”为100%，具体参数设置如图7-79所示。

02 将所有的材质赋予相应的模型，效果如图7-80所示。

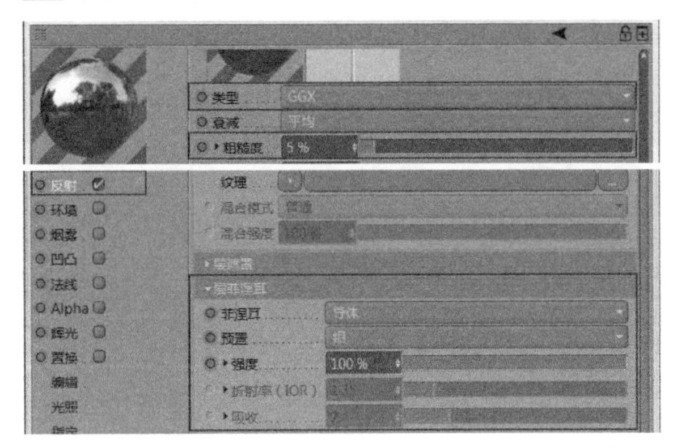

图7-79

图7-80

7.3 添加灯光

本节将讲解场景中的灯光，本案例需要创建一盏主光源和两盏辅助光源。

7.3.1 主光源

在当前场景中添加一盏区域灯光，放置在整个场景正中心的前方，如图7-81所示，然后设置灯光的参数，如图7-82所示。

操作步骤

① 在“常规”中设置“颜色”为白色，“强度”为100%，“类型”为“区域光”，“投影”为“区域”。

② 在“细节”中设置“衰减”为“平方倒数（物理精度）”，“半径衰减”为594cm。

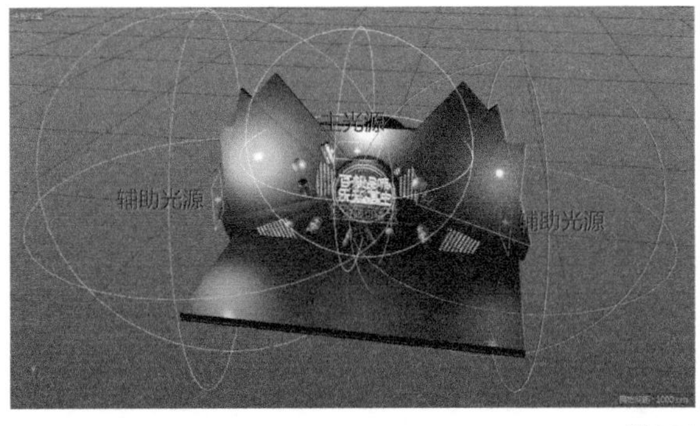

图7-81

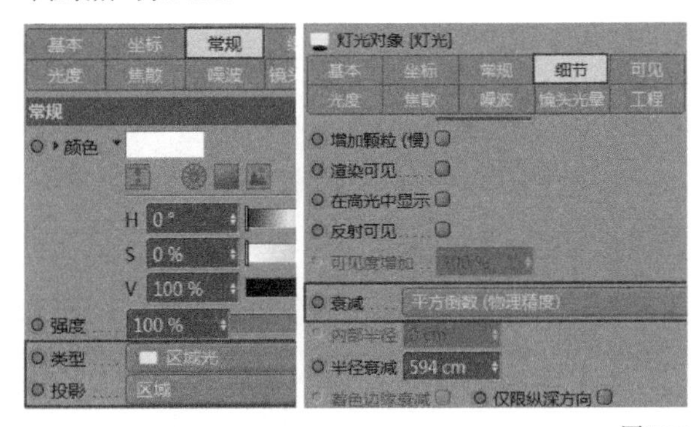

图7-82

7.3.2 辅助光源

在当前场景中添加两盏区域灯光，分别放置在场景的两边，然后设置灯光参数，如图7-83和图7-84所示。

操作步骤

① 在“常规”中设置“颜色”为（R:117，G:223，B:247），“强度”为100%，“类型”为“区域光”，“投影”为“无”。

② 在“细节”中设置“衰减”为“平方倒数（物理精度）”，“半径衰减”为950cm。

③ 在“常规”中设置“颜色”为（R:255，G:111，B:207），“强度”为100%，“类型”为“区域光”，“投影”为“无”。

④ 在“细节”中设置“衰减”为“平方倒数（物理精度）”，“半径衰减”为787cm。

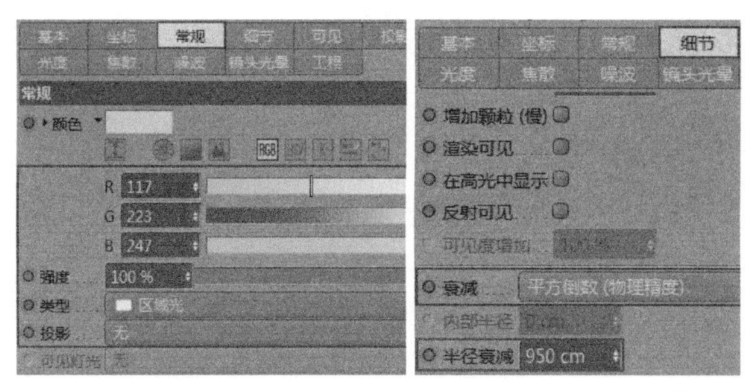

图7-83

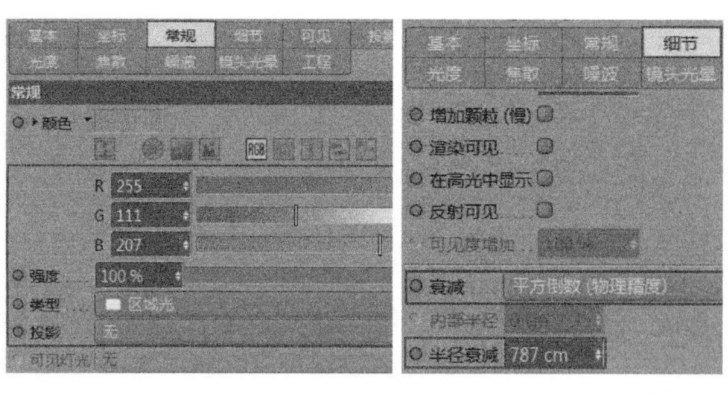

图7-84

7.4 设置环境

01 新建一个材质并创建一个天空，执行“窗口-内容浏览器”菜单命令打开“内容浏览器”面板，接着将预置材质“preset://gsg_hdri_studio_pack.lib4d/4. Simple/TwoFacingKinos.hdr”直接拖曳到天空材质的“发光”通道中，如图7-85和图7-86所示。

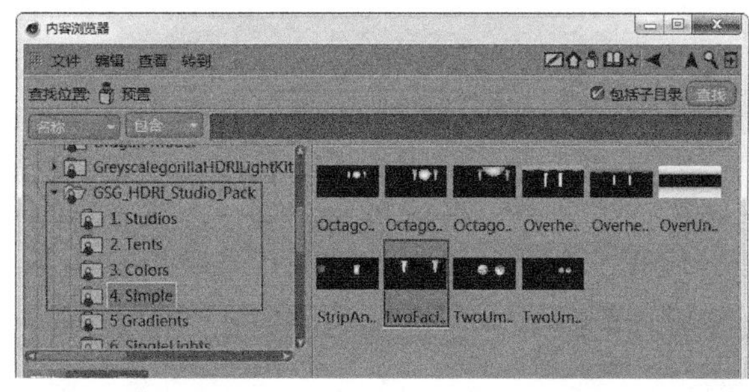

图7-85

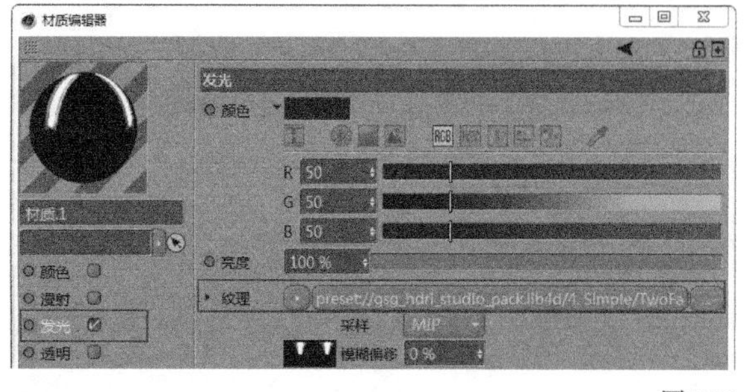

图7-86

02 拖曳天空材质赋予天空对象，然后按快捷键Ctrl+B打开“渲染设置”面板，在“渲染设置”面板中单击“效果”按钮添加“全局光照”选项，如图7-87所示。

03 按快捷键Ctrl+R进行渲染，如图7-88所示。这时会发现渲染出来的效果并不是特别理想，虽然整体效果已经渲染出来了，但是场景过暗且细节部分需要优化。

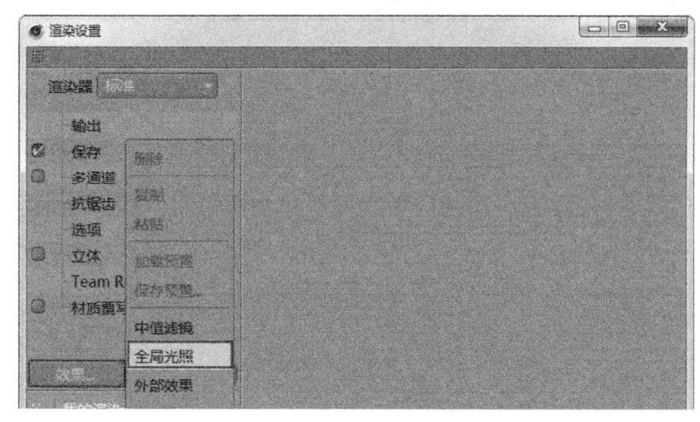

图7-87

图7-88

04 选择“几何工具组”中的“平面”工具作为反光板放置在场景中，如图7-89所示。4个反光板的参数设置如图7-90~图7-93所示。

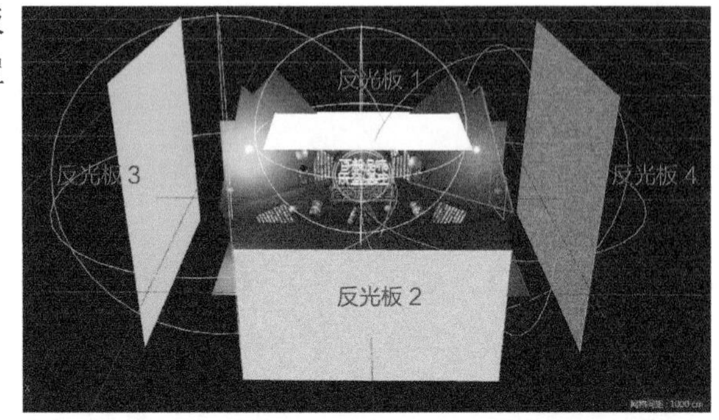

图7-89

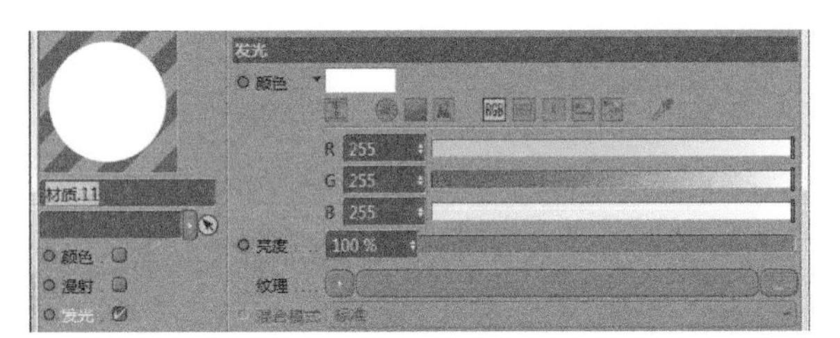

图7-90

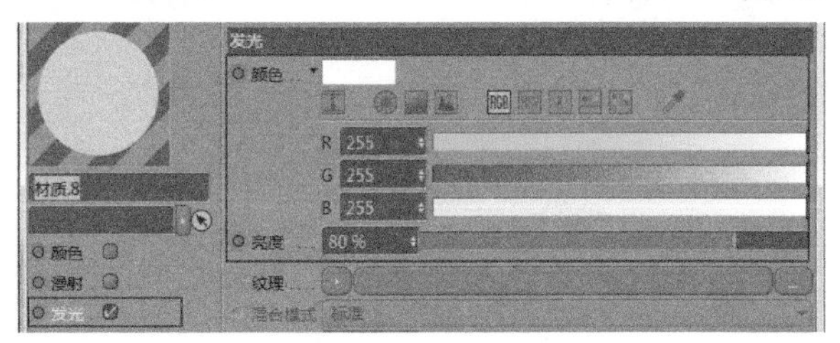

图7-91

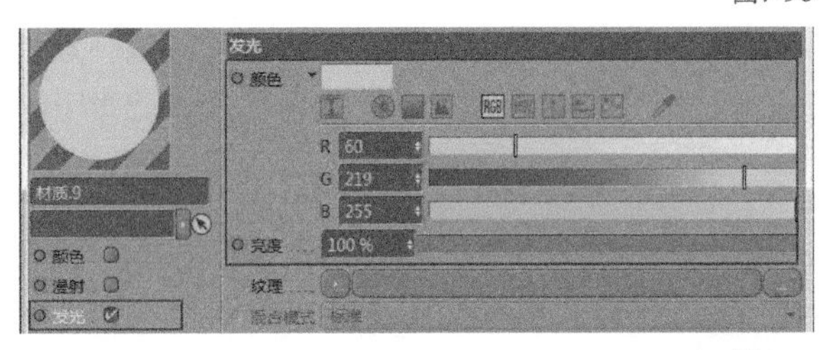

图7-92

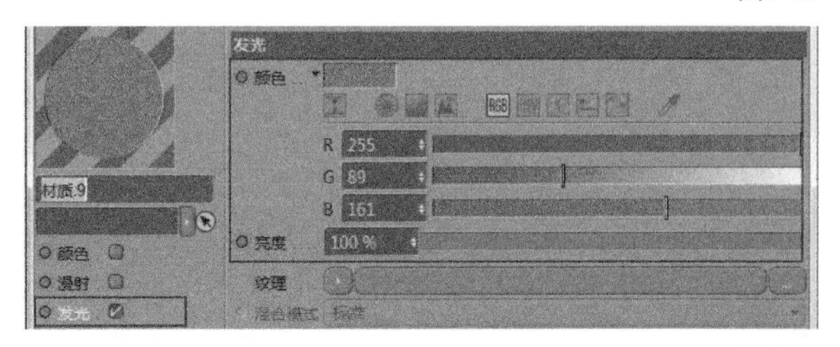

图7-93

05 渲染并观察效果，如图7-94所示。打开Photoshop软件进行简单的明暗对比调整，最终效果如图7-95所示。

图7-94

图7-95

第  章

节日气球风格：父亲节海报

图8-1

本章将为读者讲解父亲节海报的制作，案例最终效果如图8-1所示。

◎ 视频名称 节日气球风格：父亲节海报

◎ 实例位置 实例文件 >CH08> 节日气球风格：父亲节海报

◎ 学习目标 掌握节日气球类模型的制作方法及节日场景氛围的烘托方法

8.1 主体模型的制作

在制作这个案例之前，先对案例的模型进行分析和拆分，以便于我们在制作的过程中有一个明确的思路和流程。在父亲节海报这个案例中，场景可以大概分为气球字体区，气球和彩带装饰区，礼品区，冰淇淋，以及蛋糕区，如图8-2~图8-5所示。拆解完成后我们将逐一对其进行建模。

图8-2

图8-3

图8-4

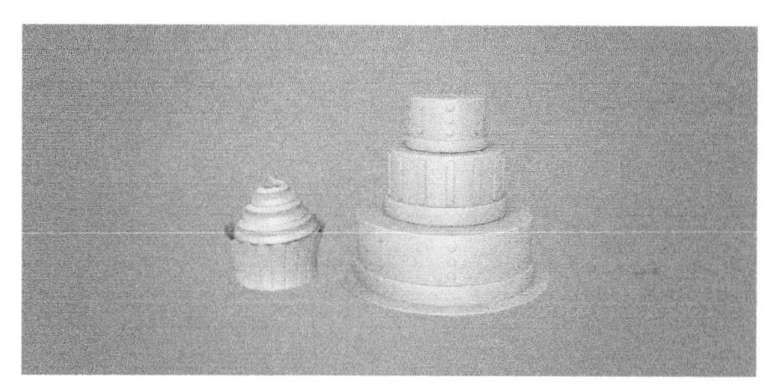

图8-5

8.1.1 气球文字区建模

01 在场景中加载一张学习资源中的路径文字，如图8-6所示。

02 下面以“F”为例进行讲解。选择“挤压”工具对其进行挤压，如图8-7所示。

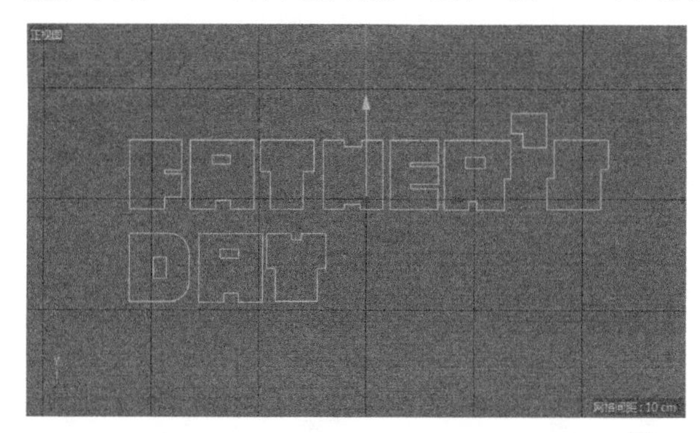

图8-6

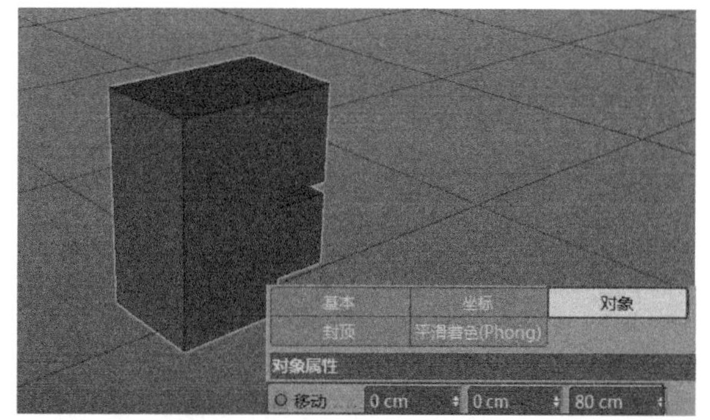

图8-7

03 选中“挤压”选项，在“挤压”的属性面板中设置其参数，接着选中“样条”选项，并在“样条”的属性面板中设置相关参数，如图8-8和图8-9所示。

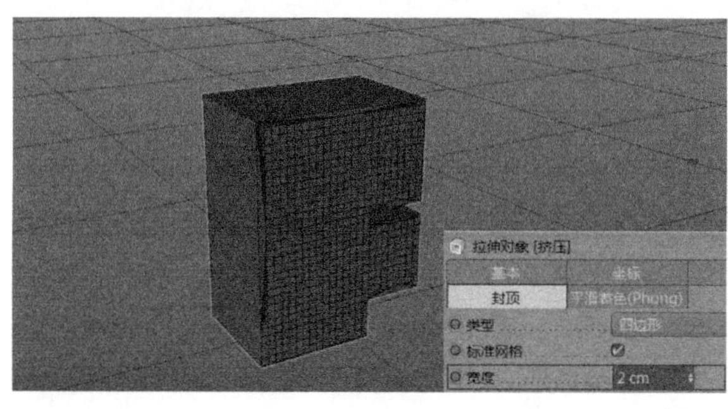

图8-8

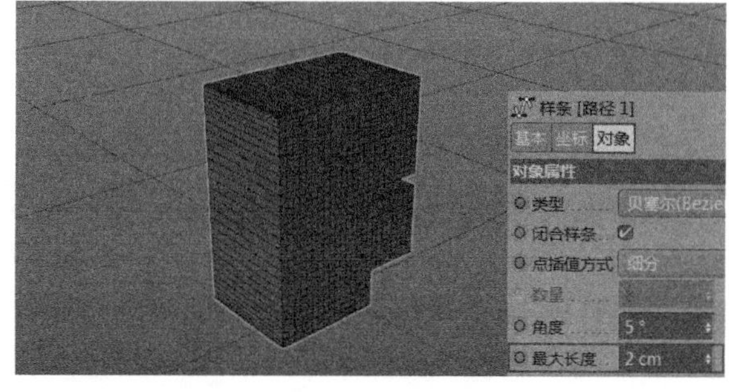

图8-9

04 选中挤压后的模型，将其转换为可编辑对象，接着单击鼠标右键，在弹出的菜单中选择“连接对象+删除”选项，将其变成一个整体，如图8-10所示。

05 选中变成一个整体的“F”模型，为其加载“布料”标签，如图8-11所示。

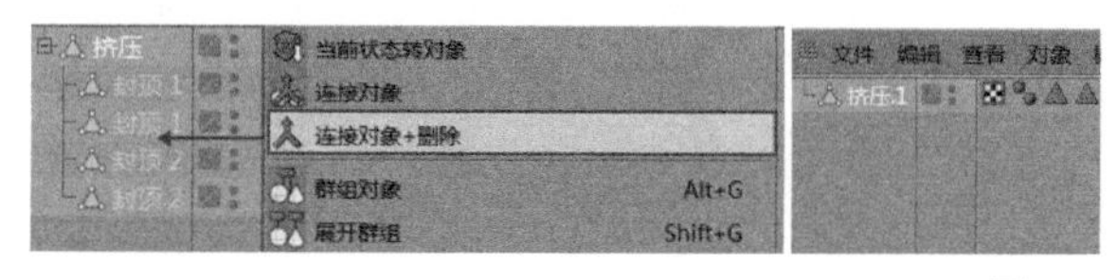

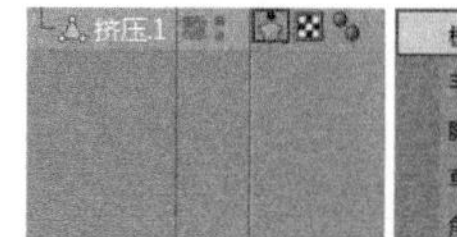

图8-10

图8-11

06 选择“实时选择”工具，然后选中“F”侧面，如图8-12所示。

07 单击“布料”标签，在其下方的属性面板中选择“修整”选项卡，然后单击“缝合面”的“设置”按钮，如图8-13所示。

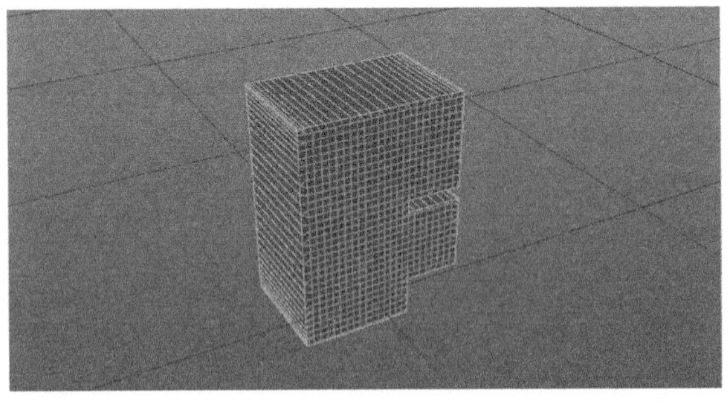

图8-12

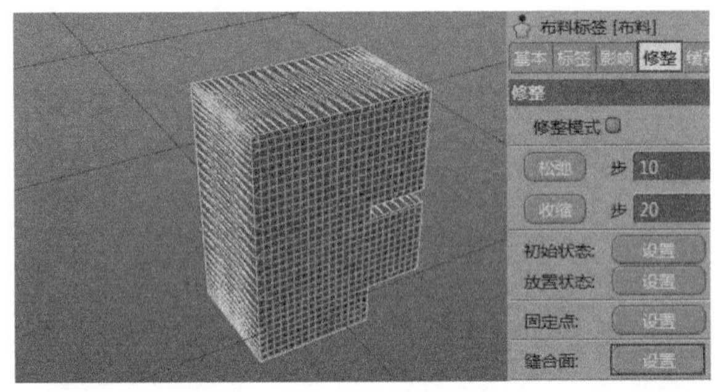

图8-13

08 设置“收缩”的相关参数并单击“收缩”按钮，如图8-14所示。

09 选中侧边，然后将其向外进行挤压，如图8-15所示。

10 给“F”模型添加“细分曲面”，效果如图8-16所示。至此气球“F”的模型创建完成。

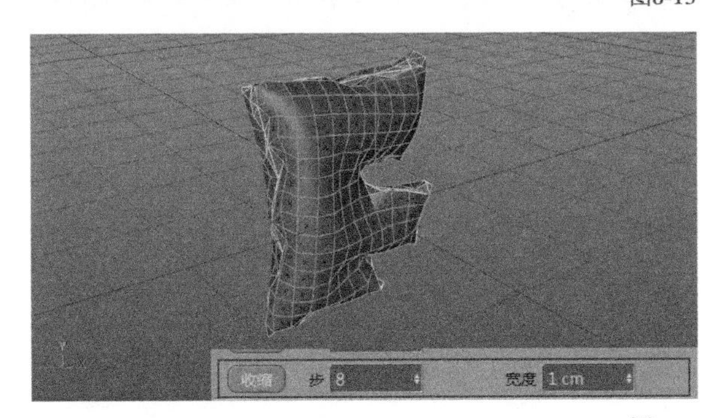

图8-14

图8-15

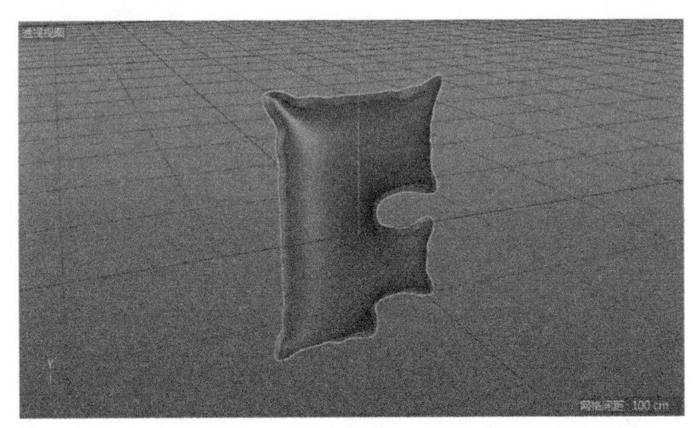

图8-16

11 以同样的方法完成其他的气球字体的制作，如图8-17~图8-25所示。

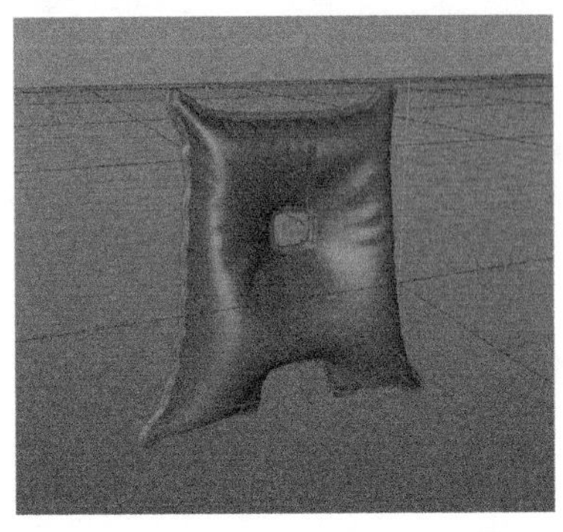

图8-17

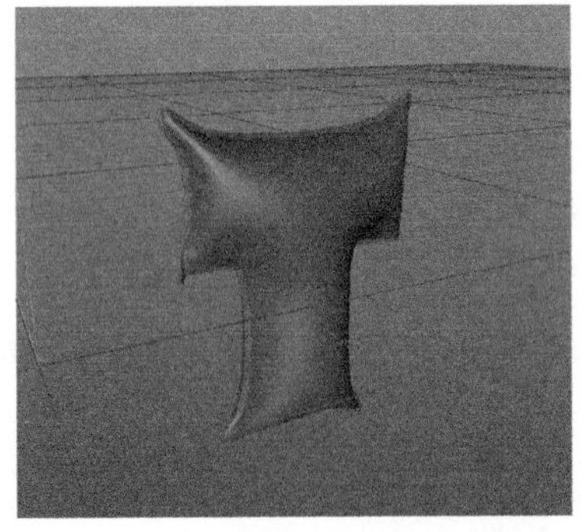

图8-18

图8-19

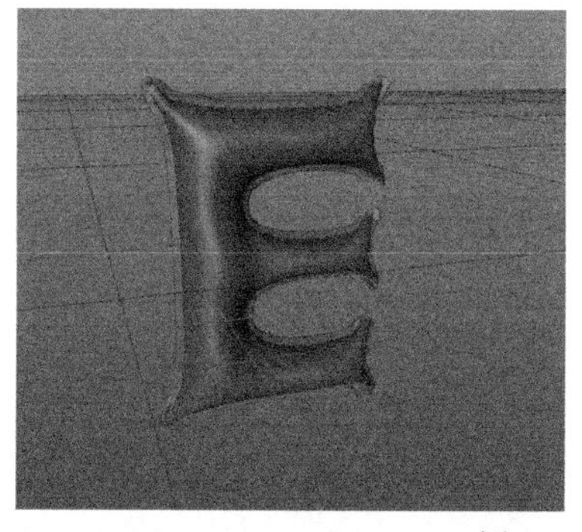

图8-20

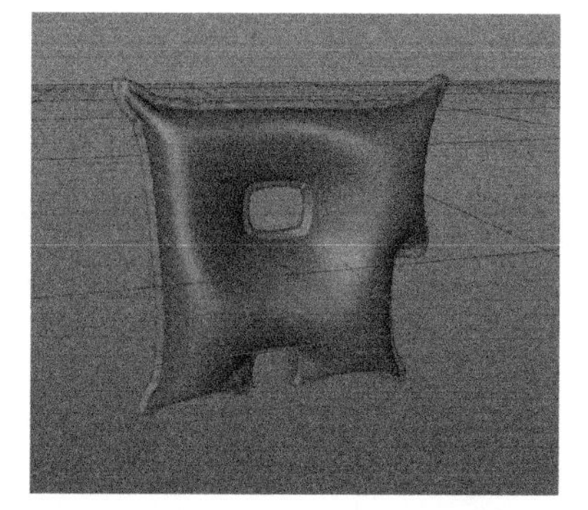

图8-21

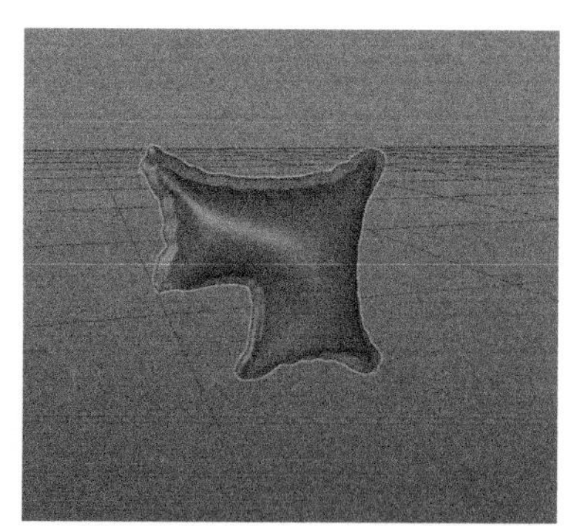

图8-22

图8-23

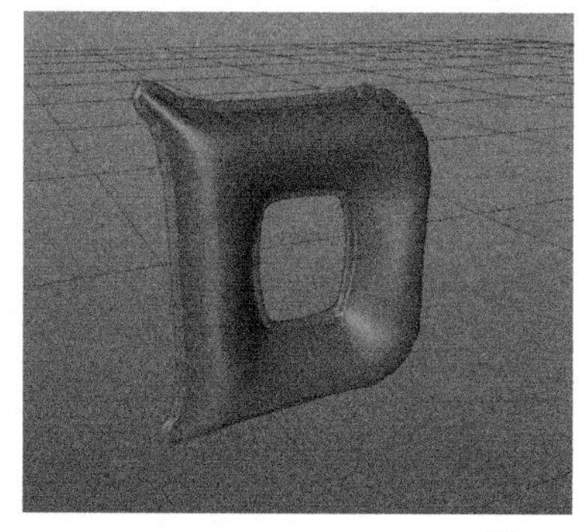

图8-24

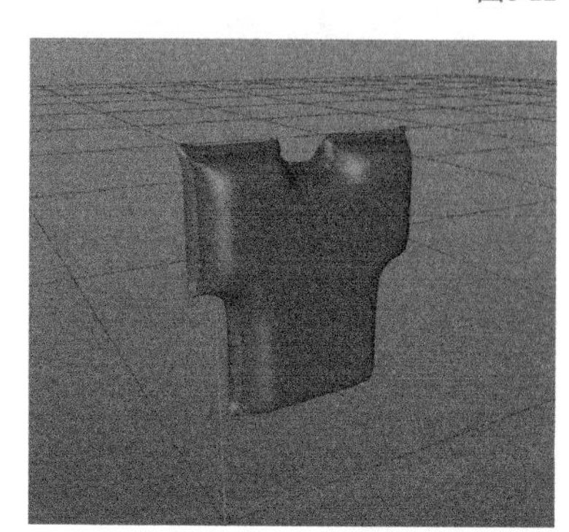

图8-25

12 绘制一条样条线，其尺寸大小自定，然后创建一个矩形样条线，调整其参数并进行扫描，如图8-26~图8-28所示。

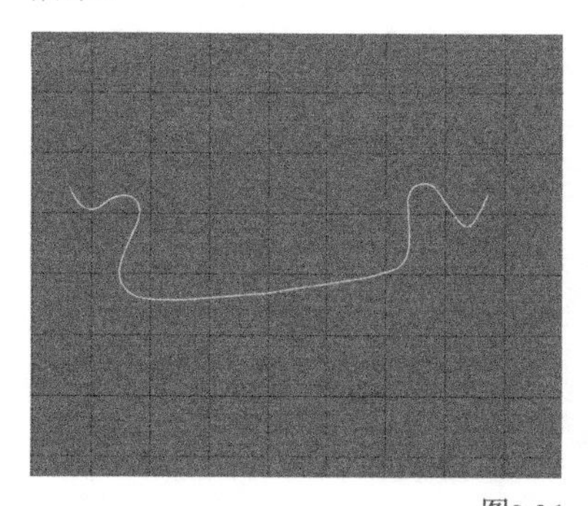

图8-26

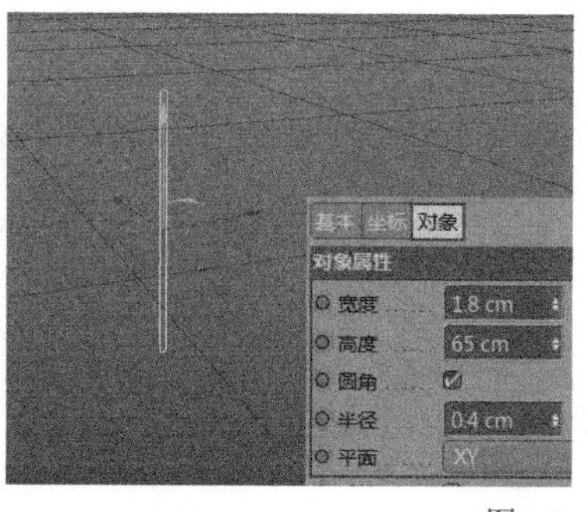

图8-27

图8-28

13 选择“文本”工具输入文字并进行挤压，接着将其与刚才扫描的彩带组合，如图8-29和图8-30所示。

14 绘制样条线，长度自定，然后将其挤压并放置在气球字体的下方，作为气球字体的装饰线条。气球字体的组合效果如图8-31所示。

图8-29

图8-30

图8-31

8.1.2 气球和彩带装饰区建模

01 用“圆环”和“多边”工具绘制一个心形样条线，然后用“样条布尔”工具进行编辑，如图8-32和图8-33所示。

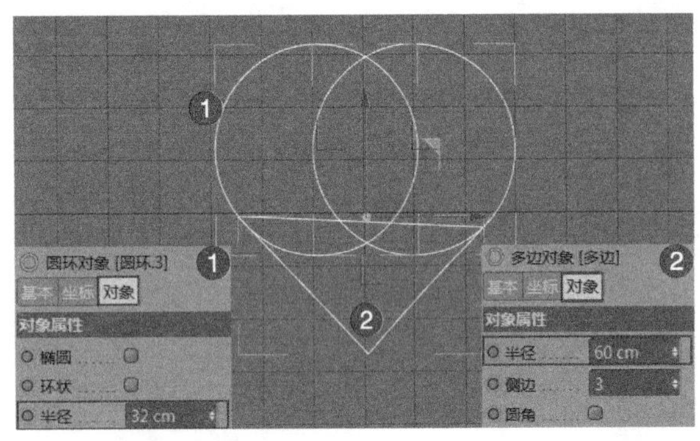

图8-32

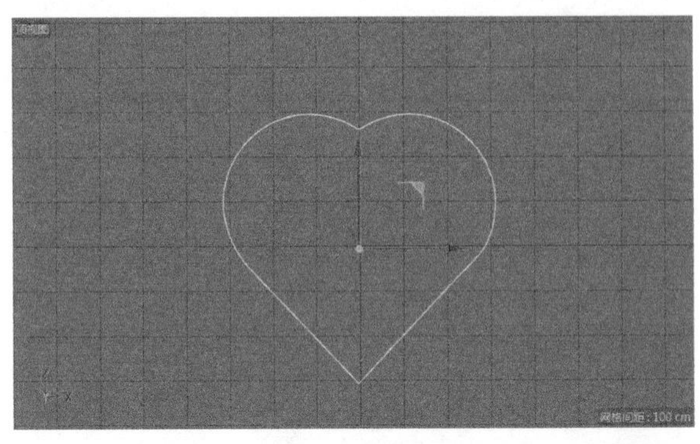

图8-33

02 对创建的心形样条线进行挤压，如图8-34所示。

03 选中“挤压”选项，在挤压的属性面板中设置参数，接着选中“样条”选项，在样条属性面板中设置相关参数，如图8-35和图8-36所示。

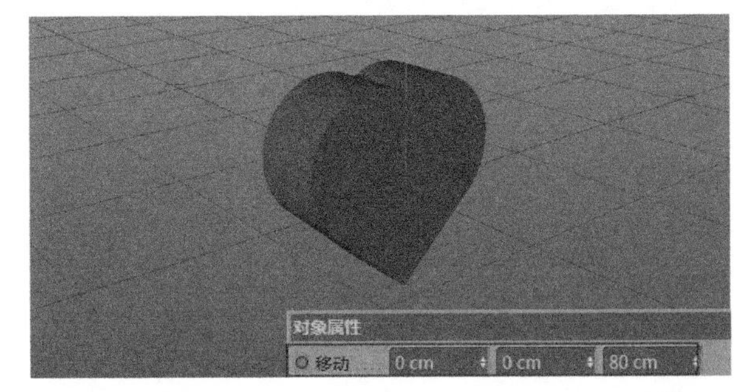

图8-34

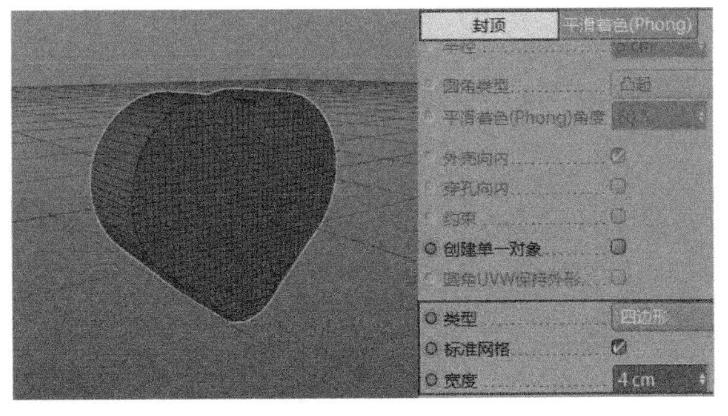

图8-35

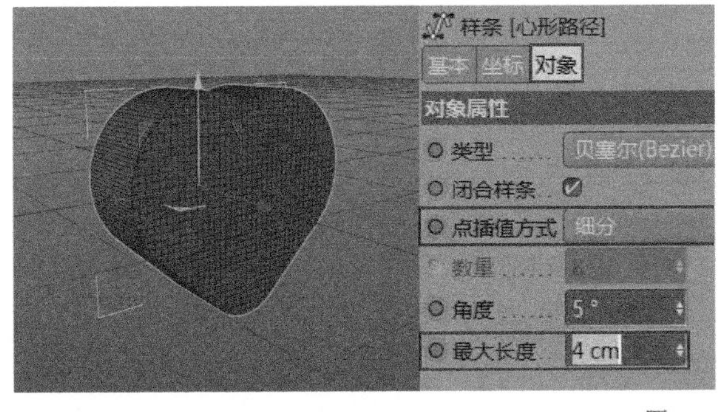

图8-36

04 将心形转换为可编辑对象，为其添加“布料”标签，接着选中心形的侧边面，如图8-37所示。

05 单击“布料”标签面板中的“修整”选项卡，设置“收缩”为20步，“宽度”为6cm，接着在“缝合面”中单击“设置”按钮，再单击“收缩”按钮，如图8-38所示。

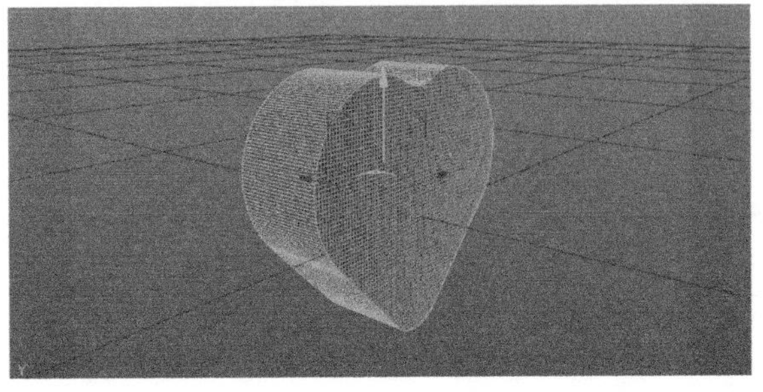

图8-37

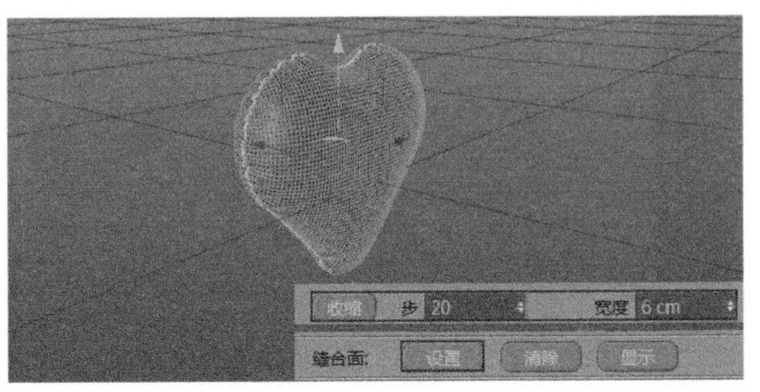

图8-38

06 选中侧边面，然后对其进行挤压，如图8-39所示，并为挤压后的心形气球添加“细分曲面”命令。至此心形气球制作完成，如图8-40所示。

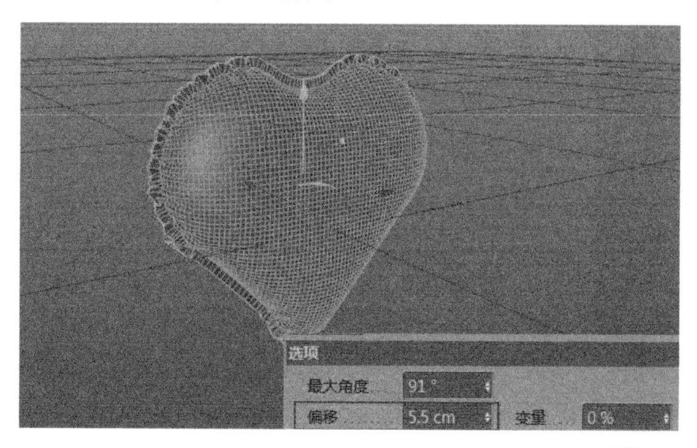

图8-39

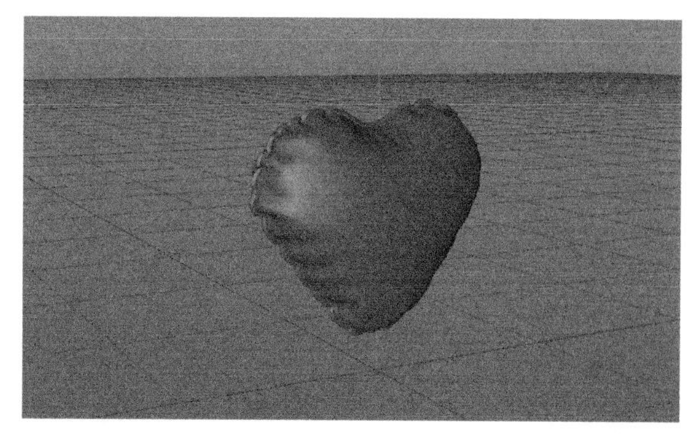

图8-40

07 创建两个星形样条线，然后对其尖角进行倒角编辑，如图8-41~图8-43所示。

08 对星形样条线进行挤压，如图8-44所示。

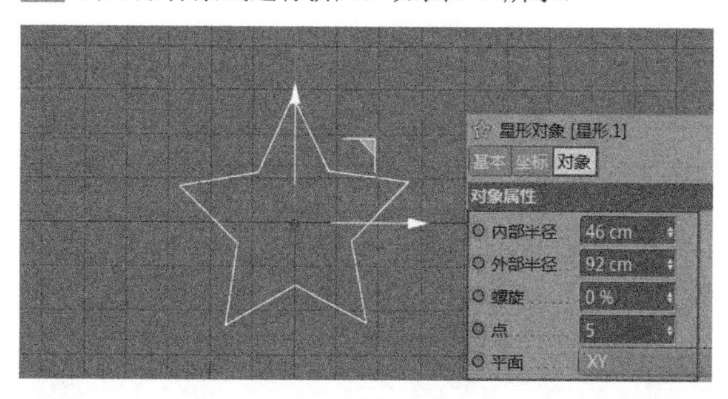

图8-41

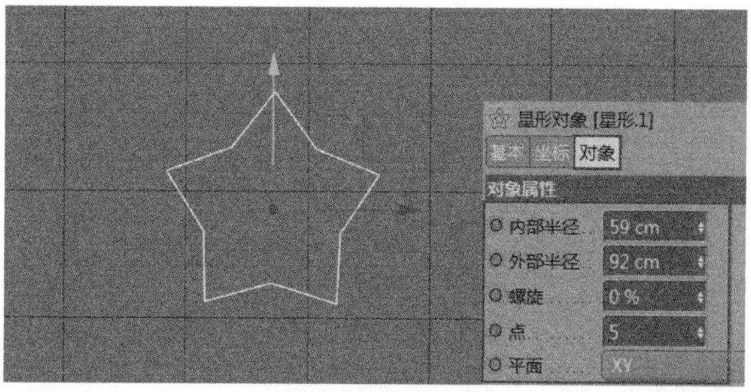

图8-42

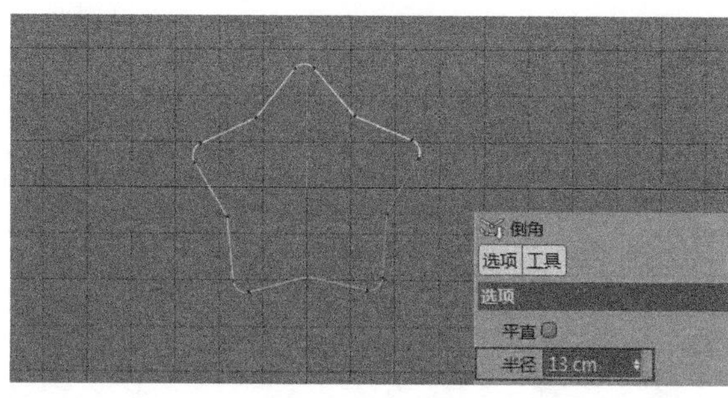

图8-43

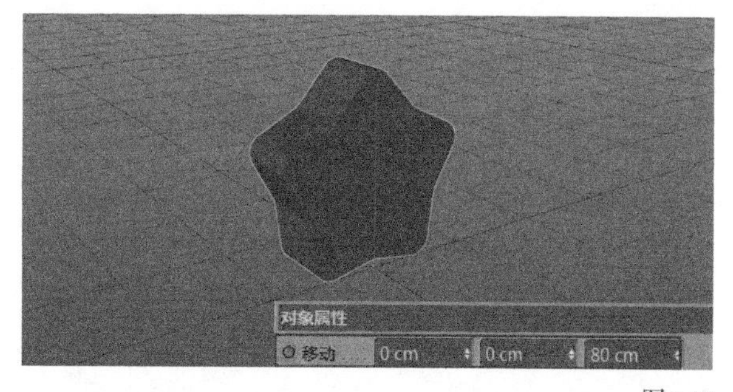

图8-44

09 选中“挤压”选项，在挤压的属性面板中设置参数，接着选中“样条”选项，并在样条属性面板中设置参数，如图8-45和图8-46所示。

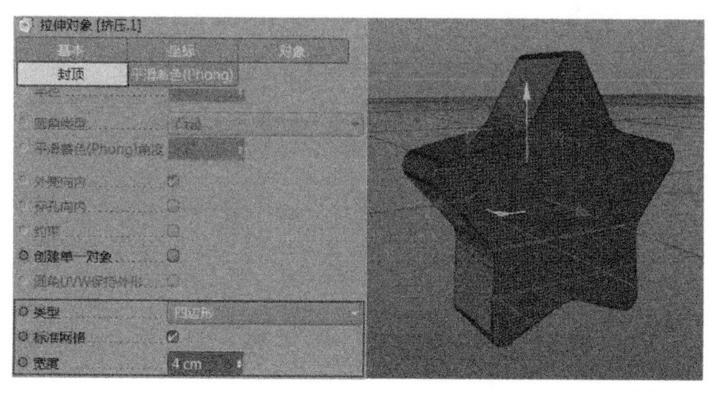

图8-45

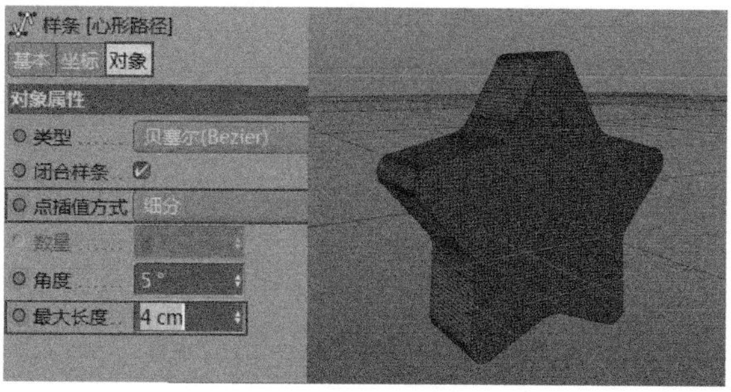

图8-46

10 将星形转换为可编辑的对象，然后选中星形的侧边面，如图8-47所示。

11 单击“布料”标签面板中的“修整”选项卡并设置参数，接着单击“缝合面”的“设置”按钮，再单击“收缩”按钮，如图8-48所示。

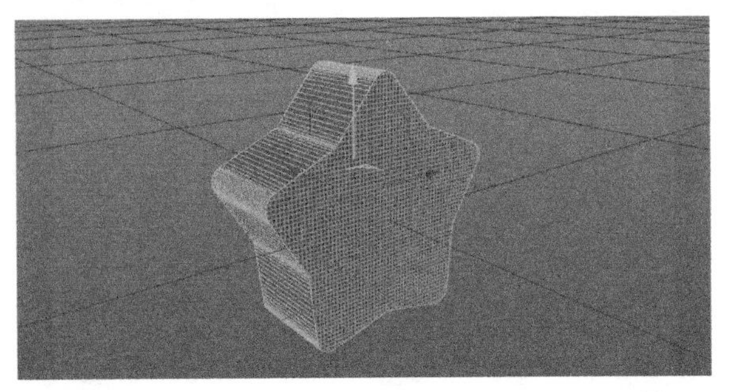

图8-47

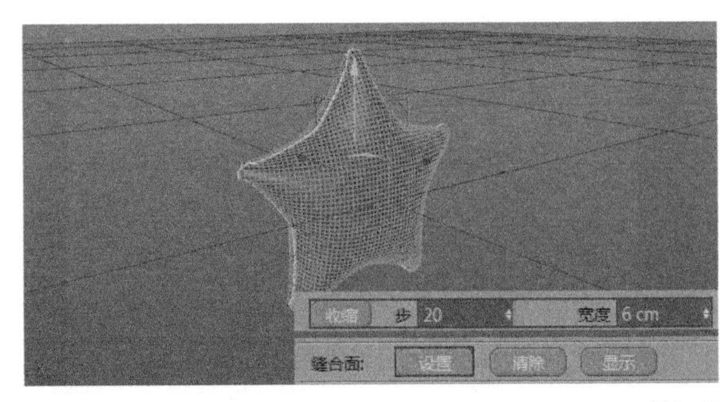

图8-48

12 选中侧边面，然后对其进行挤压，接着对挤压后的星形气球添加“细分曲面”命令，如图8-49和图8-50所示。至此，星形气球制作完成。

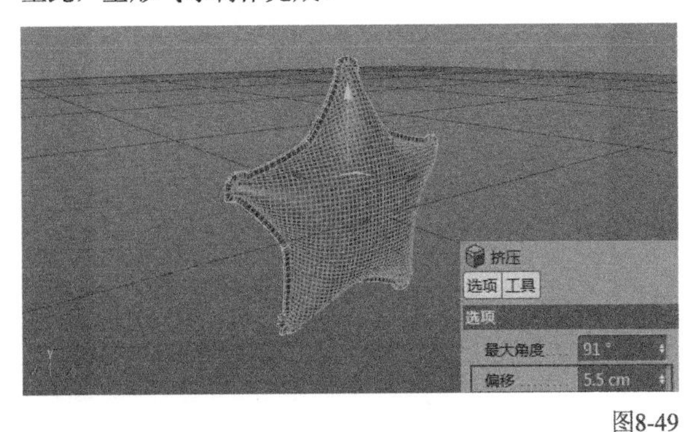

图8-49

图8-50

13 创建一个圆形样条线，然后对其进行挤压，如图8-51和图8-52所示。

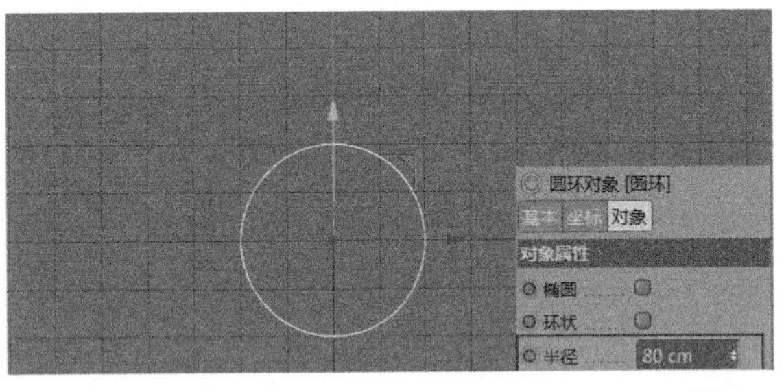

图8-51

图8-52

14 选中“挤压”选项，在挤压的属性面板中设置参数，接着选中“样条”选项，在样条属性面板中设置参数，如图8-53和图8-54所示。

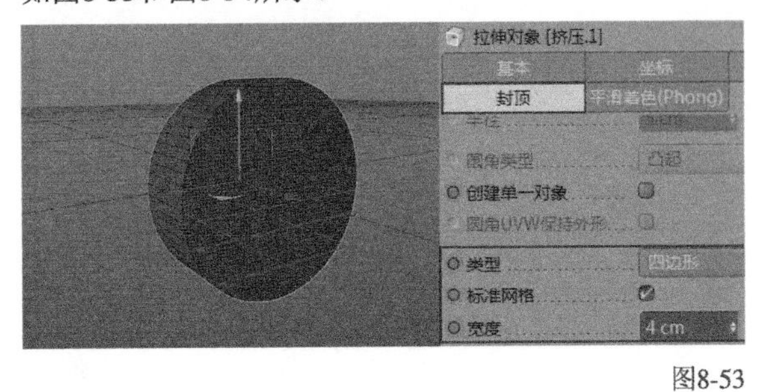

图8-53

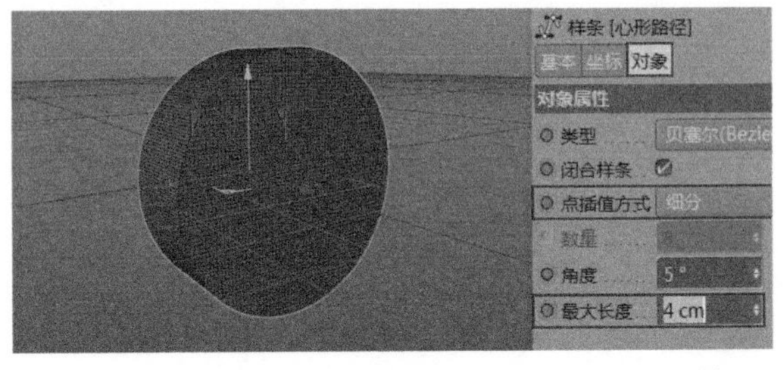

图8-54

15 将圆形转换为可编辑对象，然后选中侧边面并为其添加“布料”标签，如图8-55所示。

16 单击“布料”标签面板中的“修整”选项卡并设置参数，接着单击“缝合面”的“设置”按钮，再单击“收缩”按钮，如图8-56所示。

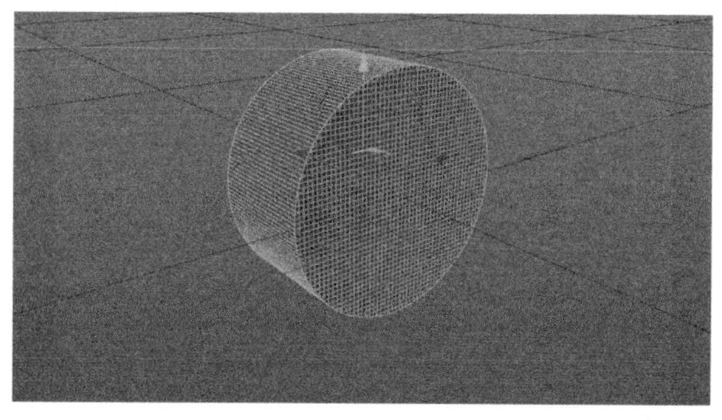

图8-55

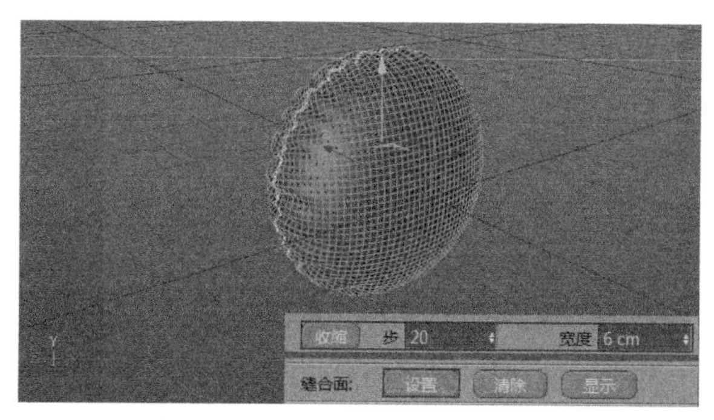

图8-56

17 选中侧边面并对其进行挤压，接着为挤压后的圆形气球添加“细分曲面”命令，如图8-57和图8-58所示。至此，圆形气球制作完成。

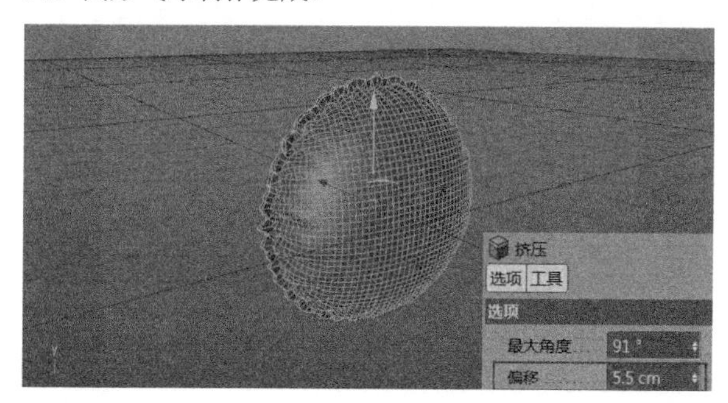

图8-57

图8-58

18 在场景中加载两个音乐符号的图标，然后对其进行挤压，如图8-59和图8-60所示。

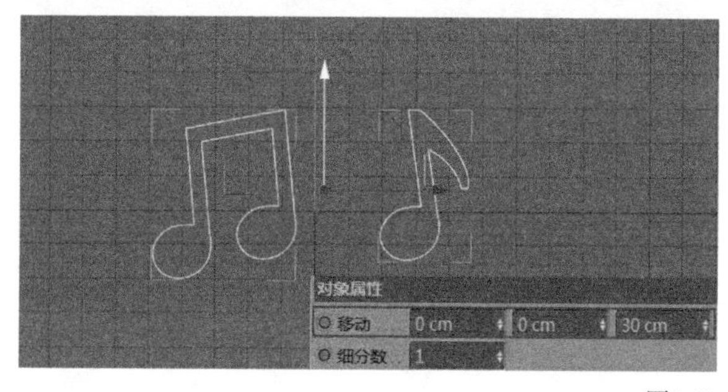

图8-59

图8-60

19 选中“挤压”选项并在其属性面板中设置参数，然后选中“样条”选项并在其属性面板中设置参数，如图8-61和图8-62所示。

图8-61

图8-62

20 将音符模型转换为可编辑的对象，然后选中音符侧边面并为其添加“布料”标签，如图8-63所示。

21 单击“布料”标签面板中的“修整”选项卡并设置参数，接着单击“缝合面”的“设置”按钮，再单击“收缩”按钮，如图8-64所示。

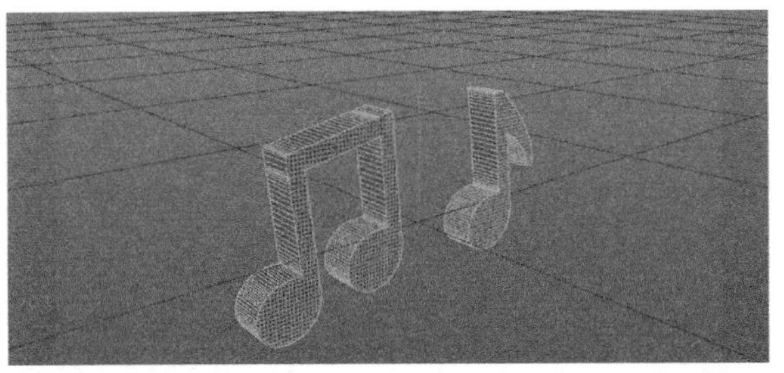

图8-63

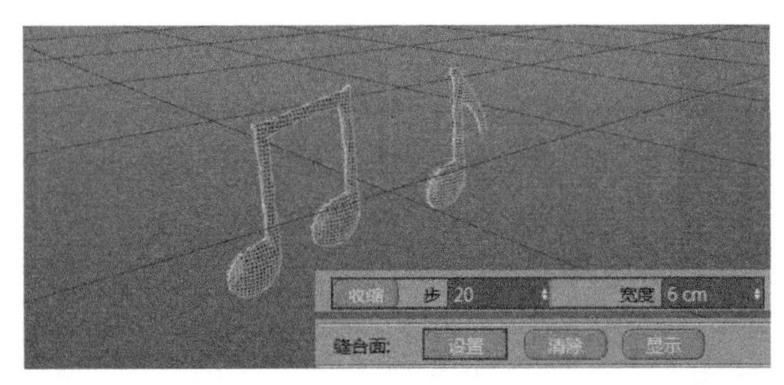

图8-64

22 选中侧边面并对其进行挤压，接着为挤压后的音符气球添加“细分曲面”命令，如图8-65和图8-66所示。至此，音符气球制作完成。

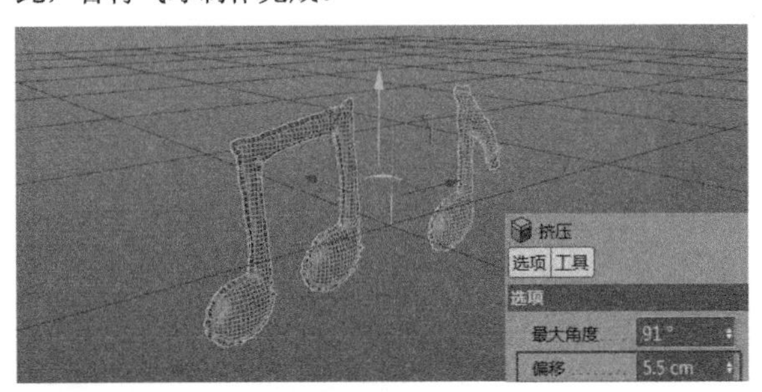

图8-65

图8-66

23 绘制一个螺旋样条线和一个“宽度”为1.4cm，“高度”为12cm的矩形样条线，然后对其进行扫描，如图8-67和图8-68所示。至此，装饰彩带制作完成。

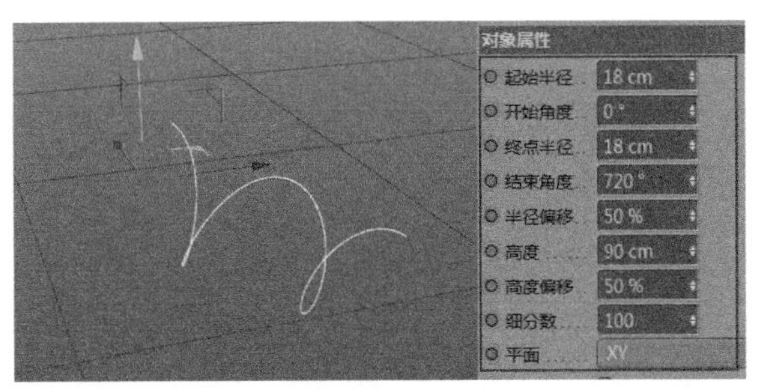

图8-67

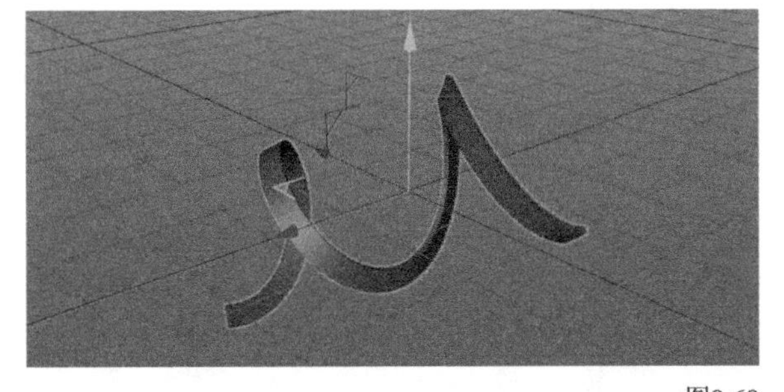

图8-68

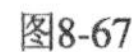

8.1.3 礼品区建模

01 创建一个立方体，然后调整其大小，如图8-69所示。

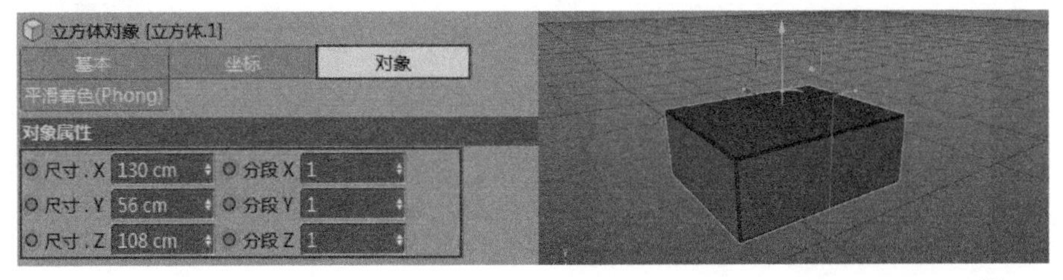

图8-69

02 创建一个立方体，然后调整其大小并进行组合，如图8-70和图8-71所示。第1种类型的礼品盒创建完成。

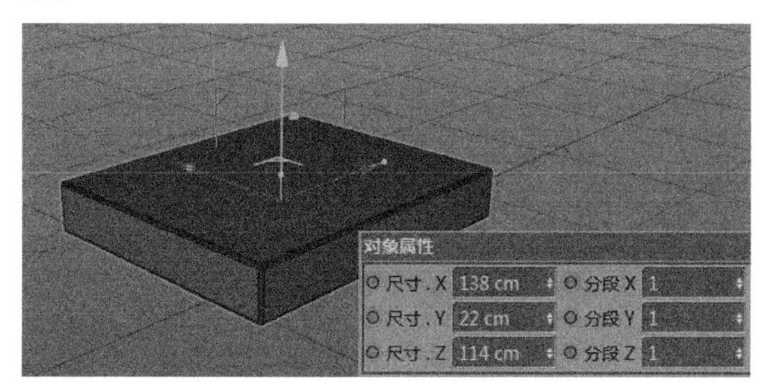

图8-70

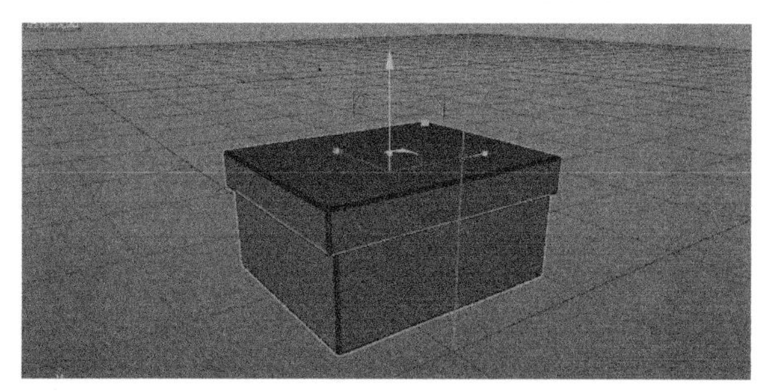

图8-71

03 创建一个立方体并调整其大小，如图8-72所示。

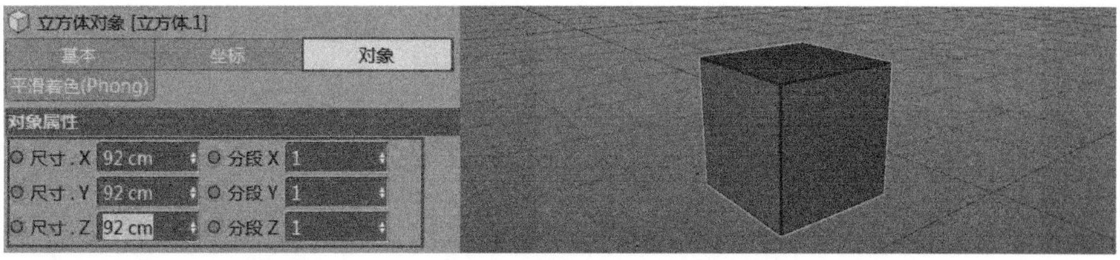

图8-72

04 创建一个立方体并调整其大小，然后将其与上一步创建的立方体组合，如图8-73和图8-74所示。

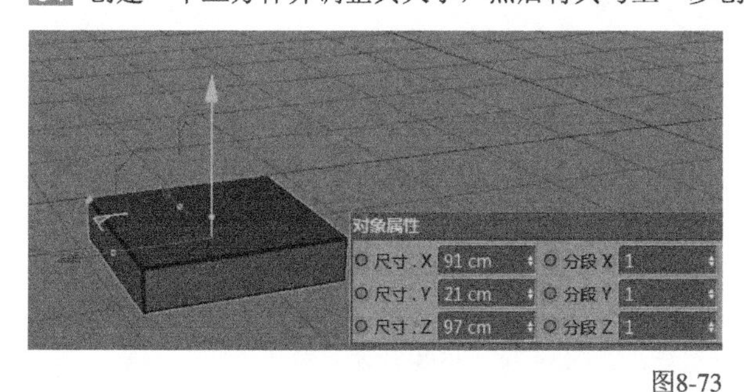

图8-73

图8-74

05 绘制两个矩形样条线，如图8-75和图8-76所示。然后对其进行扫描，如图8-77所示。

06 将扫描后的样条线进行组合，如图8-78所示。

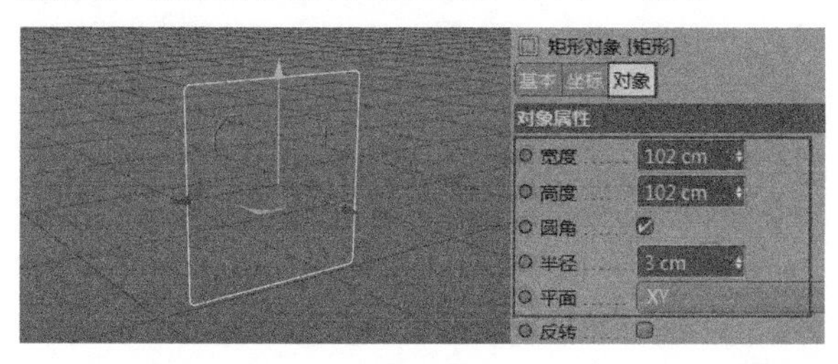

图8-75

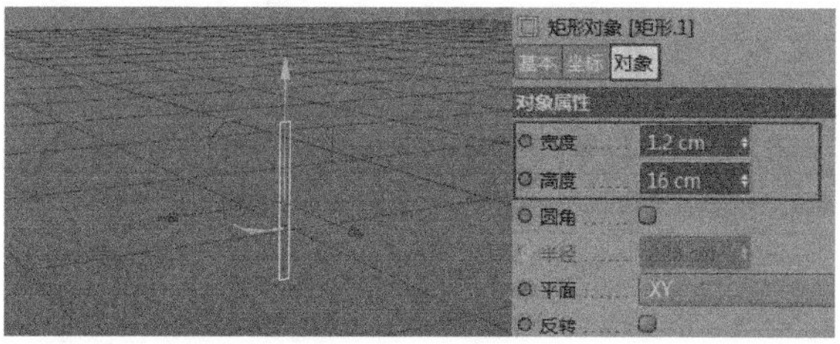

图8-76

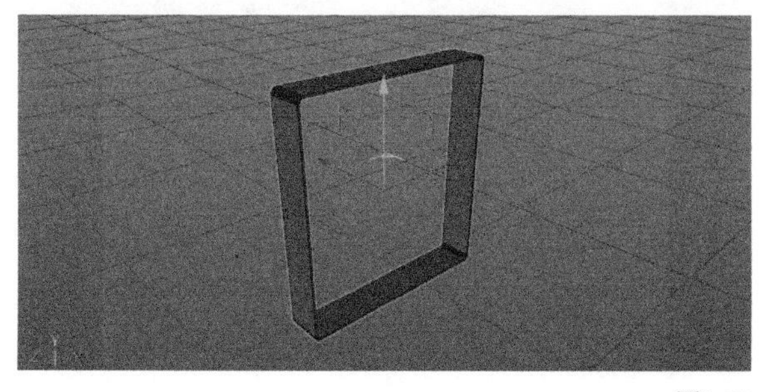

图8-77

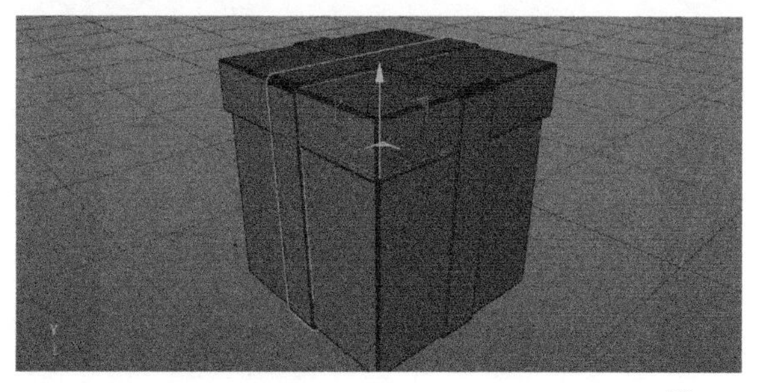

图8-78

07 使用“画笔”工具绘制一个样条线，然后绘制一个“宽度”为0.6cm、“高度”为15cm的矩形样条线，并对其进行扫描，如图8-79和图8-80所示。

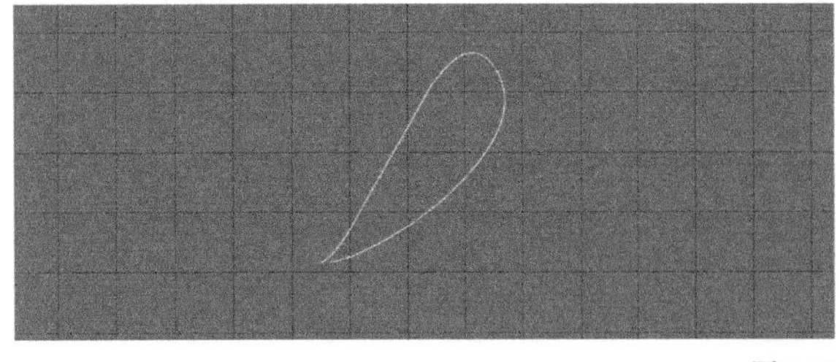

图8-79

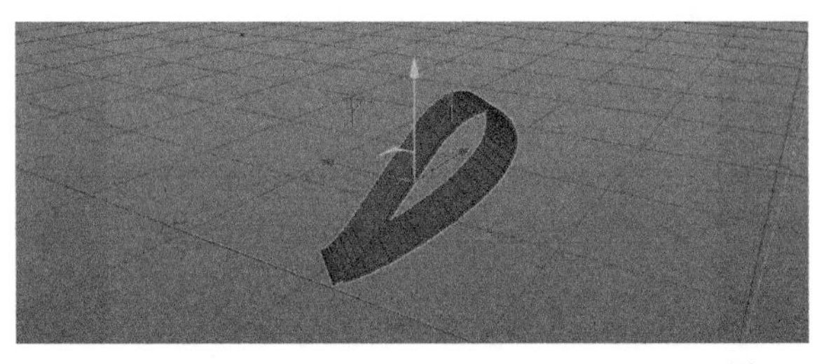

图8-80

08 将扫描好的样条线进行复制组合，如图8-81所示。第2种类型的礼品盒创作完成。将礼品盒模型进行组合，如图8-82所示。

图8-81

图8-82

8.1.4 冰淇淋及蛋糕区建模

01 建立一个圆柱并使用“循环/路径切割”工具对其添加分段线，如图8-83和图8-84所示。

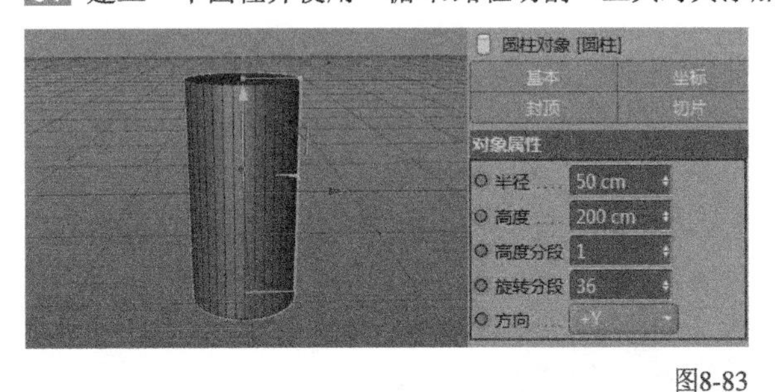

图8-83

图8-84

02 删除圆柱体上半部分，然后选中顶端锚点并沿y轴向上移动，如图8-85和图8-86所示。

图8-85

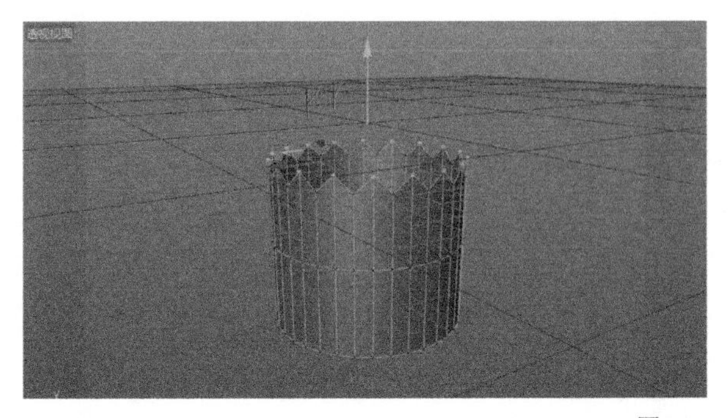

图8-86

03 选中圆柱体的边线并对其进行倒角，如图8-87所示。

04 选中倒角后的面并对其进行挤压，如图8-88所示。

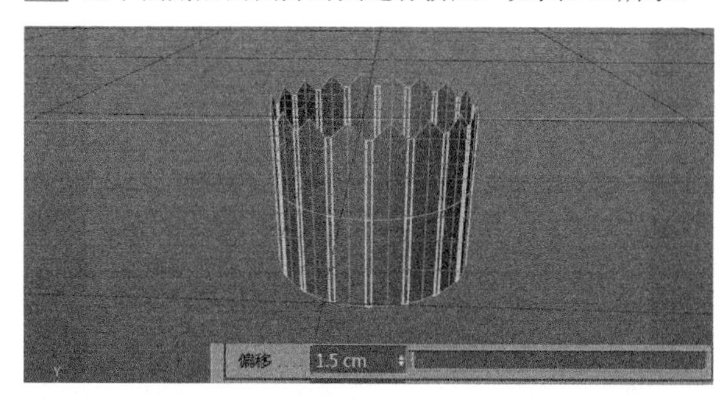

图8-87

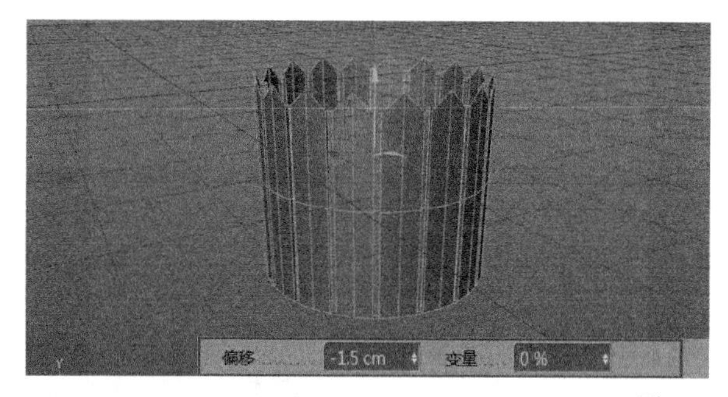

图8-88

05 选中中间的循环线，然后用“缩放”工具对其进行收缩，如图8-89所示。

06 为编辑好的圆柱体添加“细分曲面”命令，如图8-90所示。

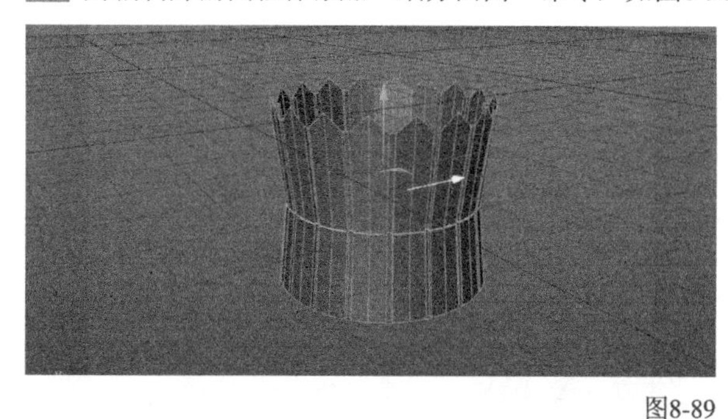

图8-89

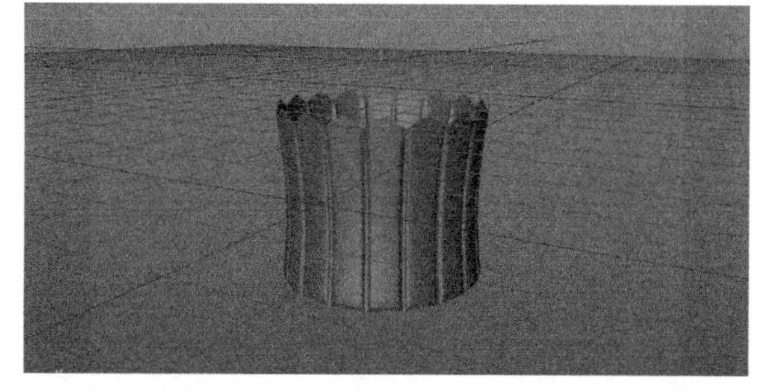

图8-90

07 绘制一条螺旋线并调整其参数，如图8-91所示。

08 将编辑好的螺旋线转换为可编辑的样条线，然后对其进行再次编辑，如图8-92所示。

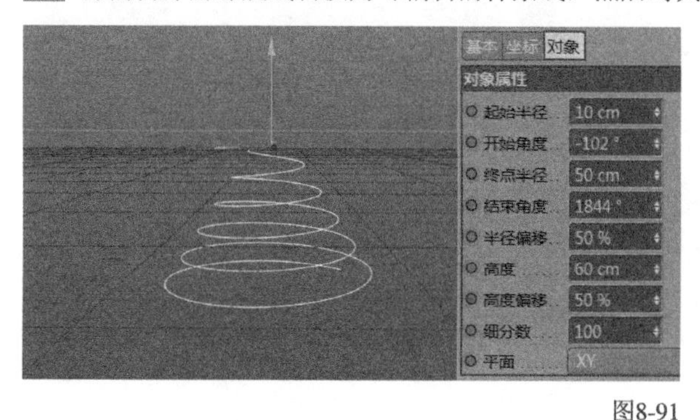

图8-91

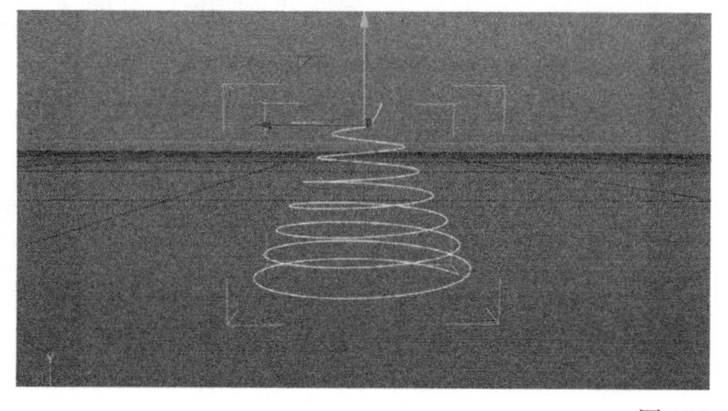

图8-92

09 绘制一个六角形样条线，然后将其与螺旋线进行扫描，如图8-93和图8-94所示。

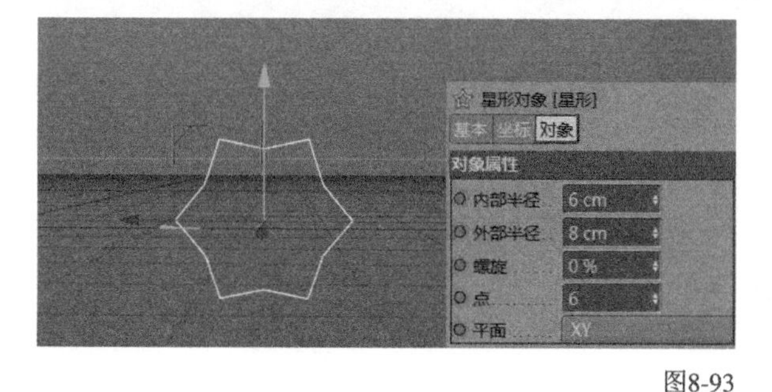

图8-93

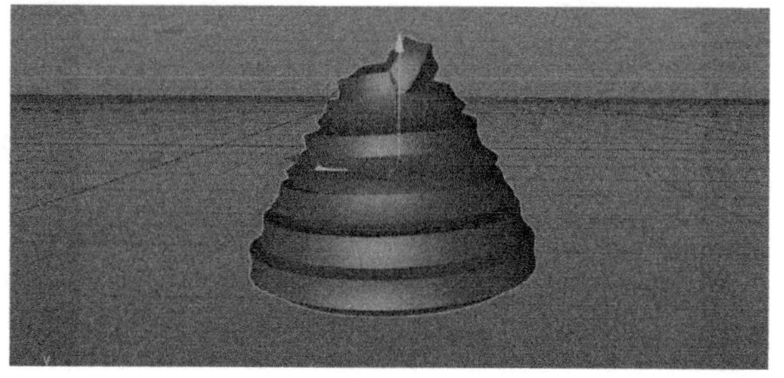

图8-94

10 打开“扫描对象”面板并对扫描参数进行调整，如图8-95所示。

11 将创建好的模型进行组合，如图8-96所示。至此，冰淇淋的模型创建完成。

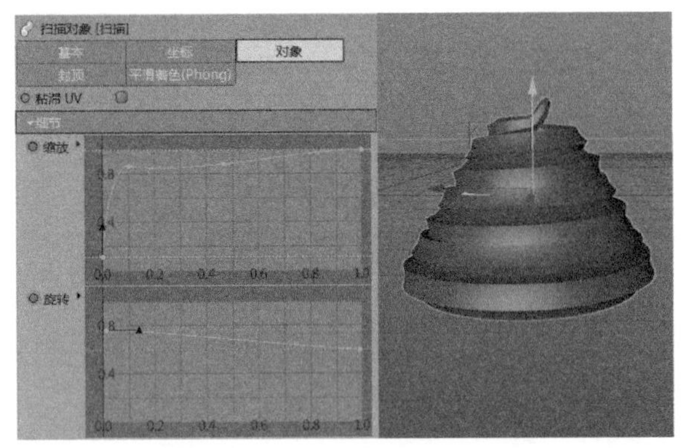

图8-95

图8-96

12 按照①~⑦的顺序创建圆柱体并调整参数，然后对其进行组合，如图8-97所示。

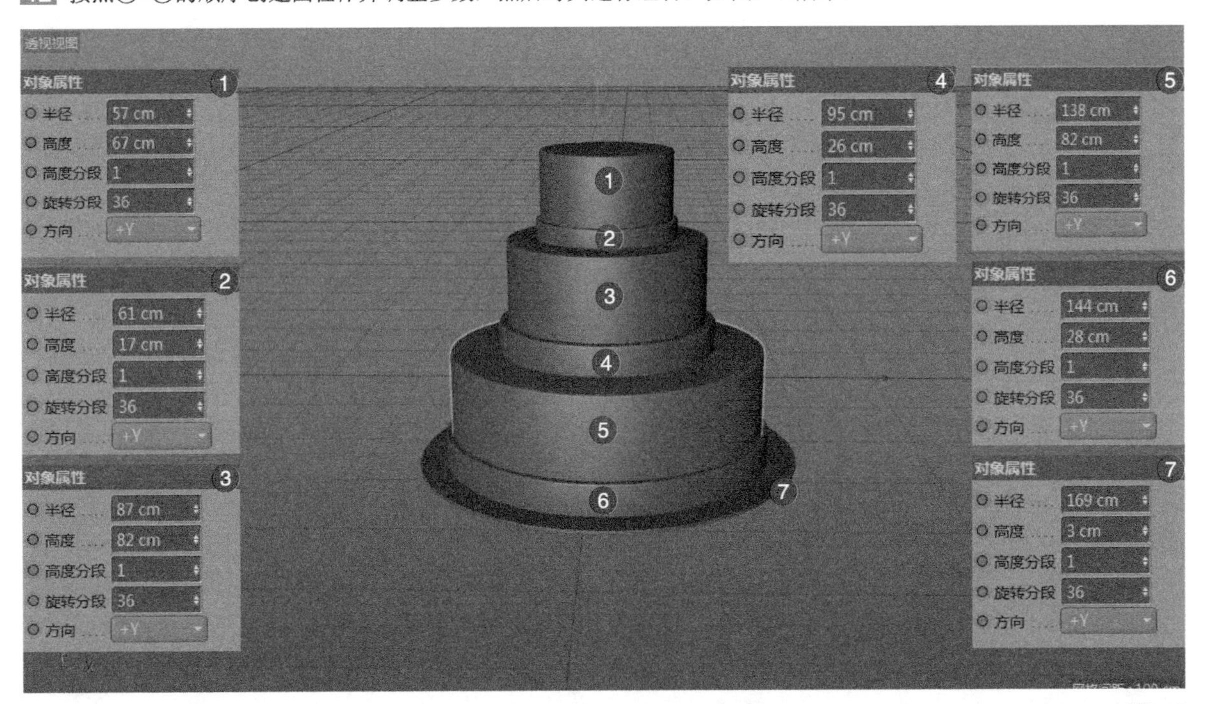

图8-97

13 创建立方体和圆柱体，然后复制组合，如图8-98~图8-100所示。

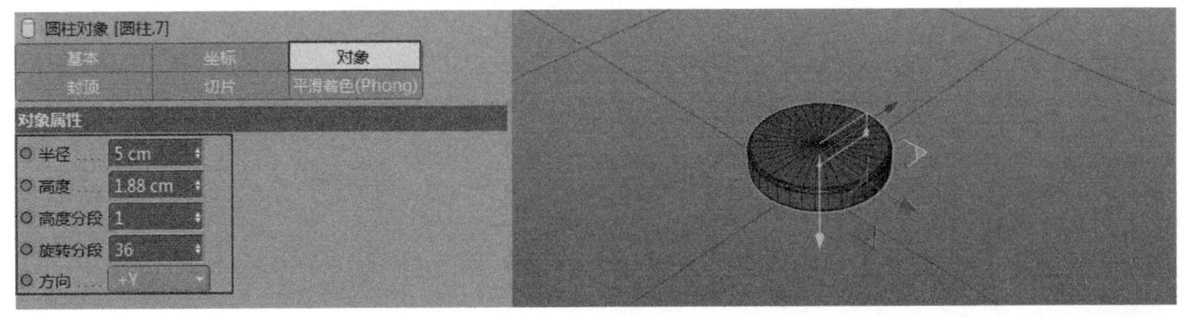

图8-98

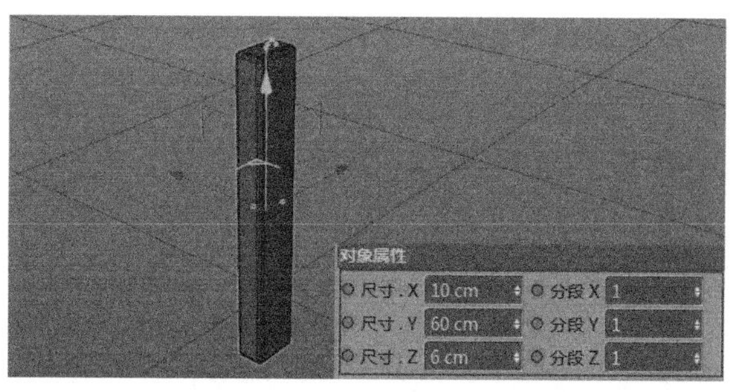

图8-99

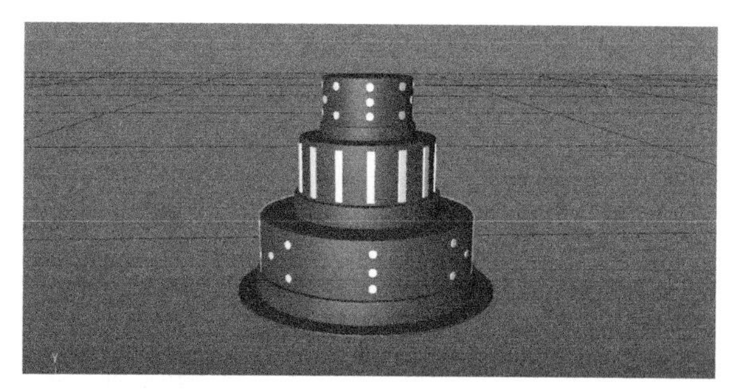

图8-100

14 创建一个平面并设置其高度，如图8-101所示。

15 将上述所有的模型进行组合，如图8-102所示。至此，本案例的模型全部创建完成。

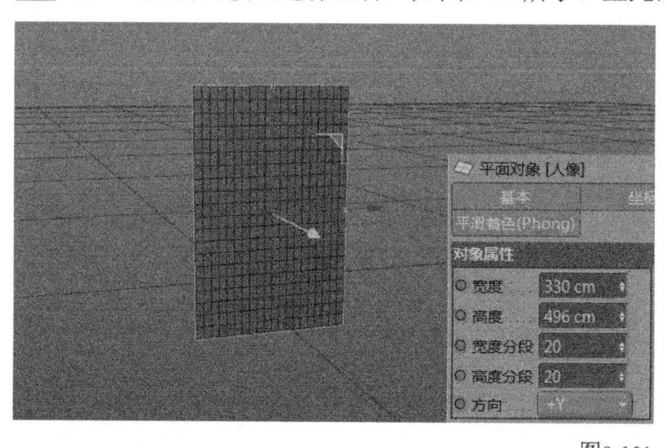

图8-101

图8-102

8.2 设置材质

本节将完善场景中的材质，本案例需要创建气球文字和礼盒等材质。

8.2.1 气球文字区材质

01 创建一个空白材质，双击进入“材质编辑器”面板，具体参数设置如图8-103和图8-104所示。

操作步骤

① 勾选“颜色”选项，设置“颜色”为（R:172，G:0，B:220），“亮度”为100%。

② 勾选“反射”选项，设置“类型”为GGX，“亮度”为57%，“菲涅耳”为“导体”，“预置”为“钢”，“强度”为100%。

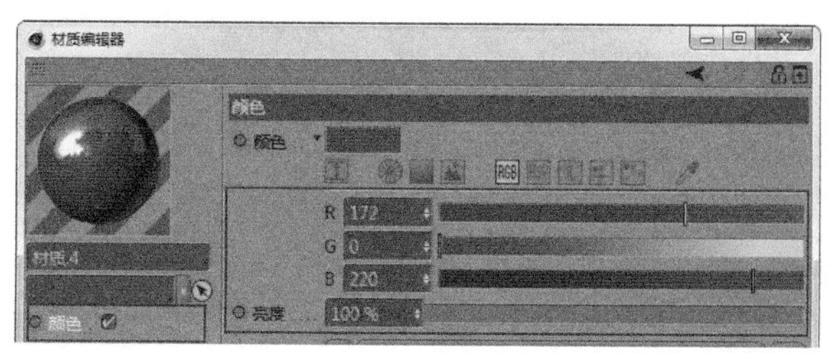

图8-103

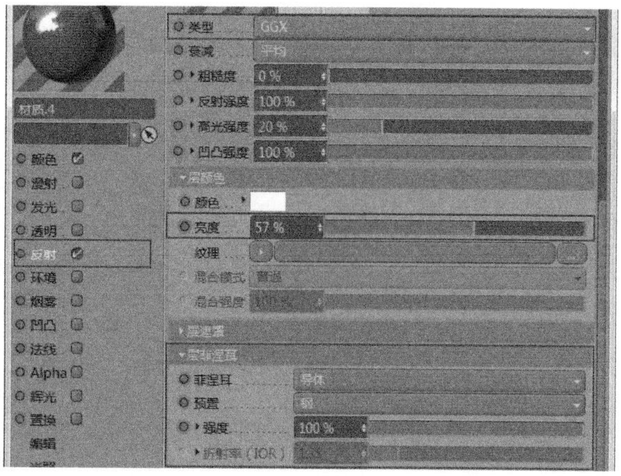

图8-104

02 创建一个空白材质，双击进入“材质编辑器”面板，具体参数设置如图8-105和图8-106所示。

操作步骤

① 勾选“颜色”选项，设置“颜色”为（R:32，G:173，B:255），“亮度”为100%。

② 勾选“反射”选项，设置“类型”为GGX，“亮度”为26%，“菲涅耳”为“导体”，“预置”为“银”，“强度”为100%。

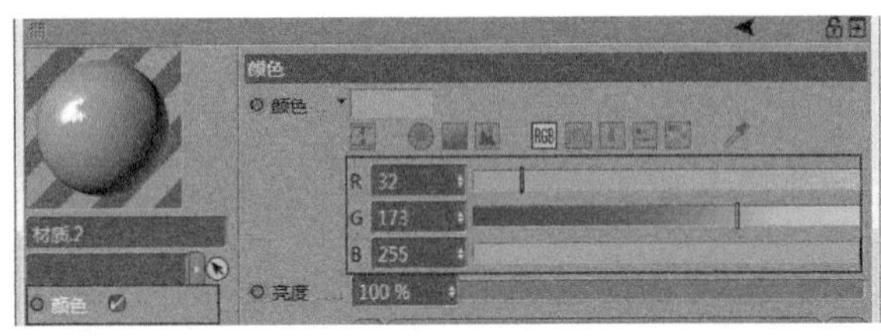

图8-105

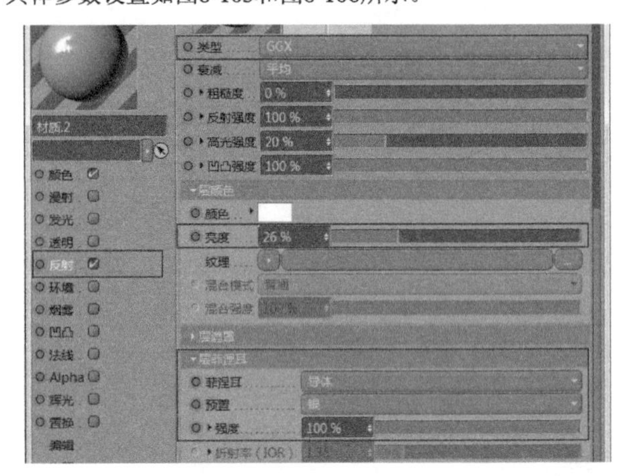

图8-106

03 创建一个空白材质，双击进入“材质编辑器”面板，具体参数设置如图8-107和图8-108所示。

操作步骤

① 勾选“颜色”选项，设置“颜色”为（R:255，G:255，B:255），“亮度”为100%。

② 勾选“反射”选项，设置“类型”为GGX，“亮度”为28%，“菲涅耳”为“绝缘体”，“预置”为“沥青”，“强度”为100%，“折射率（IOR）”为1.635。

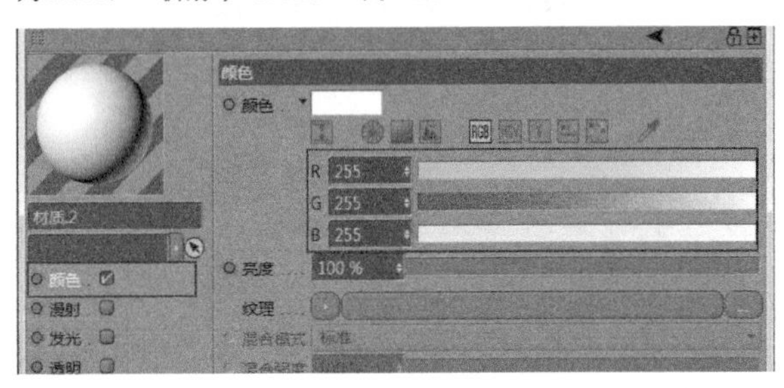

图8-107

图8-108

8.2.2 气球和彩带区材质

创建一个空白材质，双击进入“材质编辑器”面板，接着勾选“反射”选项，设置“类型”为GGX，“粗糙度”为5%，“菲涅耳”为“导体”，“预置”为“金”，“强度”为100%，具体参数设置如图8-109所示。

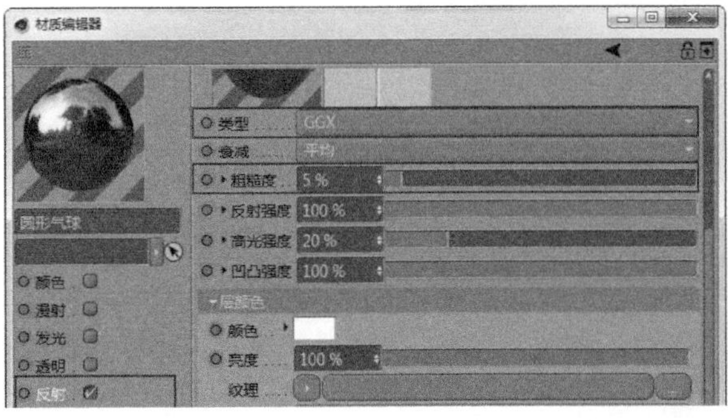

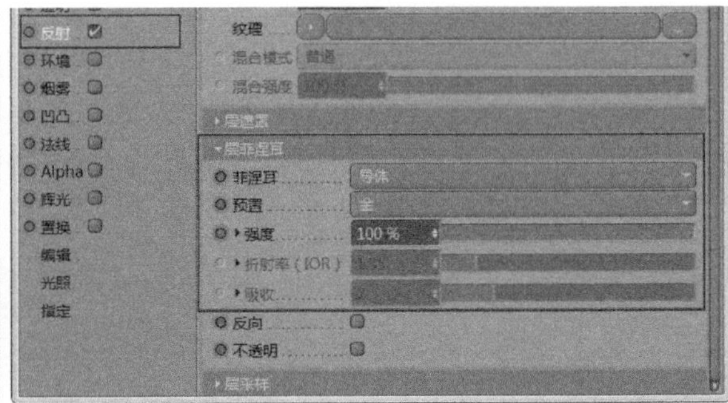

图8-109

8.2.3 礼盒材质

创建一个空白材质，双击进入“材质编辑器”面板，具体参数设置如图8-110和图8-111所示。

操作步骤

① 勾选“颜色”选项，设置“颜色”为（R:238，G:177，B:22），“亮度”为100%。

② 勾选“反射”选项，设置“类型”为GGX，“亮度”为28%，“菲涅耳”为“绝缘体”，“预置”为“沥青”，“强度”为100%，“折射率（IOR）”为1.635。

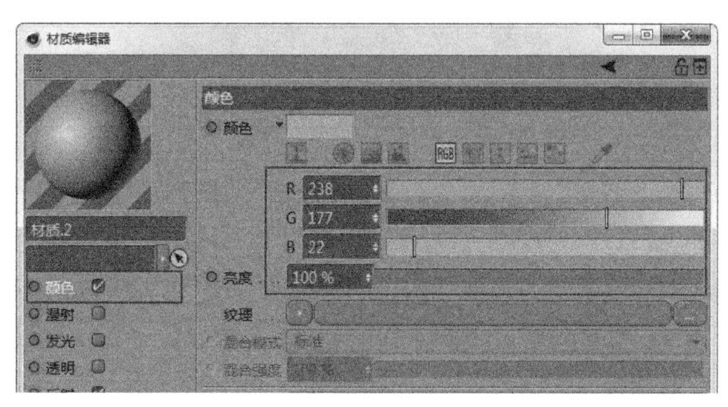

图8-110

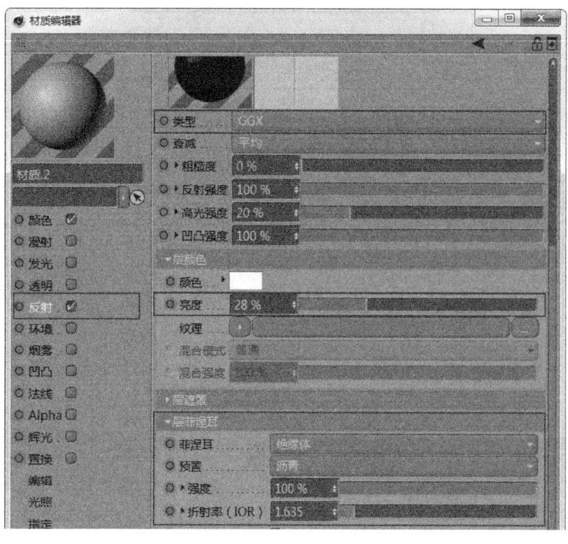

图8-111

8.2.4 人物材质

01 创建一个空白材质，双击进入“材质编辑器”面板，具体参数设置如图8-112和图8-113所示。

操作步骤

① 勾选“颜色”选项，在“纹理”中加载一张学习资源中的人物图片。

② 勾选Alpha选项，在“纹理”通道中加载刚才的人物图片即可。

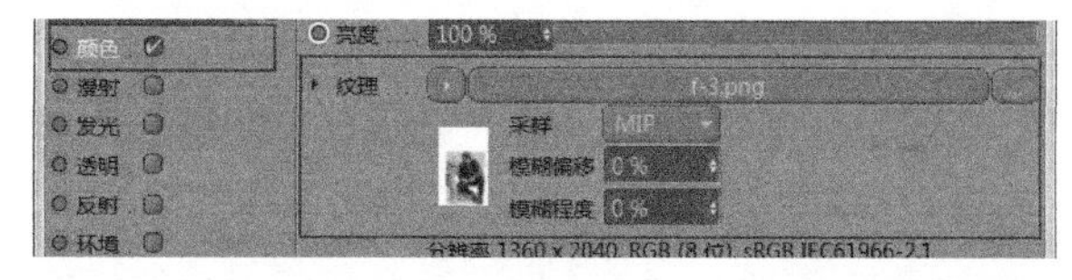

图8-112

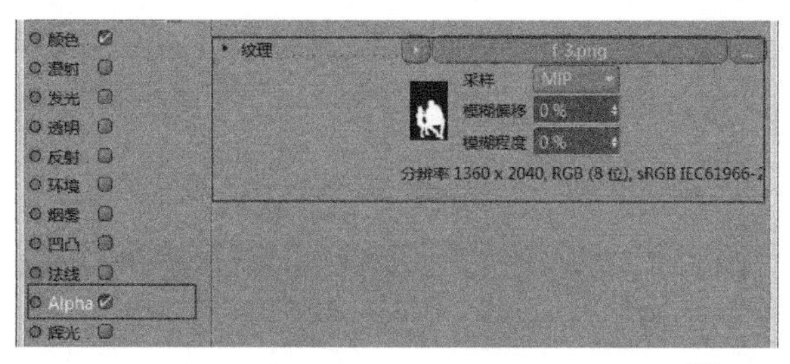

图8-113

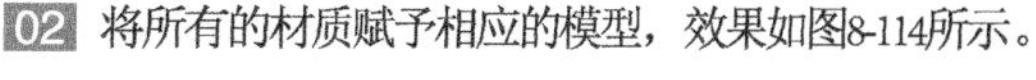

02 将所有的材质赋予相应的模型，效果如图8-114所示。

图8-114

8.3 添加灯光

本节将完善场景中的灯光，本案例需要创建一盏主光源和两盏辅助光源。

8.3.1 主光源

在当前场景中添加一盏区域灯光，放置在整个场景的正前方，如图8-115所示。然后设置灯光参数，如图8-116所示。

操作步骤

① 在“常规”中设置“颜色”为白色，“强度”为80%，“类型”为“区域光”，“投影”为“区域”。

② 在“细节”中设置“衰减”为“平方倒数（物理精度）”。

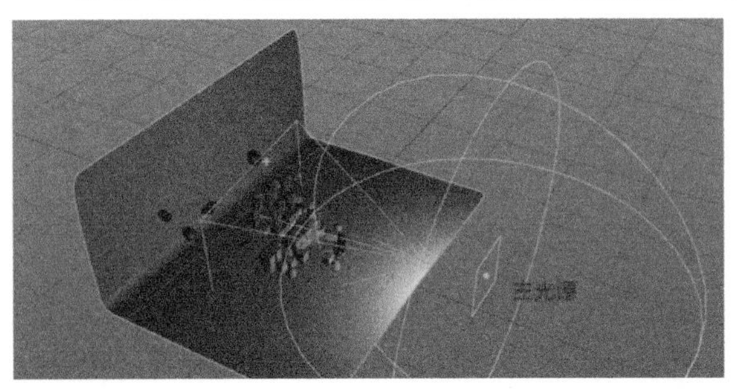

图8-115

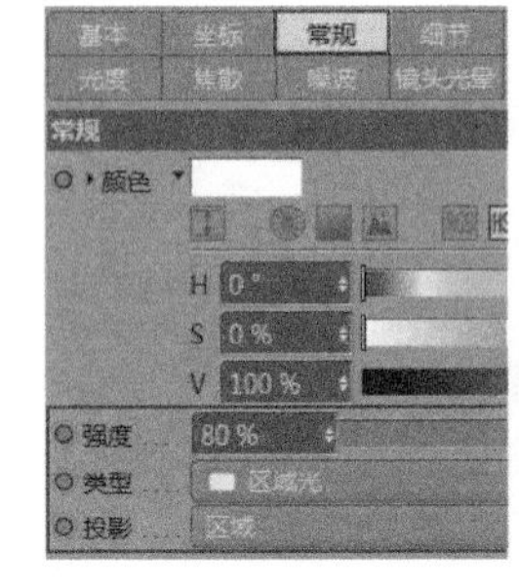

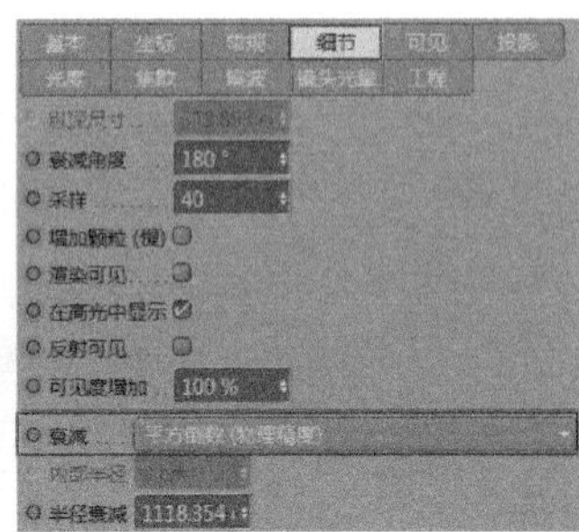

图8 -116

8.3.2 辅助光源

在当前场景中添加两盏区域灯光，分别放置在整个场景的旁边，如图8-117所示，然后设置灯光参数如图8-118所示。

操作步骤

① 在“常规”中设置“颜色”为白色，“强度”为60%，“类型”为“区域光”，“投影”为“无”。

② 在“细节”中设置“衰减”为“平方倒数（物理精度）”。

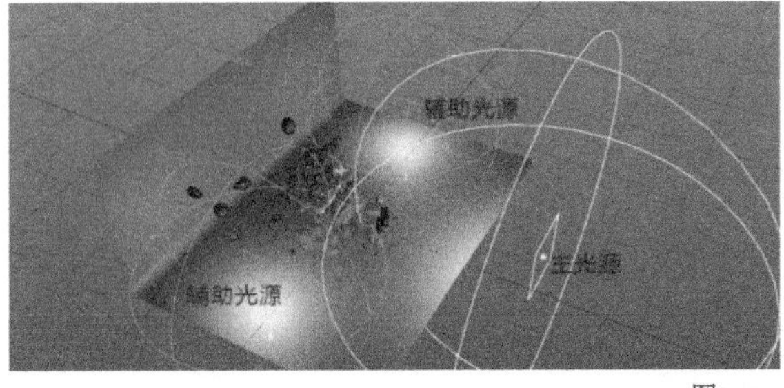

图8-117

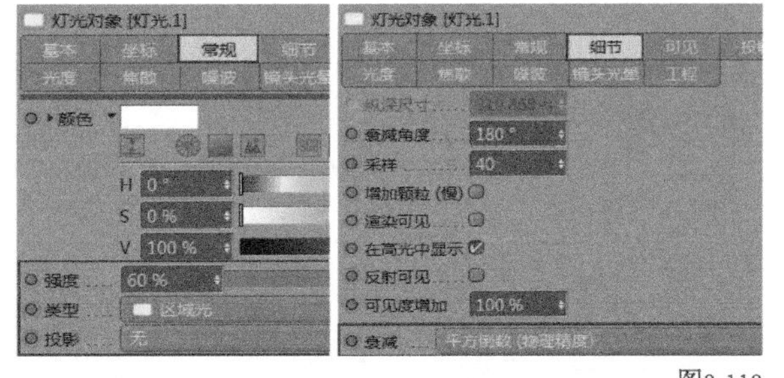

图8-118

8.4 设置环境

01 新建一个材质并创建一个天空，执行“窗口-内容浏览器”菜单命令打开“内容浏览器”面板，接着将预置材质“preset://Prime.lib4d/Presets/Light Setups/HDRI/tex/HDR008.hdr”直接拖曳到天空材质的“发光”通道中，如图8-119和图8-120所示。

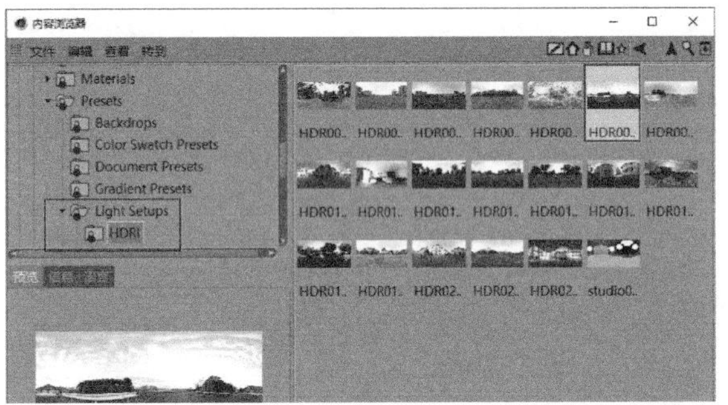

图8-119

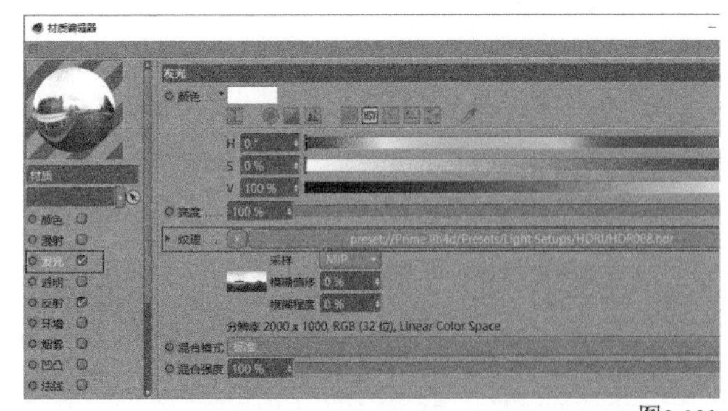

图8-120

02 拖曳天空材质赋予天空对象，然后按快捷键Ctrl+B打开“渲染设置”面板，接着在“渲染设置”面板中单击“效果”按钮添加“全局光照”选项，如图8-121所示。

03 按快捷键Ctrl+R进行渲染，如图8-122所示。这时会发现渲染出来的效果并不是特别的理想，虽然整体效果已经渲染出来，但是场景过暗，细节部分需要优化。

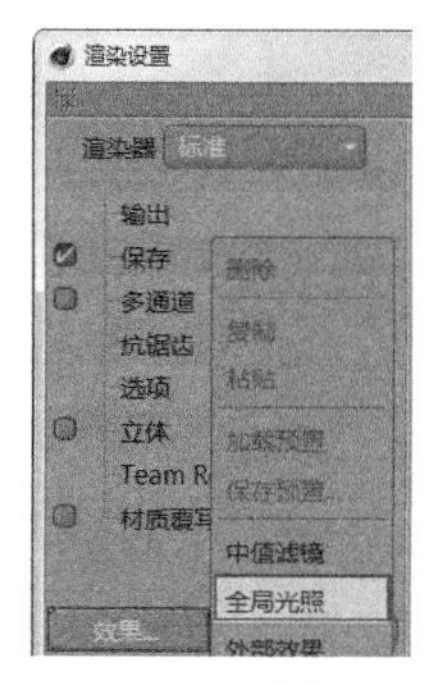

图8-121

图8-122

04 选择“几何工具组”中的“平面”工具作为反光板放置在场景中，如图8-123所示。

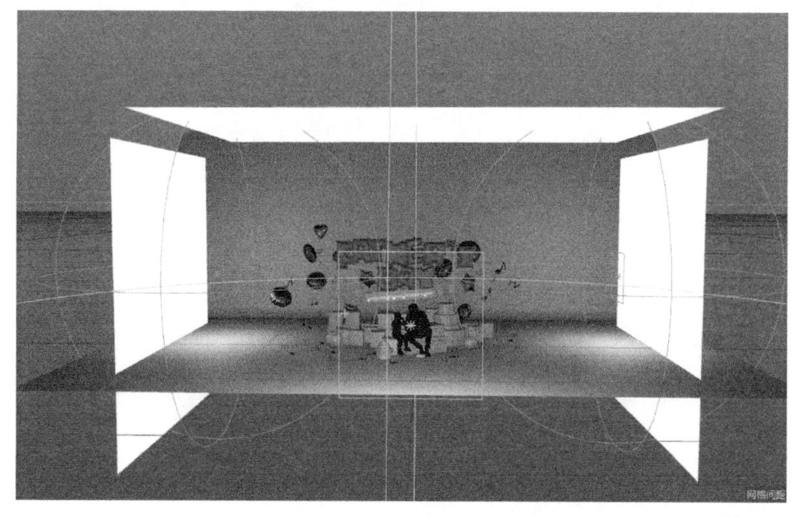

图8-123

05 渲染并观察效果，如图8-124所示。

图8-124

06 打开Photoshop软件，对渲染出来的效果图进行简单的明暗对比调整，最终效果如图8-125所示。

图8-125

第 9 章

卡通角色风格：萌萌狗海报

图9-1

萌萌狗海报的最终效果如图9-1所示。

◎ 视频名称 卡通风格：萌萌狗海报
◎ 实例位置 实例文件 >CH09> 卡通角色风格：萌萌狗海报
◎ 学习目标 掌握卡通风格模型的制作方法及萌系海报类场景氛围的烘托方法

9.1 主体模型的制作

在制作这个案例之前先对案例的模型进行分析和拆分，以便于我们在制作过程中有一个明确的思路和流程。在萌萌狗海报这个案例中，场景可以大概分为萌萌狗和舞台元素区两部分，如图9-2~图9-4所示，拆解完成后逐一对其进行建模。

图9-2

图9-3

图9-4

9.1.1 萌萌狗模型的创建

01 创建一个球体，然后将球体的布线“类型”设置为“六面体”，如图9-5所示。

02 将球体转换为可编辑对象，然后单击鼠标右键，在弹出的菜单中选择“笔刷”工具，对球体的整体造型进行编辑，如图9-6所示。

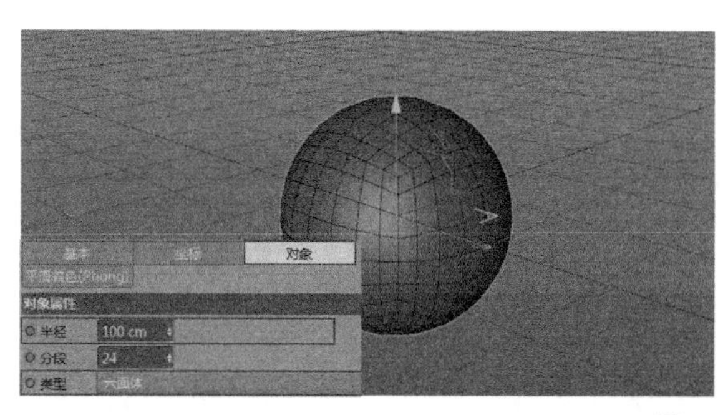

图9-5

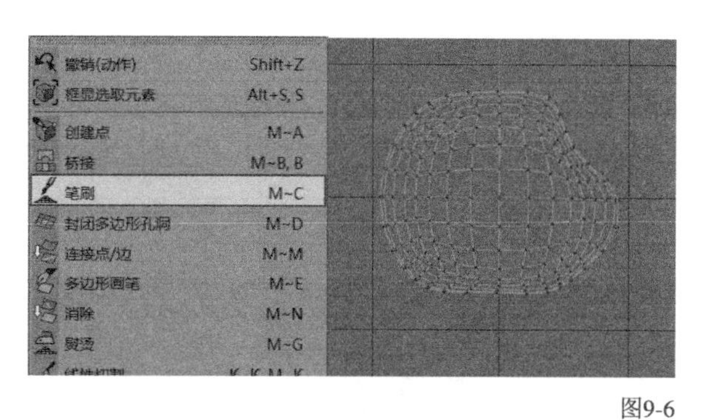

图9-6

03 将编辑后的球体选中一半并删除，如图9-7所示。

04 将剩余的一半使用“对称”工具进行对称，如图9-8所示。

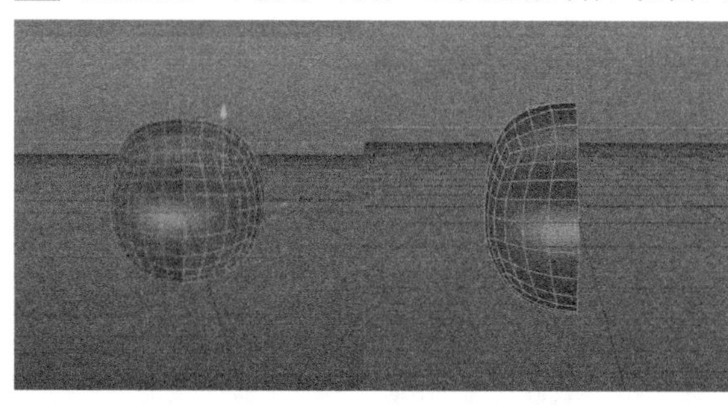

图9-7

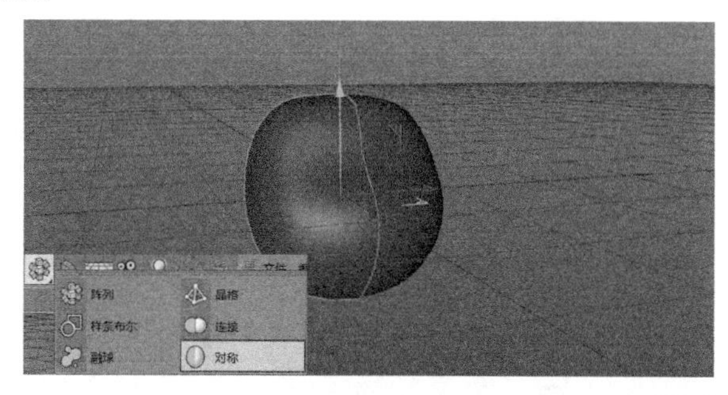

图9-8

05 选中面对其进行挤压并编辑，如图9-9所示。

06 选中耳朵的面，然后向内挤压，设置及最终头部、耳朵的效果如图9-10所示。

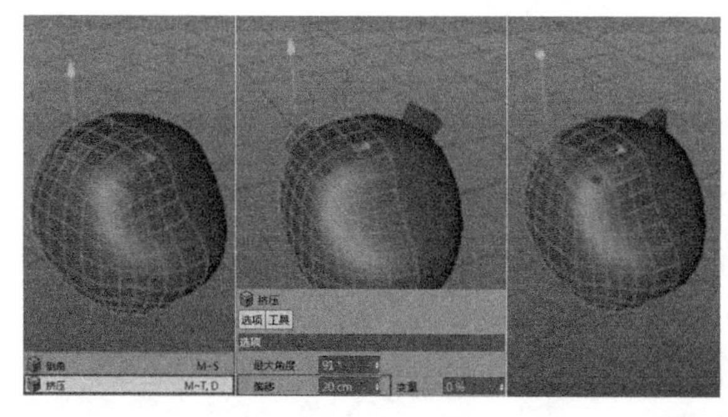

图9-9

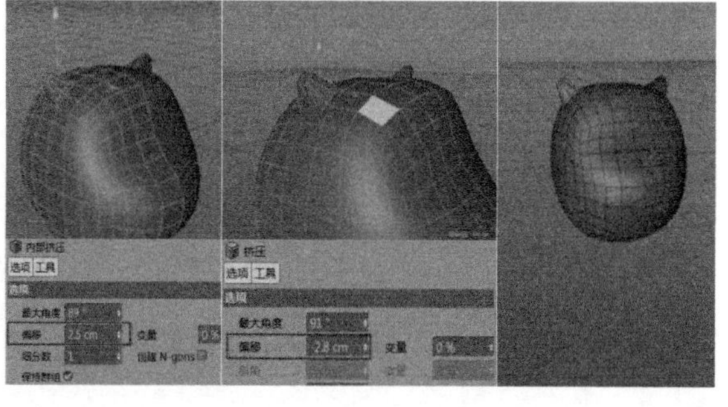

图9-10

07 选中面进行挤压制作嘴巴部分，如图9-11所示。

08 选中头部的面并使用“分裂”工具分离，然后使用“挤压”工具进行挤压，如图9-12和图9-13所示。

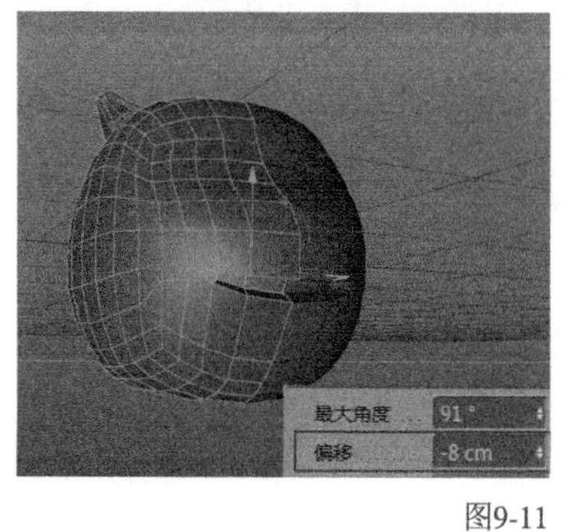

图9-11

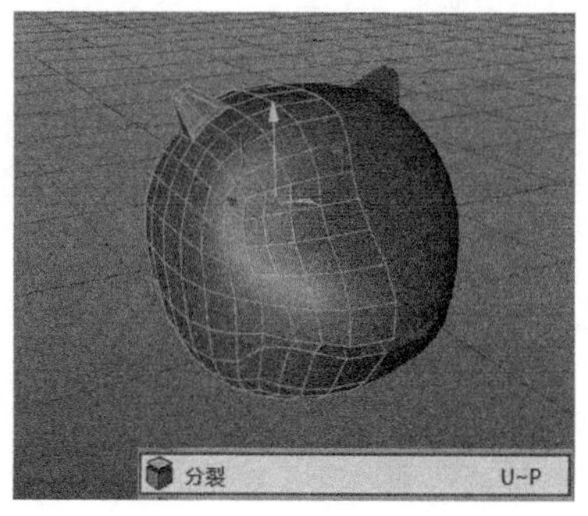

图9-12

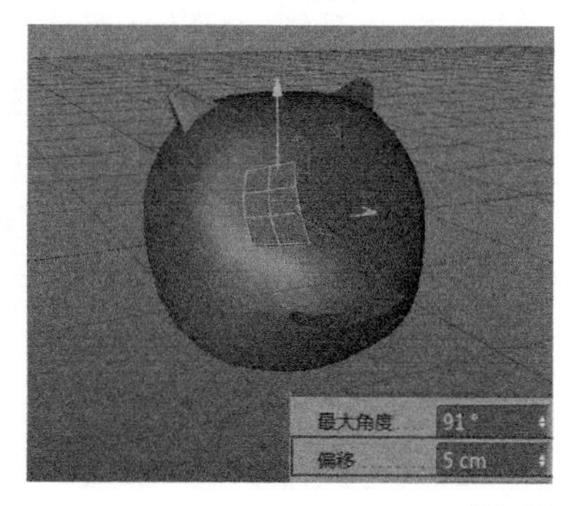

图9-13

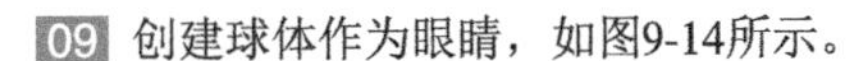

09 创建球体作为眼睛，如图9-14所示。

10 创建一个平面并对其进行编辑，如图9-15和图9-16所示。

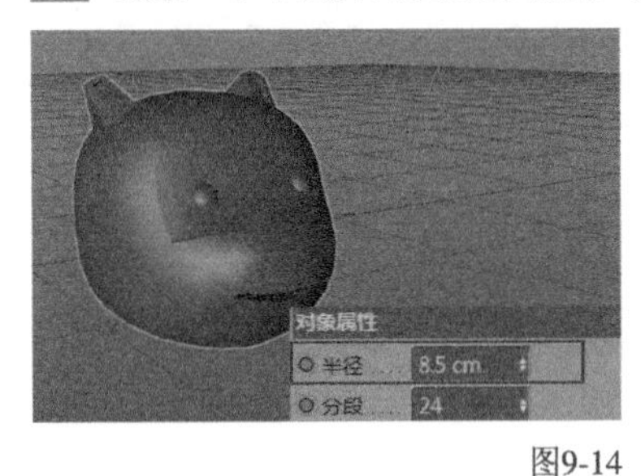

图9-14

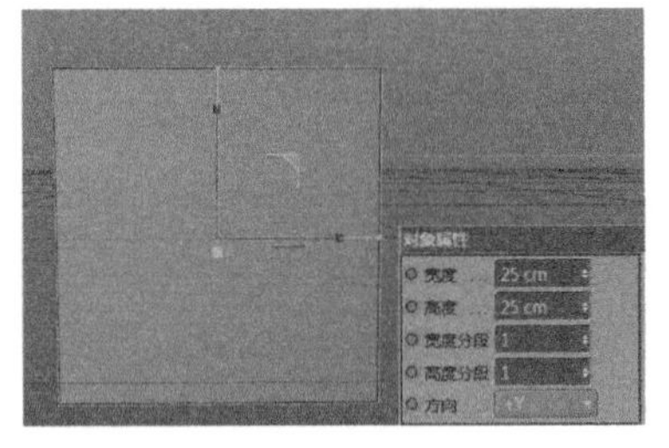

图9-15

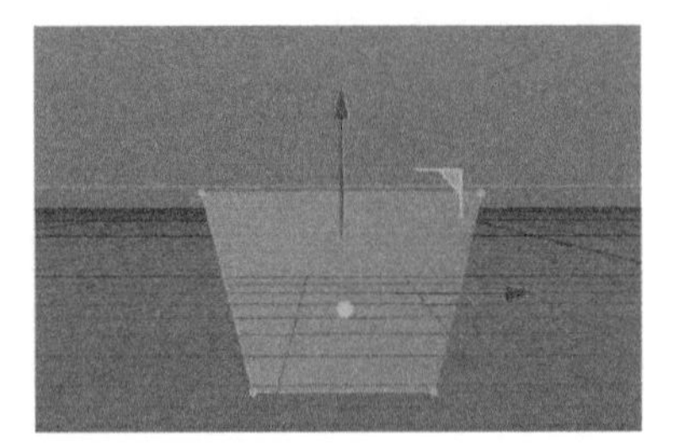

图9-16

11 选择平面的边并对其进行挤压，如图9-17所示。

12 将编辑好的平面放置在头部相应的位置，如图9-18所示。

13 创建一个立方体并对其使用“循环/路径切割”工具添加分段线，如图9-19所示。

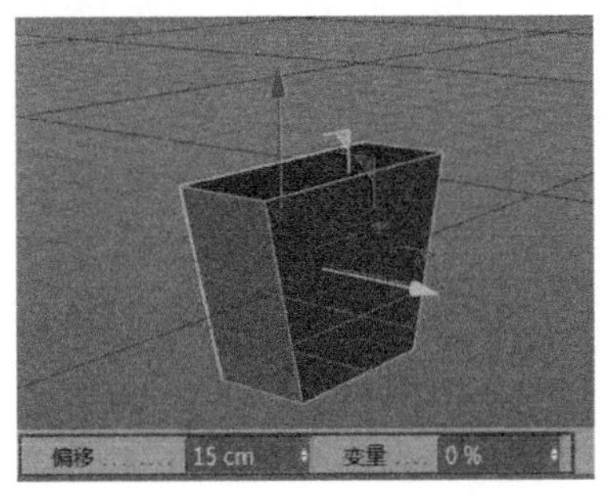

图9-17

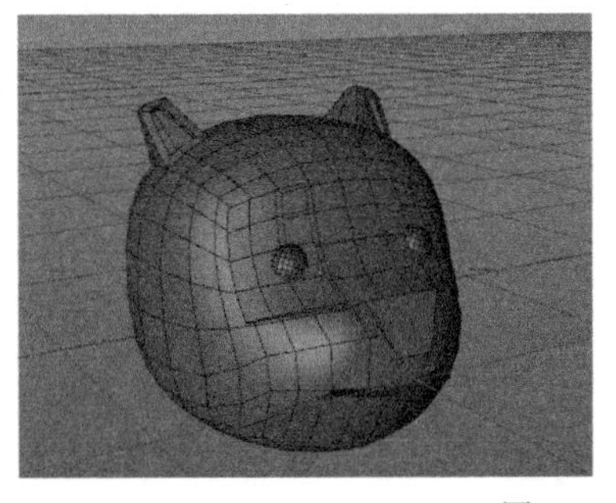

图9-18

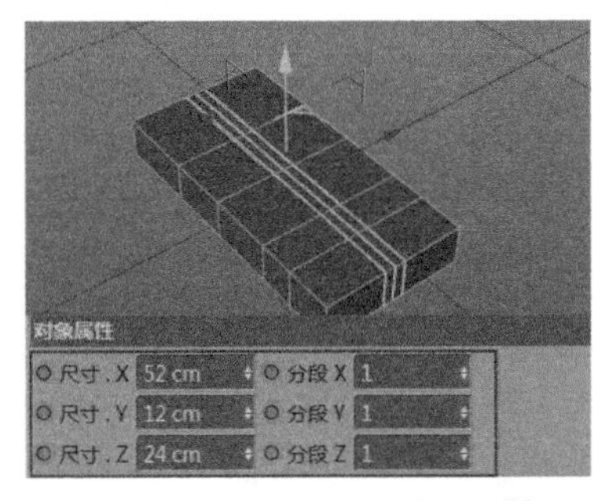

图9-19

14 将上一步创建的立方体进行旋转并编辑，如图9-20所示。至此，狗狗的头部完成。

15 将头部所有的元素进行细分，如图9-21所示。

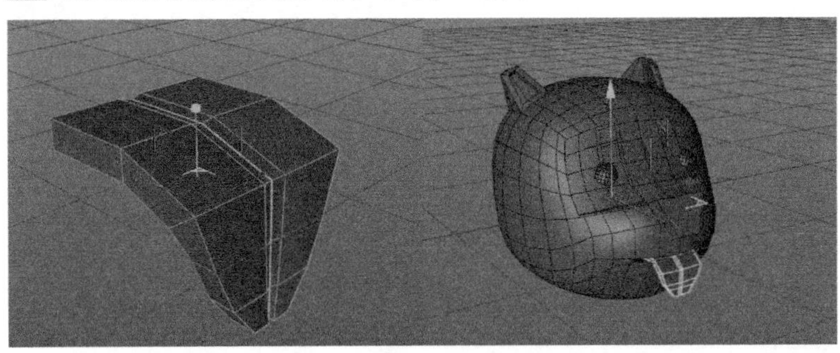

图9-20

图9-21

16 创建一个球体，将球体的布线“类型”更改为“六面体”，接着删除一半，如图9-22和图9-23所示。

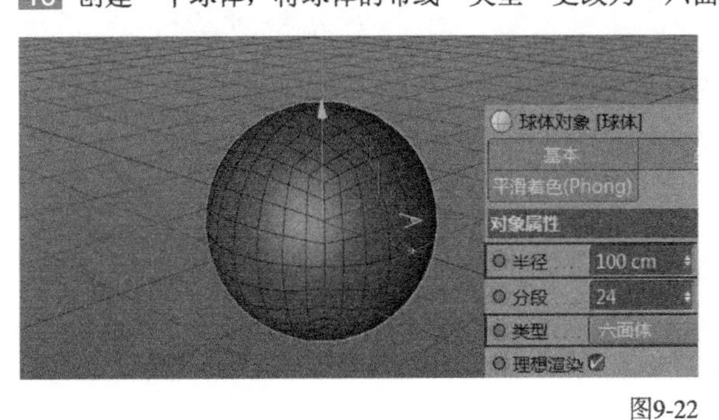

图9-22

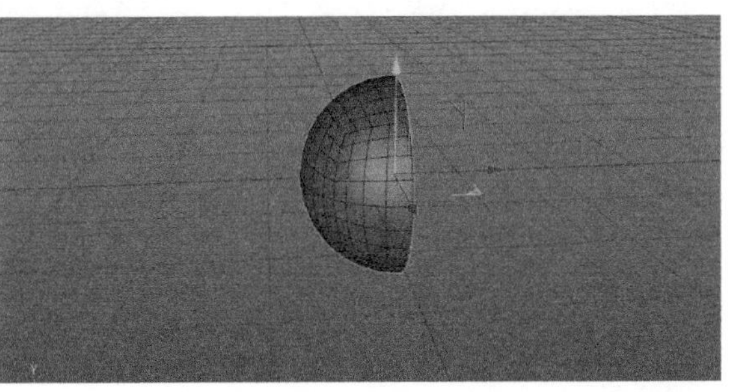

图9-23

17 将半球体进行编辑，如图9-24所示。

18 将编辑好的半球体进行对称，如图9-25所示。

19 选择“面”工具，然后对选中的面进行挤压，如图9-26所示。

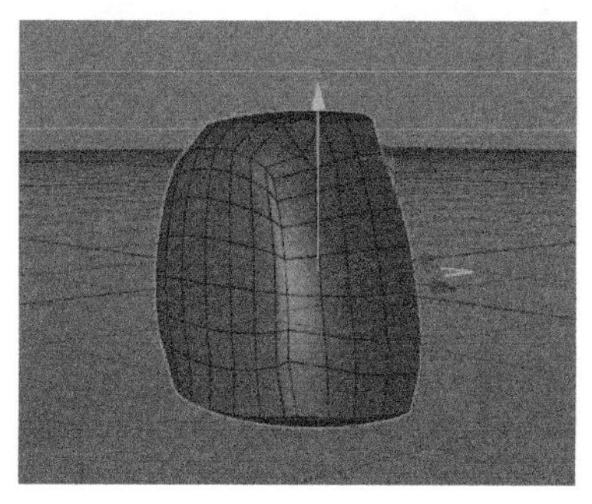

图9-24

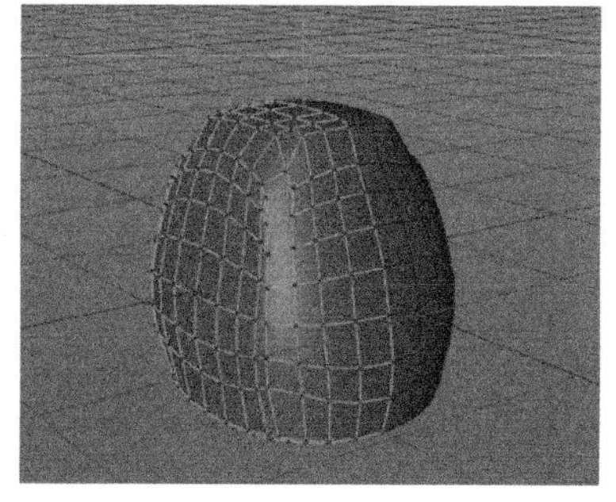

图9-25

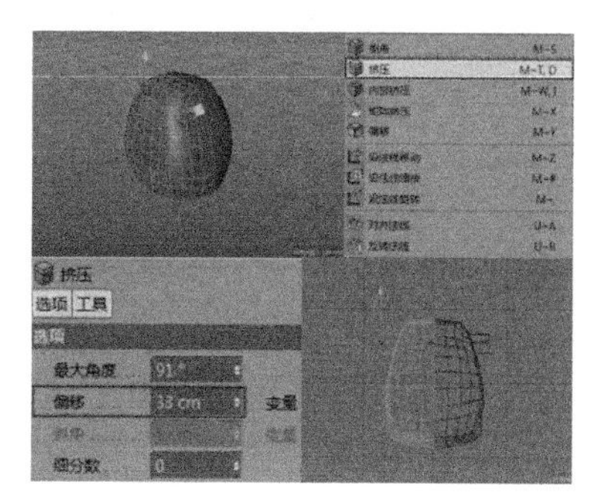

图9-26

20 将挤压出来的面进行编辑，如图9-27和图9-28所示。

21 选择面对其进行挤压，如图9-29所示。

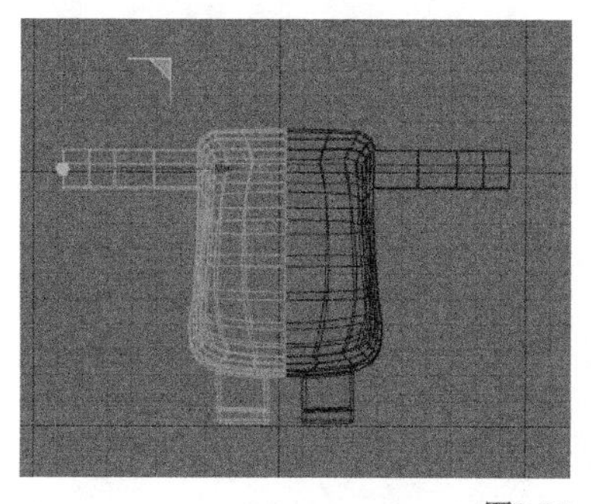

图9-27

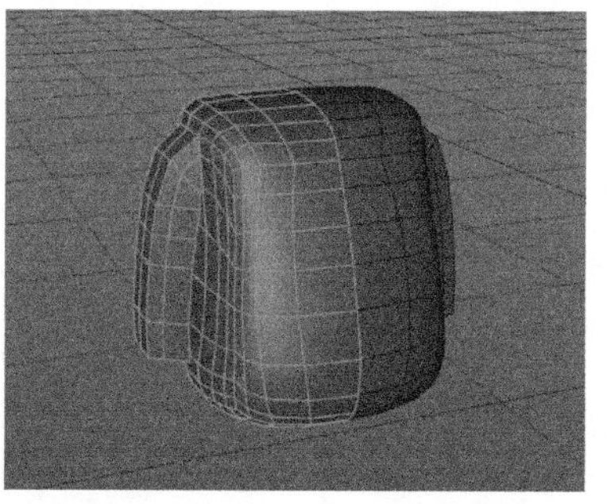

图9-28

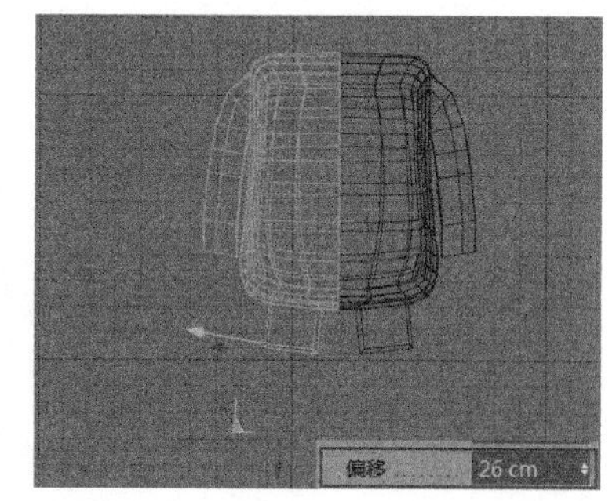

图9-29

22 使用“切刀”工具为腿部添加循环线，然后将切割后的面进行挤压，如图9-30和图9-31所示。

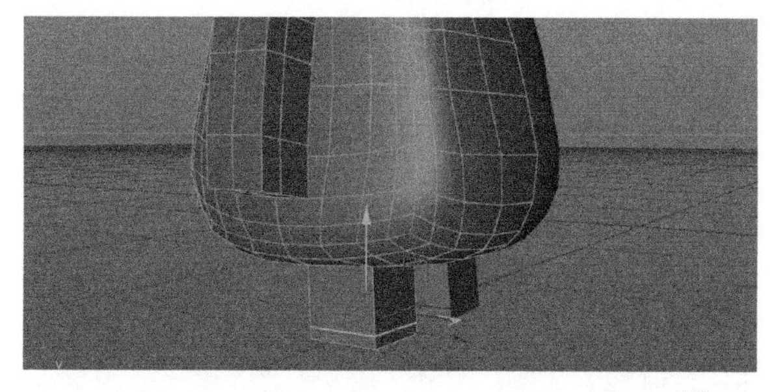

图9-30

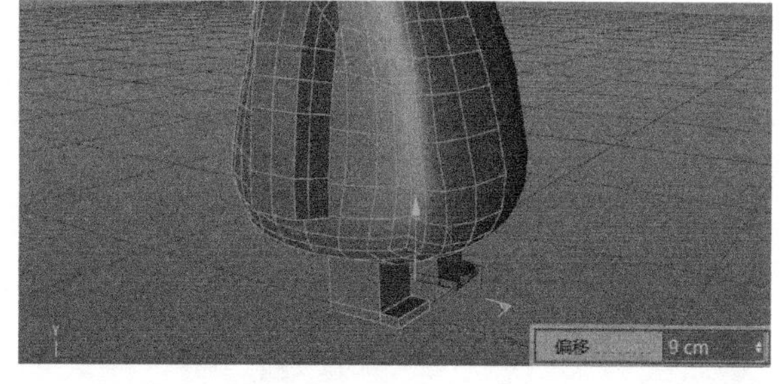

图9-31

23 创建一个立方体并对其进行切割，然后将其与身体部分进行组合，如图9-32和图9-33所示。

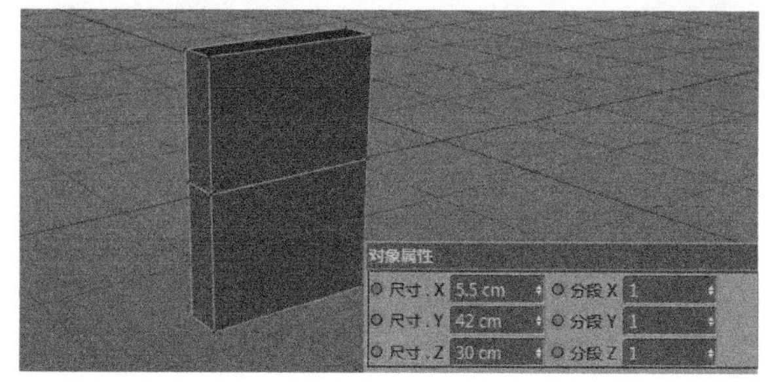

图9-32

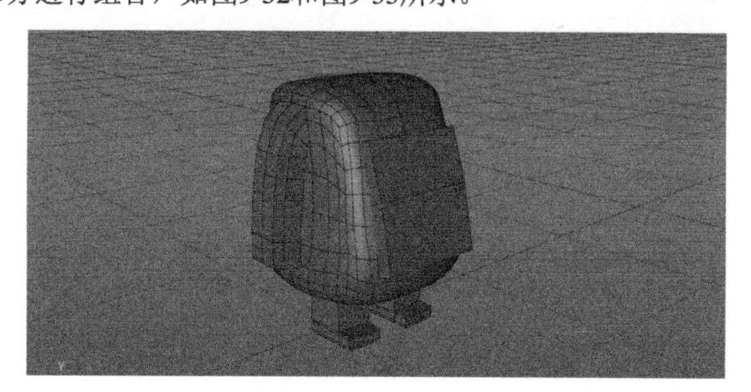

图9-33

24 对身体所有的部分进行细分，然后将头部与身体进行组合，如图9-34和图9-35所示。

图9-34

图9-35

25 选择“管道”工具和“圆柱”工具继续丰富组合，如图9-36所示。

26 绘制一条“螺旋”样条线并调整参数，如图9-37所示。

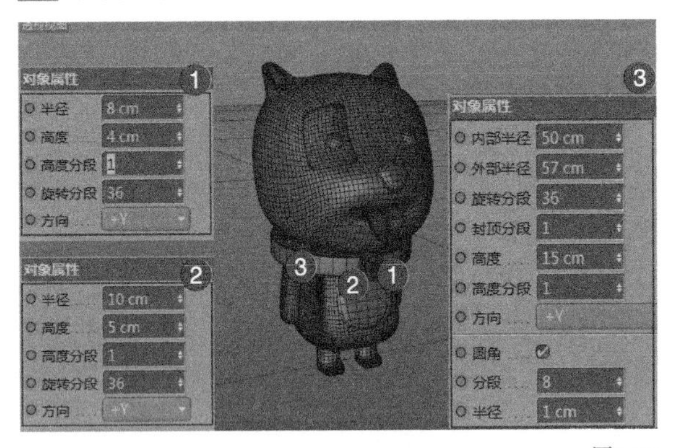

图9-36

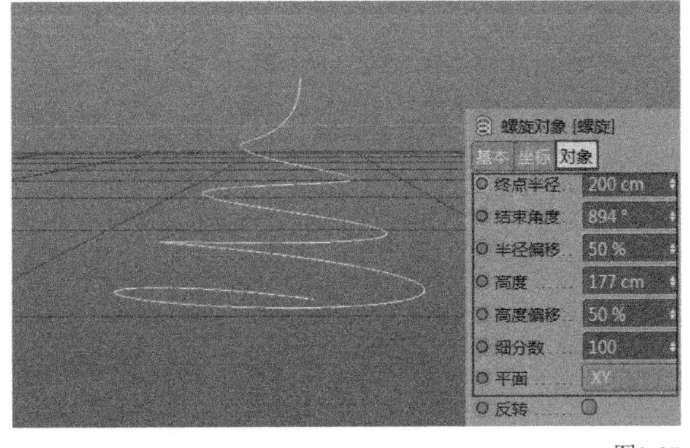

图9-37

27 绘制一个“半径”为8cm的圆形样条线，然后与上一步绘制的螺旋样条线进行扫描，如图9-38所示。

28 将扫描后的便便模型与狗狗进行组合，萌萌狗的模型创建完成，效果如图9-39所示。

图9-38

图9-39

9.1.2 舞台元素的创建

01 使用“文本”工具在场景中绘制一个样条线，然后对其进行挤压，如图9-40所示。

02 使用“圆柱”工具在场景中创建一个圆柱体，如图9-41所示。

图9-40

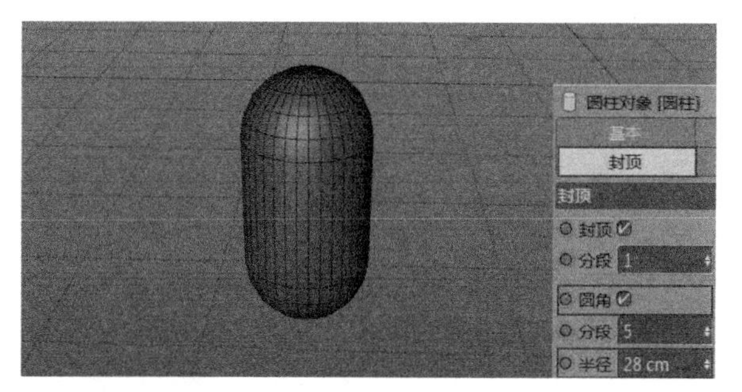

图9-41

03 创建一个圆柱体与上一步创建好的圆柱体进行组合，如图9-42所示。

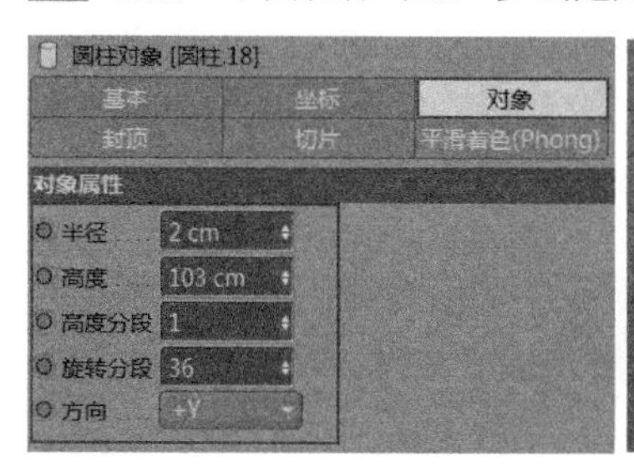

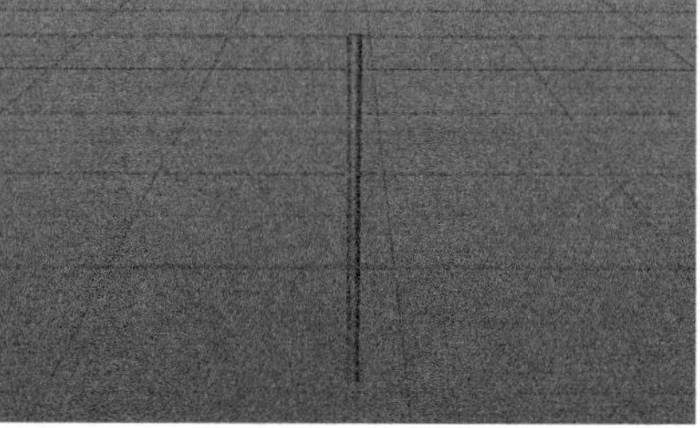

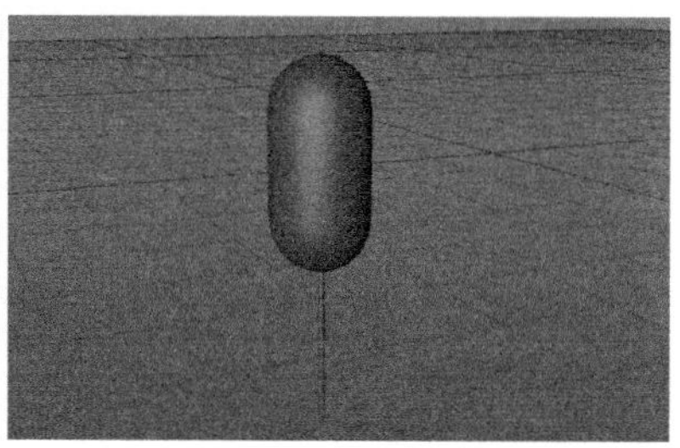

图9-42

04 将创建好的元素进行组合，背景的组合效果如图9-43所示。

05 将萌萌狗模型与背景进行组合，最终效果如图9-44所示。至此，萌萌狗海报的场景创建完成。

图9-43

图9-44

9.2 设置材质

本节将完善模型的材质部分，本案例需要制作萌萌狗和背景元素两部分的材质。

9.2.1 萌萌狗材质

01 创建一个空白材质，双击进入“材质编辑器”面板，具体参数设置如图9-45和图9-46所示。

操作步骤

① 勾选“颜色”选项，设置“颜色”为（R:250，G:203，B:95），“亮度”为100%。

② 勾选“反射”选项，设置“类型”为GGX，“粗糙度”为10%，“亮度”为33%，“菲涅耳”为“绝缘体”，“预置”为“沥青”，“强度”为100%，“折射率（IOR）”为1.635。

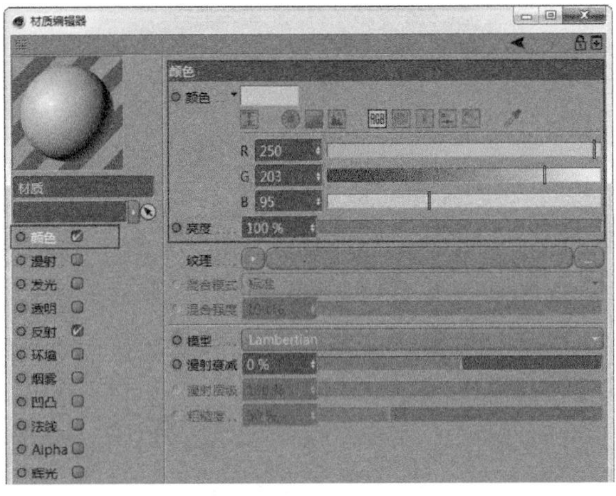

图9-45

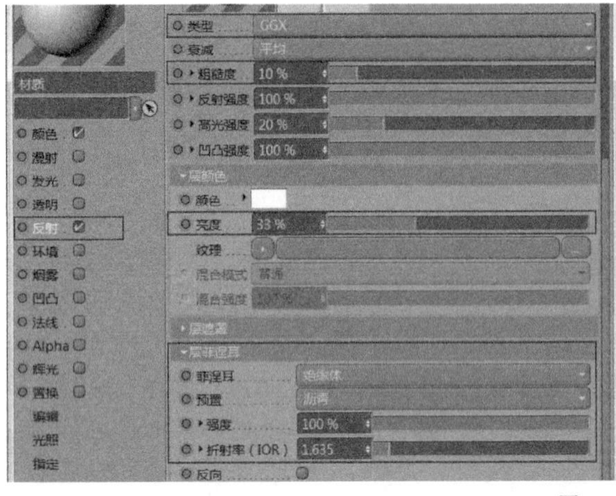

图9-46

02 新建一个空白材质，双击进入“材质编辑器”面板，具体参数设置如图9-47和图9-48所示。

操作步骤

① 勾选“颜色”选项，设置“颜色”为（R:230，G:147，B:13），“亮度”为100%。

② 勾选“反射”选项，设置“类型”为GGX，“粗糙度”为10%，“亮度”为33%，“菲涅耳”为“绝缘体”，“预置”为“沥青”，“强度”为100%，“折射率（IOR）”为1.635。

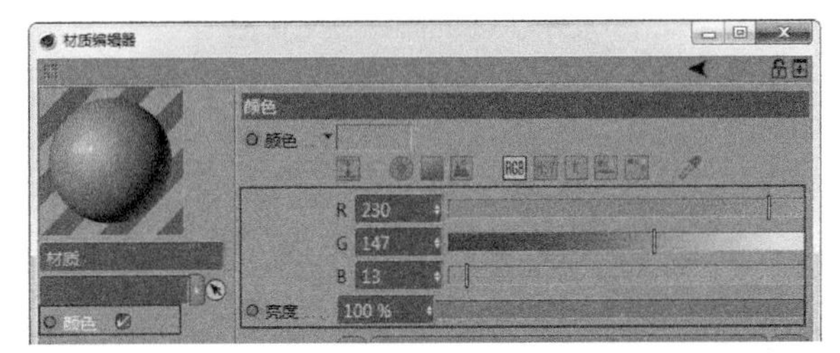

图9-47

图9-48

03 新建一个空白材质，双击进入“材质编辑器”面板，具体参数设置如图9-49和图9-50所示。

操作步骤

① 勾选“颜色”选项，设置“颜色”为（R:255，G:243，B:215），“亮度”为100%。

② 勾选“反射”选项，设置“类型”为GGX，“粗糙度”为10%，“亮度”为33%，“菲涅耳”为“绝缘体”，“预置”为“沥青”，“强度”为100%，“折射率（IOR）”为1.635。

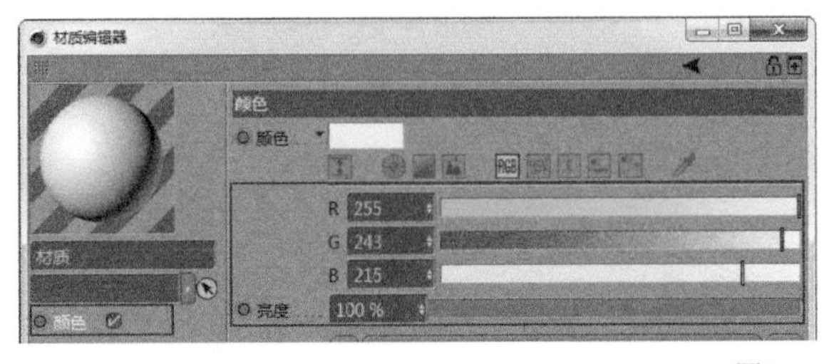

图9-49

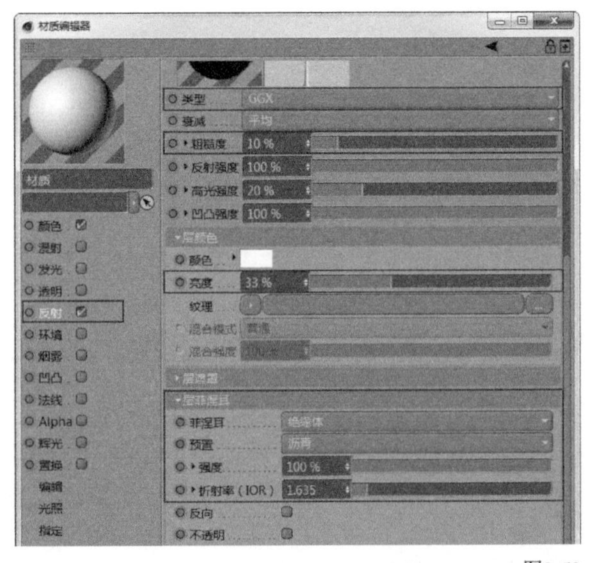

图9-50

04 新建一个空白材质，双击进入“材质编辑器”面板，具体参数设置如图9-51和图9-52所示。

操作步骤

① 勾选“颜色”选项，设置“颜色”为（R:78，G:78，B:78），“亮度”为100%。

② 勾选“反射”选项，设置“类型”为GGX，“粗糙度”为10%，“亮度”为33%，“菲涅耳”为“绝缘体”，“预置”为“沥青”，“强度”为100%，“折射率（IOR）”为1.635。

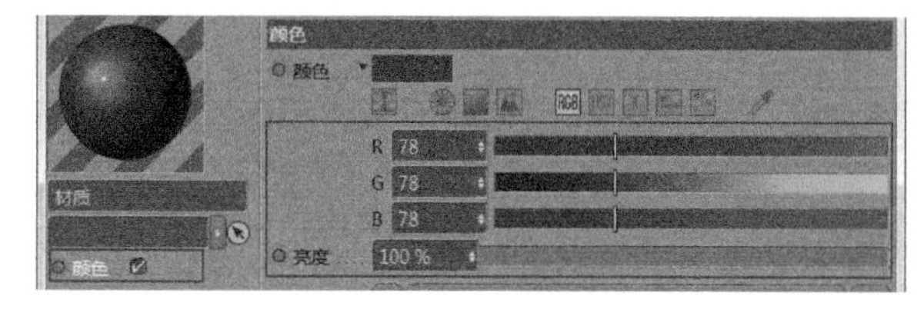

图9-51

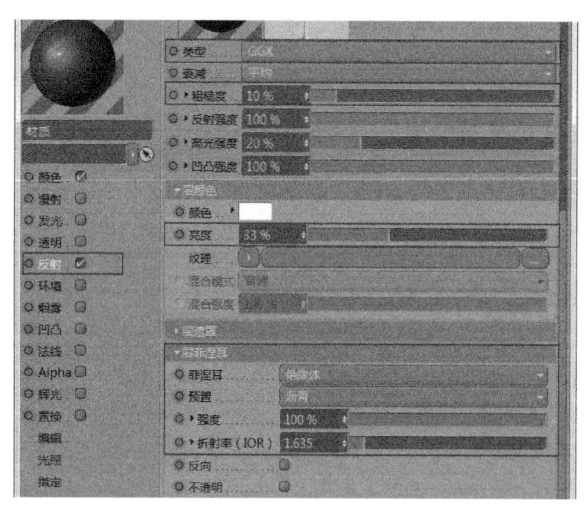

图9-52

05 新建一个空白材质，双击进入“材质编辑器”面板，具体参数设置如图9-53和图9-54所示。

操作步骤

① 勾选“颜色”选项，设置“颜色”为（R:75，G:56，B:24），“亮度”为100%。

② 勾选“反射”选项，设置“类型”为GGX，“粗糙度”为10%，“亮度”为33%，“菲涅耳”为“绝缘体”，“预置”为“沥青”，“强度”为100%，“折射率（IOR）”为1.635。

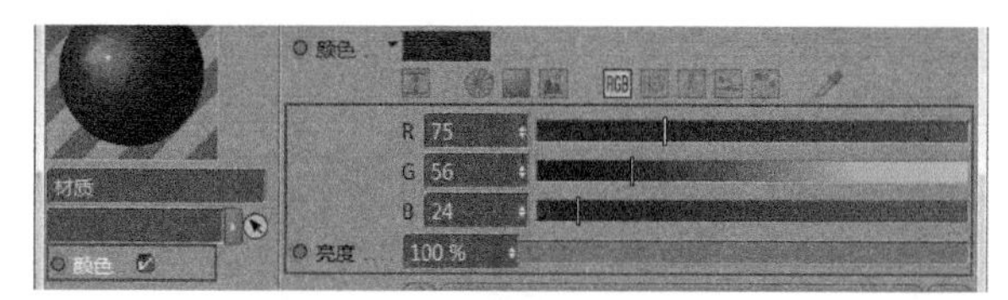

图9-53

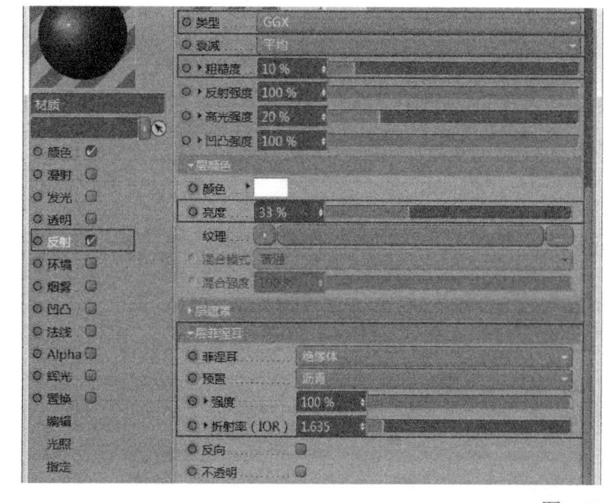

图9-54

9.2.2 背景元素材质

01 创建一个空白材质，双击进入“材质编辑器”面板，具体参数设置如图9-55和图9-56所示。

操作步骤

① 勾选“颜色”选项，设置“颜色”为（R:230，G:147，B:13），“亮度”为100%。

② 勾选“反射”选项，设置“类型”为GGX，“粗糙度”为10%，“亮度”为33%，“菲涅耳”为“绝缘体”，“预置”为“沥青”，“强度”为100%，“折射率（IOR）”为1.635。

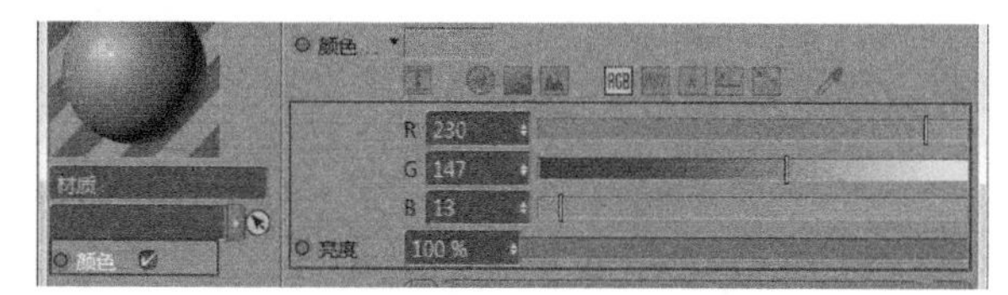

图9-55

图9-56

02 创建一个空白材质，双击进入“材质编辑器”面板，具体参数设置如图9-57和图9-58所示。

操作步骤

① 勾选“颜色”选项，设置“颜色”为（R:250，G:203，B:95），“亮度”为100%。

② 勾选“反射”选项，设置“类型”为GGX，“粗糙度”为10%，“亮度”为33%，“菲涅耳”为“绝缘体”，“预置”为“沥青”，“强度”为100%，“折射率（IOR）”为1.635。

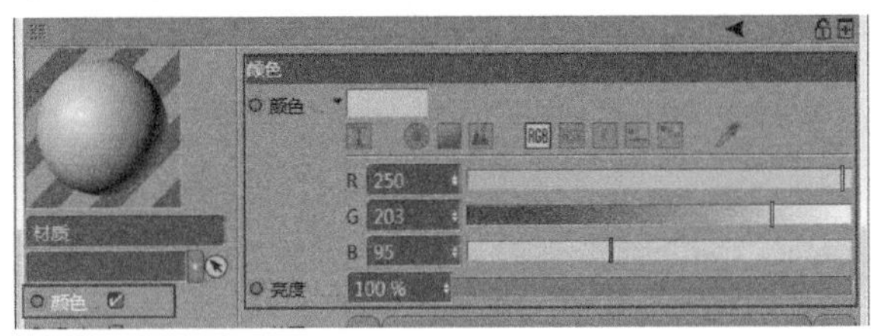

图9-57

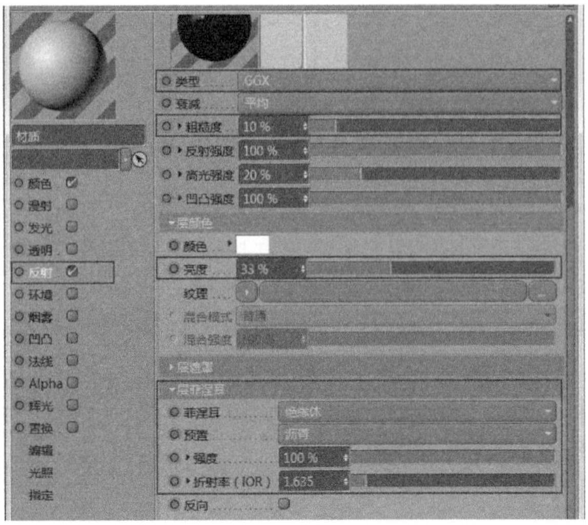

图9-58

03 创建一个空白材质，双击进入“材质编辑器”面板，具体参数设置如图9-59和图9-60所示。

操作步骤

① 勾选“颜色”选项，设置“颜色”为（R:241，G:241，B:241），“亮度”为100%。

② 勾选“反射”选项，设置“类型”为GGX，“亮度”为45%，“菲涅耳”为“绝缘体”，“预置”为“沥青”，“强度”为100%，“折射率（IOR）”为1.635。

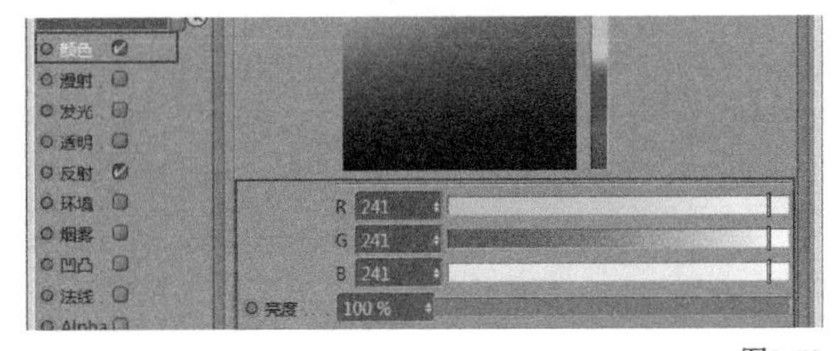

图9-59

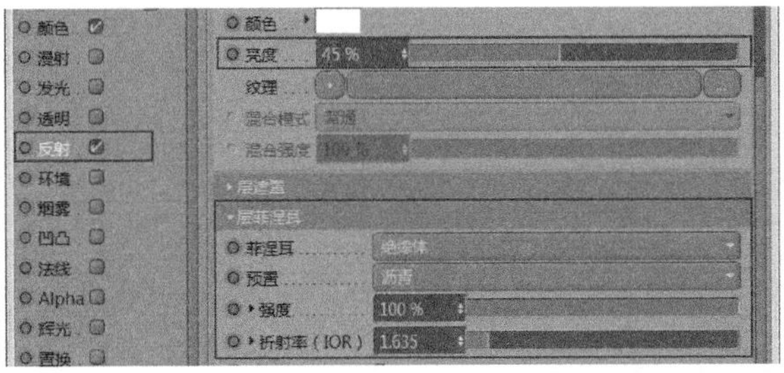

图9-60

04 将所有的材质完成之后赋予相应的模型，效果如图9-61所示。

图9-61

9.3 添加灯光

本节将完善场景中的灯光，本案例需要在场景中创建一盏主光源和两盏辅助光源。

9.3.1 主光源

在当前场景中添加一盏区域灯光，放置在整个场景的正前方，如图9-62所示，然后设置灯光参数，如图9-63所示。

操作步骤

① 在“常规”中设置“颜色”为白色，“强度”为100%，“类型”为“区域光”，“投影”为“区域”。

② 在“细节”中设置“衰减”为“平方倒数（物理精度）”，“半径衰减”为500cm。

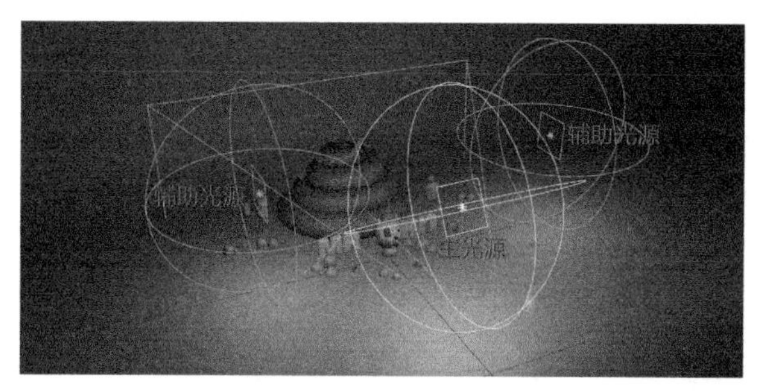

图9-62

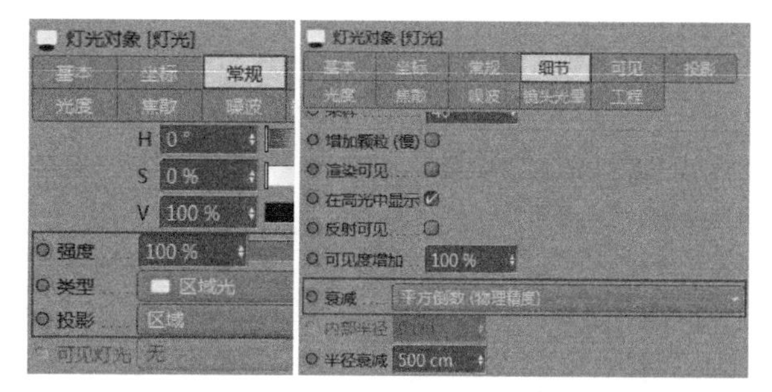

图9-63

9.3.2 辅助光源

在当前场景中添加两盏区域灯光，放置在场景的旁边，然后设置灯光参数，如图9-64所示。

操作步骤

① 在“常规”中设置“颜色”为白色，“强度”为70%，“类型”为“区域光”，“投影”为“无”。

② 在“细节”中设置“衰减”为“平方倒数（物理精度）”，“半径衰减”为500cm。

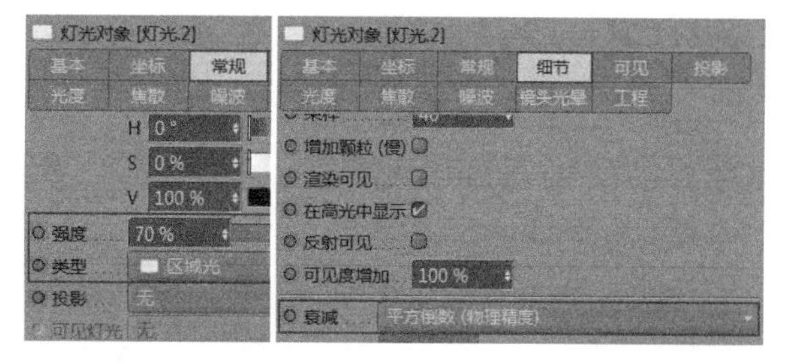

图9-64

9.4 设置环境

01 新建一个材质并创建一个天空，然后执行“窗口-内容浏览器”菜单命令打开“内容浏览器”面板，接着将预置材质“preset://Prime.lib4d/Presets/Light Setups/HDRI/tex/HDR013.hdr”直接拖曳到天空材质的“发光”通道中，如图9-65和图9-66所示。

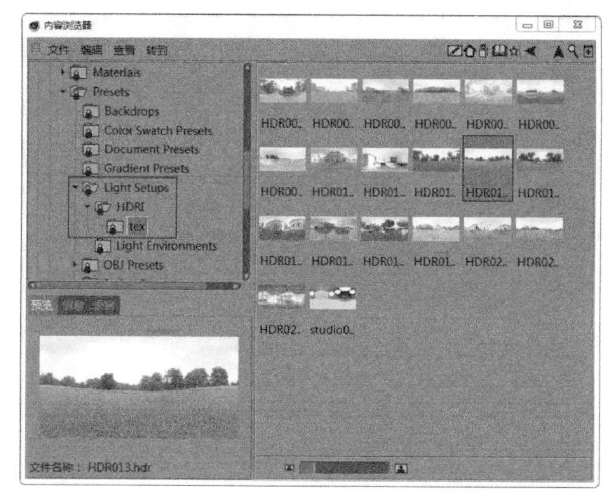

图9-65

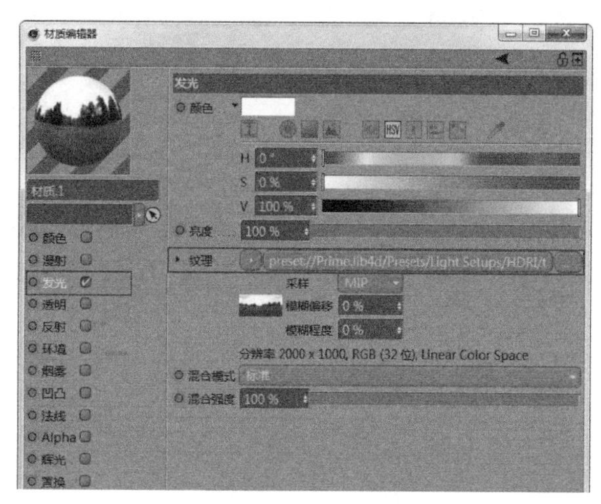

图9-66

02 拖曳天空材质赋予天空对象，然后按快捷键Ctrl+B打开“渲染设置”面板，接着在“渲染设置”面板中单击“效果”按钮添加“全局光照”选项，如图9-67所示。

03 按快捷键Ctrl+R进行渲染，效果如图9-68所示。

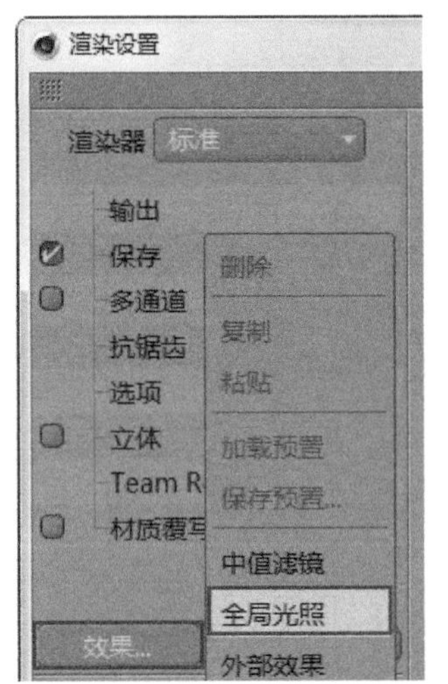

图9-67

图9-68

04 打开Photoshop软件，对渲染出来的效果图进行简单的明暗对比调整，然后在画面中输入一些文字并进行简单的排版，最终效果如图9-69所示。

图9-69

第 **10** 章

创意折纸风格：牛奶海报

图10-1

本章将为读者讲解牛奶海报的制作，案例最终效果如图10-1所示。

◎ 视频名称 创意折纸风格：牛奶海报

◎ 实例位置 实例文件 >CH10> 创意折纸风格：牛奶海报

◎ 学习目标 掌握折纸风格模型、包装类模型的制作方法，以及饮品类海报场景氛围的烘托方法

10.1 主体模型的制作

在制作案例之前，先对案例的模型进行分析和拆分，以便于我们在制作过程中有一个明确的思路和流程。在牛奶海报这个案例中，场景大概可以分为牛奶盒、舞台书籍区和剪纸卡通区这3个部分，如图10-2~图10-13所示。拆解完成后我们逐一对其进行建模。

图10-2

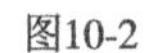

图10-3

图10-4

图10-5

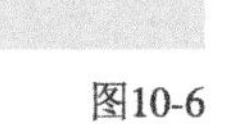

图10-6

图10-7

图10-8

图10-9

图10-10

图10-11

图10-12

图10-13

10.1.1 牛奶盒建模

01 创建一个立方体并使用“循环/路径切割”工具对其进行切割，如图10-14所示。

02 选中立方体的另一面并将其删除，如图10-15所示。

03 将保留的立方体使用“对称”工具制作出另一半，如图10-16所示。

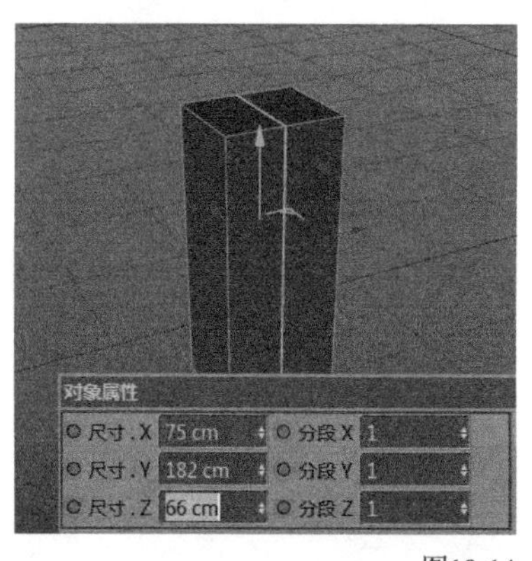

图10-14

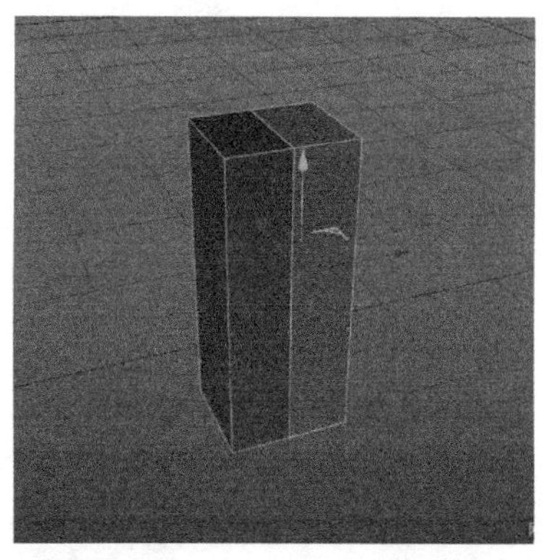

图10-15

图10-16

04 使用“循环/路径切割”工具对立方体进行切割，如图10-17所示。

05 选中面进行4次挤压，每次挤压的“偏移”都为15cm并对其进行变形，如图10-18和图10-19所示。

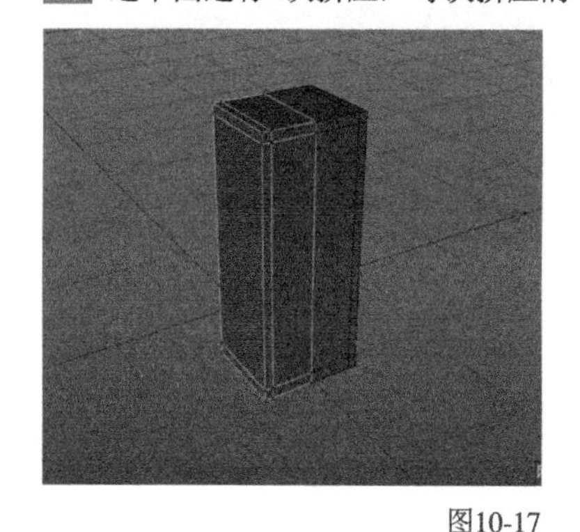

图10-17

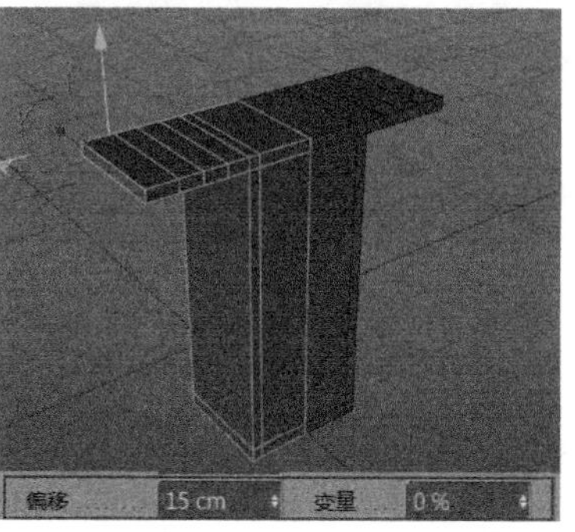

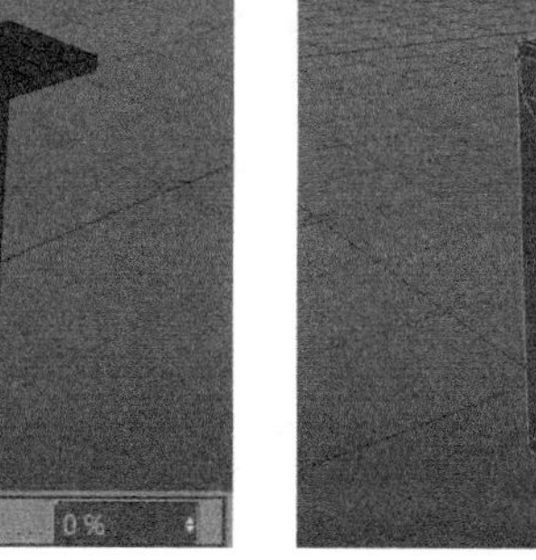

图10-18

图10-19

06 选择底部的面并对其进行4次挤压，每次挤压的参数一样并对其进行变形，如图10-20和图10-21所示。

07 继续对底部的面进行编辑，如图10-22所示。

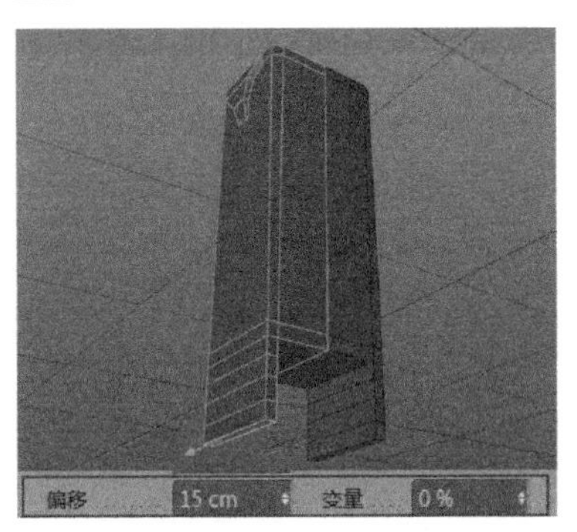

图10-20

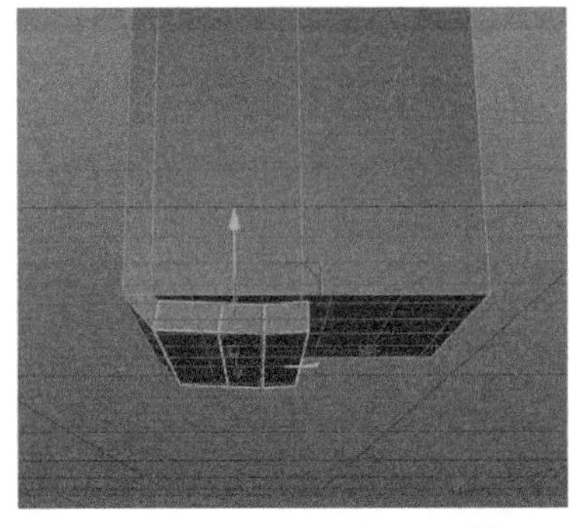
图10-21

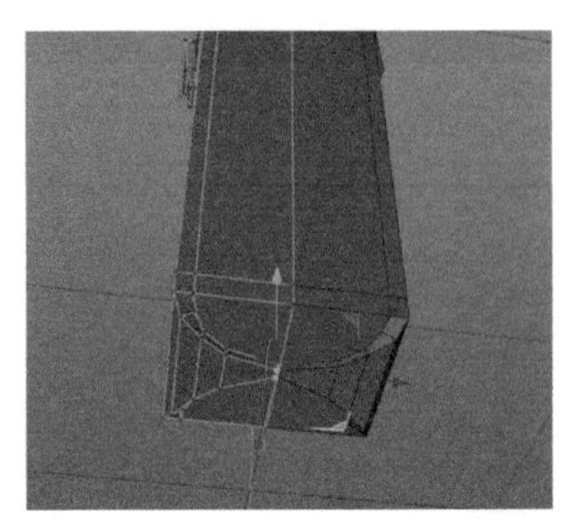
图10-22

08 使用“循环/路径切割”工具继续切割立方体，如图10-23所示。

09 选中图中的点进行移动，如图10-24所示。

10 选中顶部的面进行挤压，如图10-25所示。

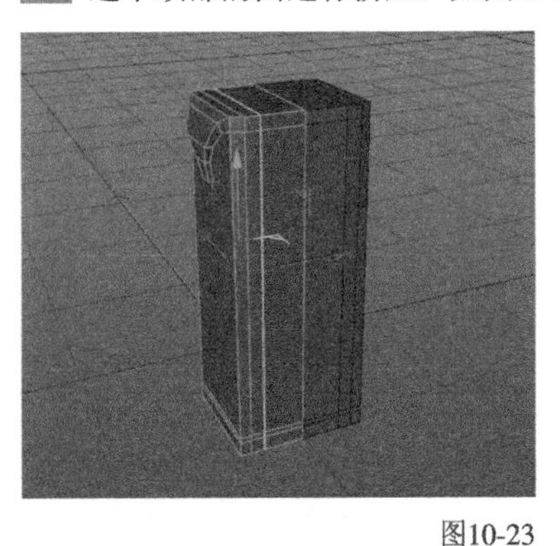
图10-23

图10-24

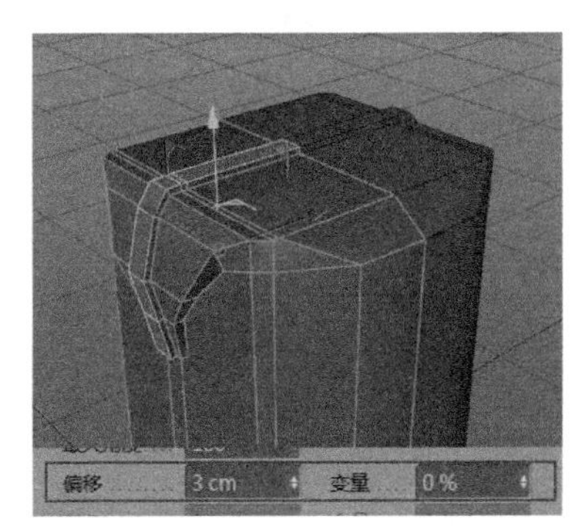

图10-25

11 为牛奶盒添加“细分曲面”命令，如图10-26所示。

12 继续使用“循环/路径切割”工具添加布线并调整，如图10-27所示。至此，牛奶盒的模型创建完成。

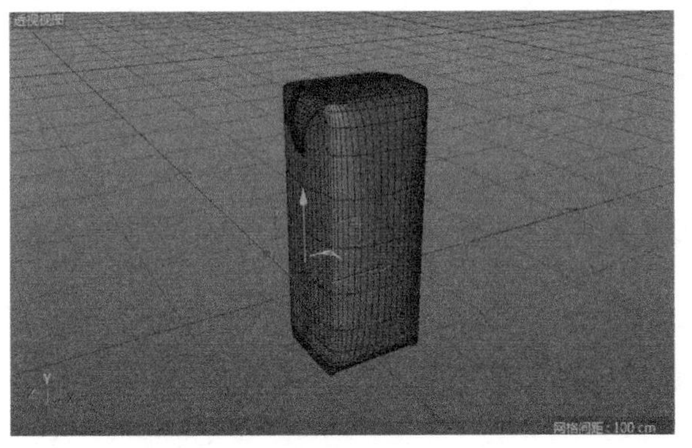
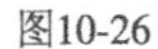
图10-26

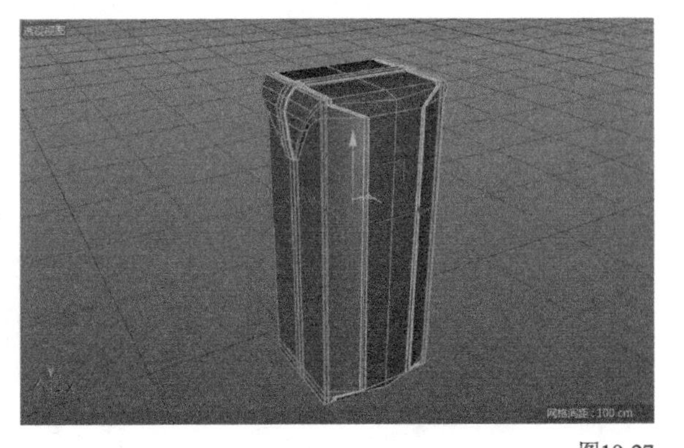
图10-27

10.1.2 舞台书籍建模

01 绘制一条样条线，添加点并进行编辑，如图10-28和图10-29所示。

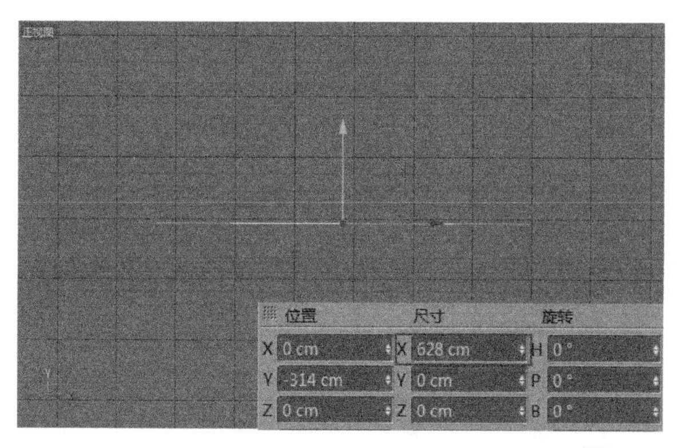

图10-28

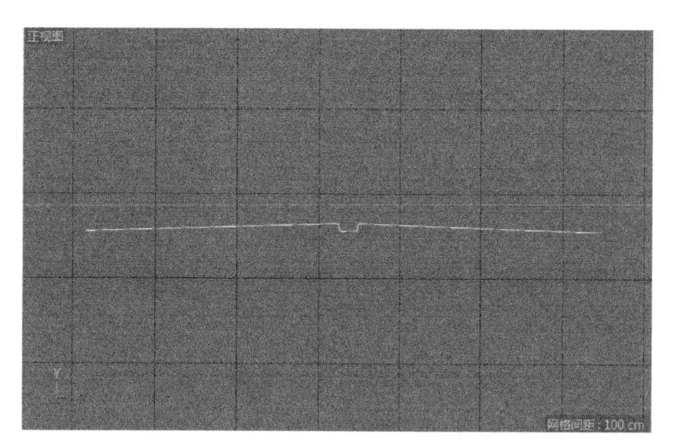

图10-29

02 将上一步绘制的样条线进行复制，然后进行放样，如图10-30和图10-31所示。

03 为放样后的平面添加“布料曲面”工具，并设置布料的“厚度”为－2cm，如图10-32所示。

图10-30

图10-31

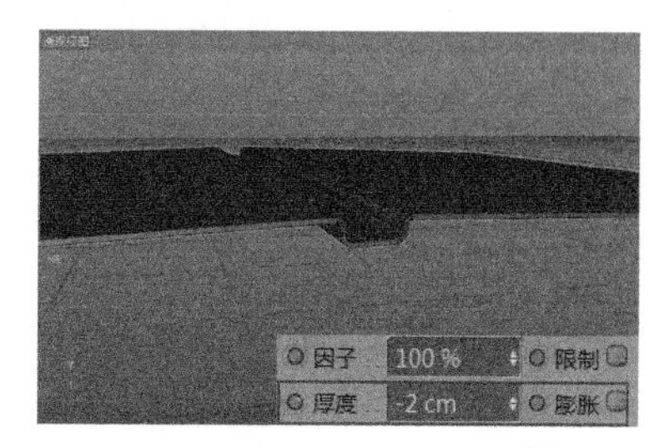

图10-32

04 用“画笔”工具绘制一个样条线，然后对其进行放样，如图10-33和图10-34所示。

05 用同样的方法创建其他书页效果，如图10-35所示。

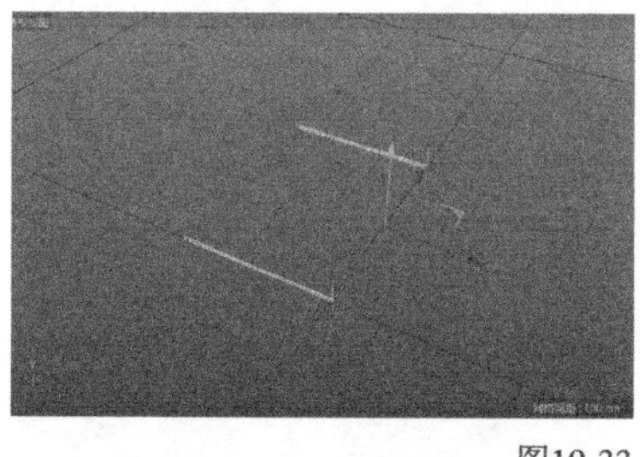

图10-33

图10-34

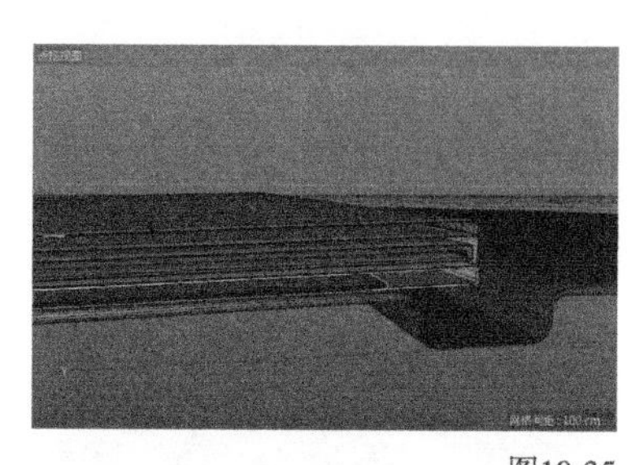

图10-35

06 绘制一个“宽度”为42cm，“高度”为94cm的矩形，然后将其进行倒角并复制组合，如图10-36所示。

07 将上一步组合好的样条线进行合并并对其进行挤压，如图10-37和图10-38所示。

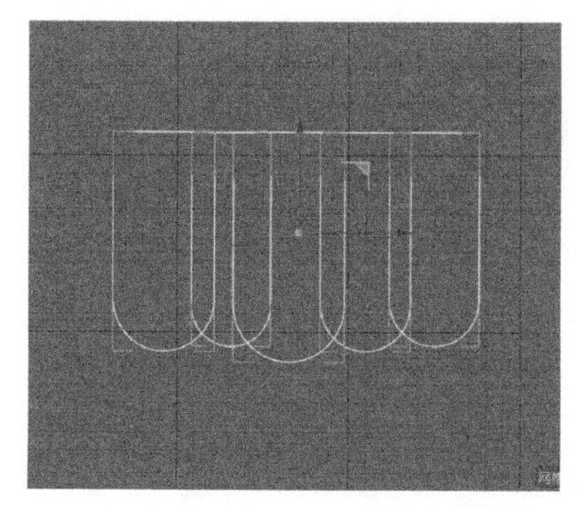

图10-36

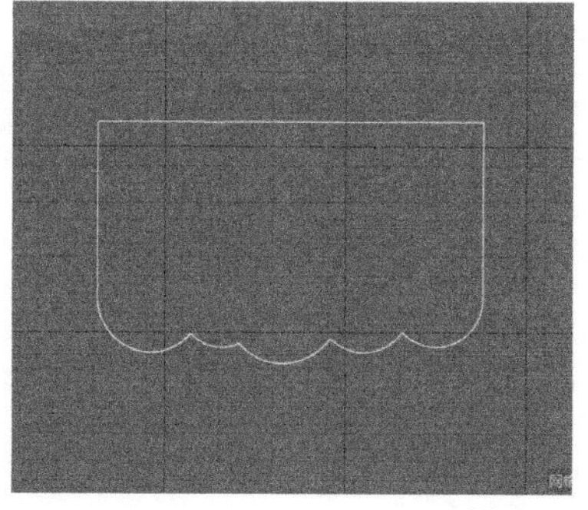

图10-37

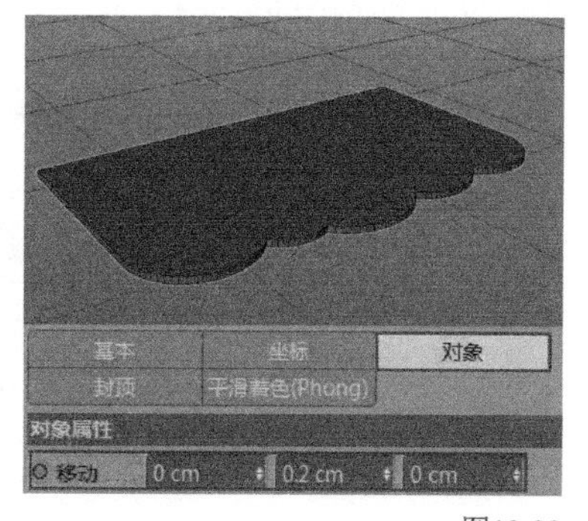

图10-38

08 将上一步挤压好的书签放置在书页内部，如图10-39所示。

09 将做好的书页及书签编组并进行对称，如图10-40所示。

10 绘制一条样条线，然后对其进行复制并放样，如图10-41和图10-42所示。

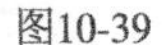

图10-39

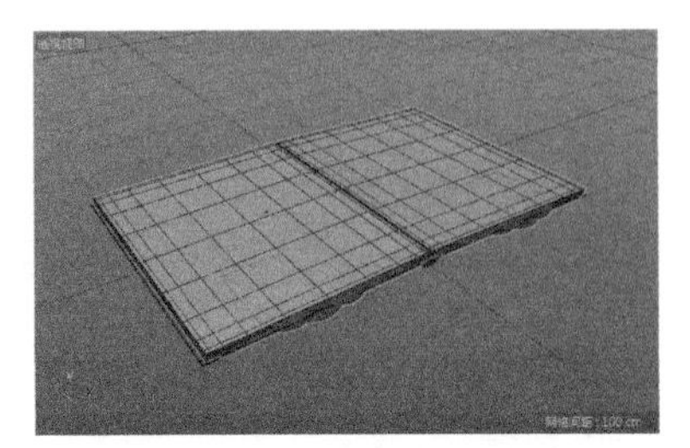

图10-40

11 将放样后的平面放置在书籍的最上方进行组合，如图10-43所示。

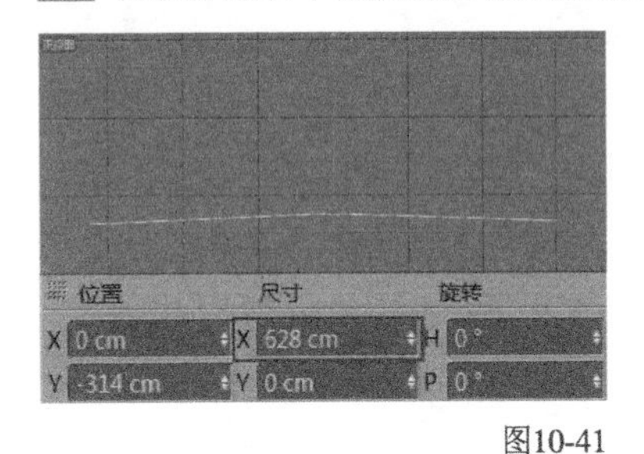

图10-41

图10-42

图10-43

10.1.3 剪纸卡通区建模

01 加载学习资源中的猫头鹰图片，然后选择“画笔”工具沿图片轮廓进行勾勒，如图10-44和图10-45所示。

02 对绘制好的样条线进行挤压，如图10-46所示。

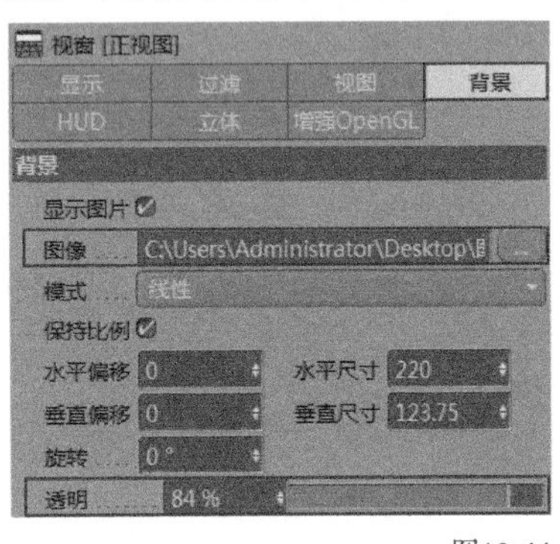

图10-44

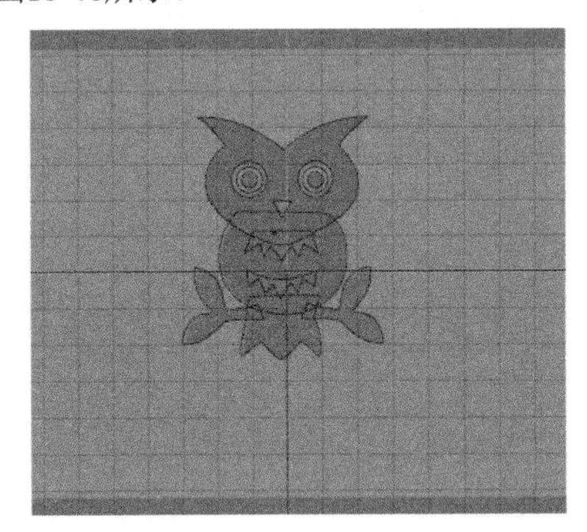

图10-45

图10-46

03 加载学习资源中的大白鹅图片，然后选择“画笔”工具沿图片轮廓进行勾勒，并对绘制好的样条线进行挤压，如图10-47和图10-48所示。

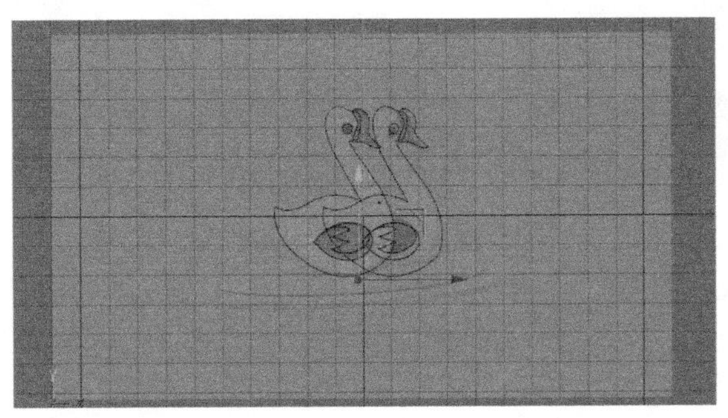

图10-47

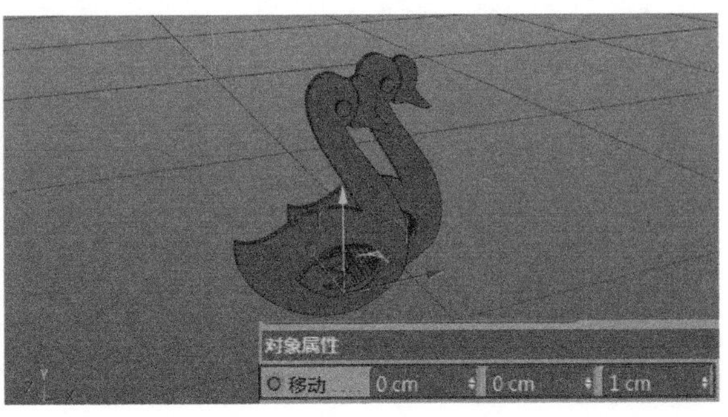

图10-48

04 加载学习资源中的小鸟图片，然后选择“画笔”工具沿图片轮廓进行勾勒，并对绘制好的样条线进行挤压，如图10-49和图10-50所示。

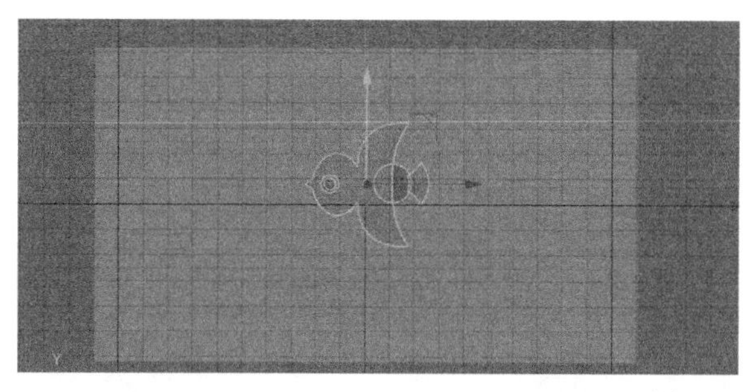

图10-49

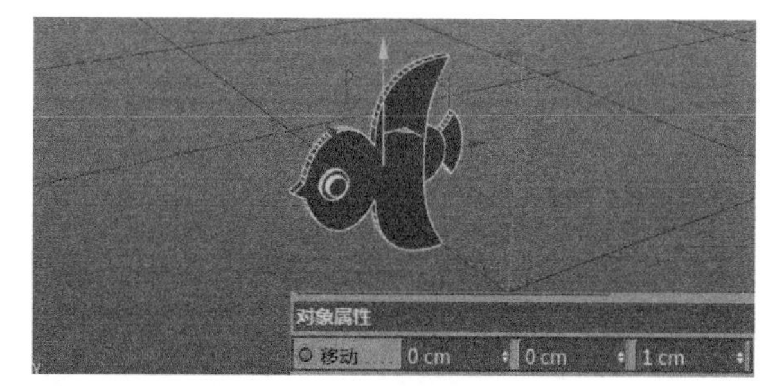

图10-50

05 加载学习资源中的彩虹图片，然后选择“画笔”工具沿图片轮廓进行勾勒，并对绘制好的样条线进行挤压，如图10-51和图10-52所示。

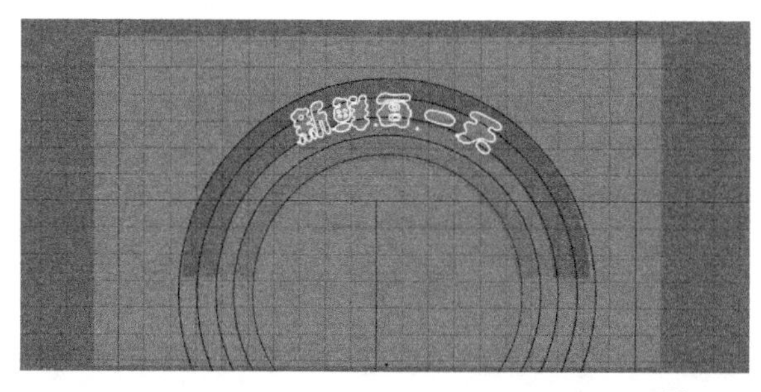

图10-51

图10-52

06 加载学习资源中的奶牛图片，然后选择“画笔”工具沿图片轮廓进行勾勒，并对绘制好的样条线进行挤压，如图10-53和图10-54所示。

图10-53

图10-54

07 加载学习资源中的山脉图片，然后选择“画笔”工具沿图片轮廓进行勾勒，并对绘制好的样条线进行挤压，如图10-55和图10-56所示。

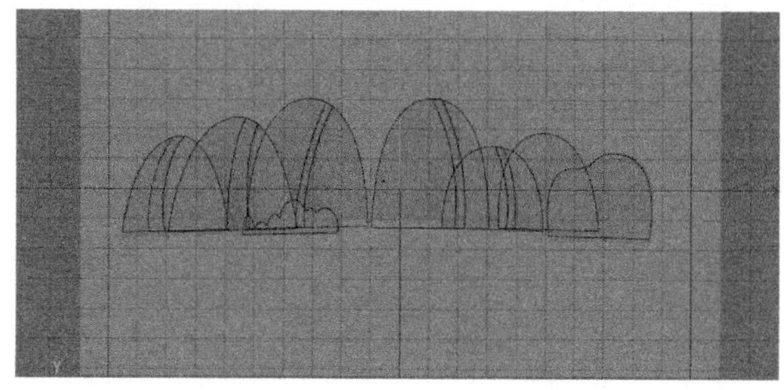

图10-55

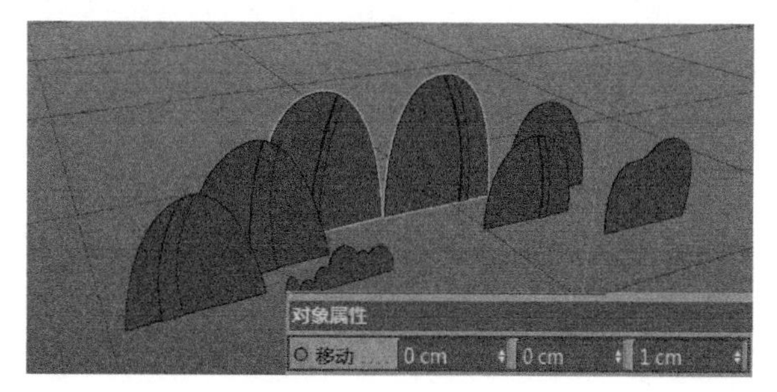

图10-56

08 加载学习资源中的房子图片，然后选择“画笔”工具沿图片轮廓进行勾勒，并对绘制好的样条线进行挤压，如图10-57~图10-60所示。

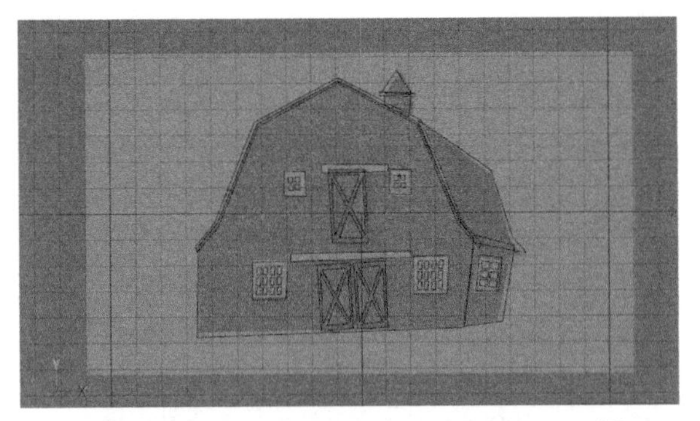

图10-57

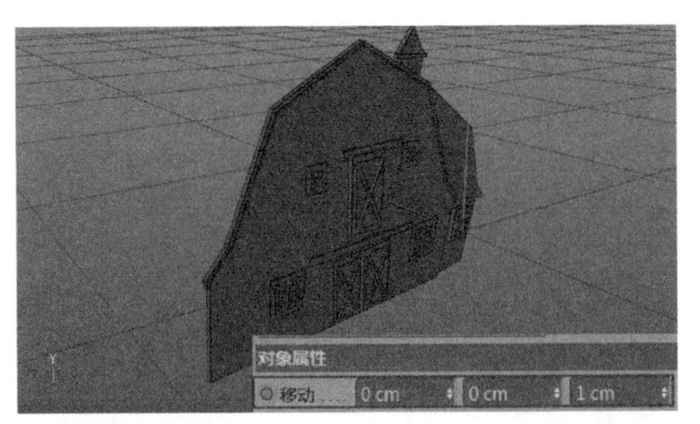

图10-58

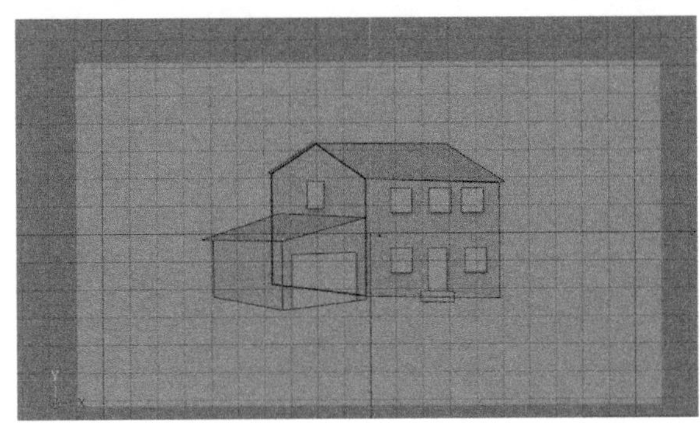

图10-59

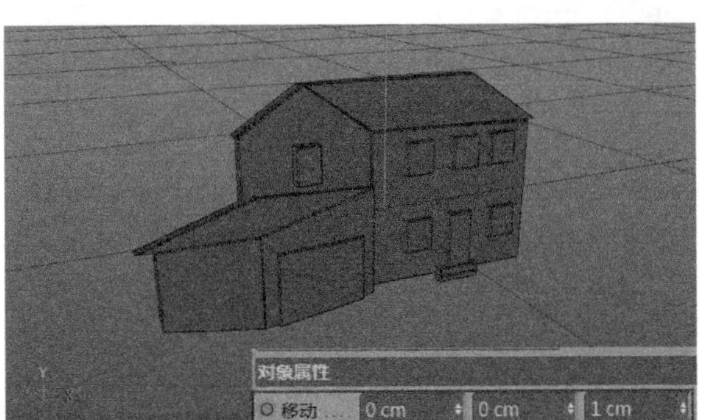

图10-60

09 加载学习资源中的玉米图片，然后选择“画笔”工具沿图片轮廓进行勾勒，并对绘制好的样条线进行挤压，如图10-61和图10-62所示。

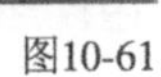
图10-61

图10-62

10 绘制“圆环”样条线，然后复制并进行组合，如图10-63和图10-64所示。

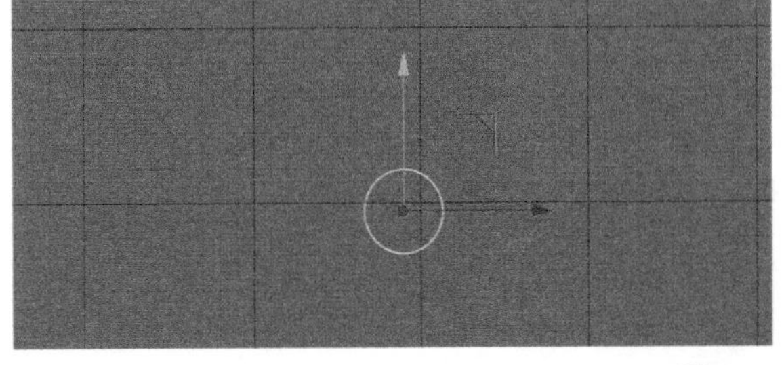

图10-63

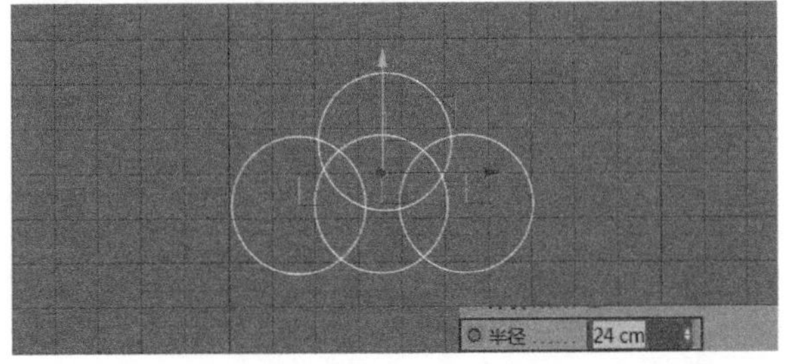

图10-64

11 将组合好的样条线进行“样条布尔”运算，然后进行挤压，如图10-65和图10-66所示。

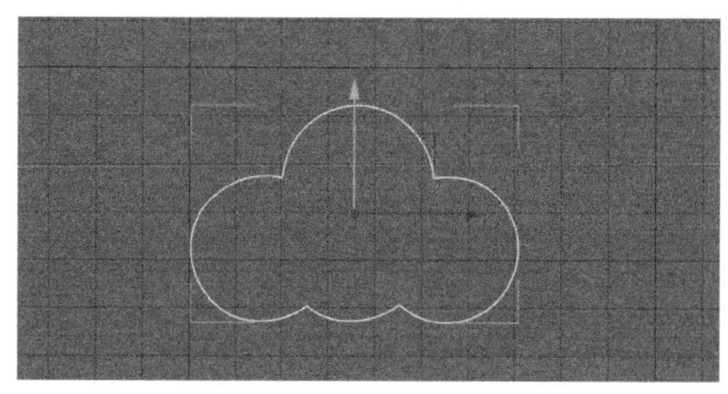

图10-65

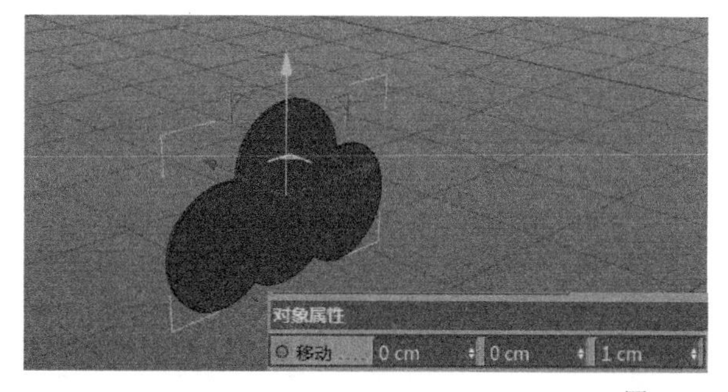

图10-66

12 创建一个圆柱体，然后将其与挤压后的云彩几何体进行组合，如图10-67所示。

13 创建两个“宽度”为2141cm，“高度”为1198cm，“宽度分段”和“高度分段”都为20的平面，然后组合并将其作为这个场景中舞台，接着将其与创建好的模型进行组合，如图10-68所示。至此，场景的模型全部创建完成。

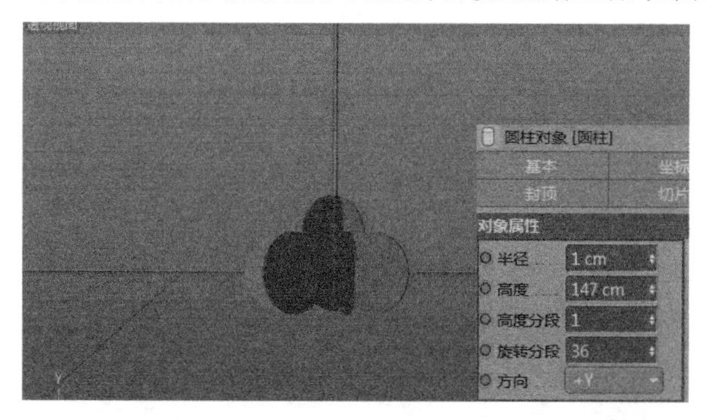

图10-67

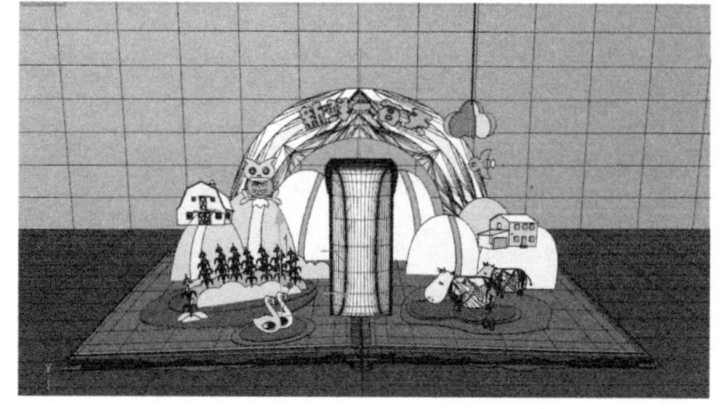

图10-68

10.2 设置材质

本节将完善场景中的材质。本案例需要创建牛奶盒包装、书籍和猫头鹰等材质。

10.2.1 牛奶盒贴图材质

01 创建一个空白材质，双击进入“材质编辑器”面板，具体参数设置如图10-69和图10-70所示。

操作步骤

① 勾选“颜色”选项，在“纹理”通道中加载一张学习资源中的“牛奶贴图-正面”贴图，设置“亮度”为100%。

② 勾选“反射”选项，设置“类型”为GGX，“粗糙度”为0%，“亮度”为39%，“菲涅耳”为“绝缘体”，“预置”为“沥青”，“强度”为100%，“折射率（IOR）”为1.635。

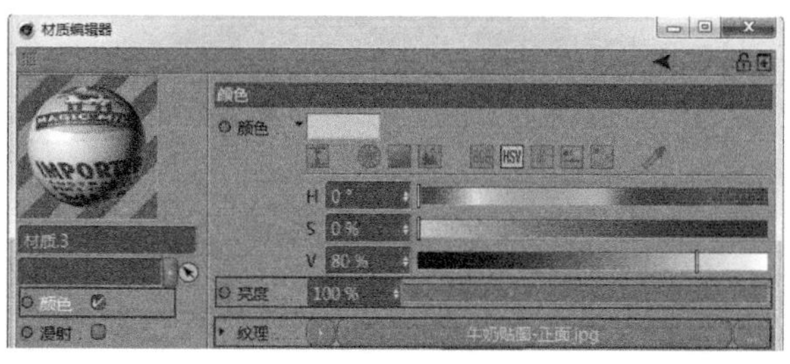

图10-69

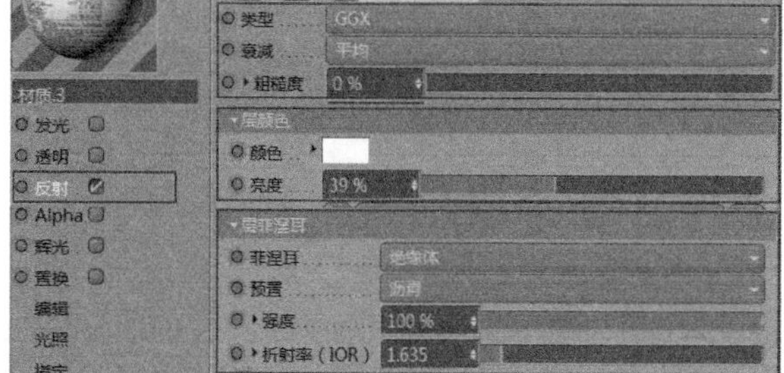

图10-70

02 创建一个空白材质，双击进入“材质编辑器”面板，具体参数设置如图10-71和图10-72所示。

操作步骤

① 勾选“颜色”选项，在“纹理”通道中加载一张学习资源中的“牛奶贴图-反面”贴图，设置“亮度”为100%。

② 勾选“反射”选项，设置“类型”为GGX，“粗糙度”为0%，“亮度”为39%，“菲涅耳”为“绝缘体”，“预置”为“沥青”，“强度”为100%，“折射率（IOR）”为1.635。

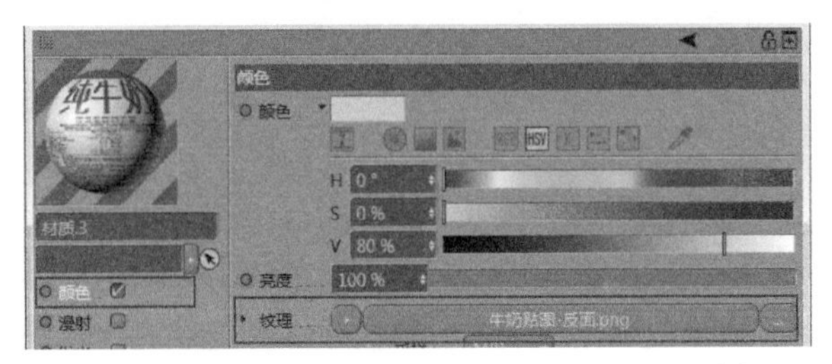

图10-71

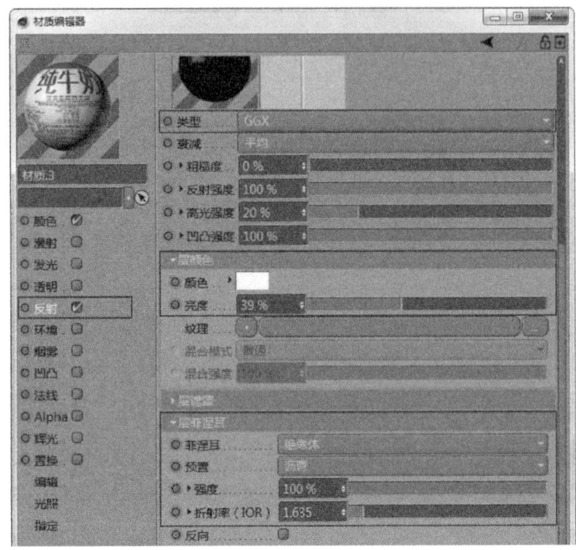

图10-72

10.2.2 牛奶盒包装材质

创建一个空白材质，双击进入“材质编辑器”面板，具体参数设置如图10-73和图10-74所示。

操作步骤

① 勾选“颜色”选项，设置“颜色”为（R:33，G:99，B:202），“亮度”为100%。

② 勾选“反射”选项，设置“类型”为GGX，“粗糙度”为0%，“亮度”为39%，“菲涅耳”为“绝缘体”，“预置”为“沥青”，“强度”为100%，“折射率（IOR）”为1.635。

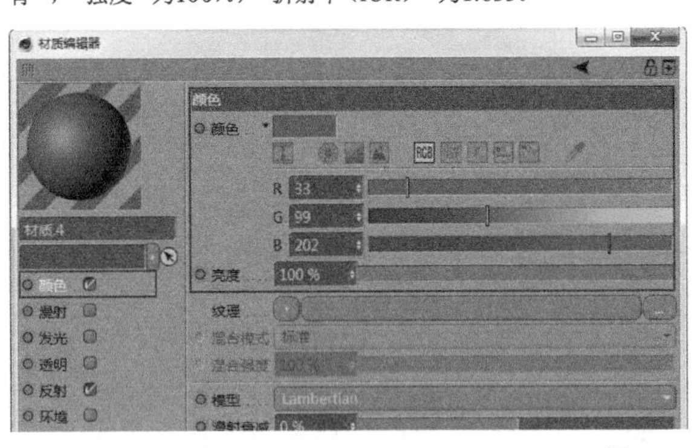

图10-73

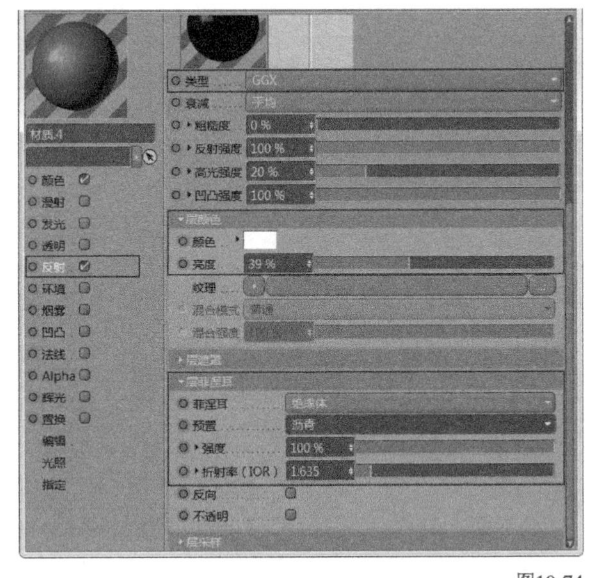

图10-74

10.2.3 书籍材质

01 创建一个空白材质，双击进入“材质编辑器”面板，具体参数设置如图10-75和图10-76所示。

操作步骤

① 勾选“颜色”选项，设置“颜色”为（R:170，G:238，B:236），“亮度”为100%。

② 勾选“反射”选项，设置“类型”为GGX，“粗糙度”为10%，“亮度”为33%，“菲涅耳”为“绝缘体”，“预置”为“沥青”，“强度”为100%，“折射率（IOR）”为1.635。

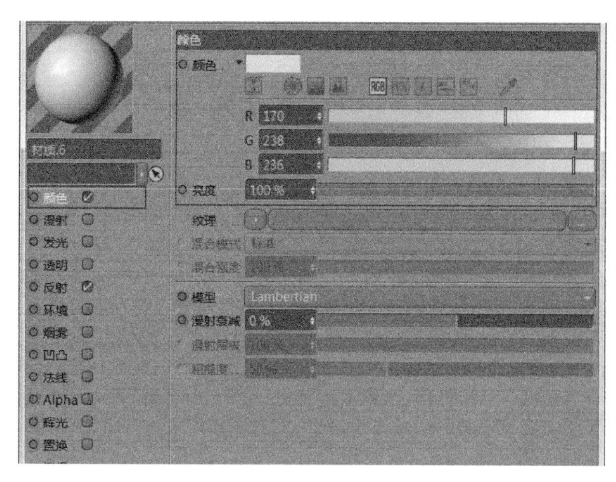
图10-75

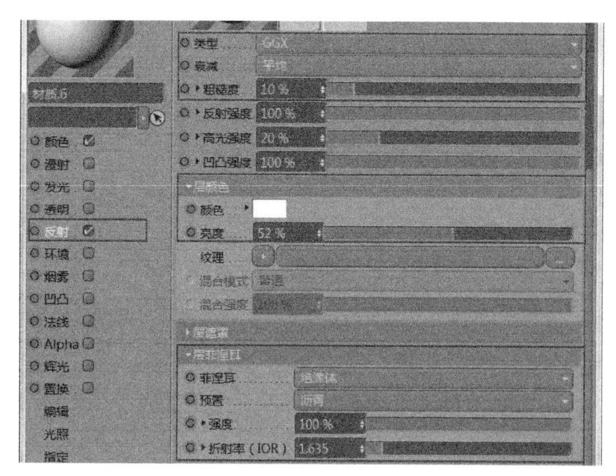
图10-76

02 创建一个空白材质，双击进入“材质编辑器”面板，具体参数设置如图10-77和图10-78所示。

操作步骤

① 勾选“颜色”选项，设置“颜色”为（R:198，G:125，B:61），“亮度”为100%。

② 勾选“反射”选项，设置“类型”为GGX，“粗糙度”为10%，“亮度”为55%，“菲涅耳”为“绝缘体”，“预置”为“沥青”，“强度”为100%，“折射率（IOR）”为1.635。

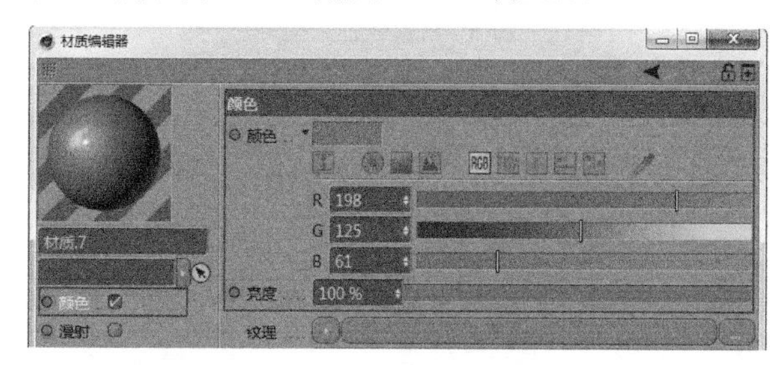
图10-77

图10-78

03 创建一个空白材质，双击进入“材质编辑器”面板，具体参数设置如图10-79和图10-80所示。

操作步骤

① 勾选“颜色”选项，设置“颜色”为（R:62，G:173，B:66），“亮度”为100%。

② 勾选“反射”选项，设置“类型”为GGX，“粗糙度”为10%，“亮度”为55%，“菲涅耳”为“绝缘体”，“预置”为“沥青”，“强度”为100%，“折射率（IOR）”为1.635。

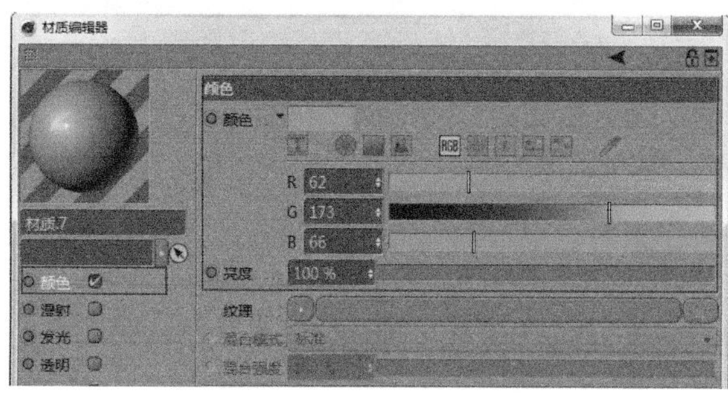
图10-79

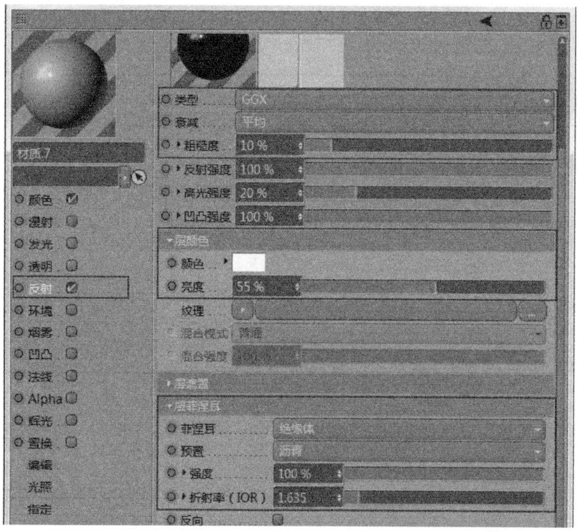

图10-80

04 创建一个空白材质，双击进入“材质编辑器”面板，具体参数设置如图10-81和图10-82所示。

操作步骤

① 勾选“颜色”选项，设置“颜色”为（R:240，G:224，B:190），“亮度”为100%。

② 勾选“反射”选项，设置“类型”为GGX，“粗糙度”为10%，“亮度”为55%，“菲涅耳”为“绝缘体”，“预置”为“沥青”，“强度”为100%，“折射率（IOR）”为1.635。

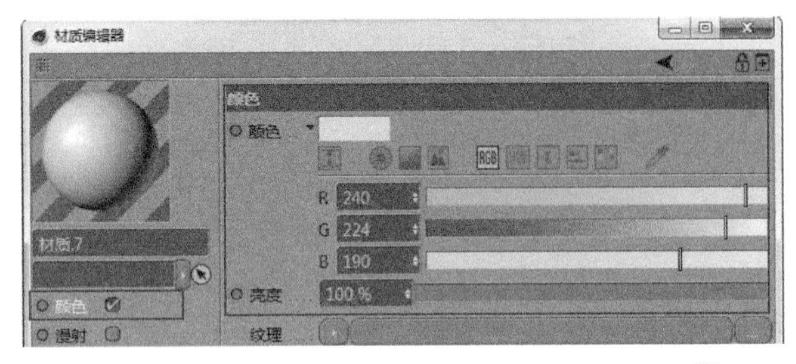

图10-81

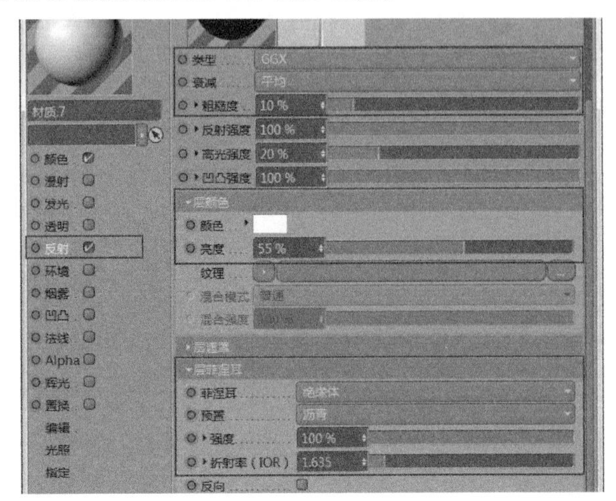

图10-82

05 创建一个空白材质，双击进入“材质编辑器”面板，具体参数设置如图10-83和图10-84所示。

操作步骤

① 勾选“颜色”选项，设置“颜色”为（R:74，G:177，B:245），“亮度”为100%。

② 勾选“反射”选项，设置“类型”为GGX，“粗糙度”为10%，“亮度”为55%，“菲涅耳”为“绝缘体”，“预置”为“沥青”，“强度”为100%，“折射率（IOR）”为1.635。

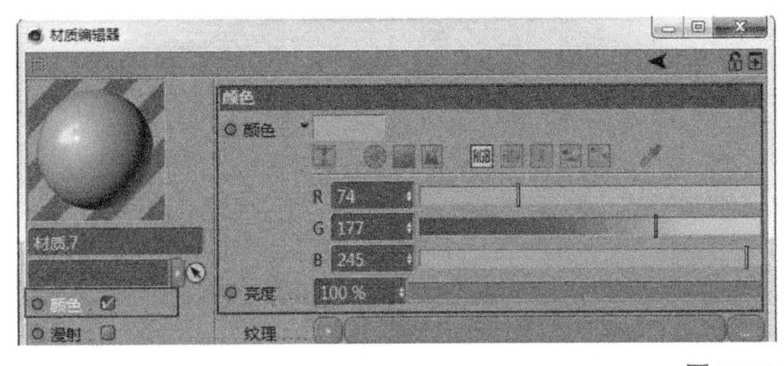

图10-83

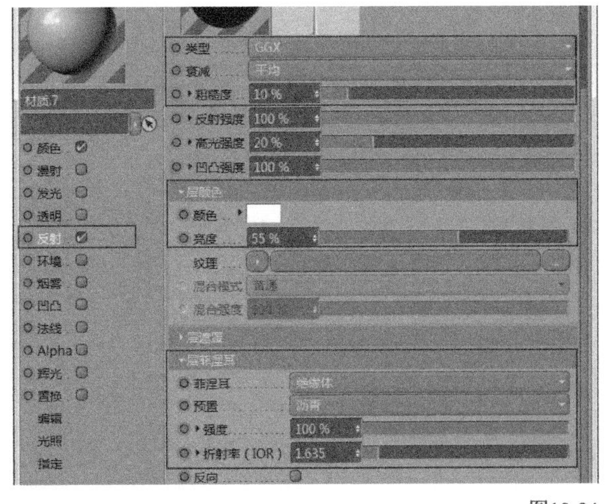

图10-84

06 创建一个空白材质，双击进入“材质编辑器”面板，具体参数设置如图10-85和图10-86所示。

操作步骤

① 勾选“颜色”选项，设置“颜色”为（R:242，G:101，B:85），“亮度”为100%。

② 勾选“反射”选项，设置“类型”为GGX，“粗糙度”为10%，“亮度”为55%，“菲涅耳”为“绝缘体”，“预置”为“沥青”，“强度”为100%，“折射率（IOR）”为1.635。

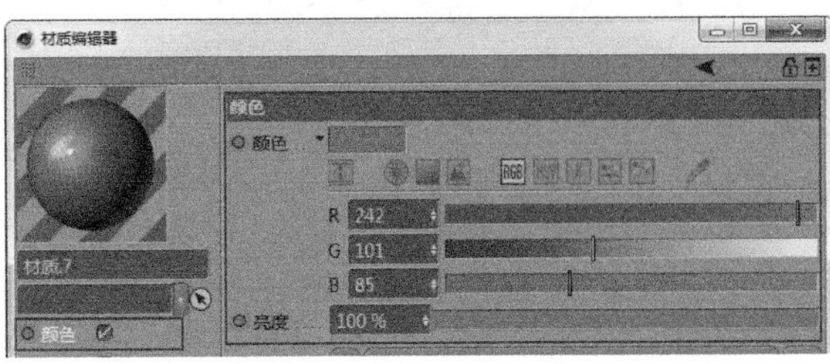

图10-85

图10-86

10.2.4 猫头鹰材质

01 创建一个空白材质，双击进入“材质编辑器”面板，具体参数设置如图10-87和图10-88所示。

操作步骤

① 勾选“颜色”选项，设置“颜色”为（R:118，G:91，B:71），“亮度”为100%。

② 勾选“反射”选项，设置“类型”为GGX，“粗糙度”为10%，“亮度”为55%，“菲涅耳”为“绝缘体”，“预置”为“沥青”，“强度”为100%，“折射率（IOR）”为1.635。

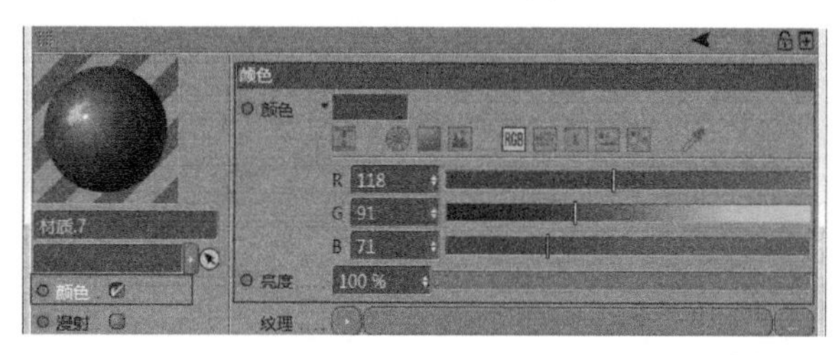

图10-87

图10-88

02 创建一个空白材质，双击进入“材质编辑器”面板，具体参数设置如图10-89和图10-90所示。

操作步骤

① 勾选“颜色”选项，设置“颜色”为（R:149，G:117，B:94），“亮度”为100%。

② 勾选“反射”选项，设置“类型”为GGX，“粗糙度”为10%，“亮度”为55%，“菲涅耳”为“绝缘体”，“预置”为“沥青”，“强度”为100%，“折射率（IOR）”为1.635。

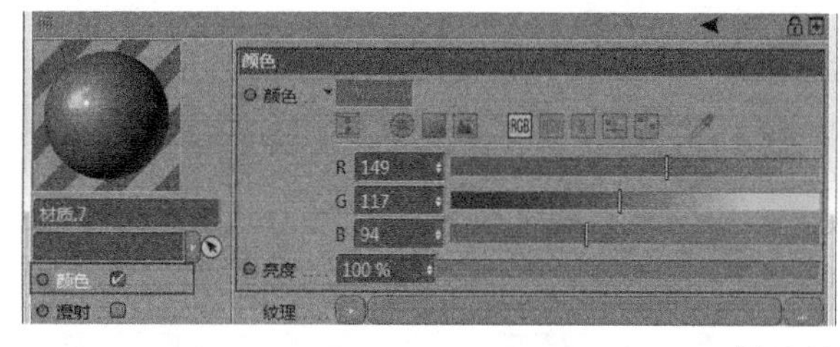

图10-89

图10-90

03 创建一个空白材质，双击进入“材质编辑器”面板，具体参数设置如图10-91和图10-92所示。

操作步骤

① 勾选“颜色”选项，设置“颜色”为（R:232，G:194，B:111），“亮度”为100%。

② 勾选“反射”选项，设置“类型”为GGX，“粗糙度”为10%，“亮度”为55%，“菲涅耳”为“绝缘体”，“预置”为“沥青”，“强度”为100%，“折射率（IOR）”为1.635。

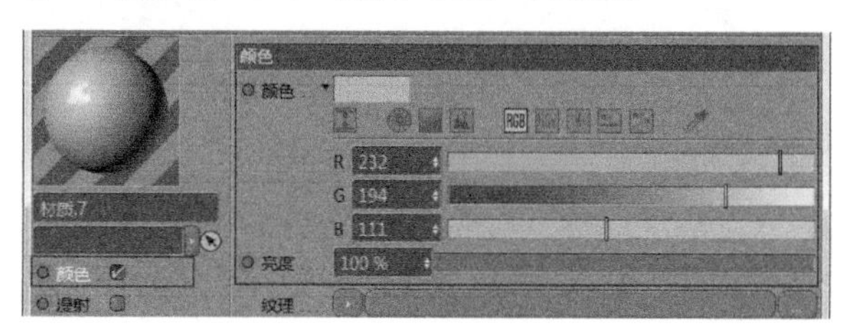

图10-91

类型 GGX
衰减 平均
粗糙度 10 %
反射强度 100 %
高光强度 20 %
凹凸强度 100 %
层颜色
颜色
亮度 55 %
纹理
混合模式 普通
混合强度
层遮罩
层菲涅耳
菲涅耳 绝缘体
预置 沥青
强度 100 %
折射率（IOR） 1.635
材质.7
颜色
漫射
发光
透明
反射
环境
烟雾
凹凸
法线
Alpha
辉光
置换
编辑
光照
指定

图10-92

04 创建一个空白材质，双击进入“材质编辑器”面板，具体参数设置如图10-93和图10-94所示。

操作步骤

① 勾选“颜色”选项，设置“颜色”为（R:78，G:74，B:71），“亮度”为100%。

② 勾选“反射”选项，设置“类型”为GGX，“粗糙度”为10%，“亮度”为55%，“菲涅耳”为“绝缘体”，“预置”为“沥青”，“强度”为100%，“折射率（IOR）”为1.635。

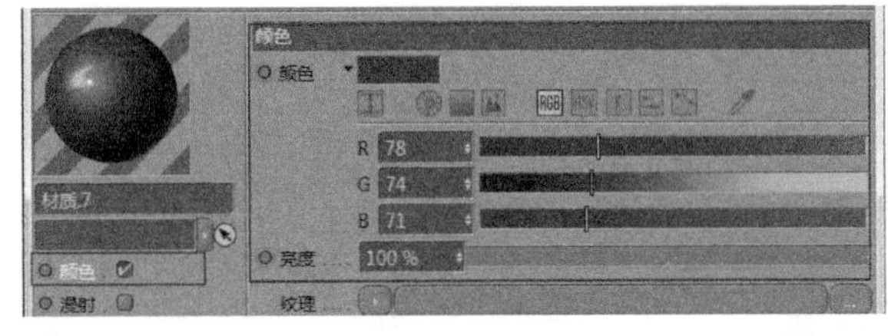

图10-93

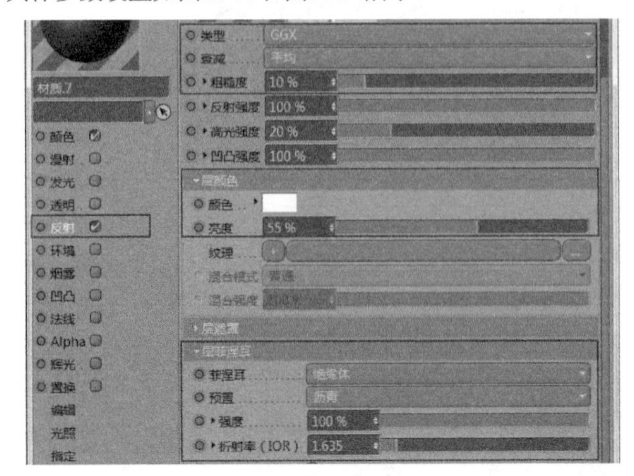

图10-94

05 创建一个空白材质，双击进入“材质编辑器”面板，具体参数设置如图10-95和图10-96所示。

操作步骤

① 勾选“颜色”选项，设置“颜色”为（R:24，G:149，B:51），“亮度”为100%。

② 勾选“反射”选项，设置“类型”为GGX，“粗糙度”为10%，“亮度”为55%，“菲涅耳”为“绝缘体”，“预置”为“沥青”，“强度”为100%，“折射率（IOR）”为1.635。

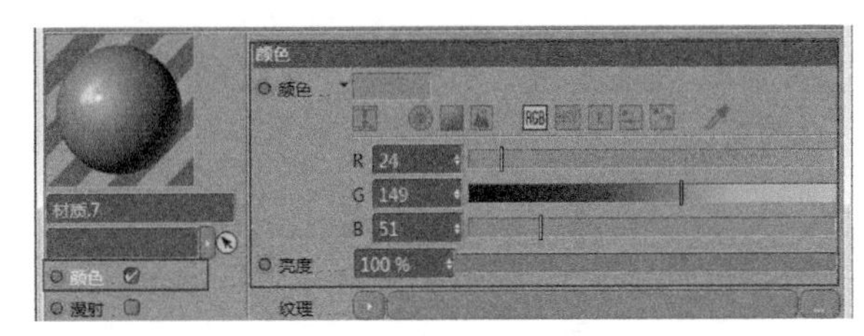

图10-95

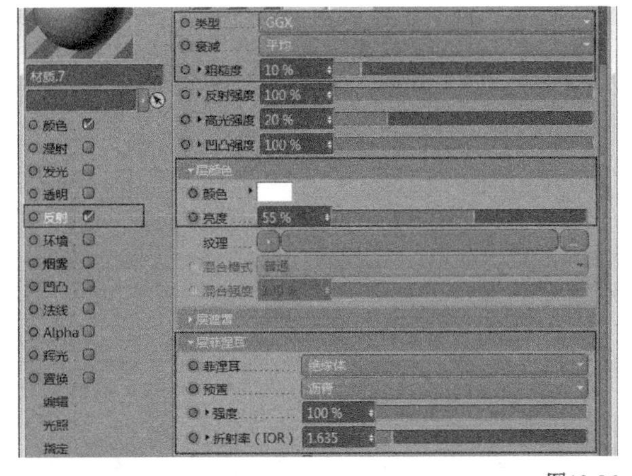

图10-96

06 创建一个空白材质，双击进入“材质编辑器”面板，具体参数设置如图10-97和图10-98所示。

操作步骤

① 勾选“颜色”选项，设置“颜色”为（R:255，G:255，B:255），“亮度”为100%。

② 勾选“反射”选项，设置“类型”为GGX，“粗糙度”为0%，“亮度”为100%，“菲涅耳”为“绝缘体”，“预置”为“沥青”，“强度”为100%，“折射率（IOR）”为1.635。

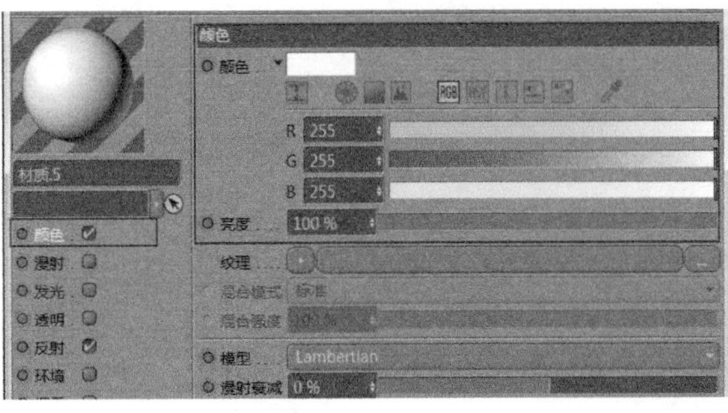

图10-97

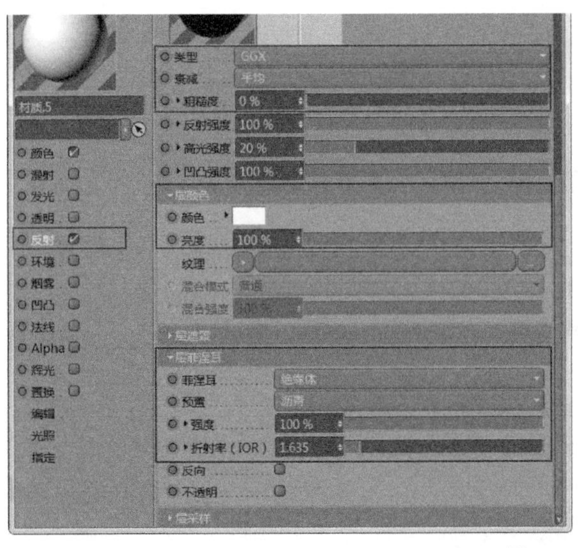

图10-98

10.2.5 大鹅材质

01 创建一个空白材质，双击进入“材质编辑器”面板，具体参数设置如图10-99和图10-100所示。

操作步骤

① 勾选“颜色”选项，设置“颜色”为（R:124，G:231，B:255），“亮度”为100%。

② 勾选“反射”选项，设置“类型”为GGX，“粗糙度”为10%，“亮度”为55%，“菲涅耳”为“绝缘体”，“预置”为“沥青”，“强度”为100%，“折射率（IOR）”为1.635。

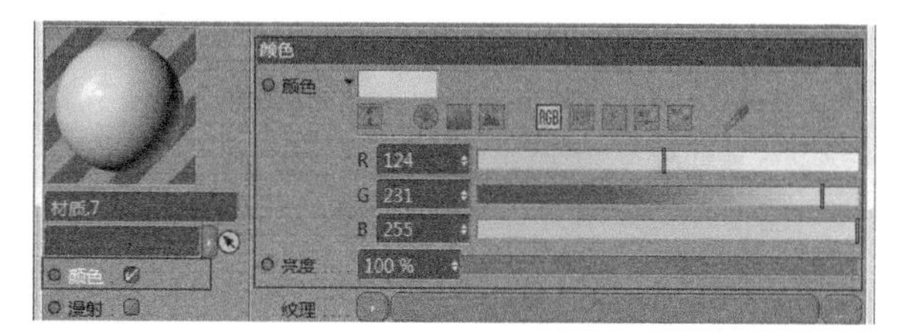

图10-99

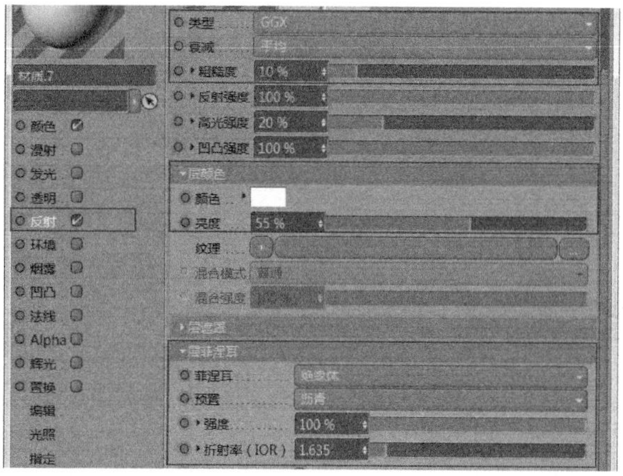

图10-100

02 创建一个空白材质，双击进入“材质编辑器”面板，具体参数设置如图10-101和图10-102所示。

操作步骤

① 勾选“颜色”选项，设置“颜色”为（R:24，G:149，B:51），“亮度”为100%。

② 勾选“反射”选项，设置“类型”为GGX，“粗糙度”为10%，“亮度”为55%，“菲涅耳”为“绝缘体”，“预置”为“沥青”，“强度”为100%，“折射率（IOR）”为1.635。

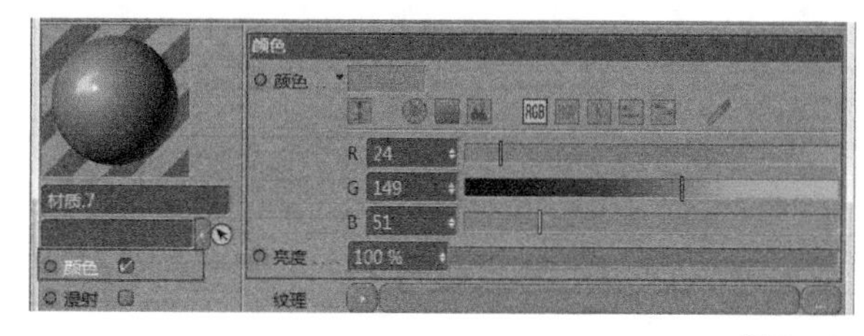

图10-101

图10-102

03 创建一个空白材质，双击进入“材质编辑器”面板，具体参数设置如图10-103和图10-104所示。

操作步骤

① 勾选“颜色”选项，设置“颜色”为（R:74，G:74，B:74），“亮度”为100%。

② 勾选“反射”选项，设置“类型”为GGX，“粗糙度”为10%，“亮度”为55%，“菲涅耳”为“绝缘体”，“预置”为“沥青”，“强度”为100%，“折射率（IOR）”为1.635。

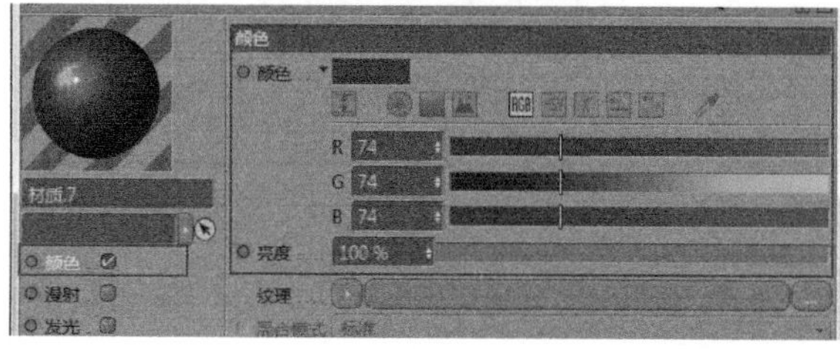

图10-103

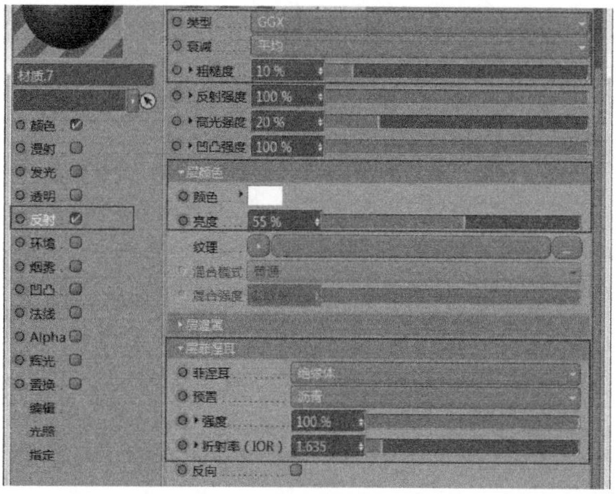

图10-104

04 创建一个空白材质，双击进入“材质编辑器”面板，具体参数设置如图10-105和图10-106所示。

操作步骤

① 勾选“颜色”选项，设置“颜色”为（R:255，G:129，B:32），“亮度”为100%。

② 勾选“反射”选项，设置“类型”为GGX，“粗糙度”为10%，“亮度”为55%，“菲涅耳”为“绝缘体”，“预置”为“沥青”，“强度”为100%，“折射率（IOR）”为1.635。

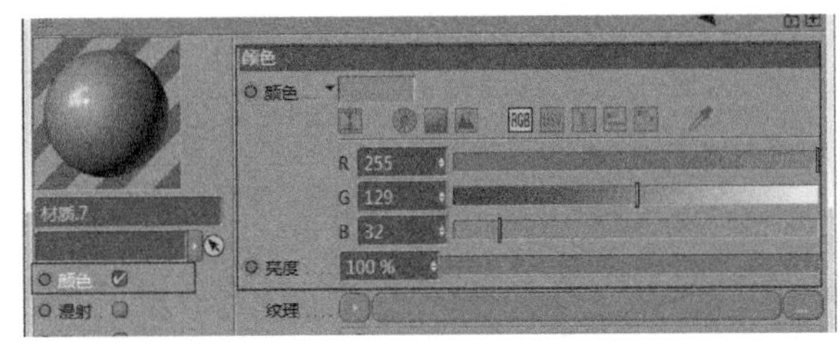

图10-105

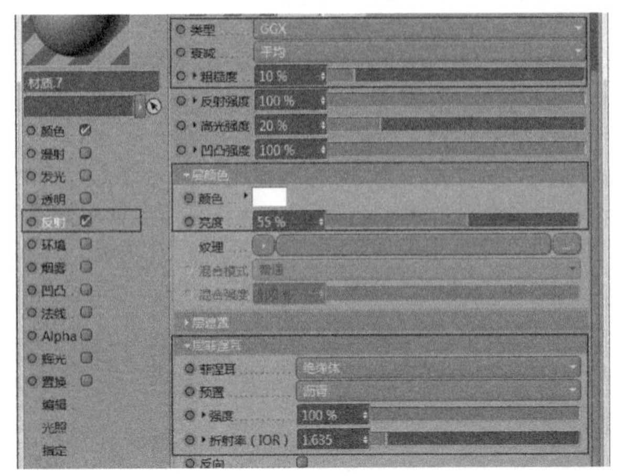

图10-106

05 创建一个空白材质，双击进入“材质编辑器”面板，具体参数设置如图10-107和图10-108所示。

操作步骤

① 勾选“颜色”选项，设置“颜色”为（R:255，G:255，B:255），“亮度”为100%。

② 勾选“反射”选项，设置“类型”为GGX，“粗糙度”为0%，“亮度”为100%，“菲涅耳”为“绝缘体”，“预置”为“沥青”，“强度”为100%，“折射率（IOR）”为1.635。

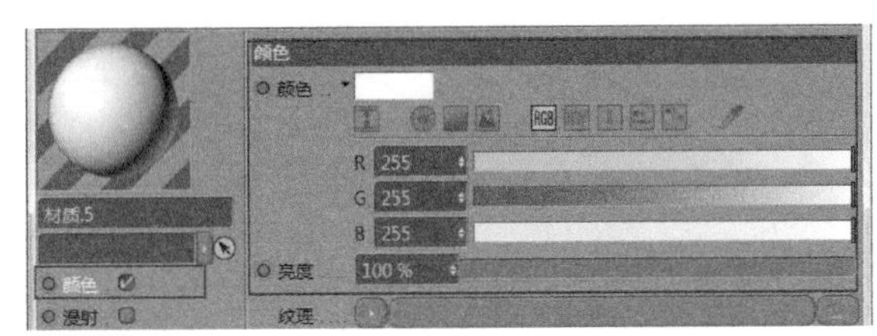

图10-107

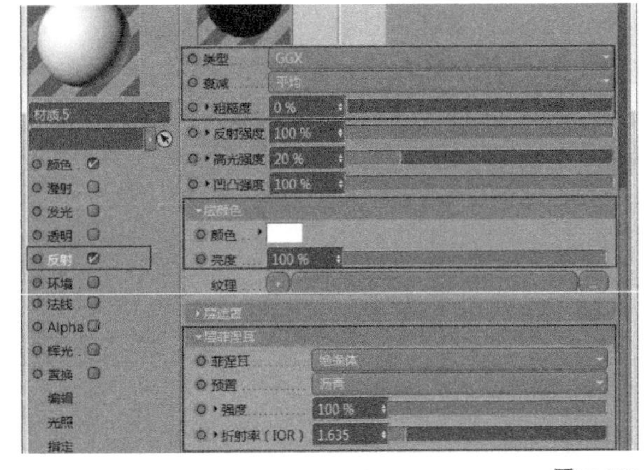

图10-108

10.2.6 小鸟材质

01 创建一个空白材质，双击进入“材质编辑器”，具体参数设置如图10-109和图10-110所示。

操作步骤

① 勾选“颜色”选项，设置“颜色”为（R:198，G:125，B:61），接着设置“亮度”为100%。

② 勾选“反射”选项，设置“类型”为GGX，“粗糙度”为10%，“亮度”为55%，“菲涅耳”为“绝缘体”，“预置”为“沥青”，“强度”为100%，“折射率（IOR）”为1.635。

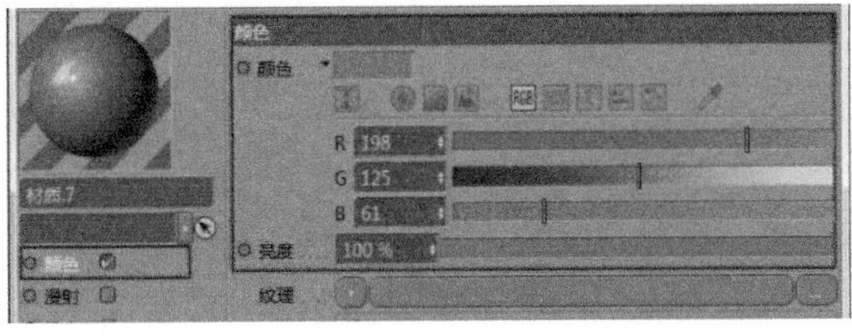

图10-109

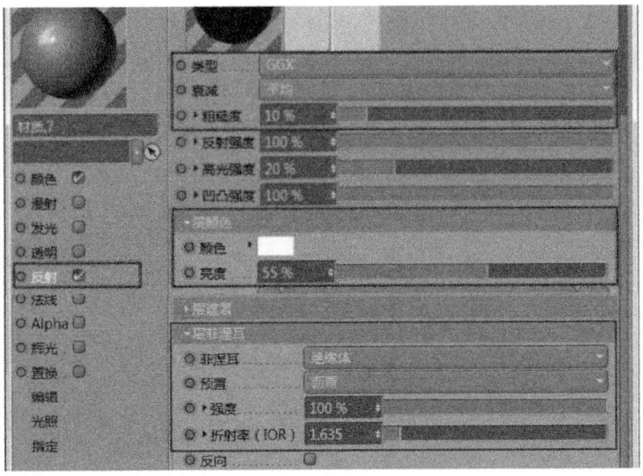

图10-110

02 创建一个空白材质，双击进入“材质编辑器”面板，具体参数设置如图10-111和图10-112所示。

操作步骤

① 勾选“颜色”选项，设置“颜色”为（R:230，G:230，B:230），“亮度”为100%。

② 勾选“反射”选项，设置“类型”为GGX，“粗糙度”为10%，“亮度”为55%，“菲涅耳”为“绝缘体”，“预置”为“沥青”，“强度”为100%，“折射率（IOR）”为1.635。

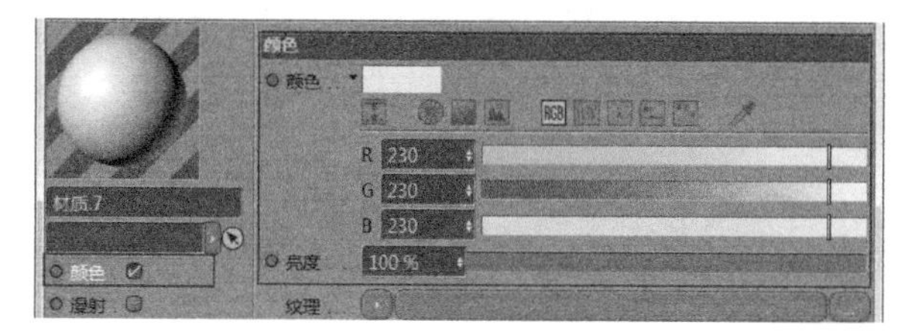

图10-111

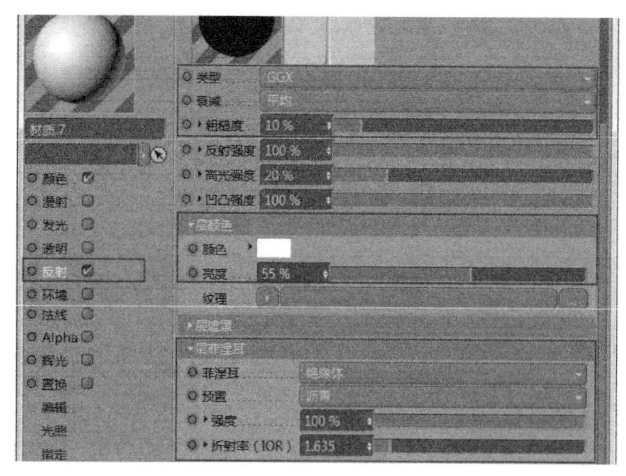

图10-112

03 创建一个空白材质，双击进入“材质编辑器”面板，具体参数设置如图10-113和图10-114所示。

操作步骤

① 勾选“颜色”选项，设置“颜色”为（R:232，G:194，B:111），“亮度”为100%。

② 勾选“反射”选项，设置“类型”为GGX，“粗糙度”为10%，“亮度”为55%，“菲涅耳”为“绝缘体”，“预置”为“沥青”，“强度”为100%，“折射率（IOR）”为1.635。

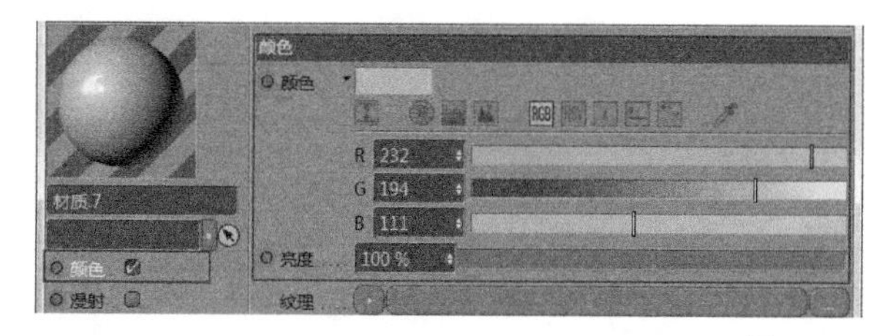

图10-113

图10-114

10.2.7 彩虹材质

01 创建一个空白材质，双击进入“材质编辑器”面板，具体参数设置如图10-115和图10-116所示。

操作步骤

① 勾选“颜色”选项，设置“颜色”为（R:230，G:230，B:230），“亮度”为100%。

② 勾选“反射”选项，设置“类型”为GGX，“粗糙度”为10%，“亮度”为55%，“菲涅耳”为“绝缘体”，“预置”为“沥青”，“强度”为100%，“折射率（IOR）”为1.635。

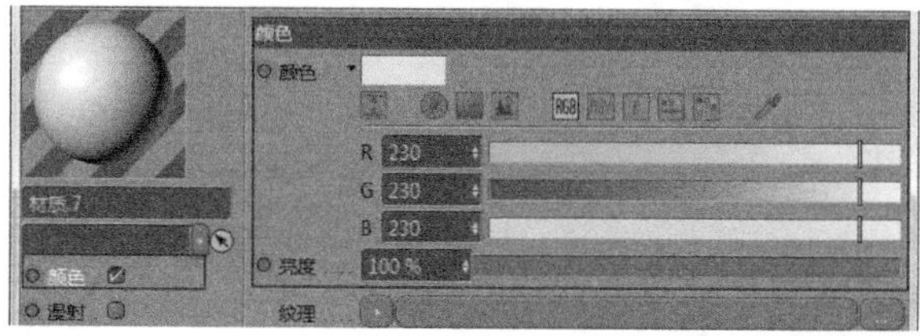

图10-115

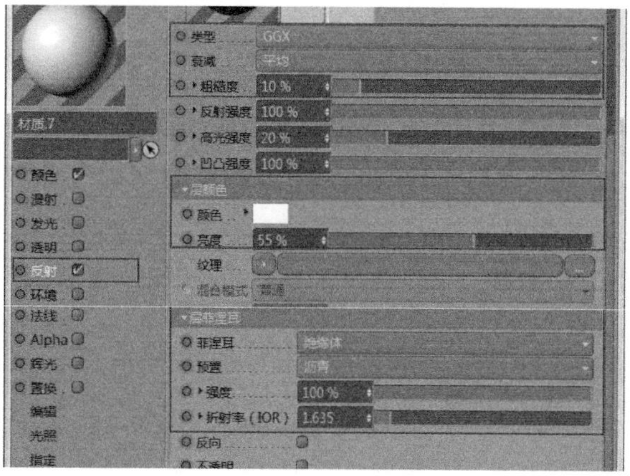

图10-116

02 创建一个空白材质，双击进入“材质编辑器”面板，具体参数设置如图10-117和图10-118所示。

操作步骤

① 勾选“颜色”选项，设置“颜色”为（R:34，G:174，B:255），“亮度”为100%。

② 勾选“反射”选项，设置“类型”为GGX，“粗糙度”为10%，“亮度”为55%，“菲涅耳”为“绝缘体”，“预置”为“沥青”，“强度”为100%，“折射率（IOR）”为1.635。

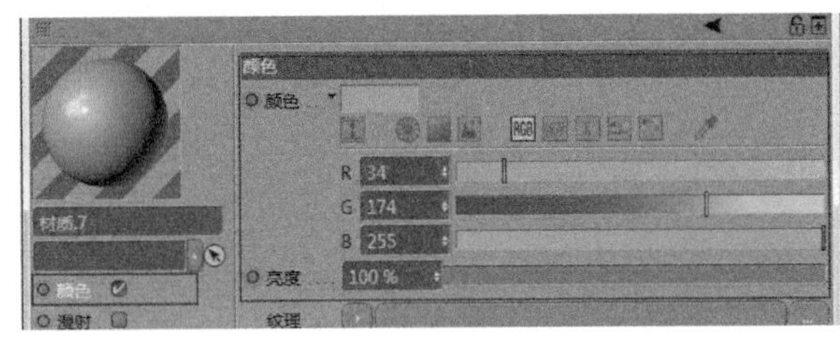

图10-117

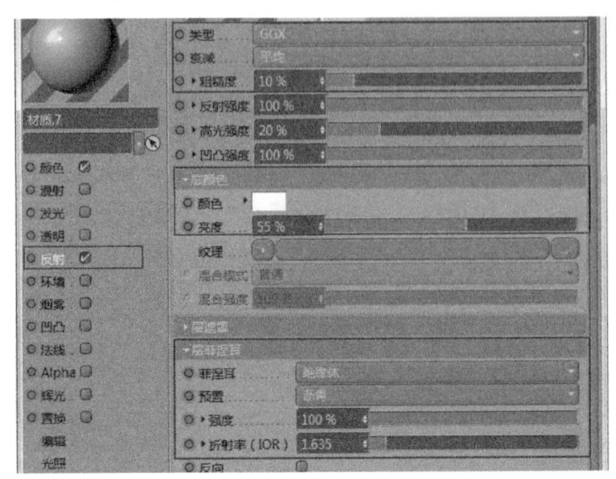

图10-118

03 创建一个空白材质，双击进入“材质编辑器”面板，具体参数设置如图10-119和图10-120所示。

操作步骤

① 勾选“颜色”选项，设置“颜色”为（R:255，G:218，B:31），“亮度”为100%。

② 勾选“反射”选项，设置“类型”为GGX，“粗糙度”为10%，“亮度”为55%，“菲涅耳”为“绝缘体”，“预置”为“沥青”，“强度”为100%，“折射率（IOR）”为1.635。

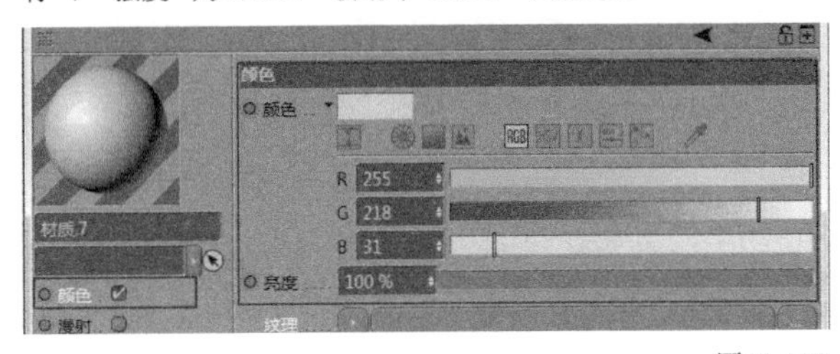

图10-119

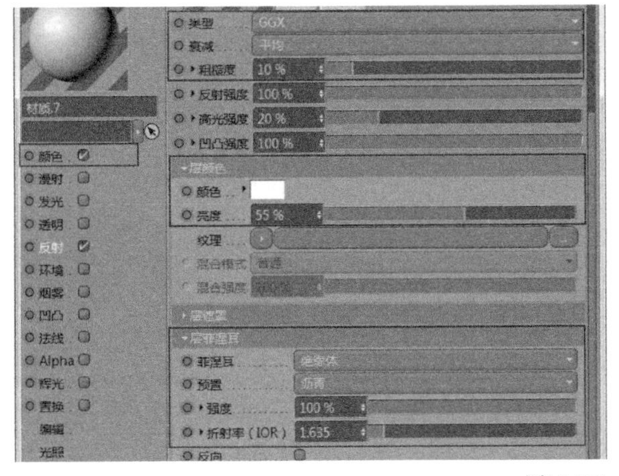

图10-120

04 创建一个空白材质，双击进入“材质编辑器”面板，具体参数设置如图10-121和图10-122所示。

操作步骤

① 勾选“颜色”选项，设置“颜色”为（R:255，G:129，B:32），“亮度”为100%。

② 勾选“反射”选项，设置“类型”为GGX，“粗糙度”为10%，“亮度”为55%，“菲涅耳”为“绝缘体”，“预置”为“沥青”，“强度”为100%，“折射率（IOR）”为1.635。

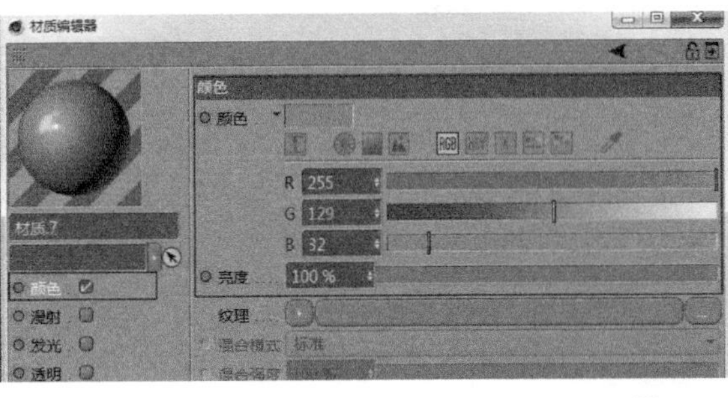

图10-121

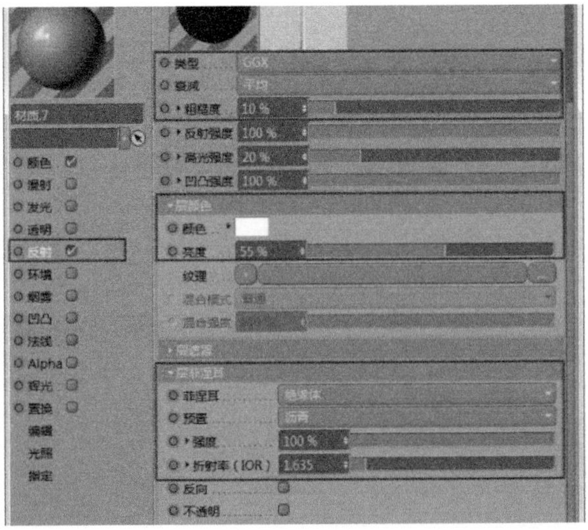

图10-122

05 创建一个空白材质，双击进入“材质编辑器”面板，具体参数设置如图10-123和图10-124所示。

操作步骤

① 勾选“颜色”选项，设置“颜色”为（R:248，G:68，B:68），“亮度”为100%。

② 勾选“反射”选项，设置“类型”为GGX，“粗糙度”为10%，“亮度”为55%，“菲涅耳”为“绝缘体”，“预置”为“沥青”，“强度”为100%，“折射率（IOR）”为1.635。

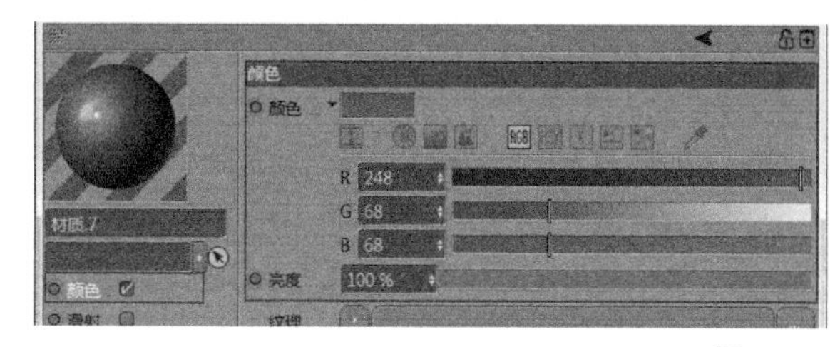

图10-123

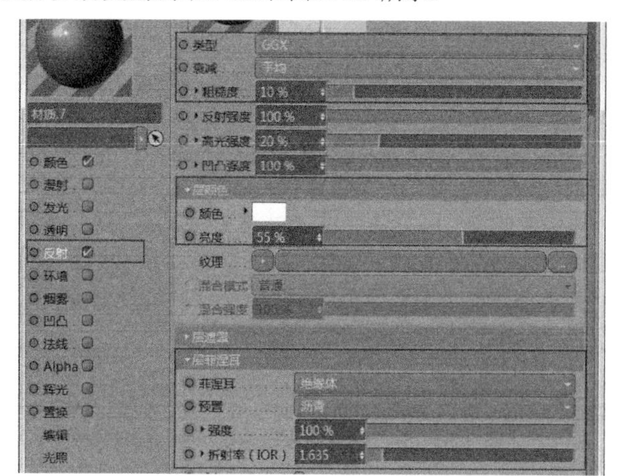

图10-124

06 创建一个空白材质，双击进入“材质编辑器”面板，具体参数设置如图10-125和图10-126所示。

操作步骤

① 勾选“颜色”选项，设置“颜色”为（R:59，G:59，B:59），“亮度”为100%。

② 勾选“反射”选项，设置“类型”为GGX，“粗糙度”为10%，“亮度”为55%，“菲涅耳”为“绝缘体”，“预置”为“沥青”，“强度”为100%，“折射率（IOR）”为1.635。

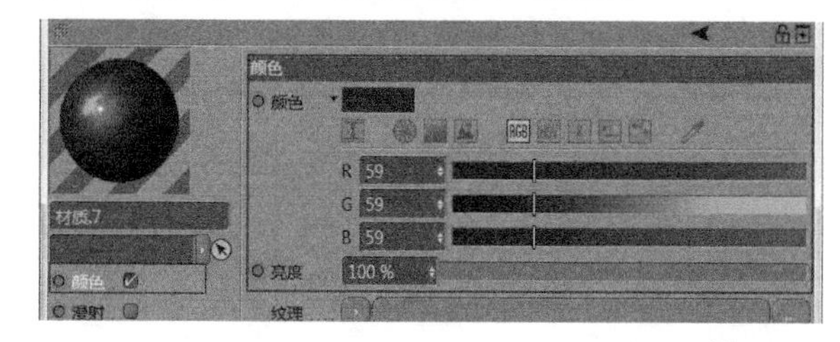

图10-125

图10-126

07 创建一个空白材质，双击进入“材质编辑器”面板，具体参数设置如图10-127和图10-128所示。

操作步骤

① 勾选“颜色”选项，设置“颜色”为（R:124，G:205，B:73），接着设置“亮度”为100%。

② 勾选“反射”选项，设置“类型”为GGX，“粗糙度”为10%，“亮度”为55%，“菲涅耳”为“绝缘体”，“预置”为“沥青”，“强度”为100%，“折射率（IOR）”为1.635。

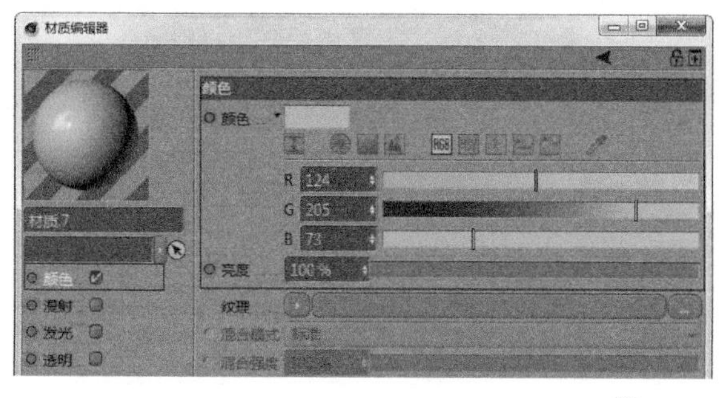

图10-127

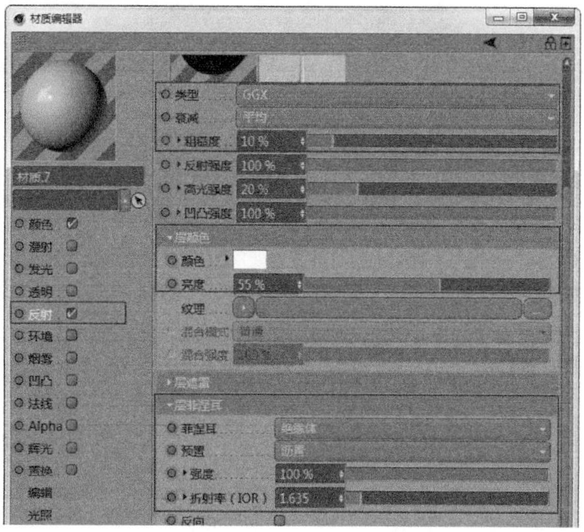

图10-128

08 创建一个空白材质，双击进入“材质编辑器”面板，具体参数设置如图10-129和图10-130所示。

操作步骤

① 勾选“颜色”选项，设置“颜色”为（R:230，G:230，B:230），“亮度”为100%。

② 勾选“反射”选项，设置“类型”为GGX，“粗糙度”为10%，“亮度”为55%，“菲涅耳”为“绝缘体”，“预置”为“沥青”，“强度”为100%，“折射率（IOR）”为1.635。

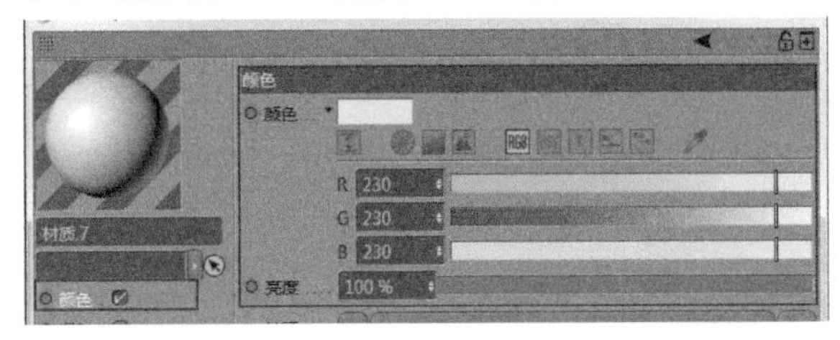

图10-129

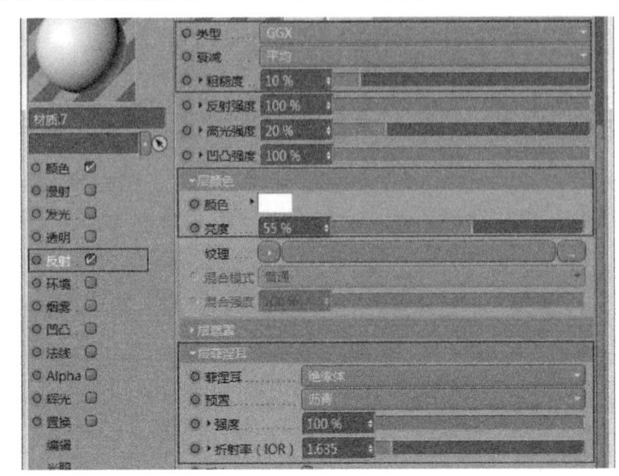

图10-130

10.2.8 山脉材质

01 创建一个空白材质，双击进入“材质编辑器”面板，具体参数设置如图10-131和图10-132所示。

操作步骤

① 勾选“颜色”选项，设置“颜色”为（R:229，G:188，B:100），“亮度”为100%。

② 勾选“反射”选项，设置“类型”为GGX，“粗糙度”为10%，“亮度”为55%，“菲涅耳”为“绝缘体”，预置”为“沥青”，“强度”为100%，“折射率（IOR）”为1.635。

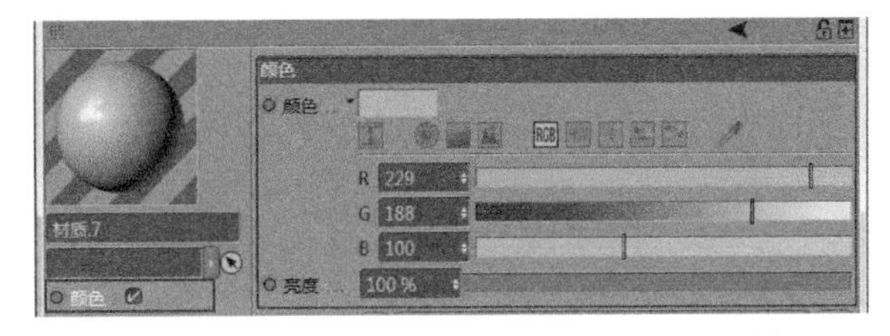

图10-131

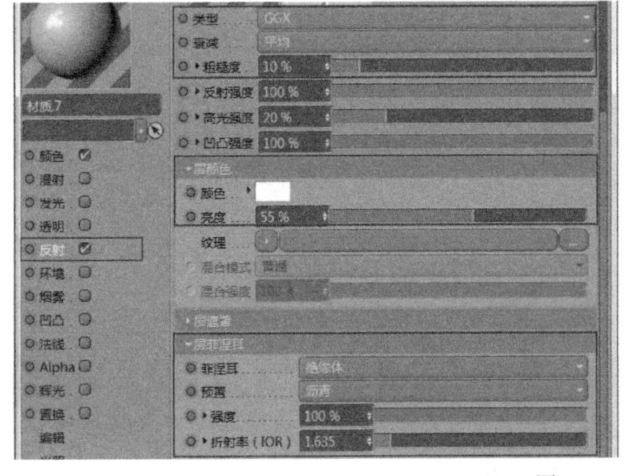

图10-132

02 创建一个空白材质，双击进入“材质编辑器”面板，具体参数设置如图10-133和图10-134所示。

操作步骤

① 勾选“颜色”选项，设置“颜色”为（R:128，G:208，B:97），“亮度”为100%。

② 勾选“反射”选项，设置“类型”为GGX，“粗糙度”为10%，“亮度”为55%，“菲涅耳”为“绝缘体”，“预置”为“沥青”，“强度”为100%，“折射率（IOR）”为1.635。

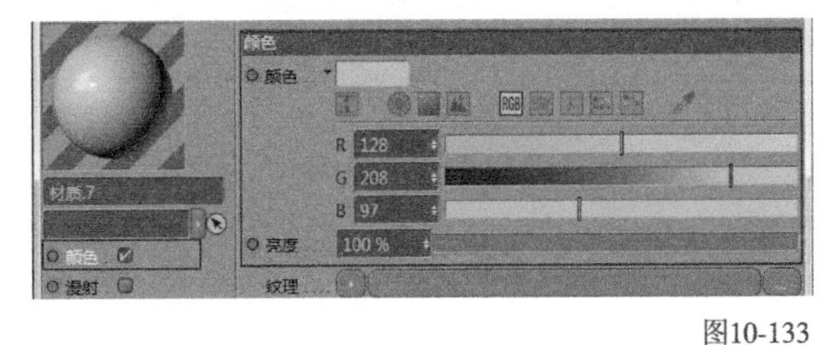

图10-133

图10-134

10.2.9 房屋材质

01 创建一个空白材质，双击进入“材质编辑器”面板，具体参数设置如图10-135和图10-136所示。

操作步骤

① 勾选“颜色”选项，设置“颜色”为（R:224，G:106，B:37），“亮度”为100%。

② 勾选“反射”选项，设置“类型”为GGX，“粗糙度”为10%，“亮度”为55%，“菲涅耳”为“绝缘体”，“预置”为“沥青”，“强度”为100%，“折射率（IOR）”为1.635。

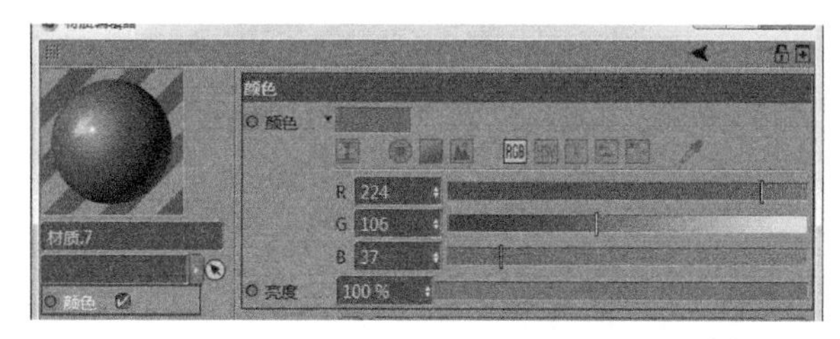

图10-135

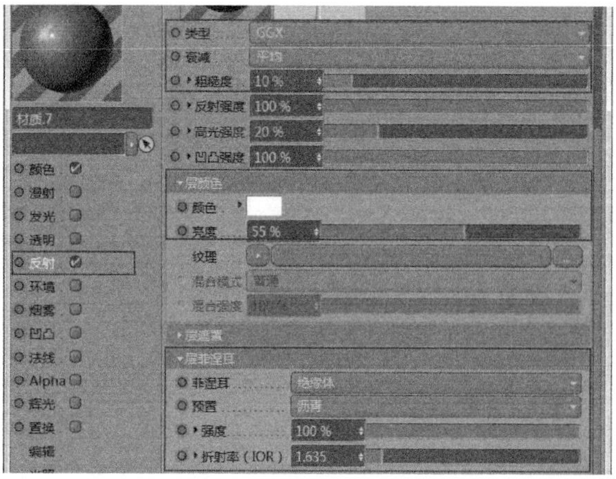

图10-136

02 创建一个空白材质，双击进入“材质编辑器”面板，具体参数设置如图10-137和图10-138所示。

操作步骤

① 勾选“颜色”选项，设置“颜色”为（R:173，G:80，B:26），“亮度”为100%。

② 勾选“反射”选项，设置“类型”为GGX，“粗糙度”为10%，“亮度”为55%，“菲涅耳”为“绝缘体”，“预置”为“沥青”，“强度”为100%，“折射率（IOR）”为1.635。

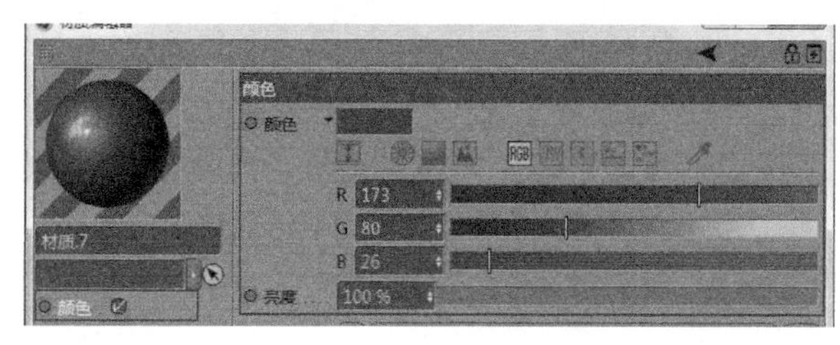

图10-137

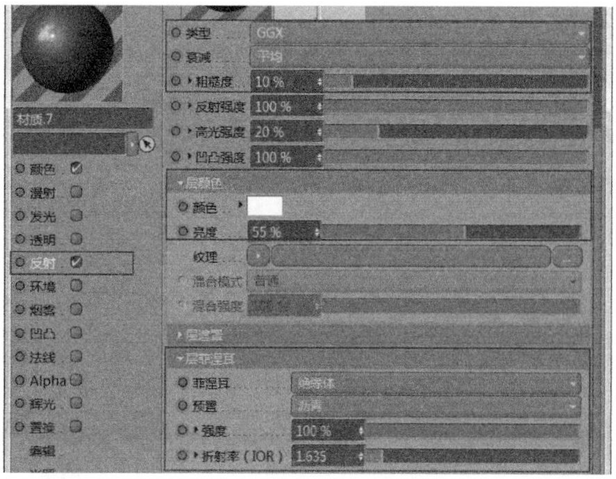

图10-138

03 创建一个空白材质，双击进入“材质编辑器”面板，具体参数设置如图10-139和图10-140所示。

操作步骤

① 勾选“颜色”选项，设置“颜色”为（R:118，G:91，B:71），“亮度”为100%。

② 勾选“反射”选项，设置“类型”为GGX，“粗糙度”为10%，“亮度”为55%，“菲涅耳”为“绝缘体”，“预置”为“沥青”，“强度”为100%，“折射率（IOR）”为1.635。

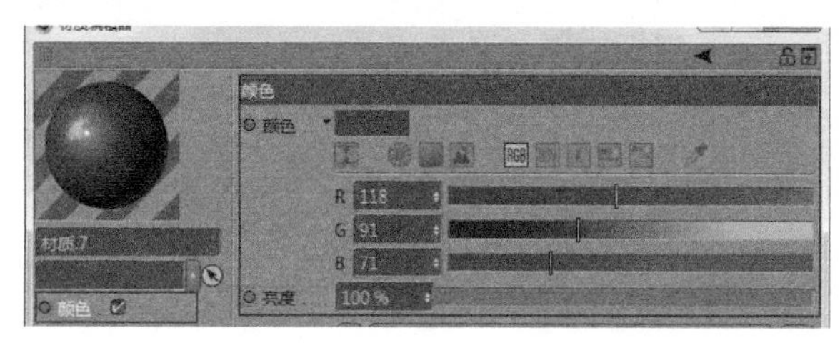

图10-139

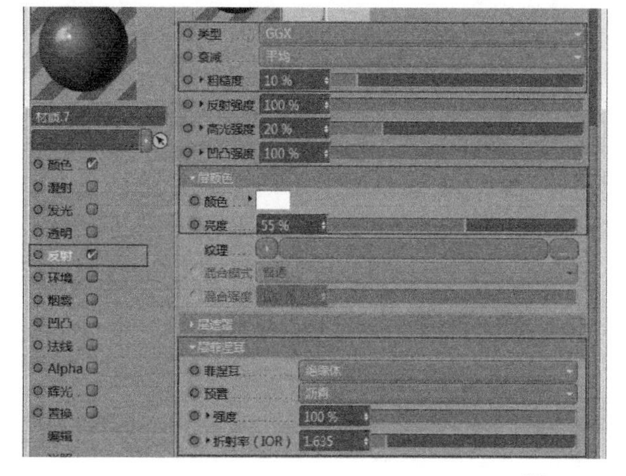

图10-140

04 创建一个空白材质，双击进入“材质编辑器”面板，具体参数设置如图10-141和图10-142所示。

操作步骤

① 勾选“颜色”选项，设置“颜色”为（R:230，G:230，B:230），“亮度”为100%。

② 勾选“反射”选项，设置“类型”为GGX，“粗糙度”为10%，“亮度”为55%，“菲涅耳”为“绝缘体”，“预置”为“沥青”，“强度”为100%，“折射率（IOR）”为1.635。

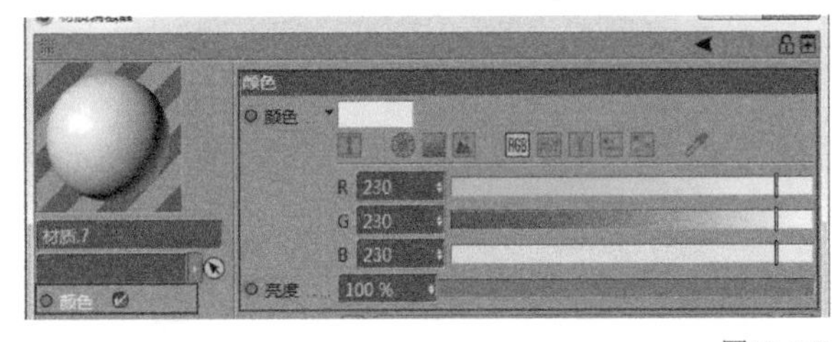

图10-141

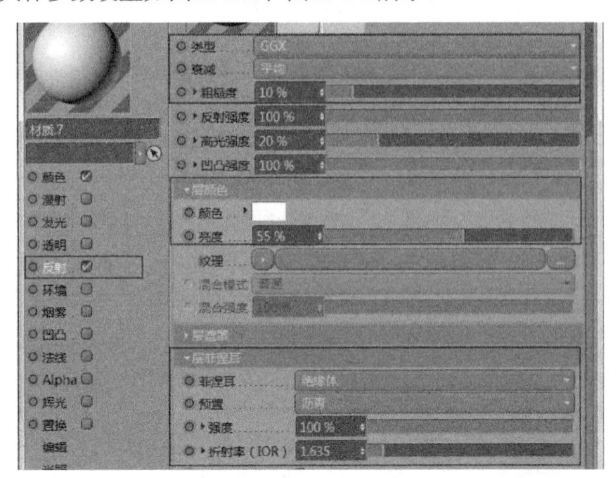

图10-142

05 创建一个空白材质，双击进入“材质编辑器”面板，具体参数设置如图10-143和图10-144所示。

操作步骤

① 勾选“颜色”选项，设置“颜色”为（R:181，G:245，B:255），“亮度”为100%。

② 勾选“反射”选项，设置“类型”为GGX，“粗糙度”为10%，“亮度”为55%，“菲涅耳”为“绝缘体”，“预置”为“沥青”，“强度”为100%，“折射率（IOR）”为1.635。

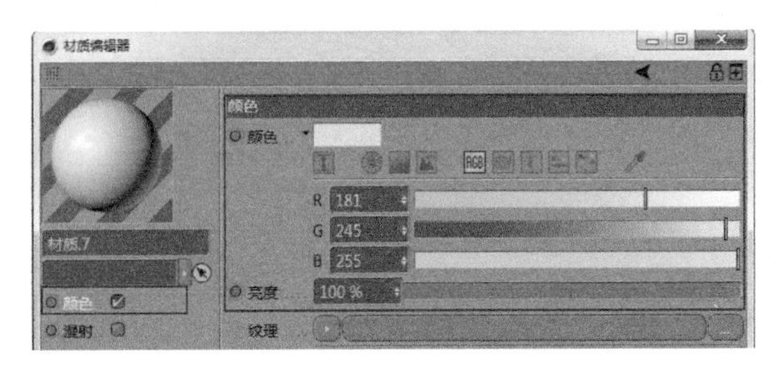

图10-143

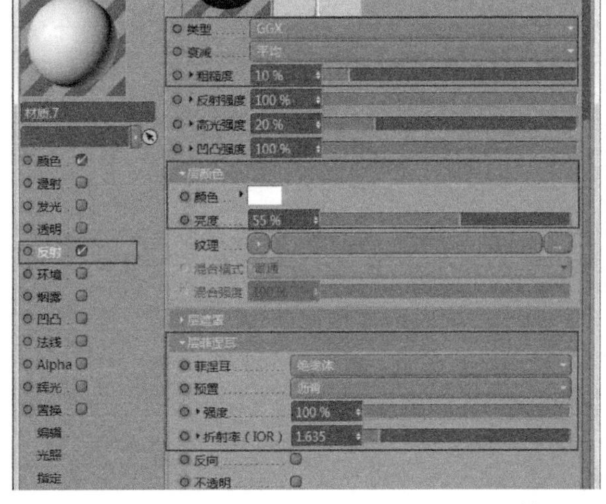

图10-144

06 创建一个空白材质，双击进入“材质编辑器”面板，具体参数设置如图10-145和图10-146所示。

操作步骤

① 勾选“颜色”选项，设置“颜色”为（R:232，G:194，B:111），“亮度”为100%。

② 勾选“反射”选项，设置“类型”为GGX，“粗糙度”为10%，“亮度”为55%，“菲涅耳”为“绝缘体”，“预置”为“沥青”，“强度”为100%，“折射率（IOR）”为1.635。

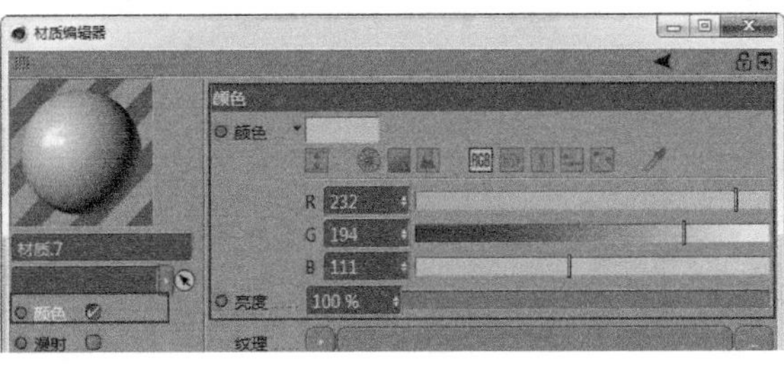

图10-145

图10-146

07 创建一个空白材质，双击进入“材质编辑器”面板，具体参数设置如图10-147和图10-148所示。

操作步骤

① 勾选“颜色”选项，设置“颜色”为（R:242，G:143，B:100），“亮度”为100%。

② 勾选“反射”选项，设置“类型”为GGX，“粗糙度”为10%，“亮度”为55%，“菲涅耳”为“绝缘体”，“预置”为“沥青”，“强度”为100%，“折射率（IOR）”为1.635。

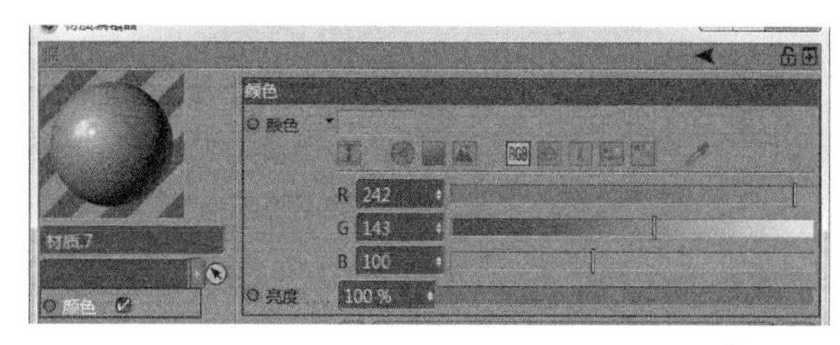

图10-147

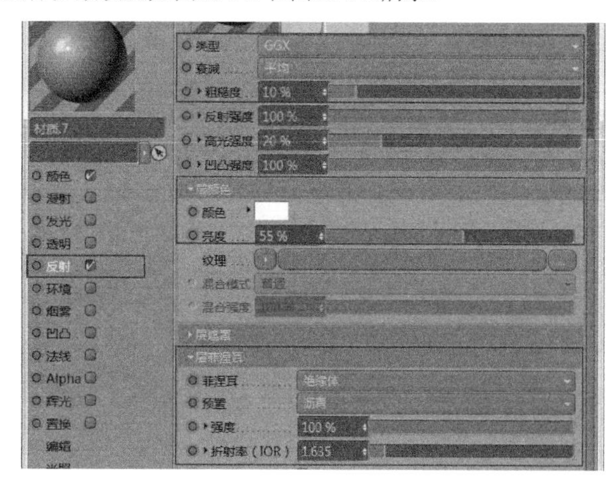

图10-148

10.2.10 玉米材质

01 创建一个空白材质，双击进入“材质编辑器”面板，具体参数设置如图10-149和图10-150所示。

操作步骤

① 勾选“颜色”选项，设置“颜色”为（R:162，G:97，B:41），“亮度”为100%。

② 勾选“反射”选项，设置“类型”为GGX，“粗糙度”为10%，“亮度”为55%，“菲涅耳”为“绝缘体”，“预置”为“沥青”，“强度”为100%，“折射率（IOR）”为1.635。

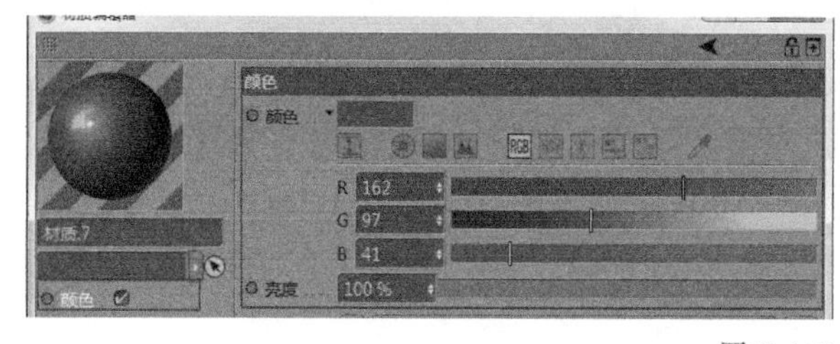

图10-149

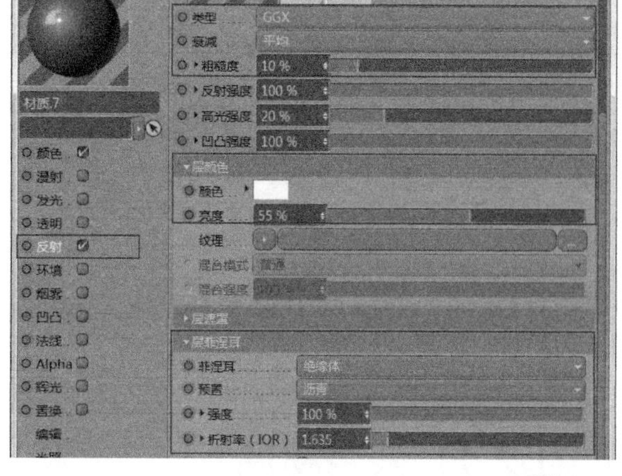

图10-150

02 创建一个空白材质，双击进入“材质编辑器”面板，具体参数设置如图10-151和图10-152所示。

操作步骤

① 勾选“颜色”选项，设置“颜色”为（R:198，G:125，B:61），“亮度”为100%。

② 勾选“反射”选项，设置“类型”为GGX，“粗糙度”为10%，“亮度”为55%，“菲涅耳”为“绝缘体”，“预置”为“沥青”，“强度”为100%，“折射率（IOR）”为1.635。

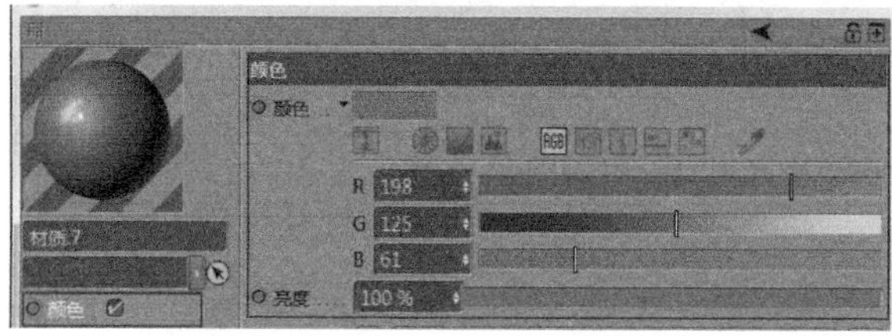

图10-151

图10-152

03 创建一个空白材质，双击进入“材质编辑器”面板，具体参数设置如图10-153和图10-154所示。

操作步骤

① 勾选“颜色”选项，设置“颜色”为（R:241，G:198，B:42），“亮度”为100%。

② 勾选“反射”选项，设置“类型”为GGX，“粗糙度”为10%，“亮度”为55%，“菲涅耳”为“绝缘体”，“预置”为“沥青”，“强度”为100%，“折射率（IOR）”为1.635。

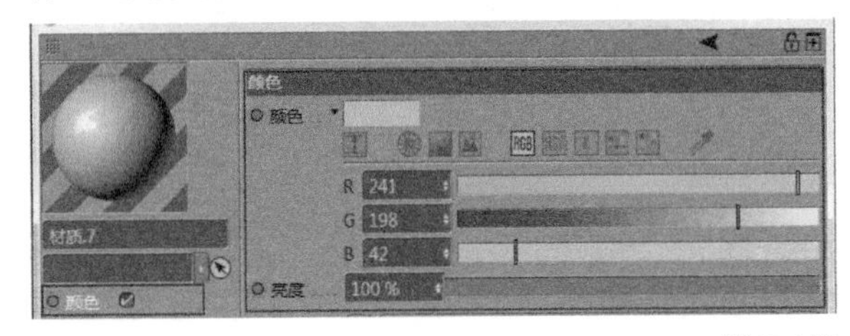

图10-153

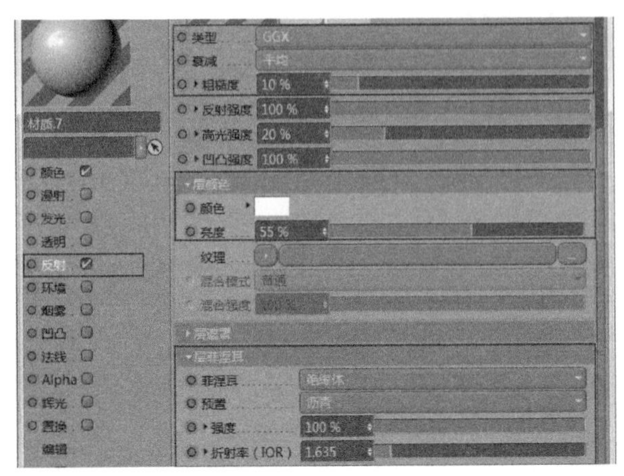

图10-154

04 创建一个空白材质，双击进入“材质编辑器”面板，具体参数设置如图10-155和图10-156所示。

操作步骤

① 勾选“颜色”选项，设置“颜色”为（R:128，G:208，B:97），“亮度”为100%。

② 勾选“反射”选项，设置“类型”为GGX，“粗糙度”为10%，“亮度”为55%，“菲涅耳”为“绝缘体”，“预置”为“沥青”，“强度”为100%，“折射率（IOR）”为1.635。

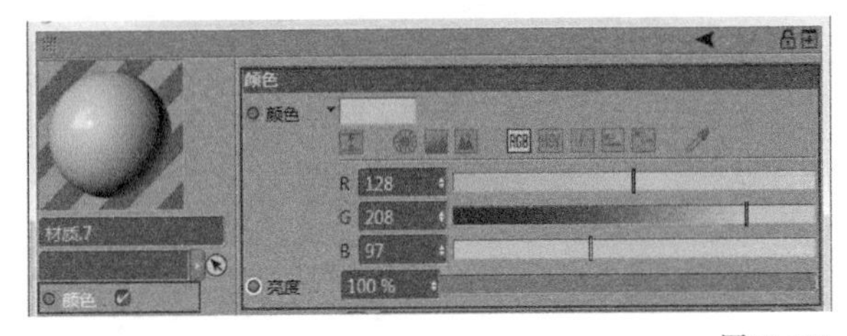

图10-155

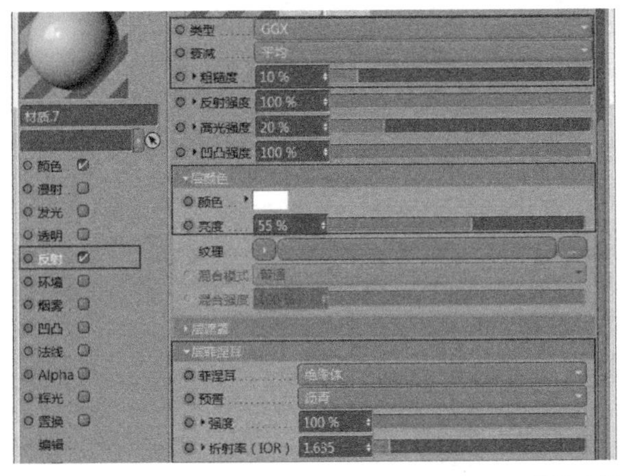

图10-156

10.2.11 云彩材质

创建一个空白材质，双击进入“材质编辑器”面板，具体参数设置如图10-157和图10-158所示。

操作步骤

① 勾选“颜色”选项，设置“颜色”为（R:255，G:255，B:255），“亮度”为100%。

② 勾选“反射”选项，设置“类型”为GGX，“粗糙度”为0%，“亮度”为100%，“菲涅耳”为“绝缘体”，“预置”为“沥青”，“强度”为100%，“折射率（IOR）”为1.635。

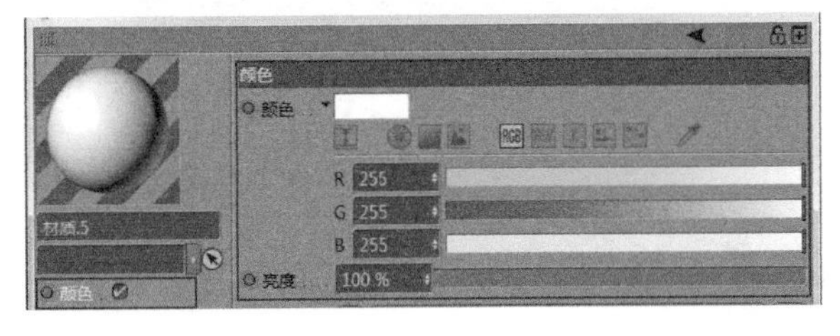

图10-157

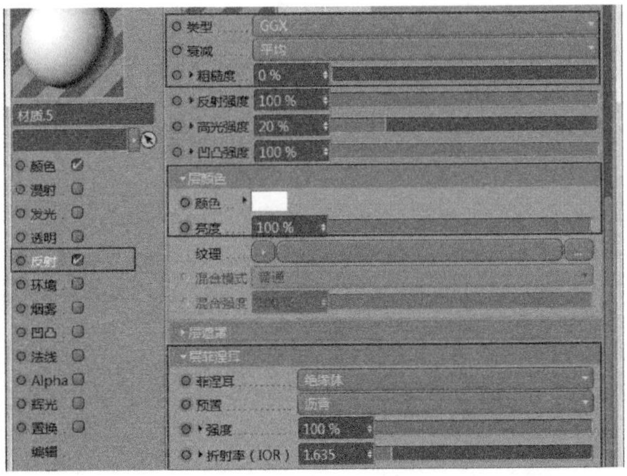

图10-158

10.3 添加灯光

本节将完善场景中的灯光，本案例需要创建一盏主光源和两盏辅助光源。

10.3.1 主光源

在当前场景中添加一盏区域灯光，放置在整个场景的正前方，如图10-159所示，然后设置灯光参数，如图10-160所示。

操作步骤

① 在“常规”中设置“颜色”为白色，“强度”为50%，“类型”为“区域光”，“投影”为“光线跟踪（强烈）”。

② 在“细节”中设置“衰减”为“平方倒数（物理精度）”，“半径衰减”为377.5cm。

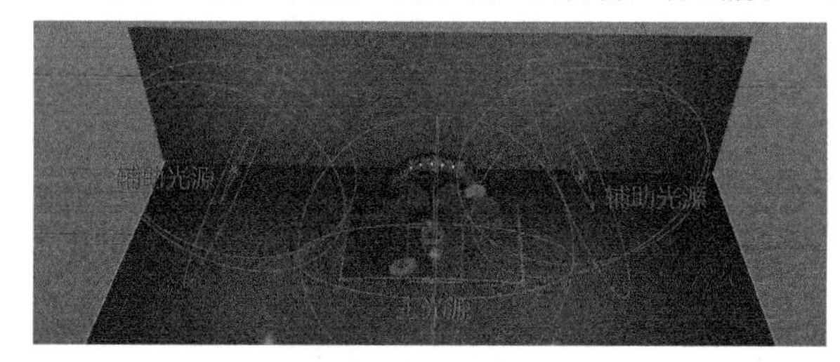

图10-159

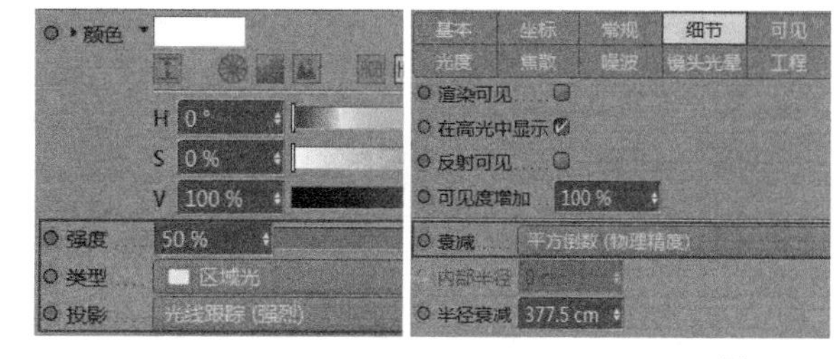

图10-160

10.3.2 辅助光源

在当前场景中添加两盏区域灯光，分别放置在整个场景的两边，然后设置灯光参数，如图10-161所示。

操作步骤

① 在“常规”中设置“颜色”为白色，“强度”为50%，“类型”为“区域光”，“投影”为“无”。

② 在“细节”中设置“衰减”为“平方倒数（物理精度）”，“半径衰减”为377.5cm。

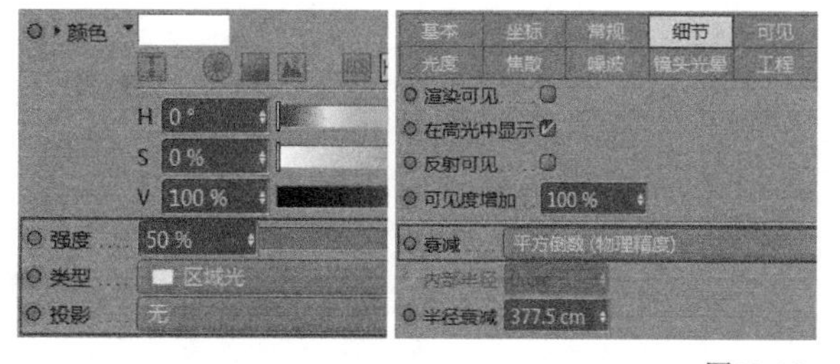

图10-161

10.4 设置环境

01 新建一个材质并创建一个天空，然后执行“窗口-内容浏览器”菜单命令打开“内容浏览器”面板，将预置材质“preset://Prime.lib4d/Presets/Light Setups/HDRI/tex/HDR008.hdr”直接拖曳到天空材质的“发光”通道中，如图10-162和图10-163所示。

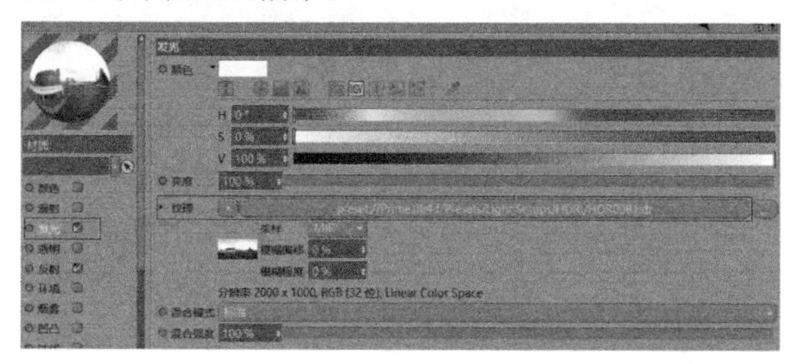

图10-162

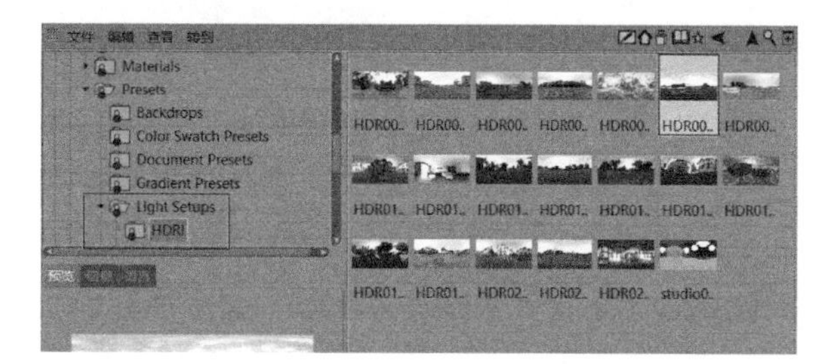

图10-163

02 拖曳天空材质赋予天空对象，然后按快捷键Ctrl+B打开“渲染设置”面板，在“渲染设置”面板中单击“效果”按钮添加“全局光照”选项，如图10-164所示。

03 按快捷键Ctrl+R进行渲染，此时观察渲染效果，如图10-165所示。

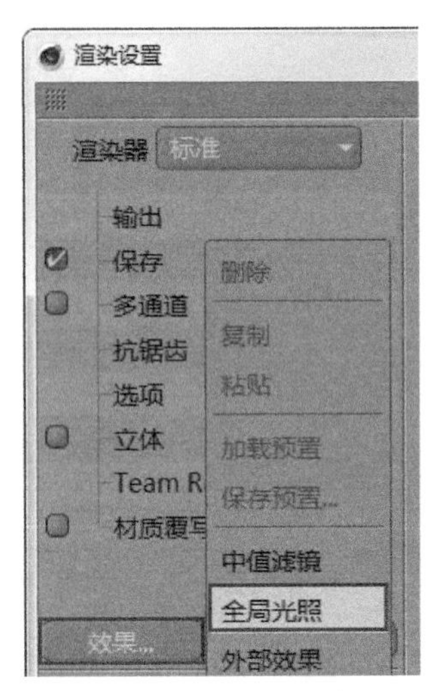

图10-164

图10-165

04 打开Photoshop软件，对渲染出来的效果图进行简单的明暗对比调整，最终效果如图10-166所示。

图10-166

第 11 章

创意科幻风格：星球海报

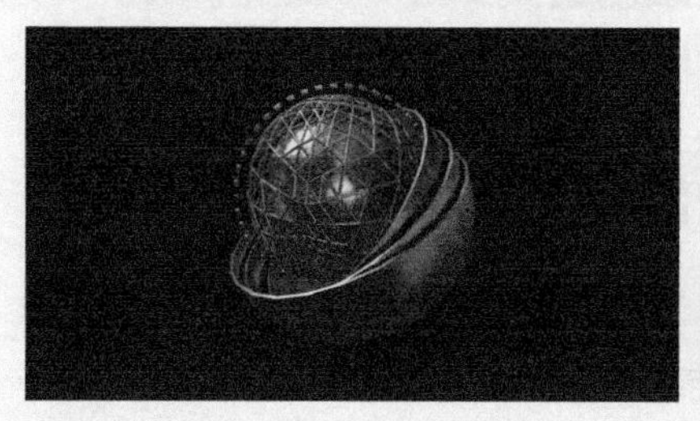

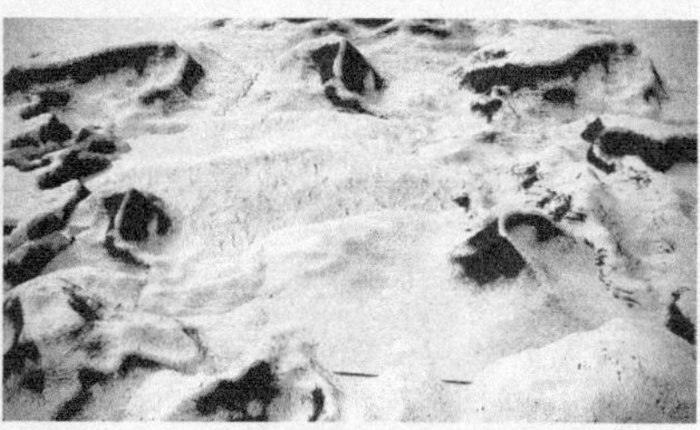

图11-1

本章将为读者讲解星球海报的设计，案例最终效果如图11-1所示。

◎ 视频名称 创意科幻风格：星球海报

◎ 实例位置 实例文件 >CH11> 创意科幻风格：星球海报

◎ 学习目标 掌握创意科幻风格海报的制作方法

11.1 主体模型的制作

在制作这个案例之前先对案例上的模型进行分析和拆分，以便于我们在制作过程中有一个明确的思路和流程。在科幻星球这个案例中，场景大概可以分为抽象几何体和雪山两部分，如图11-2~图11-4所示。拆解完成后我们逐一对其进行建模。

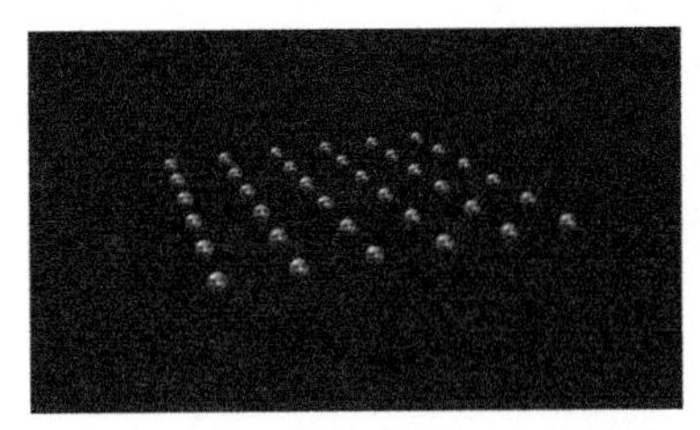

图11-2

图11-3

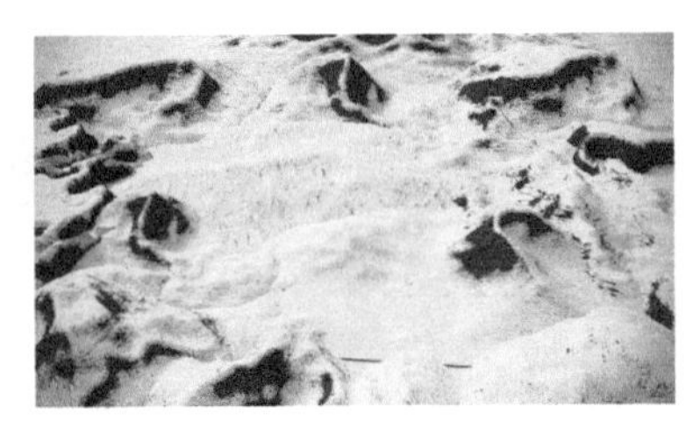

图11-4

11.1.1 抽象几何体的创建

01 创建一个球体并设置为“半球体”，如图11-5所示。

02 将半球体转换为可编辑的对象，然后选中所有的面对其进行挤压，如图11-6所示。

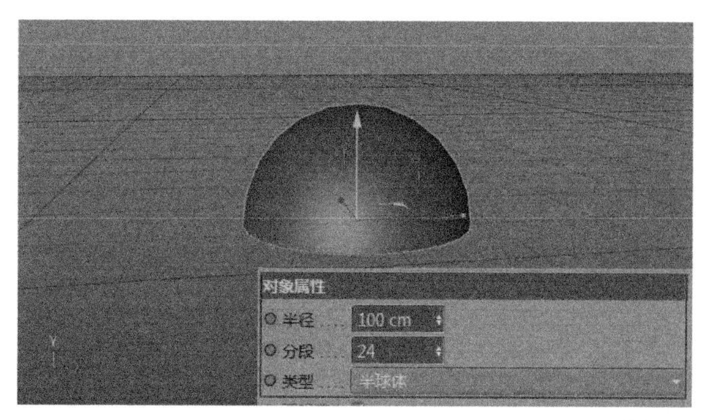

图11-5

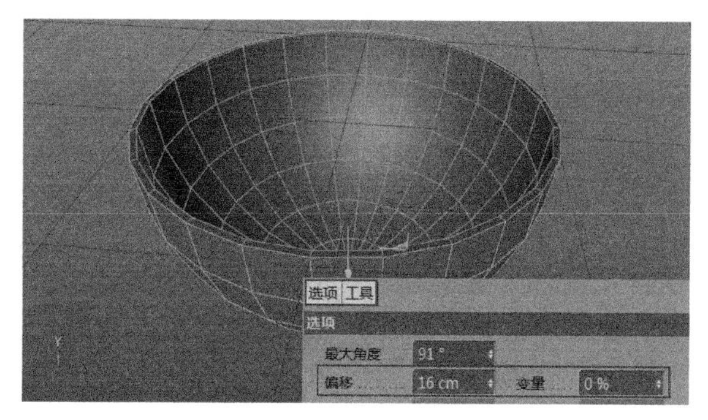

图11-6

03 给半球体添加“克隆”工具，如图11-7所示。

04 在克隆的基础上添加“步幅”效果器，如图11-8所示。

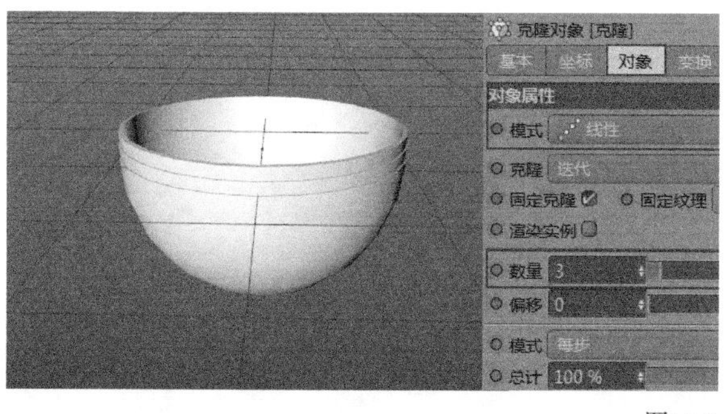

图11-7

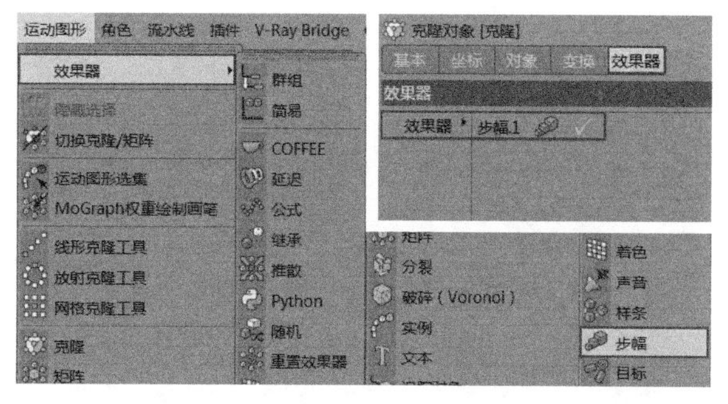

图11-8

05 调整“步幅”的相关参数，如图11-9所示。

06 创建一个球体，然后将其与上一步创建的模型进行组合，如图11-10和图11-11所示。

07 复制球体，为其加载“晶格”生成器，如图11-12所示。

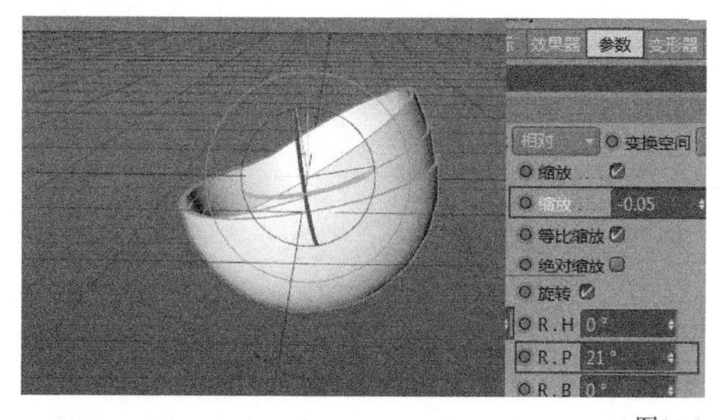

图11-9

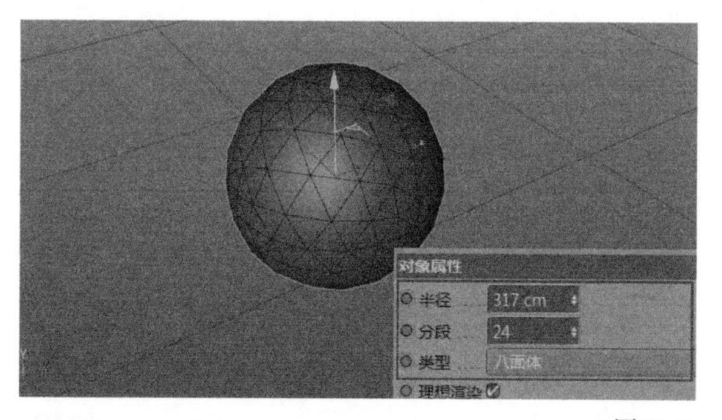

图11-10

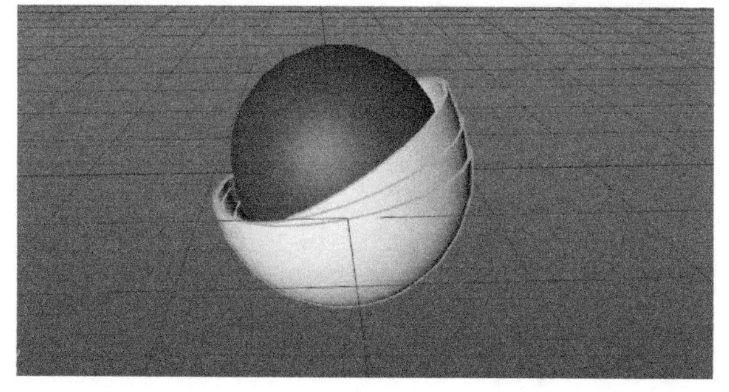

图11-11

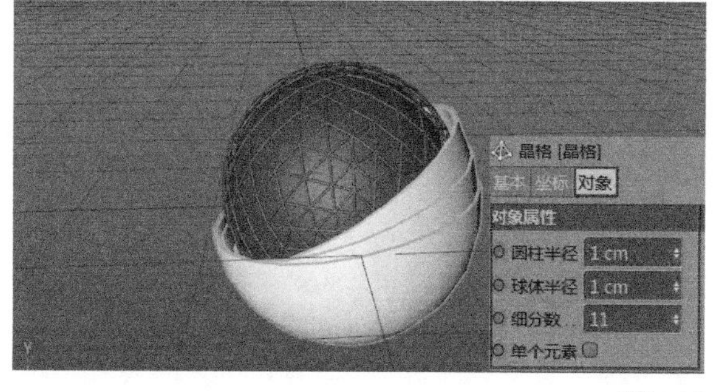

图11-12

08 创建一个立方体，并对其进行克隆，如图11-13和图11-14所示。

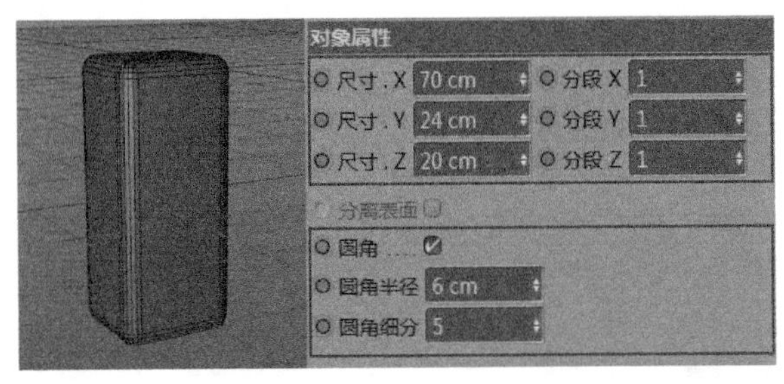

图11-13

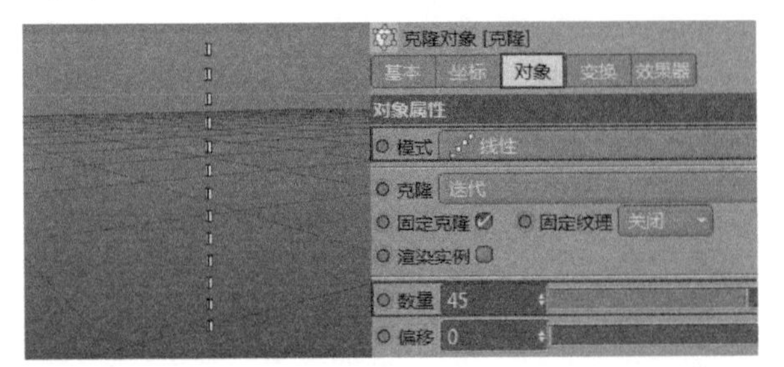

图11-14

09 创建一个“圆环”路径，如图11-15所示。

10 使用“样条约束”工具将克隆后的立方体和样条约束进行编组，然后将圆环样条线放置在样条约束的“样条”属性中，如图11-16所示。

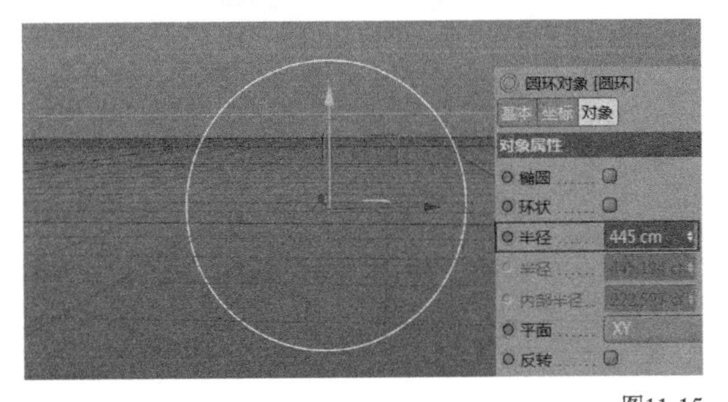

图11-15

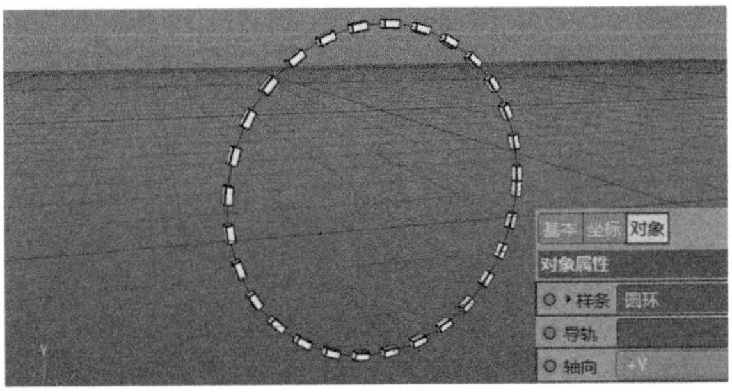

图11-16

11 将创建好的立方体与球体进行拼合，然后复制两组，如图11-17所示。

12 创建一个球体并对其进行克隆，如图11-18和图11-19所示。

13 将创建好的模型进行组合和复制，如图11-20所示。

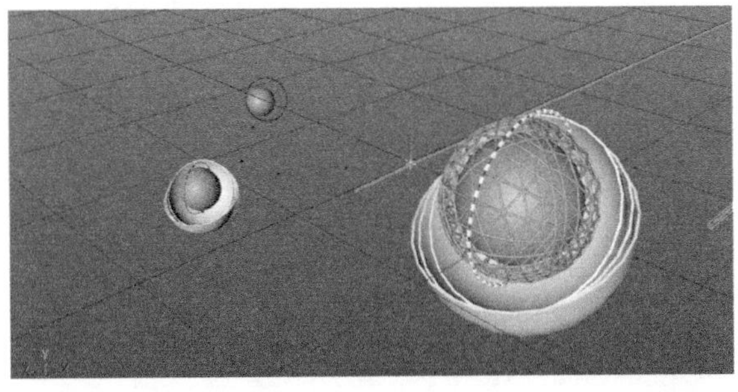

图11-17

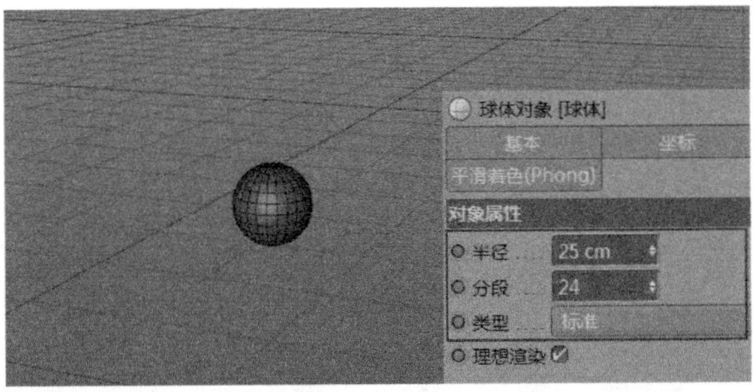

图11-18

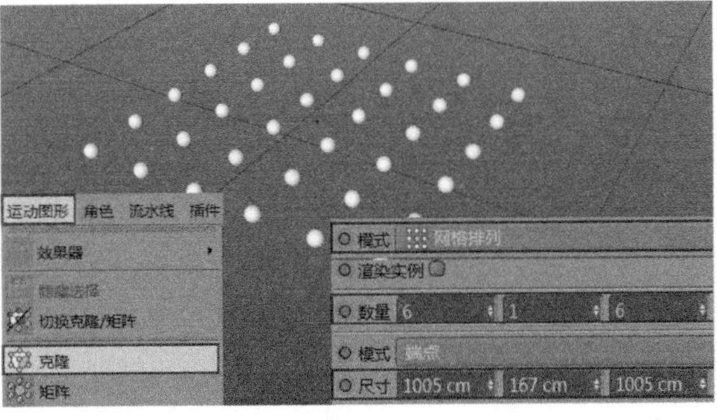

图11-19

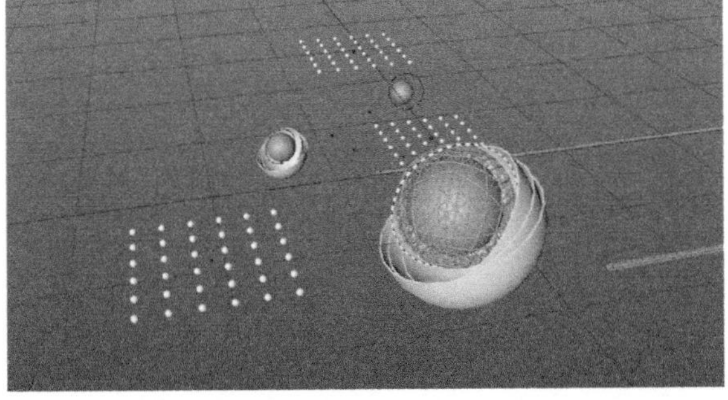

图11-20

11.1.2 地形的创建

01 使用“地形”工具创建地形，然后设置参数并复制组合（复制的地形可自定），如图11-21所示。

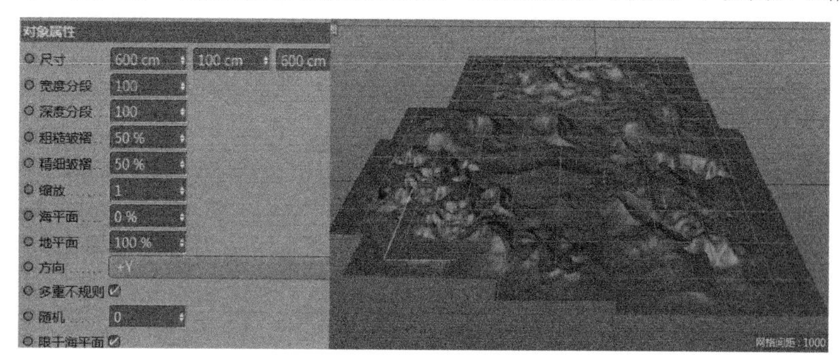

图11-21

02 将创建的几何体和地形进行组合，得到星球海报的模型效果，如图11-22所示。

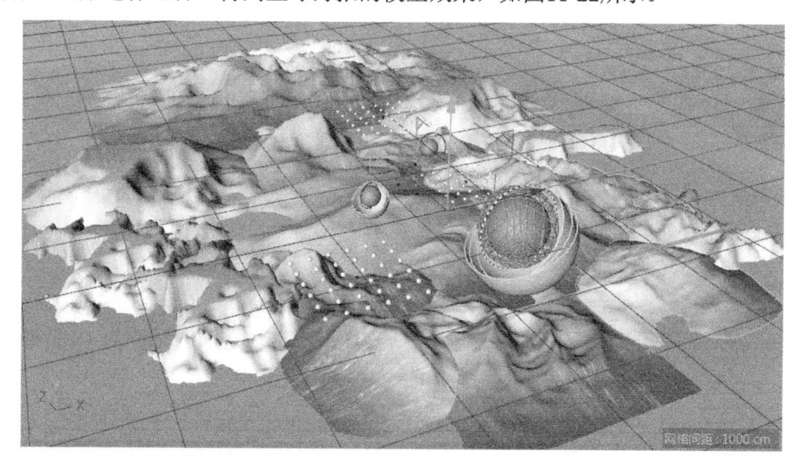

图11-22

11.2 设置材质

本节将完善场景中的材质，本案例需要制作抽象几何体、雪山颜色和雪山凹凸等材质。

11.2.1 抽象几何体材质

创建一个空白材质，双击进入“材质编辑器”面板，勾选“反射”选项，设置“类型”为GGX，“粗糙度”为20%，“亮度”为100%，“菲涅耳”为“导体”，“预置”为“钢”，“强度”为100%，如图11-23所示。

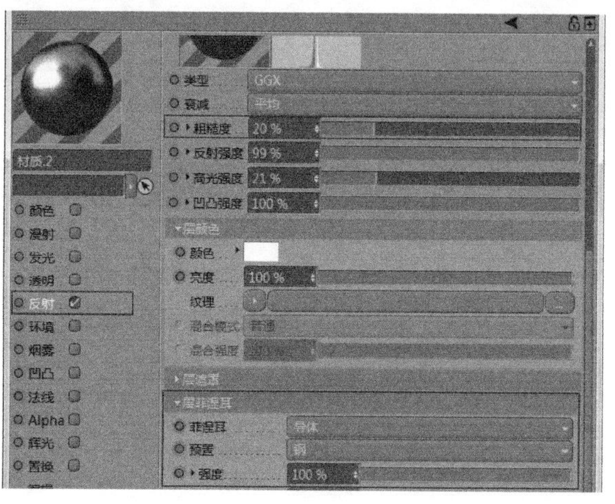

图11-23

11.2.2 雪山颜色材质

01 创建一个空白材质，双击进入“材质编辑器”面板，具体参数设置如图11-24和图11-25所示。

操作步骤

① 勾选“颜色”选项，设置“颜色”为（R:56，G:65，B:76），“亮度”为100%。

② 在“纹理”通道中加载“融合”贴图。

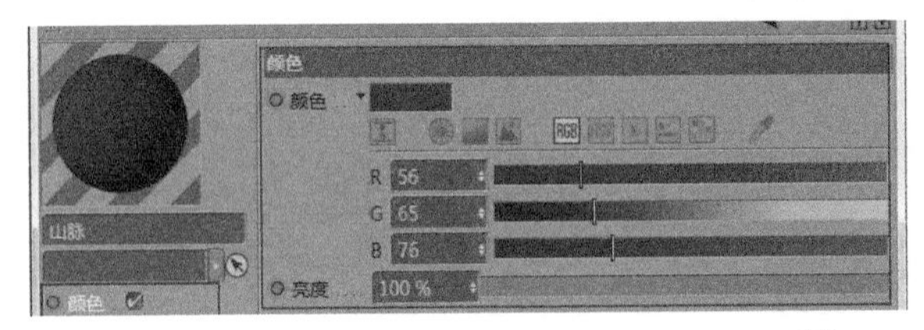

图11-24

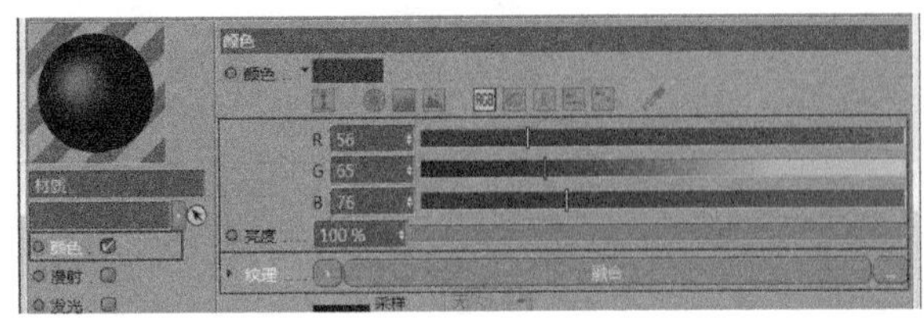

图11-25

02 单击“融合”进入融合属性，然后勾选“使用蒙板”选项并在下面的“混合通道”“蒙板通道”和“基本通道”中分别加载“噪波”“地形蒙板”和“图层”贴图，如图11-26和图11-27所示。

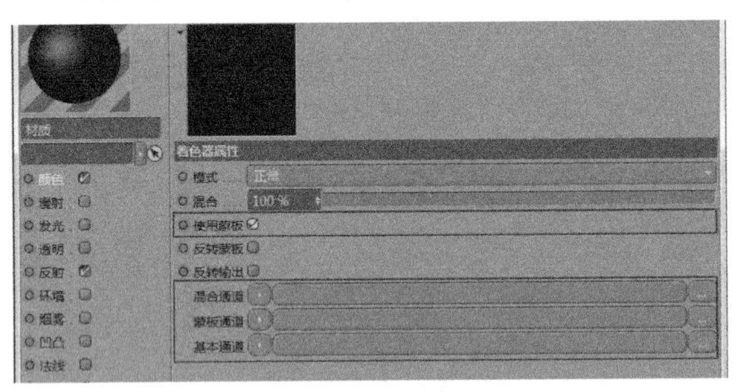

图11-26

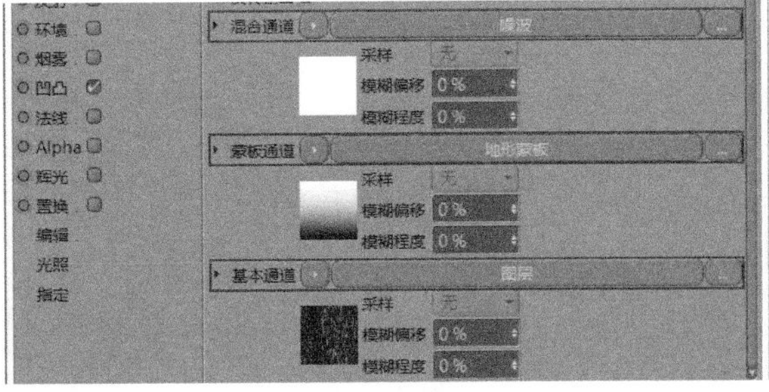

图11-27

03 单击“基本通道”并创建3个“噪波”通道，如图11-28所示。

04 单击进入第1个“噪波”贴图并设置其参数，如图11-29和图11-30所示。

图11-28

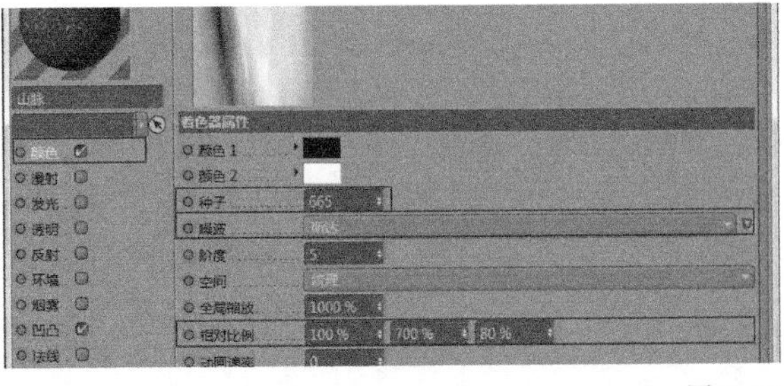

图11-29

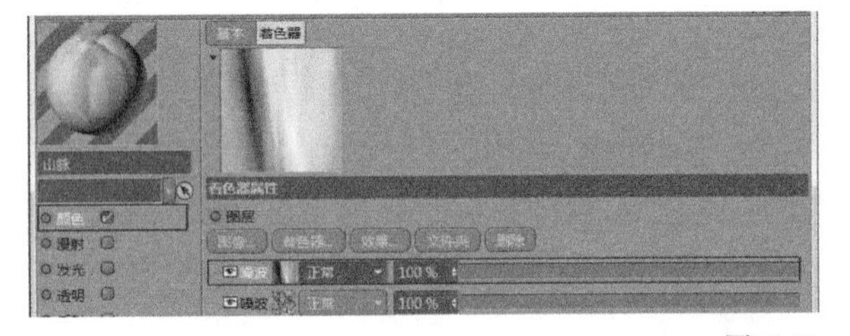

图11-30

05 单击进入第2个“噪波”贴图并设置其参数，如图11-31和图11-32所示。

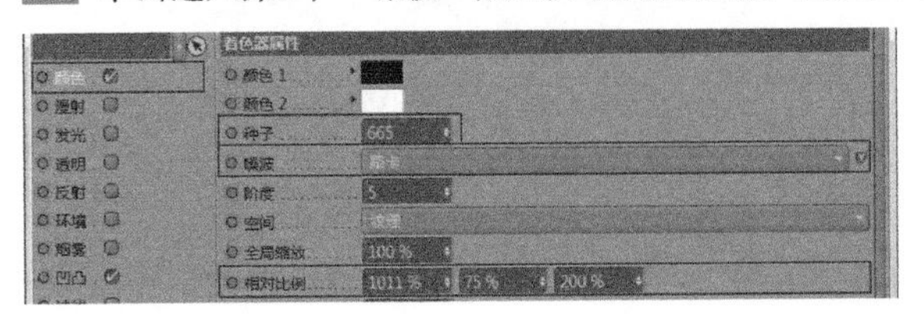

图11-31

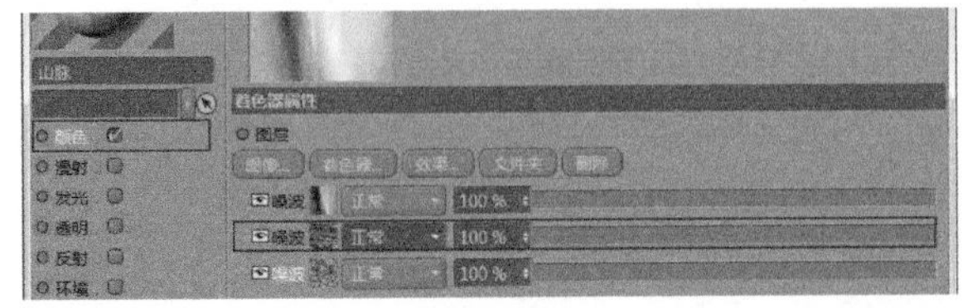

图11-32

06 单击进入第3个“噪波”贴图并设置其参数，如图11-33和图11-34所示。

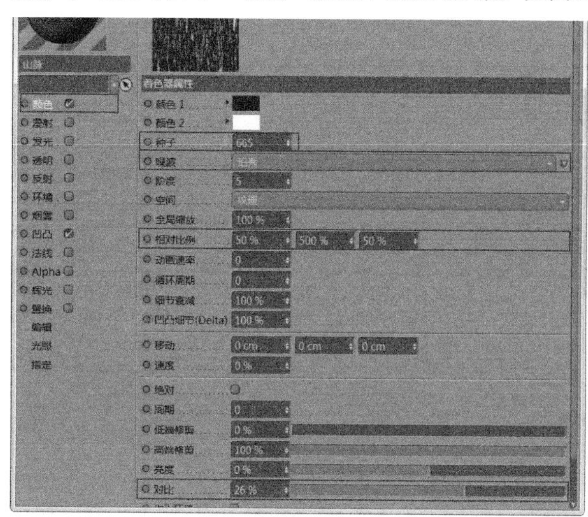

图11-33

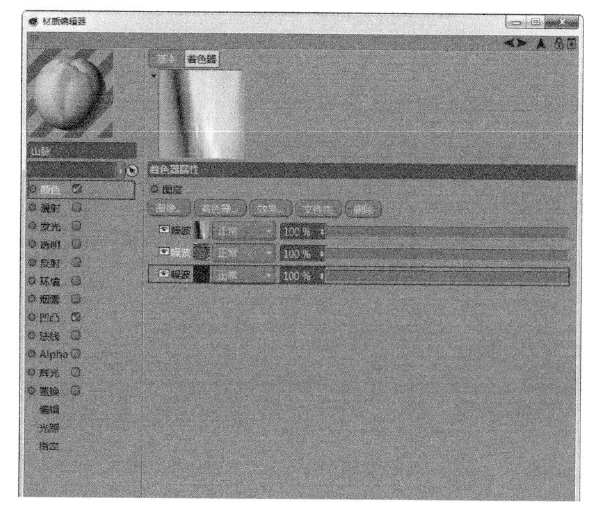

图11-34

07 设置完每一个噪波的参数后，更改其图层类型分别为“覆盖”“加深”和“正常”，如图11-35所示。

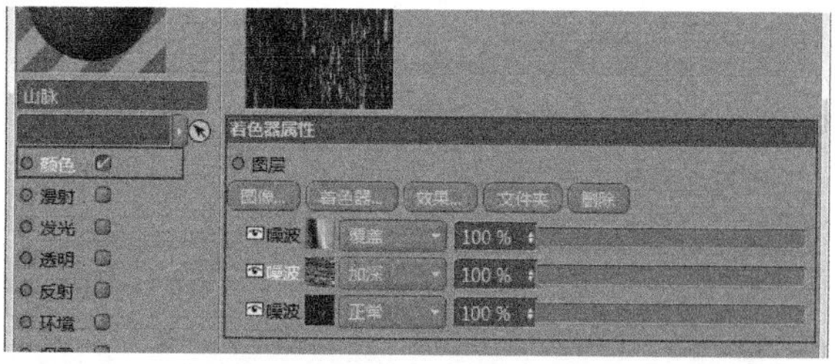

图11-35

08 返回到“融合”属性，然后单击“蒙板通道”中的“地形蒙板”并设置其参数，如图11-36和图11-37所示。

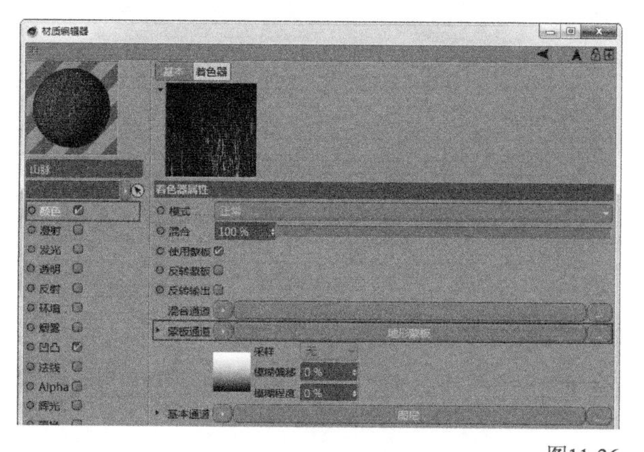

图11-36

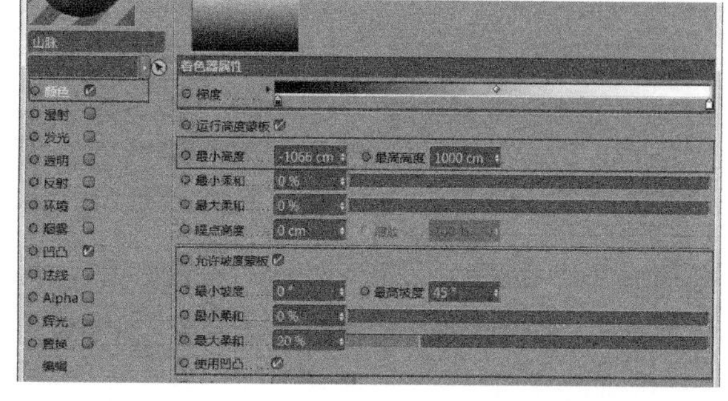

图11-37

09 返回到“融合”属性，然后单击“混合通道”中的“噪波”并设置其参数，如图11-38和图11-39所示。

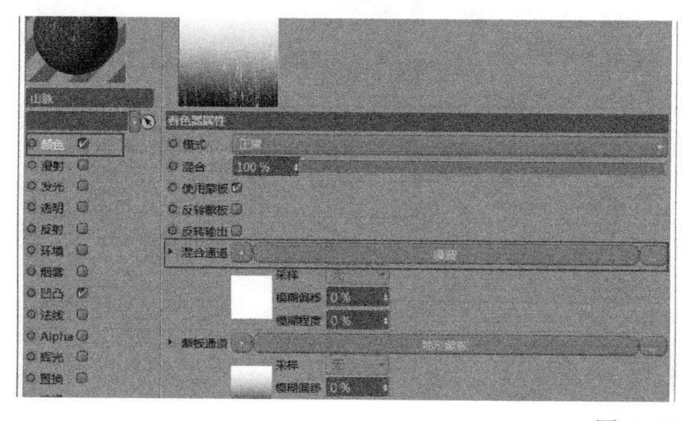

图11-38

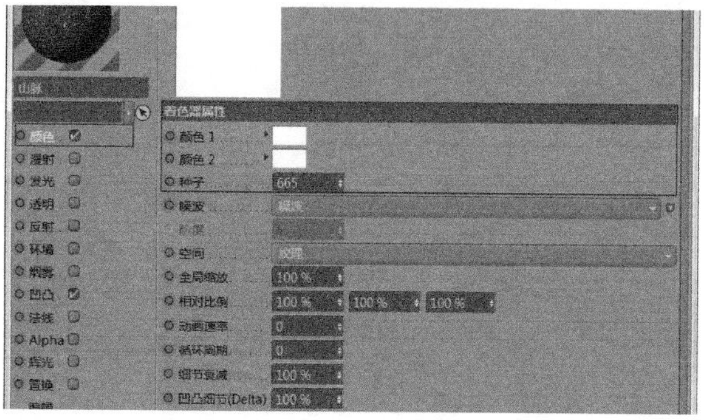

图11-39

11.2.3 雪山凹凸材质

01 创建一个空白材质，双击进入“材质编辑器”面板，勾选“凹凸”选项，再在“纹理”通道中加载“图层”选项，如图11-40和图11-41所示。

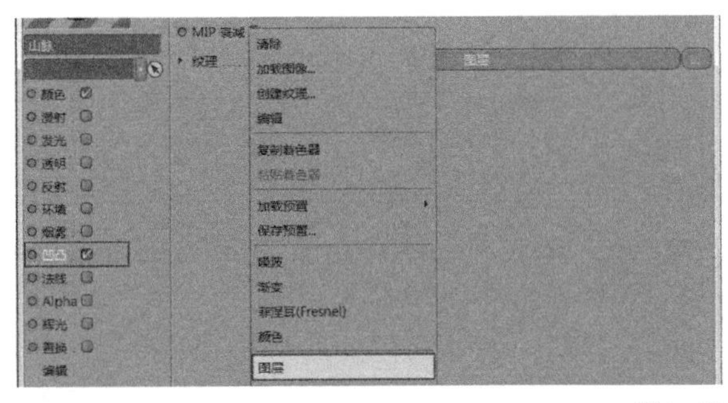

图11-40

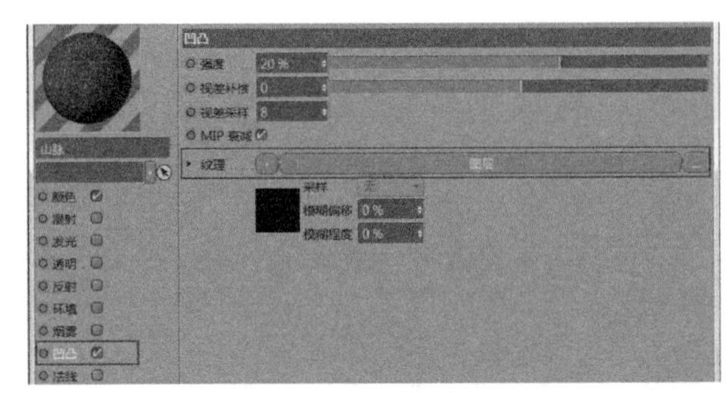

图11-41

02 单击“颜色”选项，进入“融合”属性面板中，接着在“地形蒙板”上单击鼠标右键，在弹出的菜单中选择“复制着色器”选项，再单击进入“凹凸”选项的“图层”属性面板，最后在“着色器”上单击鼠标右键，在弹出的菜单中选择“粘贴着色器”选项，如图11-42和图11-43所示。

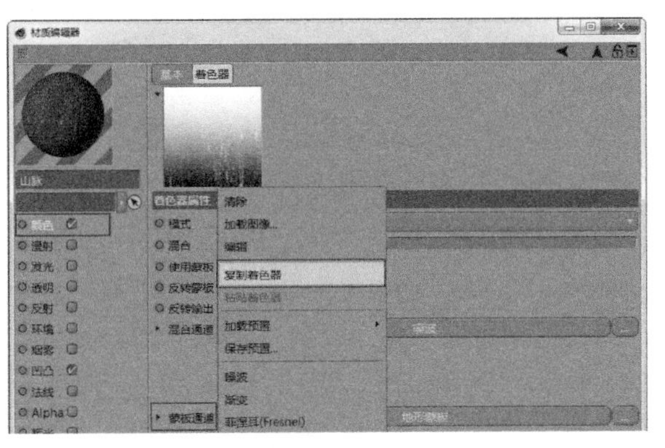

图11-42

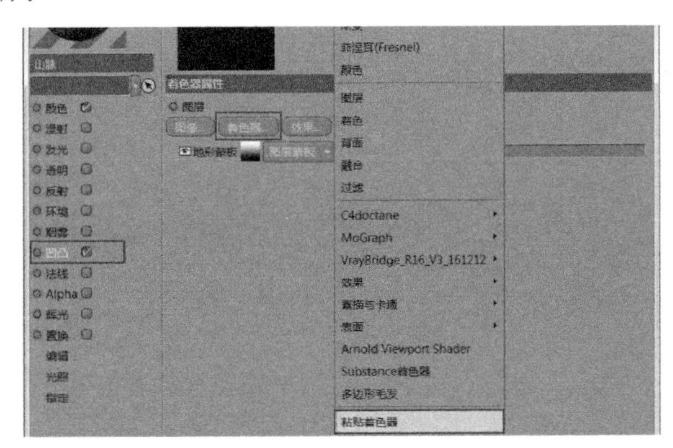

图11-43

03 在“凹凸”选项中创建“噪波”并设置其参数，如图11-44和图11-45所示。

04 至此，雪地材质的参数设置完成。将设置好的抽象几何体的材质和雪地的材质分别赋予相应的模型对象，效果如图11-46所示。

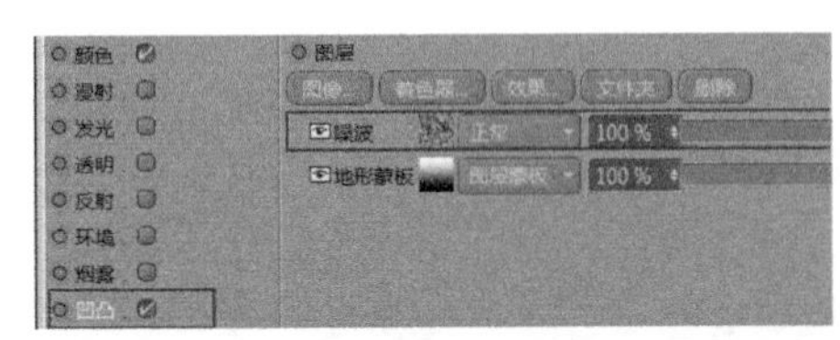

图11-44

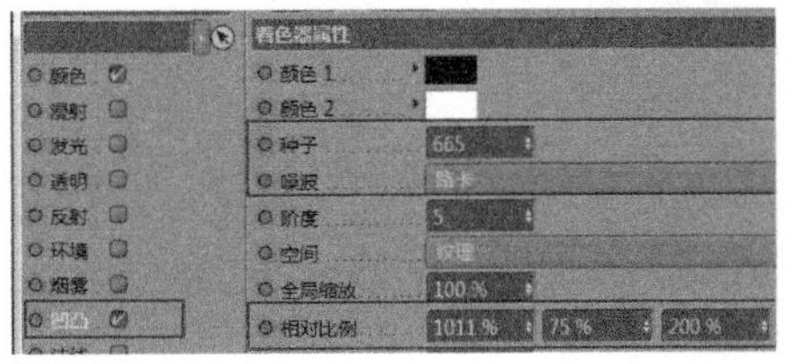

图11-45

图11-46

11.3 设置环境

01 新建一个材质并创建一个天空对象，执行“窗口-内容浏览器”菜单命令打开“内容浏览器”面板，将预置材质“preset://Prime.lib4d/Presets/Light Setups/HDRI/tex/HDR018.hdr”直接拖曳到天空材质的“发光”通道中，如图11-47和图11-48所示。

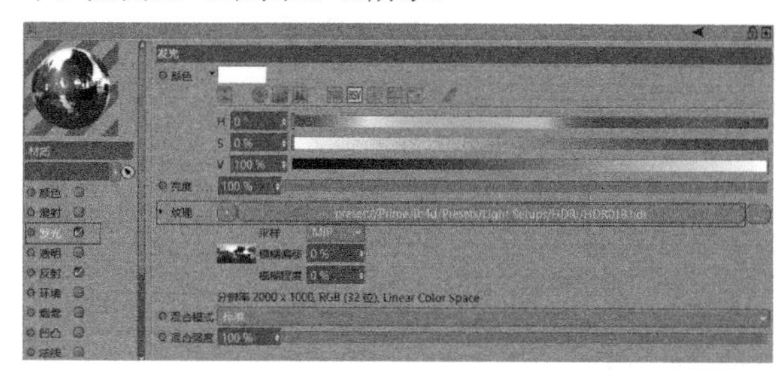

图11-47

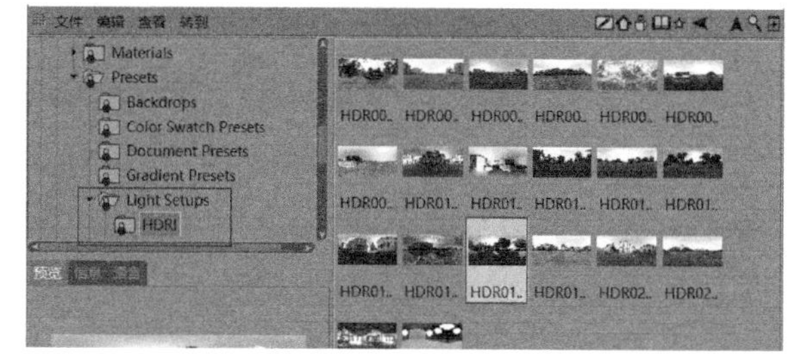

图11-48

02 拖曳天空材质赋予天空对象，然后按快捷键Ctrl+B打开“渲染设置”面板，接着在“渲染设置”面板中单击“效果”按钮添加“全局光照”选项，如图11-49所示。

03 按快捷键Ctrl+R进行渲染，效果如图11-50所示。

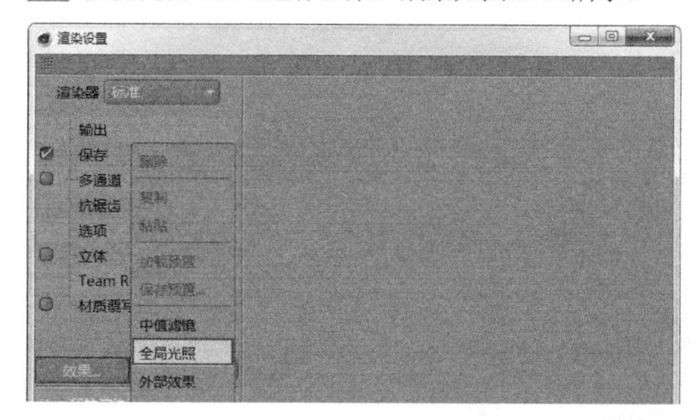

图11-49

图11-50

11.4 后期处理

01 在Photoshop软件中打开渲染好的效果图，创建两个“曲线”调整图层，然后调整好第1个“曲线”调整图层的RGB曲线、红色曲线和蓝色曲线，接着调整好第2个“曲线”调整图层的RGB曲线，同时用黑色柔边“画笔工具”在第2个“曲线”调整图层的蒙版中涂去除了4个角以外的区域，做一种暗角效果，最后创建一个“色相/饱和度”调整图层，设置“饱和度”为12，如图11-51所示，效果如图11-52所示。

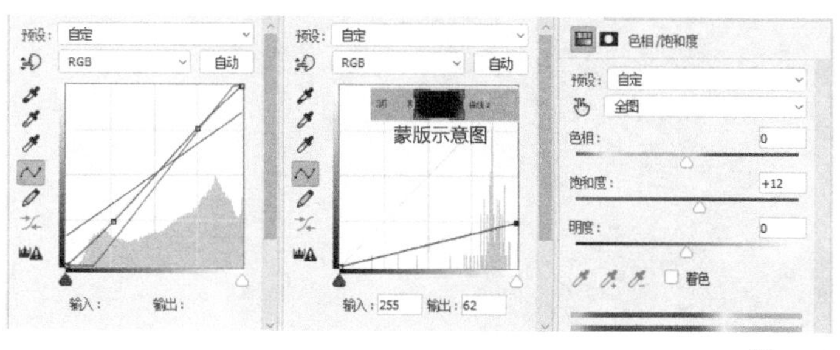

图11-51

图11-52

02 新建一个空白图层，命名为“图层1”，设置前景色为（R:247，G:133，B:32），接着使用柔边“画笔工具”在抽象几何体上绘出光晕效果，如图11-53所示。

图11-53

03 设置“图层1”图层的混合模式为“柔光”，如图11-54所示。

图11-54

04 用“横排文字工具”在画面中输入一些文字作为版面装饰，最终效果如图11-55所示。

图11-55

第12章

RealFlow 流体风格：啤酒海报

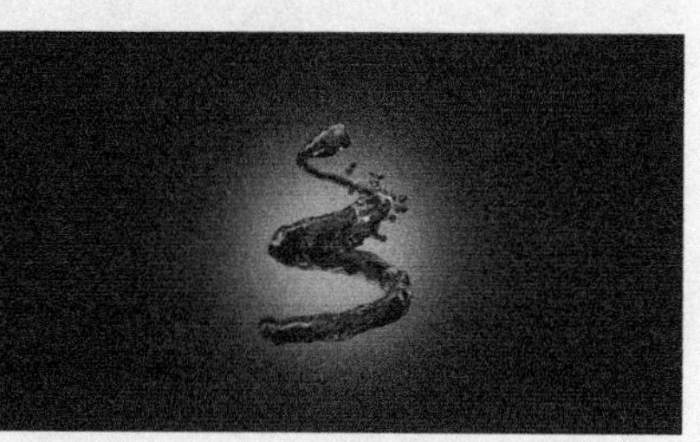

图12-1

本章将为读者讲解啤酒海报的设计，案例最终效果如图12-1所示。

◎ 视频名称 RealFlow 流体风格：啤酒海报

◎ 实例位置 实例文件 >CH12>RealFlow 流体风格：啤酒海报

◎ 学习目标 掌握 RealFlow 流体风格海报的制作方法

12.1 流体插件RealFlow

RealFlow是一种常用的流体插件，它是由西班牙Next Limit公司出品的流体动力学模拟软件，可以模拟液态、气体和动力学等效果。RealFlow分为软件和插件两种类型，在Cinema 4D中是以插件的方式运行的。在Cinema 4D中安装好RealFlow插件后，菜单栏中会出现一个RealFlow菜单，如图12-2所示。

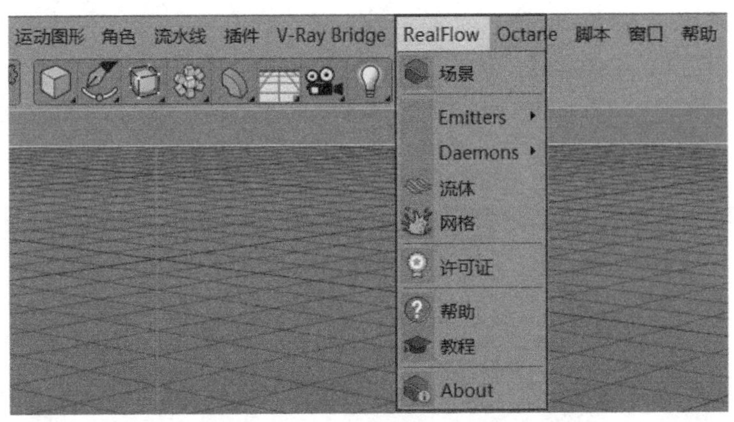

图12-2

12.2 创建模型

本案例共需要创建两个模型，啤酒瓶和旋转流体，如图12-3和图12-4所示。

图12-3

图12-4

12.2.1 啤酒瓶部分模型的创建

01 在属性面板的“模式”中选择“视图设置”选项，然后在“背景”选项卡中加载一张学习资源中的啤酒瓶图片，接着沿酒瓶外轮廓对其进行勾勒，如图12-5和图12-6所示。

02 将勾勒好的样条线放置在“旋转”层级下，完成啤酒外形的创建，如图12-7所示。

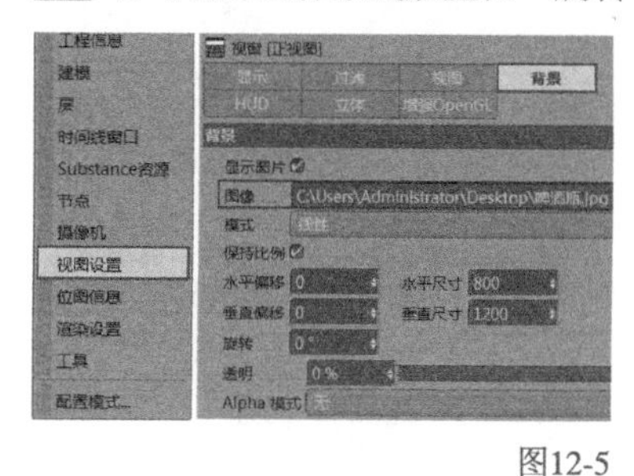

图12-5

图12-6

图12-7

03 打开啤酒瓶的图片，用“画笔”工具沿着啤酒的外轮廓绘制样条线，并对绘制好的样条线进行旋转，如图12-8和图12-9所示。

04 在“几何工具组”中创建一个“圆柱”模型，然后将其转换为可编辑对象，接着选中最外围的边调整效果，如图12-10所示。

图12-8

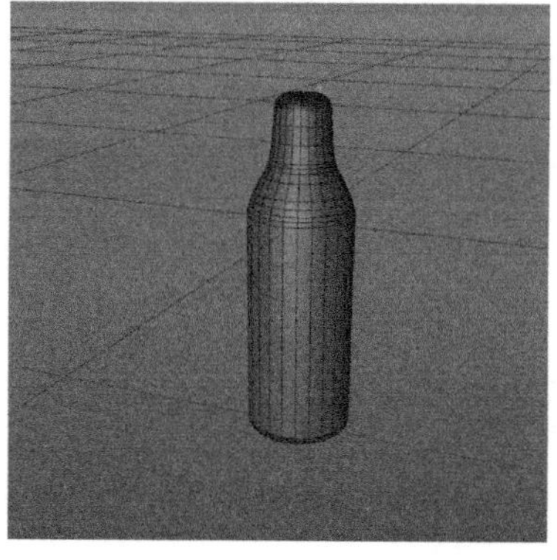

图12-9

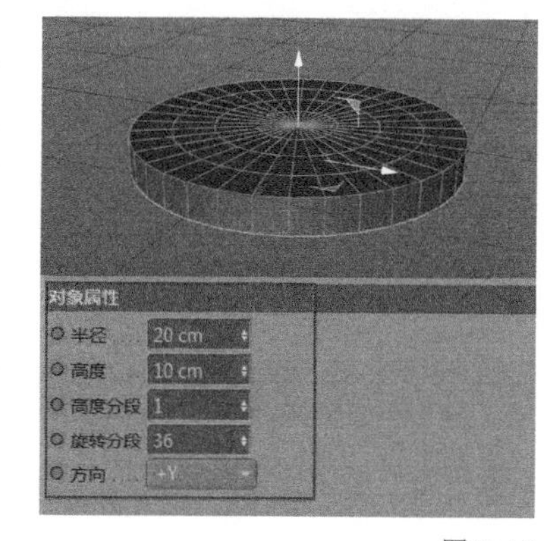

图12-10

05 选中圆柱的外轮廓边线，然后沿*y*轴继续挤压两次，如图12-11所示。

06 选中下面的面，然后单击鼠标右键，在弹出的菜单中选择“挤压”工具向内挤压-8cm，如图12-12所示。

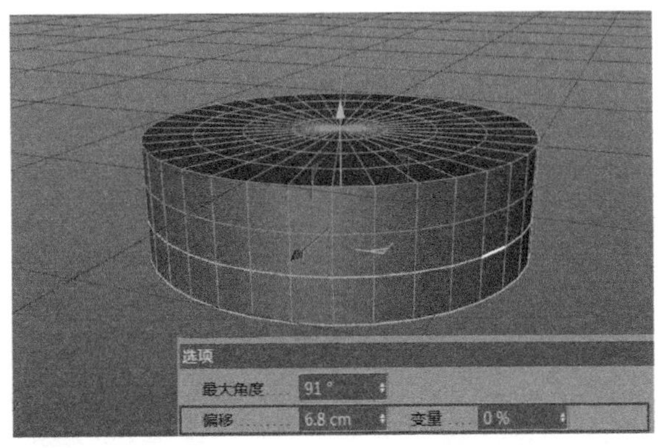

图12-11

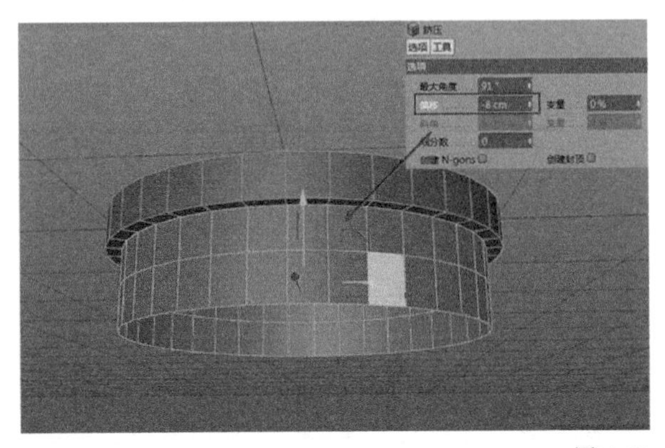
图12-12

07 选中瓶盖底部的面，然后对其进行挤压，如图12-13所示。

08 保持选中的面不变，然后将其沿*y*轴进行向下移动1cm左右，并删除多余的面，如图12-14所示。

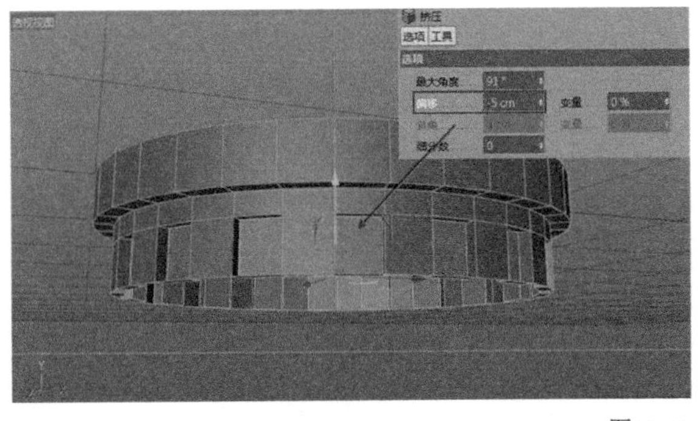
图12-13

图12-14

09 选中圆盘最底部的分段线，然后将*y*轴的数值设置为零，使其对齐到同一个水平面上，如图12-15所示。

10 为挤压好的瓶盖模型添加“细分曲面”命令，至此完成酒瓶的创建，如图12-16和图12-17所示。

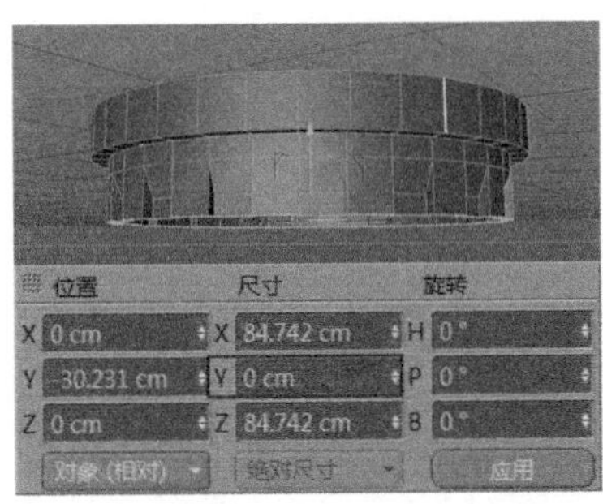

图12-15

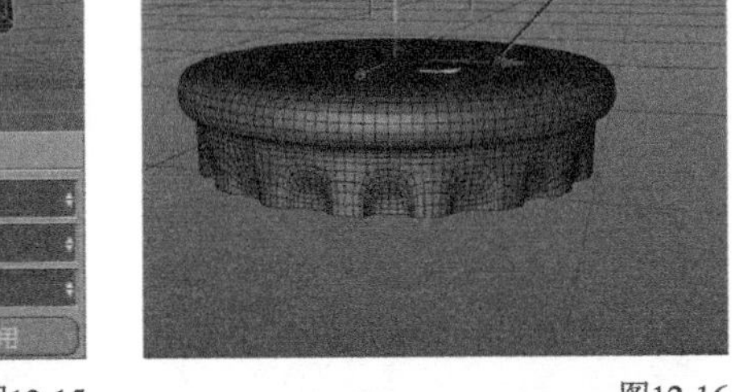
图12-16

图12-17

12.2.2 旋转立体的创建

01 创建一个“螺旋”样条线并进行设置，如图12-18所示。

02 在RealFlow菜单中选择“场景”选项，这时在啤酒底部就会出现一个图标，如图12-19所示。

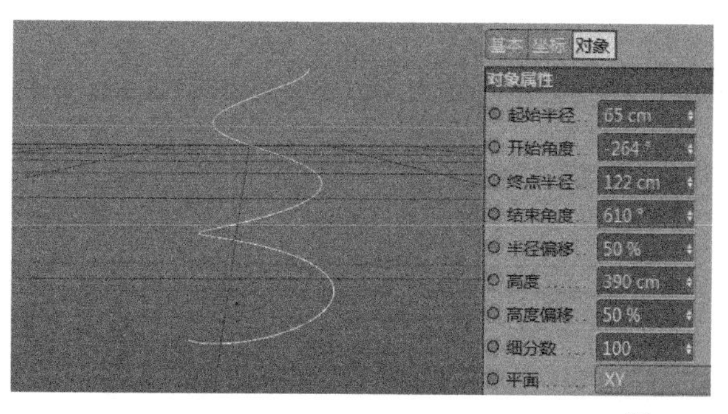

图12-18

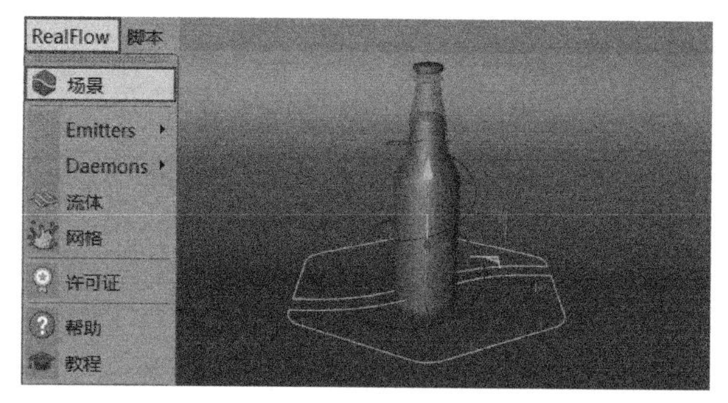

图12-19

03 选择“圆”发射器，然后在场景中单击创建并放置在酒瓶相应的位置，如图12-20所示。

04 为场景添加“网格”并单击“向前播放”按钮▷进行播放，发现流体并没有按照螺旋线进行流动，如图12-21所示。

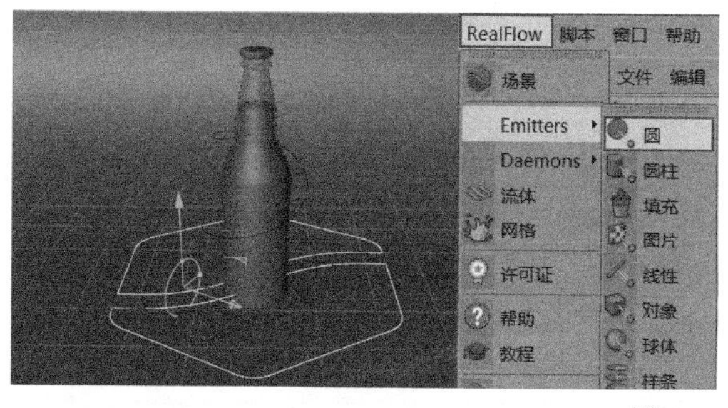

图12-20

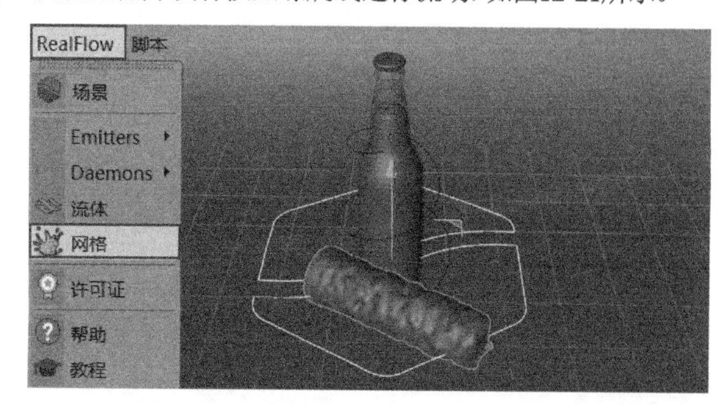

图12-21

05 在RealFlow菜单的Daemons选项中选择“D样条”选项，然后将“样条对象”设置为“螺旋”，如图12-22所示，此时场景中的效果如图12-23所示。

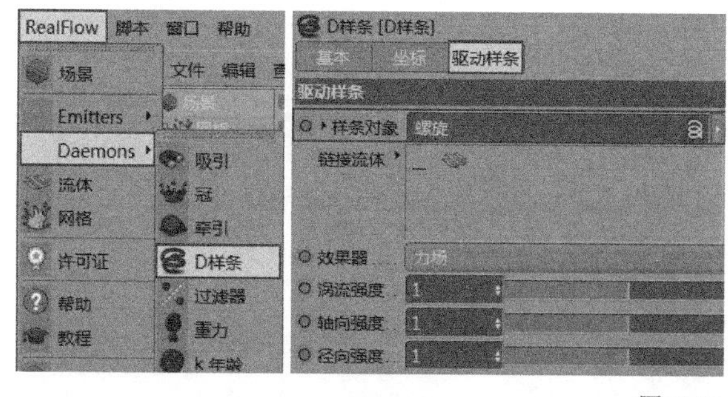

图12-22

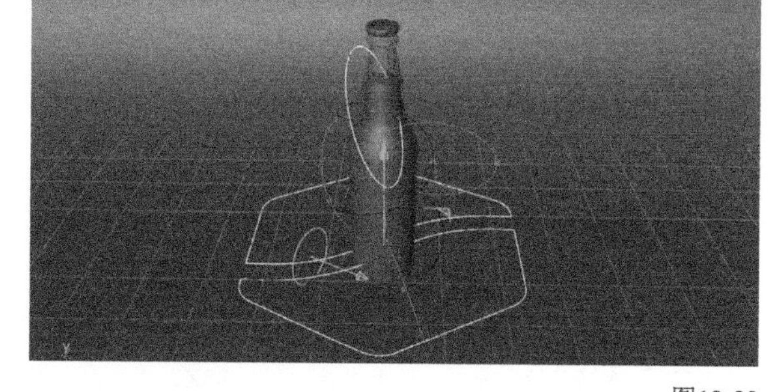

图12-23

06 单击动画面板的“向前播放”按钮▷进行播放，观察到效果并不是特别理想，如图12-24所示。

07 单击“圆”发射器，设置“发射”的Speed（速度）为200cm，接着在“D样条”的“驱动样条”选项卡中设置“径向强度”为50，如图12-25和图12-26所示，流体效果如图12-27所示。至此，啤酒海报的模型创建完成。

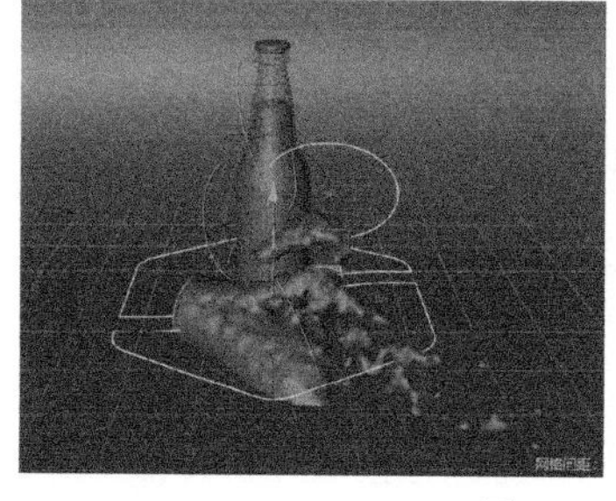

图12-24

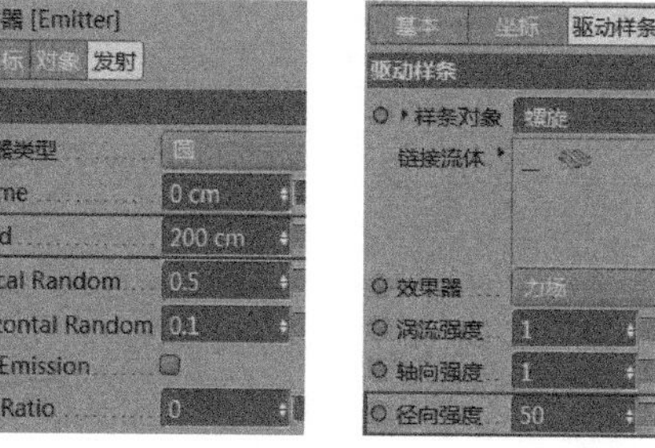

图12-25

图12-26

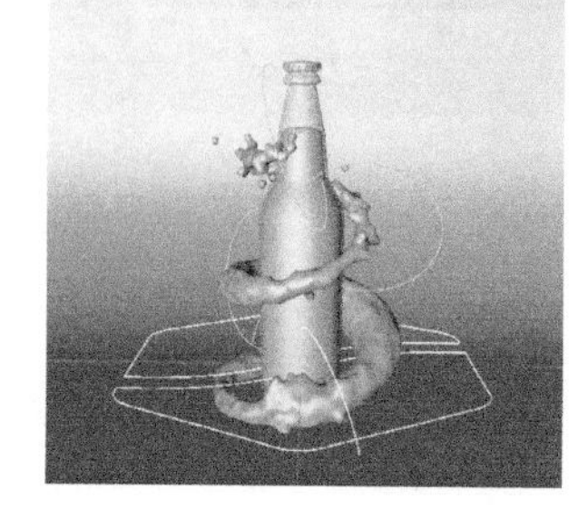

图12-27

12.3 设置材质

本节将完善场景中的材质，本案例需要创建啤酒盖和啤酒瓶等材质。

12.3.1 啤酒瓶盖材质

创建一个空白材质，双击进入“材质编辑器”面板，具体参数设置如图12-28和图12-29所示。

操作步骤

① 勾选“颜色”选项，设置“颜色”为（R:44，G:35，B:26），“亮度”为100%。

② 勾选“反射”选项，设置“类型”为GGX，“粗糙度”为5%，“亮度”为53%，“菲涅耳”为“绝缘体”，“预置”为“沥青”，“强度”为100%，“折射率（IOR）”为1.635。

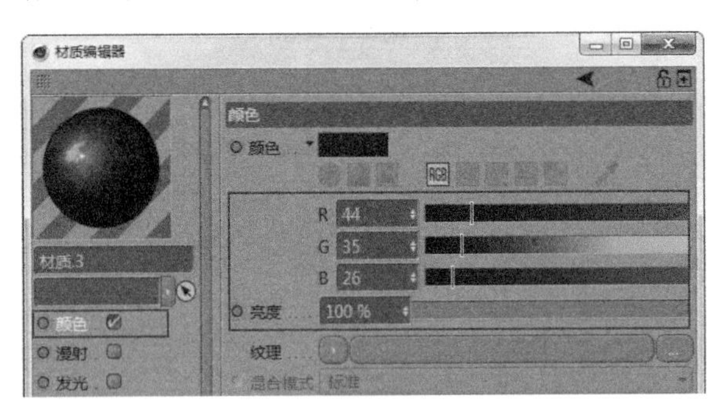

图12-28

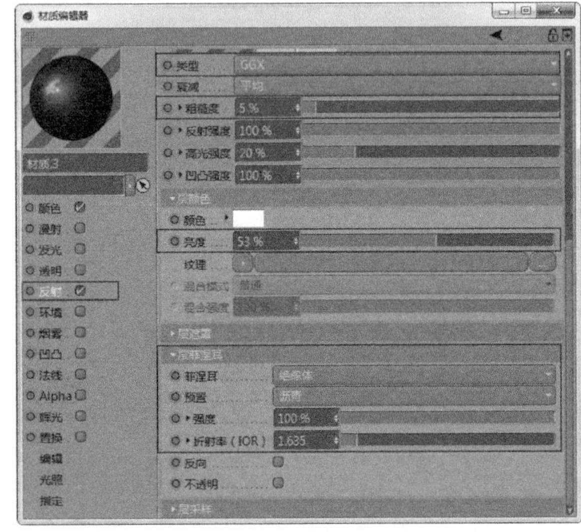

图12-29

12.3.2 啤酒瓶材质

创建一个空白材质，双击进入“材质编辑器”面板，具体参数设置如图12-30和图12-31所示。

操作步骤

① 勾选“透明”选项，设置“颜色”为（R:185，G:142，B:63），“亮度”为100%。

② 勾选“反射”选项，设置“类型”为GGX，“亮度”为53%，“菲涅耳”为“绝缘体”，“预置”为“玻璃”，“强度”为100%，“折射率（IOR)”为1.517。

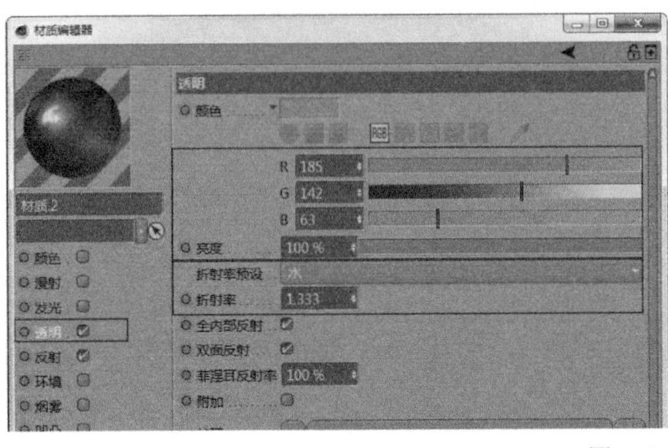

图12-30

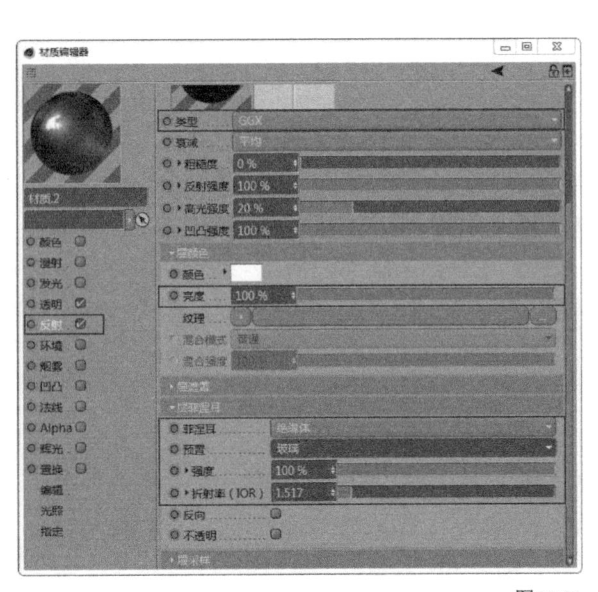

图12-31

12.3.3 啤酒液体材质

创建一个空白材质，双击进入“材质编辑器”面板，具体参数设置如图12-32和图12-33所示。

操作步骤

① 勾选“透明”选项，设置“颜色”为（R:185，G:144，B:107），“亮度”为100%，“折射率预设”为“水”，“折射率”为1.333。

② 勾选“反射”选项，设置“类型”为GGX，“菲涅耳”为“绝缘体”，“预置”为“水”，“强度”为100%，“折射率(IOR)”为1.333。

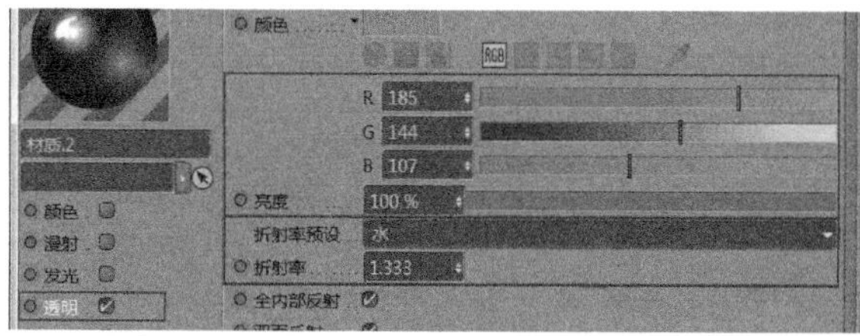

图12-32

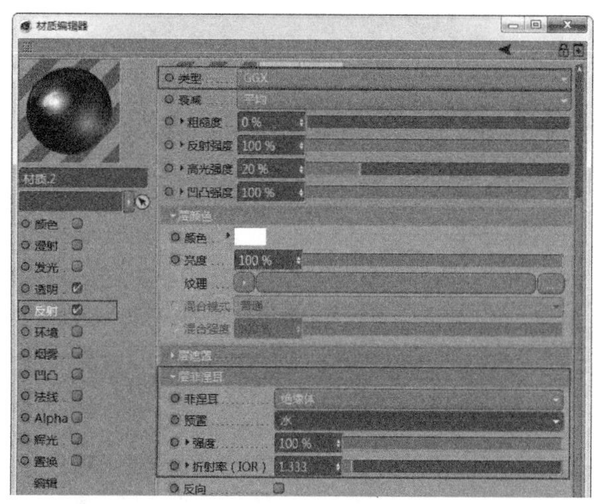

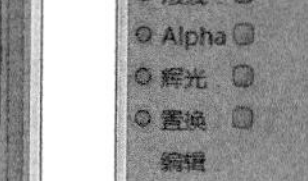

图12-33

12.3.4 啤酒瓶贴图材质

01 创建一个空白材质，双击进入“材质编辑器”面板，具体参数设置如图12-34~图12-36所示。

操作步骤

① 勾选“颜色”选项，然后在“纹理”通道中加载一张主瓶标图片，设置“亮度”为100%。

② 勾选“反射”选项，设置“类型”为GGX，“粗糙度”为5%，“亮度”为53%，“菲涅耳”为“绝缘体”，“预置”为“沥青”，“强度”为100%，“折射率（IOR）”为1.635。

③ 勾选Alpha选项，然后在“纹理”通道中加载一张瓶标图片。

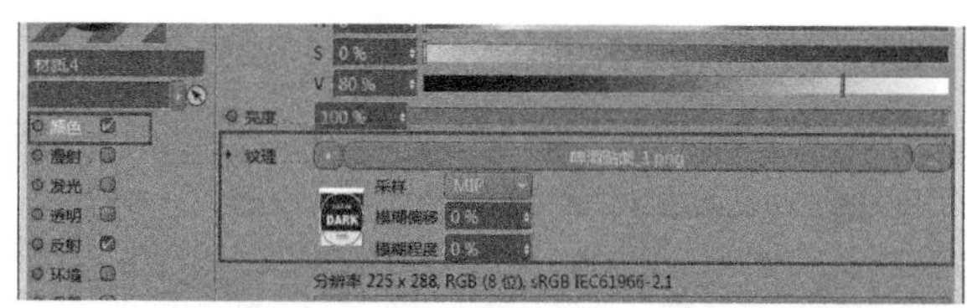

图12-34

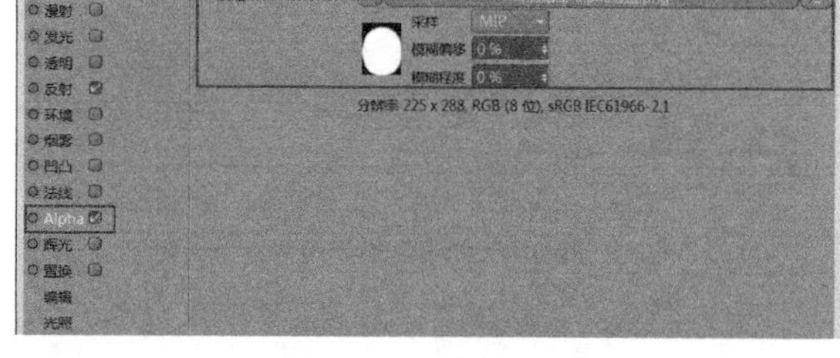

图12-36

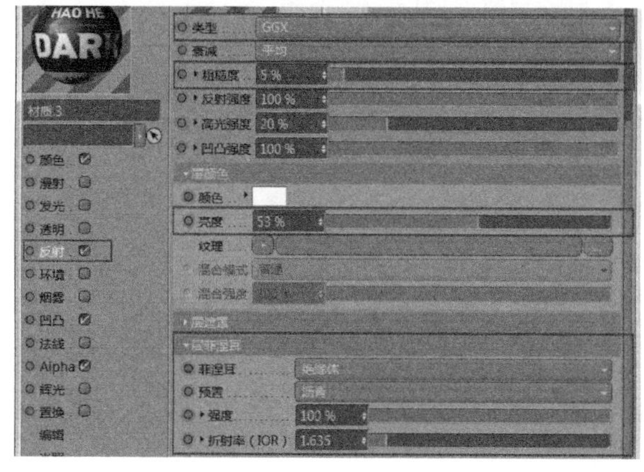

图12-35

02 将所有的材质赋予相应的模型，效果如图12-37所示。

图12-37

12.4 添加灯光

本节将完善场景中的灯光，本案例需要创建一盏主光源和一盏辅助光源。

12.4.1 主光源

在当前场景中添加两盏灯光，分别放置在整个场景的前方和后方，如图12-38所示。先设置主光源参数，如图12-39所示。

操作步骤

① 在“常规”中设置“颜色”为（R:255，G:255，B:255），“强度”为140%，“类型”为“区域光”，“投影”为“光线跟踪（强烈）”。

② 在“细节”中设置“衰减”为“平方倒数（物理精度）”，“半径衰减”为500cm。

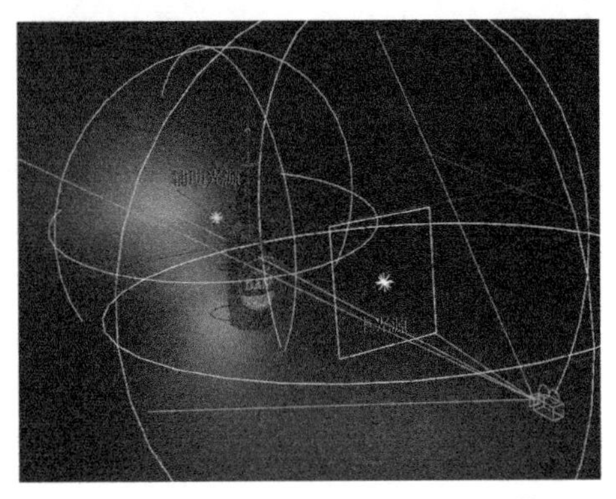

图12-38

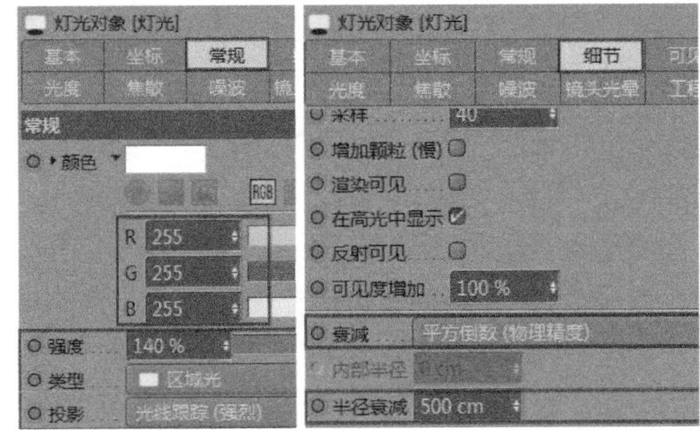

图12-39

12.4.2 辅助光源

选中辅助光源并设置参数，如图12-40所示。

操作步骤

① 在“常规”中设置“颜色”为（R:161，G:125，B:88），“强度”为200%，“类型”为“泛光灯”，“投影”为“无”。

② 在“细节”中设置“衰减”为“平方倒数（物理精度）”，“半径衰减”为500cm。

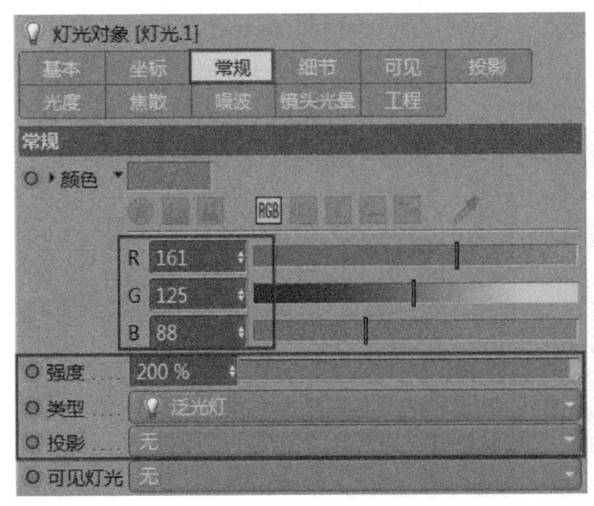

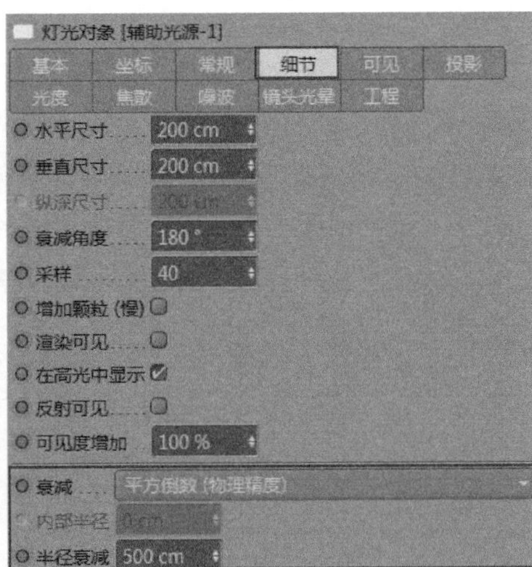

图12-40

12.5 设置环境

01 新建一个材质并创建一个天空对象，然后执行“窗口-内容浏览器”菜单命令打开“内容浏览器”面板，将预置材质“preset://Prime.lib4d/Presets/Light Setups/HDRI/tex/HDR012.hdr”直接拖曳到天空材质的“发光”通道中，如图12-41和图12-42所示。

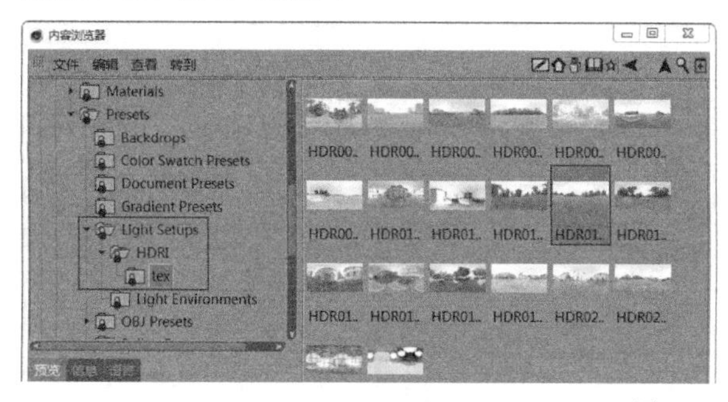

图12-41

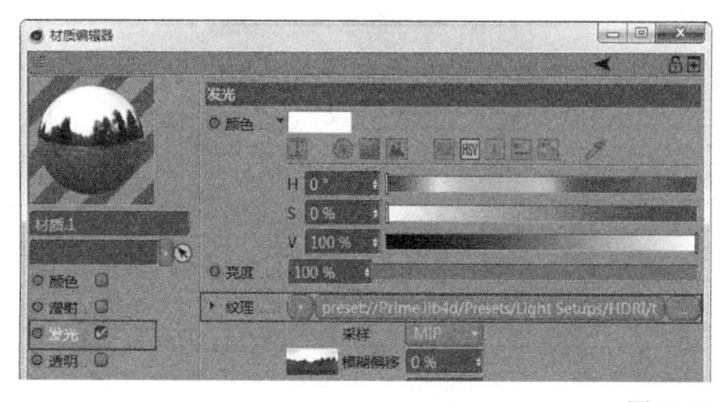

图12-42

02 拖曳天空材质赋予天空对象，然后按快捷键Ctrl+B打开“渲染设置”面板，接着在“渲染设置”面板中单击“效果”按钮添加“全局光照”选项，如图12-43所示。

03 按快捷键Ctrl+R进行渲染，效果如图12-44所示。这时发现渲染出来的效果并不是特别的理想，虽然整体效果已经渲染出来了，但是场景过暗且细节部分需要优化。

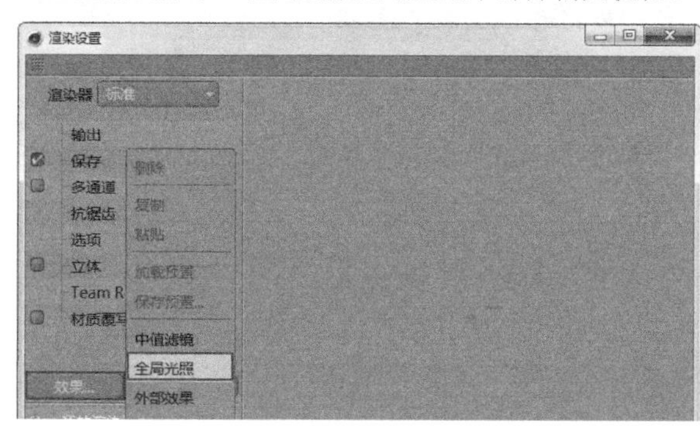

图12-43

图12-44

04 选择“几何工具组”中的“平面”工具作为反光板（反光板的尺寸根据整个场景的大小自定即可）放置在场景当中，如图12-45所示。

05 渲染并观察，效果如图12-46所示。

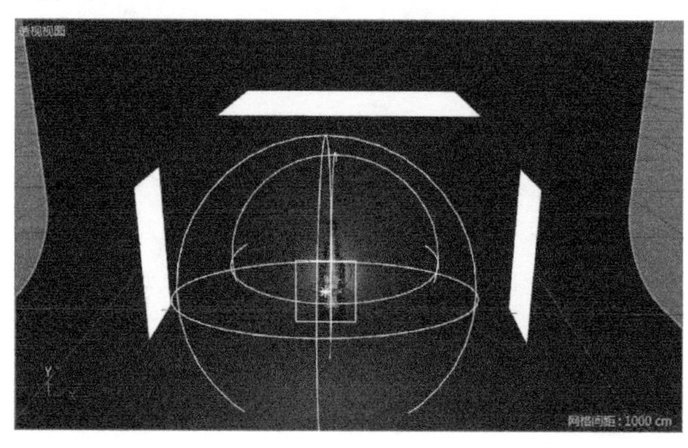

图12-45

图12-46

06 在Photoshop软件中对渲染出来的效果图进行简单的明暗对比和饱和度调整，然后在画面中加入一些文字，用来装饰版面，最终效果如图12-47所示。

图12-47